高等教育规划教材　　卓越　工程师教育培养计划系列教材

染料化学工艺学

高建荣　叶　青　贾建洪　◎　等编著

第二版

化学工业出版社

·北京·

内容简介

《染料化学工艺学》(第二版)以染料化学及产品工艺的基础理论和共性技术为体系,系统介绍了有机染料与工业概述、染料化学理论、染料结构与性能、染料合成主要单元反应及工艺、染料合成及工艺、酸性染料及研究进展、分散染料及研究进展、活性染料及研究进展、溶剂染料及研究进展、功能染料及研究进展等。本书着重介绍了产品创制、新工艺与技术进展及产业导向等,在知识点阐述时力求结合工程实际、言简意赅。

《染料化学工艺学》(第二版)可作为高等学校化工、化学等专业本科生或研究生教材,也可供染料企业科技人员学习参考。

图书在版编目 (CIP) 数据

染料化学工艺学/高建荣等编著. —2 版. —北京:化学
工业出版社,2021.4(2025.5 重印)
高等教育规划教材. 卓越工程师教育培养计划系列教材
ISBN 978-7-122-38431-7

Ⅰ.①染… Ⅱ.①高… Ⅲ.①染料化学-高等学校-
教材 Ⅳ.①TQ610.1

中国版本图书馆 CIP 数据核字(2021)第 017267 号

责任编辑:杜进祥	文字编辑:张瑞霞 林 丹
责任校对:赵懿桐	装帧设计:关 飞

出版发行:化学工业出版社(北京市东城区青年湖南街 13 号 邮政编码 100011)
印 装:北京盛通数码印刷有限公司
787mm×1092mm 1/16 印张 18½ 字数 478 千字 2025 年 5 月北京第 2 版第 5 次印刷

购书咨询:010-64518888 售后服务:010-64518899
网 址:http://www.cip.com.cn
凡购买本书,如有缺损质量问题,本社销售中心负责调换。

定 价:56.00 元

前言

《染料化学工艺学》第一版自 2015 年 8 月出版至今受到了众多学界师生、染料企业工程技术人员等读者的喜欢和解读。鉴于近年来染料产业转型升级和产品创制与工艺技术创新方面的不断发展，科技成果的不断涌现，为使读者熟悉和掌握染料化学、产品工艺及共性技术之基础理论，跟踪了解染料化学与产业科技研发之现状，编著者对本教材第一版做了增编修订工作。

第二版增编了"第 6 章 酸性染料及研究进展"和染料结构与性能方面的知识点；增补了功能染料和一些染料产品结构、典型中间体及工艺技术进展等内容，并统一规范了全书中染料名称（增加已有 C.I.名称）；增补了染料化学研究和染料工业近五年进展、相关法规及新修改条款、国家发改委《产业结构调整指导目录（2019 年本）》等内容。同时为避免篇幅过多，删减了一些经典知识和传统工艺及设备等的叙述。根据读者提出的问题对全书的文字表述和结构等做了校对修正。力求本书更为结合染料化学研究与产业工程实际、言简意赅。

第二版由高建荣负责全书及染料结构与性能方面知识点的编校；叶青负责新增第 6 章的编校；贾建洪负责第 4、9、10 章的修订。

浙江工业大学精细化工研究所贾义霞博士、蔡志彬博士、李郁锦博士、韩亮博士和博士研究生许萌、硕士研究生胡圆圆、刘效奇等，染料行业专家杨关雨、金发根、鲍国芳、张杰、楼益义、蒋志平、方标、温卫东、孙岩峰、卢林德及浙江省染料工业协会秘书长周燕等分别为本次修订做了文献查阅、数据资料整理、图文录入校对等工作，谨表诚挚感谢！

鉴于染料产业发展快，文献资料众多，编著者视野与水平所限，修订中难免仍存有疏漏和不妥之处，恳请专家、读者批评指正！

高建荣

2020 年 12 月

第一版前言

中国是全球染料最大生产国，占全球染料生产 60%以上，染料产业是传统精细化工的主要产业之一。染料及功能有机色素也是传统精细化工领域特色研究方向之一。"染料化学工艺学"是有机化学与化工工艺相结合的一个分支学科，"染料化学工艺学"是化学工程与工艺专业精细化工专业方向和硕士研究生选修的主干课程。为了使本科生、研究生更好地掌握本学科与染料产业工程技术知识，笔者根据本人师从大连理工大学程侣柏教授等的学习札记、1999 年以来本科及研究生讲稿、本人及研究所历年研究项目资料、有关学位论文和国内外资料编写了本教材，以满足本科生、研究生同学的需要，同时也可供染（颜）料企业的工程师们交流学习参考。

本教材旨在使读者熟悉和掌握染料化学及产品工艺的基础理论和共性技术，了解应用化学与工程学理论揭示染料发色和产品及工艺设计的原理，跟踪染料化学、产业与产品创制及工艺技术之发展历史。在知识点阐述时力求结合研究进展与工程实际、简捷明了。希望能对拓展学生的视野，传播学科领域知识，促进化学化工学科本科生、研究生教学质量提高和推动染料产业的协同科技创新有所裨益。

本教材编写与修订过程中，得到导师程侣柏教授和浙江工业大学项斌、贾建洪、李郁锦、韩亮、贾义霞、蔡志彬、叶青、金红卫、盛卫坚、董华青、余武斌、许萌等大力帮助；浙江省染料工业协会秘书长李玲玲以及童国通、黄国波、杨建国、俞胜华、陈晓萍等各届学生和简卫、张杰、蒋志平、赵国生、何旭斌、欧其、金发根、楼益义、孙岩峰、方标、汪仁良等合作染料企业专家与工程师提供了各方面详细资料。郑明明、叶海虹和本研究所 2013 级硕士研究生做了文字输入和校对，张力同学做了全文及结构式最后校核。在此表示诚挚感谢！

本教材基于浙江工业大学内部讲义重新编写，但严格地讲现仍是一本详细的讲课纲要。尽管注重了研究进展及与产业发展紧密相关的环保、功能型染料等的修订增补，鉴于笔者学识有限，文内遗漏和不足之处在所难免，敬请批评指正。

感谢国家自然科学基金（20376076、200876148、21176223、21103151）、浙江工业大学重点建设教材出版基金（2014-101030115）、"染料农药创制与共性技术研发浙江省重点科技创新团队"建设项目（2010R50018）等资助！

希望在大家的共同努力下继续逐步完善充实，使其成为一本名副其实的教材和参考书。

高建荣

2014 年 11 月

目录

第1章

有机染料与工业概述

1.1 天然染料与有机染料

1.1.1 天然染料与应用

颜色是光线刺激人眼睛所产生的视觉感受。色素是有色物质的统称,而染料是色素的主要应用类别之一。人类在发明纺织的同时,也发展了染料与染色技术,其历史可追溯到史前远古时期。从原始的涂绘到后来的浸染、媒染、套染等说明史前人类已懂得应用天然染(颜)料。

新石器时代,人类已懂得应用赭黄、雄黄、朱砂、黄丹等矿物颜料和用植物萃取的染料在织物上着色。各类植物染料的提取、染色等工艺技术的逐步完善为原始纺织品增加了色彩。

公元前3000年古埃及和美索布达米亚人已掌握了织物染色技术,在古埃及尼罗河畔金字塔的墓壁上就有了红色和蓝色的染色织物。

公元前2500年印度已有从茜草中提取茜红和从蓝草中提取靛蓝染棉织品的记录。茜草浸渍液经处理后可染红色;靛蓝不溶于水,须先经氧化上染后还原显现蓝色。我国马王堆汉墓出土的蓝色麻织物上染的即是靛蓝。至19世纪靛蓝已成为最常用的天然染料之一。

远古时候人类就发现了珍贵的天然染料泰尔紫(Tyriam Purple)。公元1600年左右,小亚细亚的腓尼基人已掌握了将海螺分泌物在空气中氧化后获得泰尔紫的技术,并用其在毛织品上染得艳紫蓝色,古罗马人称其为"ostrum",又称皇家紫(royal purple),古罗马帝国的贵族更是以该染料所染颜色的袍服作为贵族阶级的象征。泰尔紫是一种溴代靛蓝结构的还原型色淀染料。

19世纪前人类已从胡萝卜和植物叶上分别提取了胡萝卜素和叶绿素等天然植物染料。从茜草根提取的茜素(alizarine)红色素,上染纺织品时牢度很差,但可将纤维用金属氧化物(媒染剂)浸渍后上染。茜素以氧化铝为媒染剂可染得坚牢的鲜艳红色,以氧化铁为媒染剂则可染得坚牢的紫色和黑色。此即为原始的媒染染色工艺。

从巴西木中提取的色素用氧化铝或氧化锡为媒染剂可分别染得红色或玫瑰红。从南美洲苏木中提取的苏木精用氧化铬为媒染剂可染得黑色,称为苏木黑。从一种雌性胭脂虫中提取的胭脂红,以氧化铝和氧化锡为媒染剂可分别染得深红色和大红色。用无机染料如砷酸钠可将棉织品染得亮绿色。

19世纪前期染色和印花所用的染料都是天然动植物、矿物染料。植物染料主要从植物的花、叶、树皮、根及果实的浸渍溶液中提取。黄酮类染料即为天然植物染料的典型代表。不同颜色的黄酮类化合物泛指两个具有酚羟基的苯环通过中央三碳原子相互连接而成的系列化合物,其母核结构为交叉共轭体系,通过电子转移重排使共轭链延长,且常连有酚羟基、甲氧基、甲基、异戊烯基等取代基。天然黄酮类化合物多以苷类形式存在，由于糖的种类、数量、连接位置及方式不同可组成各种黄酮苷类化合物。根据中央三碳链的氧化程度、2-或 3-位环连接及三碳链是否构成环状等结构特点，天然黄酮类化合物主要分为黄酮（flavonone）、黄酮醇（flavonol）、二氢黄酮（hydroflavonone）、二氢黄酮醇（hydroflavonol）、花菁素（anthocyanin）、黄烷-3,4-二醇（flavan-3,4-dialcohol）、呫吨酮（xanthone）、查耳酮（chalcone）和双黄酮（biflavonoid）等 15 类。大多为结晶性固体黄酮类染料，可用作食用染料。

中国的纺织业和印染业发展历史悠远。据记载，早在 15000 年前北京周口店山顶洞人就开始用赤铁矿刮磨成粉制得的矿物颜料（红色氧化铁 Fe_2O_3）上染贝壳、野兽的牙等饰物，并把居住的山洞中涂绘得万紫千红。《诗经》中有描述用蓝草、茜草染色的诗歌。

距今约 7000 多年前的彩陶文化开创了我国色彩设计的先河。

2500 年前的东周时期用植物染料在纺织品上染色的工艺技术已在我国民间普遍应用。中国长沙马王堆西汉古墓出土的公元前 200 年的彩绘帛幡，印染图案典雅古朴、色彩绚丽，令人赞叹不已。

公元前 1000 年至公元前 771 年的周朝已设有掌管染色的"染人"职官，也称为"染草之官"，负责染色事务，实行纺织专业分工制度。秦朝设有"染色司"，自汉至隋各代都设有"司染署"。

中国古代的一些农业书和工艺书上都有关于染料和染色法的记载。先秦古籍《考工记》是中国第一部工艺规范和工作标准的汇编。书中"设时之工"记录了中国古代练丝、纺稠、手绘、刺绣等工艺，对织物色彩和纹样都作了详细而完整的叙述。

公元 533 年贾思勰的《齐民要术》中有关于种植染料植物和染料萃取加工过程的描述，如"杀双花法"和"造靛法"所制成的染料可长期使用。

1637 年明末宋应星编撰的中国第一部科技百科全书《天工开物》中就有各种染料化学制造工艺及在织物上染色方法的描写。在"乃服"一章中总结了丝、麻、毛、棉等织物的纺纱织布技术，在"彰施"一章中记录了有关染色技术。

《世界文化遗产名录》中记载的距今 20000 年前法国拉斯科（Grotto Chauver）洞穴壁画《野牛图》、距今 18000 年前西班牙阿尔塔米拉（Altamira）洞穴壁画《受伤的野牛》、公元前 3500 年南部非洲津巴布韦撒哈拉塔西里崖壁画《放牧牛群》、古埃及洞穴岩画、中国西安秦始皇兵马俑、中国戏曲脸谱以及长沙马王堆西汉古墓出土的彩绘帛幡等都留下了远古以来人类应用天然色素的长远足迹。

1371 年欧洲就开始有了有关天然色素染色、印花的历史记载，当年在法国巴黎成立了世界上第一个染色产业协会；1382 年后欧洲各国相继成立了染色产业协会；至 1450 年欧洲染色工业已具规模，并促进了应用染色工艺的发展；1471 年欧洲各国染色从业者齐聚英国伦敦讨论相关染色工艺并通过第一个会章，成立了欧洲染色业者协会。

1884 年英国成立了染料与印染工作者协会（Brit. Association of Dyers and Colorists），推动了染料和印染工业的发展。1971 年该协会开始编撰出版《染料索引》（Color Index, C.I.），对染料产品分别按照应用性能和化学结构归纳、分类、编号并列出应用特性、色牢度、分子结构式及简略合成原理等。其后美国纺织化学与印染工作者协会（American Association of Textile Chemists and Colorists）与英国染料与印染工作者协会共同负责了染色工艺开发、《染料索引》中染料的注册分类及测试标准制定等。

1.1.2　染料从天然到合成

色素（color）具有在可见光区（400～700nm）吸收和发射光而显色的特征。人类社会是从早期对天然色素的认知利用发展到合成色素（染料等），并逐步形成产业的；"发色理论"

也是从定性剖析天然色素发展到定量揭示结构与性能关系，从而为染（颜）料的分子设计提供了理论支撑。按合成色素的应用特征而产生的产品类别有：染料（dye，dyestuff）；颜料（pigment，paint）；涂料（coating）；油漆（paint）；油墨（ink）等。但从分子化学结构来看，主要为含发色团、发色体和助色团的有机色素化合物。

天然植物染料如蓝草（*Indigofera suffruticosa*，靛蓝）、杨梅酮（红）、黄连素（黄）、茜草（*Rubia cordifolia*，茜素）等，结构大多为稠环化合物。

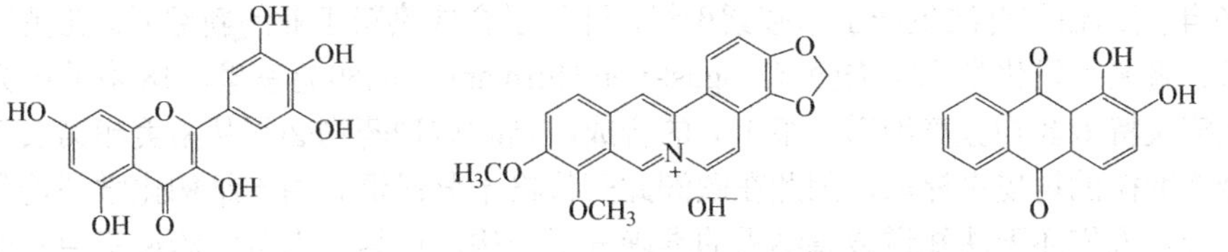

杨梅酮　　　　　　　　　黄连素　　　　　　　　　茜素

栀子黄为栀子树果实的浸出液，染棉纤维可得黄色。土耳其红（茜素红）为茜草根浸出液，可将经铝盐处理的棉纤维染成红色。含胭脂酸红的胭脂红为胭脂虫雌体，可将经铝盐处理的蛋白质纤维染成红色。苏木精为紫苏叶浸出液，可将棉纤维染成鲜艳的紫色。木炭黑，烧尽的木炭灰可将织物染成灰色，而闷烧过的木炭灰可将织物染成黑色。此外还有铁黄、铁红、铜绿、铬黄等。

埃及蓝（$CaCuSi_4O_{10}$）、中国汉蓝（$BaCuSi_4O_{10}$）和中国汉紫（$BaCuSi_2O_{10}$）等都是人类利用天然色素（染料、颜料）的典型例证。

19 世纪中叶产业革命推动了纺织工业的发展，也促使了合成染料产业的问世。合成染料产业正是随着合成化学理论的丰富，基于对天然染料的剖析仿制而不断发展的。

1856 年英国伯琴（William Henry Perkin）在氧化苯胺合成生物碱奎宁时分离得到了苯胺紫，可把丝染成鲜艳的红紫色。1857 年伯琴（W.H.Perkin）建厂生产。苯胺紫染料又称马尾紫（mauve 或 mauveine），是第一个有机染料工业化产品，结构如下。

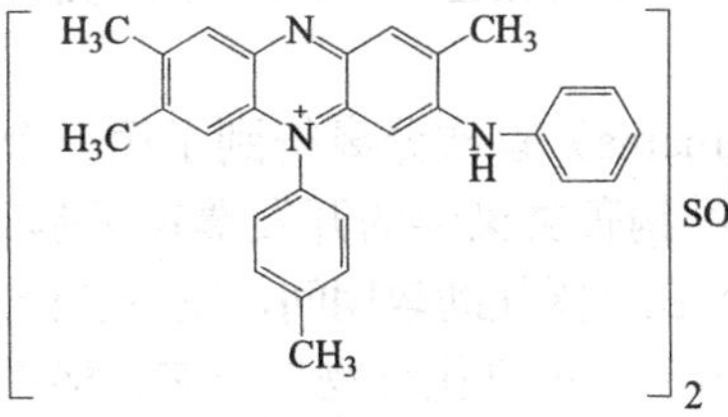

苯胺紫

1858 年德国格里斯（Griess）发明了重氮化反应。

1861 年德国曼思（Mansi）合成了第一个偶氮染料苯胺（aniline）黄。

1863 年德国格里斯（Griess）合成了偶氮染料俾斯麦棕（Bismavk Brown）。

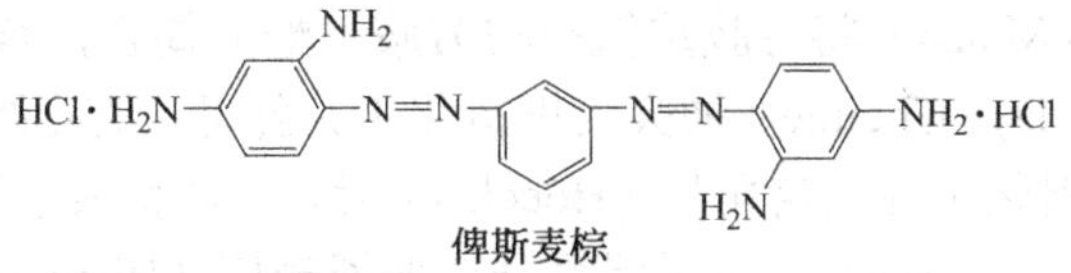

俾斯麦棕

1868 年法国格瑞伯（Greabe）首次合成了茜素（红色）媒染染料。

1875 年德国 BASF（巴斯夫）公司首次明确用重氮化-偶合两步合成偶氮染料的工艺。

1880 年德国拜耳（Bayer）合成了还原染料靛蓝。

在伯琴之后，人们已合成了几百万个不同的有色化合物，已有 15000 多个色素化合物实现了工业化，蒽醌、偶氮、酞菁、靛族、杂环等结构类别的合成染料产品相继问世。

1.2 合成染料产业

1.2.1 研究与发展历程

1856 年英国伯琴首次生产了苯胺紫染料，开创了合成染料工业的新纪元。在英国皇家化学学院院长、著名有机化学家霍夫曼（August von Hofmann）的实验室里，18 岁的研究生伯琴正在研究抗疟疾特效药物金鸡纳霜（奎宁）的合成，当时这种药物必须从南美印第安人居住地的一种叫金鸡纳树的树皮中提取，因此在欧洲此药价格十分昂贵。由于结构化学理论和实验技术尚不够完善，人们还无法知道金鸡纳霜的准确分子结构。伯琴在大量实验摸索中发现把强氧化剂重铬酸钾加入煤焦油产物（苯胺和甲苯胺混合物）的硫酸盐中，可得到一种难溶于水的沥青状黑色残渣。伯琴认为又失败了，但在他准备用酒精清洗烧瓶中焦黑状有机物时忽然发现黑色物质被酒精溶解成了美丽夺目带蓝光的紫色溶液。考虑到当时人们的衣物都是采用难以保存且色牢度很差的天然植物染料进行染色，无论是色彩鲜艳度还是色谱齐全度都不能令人满意，伯琴想到了尝试用这种紫色物质去染棉布，可惜没有成功。他没有灰心，又用毛料和丝绸去试验，结果发现这种无法在棉布上染色的物质可以非常容易地染在丝绸和毛料上，且比当时各种植物染料的颜色都鲜艳，放在肥皂水中搓洗、暴露在日光下一周以上都不褪色。伯琴虽然没有制造出奎宁却获得了合成苯胺紫染料这一历史上重要的发明创造（B.P.001984）。合成染料的华丽色彩令当时的维多利亚女王都为之青睐。1857 年伯琴在父亲的资助下，在英国伦敦郊区哈罗建立了世界上第一家生产苯胺紫染料的合成工厂。伯琴成了年轻的富翁企业家，但他始终希望献身于科学事业，于 1874 年卖掉了工厂把全部时间和精力都用来研究化学。

苯胺紫是一种二嗪结构的碱性染料，与蛋白质纤维的羧基阴离子以盐键结合上染。在五彩缤纷的现代纺织服装世界中，苯胺紫虽已逐渐退出了历史舞台，但人们却不会忘记伯琴对现代纺织印染产业作出的贡献。

1856 年英国威廉姆斯（Williams）首次分离得到了第一个多亚甲基（多烯）结构的花菁（cyanine）。为后来的多亚甲基结构菁类染料的开发奠定了基础。

1858 年德国格里斯（Griess）在英国任助教期间，发表了论文《一类新的有机化合物——氢元素被氮元素所取代》，首次提出了"重氮化合物"类名。格里斯之所以能够制成之前没人制成过的这些重氮盐，是因为发明了"重氮化反应"，即在较低温度（0～5℃）下，苯胺与亚硝酸溶液反应能制得稳定的重氮盐，否则重氮盐会分解甚至爆炸。

1859 年法国韦根尼（Verguin）由煤焦油首次制得了三芳胺结构的"品红"（magenta）染料。

1860 年德国格里斯（Griess）发明了苯胺黑（aniline black）染料并开发了其染色法。

1861 年德国曼思（Mansi）将芳胺重氮盐与芳胺（酚）偶合，合成了第一只偶氮苯胺黄染料，并建立了 Napthal Dye Chemie（纳夫妥染料化工）公司。从此偶氮染料成了染料中的一大结构类别，纳夫妥染料化工并入赫司特（Hoechst）后，赫司特成了偶氮染料的主要制造商。

1865 年德国格里斯（Griess）合成了偶氮染料俾斯麦棕（Bismavk Brown），同时发现有些偶氮化合物并不能作为染料。格里斯虽在英国和德国申请过几个专利，可是德国染料制造业利用他的原理申请了更多的专利。据统计，德国工厂申请的使用重氮化反应的偶氮染料专利达 9000 多种。格里斯一生发表了近百篇化学论文，尽管他并没有得到受学术界重视的博士学位，可在有机合成化学中至今仍把重氮化反应命名为"格里斯反应"。

1867 年英国伯琴发现肉桂酸可直接由苯甲醛合成，从而为不饱和酸的合成提出了一个重要而通用的方法，即"伯琴反应"；他还用伯琴反应合成了香豆素化合物，这是第一种人工合成的香料，也是荧光染料的基础结构物。

1868 年德国格雷贝（C. Craebe）和李柏曼（C. Lieberman）将蒽醌溴化后与碱熔融合成了茜红素（alizarine，C.I.媒染红 11）及金属络合染料，确定了化学结构及合成法。此发现促进了上染羊毛坚牢度甚佳的羟基蒽醌（hydroxyl anthraquinone）类媒染酸性染料的发展。

1870 年德国 BASF（巴斯夫）公司的化学家以苯胺为原料合成了茜素染料，从此开创了合成蒽醌染料工业，后进一步开发了蓝、绿色毛用蒽醌染料产品。巴斯夫公司为早期还原染料的主要制造商。

1870 年德国拜耳（Bayer）将天然靛蓝氧化得到靛红，再与三氧化磷反应并还原得到靛蓝（indigo）。1878 年拜耳以苯乙酸为原料完成了靛蓝的全合成，并于 1880 年确定了靛蓝染料的"吲哚酮"交叉共轭（cross-conjugated）结构，即 H 型发色体结构。此被誉为 19 世纪染料化学伟大成就之一。

1873 年随着联苯胺的出现，法国克鲁西昂（Croissant）和布瑞托尼（Bretonniere）将煤焦油、锯末、纸、皮草等与硫化钠及硫黄一起熔融焙烧制得了棕色硫化染料（C.I.硫化棕 1）。

1875 年德国卡洛（Caro）和维特（Witts）在 BASF 设计建设了合成偶氮染料的工业化工艺流程，明确了重氮化-偶合两步法工艺标准。

1876 年德国维特（Witts）提出了"发-助色团学说"，为经典发色理论的基础。

1880 年英国 Redd Holliday & Co.（利德·霍利德）公司托马斯（Thomas）和霍利德（Robert Holliday），将乙萘酚钠盐溶液浸染在棉布上，然后再与 α-或 β-萘酚胺显色，在棉纤维上形成酱红色，拓展了不溶性偶氮染料的应用。此类染料称为纳夫妥染料。由于必须在冰点上下合成并上染，故又称为"冰染染料"。

1884 年德国博蒂格（P. Bithger）用化学合成法获得了第一个直接染料刚果红（congo red），开创了直接染料制造的历史。早期的直接染料多为联苯胺偶氮染料，后因联苯胺对人体有严重的致癌作用而被淘汰和禁用。

1889 年德国 Meister Lucius and Bruning Dye Co（美斯特路西斯-布宁染料）公司的赫司特（Hoechst）、加路斯（Gillois）和乌利奇（Ullrich）等用萘酚与乙苯胺重氮盐合成了大红色基 G 等。

1890 年德国霍伊曼（K. Heumann）在 BASF（巴斯夫）公司设计并建成了还原染料靛蓝的工业化工艺流程，并于 1897 年投产。作为牛仔服布料用染料，靛蓝是 100 多年来销量最多的染料产品之一，20 世纪 90 年代其年销量达 1.5 万吨以上。

1893 年德国维达尔（Vidal）用 2,4-二硝基苯酚与硫黄、硫化钠共熔制成硫化黑 T（C.I.硫化黑 1）。第一批硫化黑染料产品于 1897 年由德国 Cassella（凯塞拉）公司正式生产。

1901 年德国博恩（R. Bohn）将乙氨基蒽进行碱熔制得了第一个蒽醌系还原染料蓝蒽酮，后陆续出现了还原蓝 RSN（C.I.还原蓝 60）、C.I.还原蓝 4、C.I.颜料蓝 60（阴丹酮，indanthrone）、C.I.品蓝 4 等蒽醌结构的还原染料与颜料产品。

1908 年德国赫斯（Haas）等以咔唑为原料制得了第一个硫化还原染料海昌蓝，它比一般硫化染料有更好的耐氯牢度。由于制造简单方便、成本低廉、生产量大，成为了纤维素纤维染色用量最多的黑色染料。

1911 年德国 Napthal Dye Chemie（纳夫妥染料化工）公司的温特尔（A. Winter）、拉斯格（Laska）和齐斯特（A. Zitscher）等发明了 2-萘酚-3-甲酰芳胺类的对位红（para red）产品，在棉织品上具有鲜艳红色且坚牢度更佳。

1912 年德国 Chemishe Fabrik Griecheim Elekton（格里斯·海姆电子）公司开始生产色酚

AS（Napthal AS），后与纳夫妥染料化工公司合作开发了色酚 AS 系列冰染染料，成为 20 世纪销量最多的棉用冰染染料。色酚 AS 也是合成有机染料的主要原料。

1924 年德国凯尼格（W. Koenig）发明了由 1,3,3-三甲基吲哚啉组成的对称三亚甲基染料，多亚甲基染料后来成为阳离子染料商品的主要结构类别"菁染料"。

20 世纪初金属络合染料问世，1915 年开发了中性染料 Neolan；1936 年开发了酞菁染（颜）料；1949 年开发了 Irgalan 系金属络合染料。

20 世纪 20 年代分散染料的应用解决了疏水性合成纤维如涤纶的染色问题。

20 世纪 50 年代染料产业发展 100 多年后反应性染料即活性染料产品才问世。

1949 年 Höechst（赫斯特）公司开始研究含 2-硫酸酯乙基砜活性基的染羊毛染料，之后 Höechst（赫斯特）公司和 Ciba（汽巴）公司认识到在碱处理下可染纤维素纤维，于是分别推出了 Remazol 和 Cibacron 品牌的活性染料。

1953 年英国 ICI（帝国化学）公司的 I.D.Rattee 和 W.E.Stephen 发明了均三嗪活性染料，1956 年英国 ICI 公司开发了世界上第一支品牌为 Procion 的二氯均三嗪（triazine）反应性（活性）染料 Procion Red X-B（C.I.活性红 1）。

1953 年英国 ICI 公司的 C.M. Whxttaker 首创涤纶用分散染料，并生产了世界上第一个涤纶染色用分散染料 Dispersol Scarlet B（C.I.分散红 1）。

1957 年英国 ICI 公司又开发了品牌为 Procion H 的一氯均三嗪型等用于棉纤维染色的活性染料。

20 世纪 60 年代，国内上海染化八厂研发并投产了一氯均三嗪和乙烯砜相异双活性基活性染料，适合竭染染色和印花。到 20 世纪 70 年代中期已有从黄到黑各种色谱的包括 9 种 M 型和 11 种 KM 型的活性染料产品。到 1989 年上海染化八厂已开发了 13 个 ME 型双活性基活性染料产品。

合成染料中活性染料的问世开启了染料结构设计开发从纯实验合成转向以揭示已知发色体与基质相互作用机制为基础的新时代。

20 世纪 80 年代应用于高技术与新材料领域的功能染料的分子设计与产品研发逐渐成为染料化学前沿研究和产品开发的重要方向。

1.2.2 全球染料产业进展

合成染（颜）料产业包括染料、颜料和中间体化学品等，是纺织印染工业、汽车工业、高档塑胶制品业等发展的基础，也是纺织印染工业必需的两大原材料产业之一。迄今，现代有机染料产业的发展已有 160 多年的历史。全球染（颜）料产业知名的公司有德国：BASF（巴斯夫）、Hoechst（赫斯特）、Bayer（拜耳）、DyStar（德司达）；瑞士：Ciba-Geigy（汽巴-嘉基）、Sandoz（山德士）、Clariant（科莱恩）；英国：ICI（帝国化学）、Allied Colloids（A.C.联合胶体）、Yorkshire（约克夏）；日本：Sumitomo Chemicals（住友化学）、Kayaku（化药）、Aizen（保土谷）、Daito（大东）；美国 Huntsman（亨斯迈）及韩国 LG 化学（LG Chem）、韩国理禾以及中国的龙盛、闰土、吉华、亚邦、安诺其等。

20 世纪 80 年代后世界染料产业发生了巨大变化，以民营企业群体为代表的中国染料产业随着改革开放兴起，现已成为世界染料生产、贸易和消费第一大国，涌现了一批国际知名的大型染（颜）料公司。同时，世界上一些知名染料公司经历了一系列的重组整合。全球合成染料产业的转型升级进展迅速，产业集聚度、规模化品牌效应及协同创新能力等得到了不断的提升与增强。

1995 年德国 Bayer（拜耳）公司和 Hoechst（赫斯特）公司的染料部门合并建立了 DyStar（德司达）公司；1999 年又合并了德国 BASF（巴斯夫）公司的纺织用染料和颜料部。

1995 年瑞士 Sandoz（山德士）公司分立了 Clariant（科莱恩）公司，并于 1997 年合并德国 Hoechst（赫斯特）公司的特种化学品部和英国、瑞士等多家公司的多类化学品部成为欧洲著名的特殊化学品企业之一。

1995 年德国 Ciba（汽巴）公司和瑞士 Sandoz（山德士）公司组建包括染料业务的 Novartis（诺夫特）公司。

1996 年德国 BASF（巴斯夫）公司并购英国 Zeneca Specialities 公司的染料部组建新的纤维和皮革染料部；德国 DyStar（德司达）公司和英国 Yorkshire（约克夏）公司宣告重组。

20 世纪 90 年代日本五大染料公司 Sumitomo Chemicals（住友化学）、Nippon Kayaku（日本化药）、Mitsubishi（三菱化成）、Mitsui（三井东亚）、Aizen（保土谷）等也成立了染料联合公司。

2004 年美国投资公司 Platinumequity 收购德国 DyStar（德司达）公司（欧洲）。

2007 年美国 Huntsman（亨斯迈）公司收购德国 Ciba（汽巴）公司。

2007 年浙江龙盛集团股份有限公司与印度 KIRI 公司合资成立了生产活性染料的 Lonsen.KIRI 染料公司。

2010 年浙江龙盛集团股份有限公司通过盛达国际和桦盛公司控股德国 DyStar（德司达）62.43%股权。

2011 年浙江闰土集团股份有限公司通过闰土国际（香港）控股当时全球第四大染料企业英国 Yorkshire（约克夏）公司 60%（2012 年增至 70%）股权。

2013 年美国 SK Capital 公司并购瑞士 Clariant（科莱恩）公司的纺织化学品部（包括染料），并启用"昂高"品牌。

2017 年瑞士 Clariant（科莱恩）公司与美国 Huntsman（亨斯迈）公司合并组建价值达 20 亿美元的 Huntsma-Clariant（亨斯迈-科莱恩）公司。

染料产业发展历来与新纤维、印染及服装家用纺织品等行业紧密相连。20 世纪 30～40 年代合成纤维开创了纺织纤维的新纪元，各种新型合成纤维相继问世，随后出现了相应的活性、分散等主要染料类别。适应新型合成纤维、天然纤维混纺或交织纺织品的质量及印染牢度的新要求已成为染料产品创制与应用技术研发的重要方向之一。

据日本化纤协会报道，2017 年世界主要纤维总产量 9371 万吨。化学纤维 6694 万吨，其中合成纤维 6158 万吨，再生纤维素纤维 36 万吨。合成纤维中涤纶长丝 3717 万吨，短纤维 1660 万吨，锦纶 493 万吨。棉纤维由于种植面积扩大，达 2543 万吨。2017 年中国各种纤维产量达 4714 万吨，占世界主要纤维总量的 70%，其中涤纶、锦纶等增长较快。2017 年印染八大类产品出口 226.76 亿米，占总产量 524.59 亿米的 43.2%。主要销往东南亚发展中国家。

目前世界染料、颜料合计年需求量约 180 万吨，染（颜）料产业年工业总产值达 350 亿美元。2019 年，全球染料消费量达到 158.8 万吨。根据 IHS Markit 预测，在未来 3～5 年内，全球染料消费需求将持续保持 2%～3%的增长，预计 2023 年全球染料消费量将达到 175 万吨。中国、印度、西欧是世界上染料主要出口国家和地区。

染料产品的化学结构有 4000 多种，英文商品牌号 41000 多个。典型工业化大吨位产品有靛蓝、C.I.分散蓝 79、C.I.活性黑 5、C.I.酸性黑 194、C.I.活性蓝 19、C.I.硫化黑 1 等。应用于高新技术与新材料领域的功能染料产品产量也在不断增长。

1.3 中国染料产业

染（颜）料产业是化工行业中的传统精细化工特色产业，在国民经济中基础性作用明显。自 1918 年第一家染料厂大连染料厂创建、1919 年第一家民族染料企业青岛维新化学工艺社（青岛海湾精细化工有限公司暨青岛染料厂前身）创建以来，中国染（颜）料产业已走过了100 多年的辉煌历史。尤其是改革开放四十多年的发展，民营企业不断崛起、产业集聚度越来越高、品牌优势和规模效应及国际市场占有率日益增强。

国内产业重点企业主要集中在浙江、江苏、上海、山东、河北等省市。产业集群逐步形成，龙头重点企业已逐步完成了资本积累向资本市场的转移，至 2018 年已上市龙头重点企业有：浙江龙盛集团股份有限公司、浙江闰土集团股份有限公司、浙江吉华集团股份有限公司、江苏亚邦染料股份有限公司、上海安诺其集团股份有限公司、东港工贸集团有限公司、百合花集团有限公司、河北建新集团公司、彩客化学（东光）有限公司、传化智联股份有限公司、广东德美精细化工集团股份有限公司和宁波润禾公司等。

此外还有浙江亿得化工有限公司、浙江博澳新材料股份有限公司、浙江劲光化工有限公司、徐州开达精细化工有限公司、江苏锦鸡实业股份有限公司、辽宁精化科技有限公司、常州北美颜料化学有限公司、湖北丽源科技股份有限公司、山西临汾染化集团有限公司、杭州下沙恒升化工有限公司、江苏泰丰化工有限公司、双乐颜料股份有限公司、江苏之江化工有限公司、宁波龙欣精细化工有限公司、杭州璟江瑞华科技有限公司、浙江花蝶染料化工有限公司、浙江山峪染料化工有限公司、浙江金华恒利康化工有限公司、浙江金华双宏化工有限公司、山东阳光颜料集团有限公司等一大批行业重点企业。2010 年浙江龙盛集团股份有限公司成功控股德国 DyStar（德司达）公司。2011 年浙江闰土集团股份有限公司收购控股英国 Yorkshire（约克夏）公司。中国染料的综合竞争力和国际市场占有率得到了全面提升。

中国染料产品涵盖了分散、活性、酸性、还原、直接、硫化等主要染料类别。染料总产能达 130 万吨以上，年产约达 90 万吨，产量占世界总产量60%以上；年染料出口约 30 万吨；颜料总产能近 25 万吨，出口 15 万吨；染（颜）料贸易量占世界贸易总量的1/3。至 2018 年中国可生产染（颜）料品种 1650 多种，其中染料 1400 多种、颜料 250 多种；常用品种 700多种，其中超过 100 种为分散、活性和酸性等染料类别。

中国染料出口中，分散染料居第一，稳定在每年 10 万吨左右。2017 年，染料与增白剂等总出口30.96 万吨，占总生产量的 30%，其中分散染料占总出口量的41.4%，还原染料出口1.3 万吨，占总出口量的 5%；活性染料出口 1.51 万吨，占总出口量的 5.9%；硫化染料出口2.74 万吨，占总出口量的 10.64%。

科学技术的发展促进了我国纺织工业化学纤维及混纺纤维复合化技术（conjugation technology）的新发展，改变了天然与化学纤维在纺织原料中的比例。新型合成纤维产品的问世与染色技术的不断创新促使许多新染料产品的出现。

到20 世纪 80 年代合成染料根据化学结构可细分为 32 类，根据应用分类可分为 12 大类。根据中国纺织工业振兴规划，国内纺织纤维年产将达 5000 万吨以上，染料需求将达 100 万吨以上。

（1）中国染料产业发展

自"十一五"以来已逐渐进入了结构转型与调整期，产量增速放缓，但利税总额持续增长，产品附加价值不断提升。"十二五"发展的总体水平远超"十一五"的发展，产业规模效益提高明显，转型升级发展顺利。

中国染料产业"十二五"工业总产值2504.6亿元，年均增8%；利税332.3亿元，年均增22.2%。染（颜）料产量543万吨，其中染料433.9万吨，年均增4.5%。见表1-1。染料出口132.8万吨，年均增1%；创汇73.3亿美元，年均增7.7%。与"十一五"相比，工业总产值增33.34%，利税增76.94%，染料产量增20.33%，颜料产量增12.01%。

表1-1 中国染料产业"十二五"发展

年份	产值/亿元	利税/亿元	总产量/万吨	染料/万吨	颜料/万吨
2011	429.3	41.0	98.2	77.2	21.0
2012	441.0	41.6	104.3	83.3	21.0
2013	477.7	61.9	110.6	89.5	21.1
2014	571.8	96.3	114.9	91.7	23.2
2015	584.8	91.5	115.0	92.2	22.8

"十二五"产业发展水平与特色：整体规模持续增长、发展特点鲜明、企业实力显著增强。至2015年产值大于5亿元的企业有25家，大于3亿元的有38家；一些共性技术取得突破、环保综合治理成效显著，如H酸、还原物、氨基蒽醌、CLT酸等的环境友好工艺均有突破；清洁工艺、循环利用、有效投入等普遍受到企业重视；园区集聚化水平显著提高，入园率达85%（同期国内化工规模以上企业入园率45%）；标准制修订有突破，共制修订251项，其中国标标准75项，新标准127项。

"十二五"存在的主要问题：产业结构仍需升级，高端产品缺乏、同质化较严重、部分过剩、项目重复；产学研脱节，技术基础理论和安全生产基础数据研究薄弱，包括理化、毒理学和生态毒理学及工艺技术等基础参数在内的产品生态安全数据指标缺少率平均达75%；成果工程转化和技术集成能力不足，共性技术、先进装备提升和应用技术开发不够快；能耗、水耗、过程控制及"三废"处理技术和措施急需提升；科技投入占销售收入的1%，强度偏低仅为化工产业的一般水平。

中国《染料产业"十三五"发展规划》明确了产业发展重点在于加强开发满足各类市场需求的产品，如适应于超细纤维、高仿棉纤维、多功能复合纤维和羊毛等纤维染整加工技术需要的分散染料、活性染料、酸性染料和有机颜料等主要染料类别的产品。产业发展目标在于创新驱动下实现全产业高附加价值、高利润率、生态安全健康的可持续发展。重点发展方向为产业整体转型升级、布局优化；通过技术协同创新重点提升产业国际竞争力和生产方式集成化、自动化，装备现代化及应用技术和服务水平；提升自主品牌核心价值，加快网络平台建设；完善标准体系，强化包括理化、毒理学和生态毒理学等性质和工艺技术基础参数在内的产品生态安全数据测试和指标体系建设；规划制定的主要发展指标：产值增5%～7%、利税增5%～10%、产量增1%～3%、出口增3%～5%、能耗降10%～20%、单位用水量降10%～20%、主要污染物降10%、入园率达90%、企业集团化发展达30%。

"十三五"以来，染料产业集约化及生产、贸易结构实现了新常态发展，经济指标与盈利水平稳中有升。受国内外经济环境诸多异常复杂因素影响，经历了快速增长的2014年，回调的2015年、2016年和稳步发展的2017年、2018年。尤其是2018年首次出现产量下降而效益提升的经济运行现象，染（颜）料总产量同比下降16.6%；其中分散染料38万吨，同比下降20.4%；活性染料27万吨，同比下降12.5%。但总产值基本持平，利税增长了33.3%。

2019 年产业运行稳中有进，与 2018 年相比产量略降而经济指标仍小幅增长；染料产量占世界染料总产量的 43.8%，其中分散染料 33.8 万吨，活性染料 22.1 万吨；中间体 46.3 万吨。见表 1-2。2020 年受新冠肺炎疫情对全球冲击影响，染料产业进入了特殊历史时期，总体运行受困，产业经济指标、产销及盈利水平均出现较大回落。1~6 月完成工业总产值 221.3 亿元、利税 26.9 亿元、染料产量 31.78 万吨、出口 9.25 万吨、中间体 15.68 万吨。

表 1-2　2016~2019 年中国染料产业发展

年份	产值 /亿元	利税 /亿元	总产量 /万吨	染料 /万吨	颜料 /万吨	出口 /万吨
2016	598.5	83.3	116.2	92.8	23.4	31.51
2017	621.0	89.0	123.1	98.6	24.5	30.96
2018	681.5	118.6	103.4	81.2	22.2	22.00
2019	709.8	116.3	100.8	79.3	21.5	21.7

（2）浙江染料产业

染料产业是浙江省先进制造业特色产业之一，现有染料及中间体、助剂生产企业 100 多家，浙江染料总产能约占全国总产能的 60%。至 2018 年底，产值超 100 亿元的有浙江龙盛集团股份有限公司（约占全球 21%市场份额）；超 10 亿元的有浙江闰土集团股份有限公司、浙江吉华集团股份有限公司、东港工贸集团有限公司、百合花集团有限公司等。浙江染料产业"十二五"发展数据见表 1-3。

表 1-3　浙江染料产业"十二五"发展

年份	产值 /亿元	利税 /亿元	利润 /亿元	染料 /万吨	出口 /万吨	中间体 /万吨	助剂 /万吨	颜料 /万吨
2011	203.61	25.31	18.00	53.62	6.40	9.45	26.19	2.80
2012	207.12	21.48	14.77	57.66	8.64	10.29	27.99	2.83
2013	237.76	31.46	22.71	58.52	9.17	9.80	20.14	2.97
2014	283.74	53.16	41.13	59.29	7.08	9.36	20.86	3.29
2015	293.33	50.88	38.35	61.32	7.52	12.48	26.13	3.23

"十三五"以来浙江染料产业集聚与转型升级成效显著，2016~2019 年染料与中间体的产销平衡趋稳，各项经济指标稳中有升，总体发展顺利。因安全环保压力加大、劳动力成本增加和市场需求放缓等复杂因素影响，2018 年首次出现了产量下降，但销售上升且税利等效益指标明显提升的现象。2019 年工业总产值、销售收入及出口量持续上升，利税基本持平但利润有所下降，中间体和颜料的产销与效益均有所回升。见表 1-4。

表 1-4　2016~2019 年浙江染料产业发展

年份	产值 /亿元	利税 /亿元	利润 /亿元	染料产量 /万吨	染料销售 /万吨	出口 /万吨	中间体 /万吨	颜料 /万吨
2016	306.455	45.122	34.484	63.168	55.681	8.724	14.557	3.776
2017	279.778	45.445	35.483	61.109	59.814	10.407	12.842	3.976
2018	324.090	69.970	55.806	53.806	54.857	8.448	11.488	4.455
2019	353.891	70.078	52.997	52.413	54.068	9.294	13.318	4.458

（3）产业发展导向

2019 年 11 月 6 日，国家发改委正式公布了《产业结构调整指导目录（2019 年本）》（以下简称《目录》）。该《目录》是引导产业投资方向、政府管理投资项目，制订实施财税、信贷、土地、进出口等政策的重要依据，自 2020 年 1 月 1 日起施行。《目录》将产业导向分为鼓励发展、限制和淘汰等三大类别。石油化工产业导向具体类别中均涉及染（颜）料产业。

鼓励发展类共 17 类，其中第 8 类：高坚牢度、高色牢度、高提升力、高匀染性与重现性、低沾污性以及低盐、低温、小浴比染色用和湿短蒸轧染用活性染料；高超细旦聚酯纤维染色、高洗涤性、高染着率、高色牢度和低沾污性（尼龙、氨纶）、高耐碱性、低毒低害环保型、小浴比染色用分散染料；聚酰胺纤维、羊毛和皮革染色用高耐洗、高氯漂、高匀染、高遮盖率的酸性染料；高色牢度、功能性还原染料；高色牢度、功能性、低芳胺、无重金属、易分散、原浆着色用有机颜料；采用上述染料、颜料生产的水性液态着色剂。第 9 类：染料、有机颜料及其中间体清洁生产、本质安全的新技术，包括发烟硫酸磺化、硝化、酰化、加氢还原、重氮偶合等连续化工艺；催化、三氧化硫磺化、绝热硝化、定向氯化、组合增效、溶剂反应、双氧水氧化、循环利用等技术，以及取代光气等剧毒原料的适用技术，萃取、膜过滤和原浆干燥技术等的开发和应用。

限制类共 13 类，其中第 11 类：新建染料、染料中间体、有机颜料、印染助剂生产装置（鼓励类及采用鼓励类技术的除外）。淘汰类共 10 类，其中第 8 类中明确了淘汰铁粉还原法工艺，但对 4,4-二氨基二苯乙烯-二磺酸（DSD 酸）、2-氨基-4-甲基-5-氯苯磺酸（CLT 酸）和 1-氨基-8-萘酚-3,6-二磺酸（H 酸）等三种产品暂缓执行。

2011 年国家发改委等五部委联合发布的《当前优先发展的高技术产业化重点领域指南（2011 年度）》中将"新型纺织材料及印染后整理技术中的高附着力、高牢度的高档染料和高效短流程染色技术及配套的活性染料和助剂"列为当前优先发展的高技术产业化重点领域。

产学研协同创新是染料产业发展的源动力。国内大连理工大学、华东理工大学、天津大学、浙江工业大学和沈阳化工研究院等高校、院所紧密跟踪产业发展前沿，开展了许多富有特色的协同创新研究。但相比其他特色产业，染料产业的产学研合作规模与效益均有待提高；产业技术基础理论和染料制造全生命周期本质安全，如生态安全基础数据、反应风险评估，工艺系统安全优化评估等相关研究的产学研协同创新亟待加强。

大连理工大学吴祖望教授曾著文指出，21 世纪染料科技和产业的发展趋势是在现有基础上，进行"三 C"工程技术创新改造，即理论研究和结构设计开发创新（creation）、生产的清洁和环境友好创新化（cleaning production）、商品化技术创新（commercialization technique）等。功能性与生态环保型（ECO）染料已成为世界染料产业转型升级的主流，不仅要支撑高技术产业发展，还需满足安全生态环保等要求。

总之，创新驱动是产业发展的主旋律，环保、安全、经济是产业发展的永恒主题。中国染料产业应进一步完善以企业为主体的协同科技创新体制机制，加强用于高新技术领域的功能染料产品和低毒性、低排放安全环保型产品及共性技术的研发。通过产业集聚、产品创制、共性技术及先进装备研发等促进产业的可持续发展。

第2章

染料化学理论

自 1856 年合成染料问世后，人们对染料结构与发色及性能关系的研究一直进行着。随着化学结构及量子化学理论的发展，发色理论和学说不断地由定性走向定量。"染料化学工艺学"是有机化学与化工工艺学结合的一个分支学科，主要研究染料结构与发色及应用性能等的关系、合成工艺及关键技术等。量子化学、量子有机化学和现代实验、检测技术提供了染料产品分子设计的理论模型和研究"结构与性能关系"的重要手段。

物质的颜色是其对可见光产生选择性吸收的结果。随着结构化学和光谱学理论的发展，人们不仅能测出不同物质结构分子的吸收光谱图，而且还可通过吸收光谱来了解物质的结构与光吸收发色特性。量子化学、量子有机化学及化学动力学的基本原理在"量子化学""物理化学"和"物理有机化学"等课程中已有详细阐述。

本章仅概述染料化学各主要发色理论要点和特征，简要给出量子化学等知识在染料化学研究中的应用要点，阐述结构与发色间微观分析的思路和方法。

2.1 染料与颜色

2.1.1 颜色与色觉

颜色过去、现今仍然在人类学、心理学、审美、功能和经济等方面影响着人类社会，多彩的色素物质始终是五彩缤纷世界的物质基础。英国著名染料化学家 J.格里菲斯（John Griffiths）在其编著的 *Color and Constitution of Organic Molecules*（1976）中指出："如同玫瑰的香味不是花的物理性质一样，颜色并不是物质的物理性质。颜色、气味都是一种生理感觉。它通过观察者的感受而感知。颜色与光密切相关，是光与眼睛相互作用而产生的感知。故色盲无法辨别，且颜色的感知因人而异。"

颜色是物质对不同波长光的吸收特性表现在人视觉上所产生的视感觉反映，它不仅与物质分子结构有关，而且还与照射到物质上的光有关。尽管颜色是人脑的感觉，但颜色的定量描述对于科学研究和色素的应用都是至关重要的。

色觉产生：色觉是一种建立在各种物理学、化学、生理学和心理学过程上的生理感知。在眼睛的视网膜（位于眼球内壁的一层薄薄的细胞层）上存在着可用显微镜鉴别出来的两类视神经细胞，分别按高倍放大时的形态取名为视杆细胞和视锥细胞。在正常人的视网膜内有约 1.2 亿个视杆细胞和 700 万个视锥细胞。视杆细胞是亮度感受器，在光照时产生黑、白、灰三种暗视觉。视锥细胞是颜色感受器，在高强度光照时产生亮视觉。视锥细胞中含两种链端连有环烯基的醛类大分子化合物，该大分子化合物与视蛋白结合产生色觉。

色觉理论认为至少有三种不同感色的视锥细胞分别感受红、绿、蓝（或紫）三种颜色的光，即存在着三种颜色感受器。当物质受到光线照射后，就会吸收掉一部分光，而剩下来的部分光经过反射、折射刺激人眼睛的视网膜，光能变成神经电能而不同程度地刺激三种颜色感受器。三种不同的刺激经大脑色觉皮层综合加色混合后就使人产生色觉。色觉的产生过程如下：

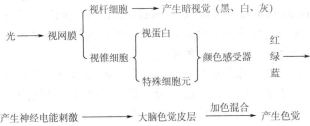

2.1.2 染料的色光

（1）色彩基本特性

HSB 颜色体系是基于对颜色敏感性的测量。根据 HSB "表色体系标准"，颜色视觉暨色彩的敏感性度量有色相（hue，又称色调）、彩度（chroma，saturation，又称饱和度）、明度（lightness，brightness，又称亮度）等三大属性（心理学参数）。色度学是研究色彩计量的科学，它提供了基于人眼和大脑中神经生理学过程的对色彩特性定性、定量描述的方法，广泛用于工业标准的制订和应用。

色光二象性：德国物理学家麦克斯韦（Maxwell）的光电磁学说认为光具有微粒性和波动性。电磁波的速度即光速 $c = \lambda v (3 \times 10^8 \text{m/s})$。根据爱因斯坦-玻尔方程（Einstain-Bohr equation），光量子的能量与吸收光波长成反比，与频率成正比。

光量子： $E = hv = hc/\lambda$，h（普朗克常数）$= 6.625 \times 10^{-34} \text{J} \cdot \text{s}$

电磁波按波长分段可分为：

无线电波	红外线	可见光	紫外线	X射线	γ射线
1km	1μm	760nm	400nm	1nm	<0.001nm

1666 年，英国物理学家牛顿（Newton）把无色的太阳光从缝隙引入暗室，遇到在通道上放置的棱镜，使光产生折射。当折射的光碰到白的屏幕时，在那里呈现出和雨后彩虹一样的美丽色带，该色带即为由七原色组成的可见光谱。

	760nm	647nm	585nm	565nm	492nm	455nm	424nm	400nm
光谱色：	红	橙	黄	绿	青	蓝	紫	
补 色：	蓝绿	青	蓝	紫红	橙	黄	黄绿	

（2）三原色理论

1801 年英国生理学家托马斯（Y.Thomas）根据人眼的视觉生理特征提出了三原色理论，认为在视网膜的所有位置上都存在三种分别与色光三原色红、绿、蓝波长形成共振的粒子。当接受光照后，粒子分别按各自固有的共振曲线共振，并分别经三种神经纤维将各自的振动值传给大脑神经枢纽形成色觉。1867 年德国物理学家亥姆霍兹（H. L. vonHelmholtz）通过物理试验将红光和绿光混合得到黄光，然后掺入一定比例的紫光，结果出现了白光。此后，人们才开始认识到色光和染（颜）料原色混合的不同规律，有加色混合与减色混合之区别。

可见光区（400～760nm）的光线照射到透明物质时全透过为无色，部分透过为有色，如红色液体。光线照射到物质（如纤维织物）时全吸收为黑色；以漫射方式全反射为白色；以固定比例部分吸收为灰色。白、黑和灰色被称为消色（achromatic colors），其特征是其在可见光区的吸收为常数。而彩色则是物质在可见光区选择吸收或反射所产生的，具有最大和最小吸收的特征。吸收光谱色的补色即剩余光谱色的综合色。如吸收 500～560nm 的光线（绿光），剩余 400～500nm，560～760nm 光谱色综合为紫红色即视觉感受颜色（补色）。

三原色（three primary colours 或 three monochromatic primaries）为三个独立的色，这三色中的任意一原色都不能由另外两种原色混合而成，而其他色则可由这三色按一定比例相混而成。加色混合与减色混合有不同的三原色定义。

a. 加色混合：光色谱中三原色叠加混合可得到不同的颜色，如彩电的色彩即由三原色荧光体叠加得到。水彩、油漆的色彩也是红、绿、蓝三原色混合调配的结果。加色混合的三原色是由三种色刺激值（CIE）的红（R）、绿（G）、蓝（B）值表色系统规定的，为红（700nm）、绿（546.1nm）和蓝（435.8nm）的高纯色光。

b. 减色混合：从白光中除去一部分光谱后形成的颜色即为除去部分光的补色。当具有不同吸收波长的两种或多种染料混合得到某种颜色时，其鲜艳度总是比单一染料得到的颜色为低，这即为减色混合规律。减色混合（染/颜料）的三原色是黄（柠檬黄）、红（品红）、青（湖蓝），适当调节三原色的混合比例便可得到白光。

大多数颜色是通过减色混合得到的。作为三原色商品染料，黄、品红、青的色谱必须纯正，还须有良好的相容性、匀染性、竭染性、提升力、色牢度及对化学物质和温度的敏感性。值得注意的是，绿色染料（物质）常有两大吸收峰 400～450nm 和 580～700nm，所以无法从定性角度确定其颜色是由单一绿色染料还是由蓝色和黄色染料拼混而成的。

颜色的测定和表述（紫外-可见分光光度计），朗伯-比尔定律（Lambert-Beer equation）：

$$A = \lg\left(\frac{I_0}{I}\right) = \varepsilon c L$$

式中，A 为消光值；I 为未被染料吸收的量；I_0 是单色光单位时间内通过单位横截面积（cm^2）时照射到物体上的总量；c 为样品溶液浓度，mol/L；L 为液层厚度，cm；ε 为摩尔吸光系数，是染料的特征吸收强度，L/(mol·cm)。用紫外-可见分光光度计可测得 I_0/I 值即消光值 A 后可由方程求得与代表染料基本颜色的 λ_{max} 相关的摩尔吸光系数 ε。

染料的紫外-可见吸收光谱给出了其吸收带和最大吸收波长 λ_{max} 等特征。人眼的色觉不仅取决于吸收波长，而且也取决于吸收带的形状。吸收带越窄（半峰宽窄）、斜率越大，则色光越纯、色彩越艳。对色觉而言，指定吸收带的半峰宽（斜率）有时比最大吸收的波长（位置）还要重要。

（3）染料的色光与强度

染料的色光是指纺织纤维染色后的色彩和鲜艳度。在商业上，色光是评价染料特性和品质的重要标志。染料的色光决定于染料结构本身，但又与染料的合成原理有关。相同结构的染料，往往因制造厂间生产工艺的不同而有区别。

印染成品的色光又与纤维品质、织物的组织规格有着密切的关系。如分散染料的色光通常指染涤纶而言，同一染料染在涤纶上和其他合成纤维上的色光会有所不同。因此，在选用染料和比较色光时，必须指定纤维材料。

a. 染料的演色性：是染料产品在不同光源下所发出的色光存在偏向差异的现象（光变色现象）。在染料复配研究中选择复配拼色的各单色染料应尽可能避免演色性。

b. 染料强度：是其吸收光强的度量，也称发色值，与结构和发色体紧密相关。常用摩尔吸光系数 ε 表达，是染料产品品质的主要指标和其功能性三个指标之一。工业化染料产品的摩

尔吸光系数 ε 通常在 $10^4 \sim 10^5 \text{L/(mol·cm)}$ 间或更高。一般偶氮结构染料的 ε 较高，在 $(2 \sim 4) \times 10^4 \text{L/(mol·cm)}$ 间，醌构染料的 ε 稍低，在 $(1 \sim 2.5) \times 10^4 \text{L/(mol·cm)}$ 间，所以蒽醌染料虽色泽鲜艳、耐光和化学稳定性等都好，但着色力稍差；高发色强度的染料如吡啶酮类偶氮染料 ε 达 $5 \times 10^4 \text{L/(mol·cm)}$，四氢喹啉类杂环染料 ε 达 $7 \times 10^4 \text{L/(mol·cm)}$。$\varepsilon$ 大于 10^5L/(mol·cm) 的发色体不多。Officer 等报道的低聚卟吩（Oligo-porphyrin）在 620nm 处的 ε 达 $1.15 \times 10^6 \text{L/(mol·cm)}$，是已发现的摩尔吸光系数最大的发色体之一。低聚卟吩含有 227 个共轭双键，是已知的非稠环简单化合物中含共轭双键最多的结构之一。

c. 染料力份：是表示染料产品着色能力的半定量指标，常标注在产品（品牌）名称的尾部，如 150%。染料力份与其摩尔吸光系数 ε 相关，所以也称染料强度。它是样品的染色深度与标准染料染色深度相比的相对着色强度，是指颜色相近的两个同种类染料在相同的染色条件下，用相同用量染出颜色的浓淡程度的比较，所以不是绝对值而是相对值。当要求染出规定浓淡的色泽时，所用染料的需用量与该染料的力份成反比。通常把标准染料的力份定为100%。力份为 50% 的染料是标准染料的一半浓，或者说，如果要达到与标准染料相同的浓淡程度，其用量应比标准染料用量多一倍；200% 就是比标准染料浓一倍，或者说，如果要达到与标准染料相同的浓淡程度，只需要标准染料用量的一半。对具体染料产品，常选择某一指定染料样品为标准染料；将每批染料产品在一定条件下染色并与标准染料的得色深度相比，根据染得同样颜色深度所需的用量，计算出每批染料产品的力份。一般印染厂会自行检验每批购入染料的力份。

2.2 经典发色理论概要

染料的特征在于具有在可见光区域（400~760nm）吸收或发射光而产生颜色的能力。而染料的分子结构与颜色关系的研究则是在 1856 年伯琴发明了第一个合成染料后即开始引起人们的注意，随后出现了各种有机物发色的经典理论（学说）。经典发色理论只是从不同侧面归纳出来的定性经验推理总结，虽能解释一些染料发色的机制，并为建立近代发色理论打下了基础，但有局限性，尚不能定量揭示染料分子结构与颜色间的内在关系。

2.2.1 维特发-助色团理论

（1）发色团与发色体

1868 年 Graebe 和 Liebermam 提出了"不饱和键"是发色之本的假说。1876 年德国维特（O.N.Witts）提出了染料发-助色团理论（维特学说），认为有色的染料分子必存在特定的不饱和原子团，他把这些特定的原子团称为发色团（chromophore）。但并不是含发色团的有机物就一定会有颜色，这些发色团还须连在足够长的共轭体系上或同时有多个发色团连在一起时才能显出颜色，这些含发色团的分子结构母体称为发色体（chromogen），又称色原体，如硝基苯、偶氮苯等。

$$\lambda_{max}\ n \longrightarrow \pi^* \ 443nm \qquad\qquad \lambda_{max}\ n \longrightarrow \pi^* \ 319nm,\ \pi \longrightarrow \pi^* \ 440nm$$

普通发色体的颜色一般并不很深，对各类纤维也不一定有亲和力，但当另外引入一些基团时，会使整个分子的颜色加深、加浓，并且对纤维有亲和力，维特把这些基团称为助色团（auxochrome）。助色团本身不发色，但能影响染料的颜色（λ_{max}）及应用性能。

按照维特发-助色团理论，发色团、发色体和助色团的典型结构有：

a. 发色团：为有色的不饱和基团，如 CH=CH、C=O、N=O、NO_2、N=N 等，均含 π 轨道或非键 n 轨道。通常在分子结构中增加发色团数量颜色会加深。

b. 发色体：为含发色团的分子或发色团与简单的取代基结合后的分子，通常为含发色团的 p-π 共轭系结构，如硝基苯、蒽醌、偶氮苯及杂环发色体等。

c. 助色团：为含有参与 p-π 共轭的 p 电子的给电子基或吸电子基，如 NH_2、OH、OR、NHR、NR_2、Cl、Br 等。NH_2、OH 等的氮氧原子中带有孤对电子可在发色体系中形成 p-π 共轭而引起深色效应，同时氨基、羟基等既可形成氢键，又可与金属离子形成配位络合，二者均能提高染料与纤维间的亲和力。SO_3Na、COONa 等是较特殊的助色团，对染料发色无显著影响但可使染料具有水溶性且在水溶液里带负电荷而对纤维产生亲和力，同时也可调节染料的应用性能。活性染料的活性基也可视为反应性助色团，如三氯均三嗪活性基。

值得注意的是，助色团并不是染料分子结构中必不可少的，像芘蒽酮、紫蒽酮等染料，无任何助色团，颜色也很深浓，对棉纤维有很高的亲和力。

芘蒽酮   紫蒽酮

（2）典型发色体

一般有机染料分子发色体可分为四大类。

a. n→π 发色体：该类染料分子中含有非键 n 轨道，在可见区显示 n→π* 吸收带，常见的发色体如亚硝基甲烷、亚硝基苯和苯醌等。

b. 吸-供电子发色体：大多数染料、颜料分子均属该结构。通常供电子基直接与共轭介电子系相连，孤对电子轨道与 π 共轭系和 p 轨道位于同一直线上。

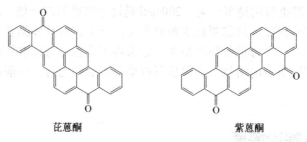

典型的靛蓝分子中 C=C 键分别与两个吸供电子基（NH，C=O）形成交叉共轭（cross-conjugated），这种靛族染料发色体的原子排列被称为"H 型发色体"（1966 年由 Dahne 和 Leupold 提出）。

c. 非环多烯与环多烯发色体：多烯结构发色体可分为环多烯和非环多烯两类。非环多烯发色体为开链 π 共轭系（sp^2 或 sp^1 杂化）如菁染料分子，π 电子数等于 p 中心数；环多烯发色体为芳香族环系，如蒽醌、杂蒽等，为 p 轨道全部重叠的 sp^2 或 sp^1 大 π 系，π 电子不等于 p 中心数。在可见区显示 π→π* 主吸收带和 n→π* 副吸收带。

$CH_3(CH=CH)_nCH_3$

黄色   蓝色   吡咯   戊醌黄色

d. 菁型发色体：该类发色体以菁染料为代表，在可见区显示 π→π*吸收带；其电荷迁移性好，可用共振杂化理论描述其电荷离域化和化学键均匀化。一般该类发色体λ_max 随着 π 共轭增长而增大。作为奇交替烃的特例，在可见区则显示 n→π*吸收带。

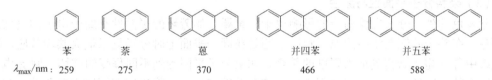

染料发色体的结构类别较多，但产业化的染料发色体主要有七类。染料化学中新发色体结构的设计是染料分子设计的研究前沿。

2.2.2 其他经典发色理论

（1）醌构理论

1888 年英国阿姆斯特朗（Armstrong）提出"有机物的颜色与芳香核的醌型结构有关，具有醌型结构的化合物都有颜色"的醌构理论。典型的芳甲烷染料也是 p-π 共轭醌型结构化合物。如孔雀绿隐色体和孔雀绿（λ_max 660nm）为互变异构醌型结构。

醌构理论在解释芳甲烷类及醌亚胺类染料时相当成功，如孔雀绿，由于分子内醌型的存在，所以呈现很深的绿色，而将醌型还原后的烯醇式结构不具有颜色，所以称为隐色体。但很多染料都不具备醌型结构，由此可知，醌型结构不是有机物发色的必要条件。

（2）斯基巴洛夫电子流动学说

19 世纪末，俄国化学家斯基巴洛夫（Ctenahob）提出了电子流动学说，从电子流动的角度去解释染料的发色现象。认为多烯 p-π 共轭结构是物质发色的基本结构，共轭链增长，电子流动性增加，λ_max 增大，颜色向深色谱方向发展。比较苯、萘、蒽、并四苯和并五苯的吸收，共轭链增长，使并四苯和并五苯的最大吸收进入可见区。

苯	萘	蒽	并四苯	并五苯
λ_max/nm: 259	275	370	466	588

如下多烯结构，吸收波长随着链长 n 增长而增大，红移。

n:	0	1	2	3	4	5	6
λ_max/nm:	252	319	352	377	404	424	445

应用电子流动性理论，可定性地说明很多染料的颜色变化，如偶氮染料分子两端的共轭位置上分别存在着吸电子取代基和给电子取代基时，颜色就加深。

2.2.3 分子结构与颜色

（1）共轭体系长度与颜色

在 $+CH=CH+_n$ 多烯共轭分子中，每增加一个双键都将使吸收峰向长波方向移动，由无色至有色，再逐渐加深。按斯基巴洛夫电子流动学说，在共轭双键体系中，共轭双键愈长，π-π*跃迁所需能量愈低，则选择吸收的光线波长也愈长，在同系物中，产生不同程度的深色效应。

如菁染料（阳离子染料）随着共轭体系的增长，对光线的增感也向长波方向移动，而且吸收带的宽度也随之而缩小，因而色泽变得更为鲜艳。

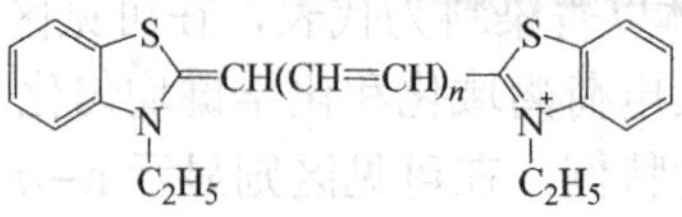

共轭链长 n： 0   1   2   3   4

λ_{max}/nm：342   588   650   762   890

（2）助色基团与颜色

在共轭体系的两端，若存在极性助色基团（吸电子基和供电子基）时，可使分子的极性增加，π 电子的离域增强，从而降低分子的激发能，使吸收光谱向长波方向移动，导致颜色加深。如果共轭体系的一端接有一个吸电子基，而另一端接有一个供电子基团时，则 π 电子的离域增强更明显，吸收波长更移向长波方向。如：

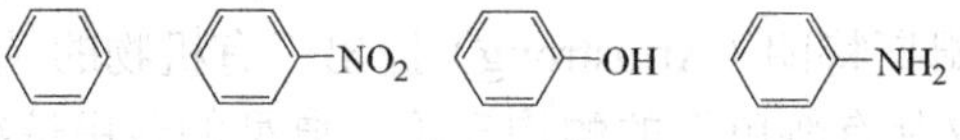

λ_{max}/nm：255   268   275   282

ε/[L/(mol·cm)]：230   10000   1450   1430

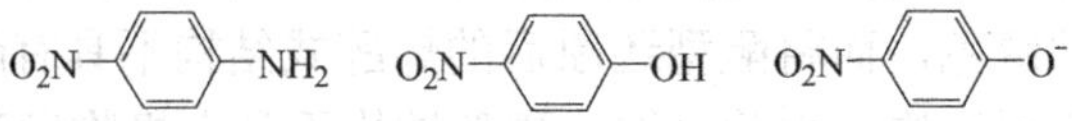

λ_{max}/nm：318   315   400

ε/[L/(mol·cm)]：13450   9000   15000

极性助色基团被引入共轭体系，使之产生或增强极性，不但促使吸收光谱向长波方向移动，产生深色效应，而且往往增加摩尔吸光系数，产生浓色效应。如，苯酚的吸收强度为苯的 7 倍，对硝基苯酚为苯的 39 倍，对硝基苯胺为苯的 58.5 倍。

（3）染料分子平面性与颜色

除发色体外，分子立体构造的影响也十分重要。如芳环的平面性有助于电子的离域产生深颜色。在整个共轭系统中的原子和原子团处在同一平面上时分子显示最大共轭效应，即共轭系统中各 π 电子云得到最大限度的叠合。如果分子平面受到不同程度的破坏，则 π 电子云叠合程度就会降低，π 电子离域程度低，使激发能增高，吸收光谱向短波方向移动，产生浅色效应，同时吸光系数也往往降低。如下偶氮结构构分子反式平面性好，而顺式则因邻位空间障碍使平面扭曲。

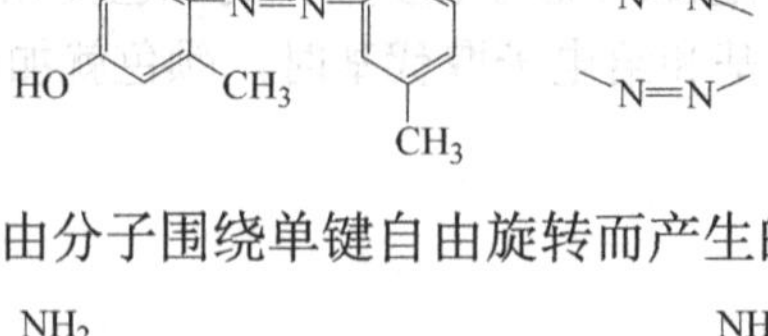

常见的平面结构被破坏是由分子围绕单键自由旋转而产生的。如联苯类染料刚果红：

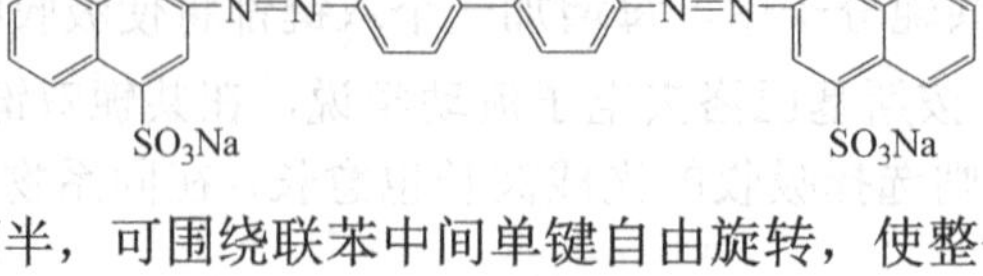

由于染料分子左右两半，可围绕联苯中间单键自由旋转，使整个分子的共轭系统不在同一平面上，所以颜色并不很深。

染料分子内体积较大的基团，常因空间障碍，降低了 π 电子的叠合程度，使颜色变浅，这一情况常见于偶氮染料和蒽醌染料。为了避免这种状态，可以通过三种形式改变其几何形状：伸长或缩短其键长，但 C—C 键每改变 0.001nm，就需约 12～29kJ/mol 的能量；增大或减小键角，虽比第一种情况所需要的能量少，但仍很困难；使分子产生键的转动，这是解除空间障碍较好的办法。一个单键的旋转几乎不需要多少能量，但由于单键的旋转会形成非平面分子。

（4）金属络合染料与颜色

金属络合染料为染料母体和金属离子形成的分子络合物，大多是稳定的五元或六元络合环结构。金属离子一方面以共价键和染料分子结合，一方面又和具有未共用电子对的原子以配价键合。当染料分子共轭体系中的原子或原子团与金属离子形成配价键合时，电子云分布状态会发生大的变化，从而影响共轭体系电子的流动性，引起染料颜色变化。

当金属离子显示缺电子性，羰基或亚硝基氧原子的孤电子对与之生成配价键，使它们的吸电子性增加，产生深色效应。

染料与金属离子形成内络合物后，颜色一般加深变暗。同一染料与不同金属离子生成络合物时具有不同的颜色，这是由于不同的金属离子对共轭体系 π 电子的影响是不同的。

2.3　量子有机发色理论概要

2.3.1　基本概念

经典发色理论大多为经验定性推理。只有在量子化学基础上发展起来的现代发色理论，才有可能揭示染料分子微观结构与发色的关系，定量描述染料光吸收现象并根据染料分子结构特征对其颜色及吸收光谱作出预测。

量子有机化学运用量子化学的计算方法研究有机分子静态和动态性质并预示和阐明有机化学中的某些规律，例如分子的电子结构和立体构型、与结构相关的性能等。量子有机化学等理论揭示物质的颜色是由于吸收了一定波长的光量子后引起物质分子中价电子的跃迁而产生的。但现有理论还不能够圆满解释各种现象。

运用共振理论解释染料分子发色原理的典型结构如菁染料，其共振杂化体的互变异构可解释电子迁移过程，而运用量子化学理论结合结构化学参数可实现定量计算 λ_{max}，从而预计染料的颜色，这是现代染料分子设计的理论途径。

有色分子发色的原因分内因分子结构、电子运动和外因光线、激发能等。有机物分子具有一定的内能，当它吸收光能时，分子内的电子会从一个能级受激跃迁至较高的能级而引起能量吸收。在可见光能量范围内，主要有 $n \rightarrow \pi^*$ 和 $\pi \rightarrow \pi^*$ 两类电子跃迁，而大多数染料分子内的电子受激跃迁均以此两类为主。

瑞士 E.Heilbronner 和德国 H.Bock 在《休克尔分子轨道模型及其应用》（The HMO Model and Its Application）一书中指出："HMO（Hueckel molecular orbital）理论确切地说是一种模型，它具有主要是定性的或者至多是半定量的特征。它正确地考虑到以最少的量子化学原理，通过可调整的参数进行计算，从而能够使之与实验的分子数据相符，并提供相当有启发性价值的分子轨道和电子结构图像。"

根据爱因斯坦-玻尔方程（Einstain-Bohr equation）　分子轨道及电子能级：

单电子　　　　　　　　　$\Delta E_i = E_\pi^* - E_\pi = h\nu = hc/\lambda$

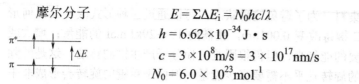

摩尔分子

$$E = \Sigma \Delta E_i = N_0 hc/\lambda$$
$$h = 6.62 \times 10^{-34} \, J \cdot s$$
$$c = 3 \times 10^8 \, m/s = 3 \times 10^{17} \, nm/s$$
$$N_0 = 6.0 \times 10^{23} \, mol^{-1}$$

根据能量与光波长关系，$E = N_0 hc/\lambda = 28000 / \lambda$，在可见光 λ 400～700nm 对应的能量范围内能发生电子跃迁的分子才会发色，而相应能量范围内有色有机分子中的电子跃迁均涉及 $n \to \pi^*$ 和 $\pi \to \pi^*$ 等跃迁。而在可见光之外的红外以上长波区，其能量不足以激发电子只能导致分子振动。

关于原子轨道中的波动电子，在电子三维分布波动力学模型中，用电子分布函数所对应的轨道来代替玻尔原子模型中的电子轨道。与时间无关的单电子体系薛定谔方程（Schrödinger equation）描述的是一个质量为 m、势能为 U 的电子的运动轨迹，它是三维笛卡尔坐标（x, y, z）、总能量 E 和本征函数 ψ 的函数。ψ^2 是电子云密度的度量。

薛定谔方程的精确解只适合单电子体系，基于此的分子轨道法即为对具体分子、原子的多电子体系的各种适当近似或简化处理方法。分子轨道法中的分子轨道是由原子轨道波函数线性组合（LCAO-MO）而计算得到的。

a. 简单分子轨道理论（HMO theory）：1931 年 E. Heilbronner 提出的用于研究具有大 π 共轭体系有机化合物的 π 电子行为的分子轨道半经验计算法（semi-empirical method），分子轨道由原子轨道的线性组合（linear combination of atomic orbital，LCAO）近似计算得到。HMO 理论采用 σ-π 分离原则仅考虑 π 电子，且不考虑 π 电子间相互作用；通过简单分子轨道理论计算可得到描述化合物分子 π 电子体系特性的分子图及 π 电子密度、π 键的键级和原子的自由价等参数。由 π 电子密度可计算分子的偶极矩。简单分子轨道理论是一些更精确的分子轨道计算的基础。

b. 微扰分子轨道理论（perturbation molecular orbital theory）：普遍化微扰理论（generalized perturbation theory）认为任何化学反应过程均存在着分子轨道的相互作用，两个轨道的微扰结合形成两个新的轨道。微扰分子轨道理论在 HMO 理论基础上考虑分子轨道和 π 电子间的微扰，通过计算可得到轨道相互作用能（微扰能）即共振积分、新轨道的能量变化即稳定化能等。

c. PPP-SCF-CI 法（Parr-Pariser-Pople method）：简称 PPP 法，是基于简单的分子轨道理论（HMO）应用了自洽场方法（self-consistent field，SCF）和 CI 组态相互作用原理（CI），并结合染料分子结构特征进行了修正的半经验计算方法。因在 20 世纪 50 年代分别由 Pariser、Parr、Pople 等三位学者提出而命名；PPP 法的发明者之一 Pople 在 20 世纪 50 年代最早提出了计算化学概念，20 世纪 70 年代发明了 Gaussian70/80 计算软件并因此获得了 1998 年的诺贝尔化学奖。PPP 法应用于大分子 π 键共轭体系比较成功，且计算量少；20 世纪 70 年代起理论研究进展迅速并在染料分子设计和颜色预测中广泛应用。

20 世纪 90 年代后根据新的或优化的参数，基于 PPP 法的计算软件 Pisystem V 3.1 和 WinPPP 3.0 等在不同发色体的计算中广泛应用。约有 80% 有关染料的计算工作是基于 PPP 法完成的。WinPPP 可通过互联网获得，适于计算激发态和最大吸收波长 λ_{max}，但总体结果数值偏低。PPP 法也可用于荧光分子 Stokes 位移的经验计算。

2.3.2 分子轨道理论要点

（1）分子轨道及电子组态说明

a. 单电子近似：分子中每个电子的状态均可用一波函数 $\varphi(x, y, z)$ 表述。φ 即为分子轨道。电子的排布原则：分子轨道中电子的排布原则与原子中的排布原则相同。需满足泡利原理、能量最低原则和洪特规则。电子排布方式即电子组态。

b. 成键电子：起键合作用的是所有的轨道电子，但已配对的轨道电子作用相互抵消，故净成键电子数等于价电子数；价电子为可以配价成键的电子，含 σ 电子、π 电子。

如：碳原子 C^6：$1s^2 2s^2 2p^2$，价电子数为 4，非价电子数为 2。

苯分子 C_6H_6：价电子数为（π6 +σ10）16，非价电子数为（12+24）36。

大多数稳定的有机分子，其基态的电子组态为每个轨道中的电子自旋方向相反，则组态多重度为 1，称为单重态或单线态（S 态）；当分子受激发，π 跃迁后其电子自旋方向不变则为单线态（S 态），此为正常跃迁，产生强吸收带，是染料分子产生颜色的主要吸收带。

当分子受激发，π 跃迁后其电子自旋方向翻转则称为三线态（T 态），其组态多重度为 3。此时分子中有两个自旋平行的电子分占不同轨道，轨道中的排斥能低，三线态能量比单线态略低。按量子化学理论，当分子受激发后，其电子由基态跃迁至三线态是禁阻的，其吸收带为弱吸收带。

（2）Hückel 分子轨道理论（HMO 理论）

分子轨道由原子轨道线形组合而成。

$$\psi = \sum_{i=1}^{n} C_{ij}\phi_j \qquad C_{ij} \text{ 为分子轨道组合参数。}$$

简单分子电子受激跃迁能级示意如下：

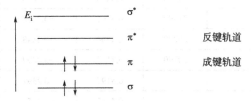

a. 交替烃（alternant hydrocarbon，AH）定义：分子结构中不含有奇数碳环的 π 共轭体系，当用星标相隔标注环上碳原子时，没有同标碳原子相邻，如甲苯分子。交替烃分子按其所含碳原子数分为偶交替烃和奇交替烃，如戊二烯、苯、甲苯等。

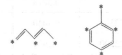

对于奇交替烃分子，其分子轨道经原子轨道组合时除产生成对的成键、反键轨道外还存在着一个保留原子轨道性质（$E = \alpha$）特性的轨道，称为非键分子轨道（n 轨道），它不起成键作用。非键轨道 n 上电子容易跃迁，在可见区显示 n→π* 吸收带；由于 n 与 π* 两轨道的能量非常接近，所以跃迁能较低，吸收带的波长较长。除此之外，这一系列发色体还具有高的吸收强度及较窄的半波宽度等特点。这意味着染料的颜色更接近光谱色且鲜艳明亮，在应用时用较少量的染料即可得到较浓的色泽。芳甲烷染料及氧蒽、氮蒽、硫蒽型杂蒽染料等都属于奇交替烃发色体。此外，作为彩色胶卷增感用的菁型染料也属于这类发色体。

对于分子结构中含有奇数碳环的 π 共轭体系，环上碳原子用星标相隔标注时有同标碳原子相邻则称为非交替烃，如环戊二烯及衍生物等。

一般有色有机分子中的电子跃迁均涉及 n→π* 和 π→π* 跃迁，其电子跃迁能 ΔE 均在可见光区域。

b. 染料吸收光谱的 HMO 计算示例：苯-偶氮-萘偶氮染料吸收光谱的 HMO 计算，所用的参数及计算结果见表 2-1 和表 2-2。

$$\overset{3}{}\overset{2}{}\quad\overset{2'}{}\overset{3'}{}$$

苯-偶氮-萘结构（4,5,6 苯环位；2′,3′,8′,7′ 萘环位；—N═N—）

表 2-1 HMO 法杂原子参数

取代基	—OH	—NH$_2$	—NO$_2$		—Cl	—Br	—I	—N═N—
h_X	1.2	0.8	h_N=0.8,	h_O=1.2	2	1.5	1.3	0.5
κ_{X-Y}	1	0.8	κ_{C-N}=0.8,	κ_{N-O}=1.2	0.4	0.3	0.2	1

表 2-2 苯-偶氮-萘化合物吸收光谱 HMO 计算结果

编号	取代基	E_{obs}/cm^{-1}	E_{ho}/β	E_{lu}/β	$\Delta E/\beta$	E_{cal}/cm^{-1}
1	无取代	27000	0.5191	−0.2399	0.7590	25500
2	2′-OH	23800	0.4044	−0.3092	0.7316	24000
3	4′-OH	22300	0.3656	−0.3169	0.6825	22900
4	2′-NH$_2$	23200	0.3727	−0.2968	0.6695	22500
5	4′-NH$_2$	22700	0.3016	−0.3397	0.6413	21500
6	4-NO$_2$		0.5287	−0.1968	0.7255	24400
7	3′-OH	21800	0.4163	−0.2646	0.6354	22900
8	4-NO$_2$,4′-OH	21300	0.3761	−0.2688	0.6449	21700
9	4-NO$_2$,2-NH$_2$	20200	0.3506	−0.2848	0.6354	21300
10	4-NO$_2$,4′-NH$_2$	20700	0.3125	−0.2899	0.6024	20200
11	3-NO$_2$		0.5197	−0.2391	0.7588	25500
12	3-NO$_2$,2′-OH		0.4117	−0.2751	0.6868	23100
13	3-NO$_2$,4′-OH		0.3659	−0.3153	0.6812	22900
14	3-NO$_2$,2′-NH$_2$	21300	0.3389	−0.3282	0.6671	22400
15	3-NO$_2$,4′-NH$_2$		0.3018	−0.3377	0.6359	21500
16	3-Cl,2′-OH	22300	0.4040	−0.3093	0.7133	24000
17	4-Cl,2′-OH	22200	0.3979	−0.3134	0.7113	23900
18	4,2′,8′-Cl,NH$_2$,OH	19600	0.2583	−0.3355	0.5937	19900
19	3,2′,8′-Cl,NH$_2$,OH	19600	0.2620	−0.3316	0.5936	19900
20	4,2′,8′-Br,NH$_2$,OH	19600	0.2590	−0.3344	0.5934	19900
21	3,2′,8′-Br,NH$_2$,OH	19400	0.2620	−0.3316	0.5936	19900
22	4,2′-Br,OH		0.3991	−0.3122	0.7113	23900
23	3,2′-Br,OH		0.4041	−0.3039	0.7134	23900
24	3,2′,8′-NO$_2$,NH$_2$,OH	19200	0.2622	−0.3297	0.5919	19900
25	4,2′,8′-NO$_2$,NH$_2$,OH	18300	0.2718	−0.2850	0.5533	18700
26	2′,8′-NH$_2$,OH		0.2620	−0.3314	0.5934	19900
27	4-I,2′-OH	21600	0.4015	−0.3107	0.7122	23900
28	3-I,2′-OH	21800	0.4040	−0.3093	0.7133	23900
29	4,2′,8′-I,NH$_2$,OH	19400	0.2611	−0.3323	0.5934	19900
30	4,2′,8′-I,NH$_2$,OH	19400	0.2620	−0.3315	0.5935	19900

表 2-2 中 β 为键积分（键能参数）值计算结果表明，HMO 法虽然精确度不很高，但在某些系列化合物的计算中，选选择适当的参数，同样能得到好的结果。

2.4 PPP-SCF-CI（PPP）法

2.4.1 基本概念

（1）PPP 法特征

PPP 法以 HMO 法为基础，其特点是考虑了电子排斥能，应用零微分重叠的分子轨道理论和自洽场（SCF）方法计算 π 电子体系。Parr-Pariser 提出了基于零微分重叠的 π 分子轨道理论修正，Pople 则提出了基于 Roothaan 方程的自洽场（SCF）方法修正。

PPP 法采用 HMO 法的 σ-π 分离原则，但考虑电子间相互作用即排斥能，在对 π 电子共轭体系处理时，应用 LCAO 法对重叠积分 S_{rs} 采用 HMO 假定（ZDO 假定）。

$$S_{rs} = \int \phi_r \phi_s \mathrm{d}\tau \qquad r=s, S_{rs}=1; r \neq s, S_{rs}=0$$

在计算原子轨道能量即库仑积分 α_j 时，引入了电子排斥能 RE：

$$\alpha_j = \alpha_i^{\text{实}} + (\text{RE})_i \qquad \alpha_i^{\text{实}} \text{ 为分子实场对电子作用的能量。}$$

在计算两个原子轨道相互作用的能量即共振积分 β_{ij} 时，引入了电子排斥能 RE：

$$\beta_{ij} = \beta_{ij}^{\text{实}} + (\text{RE})_{ij} (i \neq j) \qquad \beta_{ij}^{\text{实}} \text{ 为成键实场的能量。}$$

与 HMO 法相比，PPP 法在处理杂原子时通过引入结合实验经验拟合值的校正参数，可识别几何构型并区分单线态或三线态跃迁，其计算结果更接近实际。

（2）PPP 法基本原理

Fock 矩阵及自洽场法：PPP 法久期行列式中每个 π 电子均有单一有效的 H_i。

$$\hat{F}\psi = E\psi, \psi_i = \sum_r^{\text{AO}} C_{ir}\phi_r \begin{cases} r,s,t,u \text{——AO} \\ i,j,k,l \text{——MO} \end{cases}$$

$$\sum_r^{\text{AO}} C_{is}(F_{rs} - E_i S_{rs}) = 0, \quad r, \ s=1,2,3,\cdots,n \qquad \text{久期方程}$$

久期行列式 $|F_{rs} - E_i S_{rs}| = 0$；$F_{rs}$ 是算符 $\hat{F}$ 以 ϕ_r 为基的矩阵元；S_{rs} 是 $\phi_r\phi_s(r \neq s)$ 间的重叠积分。由数学推导得 PPP 法久期行列式中的矩阵元 F_{rr} 和 F_{rs} 为：

$$F_{rr} = \alpha_r + \sum P_{tt}(rr \mid tt) - (1/2)P_{rr}(rr/rr)$$

$$F_{rs} = \beta_{rs} - (1/2)P_{rs}(rr \mid ss) \qquad (r \neq s)$$

矩阵元 F_{rs} 的计算必须涉及原子实（core）积分 α_r 和 β_{rs}，及单中心电子排斥积分 $(rr \mid rr)$ 和双中心电子排斥积分 $(rr \mid ss)$、键级 P_{rs}。

Core 库仑积分 α_r，是由 core 电离势和动能得到的：

$$\alpha_r = -I - \sum n_s(rr \mid ss) \qquad (r \neq s)$$

式中，n_s 为 s 原子的正电荷数。

Core 共振积分 β_{rs} 只考虑成键原子轨道 r、s 之间的值，其他不成键的原子之间的值为 0。β_{rs} 值可用参数处理，如苯的 C-C 之间共轭积分值取 -2.39eV。

单中心电子排斥积分（$rr\,|\,rr$）由原子的价态电离能 I_r 和电子亲和力 A_r 求得：

$$(rr\,|\,rr)=I_r-A_r$$

原子的价态电离能 I_r 和电子亲和力 A_r 可以由实验值得到。如表2-3所示。

表2-3　常见原子的 I_r、A_r 和（$rr\,|\,rr$）

原子	原子价态	I_r/eV	A_r/eV	（$rr\,|\,rr$）
C		11.16	0.03	11.13
N	=N—	14.12	1.78	12.34
N^+	≥N—	28.59	11.96	16.63
O	=O	17.70	2.47	15.23
O^+	—O—	33.90	15.30	18.60

双中心电子排斥积分（$rr\,|\,ss$）的计算公式可由原子轨道 r、s 的距离 R 导出：

$$(rr\,|\,ss)=7.1975\left(\frac{1}{\sqrt{R^2+5.2831(\frac{1}{Z_r}-\frac{1}{Z_s})^2}}+\frac{1}{\sqrt{R^2+5.2831(\frac{1}{Z_r}+\frac{1}{Z_s})^2}}\right)$$

R 的单位为 Å（$1Å=10^{-10}$m），Z_r、Z_s 为原子 r、s 的有效核电荷，以上式子适用于 $R\geqslant2.8$Å 的范围，当 $R<2.8$Å 时，由下式计算：

$$(rr\,|\,ss)=\frac{1}{2}[(rr\,|\,ss)+(rr\,|\,ss)]+aR+bR^2$$

常数 a、b 可由 $R=2.8$Å 时上面两个式子重叠决定。

对角元 F_{rr}：

$$F_{rr}=U_r-\sum_{r\neq s}Z_sV_{rs}+\frac{1}{2}q_rV_{rr}+\sum_{r\neq s}q_sV_{rs}$$

式中，U_r 为原子 r 的价态电离势，其物理意义为杂化态上原子离去一个电子所需的能量，即为价态变化能。可由实验数据得到：

$$U_r=-\text{VSIP}\quad（\text{valence state ionization potential}）$$

碳原子 U_r 为 11.16eV。

q_r 为原子 r 的电荷密度 $\qquad q_r=\sum_i^{\text{占有MO}}N_iC_{ir}^2$

P_{rs} 为原子 r、s 的键级 $\qquad P_{rs}=\sum_i^{\text{占有MO}}N_iC_{ir}C_{is}$

V_{rr}：为原子 r 的单中心排斥积分。原子轨道 ϕ_r 中两个电子间的排斥能由实验数据假定 $V_{rr}=$VSIP$-A$，A 为电子亲和能，是杂化态原子上获得一个电子所释放出的能量，碳原子 A 为 0.03。Z_s 为原子 s 上的核电子数，一般为 1，苯胺因含孤立电子取 2；V_{rs} 为原子 r、s 间的双中心排斥积分，反映了几何构型。$\phi_r\phi_s$ 上电子间的排斥能（双电子积分）与原子间距有关。

$$V_{rs}=14.39(V_{rr}+V_{ss})/[(V_{rr}+V_{ss})R_{rs}+28.78]$$

非对角元 F_{rs}： $\qquad F_{rs}=\beta_{rs}-P_{rs}V_{rs}/2$

β_{rs} 共振积分（键积分）为位于分子轨道 ϕ_r 与 ϕ_s 重叠区域的一个电子受到电子实的吸引能。一般当 r、s 键联时，要考虑 β_{rs} 值，而 r、s 非键联时，β_{rs} 可不考虑。

（3）求值方法

$\beta_{rs} = KS_{rs}$（重叠积分）　　　　K 参数为各种原子对的实验数据拟合值

$\beta_{rs} = K\dfrac{U_{rr} + U_{ss}}{2}S_{rs}$　　　　K 的取值为 1.0～2.0

以实验值得到的经验值：β_{rs} 相邻，不等于零；β_{rs} 不相邻，等于零（同 HMO 法）。

2.4.2　PPP–SCF–CI 法计算例

苯胺结构的自洽场（SCF）方法计算流程：基础数据有具有 π 电子的原子数目 N，π 电子数 N_π，原子种类 N_1 等。各原子的 x、y 坐标 COX、COY。坐标原点放在 N 原子上，C-C 原子间距离为 1.395Å，C-N 原子间距离为 1.426Å，键角为 120º，计算得各原子的坐标。输入数据后，可计算 R、$(rr \mid ss)$、α_r、β_{rs}，然后计算久期行列式的行列元 F_{rs}，进行行列对角化后，计算分子轨道能量、键级 P_{rs}，判断计算的各分子轨道能量与上次计算误差精度，反复迭代计算至分子轨道能量值与上一次所得结果之差达精度要求为止。

苯胺的七个分子轨道能量计算结果为 −15.568eV、−13.258eV、−11.360eV、−9.972eV、0.347eV、0.608eV、3.669eV；电子密度和键级示意如下：

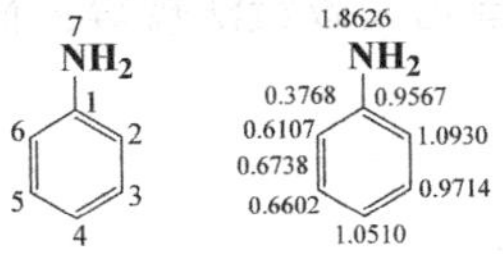

2.4.3　发色理论中的术语

由量子化学理论可计算分子轨道的跃迁能和吸收光频率。

$$\Delta E = h\nu = hc/\lambda$$
$$\lambda = hc/\Delta E$$

由 ΔE 与 λ 的关系式即可预测染料的基本颜色，即染料分子在紫外可见光谱中的最大吸收波长 $\lambda_{\max}$。$\lambda_{\max}$ 是染料产品的特征参数之一。

在工业染料的研究中考察评价化学结构对光谱性质影响的四大术语（判据）：

$\lambda_{\max}$ 增大：红移（red shift），即深色位移（bathochromic shift）；

$\lambda_{\max}$ 减小：蓝移（blue shift），即浅色位移（hypsochromic shift）；

摩尔吸光系数 ε 增大：增色变化（效应）（hyperchromic change）；

摩尔吸光系数 ε 减小：减色变化（效应）（hypochromic change）。

总之，通过发色体化学结构创新和多组分复配等来提高染料的摩尔吸光系数 ε，从而提升染料的应用性能是染料分子设计和产品开发研究的基本出发点。染料化学结构与分子对光的选择吸收特性及应用特性间关系的研究涉及一系列具体的科学问题。这些规律性科学问题的揭示是发展发色和分子设计等理论的关键。随着结构化学与量子化学理论的发展，发色理论将不断丰富完善并为染料分子设计和产品结构调整提供可行的理论模型。

第3章

染料结构与性能

有机合成染料均具有相似的结构特征，除用于纺织品染色外，还用于皮革、毛皮、纸张、食品、化妆品和摄影材料等的着色及生物着色剂、指示剂等；功能染料则是高新技术领域发展的基础材料。

本章概述染料化学与产品工程的基本概念、染料分类、结构特征及命名法等。介绍与染料产业相关的国际环保法规、染料产品安全测试国际环保纺织标签（STANDARD 100 by OEKO-TEX®）、bluesign®标准及我国相关政策法规等；简述禁用染料与环保型（ECO）染料及研发进展。

3.1 染料定义与结构类别

3.1.1 定义与分类

染料定义：能经适当的方法使纤维织物或其他物质染成牢固颜色的有色物质，一般具有可溶性或能分散在染色介质中。

染料三大要素：对可见光谱中某一部分有强烈的选择吸收作用，显现明确的表观色泽；作为纤维染色用染料，必须对纤维具有相当的亲和力和染色稳定性，不破坏纤维组织且无毒无害；在所染织物上牢度良好，经水洗、日晒、摩擦及树脂整理等色调不变化、不褪色。

染料分类法：一是化学结构分类法，按照基本化学结构（分子骨架）或发色体结构、取代基团的共性分类，适用于对染料化学、染料分子结构及合成技术的研究；二是应用分类法（商品染料分类法），按照染料的应用性能与方法的共性分类，方便染料使用者对其应用性能的研究。染料产业一般以应用分类为主。由于染料性能与染料分子结构紧密相关，因此两种分类法间存在必然的联系。

3.1.2 化学结构类别

（1）偶氮（azo）

偶氮染料为含偶氮发色团的芳环偶氮化合物（Ar—N＝N—Ar），在国际纯粹与应用化学联合会（IUPAC）命名法中，偶氮基（—N＝N—）被称作二氮烯（diazene）基，偶氮化合物被称作二氮烯化合物。偶氮染料的偶氮基连在亚甲基或芳香族 sp^2 杂化碳原子上，且大多数连接在苯环或萘环上，也可接在芳香杂环上（如吡啶）或具有脂肪族烯醇结构的化合物（如 3-氧丁酸衍生物）等上。除了氧化偶氮化合物［—N＝N(O)—］外，还没有发现天然的偶氮染料。偶氮染料按含偶氮基的数目被称作单、双、三偶氮染料等。

在结构类别上，偶氮染料约占染料产品的 60%，产品量大且色种齐全、色谱范围广，包括红、橙、黄、蓝、紫、黑等。应用类别有直接、酸性、分散、活性、阳离子等，偶氮分散染料产品中以淡色色谱为多，但一些蓝色偶氮分散染料由于其染色性能的优势，已部分取代了蒽醌型分散染料。偶氮染料具有结构变化多样、摩尔吸光系数较高、中高级耐光和耐温处理牢度好等特点。

偶氮染料由重氮组分（芳胺化合物）经重氮化反应合成重氮盐后与偶合组分（芳胺或酚类化合物）偶合反应制得。只有极少数偶氮染料用其他方法合成。1875 年德国卡洛（Caro）和维特（Witts）在 BASF（巴斯夫）公司首次实现了重氮化-偶合两步合成偶氮染料工艺的工业化。有专利报道重氮-偶合一釜法（one-pot）连续工艺，如对于含对酸敏感的—CN 基等的碱性极弱胺类的偶氮染料，可采用重氮化-偶合一釜法（one-pot）连续工艺。但工业应用实例较少。

a. 重氮组分：常为多取代芳伯胺或稠杂环芳伯胺类化合物。杂环、稠杂环芳胺类重氮组分如氨基咪唑、氨基噻唑、氨基三氮唑、氨基苯并异噻唑等是环保型偶氮染料开发的重点。重氮组分经重氮化反应合成重氮盐。取代基 R^i 一般为吸电子基（NO_2，X，CN），其吸电性增强则分子偶极性增加，会产生红移效应。

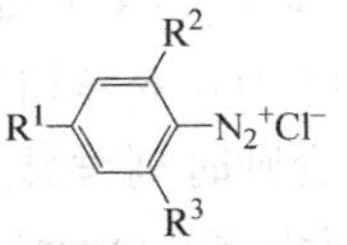

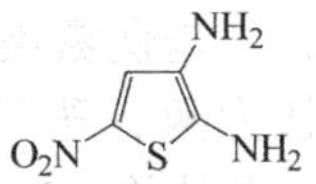

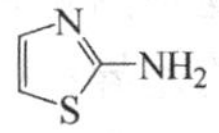

b. 偶合组分：常为取代芳胺、酚类化合物，取代基以给电子基为主。其中稠环酚即氨基萘酚磺酸系化合物，是重要的偶合组分。以 1-萘酚为母体的氨基萘酚磺酸系中间体，按氨基、磺酸基的不同取代有：H 酸（8-氨基-3,6-二萘酚磺酸）、K 酸（8-氨基-3,5-二萘酚磺酸）、吐氏酸（2-萘胺-1-磺酸）、J 酸（6-氨基-3-萘酚磺酸）、γ 酸（7-氨基-3-萘酚磺酸）、M 酸（5-氨基-3-萘酚磺酸）、RR 酸（7-氨基-3,6-二萘酚磺酸）、S 酸（8-氨基-5-萘酚磺酸）及两分子 J 酸光气化合成的猩红酸（J 酸-CO-J 酸）、G 盐、R 盐等。其中 H 酸、J 酸、K 酸、吐氏酸等用量大。典型结构如下。

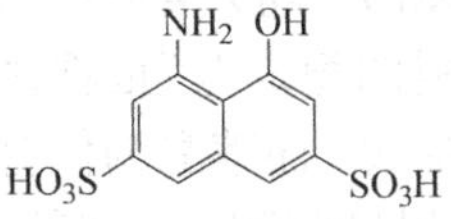

H酸 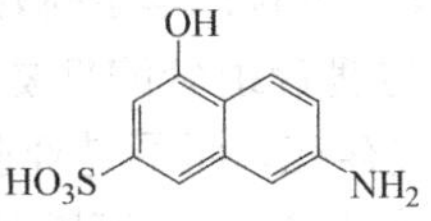　　　　　　J酸 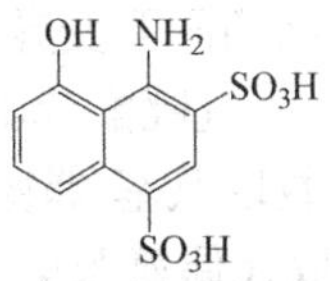　　　　　　芝加哥酸(SS酸)

此类中间体产品传统生产工艺中废水量大，环保和安监双重压力叠加，使产品及延伸产品市场价格变动较大。典型的铁粉还原工艺是淘汰工艺，此类产品合成工艺绿色化是目前染料产业科技创新的重点之一。

杂环、稠杂环芳胺和芳酚类化合物是新型偶合组分，如羟基吡啶酮、吡唑酮等是环保型偶氮染料开发的重点。

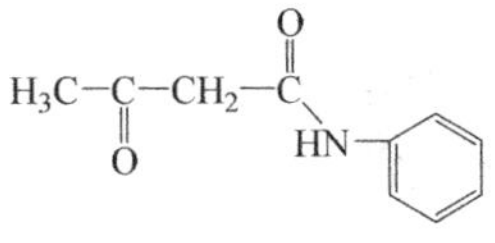

乙酰乙酸苯胺 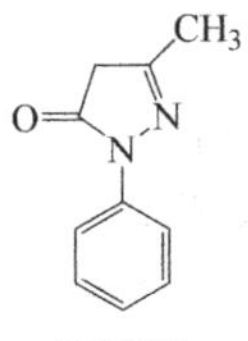　　　　　　吡唑酮 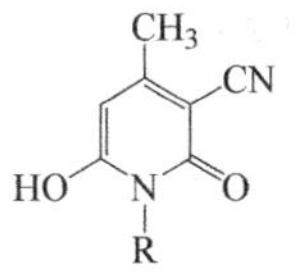　　　　　　羟基吡啶酮

在偶氮染料中，单偶氮染料大都为黄色、红色，少数为紫色、蓝色。典型产品如酸性红G（C.I 酸性红1）。双偶氮染料大多数由红色至蓝色，多偶氮染料的色泽可加深至绿到黑色，这与共轭体系长短有一定关系。如：

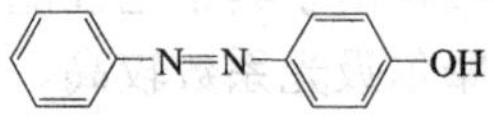

黄色 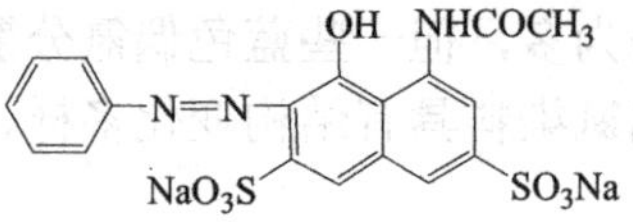　　　　　　　　　　红色

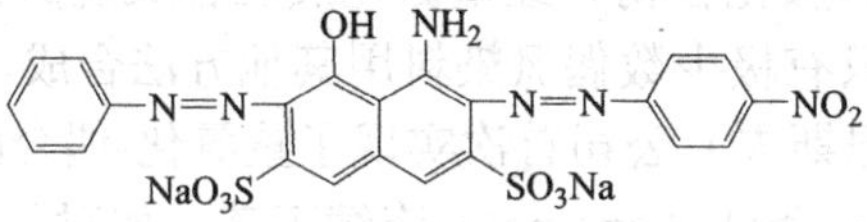

蓝色

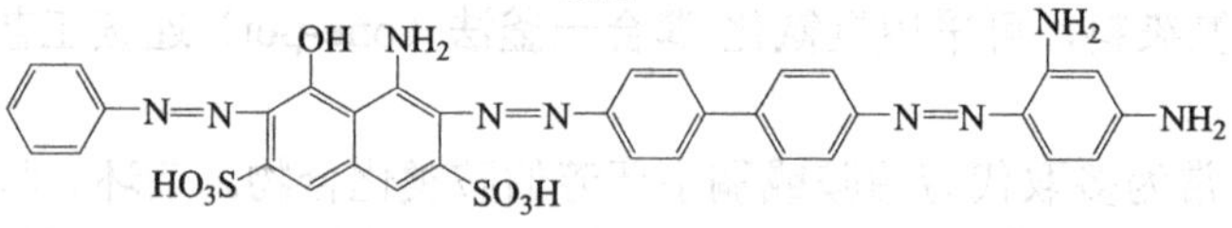

黑色

共轭体系的长度愈长，激发能愈低，则吸收光波的波长愈向长的一端移动，这是指共轭双键的积累而非一般的双键积累。

c. 偶氮与醌腙体的同分互变异构：关于偶氮式（C—N＝N—C）与醌腙式（C＝N—NH—C）结构间同分互变异构问题有两种误识。一是偶氮染料既为互变异构就没有必要区分偶氮体或腙体，也不去识别两者的差异；二是认为两者既可互变则时刻瞬息互变而共存，故无法加以区分。瑞士著名染料化学家海因利希·左林格（Heinrich Zollinger）教授在《色素化学》（第三版，2003）一书中指出：偶氮染料的偶氮体和醌腙体是一对特殊的同分互变异构体，在一定条件下可互变。如下活性染料偶氮体和醌腙体互变异构。

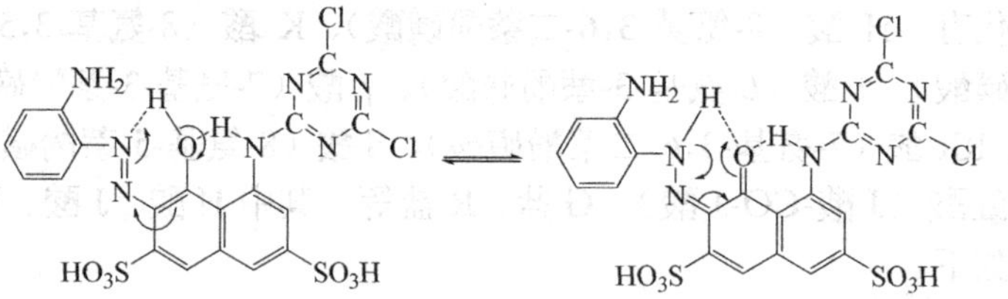

偶氮与醌腙结构间互变异构一般规律有：苯基-偶氮-苯胺（酚）类染料只以偶氮体形式存在（少数例外）；以吡唑酮或吡啶酮为偶合组分的偶氮染料的稳定态为醌腙体；苯基-偶氮-萘胺类染料绝大多数以氨基-偶氮体形式存在，而不是亚胺-腙式，而萘酚为偶合组分则以醌腙体为主。2,4-羟基取代偶氮苯染料以偶氮体为主，醌腙体难以检测到，3-苯基-偶氮-2-萘酚类料也是如此；x-苯基偶氮-y-萘酚类染料（$x=1,2$；$y=1,2,4$）一般是两种异构体的混合物，除气相外通常以腙体为主；芳基-偶氮-羟基蒽类染料主要是以腙式为主；以酮、β-二酮、酮酯、酮酰胺（如乙酰乙酰苯胺）和吡唑酮为偶合组分合成的偶氮染料，平衡则处在腙体一侧。此外，分子中具有稠芳环结构有利于腙的生成。一般重氮组分上的给电子基有利于偶氮体的稳定，吸电子基则有利于醌腙体的稳定。

1883年Liebermann提出1-苯基偶氮-2-萘酚（**1**）的羟基质子可与偶氮基通过氢键形成稳定的腙式异构体（**2**）。

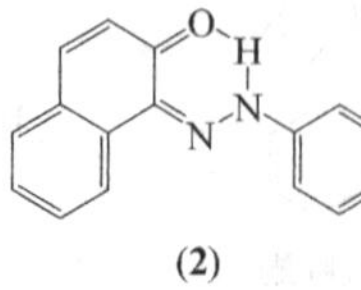

　　　　（2） 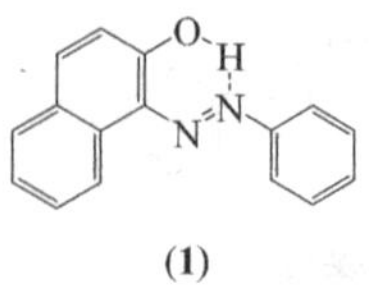　　　　　　　　　　（1）

1884 年 Zinke 和 Bindewald 证明了苯重氮离子与 1-萘酚偶合和苯肼与 1,4-萘醌缩合得到的是同一化合物。

1935 年 Kuhn 和 Bar 证明邻、对羟基偶氮化合物通过强的分子内氢键和相应的腙体间存在互变异构平衡。Lycka 等通过核磁技术获得了羟基和氨基取代偶氮化合物在溶液中各种互变异构体的定量结果。固态核磁技术进一步揭示了羟基偶氮与酮-腙异构体的结构特征。

Chippendale 和 Harris 开创性地用固态 ^{13}C NMR 研究了分散红 4G PC[C.I 分散红 278,(**3**)] 的 4,4'-双取代偶氮苯互变异构现象，确定了 (*E*) 式异构体和三种不同的晶形。并通过交叉极化魔角旋转核磁（cross-polarization magic-angle spinning NMR）和单晶 X 射线衍射确认。

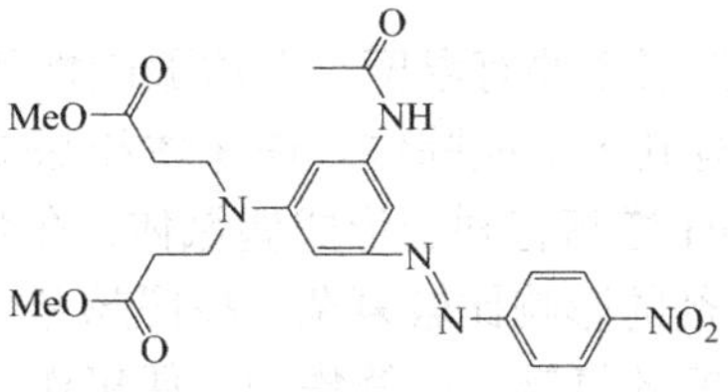

(3)

Lycka 等研究了乙酰乙酰胺类为偶合组分的偶氮染料 *N*-取代-(*R*)-4-氨基-3-戊烯-2-酮的三种可能的互变异构式 [(**4**)~(**6**)] 的 ^{15}N NMR、^{13}C NMR 和 ^{1}H NMR。R 为 H 或 Me 时结构以亚胺腙体（**5**）为主，双芳基取代的偶氮染料（R 为 Ar'）则以氨基偶氮化合物（**4**）和（**6**）为主。

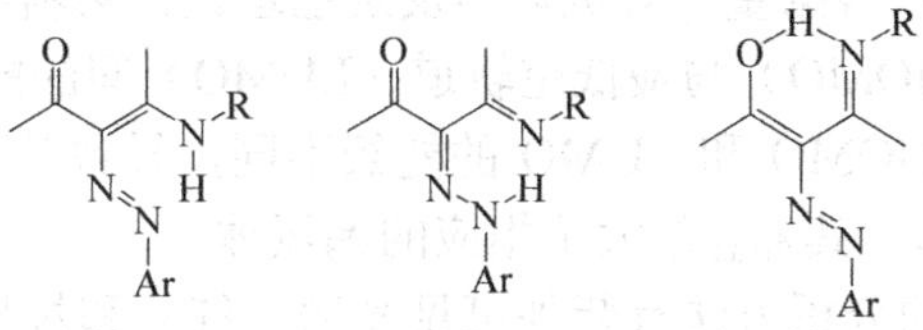

(4)　　　　(5)　　　　(6)

偶氮化合物晶体谱 N-N 键长的测定有助于确定以何种异构式存在。如 1-[（4-硝基苯基）偶氮]-2-萘胺和 1-[（4-硝基苯基）偶氮]-2-萘的 N-N 键长分别为 127.9pm 和 134.5pm；相应的分子轨道计算羟基-偶氮和酮-腙体的 N-N 键长分别为 126pm 和 136pm，(*E*) 式偶氮苯 N=N 基键长为 124.7pm。

增加 1-苯基偶氮-2-萘酚或 1-苯基偶氮-4-萘酚的 4'-位取代基的吸电子性，平衡向腙体方向移动，而 4'-位引入给电子基则平衡移向羟基-偶氮体。Kishimoto 等认为偶氮基是吸电子基，而氨基是给电子基，一般芳环上给电子取代基使偶氮异构体稳定，而结构中不含羟基或氨基的芳环上存在吸电子基时有利于腙式异构体稳定。所以讨论偶氮染料结构时涉及羟基或氨基偶氮结构的染料通常用偶氮式来表示，而不用腙式。

染料 4-苯基偶氮-1-萘酚（胺）(**7**) 的 pH 变色是因为在酸性条件下萘环上的羟基或氨基脱质子形成阴离子，并能互变异构形成腙式异构体而变色。萘环对位取代偶氮结构互变异构对 pH 变色敏感得多，而这种酸/碱变色对产品的耐碱和耐洗性是不利的。

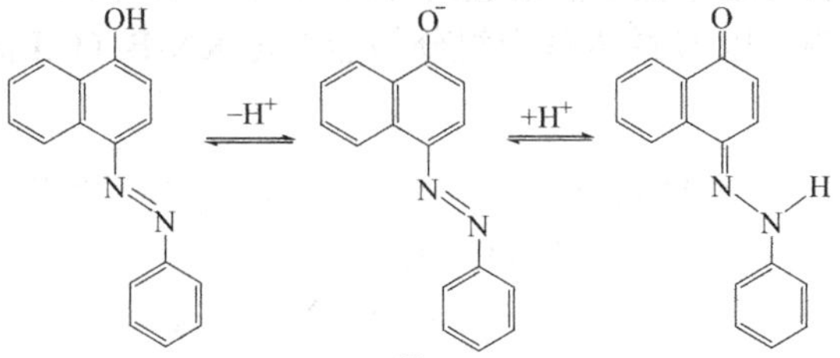

(7)

Naphthalene 橙 I [C.I 酸性橙 20；（**8**）；pK_a=8.2] 及异构体 Naphthalene 橙 G [C.I 酸性橙 7；（**9**）；pK_a=11.4] 是说明互变异构平衡和氢键重要性的实例。与邻羟基染料（**9**）相比，对位异构体染料（**8**）实用价值较低，这是因为其 pK_a 值比邻位异构体低得多，在耐碱和耐洗试验时明显变色。

影响互变异构平衡的环境因素主要有温度、介质酸碱性和溶剂极性等。一般温度升高有利于形成偶氮体，温度降低则有利于形成腙体。偶氮体和腙体的互变涉及质子转移过程，介质的 pH 会影响偶氮-腙平衡。pH 增高有利于形成偶氮体，在强碱性介质中，偶氮体的羟基易解离成氧负离子（酚钠盐）。溶剂的影响比较复杂。按照超分子化学理论，染料在溶液中受到染料分子相互作用和染料-溶剂间的氢键、范德华力、偶极作用力等多种作用力影响。容易质子化的溶剂，如醇类尤其是低碳醇，易与偶氮体形成氢键，有利于平衡向偶氮体方向倾斜。溶剂极性增大则有利于形成腙体。同时不同纤维基质的亲水性和疏水性也影响平衡，如在羊毛上腙体的百分含量比聚酰胺和聚酯纤维上高，这一结果与溶液中溶剂极性的影响是一致的。

d. 异构体结构的认定：根据量子有机化学及发色理论，染料的颜色取决于其分子轨道中前沿轨道最高占有轨道（HOMO）与最低空轨道（LUMO）间的能级差（跃迁能）ΔE。偶氮体和腙体的结构不同，其 HOMO 和 LUMO 的能级不同，导致其 ΔE 也不同。一般情况下，腙体的 ΔE 总是小于偶氮体，其 λ_{max} 常大于相应的偶氮体。

异构体的认定与鉴定的分析方法有紫外可见光谱、红外和拉曼光谱、核磁共振、质谱及晶体 X 射线衍射等。红外光谱和拉曼光谱同属于振动和转动光谱，但其发生机制不同，红外光谱适宜于研究不同原子极性键的振动（如 C＝O、O—H、N—H），而拉曼光谱则适用于研究同原子非极性键（C＝C、N＝N）的振动。偶氮体或腙体结构的差异正好涉及上述键的变化，故可适于偶氮体与腙体的认定。

^{1}H NMR、^{13}C NMR、^{15}N NMR 等核磁共振波谱可用来确定上述异构体。理论上说，偶氮体或腙体差别最明显的是氮原子相关键的变化。在氮谱上从腙式结构转变为偶氮结构的氮原子化学位移将相差 100 之多，是鉴别两种异构体最直接的方法。但由于 [15]N 天然丰度只有 0.364%，检测前必须预先制备富集了 [15]N 的标记原子样品，所以限制了其普遍应用。氢谱和碳谱及二维相关谱是常被配合起来应用的方法，识别依据主要是基于醌腙基上的亚胺（＝NH）和羟基（OH）转变成羰基（C＝O）的检出及强吸电子基偶氮基和弱给电子腙基对周边原子的屏蔽或去屏蔽效应的差别。通常腙体上—NH—与偶合组分邻位上由羟基转变的羰基易形成分子内氢键而使其化学位移（≥15.5）处于较低的低场。未形成分子内氢键的—NH—也可在 10.5～12 范围内检出，且与正常氨基活泼氢的峰形较宽不同，其峰形较窄。

核磁共振谱检测证明，以 H 酸为偶合组分的活性黑 KN-B（C.I.活性黑 5）的稳定结构和电子转移方向如下：

e. 互变异构与颜色和牢度：偶氮体和腙体的性能差别还表现在不同的化学性质上。染料的光降解是染料在纤维上与单线态氧作用的结果。Griffiths、北尾等认为偶氮染料的光降解反应机理为光氧化过程，反应主要发生在腙式结构上。因此腙体含量越高越易被光解，且腙体亚氨基上电子云密度越高越易被氧化。

醌腙体和偶氮体两种异构体无论在颜色、上染性能和耐光、耐氯牢度等方面都有差距。如下活性深红 2B 结构中因重氮组分不同两侧分别存在醌腙体和偶氮体。λ_{max} 为 529nm，如果两个重氮组分交换偶合位置，则产生明显的蓝移。

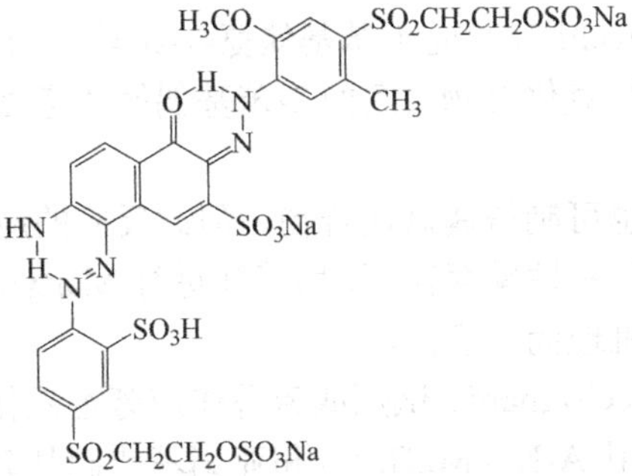

醌腙体-偶氮体平衡对耐光有明显影响。偶氮染料的耐光牢度差是因为醌腙体的亚氨基易被氧化，所以醌腙体的耐光牢度远较偶氮体差。2-羧基-5-磺基-二苯腙的光分解产物的质谱证明，由于亚氨基被氧化，亚氨基与芳环连接的 C-N 键发生了裂解。

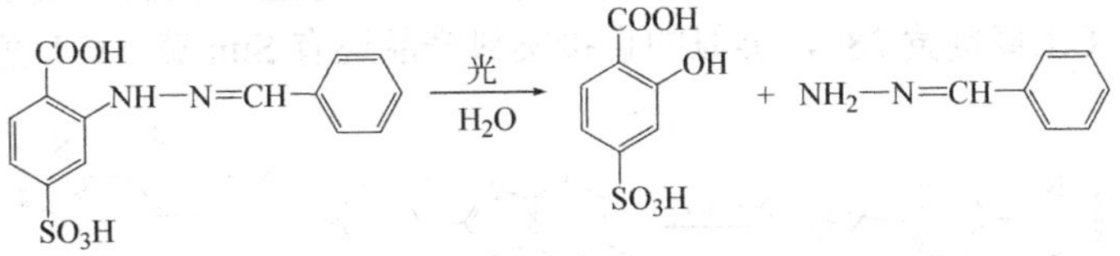

在酸性水溶液中氯气的有效氯通过反应形成 Cl^+ 后与偶氮染料作用，致使偶氮基离解生成氯胺和醌亚胺而引起氯浸褪色。醌腙体-偶氮体的耐氯程度差异很大，氯浸褪色主要由醌腙体引起。醌腙体的 HN—N= 越容易离解，则 Cl^+ 越容易进攻—N—N=，使发色体离解而引起褪色。因此，偶氮型活性染料的耐高氯牢度主要取决于发色体的分子结构，如果重氮组分重氮基的邻、对位存在吸电性的磺酸基和空间位阻效应，可降低醌腙体去质子化后带有负电荷氮原子上的电子云密度，从而降低其受 Cl^+ 进攻的可能，提高耐氯牢度。磺酸基在重氮基邻位的效果显然大于对位，而且磺酸基数量越多，耐氯牢度越佳。

随着量子化学及计算机科学的发展，已可进行一些简单化合物的分子轨道和热力学参数计算并推算染料的偶氮或腙式结构及其前沿轨道能量，从而揭示两异构体结构的色变规律。

f. 偶氮化合物的立体异构特征：1937 年 Hartley 由偶氮苯经光照制得了其（Z）式立体异构体，从而发现了偶氮苯的 (E)/(Z)立体异构现象。从定义上看，偶氮苯衍生物的 (E)/(Z) 异构化是一个光致变色过程，可应用于对光-数据储存等应用领域的研究。可用偶极距 μ 来鉴别两个立体异构体，（E）式异构体的 μ 为 0D，而（Z）式异构体的 μ 为 3D，其绝对构型可由 X 衍射谱确认。偶氮苯的光化学平衡可由入射光的波长来调节，入射波长的微小变化对平衡有很强的影响。在甲苯中用 365nm 入射波长照射时，结果（E）构型占 91%，入射波长为 405nm 和 436nm 时，（E）构型分别只有 12%和 14%，这可用（E）式偶氮苯的光谱具有相对较大的消光系数这一实验现象加以解释。除了(E)/(Z)异构混合物外，邻位或间位取代偶氮苯、苯偶氮萘也可发生平面的 C-N 单键转动。

20 世纪 90 年代，有关学者用飞秒激光技术研究了这些化合物的光化学异构动力学。

g. 偶氮化合物其他合成法：除了重氮偶合法以外，还有一些其他的合成方法。但迄今在工业合成中应用并不多。

1834 年 Mitscherlich 以醇、苛性钾溶液与硝基苯反应，几乎定量地制得了偶氮苯。而这一反应若在 Sn 或 Fe 的碱性溶液中，通过葡萄糖和 Sn^{2+} 盐或采用电解法是很易进行的。在某些条件下，还原剂与重氮盐作用得不到所期望的肼，而是得到偶氮苯衍生物。此反应在氧化铜的氨溶液下进行尤为适用。

Suckfull 和 Dittmer 发现了对称型偶氮化合物的重氮基转换合成法，可用于一些没有给电子基取代的对称型偶氮化合物的合成。

1884 年 Zincke 和 Bindewald 等发现 4-苯基偶氮-1-萘酚可由苯肼和 1,4-萘醌反应制得。此方法适用于某些不易获得的偶氮化合物（例如 2-苯基偶氮-1-萘酚），并对解释羟基-偶氮与酮-腙的互变异构有重要意义。

亚硝基化合物与胺反应也可制得偶氮化合物，但此反应的应用只限于苯系衍生物。

另一种方法是在硝基苯和苛性碱存在下，用芳胺进行 Martynoff 热分解反应制备偶氮化合物，此法收率较高，但转化机理尚不清楚。

芳香重氮盐与芳香格氏（Grignard）试剂或芳香锌或芳香汞化合物反应也可得到偶氮化合物，但收率较低。Okubo 等用 ArN（MgBr）$_2$ 和亚硝基或硝基芳烃反应，得到不对称的芳氧化偶氮芳烃和芳偶氮芳烃。

Hunig 等最早发现了合成偶氮化合物的氧化偶合反应法，此法特别适于杂环偶氮化合物的合成。如苯并噻唑衍生物（**10**）在次氯酸钠存在下，可经氧化偶合反应来生产染料产品 Chloramin 黄 FF（C.I.直接黄 28），类似的直接染料产品还有 Sun 黄（C.I.直接黄 11）。

含有偶氮基或氧化偶氮基的二苯乙烯类染料，可由 5-甲基-2-硝基苯磺酸于氢氧化钠水溶液中，或单独与其他芳香化合物（通常是芳胺），在还原剂（如葡萄糖）或没有还原剂存在下缩合制得。除了主产物 4,4′-二硝基二苯乙酸-2,2′-双磺酸外，这类偶氮染料的结构尚未确切弄清。

（2）蒽醌（anthraquinone）

蒽醌（又称蒽酮）为有两个羰基的蒽类化合物，其可能有 10 种异构体，较为稳定的有 1,2-蒽醌、1,4-蒽醌和 9,10-蒽醌三种。染料产业常用的为 9,10-蒽醌。有色的蒽醌衍生物在自然界广泛存在，天然产物中大多数蒽醌类化合物都含有羟基，常以游离状态或与糖结合成苷的状态存在。如植物染料茜草，其所含的茜根素和羟基茜素等就是蒽醌类化合物。蒽醌原料的来源有炼焦油的蒽氧化，苯酐的 F-C 反应和萘醌与丁二烯合成等。1835 年 Laurent 用硝酸氧化蒽首次制得蒽醌。

蒽醌系染料是色谱全、性能好的第二大商品染料结构类别，覆盖分散、酸性、还原、活性等应用类别。蒽醌染料以颜色鲜艳著称，特别是蓝色系蒽醌染料，价格一般比红色、黄色等要高。但其还原性较特殊，在连二亚硫酸钠（保险粉）的碱溶液中易被还原为 9,10-二羟基蒽醌钠盐，因此一般蒽醌染料的拔色性较偶氮染料要差。蒽醌染料均难溶于水，摩尔吸光系数 ε 一般为 $(1.0 \sim 2.5) \times 10^4 L/(mol \cdot cm)$，是偶氮染料的 1/2～1/3，所以对纤维的着色力较偶氮染料差。

（3）靛族（indigo）

靛族染料为 3-吲哚酚-1,2-二氢吲哚-3-(3H)-酮的衍生物，交叉共轭型发色体，常称为 H

型发色体。是还原染料的主要结构，靛族染料（羰基染料）结构中由 R 引出系列产品，如典型产品四溴靛蓝；若 N 变成 S 则为暗红色的硫靛。

20 世纪 60 年代靛蓝开始流行，主要是由于靛蓝可使纤维截面环染而产生独特的不均匀染色，虽然靛蓝染色棉布的耐磨牢度较低，但用在斜纹棉布（denim）上染色却发展了百年时尚的蓝色牛仔服料（jean）。随后因工业牛仔服料染色的巨大需求，靛蓝的产量不断增大。

（4）芳甲烷（aryl methane）

芳甲烷国内习惯上称为"芳甲烷染料"（本书也沿用此习惯表述），其结构上常含对称的氨基或烷氨基等取代基，中心碳原子不是 sp^3 杂化而是 sp^2 杂化，所以实际上应是"二芳亚甲基"和"三芳亚甲基"结构。1951 年 Kuhn 首次揭示了其结构特征。1965 年 Dahne 提出了"芳亚甲基"的命名术语。

该类染料含胺（氮）鎓离子（非金属原子阳离子）共轭结构，属醌构发色体。氮鎓离子基（供电子基）是其发色和水中稳定性的关键基团。在染料索引（C.I.）中被归类为碱性染料，较确切的定义为阳离子染料类别。芳甲烷染料属路易斯酸，其结构中的氮鎓离子一般不存在脱质子的共轭酸。

芳甲烷染料的吸收光谱带都具有强而尖锐的特征。电子状态动力学研究表明：一般取代基（—NR_2）的供电子性增强会引起较大的红移；芳甲烷染料中的芳环平面会因张力作用发生扭曲移动，呈拟三维结构。在芳环的邻位引入取代基如 Cl，会因空间张力排斥作用，增大芳环平面扭曲角而引起蓝移。

芳甲烷染料主要由具有活泼 C 原子的亲电试剂如光气（$COCl_2$）、甲醛或氯仿、四氯化碳等与带有典型活化基团（NH_2、NHR、NR_2、NHAr、OH）的亲核芳香化合物经 SE_2 反应合成。

（5）杂蒽（稠杂环，polyheterocycle）

杂蒽属醌构发色体，结构上大多为杂原子桥环合后的芳甲烷染料。含不同杂原子的典型杂环有 N-吖啶（acridine）、O-呫吨（xanthene，氧杂蒽、荧烷结构）、S-噻吨酮（thioxanthone）、吡啶蒽酮等。罗丹明（rhodamine，国内为玫瑰精）商品是典型的荧烷（呫吨）结构碱性荧光染料，如碱性玫瑰精红 B（C.I.碱性紫 10）。杂蒽结构发色体为荧光色素和功能性染料的典型结构类别。

（6）菁染料（cyanine）

腈纶用阳离子染料的主要结构类别，为氮原子胺离子插烯物结构的含氮多亚甲基染料。其结构特征为亚甲基（—C＝）或多（二为主）亚甲基共轭碳链发色团末端连有含氮、硫、氧等有机鎓离子（非金属阳离子）基团，如喹啉环、苯并噻唑环、三甲基吲哚环或其他硫-氮杂环等。根据两端结构相同与否分为对称或不对称型菁两类。菁染料主要由杂环化合物（末端环结构）经醛缩合反应制备。主要用作照相乳剂的光学增感剂等。

（7）酞菁（phthalocyanine）

四苯并吡咯环合结构，是四苯基四氮杂卟啉的同类物。通常产品为金属络合物，称为金属酞菁（MPc），具有艳丽的绿光蓝（翠蓝）色和高耐光牢度。

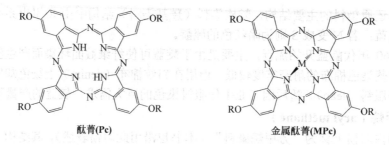

酞菁(Pc)　　　　　　　　金属酞菁(MPc)

3.2　染料应用类别

3.2.1　主要染料类别

依据染料的染色工艺和应用性质，我国染料产品的应用分类与国际上较通行的分类法C.I.（color index）基本相同。分为直接、冰染、还原、硫化、酸性、活性、分散、阳离子（碱性）料和溶剂等染料类别，也包括有机颜料和荧光增白剂。

在染料应用分类中，有些结构类别虽尚未形成完整的色谱体系，但其结构、颜色和染色性能独特，所以有些文献中将它们分门别类地标出。具体有：a.氧化染料，为芳胺盐，被纤维吸收后经强氧化剂氧化而发色，仅有红、蓝、棕等色泽，用于棉、麻的染色；b.酞菁染料，为一类特殊品种，本身无色但经助剂溶解后与重金属盐在纤维上络合形成有色物质，用于纤维素纤维的染色，色泽鲜艳，牢度优良，但仅有艳蓝、艳绿等色泽，常归入阳离子染料和颜料类别；c.缩聚染料，染色时发生缩合，生成不溶性色淀而聚集于纤维上，但仅有金黄、金橙等色泽，主要用于棉和涤纶的印花；d.暂溶性染料，将不溶性染料引入可溶性基团上染后经过处理使之恢复到不溶结构而固着，常用于织物印花，典型的为水暂溶性分散染料；e.荧光染料，具有强吸收紫外线（UV）分子结构，色泽特别艳亮，用于织物印花，常归入溶剂染料和颜料类别。

（1）酸性染料（acid dyes）

由于需在酸性介质中染色，故称酸性染料。根据染色时酸性的强弱，又可分为强酸性、弱酸性、中性、酸性媒染（酸性络合）等，主要用于染羊毛、丝绸和皮革等蛋白质纤维。一般强酸性匀染性较好，耐洗牢度差；弱酸性耐洗牢度较好，匀染性较差。中性染料分子中含有亲水性基团，可在弱酸性或中性溶液中染色，以避免强酸对纤维的损伤，一般用于羊毛、维纶等的染色。

（2）分散染料（disperse dyes）

工业化量最大的染料类别，是一类分子量较小、结构相对简单、疏水性强的非离子型染料，具有色泽鲜艳、应用方便、湿度好、成本较低廉等特点，主要用于涤纶（0.48%吸湿率）及混纺织物、醋酸纤维等合成纤维的染色。

（3）活性染料（active or reactive dyes）

分子中含有能与纤维素等纤维上的官能团反应的基团，是合成染料中借化学结合而染色的一类染料。活性染料分子在染色时与纤维反应生成共价键，并成为稳定的"染料-纤维"有色化合物的整体，使染色纤维具有很好的耐洗牢度和耐摩擦牢度。主要用于染棉、麻、羊毛、丝和部分混纺纤维。

（4）溶剂染料（solvent dyes）

溶剂染料是指不溶于水而溶于有机溶剂的染料，具体有溶剂染料、荧光增白剂（fluorescent brightening agent）、荧光染料（fluorescent dyes）等类别。

这四类染料是工业化主要的染料产品类别，将以独立章节介绍。

3.2.2 直接染料

直接染料（direct dyes）分子具有发色共轭体系长和线形共平面结构的特征，因对纤维的亲和力高，有较大直接性而得名。直接染料能在食盐或元明粉的弱碱性或中性染浴中直接上染。为提高直接染料耐碱性，分子中芳环上不成氢键的—OH 常被醚化。一般将耐晒牢度 4 级以上的直接染料称为直接耐晒染料，以铜盐作后处理的直接染料称为直接铜盐染料，而需作重氮化并显色后处理的直接染料称为直接重氮染料。

直接染料大部品种合成相对简单、色谱齐全、应用方便。但一般的直接染料高温稳定性差，耐洗和耐晒牢度不理想。直接染料主要用于棉、黏胶、丝绸及麻的染色和印花，也用于尼龙和羊毛的染色及皮革、纸张和木材的着色。

按中间体结构偶氮型直接染料可分为联苯胺（包括联甲苯胺和联大茴香胺）、二苯乙烯、二苯醚、N-苯甲酰胺、N-苯磺酰苯胺、脲、三嗪、苯并噻唑及二噁嗪等类型。在分子中引入三聚氯氰作为隔离基可明显提高染料的直接性。直接染料分子中含有磺酸基或羧酸基等阴离子水溶性基团可与阳离子表面活性剂反应生成不溶性化合物。因此使用阳离子型固色剂对直接染料进行固色处理可提高染料的耐水浸、耐水洗和耐汗渍牢度等，但染料色光会有所变化，有时还会使耐晒或耐摩擦牢度产生不同程度的下降。

随着合成纤维和混纺织物的发展，要求直接染料具有好的高温稳定性，直接混纺 D 型染料可满足这一要求。这类染料高温稳定性好，对分散染料没有影响，因此可在涤/棉混纺、涤/粘混纺织物上与分散染料实现一浴一步法染色。直接 SF 型染料与活性染料相似，染色时与活性化合物（多官能团无色化合物）同浴使用，活性化合物可与染料和纤维生成共价键，达到染色和固色的目的。

（1）结构特征

直接染料在化学结构上以双偶氮和多偶氮为主，有少量的酞菁和三苯二噁嗪结构产品。联苯胺类直接染料曾是直接染料中最重要的一类，早期产量占 50%。但由于联苯胺的致癌性，1971 年起有 77 个直接染料产品被禁用。国内仍有如直接耐晒黑 G（C.I.直接黑 19）、刚果红等产品生产。直接黑 RN（C.I.直接黑 38）的结构式如下：

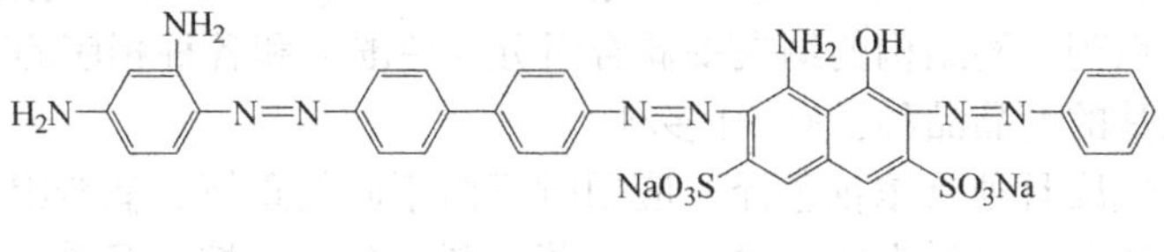

（2）联苯胺代用研究

一直是染料研发的重要科研课题，具体有如下结构修正。

a. 尿素型偶氮：在联苯结构中插入尿素结构。典型产品如直接红 B（C.I.直接红 23）：

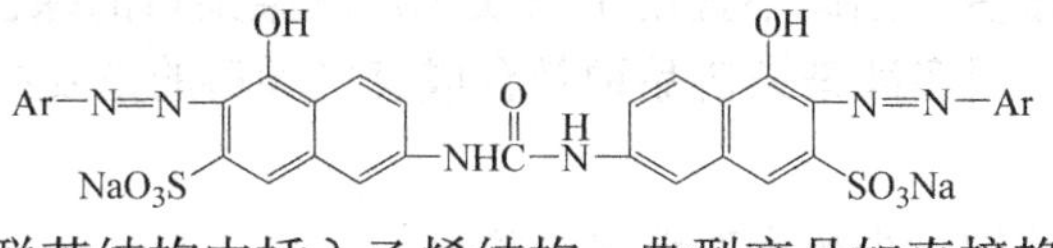

b. 二苯乙烯型：在联苯结构中插入乙烯结构。典型产品如直接艳黄 4R（C.I.直接黄 12），

以 DSD 酸为原料合成，结构式如下：

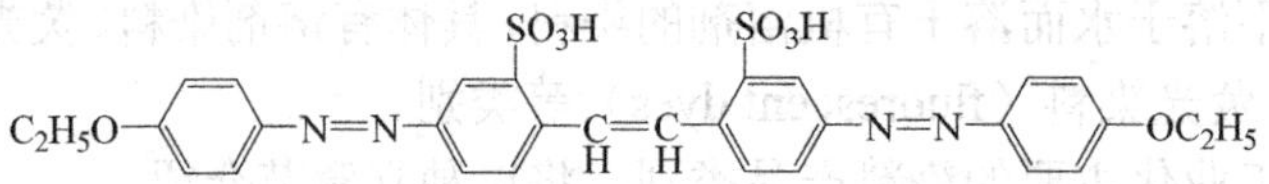

c. 噻唑型：以苯环上连有噻唑或苯并（异）噻唑结构代替联苯结构。如直接耐晒嫩黄 5GL（C.I.直接黄 27）。

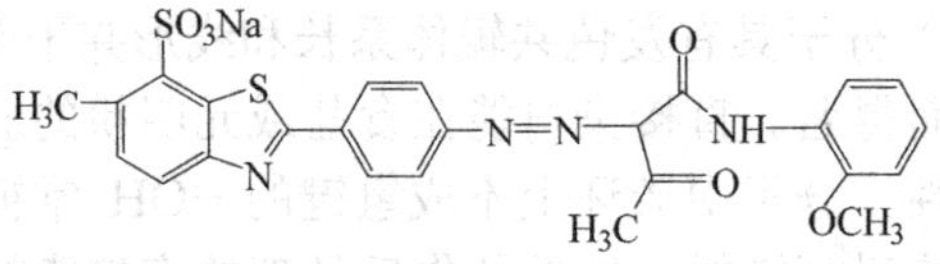

d. 二噁嗪型：多元稠杂环磺化衍生物为主。以二噁嗪多元稠环代替联苯结构的产品有直接耐晒艳蓝 BL（C.I.直接蓝 106）、直接耐晒蓝 FFRL（C.I.直接蓝 108）等。典型结构如下。

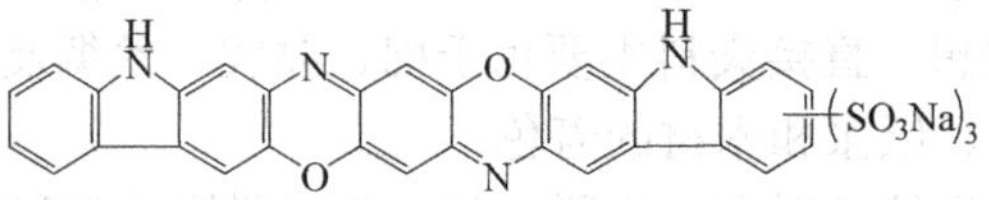

（3）结构与直接性

染料的直接性即一次上染率，为染料在染浴中一次上染织物的牢度。染料的直接性体现在：a.染料可直接溶于水中而不需任何其他助剂；b.只需无机盐和温度就可上染；c.在纤维上直接得色。染色过程中染料分子先在溶胀于染液中的纤维表面吸附，并由外向内扩散至纤维内部的无定形区，并在纤维内部固着。直接染料与纤维结合方式有极性力-氢键和非极性力-范德华力等，染料与纤维结合强，直接性好。

增强直接性的结构因素有染料分子的线性度、分子中芳环同平面性及易形成氢键的取代基位置等。

3.2.3 冰染染料

冰染染料（ice dyes）（也称偶氮染料）是由偶合组分（色酚）和重氮盐（色基）在纤维上偶合生成的非水溶性的偶氮染料，这是它与一般偶氮染料的主要区别。因应用时要在冰冷却下上染并发生偶合反应合成染料同时显色而得名。染色时，一般先使纤维吸收偶合组分（打底），然后与色基重氮盐偶合在纤维上形成染料（显色）。因此，偶合组分亦称为打底剂，重氮组分亦称为显色剂。冰染染料不是成品染料，而是色基和色酚两类商品。

1912 年德国 Criesheim-Elekfron 公司的纳夫妥 AS（Naphthol AS）是第一个实用性产品，随后相继出现了一系列不同结构的纳夫妥偶合组分（色酚）和各种相应的芳香伯胺（色基）。不同结构色酚和色基的商品品种已有 50 多种。

冰染染料价格低廉且独具浓艳色泽，应用时可由不同的重氮、偶合组分配色，主要用于棉纺织物的染色和印花，色谱有黄、橙、红、蓝、紫、酱红、棕、黑等。尤其是浓色的橙、红、蓝、酱红、棕等色泽，日晒牢度可达 6 级或以上，耐氯牢度亦可达 4 级或以上，有的还耐碱煮，但一般不耐氧漂。由于这类染料的遮盖力较弱，染淡色时得色不丰满，且耐晒牢度随染色浓度降低而下降很多，因此不宜用于染淡色。冰染染料的绿色不及还原染料鲜艳，染色牢度也不及还原染料。很多冰染染料品种是合成有机颜料的重要中间体。

（1）结构特征

水不溶性的单偶氮结构，少数为双偶氮结构。

（2）上染过程

冰染染料商品分重氮色基分散液和色酚碱溶剂，上染时混合成印花色浆，经色酚打底、上色基（重氮盐）和偶合上染并显色。染料与纤维的结合方式以氢键结合为主。

（3）色基及结构

冰染染料的色基为含非水溶性取代基的芳胺重氮组分（又称显色剂）。典型化学结构与颜色特征有：对苯二胺-N-取代衍生物，主要是紫色、蓝色；氨基偶氮苯衍生物，主要是棕色、黑色。典型结构如 Variogen 色基经重氮化偶合后可在织物上与钴或铜盐络合上染，并具有很高的耐晒、耐摩擦及耐氯牢度。

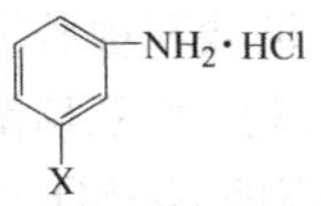

Variogen色基　　　　　大红色基 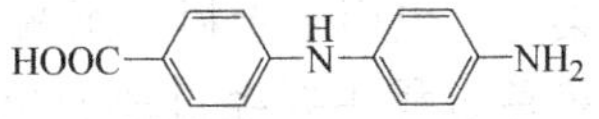　　　　　蓝色基B
X=Cl,NO₂,CN,CF₃,NHAr等

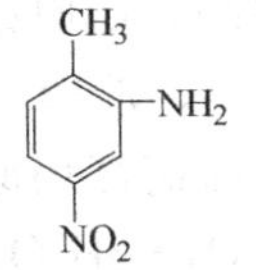

在结构上当重氮组分结构上间位为吸电子基，邻位为给电子基时会产生较明显的红移效应，且染料颜色鲜艳，上染牢度高。

（4）色酚及结构

冰染染料的色酚为偶合组分，主要结构为取代 β-萘酚系衍生物，称为色酚 AS-X 系列。在色酚结构上有不同的偶合位且取代基 R 对色泽影响明显，取代基 R 吸电性越强，红移效应越明显，一般 NO₂>CO>CH₃>H>OCH₃；还有取代基位置的影响，一般红移效应为对位 (p)>间位 (m)>邻位 (o)。此外，色酚的钠盐对光敏感，打底后遇日光照射会影响显色效果。

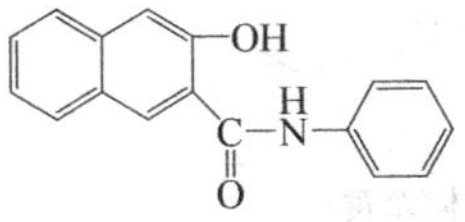

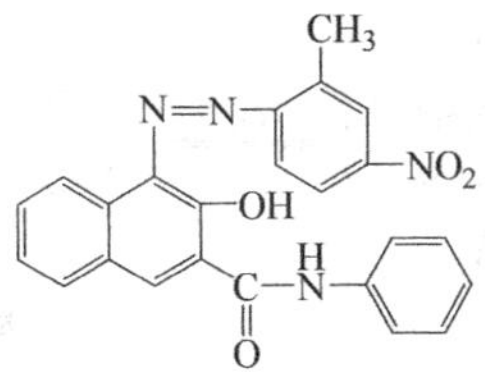

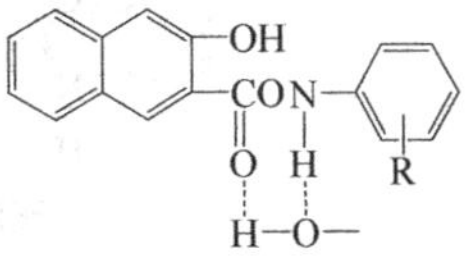

色酚 AS 即 2-羟基-3-萘甲酰芳胺衍生物，以红色、紫色、蓝色为主。若重氮组分采用含偶氮基团结构较复杂的芳胺也可得到黑色，但得不到黄、绿、棕等色泽。色酚 AS-G 为具有两个偶合位的乙酰乙酰芳胺结构（卟酮基酰胺类）的色酚，以不同色光黄色为主。应用最多的是 AS-G、AS-LG。AS-G 对棉纤维直接性大，但耐晒牢度较差；AS-LG、AS-L4G 耐晒牢度较好。AS-BT 和 AS-KN 主要为二苯并呋喃杂环结构，以绿色、棕色、黑色为主；咔唑杂环结构色酚主要用于染黑色，如 AS-SG、AS-SR。蒽结构的色酚主要用于染暗绿色，如色酚 AS-GR；酞菁磺酰胺吡唑啉酮类结构的色酚可与很多色基重氮盐偶合得到色泽鲜艳的黄光绿色，如色酚 AS-FGGR。

（5）色盐及结构

为避免染料进行色基重氮化的麻烦，染料厂把有的色基，特别是重氮化较麻烦的色基预先制成加有稳定剂的重氮盐，称为（显）色盐。色盐是色基重氮盐的固体形式，使用时只需溶于水即可与色酚偶合显色。为适应印花的需要，有些色基重氮化后加碱制成反式重氮酸盐，有的与稳定剂制成重氮胺，有的则与亚硫酸钠作用制成重氮磺酸盐，它们分别与适当的色酚混合后便成为快色素、快胺素和快磺素。由于重氮盐不稳定，遇热或受光会分解，干品易爆炸，因此色基重氮盐须经稳定化处理才能制成色盐。商品色盐有四种主要形式：a.稳定的重氮盐酸盐或硫酸盐，需加入 50%～70%无水硫酸钠作为吸湿剂和稀释剂；b.稳定的金属重氮盐；c.重氮芳磺酸盐；d.重氮氟硼酸盐等。国内色盐品种以前两类为主。所有色盐商品中都加有无水硫酸钠或硫酸铝、硫酸镁作为稀释剂，重氮盐的实际含量在 20% 左右。色盐溶解温度以 25～30℃为宜，因较稳定可不加冰，但溶解温度不宜过高以免造成分解。色盐溶液也不应久置或日光直接照射。

3.2.4　还原染料

还原染料（vat dyes）又称瓮染料、士林染料（indanthrene），是一种牢度优异的非水溶性高级染料，品种繁多、色谱较全、色泽鲜艳、牢度优良，尤其是耐晒和耐洗牢度。但应用技术比较复杂，且价格较贵，使其发展受到限制。还原染料主要用于棉纤维、麻、黏胶纤维、维纶、涤纶等染色，也用于涂料、纸张、肥皂、油墨、塑料、油漆和橡胶等的着色。

还原染料染色过程中要经过还原反应，即需在还原剂保险粉（低亚硫酸钠）$Na_2S_2O_4$（注意区别：元明粉 Na_2SO_4，硫代硫酸钠 $Na_2S_2O_3 \cdot 5H_2O$，亚硫酸钠 Na_2SO_3 等）的碱性溶液中还原成可溶性的隐色体钠盐上染纤维，再经空气或氧化剂氧化成染料发色并固着。可溶性还原染料是将还原染料的还原体酯化成硫酸酯盐从而溶于水，简化了染色工艺，也提高了匀染性。

（1）结构特征

一般不含水溶性基团，共轭双键系中至少含两个羰基（C=O）。结构上主要有靛族、不对称靛族和稠环酮等三大类。

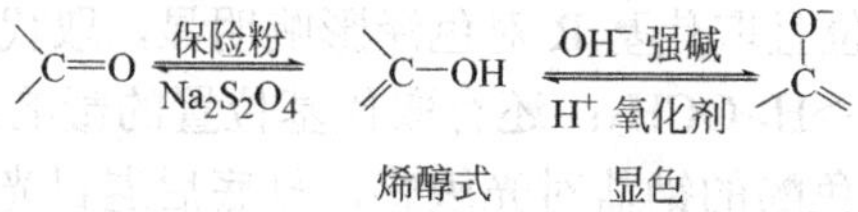

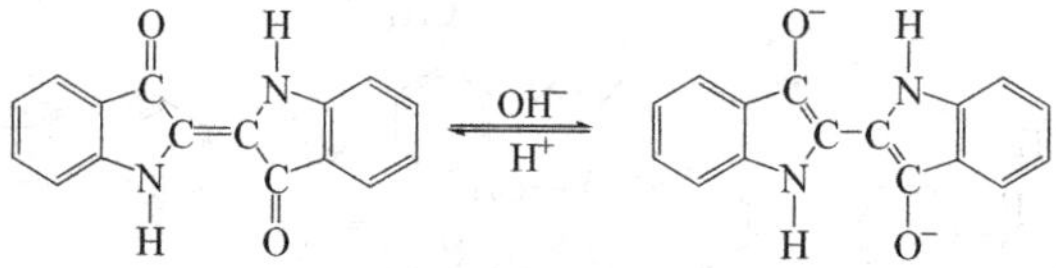

靛蓝　　　　　　　　　隐色体(草黄)

（2）三大类结构

a. 靛族：由对称性的双氮杂茚、双硫茚和双苊醌结构等组成，苯环上的取代基 R 一般为卤素、烷基、烷氧基、芳环；杂原子 X 一般为 N 和 S。典型产品为靛蓝（石磨蓝，氮杂茚衍生物，C.I.还原蓝 1）和带蓝光暗红色的硫靛（X 为 S，硫茚衍生物）。

常用结构单元：

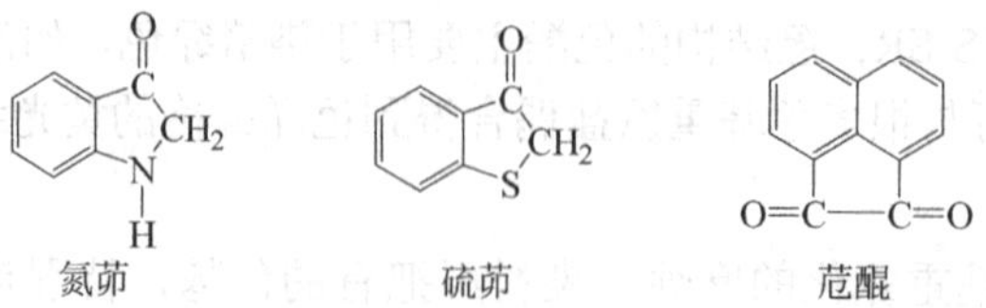

氮茚　　　　　　　　硫茚　　　　　　　　苊醌

染料结构通式：

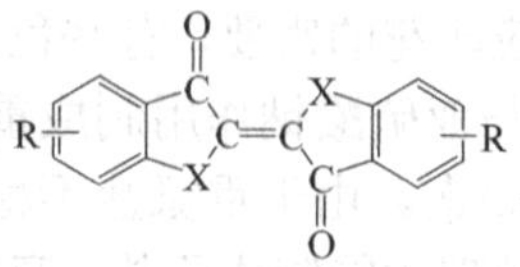

典型产品还原桃红 3B（C.I.还原红 47）：

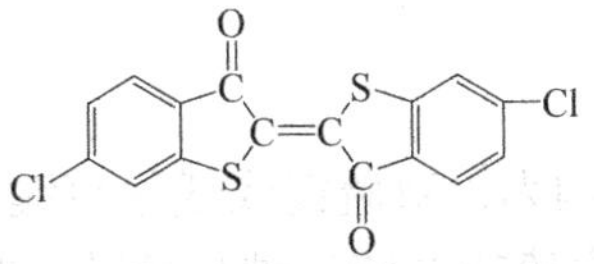

b. 不对称靛族：结构一端有不同的取代基或稠环结构，如还原黑BL（C.I.还原黑1）。

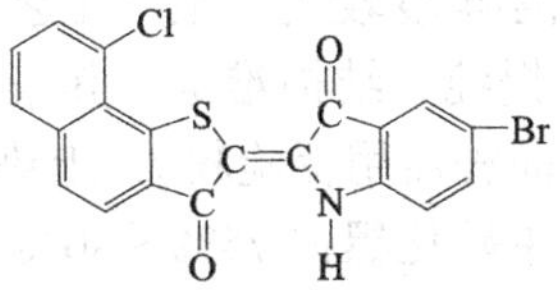

c. 稠环酮：属蒽醌结构染料，主要有酰氨基蒽醌、蒽醌咔唑和蒽醌对氮苯等三大结构。主要用于纤维素纤维的染色、印花等；酰氨基蒽醌类还原染料由氨基蒽醌与芳酰氯反应合成，匀染性好，在20~30℃弱碱性上染。典型产品还原黄GH（C.I.还原黄3）等。

在蒽醌结构的1位或2位引入酰氨基，会引起红移效应，但2位取代的产品颜色稍浅。这类产品中许多黄、橙产品具脆布性。如下BASF开发的以三聚氯氰为酰化剂的还原黄产品Indanthren Yellow 5GF（C.I.还原黄46）。

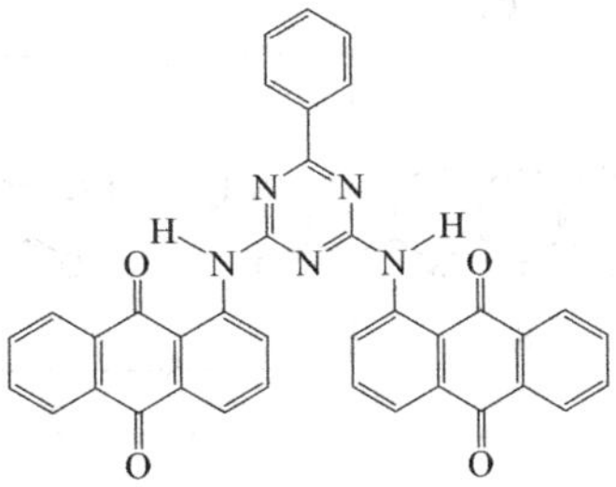

蒽醌咔唑类染料的蒽醌核由亚氨基连接。

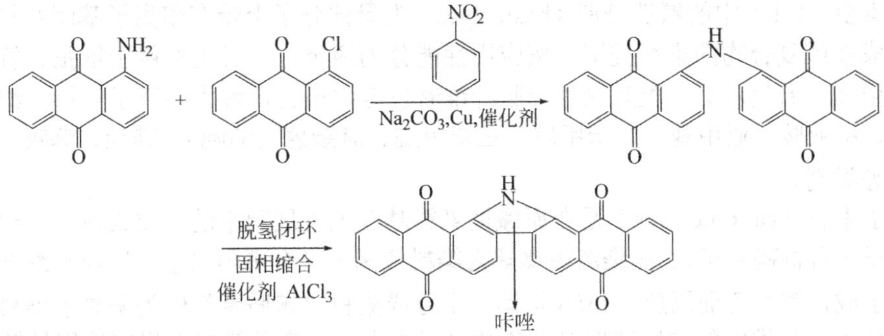

蒽醌对氮苯染料的典型结构为两个蒽醌结构由对氮苯环稠合成大共轭系，如还原蓝RSN（C.I.还原蓝4）是1901年发现的第一种醌构还原染料。

（3）可溶性还原染料

其隐色体为磺酸酯（盐），具有较好的水溶性。结构上分靛族的隐色体磺酸酯（溶靛素）（1921年）和稠环酮磺酸酯（溶蒽素）等两大类。

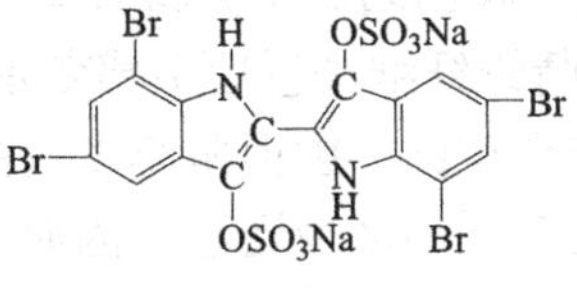

溶靛素O4B

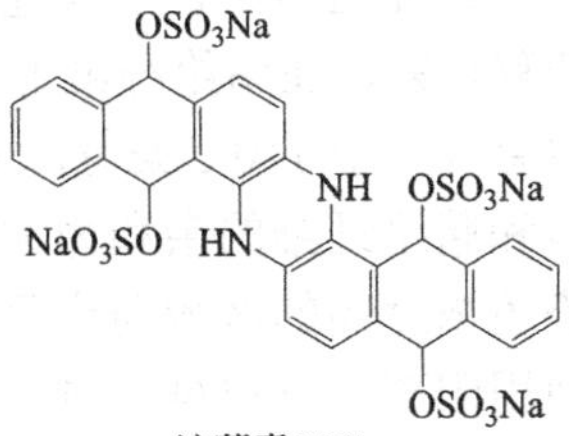

溶蒽素IBC

3.2.5 硫化染料

硫化染料（sulphur dyes）结构为以双硫键或低聚硫键（[S—S]$_n$）在芳香基团间相连接的非水溶性大分子硫化缩合物，由硫或多硫化钠与芳胺、酚类和氨基酚类反应制得。以黑、蓝色谱为主，色泽较为鲜艳，耐氯漂牢度较优。生产工艺简单，成本低廉，有烘焙法、煮沸法等。产品呈胶状、不结晶、不易提纯、结构难定，其染色原理与还原染料相似，上染时先用硫化钠将双硫键还原隐色（部分品种需用保险粉），上染后再氧化显色。主染棉、麻、人造纤维等，全球产量达十几万吨，其中硫化黑占75%～80%。

结构特征：由碳氮芴、硫氮芴和杂蒽等结构单元与硫相连而成。分子量和具体结构与合成工艺有关，产品的色光也与合成工艺及原料配比相关，一般 Na$_2$S$_x$/酚钠比为 1.2:1 时，染料的颜色偏红，提高 Na$_2$S$_x$ 配比达 1.7:1 时染料的颜色偏蓝。典型产品如硫化黑：

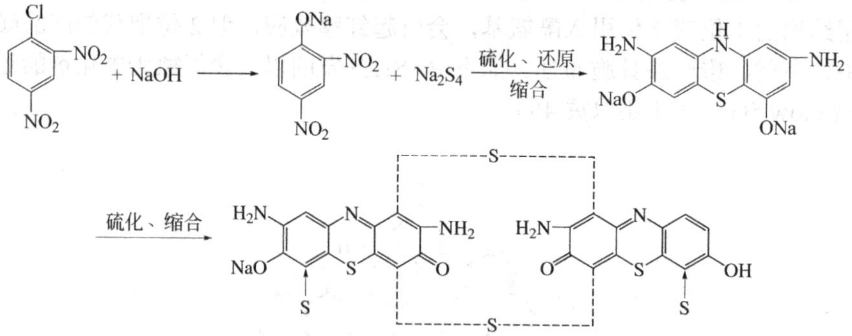

3.2.6 阳离子染料

染料索引（C.I.）中的碱性染料（basic dyes）为母体分子上带有阳离子基团并与其他阴离子基团形成盐或复合物的染料类别。按应用性能分为两类，一类主要用于纸张、竹木、工艺品和文教用品等着色；另一类为聚丙烯腈纤维着色专用染料，称为阳离子染料。结构上有偶氮、蒽醌、甲亚胺、亚甲基、二苯甲烷、三苯甲烷、氧杂蒽（呫吨）、噁唑、噻嗪、吖啶、吖嗪、喹啉等类别。

阳离子染料（cationic dyes）是在原碱性染料基础上发展起来的一类染料，结构中含有非金属阳离子（有机鎓离子）。在染浴中离解为染料鎓离子（有机阳离子）后与腈纶纤维上的磺酸基负离子成盐键结合而固色。1856 年第一个合成染料"苯胺紫"即为阳离子染料。

染料分子在纤维中的扩散速度对染色效果影响大。阳离子染料混拼应选用扩散速度接近的染料使得染色均匀。配伍值是阳离子染料染腈纶时的亲和力和扩散速率的综合性指数，用 K 来表示。按 GB 2400—2014《阳离子染料 染腈纶时配伍指数的测定》标准，配伍值分为 A、B、C、D、E 等 5 个等级。对普通型、X 型和可用于染腈纶的阳离子染料才进行配伍值划分。对于新型阳离子染料如 M 型、SD 型及活性阳离子染料不进行配伍值划分。通常，配伍值大染色速度慢、匀染性好；配伍值小，上染速度快、匀染性差、得色量高。配伍值小、匀染性差的阳离子染料的迁移性差，在腈纶纤维上发生迁移的阳离子染料只有 5%～20%，提高温度可使迁移性变好，但温度高于 110℃染色，会使腈纶纤维染色后手感变差。

由于阳离子染料和腈纶纤维的亲和力大，结合牢固，因而坚牢度较高。但一经上染后，染料分子就难以从染色浓度高的区域向染色浓度较低的区域迁移，因而易造成染色不均的疵点，难以修正。在使用阳离子染料染色时，需加入缓染剂并严格控制升温速度，以期获得匀染效果。

（1）结构特征

根据结构中阳离子与发色母体的连接方式分为隔离型（定域型）和共轭型（离域型），隔离型阳离子染料的发色母体与正电荷所在的基团通过隔离基相连。共轭型阳离子染料的正电荷不固定在染料分子中的某一个原子上，而是染料发色母体中的一部分，正电荷不定域。一般隔离型阳离子染料的正电性强一些，共轭型阳离子染料的正电性弱一些。在染色过程中，正电荷染料的匀染性差。阳离子染料与腈纶纤维间是以离子键结合，电性的强弱对染色影响很大。电性一方面来自染料，另一方面来自腈纶纤维。改性腈纶纤维中含有酸性基团，酸性基团不同则电性强弱也不同。如下阳离子桃红 B（C.I.碱性红 27）、阳离子艳蓝 RL（C.I.碱性蓝 54）染料。

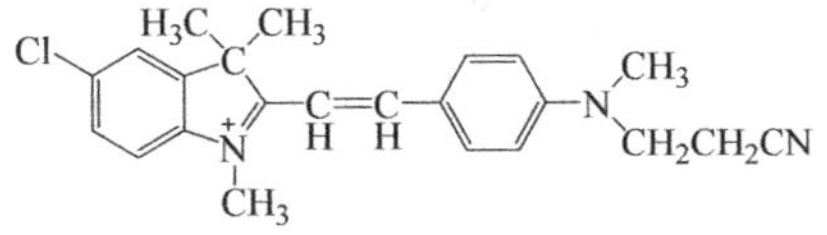

阳离子桃红B 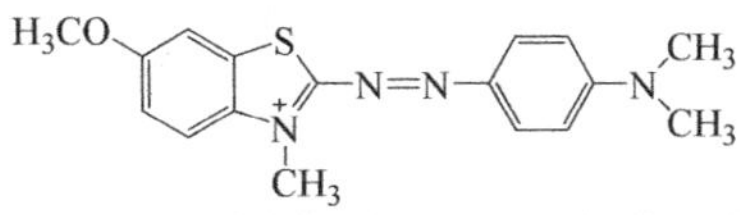   阳离子艳蓝RL

（2）隔离型

此类染料正电荷的位置固定在季铵盐的氮原子上，其耐热、耐晒和耐酸碱稳定性好，但给色量较低，色光不十分艳丽。染料发色体以偶氮、蒽醌结构为主。

（3）共轭型

共轭型是主要结构类别。色光鲜艳夺目，上染率高但耐晒牢度较差。结构上阳离子是发色体共轭系的组成部分，分子内电子离域性好，易受激跃迁。常见结构有三芳甲烷、亚甲基、甲亚胺、噁嗪、菁等类型，主要是含氮杂环亚甲基菁和稠杂环染料。该类染料结构中常存在多个共振杂化体，典型产品结构如下。

a. 三芳甲烷类：该类结构染料以红、绿、蓝、紫等深色色谱为主。典型产品有孔雀绿型的二氨基三芳甲烷类和结晶紫型的三氨基三芳甲烷等，该类结构都存在着共振杂化平衡。

孔雀绿（C.I.碱性绿 4）：

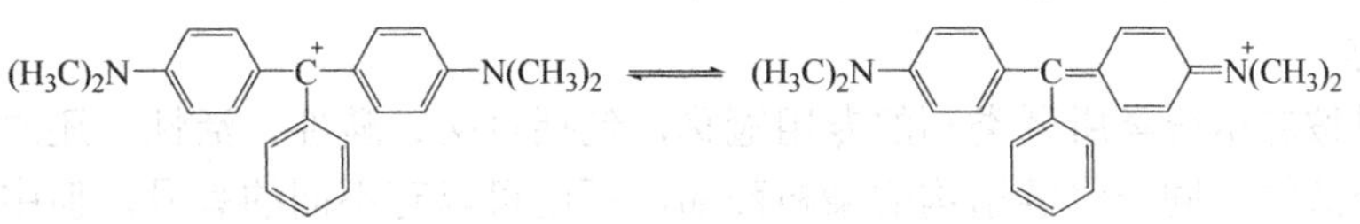

结晶紫（C.I.碱性紫 3）：

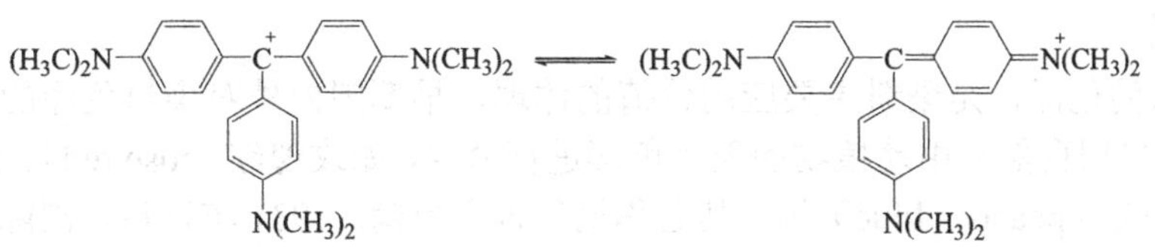

b. 噁嗪类：阳离子翠蓝 GB（C.I.碱性蓝 3）。

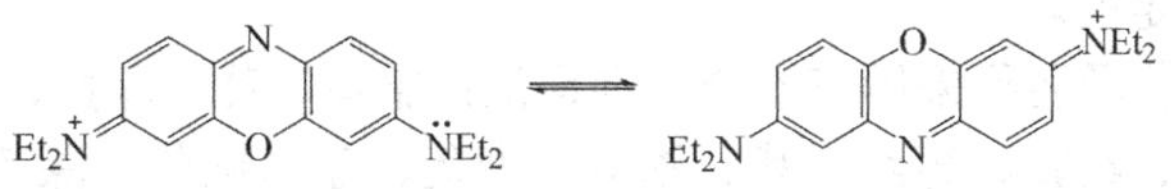

c. 菁类：阳离子红 6B（C.I.碱性紫 7）。

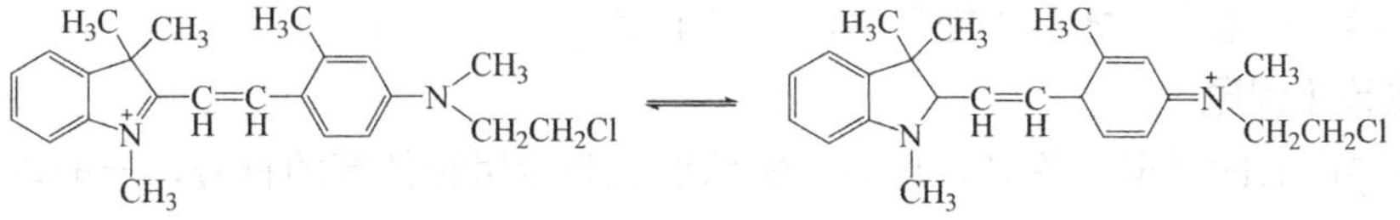

d. 甲亚胺类：分散阳离子金黄 SD-GL（C.I.碱性黄 28）；

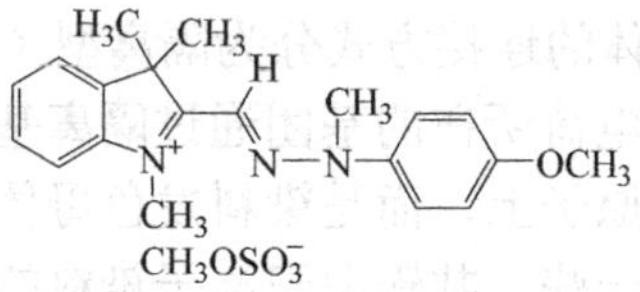

e. 亚甲基类：

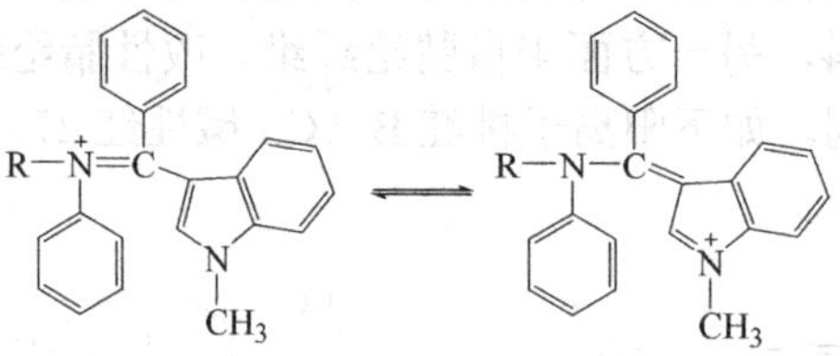

3.3 染料命名与应用性能

3.3.1 染料三段命名法

绝大多数的染料是分子结构复杂的有机化合物，其化学名称十分烦琐和冗长，甚至有些染料的化学结构还未确定，在工业上染料又常常是含有异构体及杂质的混合物，因此不便用化学名来称呼，同时染料的化学名并不能反映出染料的颜色和应用性能。因此，为了适应生产与应用要求，规定其成品组成，染料必须有专用名称。国际上采用染料索引（C.I.）通用标准命名，由类别、颜色和数码三部分组成，如 C.I.分散红 60。国外厂商往往在自己的商品牌号如 Celliton Fast Violet BA、Dispersol Violet C-RB 等后加注染料索引名。

1965 年参考染料索引（C.I.）化学工业部试行《染料产品名词命名草案》规定了中文染料的三段命名法，由冠称、色称和词尾三部分组成。

（1）冠称

表示染料按应用分类所属类别的专用冠称，包括直接、酸性、活性、还原、阳离子、冰染、溶剂、分散等。同一化学结构的染料商品，厂商可以有不同的牌号，但中文的冠称是不变的。如分散紫 4BN、活性艳红 K-2BP。

（2）色称

表示染料的色泽，是染料主要应用价值的体现，早期国内外对染料色泽的命名没有统一的方法，大多借用自然界中动植物的天然色彩进行命名，如玫瑰红（rose red）、柠檬黄（lemon yellow）、孔雀蓝（peacock blue）等，其名称抽象含义模糊。1931 年以后，国际照明学会建立了 C.I.E 测色制。在 C.I.E 测色制中，色泽的区分是通过色彩（hue）、纯度（purity）及亮度（brightness）三者确定的。

中国商品染料的色泽名称采用三十个标准词汇：嫩黄、黄、深黄、金黄、橙、大红、红、桃红、玫瑰红、品红、红紫、枣红、紫、翠蓝、湖蓝、蓝、艳蓝、深蓝、艳绿、绿、深绿、黄棕、红棕、棕、深棕、橄榄、橄榄绿、草绿、灰、黑。

色泽的形容词采用"嫩""艳""深"三个字。

（3）尾称（词尾）

说明染料产品的类型、色光、形态、特殊性能和应用特征等的符号，一般以英文词语的首字母或加数字等表示。但也有不少符号是染料厂商附加的，因厂商和染料类别的不同，有些词尾的确切意义较难明确。

a. 表示染料色光、性质等的词尾：

B 蓝光（英文 Blue，法文 Blau）；   Bw 棉用（德文 Daumwolle）；

C 耐氯、棉用，不溶性偶氮染料的盐酸盐等；

D 稍暗，适应于染色，适用于印花（德文 Druckerei）；

E 浓，匀染性好；   EX 染料浓度高（英文 Extra）；

F 坚牢度高，鲜艳；   FF 色光亮；

G 德国表示带黄光（德文 Gelb），而英语国家则表示带绿光（英文 Green）；

I 还原染料的牢度；   J 荧光（法文 Jaune）；

K 还原染料冷染法（德文 Kalt）或反应性染料中热固型染料；

KN 新的高温型；   L 耐晒牢度高，表示染料的可溶性；

M 双活性基的活性染料，混合物；

N 新的类型，通常指乙烯砜型活性反应性染料；

P 适用于印花；   R 红光（德文 Rod，英文 Red）；

S 升华牢度好，水溶性；   SE 对海水坚牢；

T 色泽深；   U 混纺织品用；

V 带紫光；   W 羊毛用，适于温染法；

X 普通型活性染料，高浓度等；   Y 带黄光。

上述有几个表示色光的符号，以表明色光之强弱。如 BB 或 2B 表示较 B 的色光稍蓝，3B 则较 2B 又稍蓝。由于各染料企业标准不同，同一类型、同一颜色甚至同一化学结构的染料，其色光符号也难以互相比较。

b. 表示"染料力份"的词尾：染料力份即染料强度，常标注在名称的词尾。这里的 100%、50% 或 200% 就是表示染料强度（力份）的词尾。有时表示染料力份的词尾可以冠于整个染料名称之首。注意 100%、200%、300% 等并不表示染料产品的纯含量。

（4）染料产品名称实例

如还原蓝 BC，"还原"为冠称，表示染料应用类别，"蓝"为色称，"BC"为尾称，词尾中的 B 表示染料带蓝光，C 为耐氯漂，表示性能。又如活性艳红 K-2BP 150%，"活性"为冠称，"艳红"为色称，其中"艳"为色泽形容词，词尾中，K 表示活性性染料中高温染色类型，属于一氯三氮苯型，B 表示蓝光程度，P 代表适用于印花，即染料的性质和特点，150% 即为染料强度（力份）。

3.3.2 染料应用性能

（1）染料质量指标

商品染料的质量指标包括两个方面。

a. 物理指标：即商品染料的染料含量、杂染料与杂质的含量，如无机盐、填充剂或其他助剂等的含量。此外，还有固体染料的细度和分散度、水分含量，染料在水中的溶解度等，染料在某特定溶剂中的最大吸收波长（λ_{max}）和染料的色度值等。

b. 染色牢度指标：即染料在纤维织物上或其他被染物质上所表现的各项牢度质量指标，这是衡量染料质量的重要指标。

染料产品除按国家标准、化工行业标准或企业标准外，还有各自的物理指标。各类染料都有各自的应用对象和被染纤维织物上被评定的各项牢度指标。

染料的染色牢度是周围环境或介质在一定条件下对纤维织物上的上染颜色改变情况的一种评价，影响染色牢度的因素除染料分子结构和化学性质、纤维的结构和化学性质外，周围环境和介质及染料在纤维上的物理状态和结合形式等与染色牢度也有关系。如蒽醌型活性染料和稠环酮类还原染料，在棉纤维上的耐光牢度和耐洗牢度一般都较好；同一单偶氮型分散染料在涤纶上的耐光牢度较在锦纶上更好一些；同一染色织物在不同的气候条件下，其耐光牢度有较大的差别等等。

（2）染整加工过程中的牢度

在织物上的染料有时为了染整工艺的需要，要经受某些工艺加工或化学剂料的处理，以此来改进或提高印染织物的物理性能、穿着性能或赋予其某种性能，如有些织物是用染好的纱线织成的，为了提高染色织物的质量和颜色鲜艳度，要对其进行氧化漂白等处理。涤纶织物或涤棉混纺织物用分散染料染色时需经热定型固色处理；某些织物染色后还要进行树脂整理以提高其穿着性能。

a. 耐漂白牢度：由于工艺要求对有些染色织物要用过氧化氢或次氯酸钠进行漂白处理。在织物上染料色泽受氧化漂白后的稳定程度称为耐漂白牢度。

b. 耐酸、耐碱牢度：染色织物在加工过程中会接触到酸性或碱性物质，如车间内有酸性气体、碱性去浆、碱性皂洗等，染料色泽对酸、碱的稳定程度评定称为耐酸碱牢度，印染织物本身也有耐酸碱牢度的问题。

c. 耐缩绒牢度：厚羊毛织物染色后有时要在碱性皂液中进行缩绒处理，呢绒、羊毛上染料色泽对此处理的稳定程度称为耐缩绒牢度。

d. 耐升华牢度：在合成纤维织物上的染料色泽对高温的稳定程度称为耐升华牢度。

（3）应用过程中的牢度

印染纺织品大部分做成各种衣着或其他用品供人们使用。有色织物和衣着在使用过程中要遇到各种条件和环境的侵蚀，如要经常与日光接触，要经常洗，有些内衣要遇到汗渍，外衣不可避免地会受到摩擦等。此外，空气中某些气体对染色织物的侵蚀等。

a. 耐光牢度：在日光作用下染色织物的色泽或染料在其他物质内的稳定程度的评定。

b. 耐气候牢度：在周围气候条件（日晒、雨淋）侵蚀下染色织物的色泽或染料在其他物质内的稳定程度的评定。

c. 耐洗牢度：也称耐皂洗牢度。染色织物的色泽经皂液或洗涤剂溶液洗涤后稳定程度的评定。

d. 耐汗渍牢度：染色织物经人体的分泌物主要是汗渍后色泽稳定程度的评定。在评定耐洗牢度和耐汗渍牢度的同时，还要评定其在白色织物上的沾色程度。

e. 耐摩擦牢度：染色织物经受多次机械摩擦后色泽稳定程度的评定。

f. 耐氯浸牢度：在城市生活用水中含有不同含量的氯，染色织物的色泽经用水浸渍或洗涤后稳定程度的评定。

g. 耐烟褪牢度：城市空气中经常含有氧化氮、二氧化硫等污染酸性气体，染色织物不免与之接触。耐烟褪牢度是染色织物的色泽经受这类气体侵蚀稳定程度的评定。

印染纺织品在日常使用过程中还有其他要求的染色牢度，如耐烫熨、耐海水、耐干洗等牢度。在上述牢度中，最重要的是耐光牢度和耐洗牢度，因为它们主要提供了染料在纤维织物上染质量的优劣，而其他牢度仅在一定场合下作为选用染料时的参考。

3.3.3 《染料索引》

《染料索引》（color index，C.I.）由英国染料与印染工作者协会和美国纺织化学与印染工作者协会共同编写出版，按应用类别和化学结构类别分编成两种编号，《染料索引》共 5 卷，于 1971 年始出版，1976 年、1982 年、1987 年、1999 年分别出版了第三版的补编和单独的颜料及溶剂染料卷。此外 2000 年前还出版了季度补充版和修订版，并推出了《染料索引》的网络版（Colour Index^{TM} Online）

《染料索引》中收集的染料按产品结构，对每一种染料都列出了应用分类类属、色调、应用性能及各项牢度指标。《染料索引》前一部分按应用类属分类，在每一应用分类下，按色称黄、橙、红、紫、蓝、绿、棕、灰、黑的顺序排列，再在同一色称下对不同染料产品编排序号，这称为"染料索引应用类属名称编号"，如 C.I.酸性黄 1。《染料索引》的后一部分，对已明确化学结构的染料产品，按化学结构分别给以"染料索引化学结构编号"，如 C.I.10316即 C.I.酸性黄 1 的化学结构编号；C.I.22120 为 C.I.直接红 28 的化学结构编号。因此，《染料索引》中每一个染料产品除化学结构不明确的以外，都有两种编号。染料商品名称非常繁杂，借用《染料索引》两种编号，便于明确一个染料产品的结构、颜色、性能、来源及其他可供参考的信息等。《染料索引》已成为染料化学研究和企业跟踪新染料产品的重要信息源。2002年互联网在线《染料索引国际版》第四版发布。该版第一部分包括了 C.I.应用类属名称编号下约 13000 个染料、颜料和溶剂染料产品。

国内《染料品种大全》（参考文献［112］统计有约 10600 个 C.I.应用类属名称编号的产品，各应用类别的产品数为酸性染料 2216、冰染料 281、碱性染料 560、直接染料 1537、分散染料 1471、食品染料 62、媒介染料 605、活性染料 1081、溶剂染料 915、硫化染料 231、还原染料 400、有机颜料 850 和荧光增白剂 393 等，该文献也给出了与 C.I.应用类属名称编号对应的国内外企业的各种商品牌号与技术信息。

3.4 国际环保纺织标签与禁用染料

3.4.1 REACH 法规

REACH 法规于 2008 年 6 月施行，是关于化学品注册、评估和许可的法规，其核心是建立一个单一完整的体系，即 REACH 体系。

2003 年欧盟公布了修改后的《未来化学品政策》白皮书，即 REACH 法规议案草案。当年又发布了共 7 册、1140 页、206 万字的草案咨询文件，并通过互联网向全社会发布征求意见函。这项法规草案引起了很大争议，不仅收到了 6000 多份批评意见，且德国、法国和英国等国领导人联名写信反对，因此欧盟对议案草案进行了修改。修改案主要修改了 REACH 制度的适用范围，规定需向 REACH 中央数据库提交报告的化学品产量或一次进口量由原来规定的 1t 改为不超过 10t，需要注册的化学品也由 3 万种减至 1 万种，与塑料、纤维、黏合剂和油漆涂料密切相关的合成聚合物不在 1 万种名单之列。

2004 年欧盟通过 WTO 秘书处公布了《REACH 法规》最终议案。REACH 法规取代了已有的 40 多项有关化学品指令和法规，适用于化学品及其下游的纺织品服装、塑料玩具等产品。它明确规定制造商及进口商生产或进口相关化学品超过规定数量时必须登记。

2010 年 10 月为对接 REACH 法规，环境保护部 17 号令公布实施了《新化学物质环境管理办法》，规定了新化学物质的分类、登记与生产、进口申报等基本制度。《现有化学物质名录》中已登记有 4.5 万多种化学物质。至 2017 年底已登记的我国染（颜）料类产品有 680 多种（约占总数的 40%）。

2019 年生态环境部公布了《化学物质环境风险评估与管控条例》，规定了化学物质的登记识别和监督管控的具体制度与法规。

3.4.2 国际环保纺织标签

（1）国际环保纺织标签（Oeko-Tex Standard 100，Oeko-Label）

国际环保纺织标签由"国际环保纺织协会"最早的成员机构德国海恩斯坦研究院和奥地利纺织研究院在 20 世纪 90 年代初，根据当时对纺织品上有害物质的认识提出。Oeko-Tex Standard 100 标准于 1992 年 4 月在德国法兰克福公布后，逐渐成为全球纺织品和皮革制品有害物质分析评估与安全测试的重要国际标准之一。该标准现由"国际纺织和皮革生态学研究和检测协会"按惯例每年公布年度版本，列出修订内容与更新指标，现正式标注为"STANDARD 100 by OEKO-TEX®"（简标为 OEKO-TEX®）。国际上大多纺织品采购商都将Oeko-Tex Standard 100 标准中的参数明确列在他们对供应商的供货要求中。我国的 GB/T 18885《生态纺织品技术要求》等也是参考该标准制定的。

STANDARD 100 by OEKO-TEX®包括 100 多项测试参数，包括法定禁止和严格控制的有害物质，也包括按科学方法证明了对健康有害的物质，以保证纺织品对健康无害。所有国际纺织和皮革生态学研究和检测协会认定的测试机构都可进行项目测试。这些标准和限值常领先于该领域其他标准，还有一些预防性测试参数。标准明确禁止和限制使用于纺织品上的有害物质包括禁用偶氮染料、致癌和致敏染料、甲醛、杀虫剂、含氯苯酚、氯化苯和甲苯、可萃取重金属等。婴幼儿用品中的邻苯二甲酸盐、有机锡化物、有机挥发气体、不良气味和生物活性产品及阻燃材料等另有规定。

产品用途在 STANDARD 100 by OEKO-TEX®对其分级时有决定性作用，其与皮肤接触范围越大，要求就越严格。标准将纺织产品分为四类。一类产品为婴幼儿用品，是指除了皮革服装以外的 36 个月以下婴儿和儿童产品，包括所有的基本原料、副料；二类产品为与皮肤直接接触的产品，是指那些大部分直接和皮肤接触的产品，如罩衣、衬衣、内衣等；三类产品为不直接接触皮肤的产品，主要指那些穿着时只有一小部分直接和皮肤接触的产品，如衬垫等；四类产品为主要用于装饰的产品，包括原副料，如桌布、墙壁覆盖物、家具用布、窗帘、装潢用布、地板遮盖物和床垫等。根据 STANDARD 100 by OEKO-TEX®标准，特别考虑到婴幼儿的敏感皮肤，所有婴幼儿用一级产品都需经过最严格的测试。对产品的唾液牢度测试，保证了纺织品上的染料或涂料在婴儿咬、嚼的状态下也不会从织物中渗出和淡化。

最初的 STANDARD 100 by OEKO-TEX®标准版本规定了纺织品中不得含有 23 种偶氮染料中间体和 118 种禁用染料。2003 年 6 月欧盟公布了 2003/34/EC 和 2003/36/EC 两项指令。这两项指令分别列出了 25 种和 43 种致癌、诱变及危害生育的化学物质，以补充 76/769/EC《限制某些有害物质的销售、使用和制造》中有害物质目录。两指令自 2004 年 12 月和 2005 年 1 月正式实施。2003/34/EC 所列出的 25 种有害物质及其制品禁止在欧盟市场上单独销售，但允许其在纺织品、玩具及其他消费品中使用并销售，而 2003/36/EC 所列出的 43 种有害物质及其制品不仅禁止在欧盟市场上单独销售，而且还禁止销售含有这些物质的化妆品、油漆、黏合剂、打印墨水、纺织品、玩具及其他消费品。

2003 年 9 月起欧盟有关禁用有害偶氮染料的指令生效。该指令明确规定在服装纱线、织物、被褥、毛巾、假发、假眉毛、帽子、尿布等卫生用品和睡袋、手套、手提袋、椅套、各种钱包、手提箱、表带、鞋类、纺织及皮革玩具和带纺织或皮革衣着的玩具等与人体长期直接接触的多类纺织品或皮革制品中，不得使用浓度超过 30mg/dm^3 或在特定条件下会分解产生浓度超过 30 mg/dm^3 被禁的 4-氨基联苯和联苯胺等在内的 22 种有害芳胺的偶氮染料。

（2）2004 版 STANDARD 100 by OEKO-TEX®新规定

a. 明确规定不能使用铅和铅合金，包括含铅和铅合金的纺织化学品、纺织品和使用铅或铅合金制成的生产设备与装置。

b. 增加了 1 只新的过敏性分散染料即 C.I.分散棕 1（C.I.No.11152、CAS No.1223600.9）。禁用过敏性分散染料共 21 只，它们在纺织品上的限量仍规定不超过 0.006%。另外，对原有过敏性染料中已明确的 C.I.分散蓝 35、C.I.分散蓝 102、C.I.分散蓝 106 和 C.I.分散蓝 124 分别采用了它们的新登记号即 CAS No.12222-71、CAS No.12222-97-8、CAS No.1222301-7 和 CAS No.61951-51-7 等。

c. 再次明确了 4-氨基偶氮苯为致癌芳胺，禁止生产和使用以 4-氨基偶氮苯为重氮组分的偶氮染料，但由于常采用的检测致癌芳胺的化学方法（德国官方检测方法）能把 4-氨基偶氮苯进一步还原裂解成苯胺和对苯二胺，尚无合适的检测方法来鉴别出某些偶氮染料是否会裂解出致癌的 4-氨基偶氮苯。

d. 在第Ⅰ类产品（不含皮革服装）中对婴幼儿的定义由原来的两岁及以下改为 36 个月以下，这样与其他的欧盟标准相一致。

e. 不再将里料列为第Ⅳ类产品即不直接与皮肤接触的产品。

f. 对第Ⅱ类～第Ⅳ类产品中的纺织品组分或第Ⅰ、第Ⅴ类产品中的任何组分在旧版中规定其含量小于总质量 1%时可不测试，而在 2004 年版中规定一般情况下送检样品的所有组分都必须测试。如果因送检样品的限制，某一组分含量小于 1%而无法测试，则接受申请的检测机构（Oeko-Tex 成员单位）可根据送检产品类别和用途确定是否要申请者加送样品或取消该项测试，检测机构的决定是不允许争辩的。

2005 年 1 月 1 日前如果用含有毒物质的再生纤维制成的纺织品，只要其所含或在特定条件下分解产生的 22 种有害芳胺浓度低于 70mg/dm^3 时，仍允许在欧盟市场销售。

（3）2018 版 STANDARD 100 by OEKO-TEX®新规定

a. 调整"其他化学残留物"限量：更多物质被列入"其他化学残留物"中，包括：双酚 A，附录 6 中所有产品类别的限量值从附录 4 中的 0.025%调整为 0.1%；苯酚，产品类别Ⅰ的限量值为（附录 4 和附录 6）20mg/kg；产品类别Ⅱ至Ⅳ的限量值为（附录 4 和附录 6）50mg/kg。苯胺在附录 4 和附录 6 中所有产品类别的限量值为 100mg/kg。

从 2018 年起，STANDARD 100 by OEKO-TEX®标准还将测试偶氮染料中的芳胺，主要是偶氮染料可在还原条件下分离出芳胺。如果在样品测试期间发现这些物质中的一种（或多种）且超过各自的限量值，则无法对样品进行认证。

用于生产染料和一些其他化学助剂的喹啉已被列入"其他化学残留物"参数中，并按照要求"在考察中"。在 OEKO- TEX®测试期间也会对喹啉进行随机测试，但目前没有限量值。欧洲化学品管理局（ECHA）已把喹啉列为 CMR 物质（即致癌、致突变或致生殖毒性物质）。

b. 新增"表面活性剂、润湿剂残留物"：支链和直链正庚基苯酚及支链和直链戊基苯酚等。烷基酚和烷基酚聚氧乙烯醚的总限量值保持不变。在 ECHA 候选物质清单中，支链和直链正庚基苯酚和 4-叔戊基（1,1-二甲丙基）苯酚等被归类为"高度关注物质"。

c. 调整残余溶剂项目要求：在附录 6 中，为了更好地说明在生产各种纤维材料时当前和技术上可行的水平，对 N-甲基吡咯烷酮（NMP）、二甲基乙酰胺（DMAc）和二甲基甲酰胺（DMF）

的溶剂残留物进行了不同的修改。在所有产品类别中，邻苯基苯酚（OPP）的限量值均降低了。

因此，未来可以在 OEKO-TEX® 证书上确认中国要求[GB 18401—2010（除标签要求外）]。GB 18401—2010 标准对 pH、甲醛、禁用偶氮染料、各种色牢度和气味等都提出了要求。

d. 新增转基因（GMO）成分测试：自 2018 年 4 月 1 日起，如果企业申请在 STANDARD 100 证书上体现产品为"有机（Organic 或 Bio）产品"，那么有机棉产品或含有机棉成分的部分必须经过额外的转基因（GMO）成分测试。

（4）2019 年版 STANDARD100 by OEKO-TEX®新规定

苯已被列入针对所有产品级别的"其他残余化学物"项目下；四种铵盐（附录 5）也被纳入了范围，在致癌芳胺项目中一并进行检测。OEKO-TEX®自 2018 年以来开始监测喹啉，目前限量值规定为<50mg/kg。

2019 年版 STANDARD 100 by OEKO-TEX®标准已符合新的"REACH 附录 XVII CMR 法规"[欧盟委员会法规（EU）2018/1513]的要求，新"REACH"法规列出了 33 种 CMR（致癌、致突变、致生殖毒性）物质，于 2018 年 11 月开始生效，然而自 2020 年 11 月 1 日起才开始对产品执行。相比之下，大部分物质已在 OEKO-TEX®标准目录中受到监控多年。

3.4.3 bluesign®标准

bluesign®标准即蓝色标志标准：由学术界、工业界、环境保护及消费者组织代表共同制定的全球新生态环保标准。由瑞士蓝色标志科技公司于 2000 年 10 月 17 日在德国汉诺威（Hanover）向全球开发，是保障消费者使用安全的最新纺织品环保规范标准，已受到众多全球知名品牌客户的肯定。获得 bluesign®标准认证的纺织品牌及产品，代表着其制程与产品都符合生态环保、健康、安全（Environment、Health、Safety，EHS）要求，完全不含有害、有毒物质及重金属成分，从而凸显产品的附加价值。bluesign®标准认证涵盖了从化学、纺织等原材料到织布、印染、涂布、贴合加工至成品等所有相关制程及所涉及的染料、化学药剂等。bluesign®system 是全面可行的化学品"输入流管理体系"，可帮助获得认证的企业与供应商生产环保产品，而不影响产品功能、质量和设计。

bluesign®标准的效益在于对化学品供应商是可使用 bluesign® bluetool 对化学品进行审核评级及在产品管理方面给予支持；公开化学产品是否符合"受限物质清单"（RSL）和 REACH 法规的 SVHC 候选清单；通过认证的 bluesign® approved 化学产品会受到业务合作伙伴和品牌商的广泛认可；登入 bluesign® bluefinder 网络平台向制造商推销 bluesign® approved 化学产品。对制造商 bluesign®标准可使其能成功应对复杂的环境问题和法规；实施输入流管理以将风险降至最低；公开化学产品是否符合"受限物质清单"（RSL）；可登入 bluesign® bluefinder 挑选经认证的化学品或通过 bluesign® blueguide 平台推广通过认证的产品；产品可贴上 bluesign® product 标签。对品牌商 bluesign®标准可实现优良的可持续性绩效，确保从供应链、生产过程和最终产品中排除危险物质；以化学品输入流管理系统来管理消费者安全课题，不断更新 bluesign® system substance list （BSSL），将消费者安全风险降至最低；可登入 bluesign® blueguide 采购符合全球最高标准（资源、人和环境保护）的面、辅料和化学品；通过使用 bluesign® product 标签获得增值。

3.4.4 环境激素与禁用染料

（1）环境激素

环境激素是指一类对人类健康和生态环境极其有害的化学物质。它能与激素受体结合减少血液中的激素或使精巢萎缩（雌酮、睾酮受扰），从而扰乱人类或动物的内分泌与发育过程，导致繁殖能力下降和遗传异常。环境激素结构上与生物激素相似，以分子量在 200~400 的芳环或稠杂环化合物居多。具有不含强水溶性基、含有机氯结构、油（脂）溶性、可吸附性和不易生物降解、毒性大、易蓄积等特点。

环境激素主要结构类别有卤素化合物如二噁英、多卤联苯、多卤（氯溴）苯、DDT、2，4，5-三氯苯氧基乙酸等；含硫化合物如农药马拉硫磷，天多虫，嗪草酮等；有机芳环或稠杂环化合物如 3-氨基-1,2,4-三氮唑（杀草强）、DBP、DOP、二苯甲酮等；菊酯类化合物如氯菊酯、氯氰菊酯、杀灭菊酯等。

二噁英

染料不是环境激素，但染料产品涉及的环境激素却不少。主要有 6 种，即多氯二噁英、多氯二苯并呋喃、多氯联苯、对硝基甲苯、3-氨基-1,2,4-三氮唑和 2,4-二氯苯酚等。在染料助剂中涉及的环境激素更多，初步确认有 20 多种，即多氯二噁英、多氯二苯并呋喃、多氯联苯、多溴联苯、烷基酚、邻苯二甲酸酯类化合物、对硝基甲苯、3-氨基-1,2,4-三氮唑、三丁基锡、三苯基锡、五氯苯酚和二苯甲酮、邻，对-苯基苯酚和对苯二甲酸二乙酯等。

（2）禁用染料（banned dyes）及中间体

在 STANDARD 100 by OEKO-TEX® 中禁用染料分为致癌性染料（carcinogenic dyes）、致敏性染料（allergenic dyes）和其他禁用染料（other banned dyes）等三大类。最初版 STANDARD 100 by OEKO-TEX® 规定了 23 种禁用偶氮染料中间体和 118 种禁用染料（直接染料 77 种，酸性染料 26 种，分散染料 6 种）。此后，OEKO-TEX® 网站每年都会发布 STANDARD 100 by OEKO-TEX® 年度新版本，公布新的修订和增补，其中有年度版的"禁用染料列表"（附录 5）。

从结构特征来看，"禁用"主要是指含有或在特定条件下会分解释放出禁用游离芳胺的染料；以禁用游离芳胺为重氮组分合成的偶氮染料为主；禁用于长时间与人体有紧密接触的日用品（纺织服装、玩具等）的染色。所以"禁用偶氮染料"是禁止使用有害的偶氮染料。

1895 年德国医生 Rehn 发现长期从事品红染料生产的工人易患膀胱癌，他认为这是工人长期接触或吸入苯胺蒸气的缘故，因而称之为"苯胺癌"。20 世纪初 Sisley 和 Porcher 在食用了甲基橙的狗的尿液中发现了对氨基苯磺酸，但当时还未有偶氮染料致癌的概念。20 世纪 30 年代 Yoshida 发现溶剂黄（C.I. 溶剂黄 3）可引发老鼠肝癌，从而明确了偶氮染料致癌的事实。不久 Kinoista 又发现对二甲氨基偶氮苯具有强致癌作用，自此确立了偶氮染料可能致癌的概念，其致癌机理基于它在动物（或人）体内的代谢过程。偶氮染料分子在体内遇到偶氮还原酶后，其偶氮键发生开裂形成游离芳胺是诱发癌变的主要原因。偶氮键还原开裂多发生在动物（或人）体的肝脏与胃肠道，其活性除与偶氮染料分子自身结构（如分子量大小、分子极性强弱、偶氮-腙式互变异构现象等）有关外，还与偶氮还原酶活性大小有关，后者常受动物（或人）体内核黄素水平的影响。

1969 年东京 16 届国际职业卫生会议决议提出了联苯胺、乙萘胺等为严重的致癌物。此后世界各国陆续禁用了一些芳胺结构的染料和中间体。禁用染料主要以偶氮结构染料为主。禁用偶氮染料染色的服装与皮肤长期接触后会与人体正常代谢释放的成分混合并经还原反应形成致癌的芳胺化合物。这些芳胺化合物被人体吸收后经一系列活化作用会使人体细胞的 DNA 发生结构与功能变化，成为人体病变的诱因。

1994 年德国政府颁布的日用法令中公布了 118 只禁用染料，并规定凡皮革、纺织品必须进行禁用偶氮染料检测（简称 AZO 检测）。该检测项目也是 STANDARD 100 by OEKO-TEX® 规定的检测项目之一。

在大约 3200 多种偶氮染料中，德国卫生部早期列出有 22 种染料中间体含有致癌成分或能裂解出致癌性物质，还按染料结构索引和染料应用分类索引列出了两类致癌染料名单，涉及 132 个染料。德国政府 1994 年颁布的日用法令公布了禁用染料 118 只，并规定凡皮革、纺织品必须进行禁用偶氮染料检测（简称 AZO 检测）。该检测项目也是 STANDARD 100 by OEKO-TEX® 规定的检测项目之一。

a. 游离芳胺：共 24 个常用染料中间体的致癌性游离芳胺。结构上有连苯二胺、苯胺、萘酚等类别，具体有 4-氨基联苯、联苯胺、4-氯-2-甲基苯胺、2-萘胺、乙萘胺、4-氨基-3,2′-二甲基偶氮苯、2-氨基-4-硝基甲苯、2,4 二氨基苯甲醛、3,3′-二氯联苯胺、3,3′-二甲氧基联苯胺、3,3′-二甲基联苯胺、3,3′-二甲基-4,4′二氨基二苯甲烷、2-甲氧基-5-甲基苯胺、3,3′-二氯-4,4′-二氨基二苯甲烷、邻甲苯胺、2,2′-二氨基甲苯、对氯苯胺、4,4′-二氨基二苯醚、4,4′-二氨基二苯硫醚、2,4,5-三甲基苯胺、4-氨基偶氮苯、邻氨基苯甲醚联苯胺以及 2-甲基-5-硝基苯胺（大红色基 G）和 2-N-对氯苯基甲酰萘酚（色酚 AS-E）。

部分偶氮染料带有游离芳胺的原因有原料带入、合成工艺过程反应不完全未分离出、人体排泄过程中还原性物质作用分解出等。带有游离芳胺的偶氮染料主要以芳胺为重氮组分，占 90% 以上。以单一结构计有 140 多只染料，禁用的 118 只染料中有 116 只为以芳胺为重氮组分的偶氮染料。

b. 水溶性染料：水溶性使人体易吸收，还原条件下分解，机体活化。禁用 118 只染料中 95% 为水溶性染料。

c. 偶氮直接染料：在 118 只禁用染料中有 77 只，占 65.3%。以联苯胺为原料合成的深色色谱产品为主。

d. 日用品用偶氮染料：用于与人体紧密接触的纺织品中的偶氮染料，经人体还原性物质作用或酶还原等会分解出游离芳胺。但在纸品、文具中允许使用。

e. 过敏与毒性染料：过敏性是指会对人体或动物体的皮肤和呼吸器官等引起过敏作用的性质，过敏性染料则是指其过敏作用会严重影响人体健康的染料。大量皮肤接触试验证明，不是所有染料都有过敏性，因此过敏性不是染料特性，仅为染料毒理学的一个指标。染料过敏性检测主要根据接触性皮炎发病率和皮肤接触试验来判断。过敏性老鼠淋巴结试验，简称 SLNA 试验，比以前方法灵敏但准确性还不够。国际市场上严格规定纺织品中过敏性染料含量必须控制在 60μg/g 以下。虽然不同组织对过敏性染料的认定尚不一致，但均具有几个特点：偶氮、蒽醌、杂环和三芳甲烷等结构为主，偶氮型结构占 50% 以上，蒽醌型结构占 30% 以上，两者合计占 85% 左右；化学结构较简单、分子尺寸较小、分子量在 230～400（主要在 270～340）间；大多为不溶性分散染料，能溶解在醇和丙酮等有机溶剂中；分子中含有羟基、氨基和取代氨基等强供电子基团；具直接接触过敏性等。

2000 年版 STANDARD 100 by OEKO-TEX® 中涉及的过敏性染料产品中分散染料主要有 C.I. 分散黄 1、C.I. 分散黄 3、C.I. 分散黄 9、C.I. 分散黄 39、C.I. 分散黄 49、C.I. 分散橙 1、C.I. 分散橙 3、C.I. 分散橙 13、C.I. 分散橙 76、C.I. 分散红 1、C.I. 分散红 11、C.I. 分散红 15、C.I. 分散红 17、C.I. 分散蓝 1、C.I. 分散蓝 3、C.I. 分散蓝 7、C.I. 分散蓝 26、C.I. 分散蓝 35、C.I. 分散蓝 85、C.I. 分散蓝 124、C.I. 分散棕 1、C.I. 分散黑 1、C.I. 分散黑 2、C.I. 酸性黑 48 等。

f. 致癌机理和急毒性染料：遗传学认定化学物致癌机理为化学致癌物经体内代谢而形成

活性致癌物，活性致癌物能与细胞中目标分子脱氧核糖核酸（DNA）形成加成物而诱发基因损伤变异从而产生癌变。游离芳胺诱发致变过程有两种途径。

致癌机理过程：游离芳胺染料→有机活化-氮羟化与酯化→核酸中碱基错误配对→ DNA（脱氧核糖核酸）结构、功能改变→基因突变→致癌。

氮羟化

强化

脱氧核糖鸟嘌呤

主要致癌性染料有 11 只，其中 2 只分散染料、2 只酸性染料、3 只直接染料、1 只碱性染料、3 只溶剂性染料，分别为 C.I.分散黄 3、C.I.分散蓝 1、C.I.直接红 28、C.I.直接蓝 6、C.I.直接黑 38、C.I.碱性红 9、C.I.酸性红 26、C.I.酸性紫 49、C.I.溶剂黄 1、C.I.溶剂黄 2、C.I.溶剂黄 34 等。

主要急毒性染料有 13 只，其中 6 只碱性染料、2 只酸性染料、1 只直接染料、3 只冰染色基、1 只酞菁，分别为 C.I.碱性黄 21、C.I.碱性红 12、C.I.碱性紫 16、C.I.碱性蓝 3、C.I.碱性蓝 7、C.I.碱性蓝 81、C.I.酸性橙 156、C.I.酸性橙 165、C.I.直接橙 62、C.I.冰染色基 20、C.I.冰染色基 24、C.I.冰染色基 41 和 C.I.酞菁蓝 22 等。

（3）禁用染料分析

首批 118 只禁用染料涉及多个类别，主要为直接染料、酸性染料和分散染料等。

a. 直接染料：有 77 只，占 65%。以联苯胺、二甲基联苯胺等三类衍生物作为中间体合成的直接染料有 72 只，单以联苯胺为中间体的直接染料有 36 只，约占直接染料总量的 50%。

b. 分散染料：有 6 只，未列入但受到 22 种有害芳胺影响而被禁用的分散染料，据不完全统计有 14 种，还不包括以此作为复配染料组分的产品。典型产品如红光黄色双偶氮分散黄 RGFL（C.I.分散黄 23），其他有分散黄 E-5R（C.I.分散黄 7）、分散橙 2G（C.I.分散黄 56）、C.I.分散橙 149、C.I.分散红 151 和 C.I.分散蓝 1 等。

c. 酸性染料：有近 30 只，涉及有害芳胺产品较多，主要有联苯胺、二甲基联苯胺、邻氨基苯甲醚、邻甲苯胺、对氨基偶氮苯、4-氨基-3,2-二甲基偶氨苯及染料本身致癌等。色谱主要集中于红色和黑色，其他有橙、紫、棕等色谱。如弱酸橙 R（C.I.酸性橙 45）、弱酸大红 H（C.I.酸性红 285）、酸性黑 NT（C.I.酸性黑 29）等。

2000 年版 STANDARD 100 by OEKO-TEX®中新增的禁用酸性染料有 C.I.酸性红 26、C.I.酸性紫 49、过敏性染料 C.I.酸性黑 48 及急性毒性染料 C.I.酸性橙 156、C.I.酸性橙 165 等。新增的禁用直接致癌性染料有 2 只。

d. 色基与色酚：不溶性偶氮染料所用的色基中有许多产品是由 MAK（Ⅲ）A1（最大工作场所浓度）及 A2 组规定的致癌或疑致癌禁用有害芳胺及同分异构体合成的。德国首批公布的禁用色基共 5 只。如色基有红色基 TR（C.I.冰染色基 11）、大红色基 G（C.I.染色基 12）、蓝色基 B（C.I.冰染色基 48）、深蓝色基 R（C.I.冰染色基 113）和枣红色基 GBC（C.I.冰染色基 4）等。还有由致癌芳胺间氯苯胺、邻氯苯胺合成的橙色基 GC（C.I.色基 2）及黄色基 GC（C.I.色基 44）。由有害芳胺合成的色酚，据不完全统计有 9 种。

氧化显色色基列入禁用染料的有 C.I.显色基 14、C.I.氧化色基 20 即 2,4-二氨基甲苯等。涉及的急性毒性染料是 C.I.显色基 20、C.I.显色基 24 和 C.I.显色基 41 等。

e. 碱性染料：禁用的有 C.I.碱性棕 4、C.I.碱性红 42 和 C.I.碱性红 111 等 3 只。其中 C.I.碱性红 111 含对氨基偶氮苯，C.I.碱性红 42 含邻氨基苯甲醚，C.I.碱性棕 4 含 2,4-二氨基甲苯。另有 4 种碱性染料由德国 VCI 公布，因含有有害芳胺而被禁用，C.I.碱性黄 82 含对氨基偶氮苯，C.I.碱性黄 103 含 4,4′-二氨基二苯甲烷，C.I.碱性红 76 含邻氨基苯甲醚，C.I.碱性红 114 含邻氨基苯甲醚。

急毒性碱性染料有 6 只，C.I.碱性黄 21、C.I.碱性红 12、C.I.碱性紫 16、C.I.碱性蓝 3、C.I.碱性蓝 7、C.I.碱性蓝 81 等。已知直接致癌性染料中碱性染料有 1 只，C.I.碱性红 9。

f. 活性与还原染料：118 种禁用染料中没有活性及还原类染料，但这两类染料中涉及 22 种有害芳胺的产品将受到禁用。如活性黄 K-R、活性蓝 K-7G、活性黄棕 K-GR、活性黄 K-4RNI 等。以邻基苯胺为原料制备的还原艳桃红 R（C.I.还原红 1）、还原红紫 RH（C.I.还原紫 2）及它们的可溶性隐色体（硫酸酯）溶靛素桃红 IR 和溶靛素红紫 IRH 也受到禁用。

g. 其他类型染料：其他类型染料中由于使用了某些芳胺中间体而成为禁用染料。如硫化黄棕 5G（C.I.硫化棕 10）、硫化黄棕 6G（C.I.硫化橙 1）、硫化淡黄 GC（C.I.硫化黄 2，53120）、硫化还原黑 CLG（C.I 硫化黑 6）及硫化草绿 ZG、硫化墨绿 GH 等拼混硫化染料。

在涂料色浆中，因含偶氮染料结构的固体染料也受到禁用。如永固橙 G（C.I.颜料橙 13，21110）、颜料金黄 FGRN、颜料金黄 FG 及颜料大红 FFG 等。

国内染料产品在 118 只禁用染料中涉及的有 104 只，其中直接 37 只、酸性 9 只、分散 9 只、冰染 4 只，碱性仅 1 只，为 C.I.碱性棕 18。

禁用染料的结构与产品也是随着产业的发展要求而不断调整的。

2019 年版 STANDARD 100 by OEKO-TEX® & ECO PASSPORT by OEKO-TEX® 中列出的禁用染料产品（附录 5）共有 46 只。

a. 致癌染料及涂料（18 只）：C.I.Acid Red 26（酸性红 26）、C.I.Basic Blue 26（碱性蓝 26）、C.I.Basic Red 9（碱性红 9）、C.I.Basic Violet 3（碱性紫 3）、C.I.Basic Violet 14（碱性紫 14）、C.I.Direct Black 38（直接黑 38）、C.I.Direct Blue 6（直接蓝 6）、C.I.Direct Red 28（直接红 28）、C.I.Disperse Blue 1（分散蓝 1）、C.I.Disperse Orange 11（分散橙 11）、C.I.Disperse Yellow 3（分散黄 3）、C.I.Pigment Red 104（涂料红 104）、C.I.Pigment Yellow 34（涂料黄 34）、C.I.Solvent Yellow 1（溶剂黄 1）、C.I.Solvent Yellow 3（溶剂黄 3）、C.I.Direct Brown 95（直接棕 95）、C.I.Direct Blue 15（直接蓝 15）、C.I.Acid Red 114（酸性红 114）。

b. 致敏染料（22 只）：C.I.Disperse Blue 1（分散蓝 1）、C.I.Disperse Blue 3（分散蓝 3）、C.I. Disperse Blue 7（分散蓝 7）、C.I.Disperse Blue 26（分散蓝 26）、C.I.Disperse Blue 35（分散蓝 35）、C.I.Disperse Blue 102（分散蓝 102）、C.I.Disperse Blue 106（分散蓝 106）、C.I.Disperse Blue 124（分散蓝 126）、C.I.Disperse Brown 1（分散棕 1）、C.I.Disperse Orange 1（分散橙 1）、C.I.Disperse Orange 3（分散橙 3）、C.I.Disperse Orange 37（分散橙 37）、C.I.Disperse Orange 59（分散橙 59）、C.I.Disperse Orange 76（分散橙 76）、C.I.Disperse Red 1（分散红 1）、C.I.Disperse Red 11（分散红 11）、C.I.Disperse Red 17（分散红 17）、C.I.Disperse Yellow 1（分散黄 1）、C.I.Disperse Yellow 3（分散黄 3）、C.I.Disperse Yellow 9（分散黄 9）、C.I.Disperse Yellow 39（分散黄 39）、C.I.Disperse Yellow 49（分散黄 49）。

c. 其他禁用染料（6 只）：C.I.Disperse Orange 149（分散橙 149）、C.I.Disperse Yellow 23（分散黄 23）、C.I. Basic Green 4（碱性绿 4，含草酸盐、氯化物等 3 只）、Navy Blue（海军蓝，为含铬偶氮染料的复配物）。

3.5 环保型（ECO）染料

3.5.1 环保型染料的定义

符合国际环保纺织标签（STANDARD 100 by OEKO-TEX®）要求，基本结构中不含环境激素、非过敏性、非致癌性、非急毒性等化合物；还有符合不含因变异性而产生环境污染化合物等非结构性要求。中国已成功开发了近 300 只新型环保型染料，环保型染料产品占全部染料的 2/3 之多，主要用于取代因结构性因素被禁用的染料。

采用非诱变性芳胺中间体替代传统联苯胺、添加适当印染助剂及采用复配技术等都可能有效提高染料的色度和染色性能，是节能减排环保型染料的开发重点。环保型染料的研发重点在于结构创新，如羟基吡啶酮、三苯并二噁嗪、苯并二呋喃酮等新发色体的开发，避用芳胺重氮盐和联苯胺替代物等。其次还有相关产品的绿色合成工艺开发与改造。

3.5.2 典型环保型染料

（1）环保型直接染料

环保型直接染料是环保型染料的主要类别。用新型二氨基化合物取代联苯胺及衍生物制成的染料如直接墨绿 NB（C.I.直接绿 89）、直接深棕 NM（可代替 C.I.直接棕 2）、直接枣红 NGB（可代替 C.I.直接红 13）等和用三聚氰酰基作为桥基制得的直接混纺 D 型染料等均为取代禁用直接染料较好的环保型直接染料，具有上染率高、pH 适用范围宽、染浴稳定性好和各项色牢度高等特点。

a. 新型二氨基芳杂环环保型染料：可用于替代联苯胺合成无致癌毒性的环保型直接染料和酸性染料，色谱较广，可用于棉、羊毛和聚酰胺纤维等的染色。典型结构如下；

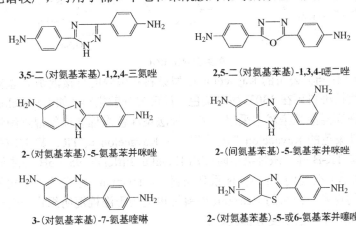

3,5-二(对氨基苯基)-1,2,4-三氮唑

2,5-二(对氨基苯基)-1,3,4-噁二唑

2-(对氨基苯基)-5-氨基苯并咪唑

2-(间氨基苯基)-5-氨基苯并咪唑

3-(对氨基苯基)-7-氨基喹啉

2-(对氨基苯基)-5-或6-氨基苯并噻唑

b. 三聚氯氰桥基结构环保型染料：这种结构的新型直接染料通过三聚氯氰桥基将两个单偶氮染料或多偶氮染料分子连接起来，然后将三嗪环上第三个氯原子用芳香族胺或脂肪族胺进行封闭。它们耐光牢度好，耐热性能也有所提高，且具有高湿稳定性、高提升性和染色重现性等，是禁用直接染料的优良取代品。典型产品有 Kayarus Supra Yellow RL（C.I.直接黄 86）、直接耐晒大红 BNL（C.I.直接红 89）、部分直接混纺 D 型染料和部分 Kayacelon C 型染料等。该结构的直接染料大多为黄至红色，也有绿色产品，但缺少蓝色、棕色和黑色等深色产品。

c. 多偶氮结构环保型染料：不少直接染料产品是用芳胺、联苯胺及同系物制成，在特定条件下会裂解产生致癌芳胺。新型结构的直接染料不仅具有高的直接性和优良的色牢度，且耐热性和应用性能较佳，在特定条件下也不会裂解产生致癌芳胺，可满足高性能安全染色要求。如直接耐晒橙 GGL（C.I.直接橙 39）、直接耐晒红 4B（C.I.直接红 81）和直接耐晒蓝 G（C.I.直接蓝 78）等。

二氨基化合物分子基本呈线状，并与两侧芳环构成平面结构，整个结构中的 π 电子或 p 电子能全部或部分进入共轭体系，可用来取代苯胺及同系物，较重要的有 4,4′-二氨基-*N*-苯甲酰苯胺（DABA）、4,4′-二氨基-*N*-苯磺酰苯胺、4,4′-二氨基二苯乙烯-2,2′-二磺酸（DSD 酸）、4,4′-二氨基二苯胺-2-磺酸、4,4′-二氨基二苯脲-3,3′-二磺酸和联苯胺-2,2′-双磺酸等。这些二氨基化合物，由其制成的新型直接染料具有优良的染色性能和色牢度，且满足了不产生致癌芳胺的安全染色要求。典型产品有 Chlorantinere Red 2R、Solophenyl Yellow ARL、直接绿 N-B 和直接深棕 N-M 等。

d. 涤/棉混纺织物一浴一步染色工艺用环保型染料：一浴一步染色法能耗低、耗盐少、洗涤用水少和废水色度低，有利于环保和节能减排。涤棉和涤粘织物采用一浴一步法染色工艺时，浅色主要用活性染料和分散染料组合，深色大多用直接染料和分散染料组合。其中的直接染料必须具有优良的高温稳定性、染色牢度及高提升性和染色重现性。如直接混纺黄 D-RL（C.I.直接黄 86）、直接混纺蓝 D-RGL（C.I.直接蓝 70）等。

直接混纺黄D-RL

直接混纺蓝D-RGL

日本 Kayoku（化药）公司的 Kayacelon C 型染料和国内的直接混纺 D 型染料等新型三聚氯氰桥基多偶氮直接染料可在 130℃高温染色，且可与分散染料（如 Kayacelon E 型和 T 型分散染料等）配伍在高温酸性染浴中采用一浴一步法染深色涤棉和涤粘混纺织物。适于涤棉混纺织物酸性或碱性染色的 Kayacelon TR 系列染料 Kayacelon 黄 TR、黄 TR-G、红玉 TR、蓝 TR，青绿 TR 和黑 TR-B 等，碱性染色时需用 Kayaku BufferTR 95（pH 缓冲剂）缓冲系统。

DyStar（德司达）公司的 Siriusplus 系列染料，Huntsman（亨斯迈）公司的 Bafix ECO 染料和 Yorkshire（约克夏）公司的 Benzanil 染料等也适用于涤棉混纺织物一浴一步法染色，其吸尽性高、高温稳定性和色牢度等都较好。

e. 高染着率和高湿牢度环保型直接交联染料：为提高直接染料的染着率和湿牢度，Clariant（科莱恩）公司在 Indosol SF 型染料基础上开发了新型直接交联 Optisal 染料，对棉织物染色时采用多官能团反应性固色剂 Optifix F 进行固色。Optifix F 是阳离子型无甲醛固色剂，能与染料和纤维一起形成由共价键、离子键和范德华引力等组成的交联结构，获得耐 50℃洗涤的坚牢染色效果。由于染料本身不含活性基，活性基存在于反应性固色剂中，水解机会减少，染料的染着率和固着率提高。这类新染料已有 11 个产品，具有无甲醛、无金属铜、色泽鲜艳、直接性高、耐热性好、染着率高（>90%）和湿牢度好等特点，适用于涤棉混纺织物一浴一步法染色和低盐染色。

（2）环保型还原染料

还原染料的耐氯牢度比活性染料好，但有些色谱与耐氯牢度要求还存在一定差距。耐氯牢度最差的是蓝色还原染料。还原蓝 RSN（C.I.还原蓝 4）和还原蓝 GCDN（C.I.还原蓝 14）的耐氯牢度仅为 2 级，还原深蓝 VB 的耐氯牢度也只有 3，还原蓝 BC（C.I.还原蓝 6）的耐氯牢度为 3～4 级，且它们氯漂后均会变黄。高耐氯要求染色的新型还原染料有 DyStar（德司达）公司的 Indanthren Navy SR 和 Indanthren Blue CLF（C.I.还原蓝 66）染料等。

国内还原蓝 RC 和还原海军蓝 R 等染料的氯漂牢度均在 4 级以上。更高耐氯牢度新型棕色还原染料如 Indanthren Brown EG-N，其耐氯牢度较 Indanthren Brown 5170 高，且适用于具有红外反射性能要求的军用纺织品染色。

DyStar（德司达）公司开发的 Innovat 染色体系，需在真空条件下用还原剂（保险粉）和碱将还原染料从氧化体还原成隐色体钠盐。不必考虑大气中氧化问题，因此只需使用少量还原剂即可快速、安全和可循环地进行还原反应，还原染色后的氧化过程也可借助连续皂洗得到有效控制。这种染色体系使用的化学物质少、废液量少，适于大容量染色，节能减排降耗效果明显。国内外各公司新的超微剂型还原染料粒径为 0.2～0.5μm，在水中具有优良的分散性（A/5 级）、悬浮体抗凝聚性和轧染液贮存稳定性。其不仅有利于悬浮体轧染和浸染（包括颜料升温法染色）时匀染，而且提高了色牢度（如摩擦牢度和洗涤牢度等）。典型产品有 Indanthren Colloisol 染料、Indanthren Colloisol Liq 染料、Novasol MD 染料、Benzathren Micro 染料和 Mikethrenes F 染料等。中国的环保型 SM 系还原染料也属此类，适于棉织物的悬浮体轧染，具有高的分散均匀性、优良的轧染液贮藏稳定性。

环保型还原直接黑 BCN 是典型的高浓度染料，不含芳胺也不会分解出芳胺，不含多氯联苯，重金属含量达到 EDAT 标准，具有优异的染色牢度，特别是日晒牢度、摩擦牢度和氯漂牢度。适于棉织物的浸染、轧染、印花，特别是悬浮体轧染。浸染染色时加入纯碱可较大提高染料得色量，也可与其他还原染料拼混使用。还原直接黑 BCN 的生产采用清洁生产新工艺，产品质量高，成本相对较低，有利于该产品及下游产品打破"绿色壁垒"的限制。

环保型还原海军蓝 R 也是典型的高浓度染料，具有优异的染色牢度，特别是它的日晒牢度和耐氯漂牢度均好。适于染从浅到深及耐氯漂牢度要求高的纺织品染色，主要用于棉织物的卷染、浸染染色和印花，还可与其他还原染料拼色使用。

新的电化学还原染色技术有直接和间接电化学还原染色两种。该染色技术得色量较高、染色重现性好且可提高染色牢度。由 DyStar（德司达）公司和奥地利 Dornbim 大学合作开发的 E 型还原染料，如高纯 Indanthren Blue E-BC 等适用于这种新染色技术。

（3）环保型硫化染料

有较好的节能减排效果，能满足 STANDARD 100 by OEKO-TEX® 要求。适于 PAD-OX 系列染色技术的新型硫化染料有 Diresul RDT 系列等，其采用对环境和生态无害，可生物降解的葡萄糖和碱作还原剂，制成含 20% 预还原硫化染料溶液（即隐色体钠盐溶液），硫含量仅 0.7%～4.0%。新型硫化染料采用 Clariant（科莱恩）公司开发的 PAD-OX 染色加工技术，氧化前不需洗涤，染料几乎 100% 固着，废水无色且还原剂和水的消耗量较少。新型硫化染料也适于 Pad-Dry-OX（在 60～90℃轧染）技术、Pad-Steam-OX（冷轧染）技术和 Denim-OX（在 60～90℃轧染）技术等。如使用 Diresul Indiblue RDT-R Liq 和 RDT-G Liq 能将粗斜棉布染成工作服蓝。这种染料还能用于染 Lyocell 纤维、聚酰胺纤维、黏胶纤维及其他混纺物，若染成淡色，贮藏时无泛黄现象。

适于低用量硫化钠染色技术的新型分散性硫化染料的代表性商品为 Diresul EV 染料，是以 Clariant（科莱恩）公司先前开发的粒径 1～3μm 分散性硫化染料为基础，采用新技术对硫化染料隐色体进行氧化后制得的。其粒径更细且稳定，硫化物含量 50mg/L 以下，使用时不需研磨，只需采用 1/3 常规用量的还原剂（硫化钠），既缩短了染色时间又减少了用水量，并大大降低了废水中硫化物含量和 COD 值。适用于非还原染色的新型可溶性硫化染料如 Optisul T 染料的染色方式类似直接染料。Optisul Black T-KB Liq 染色可获得高耐汗-日光牢度的深黑色，若采用染液套用则可节约 20%的染料。

（4）环保型阳离子染料

20 世纪 90 年代以来由于聚丙烯腈纤维发展基本成熟，新结构的阳离子染料的开发主要集中在节能减排领域。如下列结构的新分散性蓝色阳离子染料染涤腈混纺织物，对聚酯纤维沾染少，且与其他阳离子染料相容性也好。

为适应 CDP（阳离子可染聚酯）和 ECDP（阳离子常压可染聚酯）纤维对阳离子染料一些新性能的要求，DyStar（德司达）公司对 Astrazon 染料进行改进后开发了新型 Astrazon 染料，已有粉状产品 30 只、液状产品 24 只，上染率达 98%。

适用于无锌染色的新型阳离子染料产品有新型 Astrazon 染料和英国 D&G Dyes 公司的 Viocryl Red SZ 200%、Viocryl Black FL ZF 200%等。锌是一种对人体和环境有害的重金属，欧洲染料制造工业生态学和毒理学协会（ETAD）和美国染料制造工业协会（AD-MI）已限制使用。早期阳离子染料在制造过程中通常采用氯化锌沉淀剂成盐沉淀析出，染料商品中锌含量按质量分数计一般在 15%～20%，大大超过 ETAD 规定的限量。无锌染色新工艺技术改用其他对环境和人体危害很小或无害的沉淀剂，符合环保与节能减排要求。

（5）环保型印染助剂

印染助剂类别多涉及纺织印染各加工工序。无甲醛化和功能复合化是产品开发的共同特征。2001 年我国就颁布并实施了《纺织品甲醛含量的限定》（GB 18401—2001）对织物中的甲醛含量以法律的形式做出了严格限定，其中婴幼儿纺织产品甲醛含量不大于 20mg/kg，直接接触皮肤纺织产品甲醛含量不大于 75mg/kg，非直接接触皮肤纺织产品甲醛含量不大于 300mg/kg。《国家纺织产品基本安全技术规范》（GB 18401—2010）对纺织产品各项色牢度做出了相应规定：婴幼儿纺织产品的干、湿摩擦色牢度分别达 3～4 级标准；直接与非直接接触皮肤纺织产品干、湿摩擦色牢度均达 3 级标准。

环保型前处理剂有精练剂 25-95、精练剂 KC301、螯合剂 S、双氧水稳定剂 GJ-201 等。精练剂 25-95 是棉织物用高性能低泡精练剂，48h 内能完全生物降解，可耐碱到 150g/L，被处理织物的吸水性和润湿性与净洗性好，且不含磷及烷基酚等，可用于碱-氧漂-浴冷漂工艺和汽蒸工艺，尤其适于短流程前处理。双氧水稳定剂 GJ-201 是糖类与羧酸类化合物的共聚物，具有优异的螯合性、生物降解性和耐碱性，100℃之内不分解等。环保型低温型交联剂 LE-780 是亚胺类无甲醛交联剂，在 100～200℃使用时对织物手感和牢度无影响。

环保型后整理助剂有无甲醛免烫整理剂 PC、耐久压烫整理剂 DGZ-28、RS 系列有机硅柔软剂、防水整理剂 H（与水解媒 HA 并用）、抗菌防臭整理剂 HM98、壳聚糖类抗菌防臭保湿剂等。无甲醛免烫整理剂 PC 是羧酸型免烫整理剂，整理后的织物水洗平整度高、折皱回复性好、强度保留率高且无泛黄倾向等，整理效果与丁烷四羧酸相近；抗菌防臭整理剂 HM98 由三乙氧基十八烷基硅烷季铵盐与广谱杀菌药物经合成、精制、复配而成，安全无毒、无刺激，抑菌率在98%以上，经洗涤50次后抑菌率仍超过90%。

染料固色剂是提高染色织物色牢度的助剂，能提高染料的织物留存率，增强织物的耐水洗、耐摩擦牢度等。在活性染料应用之前双氰胺与甲醛缩合体一直作为直接染料、酸性染料等阴离子染料的主要固色剂（树脂固色剂Y）。20世纪70年代人们发现上述树脂型固色剂含有较高浓度的游离甲醛，固色整理后染色织物的游离甲醛含量可达200mg/kg，严重影响人们的健康。

环保型固色剂主要为无醛类固色剂，包括非反应性和阳离子树脂、反应性化合物或反应性树脂、季铵化反应性树脂、含季铵盐高聚物、含季铵盐又含反应性基团高聚物等结构类别。固色剂DUR是聚季铵盐类线型化合物，可提高活性染料和直接染料固色与皂洗牢度，又无色变；固色剂SH-96是非反应性阳离子固色剂，固色效果较好，但对织物的色光影响较大。

固色剂FZ-1与固色剂M-09都是酸性染料用反应性固色剂，通过多烯多胺类化合物与环氧烷类化合物反应制得。聚醚类反应性树脂或化合物类固色剂由多羟基类化合物缩聚制得聚醚后再同环氧烷类化合物缩合制得，如固色剂ZL-80是阳离子型聚醚化合物。固色剂TF-232B是季铵化的反应性化合物。固色剂TD与固色剂HP都是季铵盐高聚物，同时具有双键和季铵基特殊结构。

水性聚氨酯类无醛环保型固色剂，成膜性较好，与织物有部分的键合作用，也可将织物表面的染料分子包覆在织物上，但一般需在160℃烘焙固色。结构类别有封闭型水性聚氨酯、交联改性水性聚氨酯、有机硅水性聚氨酯等。

第4章

染料合成主要单元反应及工艺

染料产品工艺技术总是随着产业的发展而不断进步。有机染料结构特征明显，偶氮、蒽（萘）醌、芳甲烷等结构产品的合成工艺涉及重氮化、偶合、卤代、烷化、还原、氧化、磺化和硝化等典型单元反应。染料合成化学和产品工艺的基本原理在有机化学、精细有机合成原理和化学工艺学等基础和专业理论课程中已有详细阐述。

染料产业的技术创新主要包括：清洁生产、本质安全的新技术，如磺化、绝热硝化、酰化、催化加氢还原、偶合等反应的连续化技术；三氧化硫磺化、定向氯化、溶剂反应、双氧水氧化、连续萃取、循环利用、反应小分离耦合、膜过滤和原浆干燥等技术，以及取代光气等剧毒原料的适用技术等。

本章结合染料产品与中间体的合成化学基础与工艺理论要点分析，介绍染料产业中主要单元反应与产品的工艺及共性技术等，简述产品工艺与共性技术的研究进展。

4.1 染料合成基础

4.1.1 基础概念

染料工业的基本原料来自石油化工、焦煤油（萘、蒽、醌系）等；芳烃是合成有机染料的主要原料，主要类别有取代苯、芳酚（苯酚、甲苯酚、萘酚、醌酚）、蒽醌、芳胺、稠杂环化合物（吡啶、噻唑、杂蒽）等，是构成染料发色体和母体结构的主要结构单元。

（1）芳香性理论要点

芳香性化合物是一类环状的不饱和共轭分子，具有一定磁效应，反应活性比从定域模型所预测的要低，而热力学稳定性较高。

20世纪30年代Hückel提出了"Hückel $4n+2$规则"，即芳香性规则：平面单环共轭烯烃含有$4n+2$（$n \leqslant 6$）个π电子的分子具有芳香性。稳定芳香性化合物的分子结构特征为π电子对总数为奇数（π电子总数$4n+2$，$n=0,1,2,3,4\cdots$）的闭壳层结构，即所有能级成键轨道中的电子都是成对的且有一对最高能级成键轨道充满电子。

反芳香性化合物的分子结构特征为π电子对总数为偶数（π电子总数$4n$，$n=0,1,2,3,4\cdots$）的开壳层结构，即最后一对π电子将分别占据双重兼并能级的一对最高能级成键轨道。

随着量子化学理论的发展，芳香性规则已扩展到了各类苯型和非苯型化合物，如大环轮烯、环烃离子、稠环和杂环化合物等。

（2）中间体的稳定性

在物理有机化学中中间体的稳定性常用来判断反应机理、反应过程特征等。碳正离子、碳负离子和自由基等是重要的活泼质点（活泼中间体）。各类活泼质点的稳定性受中心碳原子轨道杂化形式、p-π 共轭及键张力等特性影响。一般顺序规律如下。

碳正离子（carbocation）：分为卡宾（碳烯）和碳鎓离子等。

$$CH_3^+ > RCH_2^+ > R_2CH^+ > R_3C^+$$

碳负离子：
$$CH_3^- > RCH_2^- > R_2CH^- > R_3C^-$$

自由基：
$$R_3C\cdot > R_2CH\cdot > RCH_2\cdot > CH_3\cdot$$

4.1.2 有机合成中溶剂效应

溶剂效应理论在精细有机合成中有重要的指导作用。溶剂选择和实际合成工艺中绿色溶剂的开发应用也是染料及中间体等精细化学品合成工艺中环境友好改造的主要工作之一。溶剂的使用和选择除考虑溶剂的溶解性，对反应速率、反应机理和立体化学的影响外，还应考虑溶剂的化学稳定性且易回收、安全毒性小、价廉、供应方便等因素。

（1）溶剂分类及溶解性

a. 溶剂分类：常按表征溶剂对溶质分子溶剂化及隔开离子能力的介电常数 ε_r（介电常数大的溶剂有较大隔开离子的能力）分为极性和非极性溶剂。按能否提供质子形成氢键分为质子传递型和非质子传递型溶剂。

极性溶剂：介电常数 $\varepsilon_r > 15\sim20$ 或偶极矩 $\mu > 2.5D$。质子传递型极性溶剂有水、甲酸、甲醇、乙醇、正丁醇、乙二醇及单甲醚和单乙醚等。非质子传递型极性溶剂有二甲基亚砜、环丁砜、乙腈、N,N-二甲基甲（乙）酰胺、硝基苯、N-甲基吡咯烷酮、乙酐、丙酮等。

非极性溶剂：介电常数 $\varepsilon_r < 15\sim20$ 或 $\mu < 2.5D$。质子传递型非极性溶剂有乙酸、戊醇、乙二醇单丁醚等。非质子传递型非极性溶剂有烃、卤代烃、醚、酯、吡啶、二硫化碳等。

b. 电子对受体（EPA）和给体（EPD）溶剂：电子对受体有一个缺电子部位或酸性部位。重要的电子对受体基团有羟基、氨基、羧基和未取代的酰胺等，都是氢键给体，如水、醇、酚和羧酸等，含有这些基团的质子传递溶剂可以通过氢键使具有电子对给体性的溶质分子或负离子溶剂化。

电子对给体有一个富电子部位或碱性部位。重要的电子对给体有水、醇、酚、醚、羧酸和双取代酰胺等分子中的氧原子及胺类和杂环化合物分子中的氮原子，其氧原子或氮原子都具有未共有电子对，又是氢键受体，可使具有电子对受体性质的溶质分子或正离子溶剂化。

c. 溶剂的溶解性：根据"相似相溶"原则，溶质易溶于化学结构相似的溶剂，不易溶于化学结构完全不同的溶剂。该原则也是分散染料等复配研究的理论基础。

原则上大部分溶剂是两性的，但许多溶剂只突出一种性质，亦称"专一性溶剂化"。许多亲核置换反应是在电子对给体溶剂中进行的，如 N,N-二甲基甲酰胺（DMF）、二甲基亚砜（DMSO）、环丁砜、N-甲基吡咯烷酮等。

（2）硬软酸碱原则（HSAB）与溶剂效应

硬酸和硬碱指的是由电负性高的小分子所构成的酸和碱。软酸和软碱指的是由电负性低的大分子构成的酸和碱。通常，硬酸易和硬碱结合，软酸易和软碱结合。

氢键缔合作用被认为是软硬的作用，所以各种卤素负离子在质子传递溶剂中被专一性溶

剂化的倾向是 $I^-<Br^-<Cl^-<F^-$，这时各种卤素负离子的亲核反应活性次序是 $I^-<Br^-<Cl^-<F^-$。

非质子传递极性溶剂对于负离子是较软的溶剂，各种卤素离子在这类溶剂中的溶剂化程度的次序是 $I^-<Br^-<Cl^-$，这时各种卤素负离子的亲核反应活性次序是 $I^->Br^->Cl^-$，这是未溶剂化的"裸"的卤素负离子的真正亲核反应活性次序。F^- 在非质子传递极性溶剂中是强亲核试剂。

（3）溶剂极性对反应速率的影响

Houghes-Ingold 规则是起始反应物变为活泼中间体（活化配合物）时的一般规律。对于电荷密度增大的反应，溶剂极性增加，则反应速率（反应速度）加快；对于电荷密度减小的反应，溶剂极性增加，则反应速率减慢；对于电荷密度变化不大的反应，溶剂极性的改变对反应速率影响不大。虽然 Houghes-Ingold 规则有一定的局限性，但对于许多偶极型过渡态反应还是可应用上述规则预测其溶剂效应。

溶剂效应符合 Houghes-Ingold 规则的典型反应有羰基-氢的亲电卤代、苯并蒽酮的一溴化反应等亲电取代、卤代芳烃上卤原子的亲核取代、不饱和取代的亲核消除加成及 β 消除和不饱和键的亲电加成等。

4.2 磺化反应及工艺

磺化反应是典型的亲电取代反应。在有机分子中引入磺酸基（—SO_3H）及相应的盐或磺酰卤基（—SO_3Cl）是合成染料、表面活性剂等的重要单元反应。在染料产品结构中磺酸基（—SO_3H）是典型的助色基团（水溶性基团）。磺化工艺与磺化试剂相关，有浓酸、发烟酸、三氧化硫（SO_3）等。三氧化硫磺化技术是染料产业重要的环境友好工艺技术之一。

4.2.1 反应机理与过程分析

由磺化反应可在分子中引入 C-S、N-S(RNH-SO_3Na) 等键联；在染料结构中引入的磺酸基（SO_3H）为主要的水溶性助色基团。此外，也可通过引入磺酸基后作为过渡基，转化为 OH、X、NH_2、CN 等助色基团，改变染料性能。

作为磺化试剂的三氧化硫（SO_3）其活泼质点共振结构有三种，呈三角形结构。

$$\overset{O}{\underset{O}{S}}O \longleftrightarrow \overset{O}{\underset{O}{S}}O \longleftrightarrow \overset{O}{\underset{O}{S}}O$$

磺化反应的工业化试剂硫酸有固态和液态等形态，浓硫酸 92%～93% H_2SO_4、绿矾油 89%～100% $H_2O \cdot SO_3$、具最低共熔点的液体发烟酸，SO_3 游离态含量达 20%～25%和 50%～65%的氯磺酸，$SO_3 \cdot HCl$（沸点 152℃以上离解）等。

磺化反应的机理及动力学因磺化试剂不同而不同，通常为亲电取代机理；以 SO_3、SO_2Cl_2、H_2NSO_3H 等为磺化反应试剂的磺化过程，其机理为自由基反应机理。

$$SO_2 + Cl_2 \longrightarrow SO_2Cl_2$$

$$SO_3 + H_2NCONH_2 + H_2SO_4 \longrightarrow 2H_2NSO_3H + CO_2$$

磺化反应的典型工艺主要为芳烃的磺化等。芳烃磺化过程中可能的活泼质点有 SO_3^+、$H_2S_2O_7^+$、$H_3SO_4^+$、HSO_3^+ 等，早期认为以 SO_3^+ 为活泼质点。

$$2\,H_2SO_4 \Longrightarrow H_3SO_4^+ + HSO_4^-$$

H_2SO_4 的解离：
$$2\,H_2SO_4 \Longrightarrow SO_3 + H_3O^+ + HSO_4^-$$

$$3 H_2SO_4 \rightleftharpoons H_2S_2O_7 + H_3O^+ + HSO_4^-$$

$$SO_3 + H_2SO_4 \rightleftharpoons H_2S_2O_7$$

发烟硫酸（$SO_3 \cdot H_2SO_4$）磺化：

$$H_2S_2O_7 + H_2SO_4 \rightleftharpoons H_3SO_4^+ + HS_2O_7^-$$

$$ArH + SO_3 \rightleftharpoons [H\text{-}Ar\text{-}SO_3^-]^+ \ \text{或} \ [H\text{-}Ar\text{-}S_2O_6^-]^+$$

反应速率：$\qquad V = K_1[ArH][SO_3]; \qquad\qquad V = K_2[ArH][SO_3]^2$

发烟硫酸：$\qquad V = K_3[ArH][SO_3][H^+][H\text{-}Ar\text{-}SO_3^-]^+$

磺化反应动力学过程分均相和非均相过程，一般均为扩散控制，酸相主体反应。有研究认为 $H_2S_2O_7$、H_2SO_4、SO_3 的活性高，而 $H_3SO_4^+$、$H_3OSO_4^+$ 的选择性高，这很好地解释了磺化过程的空间位阻现象。

4.2.2 工艺影响因素与方法

（1）工艺影响因素

a. 磺化物结构：磺化反应中磺化物结构对产物收率影响较大，当磺化物结构中带有给电子基（第一类定位基）是对反应有利的；结构中的空间障碍主要为邻位效应，通过影响 σ 络合物的质子转移而影响产物结构。如萘磺化时低温 80℃反应以 α 位磺化产物为主，此时反应为不可逆、动力学控制，磺酸基进入电负性（δ^-）较高的 α 位碳上；高温 160℃反应时，则为可逆反应，反应热（ΔE_a）大，热力学控制，磺酸基进入空间位阻小不易水解的 β 位（异构化）碳上。萘在进行高温磺化反应时加入定位剂（10% Na_2SO_4）可使 β 位上的产物达 95%。

b. 磺化试剂浓度：磺化反应中硫酸试剂的浓度控制十分关键，当 H_2SO_4 浓度低至使反应停止的值称为 π 值（非酸浓度，质量分数），π 大则说明磺化反应难进行。酸用量可用 X 表述。

$$X = 80n(100-\pi)/(a-\pi)$$

式中，a 为反应初始（$t=0$）的酸质量分数，%。

c. 助剂：磺化反应过程中常加入抑制剂抑制副产物砜的生成，常用的有硫酸钠（Na_2SO_4）等。副产物砜的合成原理如下。

$$ArSO_3 + SO_3 \longrightarrow ArSO_2 \xrightarrow{ArH} ArSO_2Ar + HSO_4^-$$

加入硫酸钠增加了 SO_4^{2-} 的浓度，可使反应平衡左移，副产物砜减少。

（2）反应工艺及进展

磺化反应特征为强放热极速反应，易引起多磺化连串副反应，其动力学过程通常为扩散控制过程。磺化反应工艺因反应装置和试剂等的不同而不同。

a. 过量硫酸工艺：经典磺化反应工艺。用浓硫酸磺化采用泵式反应器具有废酸多、生产能力低、萘磺化产物复杂等特点。工艺上根据硫酸浓度通过调节加料配比和顺序来控制反应速率和产品收率等。

b. 共沸脱水磺化工艺：采用磺化物芳烃（苯）等过量作为共沸剂，共沸脱出反应中生成的水，一般在 120～180℃时用浓硫酸磺化，属气相磺化法。

c. 三氧化硫磺化工艺：具有反应快、完全、设备容积小、理论酸比（无废酸）等特点，是磺化反应环境友好工艺。在染料产业中三氧化硫磺化工艺在染料产品及分散剂等助剂的合成中有着重要的应用意义。工业上采用的设备有双膜反应器、多管程反应器、微粒化型反应器（文丘里三氧化硫喷雾）等；过程中三氧化硫（SO_3）与空气混合成 5%～7%气体在反应器中与磺化物成膜反应，反应速率是传统硫酸法的 200 倍。

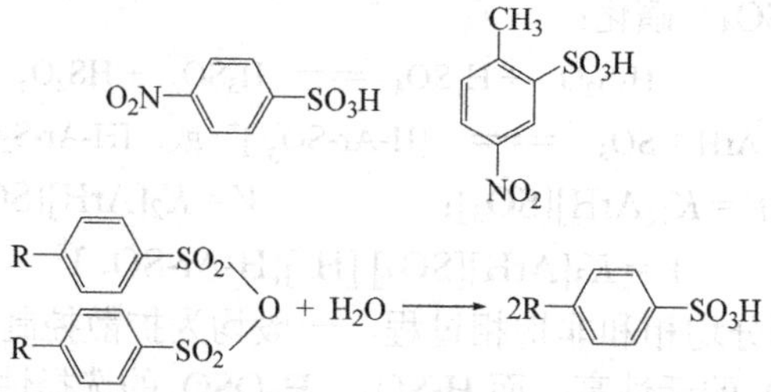

d. 溶剂法工艺：该工艺适用于磺化物或产物有固相物时的反应，常用的溶剂有二氯乙烷、石油醚（C_4～C_9）等。

e. 工艺进展：典型的有采用二氧化硫为试剂的磺氧化和磺氯化工艺等。磺氧化反应过程为自由基反应机理。磺氧化和磺氯化合成原理如下。

磺氧化：

$$R + SO_2 + O_2 \xrightarrow[h\nu]{NaOH} R-\underset{SO_3H}{CH}-CH_3$$

磺氯化：

$$R + SO_2 + Cl_2 \xrightarrow{h\nu} RSO_2Cl \xrightarrow{NaOH} R=\underset{SO_3Na}{C}-CH_3$$

4.2.3 磺化工艺及设备

磺化设备与具体工艺有关，一般芳烃（苯、萘等）磺化时存在着过量的酸，过量酸被反应生成的水所稀释，从而大大地加剧了反应介质的腐蚀性。传统浓硫酸磺化法工艺设备为搪瓷设备，带锚式搅拌器和加热夹套等。

（1）三氧化硫磺化工艺及设备

气体三氧化硫（SO_3）作为磺化剂，优点是三氧化硫用量可接近理论用量，反应快、"三废"少、无废酸产生，对设备也不腐蚀，有利于环境保护；工艺先进，技术水平高。但是三氧化硫过于活泼，在磺化时易生成砜类副产物，因此要用空气或溶剂稀释后使用。管式薄膜上升式磺化反应器已广泛用于各种工业阴离子表面活性剂的制备。采用管式垂直上升气液两相流结构模式，其流动形式为环状流，适用于气液两相流磺化反应，在反应过程中要用大量干空气稀释 SO_3（5%～10%），加大反应器气体量，利用气体动能搅拌液体。一般气-液进料体积流量比（500～5000):1。

（2）烘焙磺化工艺及设备

烘焙法磺化工艺适用于芳伯胺的磺化。该工艺可使硫酸用量接近理论量。在反应中芳胺与硫酸作用生成等摩尔的磺酸和水。水的存在使反应不能进行完全，为使反应完全，须提高反应温度以除去水分，所以烘焙法磺化反应温度一般在 180～230℃之间。当环上带有羟基、甲基、硝基或卤基时，不宜用此工艺，以免反应物氧化、焦化或树脂化。烘焙磺化工艺的最大优点是减少磺化反应废水，国内 4-氨基甲苯-3-磺酸和对氨基苯磺酸钠等都用该工艺生产。不少芳胺烘焙法磺化工艺的改进以高沸点有机物作溶剂（如二氯苯、三氯苯、二苯砜等），在180～200℃高温下磺化。加入有机溶剂，利用其易与水形成共沸的特点，将反应生成的水不断移出反应器，可使反应完全，同时降低反应温度。

4.3 硝化反应及工艺

硝化反应在染料化学中的应用主要为芳环上引入硝基（NO₂）、亚硝基（NO）等，尤其是硝基化反应（NO₂），由于硝基是典型的发色基团，在染料结构中普遍存在，所以在染料产业中硝化单元反应工艺技术应用最广，涉及众多的染料和中间体的生产。硝化反应是热力学非常有力的强放热反应，ΔH_R 达-30kcal/mol；硝化反应也是典型的亲电取代反应，反应机理为 π 络合物、σ 络合物机理过程。芳环上引入硝基（NO₂）后再还原加氢为氨基（NH₂）是合成芳胺的主要途径。

4.3.1 硝化反应动力学

硝化反应工艺与硝化试剂相关，其动力学过程有均相硝化、非均化硝化和绝热硝化等。

（1）均相硝化

以混酸（硝酸和硫酸）为试剂，硫酸为溶剂。该硝化法适用于固态芳烃的硝化，传统混酸硝化试剂如 H_2SO_4 46%～50%、HNO_3 44%～47%（过剩 1%～5%）等。

1903 年 Euler 即提出了硝化反应的活泼质点为硝鎓离子（NO_2^+）。

$$H_2SO_4 + 2HNO_3 \rightleftharpoons SO_4^{2-} + 2H_2O + 2NO_2^+$$

$$HNO_3 + H^+ \rightleftharpoons NO_2^+ + H_2O$$

20 世纪 50 年代 Ingold 提出均相硝化动力学过程：

$$HNO_3 + H^+ \underset{R_1^1}{\overset{R_1}{\rightleftharpoons}} H_2\overset{+}{N}O_3$$

$$H_2\overset{+}{N}O_3 \underset{R_1^1}{\overset{R_1}{\rightleftharpoons}} NO_2^+ + H_2O$$

均相硝化过程中在硫酸存在下为动力学二级反应，即 $R = K_2[\text{Ar}][\text{HNO}_3]$。

（2）非均相硝化

非均相硝化是工业化工艺过程的主要特征，硝化试剂以混酸为主。20 世纪 70 年代非均相动力学研究结果表明，动力学过程存在三种类型，即缓慢型、快速型和瞬间型，各类型的动力学方程不同。

（3）绝热硝化

绝热硝化是 20 世纪 70 年代国外开发的硝化工艺，以"用反应热加热物料等系统内热能梯级循环利用"的绝热反应体系为特征。绝热硝化工艺的特点有：混酸配比为硫酸 58.5%～66.5%、硝酸 3%～7.5%，增加了水含量比；投料改硝酸过量为芳烃过量（10%），加压硝化反应和用反应热在真空闪蒸蒸发器中浓缩废酸等。节能减排效益明显，但设备与材质要求高。

4.3.2 硝化工艺及设备

（1）釜式硝化反应器

染料生产中典型硝基氯苯系中间体如 1,4-二氯-2-硝基苯、1,2-二氯-4-硝基苯、邻硝基甲苯等常采用搅拌锅式间歇反应器。硝化混酸缓慢滴加至硝化锅中，使反应物料的温度不超过35℃。把冷水或冷冻盐水通入夹套和盘管中，以使物料降温。混酸加完后，把物料温度升高到 60℃，并搅拌 45min，使硝化反应完全。硝化过程中，遵守工艺反应条件很重要。破坏混酸与氯苯的配比，冷却水量供应不足和破坏搅拌条件等，都可能增加物料对硝化锅部件的腐蚀，并降低产品质量。在氯苯的硝化中，有大量的氯化氢气体放出，可用喷射泵或引风机从硝化锅中抽出，进入吸收塔中吸收。

（2）环形硝化反应器

苯的硝化反应是强烈的放热反应，并且混酸中的硫酸被反应生成的水稀释时，还将产生稀释热，其总热效应可达 134 kJ/mol。这样大的热量，如不及时移出会使反应温度迅速上升，使反应速度急剧增加，甚至因高温引起爆炸。环形硝化反应器克服了硝化锅内增加换热面积受限制的缺点，可以设置足够大的换热面积，实现低温硝化，方便操作并保证生产安全。环形硝化反应器已应用于苯的单硝化反应。该反应器有 4 个推进式搅拌串联组成反应区，加大了高传质效应，传质系数达 0.75，且移热效果明显优于锅式反应器。

4.4 重氮化反应及工艺

4.4.1 反应机理与过程分析

合成偶氮染料的主要反应为重氮化和偶合反应。

重氮化反应为芳伯胺经亚硝酸氧化生成重氮基（—N≡N$^+$）的反应。值得注意的是芳香仲胺经亚硝酸氧化则生成亚硝化产物。

$$ArNH_2 + NaNO_2 + 2HX \longrightarrow ArN{\equiv}N^+X^- + NaX + 2H_2O$$

亚硝酸不稳定，故生产中常用亚硝酸钠和酸在反应过程中生成。

$$NaNO_2 + HCl\ (H_2SO_4) \longrightarrow HNO_2 + NaCl$$

氧化重氮化过程中的活泼质点实际上是亚硝酸与酸质子作用生成的亚硝酰正离子（$^+$N=O）。在染料工业实际生产过程中，应用较多的重氮化技术为亚硝酰硫酸（$NO^+SO_4^-$）重氮化技术，尤其在偶氮型分散染料生产过程中。

（1）反应机理

重氮盐 [Ar—N≡N]$^+$ Cl 在水溶液中电荷迁移，存在共振平衡。

$$[Ar-\overset{+}{N}{=}\ddot{N}:] \rightleftharpoons Ar-\ddot{N}{=}\ddot{N}-OH \rightleftharpoons \cdots \rightleftharpoons \cdots$$

重氮盐受光与热作用会分解，碱性条件下转化为重氮酸，最后变成无偶合能的反式重氮酸盐：

$$Ar-\overset{+}{N}{\equiv}N: + OH^- \underset{K_{-1}}{\overset{K_1}{\rightleftharpoons}} Ar-\ddot{N}{=}\ddot{N}-OH + OH^- \underset{K_{-2}}{\overset{K_2}{\rightleftharpoons}} Ar-N{=}N-\ddot{\underset{..}{O}}^- + H_2O$$

芳胺重氮化反应机理中氨基的亚硝化是基本步骤。对于脂肪族或芳香族仲胺，反应停留在亚硝化阶段（形成亚硝胺结构 RR'N—NO）；而对于伯胺来说，亚硝胺只是中间体，可能是先通过重氮氢氧化合物，再加速转变成相应的重氮离子。在杂环芳胺重氮化时，若溶液酸性不大，亚硝胺则相对较稳定。

（2）反应过程分析

重氮化反应过程中由亚硝酸质子化开始，在强酸溶液中 H_2O^+-NO 脱去水生成具有高反应性的亚硝基正离子（NO^+）；在稀酸溶液中，在芳胺发生亚硝化前，H_2O^+-NO 首先转化成 Y-NO（Y 为所用无机酸中的阴离子）。在稀盐酸或稀氢溴酸介质中，亚硝化剂依次是亚硝酰氯或亚硝酰溴，而在稀过氯酸或硫酸中，由于过氯酸离子或硫酸氢根离子的亲核性不够高，在此条件下 H_2O^+-NO 将和另一个亚硝酸根反应生成三氧化二氮 $[O(NO)_2]$ 作为有效的反应试剂。

2-氨基苯酚和 2-氨基萘酚的重氮盐在双羟基金属络合偶氮染料中占有重要位置。在亚硝化试剂的存在下，芳胺的 2-位或 4-位 OH 有时会遭氧化成醌构产物。多数情况下，在铜盐或锌盐的存在下进行反应可明显抑制这种副反应。产生这些副反应的原因是，氨基刚重氮化时，共轭的酚羟基使反应介质的 pH 降至 3 或更低。

两性离子化合物（1）（重氮酮）在光照影响下，可发生 Wagner-Meerwein 重排，放出氮气。在水溶液中，生成的烯酮化合物（2）环缩合又迅速水解成 1,4-环戊二烯-1-羧酸化合物（3）。在很长的时间内，重氮酚类化合物都被认为具有苯并噁二唑结构（benzoxadiazole，2 的环构体）。现在已经明确，该化合物是（1a）和（1b）两个中间态的杂化体，又称醌叠氮化合物（quinone diazides）、重氮氧化物（diazo oxides）或重氮醌（diazoquinone）等。

4.4.2 各类芳胺重氮化工艺

（1）反应工艺参数

a. 酸用量：理论配比为芳胺:酸（$ArNH_2$:HX）为 1:2（摩尔比）。

酸的作用有三：溶解芳胺 $ArNH_2 + H^+ \longrightarrow ArNH_3$；生成亚硝酸；避免重氮盐分解（温度越高，分解越易），一般 pH 控制为 3。

若酸不足会发生自偶合副反应：

$$ArN_2Cl + ArNH_2 \longrightarrow Ar—N≡N—NHAr + HCl$$

若酸过量则会因铵盐浓度过高，降低游离胺的浓度，使反应速率变慢。一般工业上的配比为芳胺:酸=1:3（摩尔比）。

b. 亚硝酸用量：亚硝酸不足易发生自偶合副反应。

工艺上主要控制亚硝酸钠（$NaNO_2$）加料速率，过慢则自偶合加剧，过快会引起过浓，对偶合不利；一般控制浓度 30%，-15℃下液相不结冰反应。过量亚硝酸（HNO_2）的检测常用 KI 淀粉试剂（变蓝，0.5~2s 显色）。

$$2HNO_2 + 2KI + 2HCl \longrightarrow I_2 + 2KCl + 2H_2O + 2NO$$

值得注意的是空气也会使酸性条件下的 KI 淀粉试纸氧化而变色。

过量亚硝酸的除去常用补加原料芳烃或加尿素、氨基磺酸破坏。

$$NH_2CONH_2 + 2HNO_2 \longrightarrow CO_2 + 2N_2 + 3H_2O$$

$$NH_2SO_3H + HNO_2 \longrightarrow H_2SO_4 + N_2 + H_2O$$

c. 反应温度 T_R：重氮盐和亚硝酸均在较低温度下稳定，一般反应温度 T_R 为 0~5℃（冰水浴），且与芳胺结构有关；芳胺结构带磺酸基时反应温度要高些，因该系重氮盐稳定些。间歇法工艺的反应时间 t 长，T_R 低；连续法（管式），反应时间 t 短，反应温度 T_R 稍高。

（2）反应工艺

重氮化反应一般在冰冷却下的芳胺水溶液中进行，加入亚硝酸钠和无机酸后即转化为重氮盐。为了使反应顺利进行，至少要加入相应当量的酸。

$$ArNH_2 + 2HX + NaNO_2 \longrightarrow ArN_2^+X^- + NaX + 2H_2O$$

芳胺的重氮化工艺与其碱性（溶解性）强弱相关。一般一元胺、二元胺、烷基（不含吸电子基）芳胺碱性较强，易溶于水。工业上重氮化反应的主要工艺：

a. 工艺 1：亚硝酸钠加入芳胺的酸溶液中反应，又称为顺重氮化法（直接法）。该工艺过程反应速率快，适用于碱性或碱性较弱芳胺如芳伯胺和含吸电子基取代或卤代芳胺（NH_2ArNO_2）、多卤芳胺（X_nArNH_2）等。碱性较弱芳胺成盐后易水解成游离胺，重氮化时需用 2 当量以上的质子酸，以增加亲电试剂的浓度使重氮化反应顺利进行。如弱碱性的 4-硝酸苯胺重氮化，在 4-硝酸苯胺的 HCl 溶液中加冰使生成的硝基苯胺盐酸沉淀析出后立即加入亚硝酸钠反应。

b. 工艺 2：先将芳胺溶于弱碱性介质中后加入亚硝酸钠，然后缓慢搅拌下在混合物中加无机酸进行重氮化反应，又称为逆重氮化法（间接法）。该工艺适于微碱性（酸式）且在稀酸中不溶的芳胺，如多硝基、多卤代芳胺等的重氮化。

一般亚硝酸钠要过量，否则易引起自偶合反应：

$$O_2N-\overset{+}{}\!\!\!\!\!\!\!-\!\!\!\overset{}{}NH_2X^- + X^-H_2N-\!\!\!\!-NO_2 \longrightarrow O_2N-\!\!\!\!-N\!\!=\!\!N\overset{H}{\overset{|}{N}}-\!\!\!\!-NO_2$$

c. 工艺 3：芳胺在浓酸中加热溶解冷却析出后快速加入亚硝酸钠反应，浓酸法又称亚硝酰硫酸法。当—NH_2 邻位有—NO_2 取代时，有机胺的碱性较弱且水分易引起硝基脱落，故重氮化可在浓硫酸中进行。这时重氮化试剂实际上是亚硝酰硫酸。亚硝酰硫酸（HSO_4^-NO）在 >85%H_2SO_4、50℃条件下非常稳定。值得注意的是，2-卤代-4,6-二硝基苯胺等芳胺在此条件下重氮化是危险的，因为高浓度的亚硝酰硫酸有爆炸危险。在重氮化时应避免亚硝酸过量，因为过量的亚硝酸存在，会导致重氮盐的稳定性下降和发生下述副反应，如萘酚、仲胺、叔胺的亚硝化，在下一步与伯胺偶合时会生成不期望得到的重氮化合物。

杂环芳胺的重氮化较难操作，收率也相对较低。杂环芳胺的重氮化有两个主要问题，首先是含氮杂环上氮原子的质子化降低了伯胺的亲核性，因此影响重氮化反应的活泼性，会导致杂环胺的重氮化反应不完全。杂环芳胺重氮化最简单的方法是用亚硝酰硫酸（浓硫酸工艺，有时加浓乙酸和丙酸混合物）。

重氮化工艺由反应物的碱性（溶解性）及结构确定。一般当反应物易溶解时适用顺重氮化法；反应物难溶解则适用逆重氮化法。特别是多偶氮型染料的合成，对易生成醌腙体的氨基偶氮一次偶合产物进行重氮化时大多采用逆重氮化法，即加碳酸钠或氢氧化钠溶解、盐析，加入亚硝酸钠后再迅速加入盐酸冰水溶液进行重氮化反应。

4.5　偶合反应及工艺

4.5.1　反应过程分析

偶合反应是染料合成的主要反应之一，过程涉及重氮化合物和偶合组分的平衡。偶合反应中反应介质 pH 对偶合速率影响较大，在 pH 为 9 以下时偶合速率随着质子浓度增高而线性下降，这是因为就偶合组分（pK_a 8.94）而言，平衡式 ArOH $\rightleftharpoons$ ArO$^-$+H$^+$ 随着质子浓度增高向亲核性较弱的酚（ArOH）方向移动。在下列平衡中介质，pH 高于 13 时偶合速率降低，与氢氧根离子（OH$^-$）浓度的平方成反比，因为在如此强碱性的 pH 下，重氮离子转化成 Z 式重氮酸盐。实际偶合速率也与重氮离子和酚盐离子的平衡浓度成正比。所以重氮盐离子的攻击是反应速率的决定步骤，但按照参与反应的这一对反应物总浓度得到的计量速率常数 k 是不考虑内部平衡的，与 pH 无关。

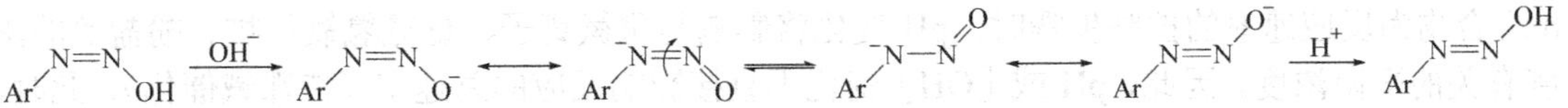

一般亲核试剂的反应活性随碱性增加而增大，作为偶合组分，酚要比酚盐的活性低得多。如在 pH 小于 1 的水溶液中与 2-氨基噻吩重氮盐发生偶合反应时，2-萘酚-3,6-二磺酸盐的反应速度要比 2-萘酚大许多倍。动力学实验表明，除了在强酸介质中偶合外，未离子化酚的偶合反应一般很难进行。

除了芳胺和酚之外，芳酮化合物如 5-甲基-2-苯基-2,4-二氢-3（3H）-吡唑酮的烯醇式结构体也可在重氮-偶合中作亲核试剂。其活泼质点不是中性的烯醇，而是在烯醇盐和 α-脱质子酮之间杂化的共轭碱。

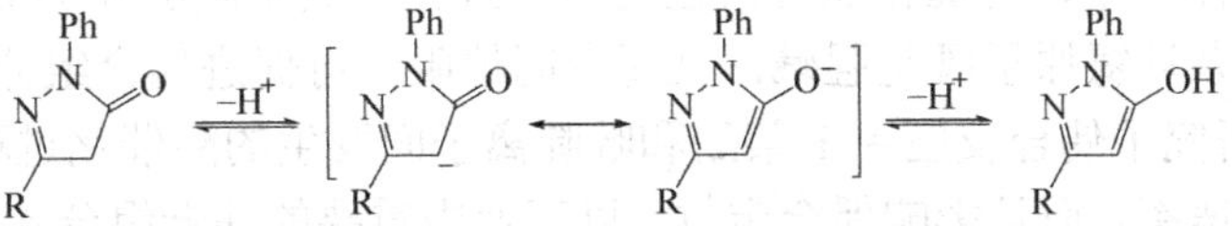

酮　　　　　　　　共轭碱　　　　　　　　烯醇体

鉴于重氮化合物和偶合化合物的预平衡是介质 pH 的函数，pH 强烈影响着偶合反应速率，偶合反应不仅要对重氮离子有利，而且也要在对更具亲核能力的偶合质点（如酚盐、未质子化的胺、烯醇盐等）有利的条件下进行。综合考虑重氮和偶合两方面质点的预平衡，优化的 pH 范围取决于 pK_a 值。芳胺作偶合组分时常用 pH 4～9，对于烯醇化合物 pH 7～9，酚类化合物 pH 9 左右，在邻重氮苯酚作为重氮组分时，优化的偶合 pH 9～12。

反应介质 pH 不仅影响偶合速率，有时还决定发生偶合反应的取代位置，尤其是在以氨基取代的萘酚为偶合组分时。例如 6-氨基-4-羟基萘-2-磺酸（即 γ 酸）与重氮化合物在弱酸或强碱条件下进行偶合时，分别得到 8-位取代和 2-位或 4-位取代的偶氮混合物。只有在碱性条件下羟基环上的反应才优于氨基。

一般情况下，升高偶合温度并不利于偶合反应，因为与偶合速率的提高相比，重氮盐热分解占主导地位。温度提高 10℃，偶合速率只提高 2.0～2.4 倍，而重氮盐热分解速率则增加 3.1～5.3 倍。另外，在高 pH 下偶合反应时升高温度将或多或少地改变重氮酸盐的 Z/E 式异构体比例，使平衡不可逆地向不活泼的 E 式异构体方向移动。在少数染料产品合成的偶合反应工艺中，加入普通无机盐可提高收率，这是由于 Brønsted 盐效应的影响，因为与重氮盐分解速率相比，离子强度对偶合速率的影响较大。

动力学研究表明，4-氯苯胺重氮盐与偶合组分 4-羟基-萘-1-磺酸（4）和 7-羟基-萘-1,3-双磺酸（7）等偶合时呈强碱催化特征，而与 4-羟基-萘-2-磺酸（5）偶合时则介于两者之间。

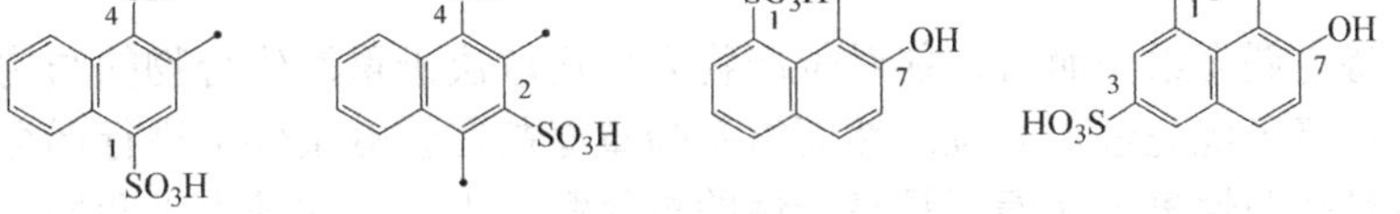

·取代基为—H或—CH₃　　　　　　　空间位阻增大 ⟶

上述差异的立体化学解释为，化合物（6）和（7）磺酸基（SO₃H 或 SO₃⁻）不仅影响偶氮基的引入，而且阻碍了碱的进攻以快速消除质子，因此增加碱的浓度偶合反应总速率增大。对于化合物（5）磺酸基处于邻位，对活性中心的空间位阻较小，而 1,4-双取代的化合物（4）

则不存在空间位阻。

理论上各类质子受体均可作为影响反应速率的碱。在偶合反应中当质子的消去是反应的控制步骤时，pH 保持不变，加入任何一种碱都会对反应速率产生影响。另一种情况是当形成 σ 络合物为反应速率的控制步骤时，pH 变化将影响与重氮离子、重氮氢氧化物、酚盐等的浓度有关的平衡浓度。因此，pH 或 [OH] 变化不直接影响反应的总速率（特殊碱催化），此时，任何其他类型的碱都不如 OH 有效。

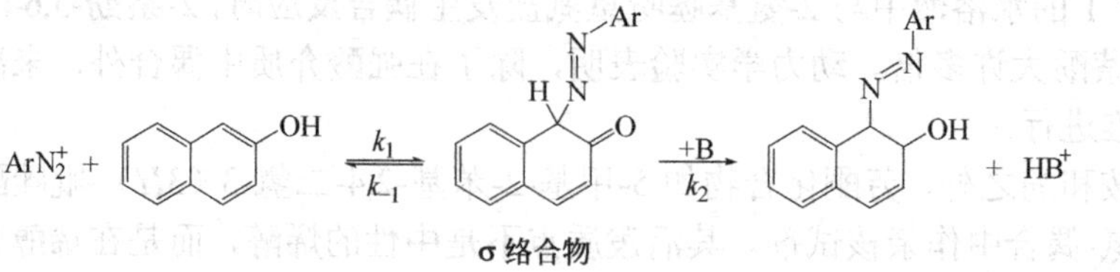

σ 络合物

在常规碱催化体系中，对催化偶合反应有多种选择，其中吡啶和类似碱对偶合反应很有价值，因为吡啶的杂环氮原子既是强碱，又无空间位阻，可促进偶合组分有效脱去质子。

Kishitomo 等研究了偶合反应中 1-萘酚和吡啶离子间发生的酸催化过程，证明吡啶和类似碱不仅可提高偶合速率，而且影响偶合定位。以工业中重要的偶合组分 4-羟基-萘-2-磺酸（**5**）的偶合为例，在一般碱催化下，羟基邻位和对位偶合产物之比与测得的反应速率常数 k_o（在羟基邻位取代的速率常数）和 k_p（在羟基对位取代的速率常数）之比相对应。在普通碱催化下 k_p 增大比 k_o 快得多。碱浓度增加，产物比例会有利于向不期望的对位异构体方向移动，这种差异可用下式中两个 σ 络合物异构体（**8**）和（**9**）来加以解释。首先邻位受 C═O 基中间态的酸化诱导效应比对位强得多；其次是空间效应，确切的判据是磺酸基对两个位置的空间效应相差不大。

Freeman 等采用 ^{1}H NMR 对相关的偶合反应进行了研究，认为在碱性条件下偶合只发生在对位。而 Skrabal 和 Zollinger 则得出相反的结论，认为在碱催化下偶合得到的核磁数据实际上是支持形成邻位异构体（**10**），而不是（**11**）。

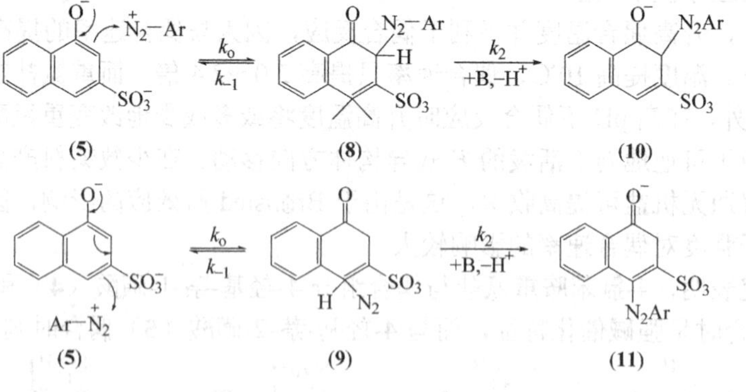

一般，对特定偶合组分而言，邻对位产物之比还取决于重氮化合物的结构。高活性、强亲电性的重氮盐离子优先进攻对位。然而氨基酚重氮盐在强碱条件下进行偶合时，在溶液中以活性小的重氮盐两性离子（而不是高活性的重氮酚）为主，这是由于两性离子的反应活性较小，更易进攻空间位阻较小的邻位。

上述讨论仅适用于质子型溶剂中（最常用的是水）的偶合反应，在非质子的极性溶剂中，其各自的速率比可能会明显不同。如在烷基季铵盐存在下卤素离子可作为质子受体。

1-萘酚（或其磺酸衍生物）与重氮盐 1:1 的混合物进行偶合时由于两种溶液混合即在两相界面发生瞬间反应（<1ms），得到的主要副产物是双偶合产物。

4.5.2　反应机理与工艺影响因素

烷基取代苯、苯甲醚和萘等芳香族的亲电取代属快速反应，反应速率与反应物结构及亲电试剂的电子或空间性质无关。在反应中键的形成比碰撞络合物的形成快，后者主要取决于物理过程扩散，而不取决或很少取决于电子效应或空间效应。

$$ArN_2^+Cl^- + ArOH（NH_2）\longrightarrow Ar-N=N-ArOH(NH_2)$$

偶合组分芳环上互为间位时作用强；

强弱：　　　　　　　　$O > NR_2 > NHR > OR > OH$

（1）反应机理与动力学

偶合反应属亲核性强弱不同的重氮盐与带给电子基的酚、芳胺类偶合组分间的亲电取代反应，一般为偶合组分上的质子（或其他电子离去基团）被芳香重氮基（ArN_2^+）所取代生成偶氮化合物，其反应机理为 S_E2 机理，即形成非共价的 π 络合物后在 sp^3 杂化中心碳原子的氢被碱（B）消除之前，亲电化合物先形成中间态的 σ 络合物，进而脱质子形成偶氮化合物。

σ 中间络合物

反应动力学方程：$-d[ArN_2^+]/dt = [ArN_2^+][Naph\text{-}O^-]/\{(k_1k_2[B])/(k_{-1} + k_2[B])\}$

与原料或产物的浓度相比，如果反应过程中 σ 中间络合物的浓度 [B] 保持恒定且很小，则上述机理遵循所谓的 Bodenstein 稳态方程。如果 σ 中间络合物的脱质子速度比其分解回到最初状态快得多，即 $k_2[B] \gg k_{-1}$，则动力学方程式中的 $(k_1k_2[B])/(k_{-1}+k_2[B])$ 项等于 k_1。此时 σ 中间络合物的形成是反应速率的决定步骤，所以总反应速率不会因碱的强度或浓度的增加而加快。反之，如果 $k_2[B] \ll k_{-1}$，则总反应速率与 [B] 和 k_2（脱质子速率）成正比，与 k_{-1} 成反比。

除了上述 S_E2 机理外，偶合反应还有两步电子转移机理，尤其是在醇溶液中进行偶合时。其中，第一步以化学诱导的动态核极化测定为基础，假设单电子先从偶合组分转移到亲电的重氮离子上。实际上，两步电子转移反应在有机化学中更为常见。

在动力学控制下芳香重氮盐与芳香族或脂肪族伯胺或仲胺偶合时会发生异偶合（hetero-coupled）生成所谓的重氮胺或三氮烯（triazene）衍生物（12）。后者可以当作潜在的重氮化合物用于形成偶氮染料。在热力学控制的酸催化下重氮胺重排成氨基偶氮化合物（13），从（12）重排成（13）的真实机理远比式中看到的要复杂。在多数情况下，偶合收率很低，这是由于均裂副反应会产生重氮焦油。不过，加入少量的烯烃游离基终止剂，如丙烯腈或丙烯酸甲酯可阻止这一副反应。对苯二胺是生产聚芳酰胺纤维的中间体，从氨基偶氮苯（13）出发，将偶氮基还原，同时生成副产物苯胺，而苯胺可进一步再用于合成氨基偶氮苯。

偶合组分上的离去基是连接在亲核碳原子上的质子，但有时离去的不是质子，而是其他基团。如在溴代或碘代苯酚中，离去基分别为 Br^+ 或 I^+。类似的具有重要工业意义的是在以

2-萘胺-1-磺酸为偶合组分时，以磺酸基作为离去基释放出 SO_3，此工艺路线简洁地实现了在 2-萘胺邻位引入偶氮基，而避免使用强致癌物 2-萘胺。被称作 2-亚烷基取代 1,3-茚二酮的 Japp-Klingemann 反应也属于这类反应。如化合物（14）中的乙酰基在偶合过程中会被重氮盐取代，且释出的 Ac 快速与水反应生成乙酸。

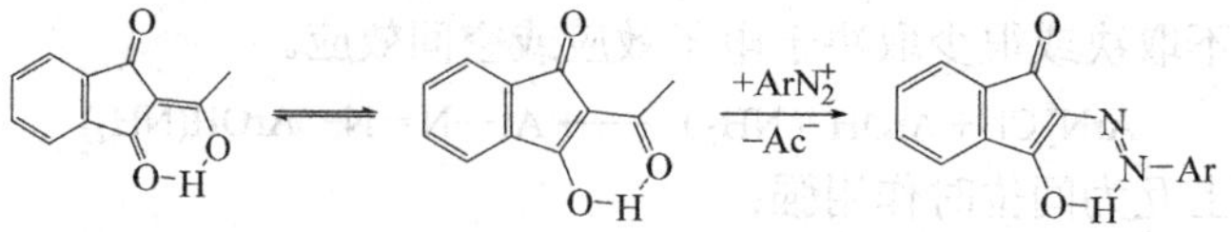

（14）

（2）工艺影响因素

a. 重氮盐结构：亲电试剂，当含吸电子基活性增大。

p-吸电子基的相对速率：—NO_2 > —SO_3> —Br > —H > —CH_3 > —OCH_3

1300	13	13	1	0.4	0.1

b. 偶合组分：给电子基，增加电荷密度，偶合位多为给电子基的邻、对位。

动力学分析表明，偶合组分结构要求介质的 pH 不同且与相对速率相关。

对酚类化合物偶合，pH 增大易生成活泼的酚负离子，偶合反应速率增大，pH 达 9 时出现极值。pH 过大易生成反式重氮盐；一般在弱碱性条件下（Na_2CO_3）pH<9 时偶合，所以称碱性偶合。芳胺类化合物一般在弱酸性介质中酸性条件下 pH<5 时偶合，所以称酸性偶合，游离芳胺浓度增大，偶合反应速率上升明显。

c. 反应温度：偶合反应 E_a 为 142～172kcal/mol，反式重氮盐分解 E_a 为 222～332kcal/mol。一般反应温度提高 10℃，偶合速率提高 2～2.4 倍，而反式重氮盐分解速率提高 3.1～5.3 倍，所以温度升高对偶合不利，一般偶合反应温度在 10℃ 以下进行。

d. 盐效应：反映反应过程中电解质盐对反应速率的影响。偶合反应是离子型反应，由物化原理分析，在 A、B 二离子反应体系中加入浓度为 c 的电解质，其解离成离子的正负电荷数为 Z。速率常数和浓度 c 关系：

$$\lg k = \lg k_0 + 1.02\, Z_A Z_B I^{1/2}, \quad 其中\ I = \frac{1}{2}c$$

e. 催化剂：对有空间障碍的偶合组分，常加催化剂碱（吡啶）帮助脱质子。

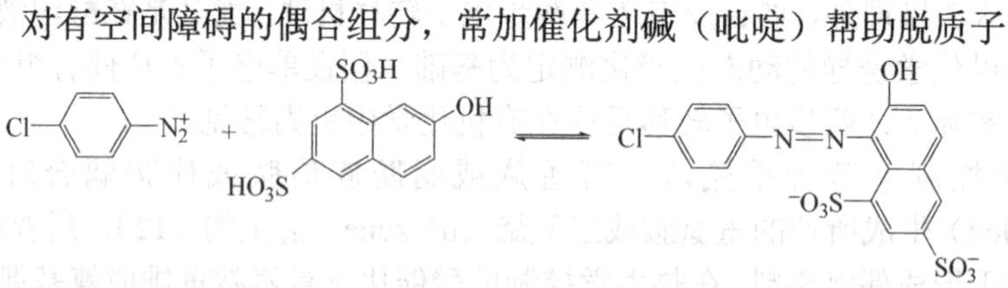

f. 偶合反应终点控制：由于在反应终点时重氮盐消失，偶合组分微量；工艺上常用不同重氮盐偶合发色来判断重点。此法被称为渗圈试验，试验时若重氮盐色深、难溶、偶合慢则加活泼偶合组分（间苯二酚）为指示剂；若染料溶解度大可先放点盐反应液滴在盐上使成无色渗圈。

4.5.3 连续偶合工艺研究

（1）传统偶合反应工艺

偶合反应多数在酸性或碱性介质中进行，一般采用间歇釜式反应器，如搪瓷釜、铸铁釜等。赫斯特公司的连续立式圆筒连续反应器有较高实用价值。偶合组分由反应器底部成垂直层状流入，而重氮液通过器壁上几个入口加入，反应终点用电位测定法自控。加入的重氮盐量从底部入口到顶部入口逐渐减少，控制最上方加料口的加料量与达到偶合反应化学计量数值相当，并用电位测定仪控制终点。成品从反应器顶部流向贮槽中，按需加入添加物进行必要的后处理。可通过改变偶合反应液的停留时间来调节偶合反应速率。

还有一些专利报道的反应器。英国帝国化学公司的管式连续装置，加表面活性剂除焦油。汽巴-嘉基公司的串联管式装置，重氮采用串级釜式反应器，偶合采用连续筒式反应器。

（2）连续管道化偶合反应技术

关于连续管道化偶合反应技术的研究是偶氮型染料合成工艺环境友好化研究的重点之一。连续管道化可顺应"中国制造2025"的生产自动化发展趋势。

微化工技术（microchemical technology）为主要采用微米级连续管道反应器进行化工反应的技术，是20世纪90年代初兴起的通过过程强化来实现绿色合成的新技术。它着重研究特征尺度在数百微米以下的微型设备和系统中的化工过程的特征和规律，并同时研究通过并行分布系统的组合放大并付之于实际应用。作为一项新兴的反应技术，在过去短短十几年中发展迅速，尽管这一崭新技术在染料、颜料等传统产业中的应用才刚刚开始，而且还处于应用研发阶段，但它具有一系列的优势，如：瞬间混合、精确控制反应温度，并有极高的安全性等。在染料产业中，基于微化工技术实现重氮、偶合反应管道连续化等关键共性技术的产业化应用，不仅可精确控制反应物料比，使反应物均匀混合，还可使反应在常温下进行并提高反应选择性与产物收率。微反应器并非只能少量生产，可经微反应器的数增放大集成实现规模化量产。

国内外有德国Bayer（拜耳）公司、德国Mikroglas公司、康宁反应器技术有限公司（中国）、大连微楷化工公司、山东豪迈集团化工公司、上海惠和化德生物科技有限公司等众多的微反应装备与应用工艺技术开发的公司；已有多套大规模工业化产品装置在运行，如西安万德硝酸异辛酯装置、清华大学和浙江信汇的溴化丁基橡胶装置、拜耳和绍兴东湖高科的乙烯利装置、康宁和某医药公司的维生素中间体装置、沈氏和扬农的吡虫啉中间体装置、豪迈和科迈的橡胶助剂装置、惠和化德的中间体（噻氟酰胺、吡唑醚菌酯、吡氟酰草胺）微反装置等。近年来研究开发与产业化应用进展迅速。

2002年De Mello等在微管道反应器中，先将芳胺制成重氮盐，再将重氮盐和β-萘酚反应合成了多种偶氮染料。

2003年克拉里安特国际有限公司专利报道了利用微反应器制备偶氮颜料和偶氮染料的合成原理和技术。其中，偶氮颜料为单偶氮或双偶氮颜料及偶氮颜料混合物。该技术可用于分散、水溶性阴离子、阳离子和活性等染料类别的合成。

2003年德国Clariant（科莱恩）公司专利报道了利用微反应器制备高纯度偶氮着色剂，包括难溶性的偶氮颜料和分散染料系列。在微反应器中进行偶合反应是专利合成工艺的特征。

2008年赵卫国等利用微管道反应器由J酸与含磺酸基或甲基、甲氧基、乙基、乙氧基的乙基砜硫酸酯苯胺化合物的重氮盐进行偶合制得了C.I.活性红278（Cibacron Deep Red C-D）等深红系列活性染料。偶合温度为10~25℃，pH 1.5~6.5；反应过程采用直径为10~500μm的并联微通道反应器。具有工艺连续、简单易控、产品性能稳定等特点。

2011年高建荣等研究了微通道反应器中C.I.酸性黄23、C.I.酸性紫1、C.I.活性红35、C.I.活性黄16等不同色系的酸性偶氮染料和活性偶氮染料的连续偶合工艺，其中酸性系列染料收率达95%以上，活性染料收率达80%以上。以C.I.酸性红54、C.I.活性黑5等为模型染料产品，反应在室温（20℃）下进行，n(重氮组分):n(偶合组分)=1:1，流速为0.18m/s，停留时间11.11s，偶合收率达96%。

2012年张淑芬等利用螺旋管式反应器制备了一系列水溶性偶氮染料。该工艺在无冷却或加热条件下，重氮盐溶液和偶合组分溶液经计量泵输入螺旋管混沌混合单元进行偶合反应。螺旋管混沌混合反应装置是其主要的创新。

浙江迪邦化工有限公司徐万福等在微通道反应器内自动连续制备了C.I.分散紫93:4和C.I.分散蓝291:3等产品。

沈阳化工研究院杨林涛等在自主设计的微通道反应器内制备了C.I.颜料红146（永固洋红FBB）、C.I.颜料红185（永固洋红HF4C）、C.I.颜料红208（苯并咪唑酮红HF2B）、C.I.颜料黄14（联苯胺黄AAOT）等。反应溶液清澈、无悬浮物，偶合反应收率达98%。

4.6 相转移催化

4.6.1 Starks 循环模型

相转移催化技术（phase transfer catalysis，PTC）是应用相转移催化剂于有机合成单元反应过程的技术，已广泛应用于精细化学品（染料）及中间体的合成过程。

1913年德国Hennis发现叔胺具有催化作用，但对反应过程分析结果表明，实际起催化作用的是叔胺季铵化后的产物季铵盐，此为相转移催化技术的早期发现。相转移催化技术研究有三个先驱者：波兰Mokassza提出了萃取烷基化的概念；瑞典Brandstron提出了离子对萃取的概念；美国Starks（1971年）提出了相转移催化（PTC）概念和Starks相转移催化循环模型。20世纪60年代后相转移催化技术的研究出现热潮，至20世纪80年代初已有65类，90年代已有127类有机单元反应的相转移催化技术应用研究报道。

（1）亲核取代反应

亲核取代反应是相转移催化技术应用最多的一类反应，Starks模型揭示的PTC循环可用于解释亲核取代单元反应的相转移催化机理过程。

卤代芳烃的PTC催化亲核取代反应：

$$C_8H_{17}Cl + NaCN \longrightarrow C_8H_{17}CN + NaCl$$

PTC催化剂为氯化己基三丁基鏻，1.3%，2h，收率达90%。无PTC催化剂则不互溶，且不反应。

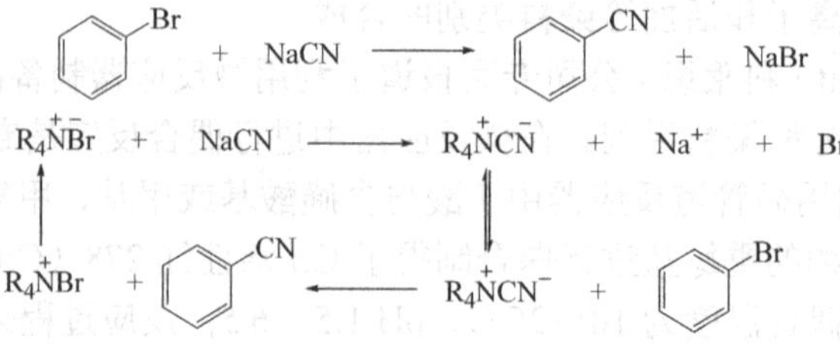

亲核取代反应Starks模型：

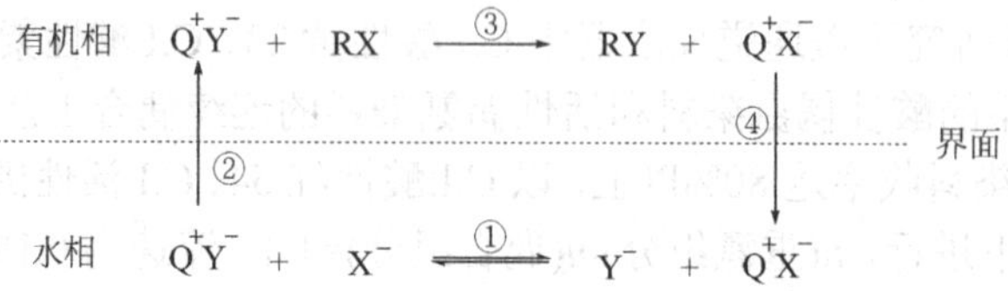

用于亲核取代反应的相转移催化剂主要有有机阳离子盐类和聚醚类等两大类。有机阳离

子盐（鎓盐类，即非金属元素的阳离子态化合物），如季铵盐、季砷盐、季锡盐、季磷盐等；在相转移催化反应中通常 1mol 有机物反应只需用 0.005～0.010mol 季铵盐催化剂等。

$$R_4PCl \longrightarrow Q^+Y^-$$

季铵盐 $R_3R'N^+X^-$，Q^+X 总碳数约定 $n=14～20$，价廉、合成方便、毒性低，但热稳定性差（≤90℃），100℃以上强碱性下会发生亲核置换和季铵盐降解反应，使催化剂失效。

亲核置换：$R_4N^+Br^- \xrightarrow{OH^-} R_4N^+OH^-$　　　（季铵碱）

季铵盐降解：$(C_4H_9)_4N^+Br^- \xrightarrow{OH^-} (C_4H_9)_3N + C_4H_8 + H_2O$

聚醚类有冠醚（+KOH）、聚氧乙烯醚等。

（2）亲电取代反应

PTC 技术可应用于重氮化、偶合、二氯卡宾生成、N(O、S)-烷化、N(O、S)-酰化、过氧化、还原等典型亲电取代反应。如合成染料的偶合反应；

$$ArN_2^+X^- + ArNH_2(OH) \longrightarrow ArN=NArNH_2(OH)$$

亲电取代反应 Storks 循环：

水相：$O^-Y^+ + ArN=NX^- \rightleftharpoons [Ar-N≡N·O^-] + X^-Y^+$

有机相：$O^-H^+ + Dye \rightleftharpoons Ar-N^+≡NO^- + \begin{cases} Ar-OH \\ Ar-OH \end{cases}$

用于亲电取代反应的相转移催化剂为带阴离子的有机物，如对烷基苯磺酸钠、四苯基硼盐 $Ar_4B^-Na^+$、聚氧乙烯醚（脂肪族）磺酸盐等；以有机芳磺酸钠为最常见，也有报道用脂肪族磺酸盐和环糊精等复配催化剂的。

4.6.2　相转移催化技术研究进展

（1）相转移催化理论研究

相转移催化理论的研究主要以 PTC 催化剂指标体系和相关参数研究为主。1977 年 V. Eckehard 等在 *Angew. Chem. Int. Ed.* 上的论文结合物质的物性参数指标等对 PTC 催化剂指标体系做了综述。在实际应用中，较多的研究常结合具体反应类别和产品合成过程进行，目的在于揭示具体反应类别的相转移催化机理和适用的 PTC 催化剂及特性参数等。

PTC 催化剂指标：溶解度（solubility）$S_{QX} = [QX]_{org}$

分配系数（distribution）$D_Q = [QX]_{org}/[Q^+]_{aq}$

萃取常数（extraction constant）$E_{QX} = ([QX]_{org}/[Q^+]_{aq})[X]_{aq} = D_Q[X]_{aq}$

式中，$[X]_{aq}$ 为水相中负离子的浓度，与 pH 相关。E_{QX} 过大或过小均不行。

（2）新相转移催化剂开发

要求用量少、活性高、易得价廉、无毒易分离、稳定性好、回收经济和环境效益好等。如耐高温耐强碱型，与有机金属催化剂复合和固载化的聚合物催化剂（polymer-bound cat）等。典型的有 N-烷基膦酰胺、亚甲基桥磷或氧硫化物、大环聚硫醚亚砜、三相相转移催化剂和多席位 PTC 催化剂等。

（3）PTC 技术应用反应类别研究

重点在于结合产品及中间体的产业化研究开发和传统非催化产品工艺的改进，开发应用相转移催化技术的新反应类别及产业化应用新技术等。

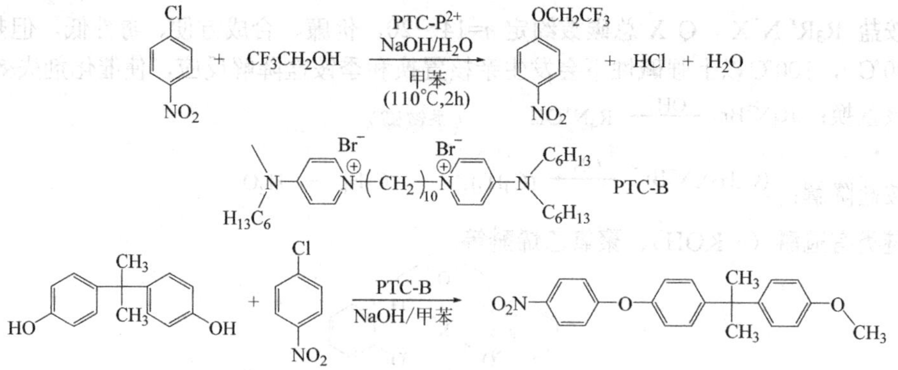

20 世纪 70 年起人们已研究了偶氮反应的相转移催化技术，如以 *N,N*-二甲基苯胺盐等为相转移催化剂，但工业化应用不多。相转移催化技术对大多快速偶合反应不具有环保经济性，但对经典偶合条件下反应速率很慢的偶氮反应过程，相转移催化会有明显的作用。如常规重氮盐与具有空间阻碍的 1,3,5-三甲氧基苯偶合组分进行偶合反应时只能得到痕量的产物，而在由取代苯磺酸盐和四［3,5-二（三氟甲基）苯基］硼酸盐制成的相转移催化剂存在下，在 H_2O/CH_2Cl_2 溶剂中反应偶合产物收率达 30%。

总之，中国染料产业的发展已不再是追求规模发展。实现产品和合成工艺的高新绿色化，尤其是开发典型单元合成反应的绿色化共性技术，实现资源利用效益的最大化和节能减排环境保护的最优化是关系到企业生存乃至整个产业可持续发展的关键。

第5章

染料合成及工艺

随着产业转型升级和产品与工程化技术的发展,合成工艺和共性技术与装备水平也在不断地优化提升,但我国染料产业仍存在着原创少、仿制技术多,共性技术、商品化技术和先进装备等自主创新开发不够快等问题。

染料产业产品创制即产品的功能化与环保化(ECO)开发,关键在于发色体结构创新、分子结构修饰和功能复配等,需要发色理论的指导和结构性能关系研究的支撑;共性技术和商品化技术创新涉及技术理论、环保、安全与装备等,是产品工程化改造的关键。

本章将结合染料类别与产品、中间体,简述典型合成工艺及关键共性技术的研究进展。

5.1 直接染料

5.1.1 联苯胺类直接染料

在直接染料中,联苯胺类色谱全,一向占重要地位。但 1971 年后联苯胺类结构产品已基本停止生产。联苯胺代用结构的研究是染料化学历史上的重大课题之一。

对称型:直接紫红 GB(C.I.直接红 13)为双偶氮结构,一步偶合合成。

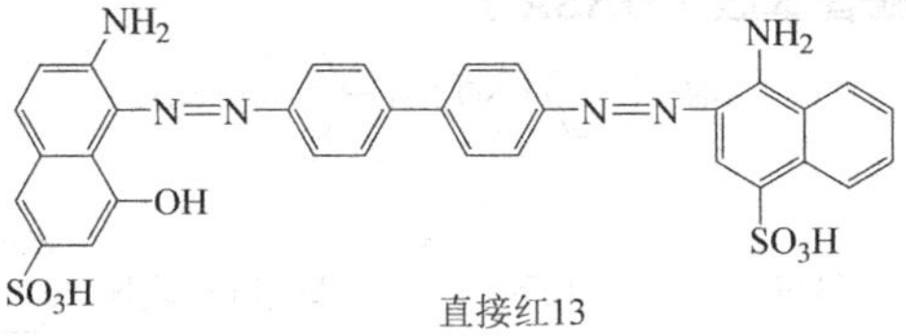

直接红13

直接红 F 的合成过程中分步偶合时反应的 pH 不同。一次偶合为碱性条件偶合,二次偶合为酸性条件偶合。

5.1.2 非联苯胺类直接染料及中间体

非联苯胺类直接染料及中间体的研发是环保型直接染料的主要工作,典型的非联苯胺类中间体有 4,4′-二氨基苯甲酰苯胺、4,4′-二氨基二苯脲、5-氨基-2-(4-氨基苯基)苯并咪唑、2,2′-二甲基(氯)联苯胺、4,4′-二氨基苯磺酰替苯胺和 4,4′-二氨基二苯乙烯-2,2′-二磺酸等。这些中间体及合成染料大多都实现了工业化生产,但生产量相对不大。以下为典型产品及合成原理。

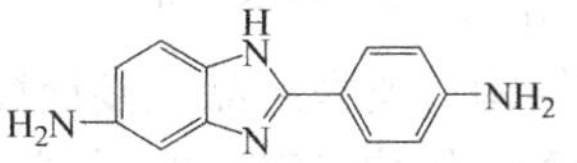

5-氨基-2-(4-氨基苯基)苯并咪唑 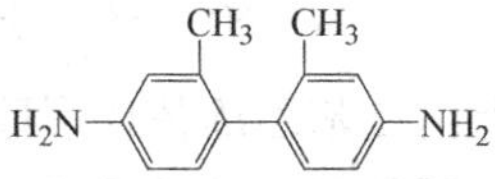   2,2′-二甲基联苯胺

（1）4,4′-二氨基苯甲酰苯胺及染料

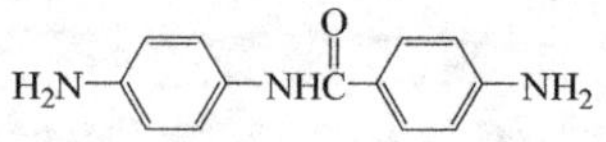

由酰胺的共振结构可以看出，4,4′-二氨基苯甲酰苯胺分子中的 C-N 键具部分双键特性，可与苯环平面连接成线性大 π 共轭结构。

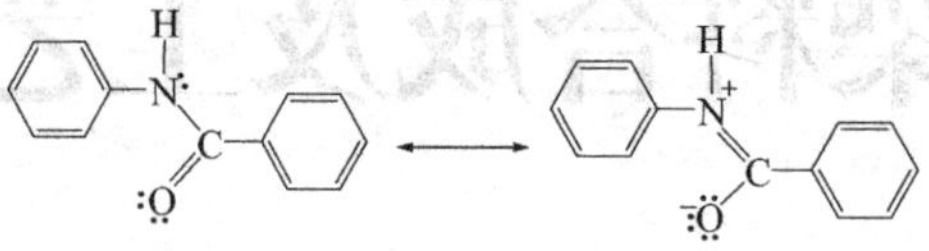

4,4′-二氨基苯甲酰苯胺由对硝基苯甲酰氯与对硝基苯胺经酰胺化、加氢还原合成。由 4,4′-二氨基苯甲酰苯胺经重氮化、偶合等多步反应可合成系列多偶氮苯甲酰苯型直接染料。

（2）4,4′-二氨基二苯脲及染料

典型产品直接黑 R 是以 4,4′-二氨基二苯脲二磺酸和 H 酸为关键中间体合成的多偶氮染料，其联苯结构被二苯脲结构替代，主要用于皮革的染色。直接黑 R 的合成过程分三步酸性偶合反应完成。

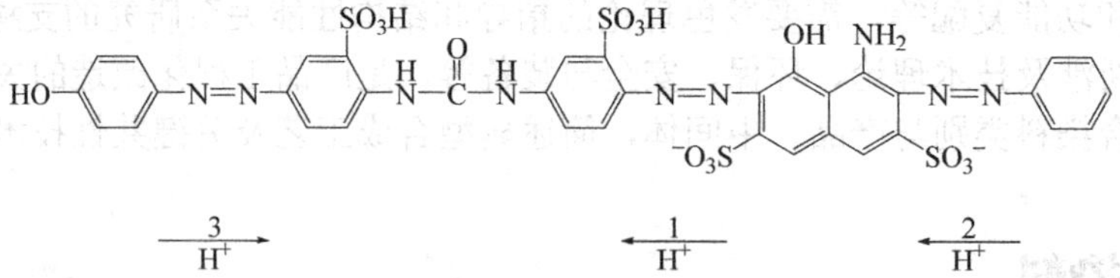

合成二苯脲结构直接染料的关键中间体 4,4′-二氨基二苯脲的合成原理：

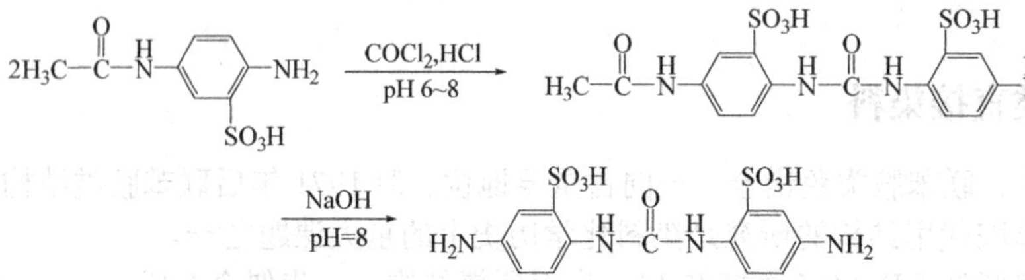

（3）4,4′-二氨基苯磺酰替苯胺（DASA）

老工艺合成原理：

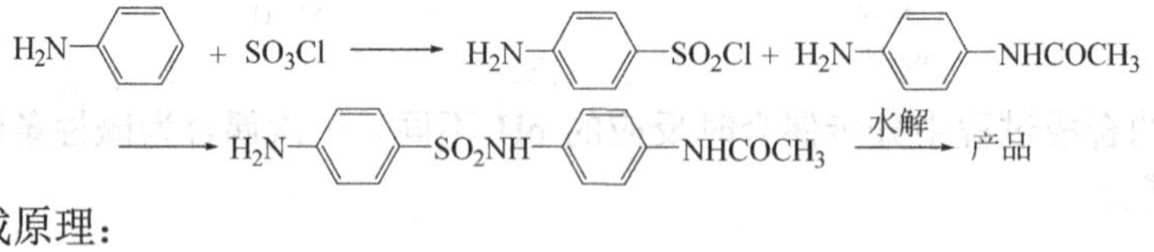

新工艺合成原理：

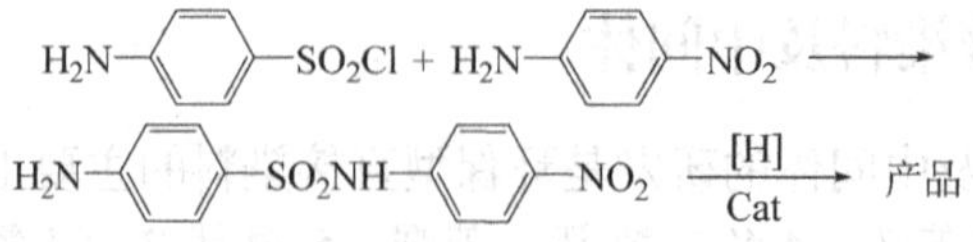

（4）二苯乙烯型直接染料

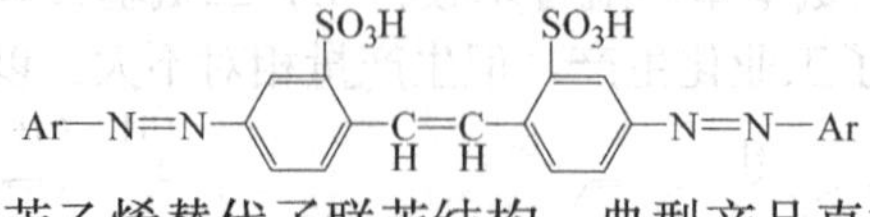

该类染料在结构上由二苯乙烯替代了联苯结构，典型产品直接艳黄 4R（C.I.直接黄 12），其关键中间体为 4,4′-二氨基二苯乙烯-2,2′-二磺酸，俗称 DSD 酸。合成工艺过程中有磺化、氧

化缩合与还原三步反应。

磺化反应：对硝基甲苯的烟酸磺化制得 2-甲基-5-硝基苯磺酸。

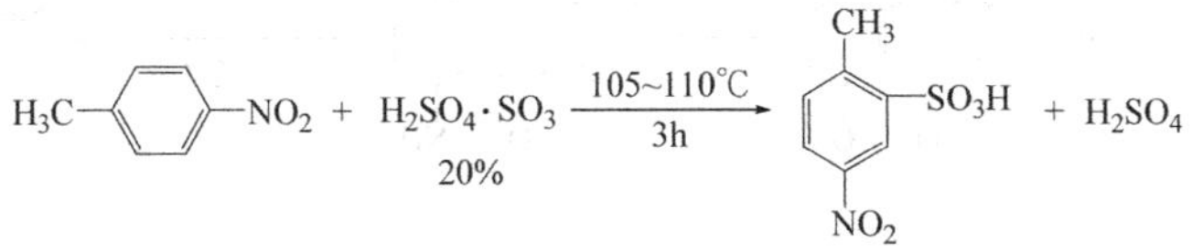

$$H_3C-\!\!\!\bigcirc\!\!\!-NO_2 + H_2SO_4 \cdot SO_3 \xrightarrow[3h]{105\sim110℃} \text{（2-甲基-5-硝基苯磺酸结构）} + H_2SO_4$$

氧化缩合反应：二分子对硝基甲苯磺酸在硫酸铁催化下 50～70℃ 条件下氧化缩合反应制得 4,4′-二硝基二苯乙烯-2,2′-二磺酸（DNS）。

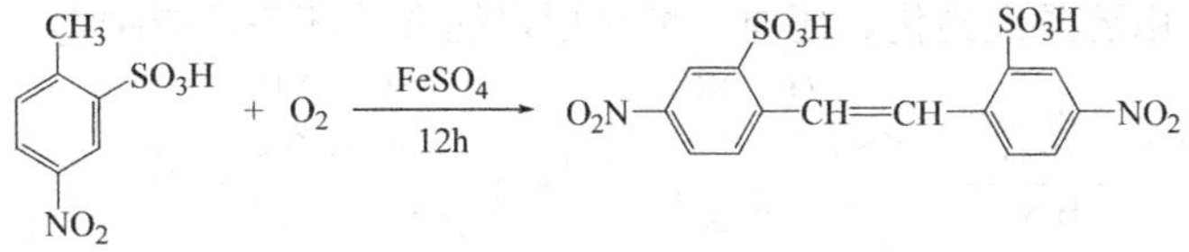

还原反应：4,4′-二硝基二苯乙烯-2,2′-二磺酸（DNS）加氢还原得到 DSD 酸。

还原反应方法有电化学还原法，收率 49%～57%；铁粉还原法，收率 93%；催化还原法等。催化还原法是环境友好工艺，催化剂有 Pd/C、Raney-Ni 等，收率达 99%。

5.2 还原染料

5.2.1 靛族还原染料

还原染料色谱齐全，典型结构类别有靛族、稠环酮等。靛族还原染料典型产品靛蓝色光较暗，不溶于水、醇、醚和苯，在 250℃ 升华。靛蓝合成原理：

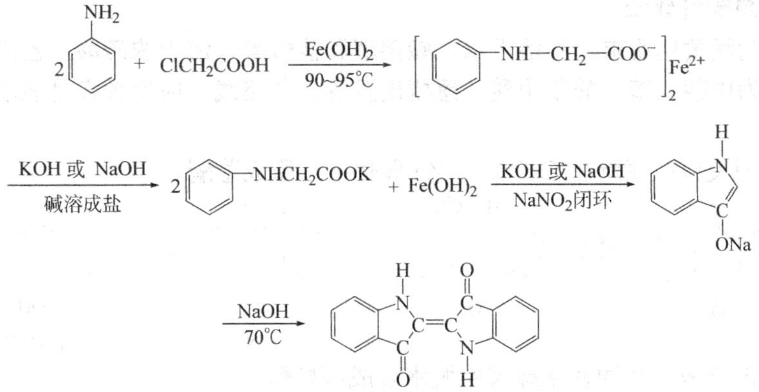

靛蓝经溴化可制得发红光的 5,5′,7,7′-四溴靛蓝产品，又称硫靛。

5.2.2 稠环酮类还原染料

该类染料结构上主要为蒽醌和苯并蒽酮两大类。合成工艺按原料路线分为苯酐合成法、蒽醌合成法和苯并蒽酮合成法等。

（1）苯酐合成法

酰胺基蒽醌结构匀染性好，结构简单。典型产品有还原黄 7GK、还原黄 GK（C.I.还原黄 3）、还原红 5GK（C.I.还原红 42）和 Caledon Red X5B（C.I.还原红 19）等。还原黄 7GK 的合成方法如下：

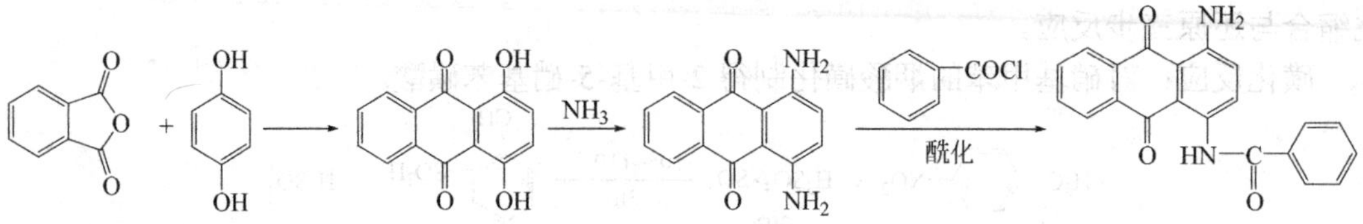

还原黄7GK

（2）蒽醌合成法

蒽醌合成法是合成具咔唑环结构的蒽酮型还原染料的主要方法，典型产品如还原橙 3G（C.I.还原橙 15），由蒽醌经硝化、还原、酰化后自缩合关环等反应制得。合成方法如下：

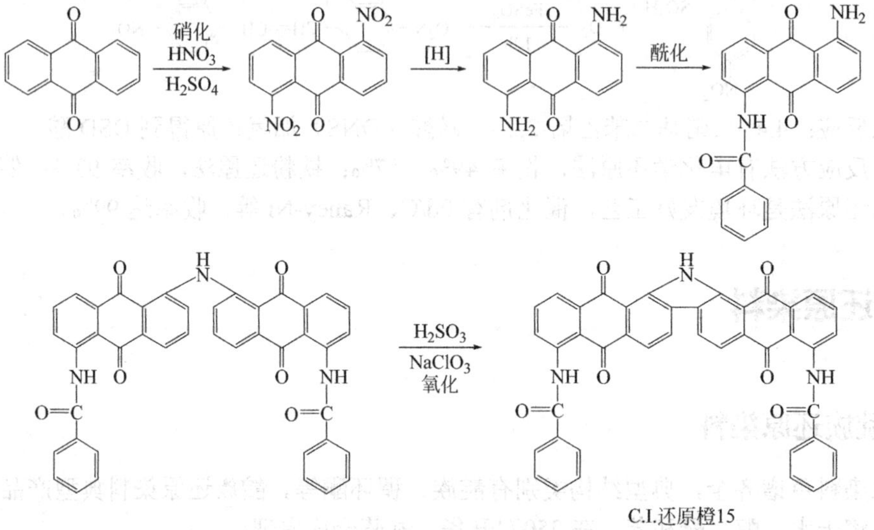

C.I.还原橙15

（3）苯并蒽酮合成法

苯并蒽酮为浅黄色粉末，不溶于水、碱溶液和盐酸等，溶于浓硫酸、乙醇、氯苯、甲苯等。其合成分为由萘、苯甲酰苯甲酸、蒽醌出发等三条路线。应用较多是蒽醌法，合成原理如下。

a. 蒽醌还原反应：蒽醌在 $CuSO_4$ 、Zn 催化下还原成蒽酮。

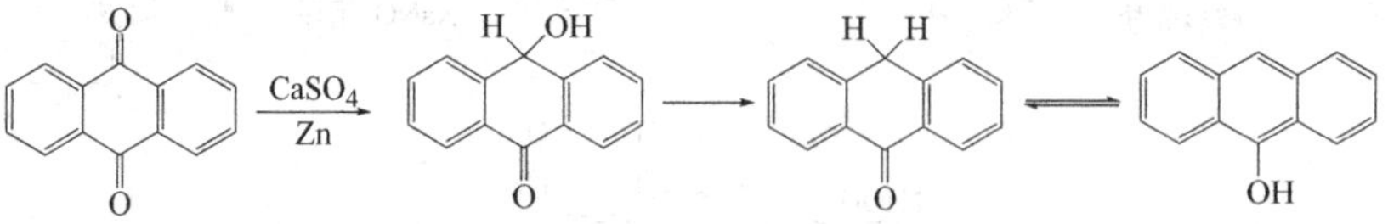

蒽酮　　　　蒽醇化体

b. 丙烯醛的合成：甘油在浓硫酸中脱水合成丙烯醛。

$$\underset{\text{OH}}{CH_2}-\underset{\text{OH}}{CH}-\underset{\text{OH}}{CH_2} \xrightarrow{H_2SO_4} CH_2=CH-CHO + 2H_2O$$

c. 缩合闭环：蒽酮和丙烯醛在酸性条件下缩合后闭环合成苯并蒽酮。

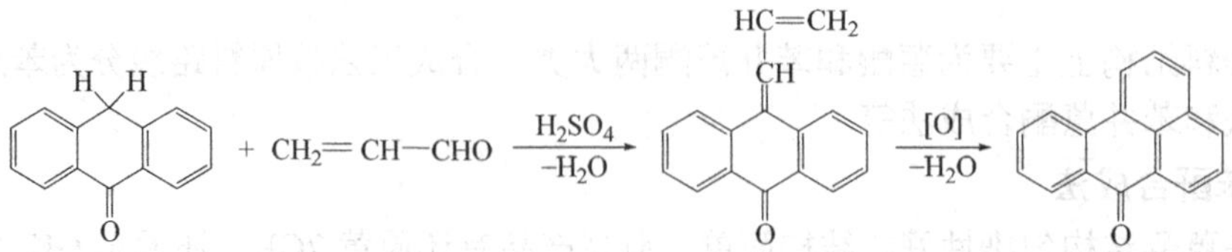

苯并蒽酮

苯并蒽酮为合成稠环酮类还原染料的重要中间体，由其合成的典型产品有还原橄榄绿 B（C.I.还原绿 3）等。

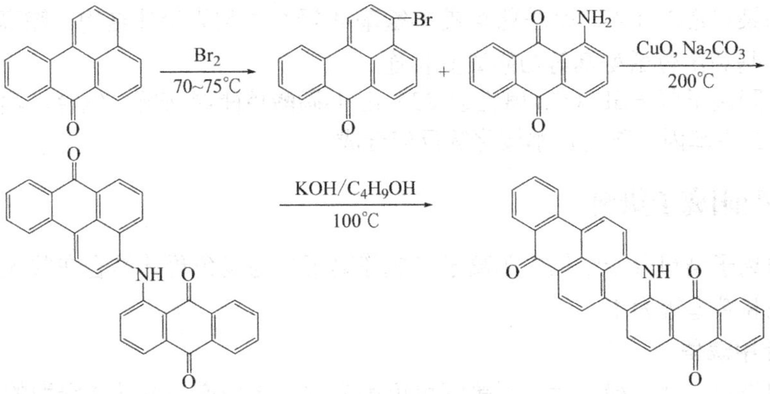

C.I.还原绿3

还原橄榄黑 GT（C.I.还原黑 25）是苯并蒽酮结构的重要品种，工业上常以蒽醌、甘油为原料在浓硫酸中脱氢缩合制得苯并蒽酮，苯并蒽酮经溴化生成 3,9-二溴苯并蒽酮；以复合铜-铁为催化剂，碳酸钠为缚酸剂，在熔融状态下 3,9-二溴苯并蒽酮与 1-氨基蒽醌进行固相 Ullmann C-N 偶联缩合反应，脱溴化氢得亚胺中间体；在强碱性溶液中亚胺中间体经分子内脱氢闭环反应得到 C.I.还原黑 25 产品。

C.I.还原黑 25 结构复杂、合成工艺路线较长，生产过程中有较大的污染。安徽亚邦化工有限公司研发的新工艺，通过精确控制硫酸和铁粉配比实现硫酸母液循环利用；过氧化氢氧化 HBr 回收循环利用溴素；复合铜-铁催化剂催化 Ullmann C-N 偶联缩合反应提高反应效率，增加单位体积反应装置产能；用三甘醇代替正丁醇作为亚胺脱氢闭环反应溶剂，实现反应母液循环套用；采用络合剂除铜新技术等一系列创新提高了产品的品质，原料成本降低 30%左右，且降低了三废排放量和处理难度。

5.3 阳离子染料

5.3.1 隔离型阳离子染料

阳离子染料为结构中带有阳离子（一般为氮鎓离子）和发色母体的一类染料，能与腈纶中的第三单体酸性基团（染席）结合上染。分子结构上按阳离子与发色母体的结合方式分为隔离型和共轭型两大类。隔离型的氮鎓离子与发色母体共轭体系分离，有偶氮和蒽醌等结构。隔离型偶氮阳离子染料分两类结构，偶合组分连接鎓离子，如阳离子红 GTL（C.I.碱性红 18）；重氮组分连接鎓离子，如 C.I.碱性橙 24、C.I.碱性橙 25 等阳离子橙色染料等。

阳离子红 GTL 合成原理：

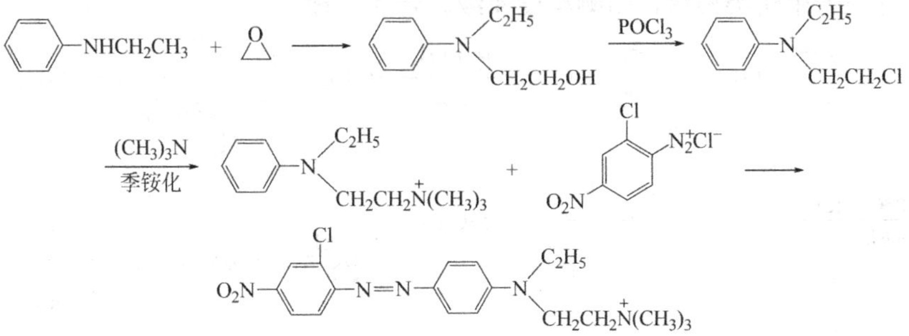

蒽醌结构染料常以 1,4-二氨基蒽醌或 1-氨基-4-羟基蒽醌为母体结构。鎓离子可通过 α-位氨基、β-位羟基和 β-位酰氨基等与隔离基相连。

典型产品阳离子蓝 FGL（C.I.碱性蓝 22）由 1-磺酸蒽醌经胺解、缩合、溴化、取代后与中间体 3,3-N-二甲基丙二胺进行季铵化等反应合成。

5.3.2 共轭型阳离子染料

共轭型阳离子染料分子结构中阳离子（氮鎓离子）与发色母体结合在共轭体系内，结构上以三芳甲烷和菁型等为主。

（1）三芳甲烷型

该类结构染料以红、绿、蓝、紫等深色色谱为主。典型产品有孔雀绿型的二氨基三芳甲烷类和结晶紫（crystal violet）型的三氨基三芳甲烷类等。

孔雀绿（碱性艳绿 3B，C.I.碱性绿 4）合成原理：

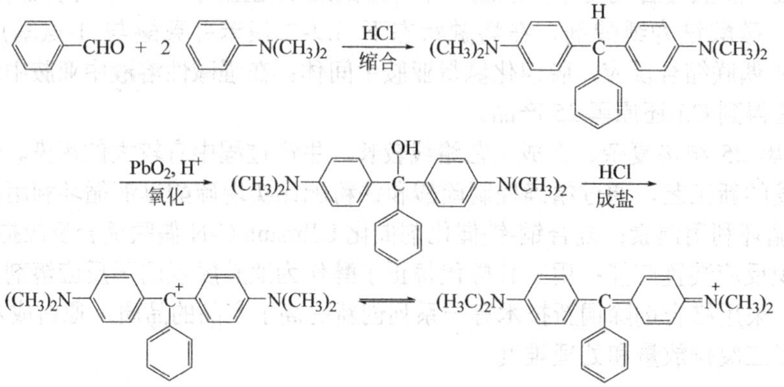

结晶紫（结晶紫 6BN，碱性紫 5BN，C.I.碱性绿 3）合成原理：

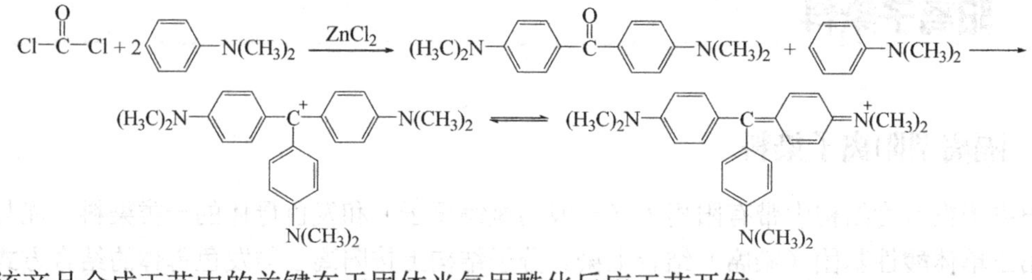

该产品合成工艺中的关键在于固体光气甲酰化反应工艺开发。

三芳甲烷类染料结构的改进主要有在中心碳邻位引入取代基如卤代基等产生位阻，降低平面性，以提高染料的耐晒牢度；在芳氨基上引入氰乙基等或设计成不对称芳甲烷结构，降低碱性以提高染料的耐晒牢度；典型产品如阳离子蓝 G（C.I.碱性蓝 1）为在芳氨基上引入氰乙基的蓝光绿三芳甲烷类染料，耐晒牢度 4 级。合成原理：

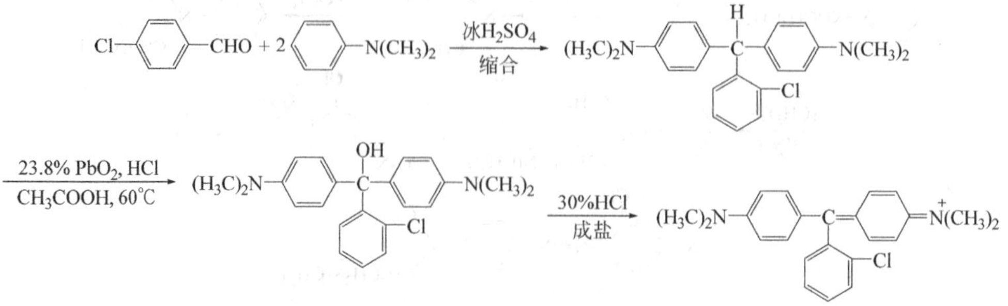

（2）菁型

菁型阳离子染料主要有如下五种结构特征。

a. 菁：链两端为氮原子杂环核（吲哚环）的对称多亚甲基结构染料。

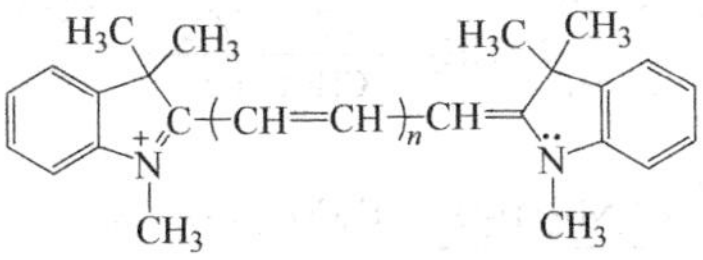

阳离子红

b. 半菁：仅有一个氮原子为杂环核（吲哚环）链端的不对称多亚甲基结构染料。

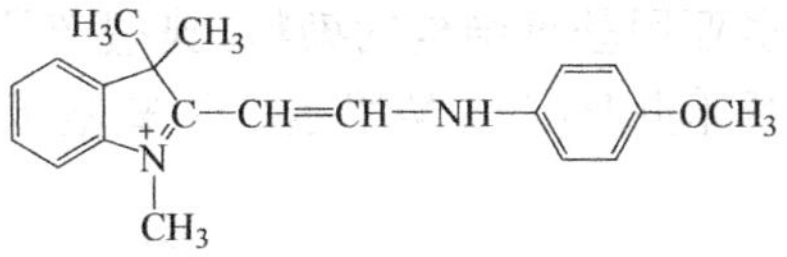

阳离子黄6G

c. 苯乙烯菁：多亚甲基结构被苯乙烯基取代。如阳离子桃红 FG（C.I.碱性红 13），其合成的中间体为 2,3,3-三甲基-2-亚甲基吲哚啉（**a**），俗称三倍司，是该类染料合成的重要中间体之一。合成原理：

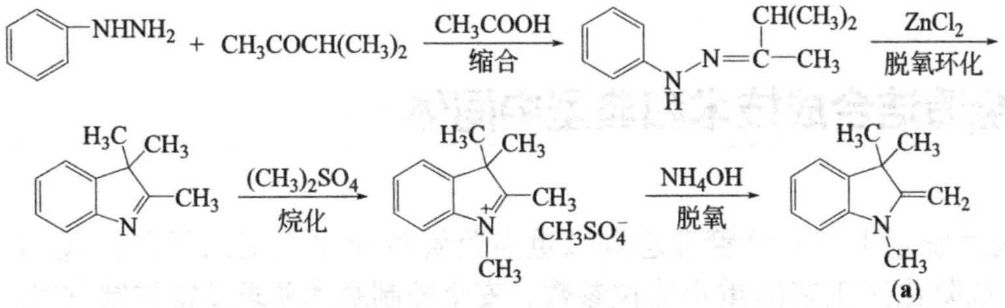

阳离子桃红 FG 由对 *N*-甲基苯甲醛经羟乙基化、氯代后生成的对 *N*-甲基-*N*-氯乙基氨基苯甲醛（**b**）和 2,3,3-三甲基-2-亚甲基吲哚啉（**a**）缩合合成。

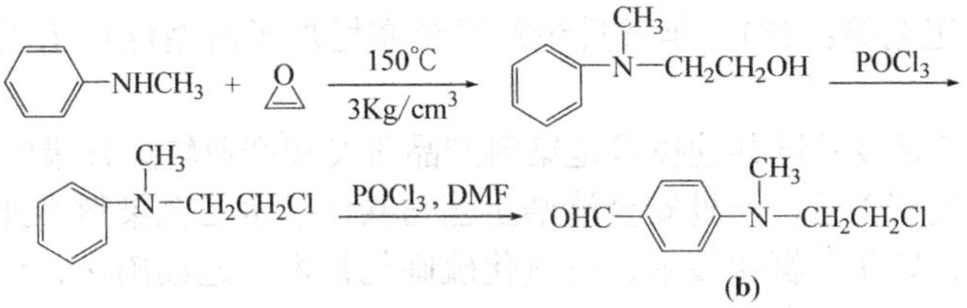

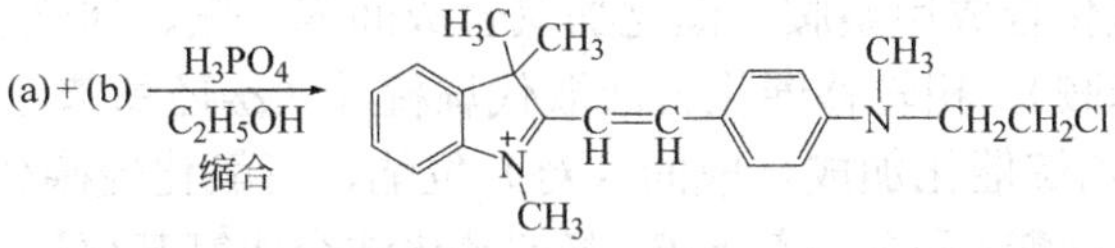

合成新工艺特点在于：不用乙醇溶剂，由 *N*-甲基-*N*-氯乙基氨基苯甲醛（**b**）直接溶于磷酸中加 2,3,3-三甲基-2-亚甲基吲哚啉（**a**）在 100℃条件下缩合反应合成；收率高、成本低。

d. 二氮杂苯乙烯菁：结构上多亚甲基结构被偶氮基取代，如阳离子艳蓝 RL（C.I.碱性蓝 54）。

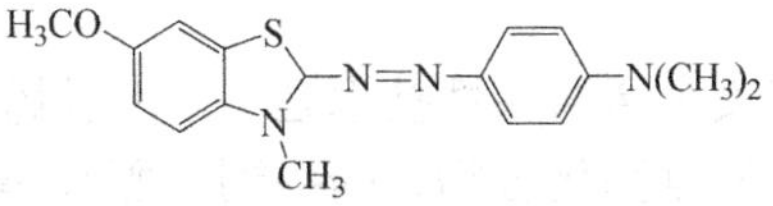

阳离子艳蓝RL

关键的合成中间体苯并噻唑亚胺是阳离子染料重要中间体之一，工业上由对甲氧基苯胺经硫酰胺化反应、闭环、*N*-甲基化和亚胺化等反应合成。

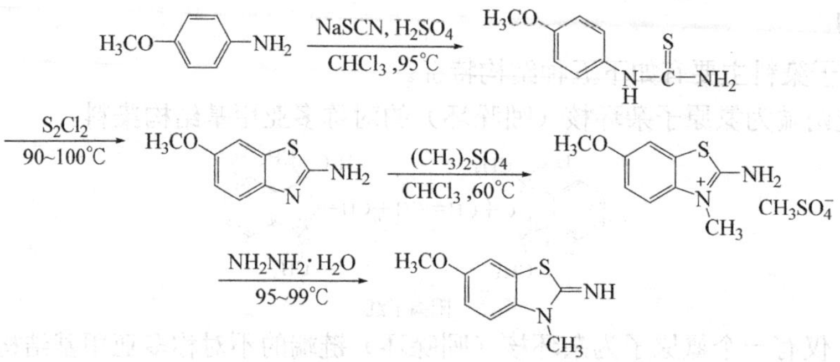

H$_3$CO—C$_6$H$_4$—NH$_2$ $\xrightarrow[\text{CHCl}_3,95℃]{\text{NaSCN, H}_2\text{SO}_4}$ （对甲氧基苯基硫脲结构）

$\xrightarrow[90\sim100℃]{\text{S}_2\text{Cl}_2}$ 6-甲氧基-2-氨基苯并噻唑 $\xrightarrow[\text{CHCl}_3,60℃]{(\text{CH}_3)_2\text{SO}_4}$ （季铵盐 CH$_3$SO$_4^-$）

$\xrightarrow[95\sim99℃]{\text{NH}_2\text{NH}_2\cdot\text{H}_2\text{O}}$ （N-甲基-5-甲氧基苯并噻唑腙）

e. 二氮杂碳菁：为二氮杂多亚甲基菁结构的染料。典型产品如分散阳离子黄 SD-7GL（C.I. 碱性黄 24），由 2-氯-1,3-二甲基苯并咪唑与 *N*-甲基-5-甲氧基苯并噻唑腙缩合，然后用硫酸二甲酯季铵化合成。

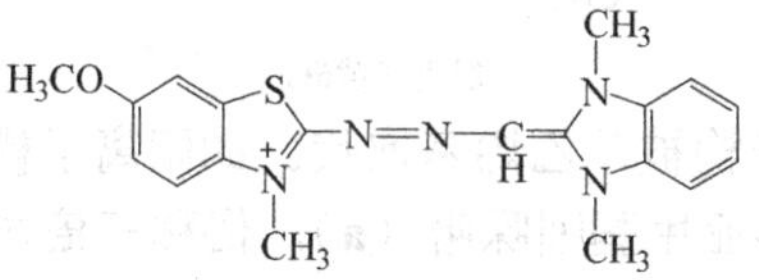

C.I.碱性黄24

5.4 安全清洁合成技术和典型中间体

2009 年国家安全生产监督管理总局《重点监管危险化工工艺目录》（以下简称《目录》）公布了 18 种危险化工工艺的重点监控参数、安全控制基本要求及常控制方案。涉及的工艺有光气及光气化工艺、电解工艺（氯碱）、氯化工艺、硝化工艺、合成氨工艺、裂解（裂化）工艺、氟化工艺、加氢工艺、重氮化工艺、氧化工艺、过氧化工艺、氨基化工艺、磺化工艺、聚合工艺、烷基化工艺等；2013 年《目录》又公布增加了新型煤化工工艺、电石生产工艺和偶氮化工艺等。

安全清洁合成工艺及关键共性技术是染料产品研发和产业转型升级的重点。针对《目录》中涉及的重点单元反应工艺，一批安全清洁工艺与共性技术已在染料产业得到开发和应用。典型的有催化加氢、烷化、氨化技术、三氧化硫磺化技术、连续硝化、连续偶合技术、膜分离技术等。如甲萘酚氨化合成甲萘胺、催化加氢合成间苯二胺、催化加氢合成 CLT 酸和还原物（邻甲氧基对硝基苯胺）、相转移催化合成取代扁桃酸（α-羟基苯乙酸，苯并二呋喃酮系染料关键中间体）、环氧乙烷催化加成合成间（对）位酯、三氧化硫磺化法合成 DSD 酸（4,4-二氨基二苯乙烯-2,2-二磺酸）和分散剂 MF、溶剂硝化法合成氨基蒽醌、非氯溶剂法合成酞菁、高转化率高选择性定向催化氯（卤）化反应工艺等。

5.4.1 安全清洁合成技术

（1）催化加氢技术

催化加氢技术属精细化工安全清洁共性技术之一，涉及烯烃→烃、炔烃→烯烃（烷烃）、（芳香）硝基化合物→（芳香）氨基化合物、酚→酮（醇）、酯→醛（醇）、氰→胺、卤代化合物加氢脱卤素等还原反应。浙江龙盛集团股份有限公司间苯二胺生产工艺中催化加氢技术的开发应用等实践证明，该技术可促进节能减排、安全清洁生产，经济效益也同样显著。催化加氢反应热力学特征：

$$\mathrm{d}\ln K^{\ominus}/\mathrm{d}T = \Delta_r H_m^{\ominus}/(RT) \qquad -\Delta V_m/(RT) = \alpha n K_x/p$$

放热反应，$\Delta_r H_m^{\ominus} < 0$，温度升高，$K^{\ominus}$减小；

体积减小反应，$\Delta V_m < 0$，压力增大，K_x增大；热力学上低温高压有利。

催化加氢反应动热力学特征：

$$r = k(c_A)_m(p_{H_2})_n$$

$$k = k'\exp[-E_a/(RT)]$$

式中，E_a为表观活化能（通常 8～12kcal/mol）。L-H 反应历程（H_2 为解离吸附：$H_2 + 2^* \longrightarrow 2H^*$）：

$$r = k[K_A c_A/(1 + K_A c_A + K_{H_2}^{1/2} c_{H_2}^{1/2} + K_B c_B) + \sum K_i c_i)]f(p_{H_2})$$

若忽略 $K_B c_B$ 与 $\sum K_i c_i$，且不考虑内、外扩散的影响，则：

$$r = k[K_A c_A/(1 + K_A c_A + K_{H_2}^{1/2} c_{H_2}^{1/2})]f(p_{H_2})$$

主要工艺参数有 T、p、底物结构、底物浓度、催化剂活性与选择性、溶剂性质等。

工业上常用催化剂有 Raney Ni（贵金属改性）、Pd/C、Pt/C 等。安全清洁管式连续化反应工艺的优点有规模量大、操作简单、副产物易于控制、产品质量稳定、产品利于分离、催化剂寿命长、成本低、装置生产效率高等；缺点是设备投资大、普适性小、不适用于低吨位量生产。

染料产业中重要的取代芳胺类中间体大多为相应硝基化合物的加氢还原产物，主要工业化技术有化学还原（铁粉、硫化碱或水合肼）法、磺化氨解法反应和催化加氢还原法等。化学还原法反应流程长、"三废"多、产品质量差、操作环境恶劣；氨解法反应有时需要加入汞盐定位剂，环境污染大。氨基酚系、氨基萘酚磺酸系和氨基苯甲醚系中间体的合成老工艺中大多涉及化学还原法。

应用催化加氢还原技术的染料中间体产品有取代间（对）苯二胺、乙酰氨基苯甲醚（还原物等）、间氨基苯磺酸、萘磺酸系（H 酸、K 酸等）、2-氨基-4-硝基苯酚、3,4(2,5)-二氯苯胺、4-氨基-N-3'-羟乙砜基苯酰苯胺、DSD 酸、CLT 酸和 4B 酸等。关键在于工艺参数和催化剂、溶剂的选择、抑制过度还原和脱氯等副反应、催化剂套用再生及废液套用处理等；在安全生产方面必须解决成品后处理自控问题。催化加氢还原技术的应用研究还涉及酚类选择性加氢制酮、多氯吡啶类的选择性加氢脱氯、C—O 键的加氢裂化（脱氧）及手性药物的立体选择性加氢等。

间苯二胺是合成多类偶氮型染料的重要中间体，市场主导染料产品有分散黑 ECT 300%、分散红玉 S-5BL 100%、分散红玉 SE-2GF 200%、分散蓝 SE-2R 100%，C.I.分散紫 93，C.I.分散蓝 183:1、C.I.分散蓝 165、C.I.分散红 343 及活性黑 WNN、活性黄 3RS 等；也用于生产间苯二酚、间位芳纶及医药中间体等。由间二硝基苯催化加氢合成间苯二胺工艺的工程化涉及催化剂的设计与循环、加氢反应特殊装置设计及系统安全自动控制等技术难题。国内生产企业主要有浙江龙盛集团（6.5 万吨/年）、四川北方红光特种化工有限公司（1.5 万吨/年）、江苏天嘉宜化工有限公司（1.7 万吨/年）等。

（2）还原烷基化技术

烷基化反应为—NH_2、—OH、—SH、—$CONH_2$、Ar—H 等官能团上的 H 被烷基 R 取代的反应；尤其是 O、N 烷基化是合成醚和烷胺的典型反应。烷化反应为亲电取代反应，烷化试剂有硫酸酯、卤代烃、醇、烯等。

发色体取代基 OH 烷基化后生成的烷氧基 OR（羟乙基、氰乙基等）和取代基 NH_2 烷基化后生成的烷氨基 NHR、酰烷氨基等都是典型的助色基团，用于染料的调色，提高牢度等。典型的傅克烷基化反应（Friedel-Crafts）技术以酸性催化剂（$AlCl_3$、HF、H_2SO_4）为主，是引入烷氧基的主要技术。

还原烷基化技术为定向反应清洁生产新技术，典型应用有 β-硫酸酯乙基砜基-N-乙基苯胺生产工艺。通过烷基化合成 N-烷基芳胺的传统工艺常采用相应的烷基硫酸酯为烷化剂，但此工艺存在着伯胺转化率低和目的产物 N-烷基芳胺的选择性难以兼顾的缺点。当原料伯胺转化率较高时副产 N,N-二烷基芳胺含量相应提高。在乙烯砜型活性染料的合成中，用乙醇或乙醛与羟乙基砜苯胺在骨架镍或 Pd/C 存在下反应，通过生成席夫碱式再加氢得到羟乙基砜基-N-乙基苯胺，羟乙基砜基苯胺转化率和目的产物羟乙基砜基-N-乙基苯胺选择性都可达 97%。此工艺另一优点是可用相应的硝基物为原料，一釜法连续制备羟乙基砜基-N-乙基苯胺，转化率和选择性高。应用还原烷基化工艺还可合成其他含烷氨基的中间体，如间甲基-N-乙基苯胺-N-乙基胡椒胺等。

吴祖望等的研究成果金属催化（Ni 催化剂）硝基加氢还原烷化（$NO_2 \longrightarrow NHR$）一步法新技术是典型的绿色化合成技术，在染料合成中已有较好的应用，成果已获国家科学技术奖。

（3）节能减排技术

主要有应用 MVR 技术（机械蒸汽再压缩技术）的高浓废酸回收低温多效蒸发浓缩技术、母液水、凝结水、软化水站废水循环利用技术，硝化尾气氮氧化物回收循环利用技术，反应余热回收循环利用、能量梯级利用、洗涤水梯级循环利用技术及清污、污污分流措施和络合-液膜组合萃取、新型电分解、生物流化床、纳滤膜等染料废水复合高效治理组合技术等。

机械蒸汽再压缩（mechanical vapor recompression，MVR）技术是一种高效多效蒸发技术。其原理是将处理液加热蒸发产生的二次蒸汽（原需冷却水冷却后排放）经压缩机升温升压后再送入蒸发器作为热源替代新蒸汽循环利用，从而实现热能持续循环使用而达到节能目的。MVR 技术是传统蒸发器的最佳替代品，已在化工、海水淡化、食品工业、高盐、高毒、高 COD 废水处理等领域得到了应用，节能环保成效显著。

20 世纪初瑞士开发了工业应用 MVR 设备，20 世纪 80 年代中国引入该技术。MVR 技术已在染料产业高浓有机废水处理中成功应用，在废水处理的同时可获得废水中的盐分，实现资源综合利用。

5.4.2　典型中间体及合成工艺

（1）溴氨酸合成

1-氨基-4-溴-2-蒽醌磺酸，简称溴氨酸，是生产蓝色活性染料的重要中间体，在活性、酸性、分散等染料中用途大，需求量广，其合成工艺研究是关键中间体合成工艺绿色化的典型之一。传统合成路线为 1-氨基蒽醌磺化得 1-氨基蒽醌-2,4-二磺酸，经水解脱磺酸基、溴化得到产品。

溶剂法新工艺是将 1-氨基蒽醌分散在邻二氯苯等有机溶剂中 80～85℃下与氯磺酸成盐，再在 120～130℃下转位生成 1-氨基蒽醌-2-磺酸，然后溴化得到溴氨酸。早期的工艺收率仅70%，经改进后提高了产品收率，同时溶剂可回收套用。在优化工艺条件下，溴氨酸总收率达 87%以上。

早期的硫酸法合成溴氨酸工艺中 1-氨基蒽醌-2,4-二磺酸一釜法转化为主产物溴氨酸。1-氨基蒽醌用发烟硫酸磺化过程中，通常会产生 20%的 1-氨基蒽醌-2,4-二磺酸。在溴化过程中，控制介质酸度可将 1-氨基蒽醌-2,4-二磺酸同时转化为目的产物溴氨酸。HPLC 跟踪证明，其反应历程为 1-氨基蒽醌-2,4-二磺酸先脱磺（主要生成 1-氨基蒽醌-2-磺酸）、再溴化。

（2）氨基萘酚磺酸系中间体及合成工艺

氨基萘酚磺酸系中间体是合成稠环结构偶氮染料的重要中间体系列，常用作偶合组分。

K 酸(1-氨基-8-萘酚-4,6-二磺酸)：K 酸可从制造 H 酸产生的酸液中回收的 1-氨基萘-4,6,8-三磺酸加工制成；也可由 1,5-萘二磺酸经 3 位磺化、8 位硝化、还原及 1 位水解制得。主要用于合成 C.I.活性红 15、C.I.活性红 40、C.I.活性红 200、C.I.酸性红 107、C.I.酸性红 108、C.I.酸性红 110、C.I.酸性红 133 及 C.I.直接绿 55、C.I.直接绿 58、C.I.直接绿 60 等产品。

德国 DyStar（德司达）公司用 K 酸作原料开发成功 4 种性能优良的红色和黑色环保型直接耐晒染料，值得重视。

H 酸（1-氨基-8-萘酚-3,6-二磺酸）：主要用于生产活性染料、直接染料、酸性染料，也可用于生产变色酸等，如活性黑 KN-B、活性艳红 K-2BP、活性紫 K-3R、活性蓝 K-R、酸性品红 6B、酸性大红 G、酸性黑 10B 等。国外主要有德国 Bayer（拜耳）公司 60000t/a、日本化药-三和公司 50000t/a、印度 20000t/a 等。国内 H 酸生产企业约 20 个，湖北楚源精化、浙江龙盛、浙江吉华等总生产能力约为 75000t/a（以干粉 H 酸计）。湖北楚源精化从德国 Bayer（拜耳）引进了连续化催化加氢还原装置；浙江吉华从德国 Bayer（拜耳）引进了 20000t/a 的连续化催化加氢还原新装置；江苏锦鸡采用了间歇催化加氢工艺，产能较低。合成 H 酸是一个综合工艺工程，涉及多种中间体及合成单元反应技术与装备，投资比较大，实现大生产工程化突破较难。

H 酸传统工艺：精萘经三磺化、混酸硝化、铁粉还原等反应得到 1-氨基-3,6,8-萘三磺酸（T 酸），最后经碱熔将 8-磺酸基转变为羟基而制得 H 酸。精萘三磺化是 H 酸生产中影响收率的关键。传统生产工艺化学反应步骤过多，总收率仅 42%～50%。三磺化时副产 30%左右的 1,3,5-萘三磺酸，磺化产物选择性、收率不高。T 酸碱熔使用甲醇为溶剂，碱熔压力 2.8～3.2MPa，碱熔产品异构体多，变色酸、T 酸、ω 酸等杂质含量高，对设备的要求高。磺化、混酸硝化工序废酸量大，铁粉还原产生大量铁泥废渣。

H 酸新工艺：

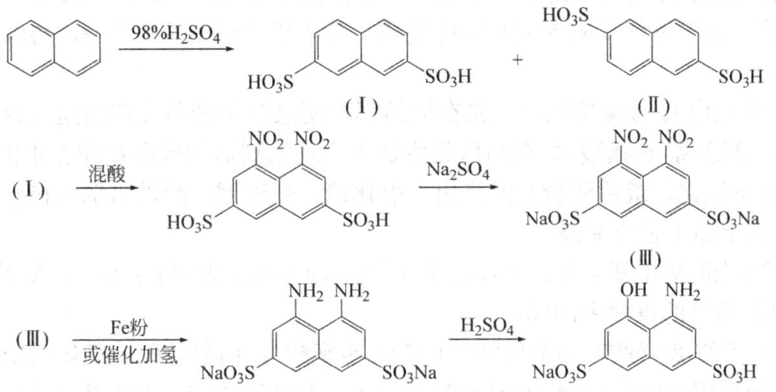

新工艺经萘二磺化、硝化、还原、水解四步反应合成，总收率由 49%提高到 56%，H 酸产品含量由 98%提高到 99%，40%稀酸得以循环利用，生产 1t H 酸的废水量由 28t 下降为不到 4t。在磺化时只引入两个磺酸基，利用双胺法代替三磺化-碱熔法引入羟基合成 H 酸，不但可免去碱熔杜绝产生 ω 酸及 T 酸，而且操作条件缓和、催化剂可循环套用几十次，具有明显的技术优势。

沈阳化工大学与沈阳化工研究院在 H 酸新工艺中开发了精萘连续式 SO₃ 磺化（65%

发烟硫酸生产和运输都非常不安全）、管道化硝化、固定床催化加氢还原等技术，选用了碱熔催化剂和溶剂，降低了压力容器的危险，提高了单元反应效率和安全性。整个工艺控制、废液套用、废水处理（高盐度，高酸度）及工艺装备等诸多技术难点已经中试验证。产品含量99.2%，总收率达56.2%，废水排放量减少80%。

此外，采用络合萃取工艺减少了 T 酸离析步骤，收率提高 7%～8%，并降低了离析工艺的废水排放。德国的"高压湿式氧化法" H 酸废水处理装置采用特殊钛材料，能有效处理 H 酸生产中的高浓度有机废水，COD 除去率达 97%以上。

吐氏酸（2-萘胺-1-磺酸）：2-萘酚先用硫酸磺化，再在高压釜内用氨水在高温高压下（最高压力 8～10MPa，最高温度 150～152℃）氨化（氨解），氨化（氨解）完成后氨回收回用，盐酸精制并水洗压滤而得成品。吐氏酸是合成 J 酸、D 酸等中间体，用于色酚和有机颜料等合成。

J 酸（2-氨基-5-萘酚-7-磺酸）：吐氏酸用 65%发烟硫酸磺化，在氢氧化钠溶液内经碱熔蒸发浓缩（温度 187℃），以 15000L 硫酸液水洗赶出二氧化硫并过滤，最后再用 50℃热水洗至不含硫为止，即为成品滤饼。J 酸可延伸制备双 J 酸、苯基 J 酸、J 酸尿素（猩红酸）、苯甲酰基 J 酸、对氨基苯甲酰基 J 酸等，是合成活性染料和直接染料重要的中间体。

G 盐（2-萘酚-6,8-二磺酸）：二萘酚用发烟硫酸磺化，得到 2-萘酚-6,8-二磺酸和 2-萘酚-3,6-二磺酸的混合物，用钾盐分离出 G 盐，用钠盐分离出 R 盐，这种方法主要得到 G 盐（60%～62%），少量得到 R 盐（12%～13%）。G 盐主要用于γ酸、酸性染料和活性染料等的合成。

R 盐（2-萘酚-3,6-二磺酸）：二萘酚用发烟硫酸磺化，再用钾盐提取，制得的 G 盐的压滤水中含有 R 盐，用碳酸钙和碳酸钠等洗涤提取。R 盐主要用于合成酸性染料和活性染料等。

另一种工艺是 2-萘酚在硫酸钠存在的情况下直接用 98%硫酸磺化并加盐盐析制得（收率 68%）。

第三种工艺是 2-萘酚用 98%硫酸磺化，生成 2-萘酚-3,6-二磺酸，但内含 12%薛佛氏盐。收率 80%。

γ酸（2-氨基-8-萘酚-6-磺酸）：G 酸在高压釜内加氨水和二氧化硫，温度 180～185℃，压力 22～25MPa 下氨化（氨解），完毕后回收或排出氨和蒸汽，制成氨基 G 酸。氨基 G 酸在 72%（由 50%的氢氧化钠加热浓缩而成）的氢氧化钠溶液中在高温（183～185℃）下缓慢（16～20h）加入反应，加毕继续反应 5～7h 反应完成，在废酸下酸化后热过滤，再温水洗涤即制得γ酸。收率 85%。

另一种工艺是由 G 酸碱熔制得。先在碱熔锅中用氢氧化钠溶液在高温（245～250℃）下碱熔制成 2,8-二羟基萘-6-磺酸，再在高压釜中加入上述物料后加硫酸铵和氨水混合物在 130～140℃及 8MPa 下氨化，最后酸析升温排出二氧化硫，热过滤，酸性水洗涤得γ酸成品。收率92%。此工艺比上述工艺收率高。

γ酸可延伸制得 *N*-甲基γ酸、*N*-羟乙基γ酸、*N*-(对羧基苯基)γ酸、乙酰基γ酸。γ酸是合成酸性和直接染料的重要中间体。

周位酸（1-萘胺-8-磺酸）和劳伦酸（1-萘胺-5-磺酸）：精萘经硫酸磺化后用硝酸硝化，再用铁粉还原，最后用 40%硫酸至 pH=4.5 时析出周位酸和劳伦酸，先压滤出周位酸，再从滤液中经处理提取劳伦酸。

周位酸是合成 S 酸、SS 酸（芝加哥酸）、1,8-萘磺内酯（可合成 1-萘酚-8-磺酸）、苯基周位酸（合成 C.I.酸性蓝 113 等三原色酸性染料和海军蓝等的中间体）、甲苯基周位酸（合成 C.I.酸性蓝 120 等）的关键中间体。

劳伦酸主要用于合成 L 酸、M 酸、C.I.酸性黑 24、C.I.酸性黑 26、C.I.酸性黑 35 等染料产品及感光材料等。

1,6-克力夫酸（1-萘胺-6-磺酸），1,7-克力夫酸（1-萘胺-7-磺酸）：精萘用硫酸磺化、硝酸硝化，再经铁粉还原（含20%氧化镁水溶液中），最后用硫酸等分离精制分别提取得1,6-克力夫酸和1,7-克力夫酸。1,6-克力夫酸和1,7-克力夫酸是许多水溶性染料的中间体。

氨基C酸（2-萘胺-4,8-二磺酸）：精萘用20%发烟硫酸磺化，再用硝酸硝化，用硫酸镁成盐，最后用铁粉还原而制得。氨基C酸是合成氨基C酸三磺酸、活性染料和直接染料等的中间体。

（3）氨基苯甲醚系中间体及合成

合成偶氮型染料的重要中间体系列，常用作重氮组分等。

对氨基苯甲醚：用对硝基氯苯甲氧基化，再用硫化碱还原制得。主要用作合成"还原物"的起始主原料，也是合成色酚、阳离子、分散和活性染料的中间体。

2-氨基-4-乙酰氨基苯甲醚（还原物）：是生产偶氮型染料的大吨位中间体，主要用于生产蓝色、黑色偶氮分散染料，如分散染料中产量最大的300份黑和分散蓝79、分散蓝291:1等。还可用于酸性染料、活性染料和颜料的生产，全球消耗量约为2万吨/年。老工艺用铁粉还原或硫化碱还原制得，生产过程复杂，废水量很大，安全、环保生产管理压力大，已基本无法生产。绿色催化还原合成还原物新工艺，反应物转化率95%以上，产品收率90%以上；与老工艺相比生产过程废物排放量减少90%以上。关键问题在于催化剂的选择与循环回用及工艺控制等。

3-氨基-4-氯二苯醚：用硫化钠或铁粉还原。3-氨基-4-氯二苯醚是合成在毛纺和锦纶染色中不可替代的艳红色系产品普拉艳红B（C.I.弱酸性红249）的主要中间体。

（4）氨基酚系中间体及合成

合成偶氮型染料的重要中间体系列，常用作酸性、中性染料合成的重氮组分等。典型产品如中性黑BL等。

2-氨基-5-硝基苯酚：以邻氨基苯酚为起始原料，经硫酸和发烟硫酸磺化、混酸硝化、氨水氨解（氨化）制得。原工艺为对硝基苯胺经重氮化、三氮化（缩合）、水解、中和等反应制得；原邻氨基苯酚工艺则需用到光气等。新合成方法以邻氨基苯酚和尿素为原料，经环合硝化得6-硝基苯并噁唑酮后水解等两步反应合成，总收率达73%。2-氨基-5-硝基苯酚是酸性和中性染料的重要中间体，如中性桃红BL等。

2-氨基-4-硝基苯酚：以二硝基氯苯为起始原料，经碱熔（成盐）后用硫化钠或多硫化钠部分还原制得。2-氨基-4-硝基苯酚是合成酸性、中性和活性染料的中间体。

2-氨基苯酚-4-磺酰胺：以邻硝基氯苯为起始原料，氯磺酸磺化、氨水氨解（氨化）、铁粉还原制成。2-氨基苯酚-4-磺酰胺是绝大多数中性染料产品的重要中间体。

2-氨基苯酚-4-(2-羧基)磺酰苯胺：以邻氯硝基苯为起始原料，经氯磺酸磺化、缩合水解后，用铁粉还原制得。是合成弱酸黄S-2G（C.I.酸性黄220）的主要中间体，单耗量大。而弱酸黄S-2G是中性（弱酸性）染色重要的三原色，量较大。

染料产品与中间体的一些传统生产工艺中存在的典型问题有：产品转化率和质量还有大的提升空间；碱熔、氨解（氨化）、多硫化钠和硫化钠及硫氢化钠（包括亚硫酸氢钠）还原、酸析、盐析、水洗等工艺带来大量高浓有机废酸水难处理达标；铁粉还原工艺带来的固体废物难处置；发烟硫酸和氯磺酸磺化工艺带来大量废酸难处理，且安全监管要求高；碱熔、氨解（氨化）高温高压工艺更是安全监管难题；卤化和溶剂法等工艺带来的废气回收处理难等。这些问题都亟待产学研协同科技创新来解决。

第6章

酸性染料及研究进展

酸性染料（acid dyes）是一类结构上带有酸性基团的水溶性染料。绝大多数酸性染料以磺酸钠盐形式存在，极少数是羧酸钠盐形式。因最初都在酸性条件下染色，所以统称酸性染料。酸性染料主要用于羊毛、真丝等蛋白质纤维和聚酰胺纤维的染色和印花，也可用于皮革、墨水、造纸和化妆品的着色及食用色素等。酸性染料是染料应用类别中品种最多的一类染料，具有色谱齐全、色泽鲜艳等特点。

中国酸性染料产能7万~8万吨，约占染料总产量的8%。2018年我国酸性染料品种378种、酸性媒染染料品种36种；出口量为1.15万吨；进口量为1.41万吨。国内酸性染料发展早、产量规模较大，进出口相对平衡。如中性黑S-BL（C.I.酸性黑172）年销量达万吨以上。

本章将结合典型产品及中间体，简述酸性染料合成技术及研究进展。

6.1 酸性染料应用类别

按应用性能分有强酸性、弱酸性和中性等三类。

（1）强酸性染料

强酸性染料也称匀染性酸性染料，是最早发展的酸性染料。分子结构简单，分子量低，含磺酸基比例高，溶解度高，对纤维的亲和力较低。在强酸性染浴（pH 2.5~4）中染色时主要以分子状态存在，与羊毛中多缩氨基酸以离子键结合，移染性和匀染性能好，日晒牢度较好，但湿牢度差，染不浓，不耐缩绒，且染色后羊毛强度有损伤，手感不好。色泽鲜艳，适于染浅中色，主要用于羊毛及皮革等的染色，不适合用于湿处理牢度要求较高的纺织品染色。典型产品如酸性媒染棕RH（C.I.酸性媒染棕33）。

（2）弱酸性染料

弱酸性染料又称半耐缩绒和半匀染性酸性染料，也可分为在弱酸性染浴（pH 4~5）中染色的中度匀染酸性染料及在中性染料浴中染色的低度匀染酸性染料（中性染料）。分子结构比强酸性染料复杂，分子量有不同程度增加，对羊毛纤维的亲和力较大。染料分子与纤维间以离子键和分子间力结合。耐湿处理牢度等比强酸性染料好，对羊毛强度无影响，移染性和匀染性稍差。同时，分子量增加降低了染料的匀染性，磺酸基减少使其溶解度降低。染色时染料分子主要以胶体状态分散在染液中，易聚集，所以只有在近沸点染色时才能较为充分地解聚上染。

（3）中性染料

中性染料也称耐缩绒型酸性染料，属非匀染性酸性染料，结构上主要为酸性含媒染料（金属络合）。也有的将弱酸性染料和中性染料统称为弱酸性染料。其分子结构更复杂、分子量大、磺酸基所占比例更低，疏水性部分增加，溶解度更差些，在常温中性浴（pH 6~7）中主要以胶体状态存在。其移染性和匀染性较差，色泽不够鲜艳，但熨烫和湿处理牢度好。鲜艳度介于酸性媒染和酸性染料之间，但坚牢度稍逊于酸性媒染染料，色光虽比不过酸性染料，但却比酸性媒染染料为好。

对蛋白质（羊毛等）纤维的亲和力大，毛制品染色经得起洗呢和缩呢处理，适于对湿处理牢度要求高的纺织品染色。如中性黑 S-BL（C.I.酸性黑 172）和甲臜型母体结构的中性橙 RL（C.I.酸性橙 88），均为 1:2 络合的酸性含媒染料。

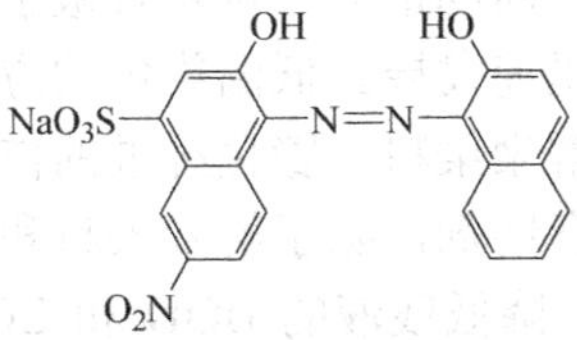

中性黑S-BL 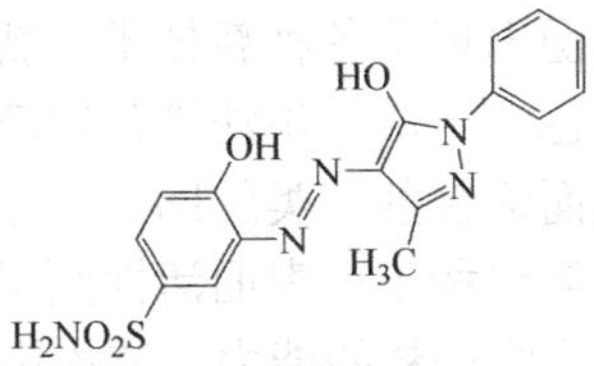   中性橙RL

6.2 结构类型与应用性能

酸性染料按化学结构分有偶氮、蒽醌、三芳甲烷、杂环（呫吨即氧杂蒽、吖嗪即氮杂蒽）、硝基亚胺、靛族、酞菁等类别。偶氮占首位，蒽醌和三芳甲烷次之；其他染料产品和生产量相对较少。杂环类酸性染料主要是红、紫色品种，日晒牢度较差。酸性染料分子结构中共轭双键系统较短，共轭平面性或线形特征不强，在上染过程中分子间引力起重要作用。

酸性染料的化学结构与其应用性能，如亲和力、移染和匀染性、平衡上染百分率和上染速率、对 pH 值和金属离子的敏感性、染色过程的控制方法、耐酸碱性、水溶性和聚集性能、拔白性及耐洗、耐光、耐汗渍、耐氯漂、耐氧漂、耐缩绒等牢度均有着密切的关系。其湿处理和日晒牢度随品种结构的不同而差异很大，结构简单、含磺酸基较多者湿处理牢度较差。

酸性染料结构与应用性能比较见表 6-1。

表 6-1 酸性染料结构与应用性能比较

序号	结构与性能	强酸性染料	弱酸性染料	中性染料
1	分子结构	较简单	较复杂	较复杂
2	分子量	小	中等	较大
3	分子中磺酸基比例	较大	较小	小
4	颜色鲜艳度	好	稍差	较差
5	溶解性与聚集度	好，基本不聚集	稍差，聚集	差，低温聚集
6	对纤维亲和力	较小	较大	很大
7	匀染性	好	中等	差
8	移染性	好	较差	差
9	湿牢度	差	中等	较好
10	耐缩绒性	不好	较好	好
11	染液 pH	2.5~4	4~5	6~7
12	元明粉作用	缓染	缓染作用小	促染
13	能否低温染色	能	稍难	需特殊助剂

蛋白质纤维中有大量与羧基负离子结合的铵盐基团（羊毛约 850mmol/kg，蚕丝约 250mmol/kg），聚酰胺纤维中氨基含量为 30～50mmol/kg，羧基为 50～70mmol/kg，在水溶液中主要以两性离子状态存在。酸性染料对纤维素纤维的直接性很低，只有少数几种结构复杂的品种可上染纤维素纤维；染羊毛、蚕丝和聚酰胺纤维的匀染性和湿处理牢度不完全一样。总的说来，染聚酰胺纤维的匀染性较差，湿处理牢度却较好；染蚕丝的匀染性相对较好，但湿处理牢度比染羊毛的差。国内外厂商为便于使用，常从酸性染料中筛选出适合锦纶染色专用的染料。

经过几十年的发展，酸性染料的应用领域不断拓展，围绕着减少羊毛纤维损伤、节约能源、减少公害等方面出现了各种新技术、新设备、新助剂等，逐步打破了原有传统工艺，低温染色、小浴比染色、一浴一步法染色等新工艺迅速发展。低温染色的方法多种多样，应用比较多的是加入表面活性剂一类的助剂，主要起解聚染料、膨化纤维的作用，促使染料均匀上染纤维。也有将氯化稀土与表面活性剂组成配套助剂，除了解聚染料和膨化纤维的作用以外，还可提高纤维吸收染料的能力，节约染化料，降低残液的 BOD 和 COD。还有一种是羊毛先进行预处理，提高纤维对染料的吸收能力，然后进行低温染色。其他的低温染色方法在实际生产中很少应用。不同类型的喷射溢流染色机、筒子纱染色机等适合小浴比染色的新设备越来越多，如常压溢流充气式染色机的浴比只有 1:(4～5)。此外，提高酸性染料染色牢度的研究开发也有了较大进展。

6.2.1 偶氮型酸性染料

偶氮酸性染料大多为单偶氮和双偶氮结构，以单偶氮染料居多，一般分子量在 400～800 间，含有 1～3 个磺酸基。其色谱较齐，以黄色、橙色、红色为主，深色较少，蓝色产品主要是藏青色，紫色和绿色产品鲜艳度不高，棕色多为拼混染料。根据结构中磺酸基团和疏水性结构的比例不同，染料的湿处理牢度和匀染性能不同。在羊毛、蚕丝和锦纶染色与直接印花中被大量使用。多数偶氮酸性染料还可用作还原剂拔染印花的底色染料。三偶氮结构的染料虽然湿牢度有提升，但色泽较灰暗、匀染性差，应用不多。

通常以吡唑啉酮、R 酸、H 酸、γ 酸等氨基萘酚磺酸作为偶合组分，以对氨基苯磺酸、氨基萘磺酸等苯胺和萘胺衍生物及氨基对位或邻位有长链烷基、苯甲氧基、对甲苯砜基、对甲苯磺酸酯基等取代的芳胺为重氮组分。

（1）单偶氮酸性染料

在酸性（pH 2～6）溶液中染色，它及其金属盐适用于蛋白质纤维（如羊毛、丝）、聚酰胺纤维、纸张、皮革等染色，也可用作颜料着色。如酸性红 B（C.I.酸性红 14）。

单偶氮结构与色谱间规律：苯胺与萘胺衍生物可制得橙、红色系染料；萘胺衍生物与萘系衍生物、苯胺衍生物与 N-乙酰基-H 酸可制得红色系染料；H 酸与 N-苯基-1-萘胺-8-磺酸可制得红光蓝色染料；取代苯胺与吡唑啉酮可制得嫩黄色染料。例如由苯胺衍生物重氮盐与吡咯-5-酮偶合可制得黄色染料；用萘酚或萘胺为偶合组分可制得橙到蓝光紫色染料。为使酸性染料具有较好的耐酸牢度，防止遇酸变色，结构上的羟基或氨基须在偶氮基邻位。含—NH$_2$、—NHR 和—OH 基团的偶合组分常通过乙酰化或甲苯磺酰化使之失活（即酸碱不敏感）。如酸性大红 G（C.I.酸性红 1）由苯胺与 N-乙酰化的 H 酸制得。

偶氮染料羟基化会使染料水溶性下降，对蛋白质纤维的亲和力和耐洗牢度增加。烷酰基的水溶性顺序为乙酰基>丙酰基>丁酰基>苯甲酰基（或对甲苯磺酰基）>4-叔丁基-苯甲酰基（或辛酰基 C$_7$H$_{15}$CO）。在重氮组分中引入长碳链烷基增强疏水性，会增加其耐洗牢度。如由 N-

乙酰基-H 酸和十二烷基取代苯胺合成的 Carbolan 系弱酸性桃红 B（C.I.酸性红 138）。该系染料产品现已较少工业化,其他结构改进产品如引入芳砜基和芳醚链的 Polor 系弱酸性红 3B（C.I.酸性红 172）。

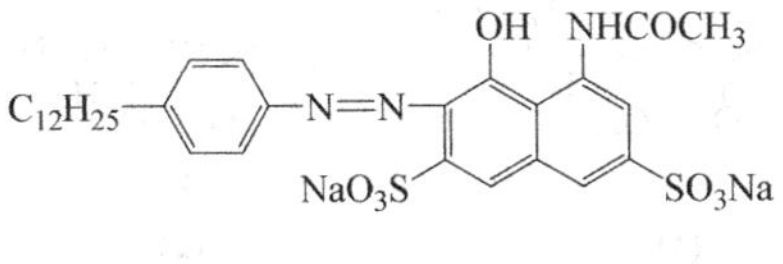

弱酸性桃红B 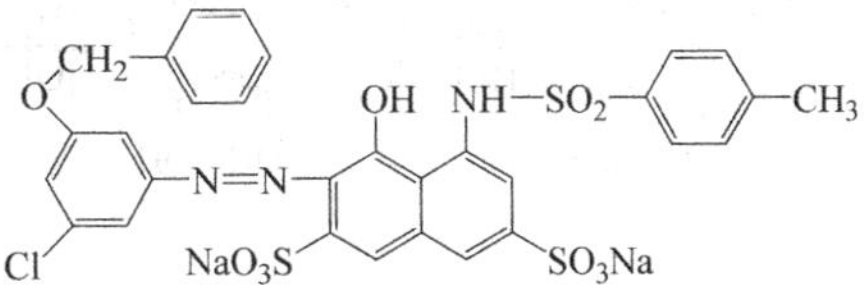　　　　　　弱酸性红3B

（2）双偶氮酸性染料

结构上双偶氮基间由共轭双键体系相连,除具有较好的湿牢度外,颜色也较深。典型产品如以间氨基苯磺酸、萘胺、N-苯基周位酸等为原料合成的弱酸性深蓝 5R（C.I.酸性蓝 113）和以对苯二胺、H 酸、苯胺等为原料合成的弱酸性深蓝 GR（C.I.酸性蓝 120）、弱酸性黑 BG（C.I.酸性黑 31）等。

还有一类结构为双偶氮基间没有共轭双键体系（如芳甲烷桥基、联苯桥基）相连的杂环偶氮染料;一般具有类似单偶氮染料浅而鲜艳的色光和较高的湿处理牢度,如弱酸性嫩黄 GN（C.I.酸性黄 117）和弱酸性嫩黄 GN01、GN02（C.I.酸性黄 117:1）等。其偶合组分为 1-（取代苯磺酸基）-3-甲基-5-羟基-4-吡唑啉酮系化合物。

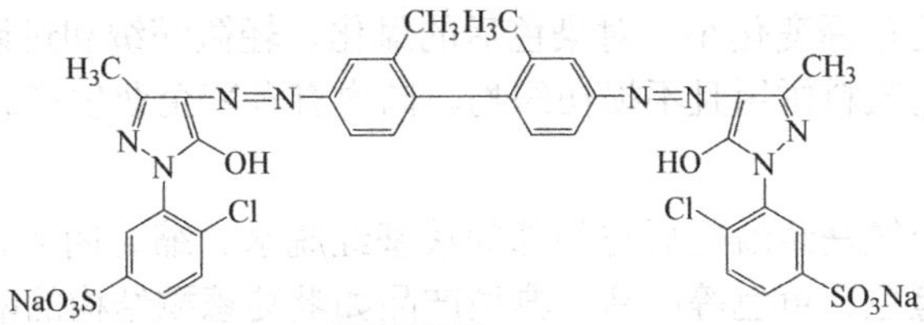

弱酸性嫩黄GN02

6.2.2　蒽醌型酸性染料

蒽醌型酸性染料色谱大多为紫、蓝、绿等深色,特别是偶氮染料所缺乏的色泽鲜艳的蓝、绿色染料,具有良好的日晒牢度。结构上除含磺酸基外,在 α 位上常有 2～4 个氨基、芳氨基、烷氨基和羟基等。与偶氮结构类似,湿牢度随结构变化很大,分子中含有长碳链及环己烷等疏水基团的较耐洗。蒽醌型酸性染料色泽较鲜艳、日晒牢度较好的优良品种较多,匀染性和湿处理牢度随染料结构变化而不同。

（1）氨基（羟基）蒽醌型

以取代 1,4-二氨基蒽醌磺酸衍生物为主,主要有紫、蓝、绿和黑色产品,磺酸基可在含氨基或取代氨基的蒽醌环上,或在 N-芳环上。酸性蓝 B（C.I.酸性蓝 45）也是合成分散蓝 S-BGL（C.I.分散蓝 73）和弱酸性艳蓝 RS（C.I.酸性蓝 138）等的原料。磺酸基在蒽醌环上的酸性染料,常以溴氨酸为中间体。如酸性蓝 SE（C.I.酸性蓝 43）。

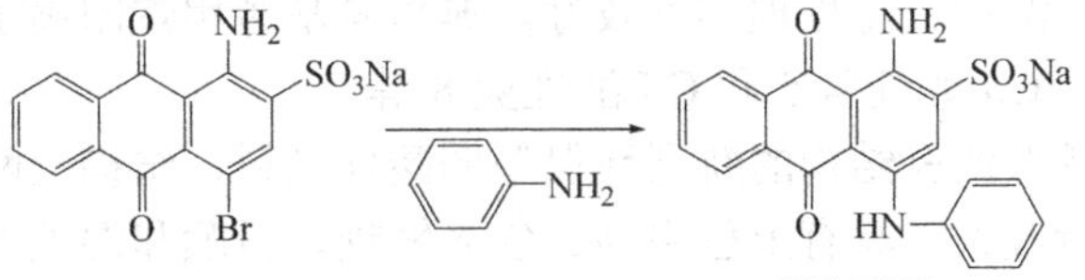

酸性蓝SE

氨基羟基蒽醌酸性染料产品较少。典型产品如弱酸性艳绿 5G（C.I.酸性绿 28）和酸性艳蓝 GS（C.I.酸性蓝 45）等。1,4-二羟基蒽醌类弱酸性染料,用于染羊毛和锦纶。红外光谱（IR）

研究表明存在着两个结构的共振杂化体，以共振杂化体（**2**）为主要结构。

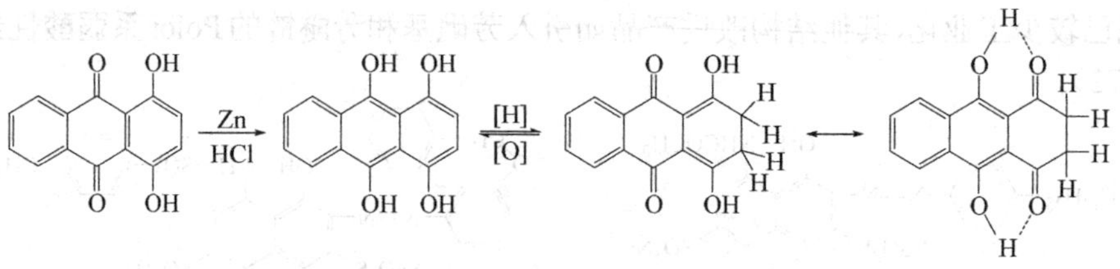

(1)　　　　(2)

酸性蓝 MF-BLN（C.I.酸性蓝 350）是典型的以溴氨酸为原料的蒽醌型弱酸性染料，适用于羊毛、锦纶和丝绸的染色与印花。Clariant（科莱恩）公司首先开发的产品商品名为 Sandolan Blue MF-BLN（结构式如下），耐晒牢度 4～5 级、耐汗渍牢度（碱）5 级、毛沾色 4～5 级、耐皂洗（40%）4～5 级。

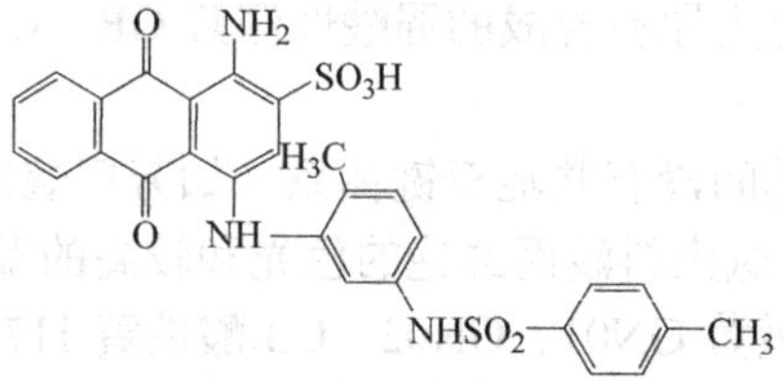

该类染料是酸性染料的升级换代产品，具有上色率高、匀染性与重现性好、日晒牢度高、染色时间短、汽蒸后的色泽变化小，对染色后的氯化、轻微缩绒和过硼酸盐洗涤也很稳定等优点，可与其他类毛用染料拼用且不损伤织物。国内有多家企业生产。

（2）杂环蒽醌型

α-氨基蒽醌中一个氨基经酰化后与相邻的羧基经脱水、缩合闭环合成的吡啶蒽酮类含氮杂环结构，有红色、橙色、黄色等产品。典型产品如吡啶蒽酮结构的酸性红 3B（C.I.酸性红 80），色光带鲜艳蓝光，虽日晒牢度低，但其湿牢度有一定改善，且匀染性较好。

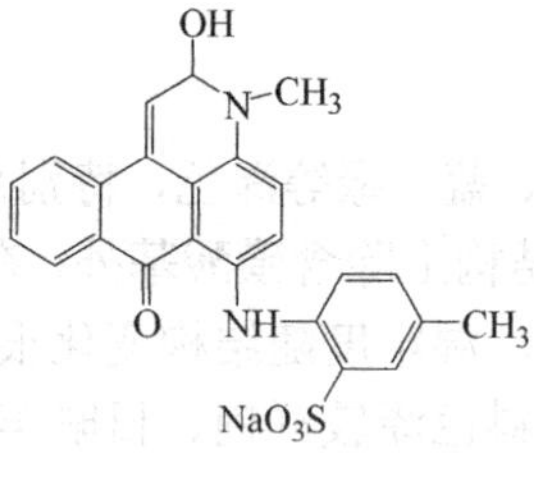

6.2.3　芳甲烷型酸性染料

氨基芳甲烷染料一般为阳离子染料，有二氨基和三氨基三芳甲烷两类。强酸性三芳甲烷染料产品约占酸性染料的 20%。结构上三芳甲烷酸性染料分子中至少含有两个磺酸基，其中一个磺酸基与氨基结合成内盐。大多以浓艳的紫色、蓝色、绿色为主，发色力强、色泽鲜艳，但日晒牢度较差，一般不超过 4 级，很多产品只有 1～2 级，耐洗牢度也较差。有些艳蓝品种不耐氧漂，但色泽特别浓艳，湿处理牢度较好。典型氨基芳甲烷阳离子结构的产品有酸性翠蓝 2G（C.I.酸性蓝 7）、C.I.酸性蓝 5 和 C.I.酸性蓝 8 等。

还有一类三芳甲烷双偶氮结构的新型环保型弱酸性染料，结构上两个偶氮发色体系由芳甲烷桥基相连，分子量较大，具有上色率高、色光鲜艳、日晒和湿处理牢度高等特点，应用前景良好。典型产品有弱酸性嫩黄 GN（C.I.酸性黄 117）和 C.I.酸性黄 56 等，由 4,4′-二氨基三苯甲烷双重氮化后与 1-(4′-磺酸基苯基)-3-甲基-5-吡唑啉酮等偶合制得。关键的重氮组分 4,4′-二氨基三苯甲烷由苯胺、苯甲醛和盐酸经缩合反应制得。也可以 R 酸、H 酸、γ 酸等氨基萘酚磺酸系化合物为偶合组分设计合成新型环保型弱酸性染料系列产品。

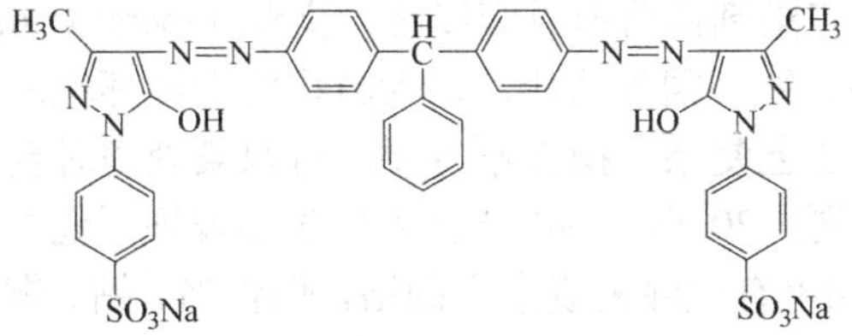

弱酸性嫩黄GN

其他典型结构的弱酸性染料有香豆素等类别,如荧光黄色的弱酸性黄 8G(C.I.酸性黄 250)和弱酸性荧光黄 8EG(C.I.酸性黄 184)。

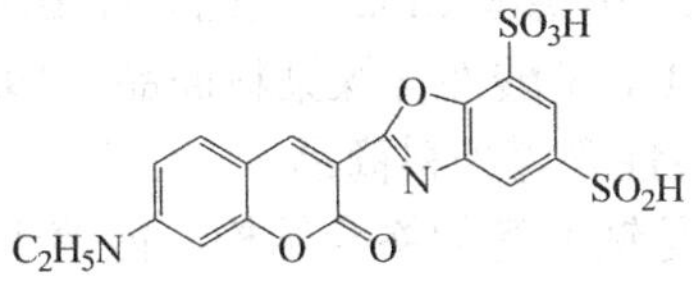

弱酸性黄 8G

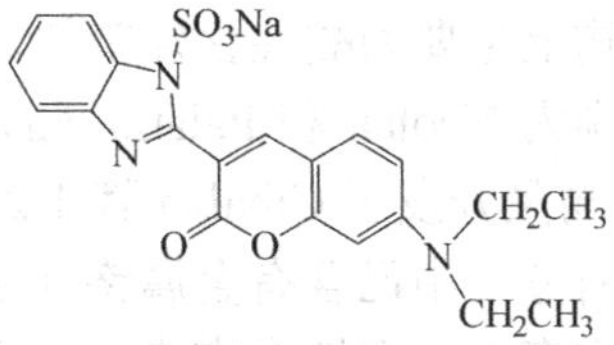

弱酸性荧光黄8EG

6.2.4 酸性媒染染料

酸性媒染染料为酸性染料母体分子与媒染剂的过渡金属原子(主要为铬 Cr、钴 Co 等)生成稳定三价络合物并溶于水的金属络合染料(metal complex dyes)而上染,媒染剂处理后的染品色调较暗、色光不易控制、不易配色,但耐晒、耐洗、耐摩擦等牢度较好。如果没有媒染剂则湿牢度较差,没有实用价值。结构上主要为单偶氮染料,其芳核为苯、萘和吡唑酮衍生物等,常带有 2,2′-二羟基(主要商品化结构)、2-羧基-2′-羟基、2-氨基-2′-羟基、2,2′-二羧基、2-羟基-2′-羧基-甲亚胺等能与过渡金属形成络合物的配位基。色谱学研究表明,酸性媒染染料分子结构中存在两种八面体空间排列配位结构和偶氮-腙式互变异构,这三种结构的存在是该类染料色光暗淡的主要原因。

(1)结构与性能

偶氮结构约占 75%,且主要为单偶氮染料;其次是三芳基甲烷型,约占 11%;蒽醌型约占 6%,少数是噻嗪、噁嗪等染料。

a. 偶氮型:色谱较齐,只是蓝色、绿色和紫色较少,均具有良好的日晒及湿牢度,它们对染色方法的适应性也最好,同一染料可用不同的媒染方法染色。

主要结构为羟基偶氮型,其偶氮基两侧邻位有一个羟基(—OH),染料偶氮基同时也参加络合。该类染料应用广,色谱较齐,各项牢度均良好,但由于偶氮基参与络合,染料在媒染前后的色光变化大,媒染后色泽变深变暗。

典型的含有水杨酸或氨基水杨酸结构的偶氮类酸性媒染染料,属二齿配位结构。绝大多数的黄色、橙色酸性媒染染料属此类,它们媒染前后颜色变化不大,色泽比较鲜艳,日晒牢度不及偶氮基参与络合的染料。如酸性媒染黄(C.I.媒染橙 1),是最早的酸性媒染染料商品之一。

b. 芳甲烷型:主要为蓝色、紫色染料,水洗牢度良好、日晒牢度中等、色光鲜艳、匀染性好。在羊毛上大多可用任何一种媒染方法染色,在聚酰胺纤维上一般采用后媒法染色。

c. 蒽醌型:结构上一般在蒽醌 α 位上有羟基、氨基、取代氨基等取代。这些基团可与邻位的羧基生成络合环,能与过渡金属离子生成络合配位。如酸性媒染蓝黑 BS(C.I.媒染黑 13)。

除了上述结构类型外,还有少数噻嗪、噁嗪、呫吨等类结构,色泽都比较鲜艳。

（2）生态环保性

酸性媒染染料必须与媒染剂作用形成金属络合染料（metal complex dyes）而上染，涉及的重金属媒染剂主要为铬、钴、铜等的盐，均为典型的毒性环境激素，对人、动物和植物都有害。酸性媒染染料染色工艺复杂，操作不方便，且媒染处理时要排出大量含铬废水，其处理涉及严重的生态环保问题。20 世纪 90 年代人们虽然发现了通过加入钙盐使生成溶于水的铬酸钙盐 $Ca(CrO_2)_2$ 的方法可有效除去废水中的铬，但含铬、钴、铜的酸性媒染染料在染料产业中仍属严格管理并淘汰的产品类别，现已逐渐被环保型的中性染料（酸性含媒染料）代替。

6.2.5 中性染料

中性染料结构上主要为酸性含媒染料。1925 年德国 Ciba（汽巴）和 BASF（巴斯夫）公司开发了牌号分别为 Neolan 和 Palatin Fast 的 1:1 型酸性含媒染料商品，1952 年 Ciba-Geigy（汽巴-嘉基）公司又开发了 Cibalan 牌 1:2 型酸性含媒染料商品。

酸性含媒染料分子中已含有金属铬（少数是钴）等的络合结构，能溶于水，在常温染浴中主要以胶体状态存在。酸性含媒染料大多由含配位基的偶氮化合物与铬酸的三价盐络合形成。可分为 1:1 型和 1:2 型两大类，一般 1:1 型酸性含媒染料在 pH<4 介质中稳定，而 1:2 型酸性含媒染料在弱酸性和碱性介质中较稳定。典型产品如大吨位的 1:2 型中性黑 S-BL(C.I.酸性黑 172，偏蓝光)和中性黑 2S-BL(C.I.酸性黑 194，偏红黄光)及 C.I.酸性黑 214 等，母体染料均为双萘系偶氮结构。

（1）1:1 络合型

染料分子由金属(铬原子)和一个染料母体分子络合而成。母体大多是 2,2′-二羧基单偶氮染料，少数是 2,2′-二羟基-2′-羧基偶氮染料。如酸性含媒蓝 GGN(C.I.酸性蓝 314)。

它们对羊毛染色的方法与强酸性染料相似，但酸性含媒染料用酸量大，沸染时间较长，且元明粉等中性电解质对它不起匀染作用，故可判断染色原理与一般的强酸性染料不同。染料与纤维间存在下列三种结合方式。一是染料的磺酸基与纤维上离子化的氨基形成离子键结合；二是染料中铬原子与纤维上尚未离子化的氨基呈配价键结合；三是纤维上离子化的羧基与染料中铬离子呈共价键结合。1:1 型酸性含媒染料与羊毛纤维的结合方式如下所示。

以上三种结合方式均可能产生，但究竟以哪一种为主取决于染料结构和染色条件。若上述三种方式同时迅速进行，必然引起上染过速造成染色不均的后果。为此，染色时需加缓染剂硫酸以降低这些结合的速率，因为硫酸虽能促使纤维上更多的氨基离子化，但离子化的氨基却不能与铬形成配价键结合，并且硫酸还能抑制纤维上的羧基离子化，使其不能与铬离子呈共价键结合。当染色完毕经水洗去掉硫酸后纤维上的羧基即去离子化，离子化的氨基也可转为游离的氨基。二者又可继续与铬原子形成共价键或配价键，从而使染料与纤维牢固结合。

（2）1:2 络合型

染料分子由金属（铬）原子和两个染料母体分子络合而成。结构上不含磺酸基等水溶性基团，只含水溶性较低的亲水性基团如磺酰氨基（—SO_2NHR）、甲砜基（—SO_2CH_3）等，在中性或弱酸性介质中对蛋白质纤维染色，故又称为中性染料。与 1:1 型酸性含媒染料相比，

1:2 型染料各项牢度较好，特别是日晒度更佳。但由于染料分子量大，其匀染性差，色谱不够齐全、色光偏暗。由同一单偶氮染料制成的 1:1 型和 1:2 型的含媒染料的吸收光谱曲线有明显的差别，1:1 型的在 λ_{max} 的摩尔吸光度较 1:2 型大且色泽鲜艳。

1:2 型酸性含媒染料的两个母体染料可相同也可不同。前者为对称型 1:2 型，如中间灰 2BL（C.I.酸性黑 60），后者为不对称型，如中性黑 BGL（C.I.酸性黑 107）。

1:2 型酸性含媒染料染蛋白质及聚酰胺纤维时，由于染料分子中的金属原子已与染料完全络合，故不能再与纤维上的供电子基发生配价键结合。其染色原理与中型浴染色弱酸性染料相似，染浴 pH 较高时染料与纤维间的氢键和范德华力起着重要作用；pH 较低时带磺酸基的染料阴离子能与纤维中已离子化的—NH_3^+通过离子键结合，故染浴 pH 对上染影响很大。染浴 pH 越低，染料与纤维间呈离子键结合的机会越多，染料的上染速率也越快，故容易造成染色不匀。所以 1:2 型酸性含媒染料染色 pH 应控制在中性或弱酸性。

中性染料除 1:2 型酸性含媒染料外，还有 20 世纪 90 年代开发的由芳腙和重氮盐碱性偶合制得的含铜甲臜型络合染料，如中性蓝 BNL（C.I.酸性蓝 168）和 C.I.酸性蓝 338。但工业化的甲臜型染料产品不多。

中性染料是代替酸性媒染染料的环保型酸性染料开发的重点之一。

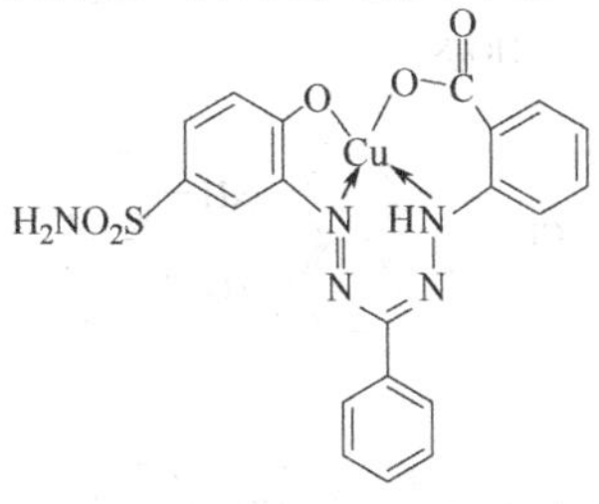

中性蓝BNL 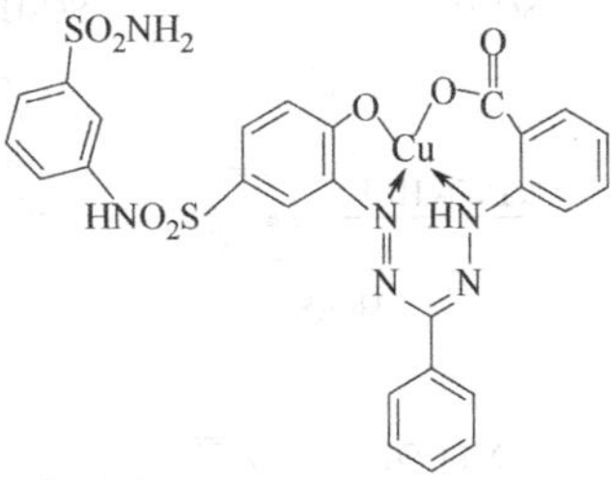   C.I.酸性蓝338

6.3 典型产品合成与工艺

6.3.1 偶氮型酸性染料

a. 酸性蓝黑 10B（C.I.酸性黑 1）：强酸性染料中生产量较大的产品，色深但匀染性较差，国内也用于与酸性橙拼混生产酸性黑 ATT。合成原理：

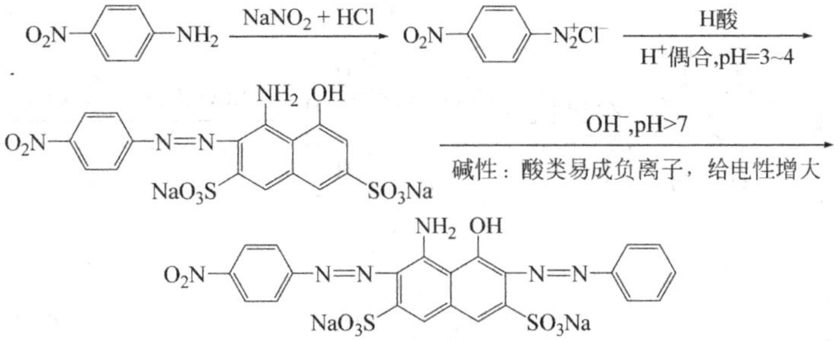

酸性蓝黑10B

合成工艺：对硝基苯胺溶于 30%盐酸溶液中加热溶解，然后迅速冷却到 5～10℃，加入 30%左右的亚硝酸钠溶液，进行重氮化反应约 1h 后再加入 H 酸，同时加碳酸钠调节 pH，在 pH 3～4 下偶合 3～5h，第一次偶合结束，加碳酸钠调节 pH 到 8～9，0～5℃加苯胺重氮液进行二次偶合，结束后加总体积 1%的工业盐盐析、过滤、干燥得成品。

b. 酸性红 MF-2BL（C.I.酸性红 336）：是 Sandolan MF 系列环保型高档酸性染料的三原色之一，可与 Sandolan Golden Yellow MF-RL、Sandolan Blue M-GL 组成三原色，具有良好的移染性、固色率和牢度性能。合成原理：

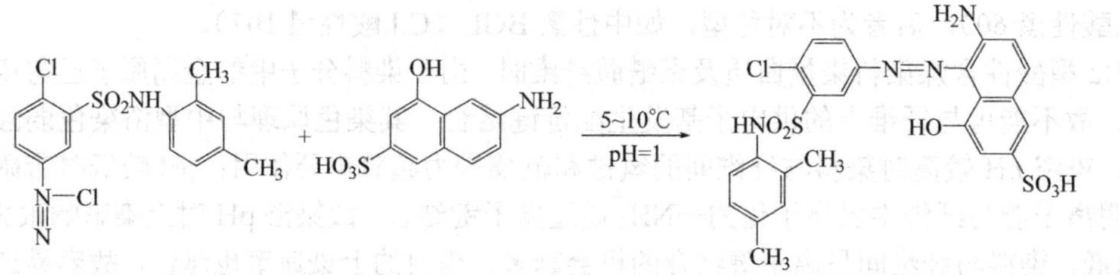

c. 弱酸性深蓝 5R（C.I.酸性蓝 113，海军蓝 5R）：色泽深浓、牢度好，可与直接染料同浴染毛/粘混纺织物。合成原理：

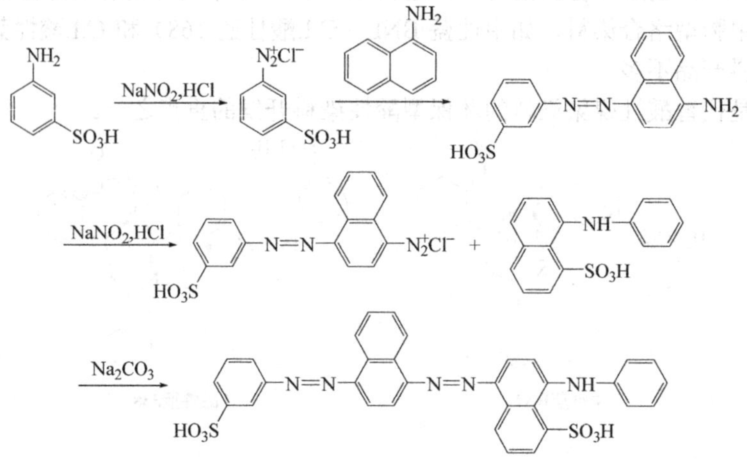

合成工艺：间氨基苯磺酸重氮化后与 1-萘胺盐酸溶液在酸性介质中偶合，加入氢氧化钠呈碱性使单偶氮染料溶解后加食盐盐析，单偶氮染料经亚硝酸钠和盐酸的重氮化，过滤后滤饼调成悬浮液在弱碱性介质中加苯基周位酸进行二次偶合得染料。

6.3.2 蒽醌型酸性染料

a. 弱酸性绿 GS（C.I.酸性蓝 25）：中深绿色染料，牢度好。主要用于染羊毛、蚕丝、锦纶及混纺织物和皮革、纸张、木制品、生物制品等。合成原理：

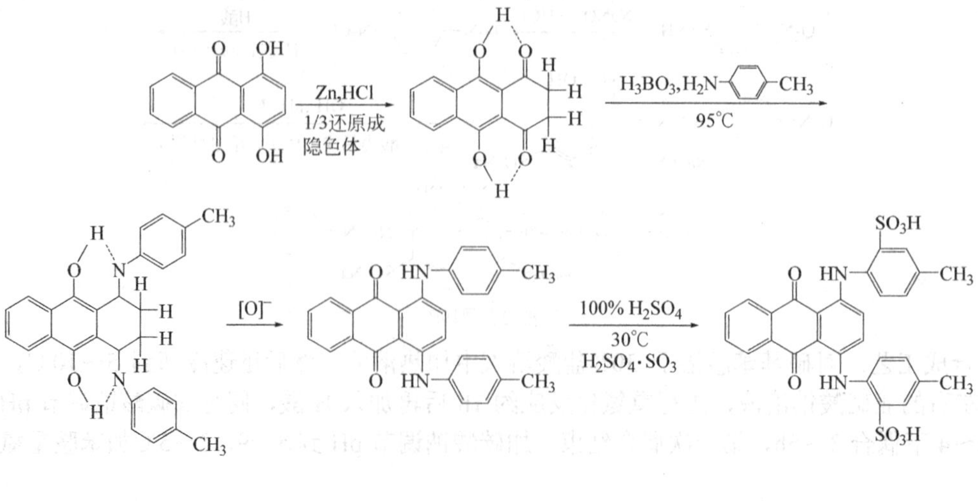

合成工艺：以无色 1,4-二羟基蒽醌、对甲苯胺为原料，在硼酸和锌粉存在下经缩合、发烟硫酸磺化、中和等反应后盐析、过滤、干燥制得。

b. 酸性艳蓝 2R（C.I.酸性蓝 140）：化学名称为 1,4-二(6′-溴-2′-甲基-4′-正丁基-5′-磺酸苯氨基)-蒽醌，商品名有 Carbolan Brilliant Blue 2R、Kayanol Milling Blue 2RW、SulpHonol Fast 2RSC 等；色泽浓艳，各项牢度在酸性染料中属较好的，主要用于染散毛的中深浓色泽，亦用于蚕丝、锦纶及混纺品的染色和印花，日晒牢度达 6 级。合成原理：

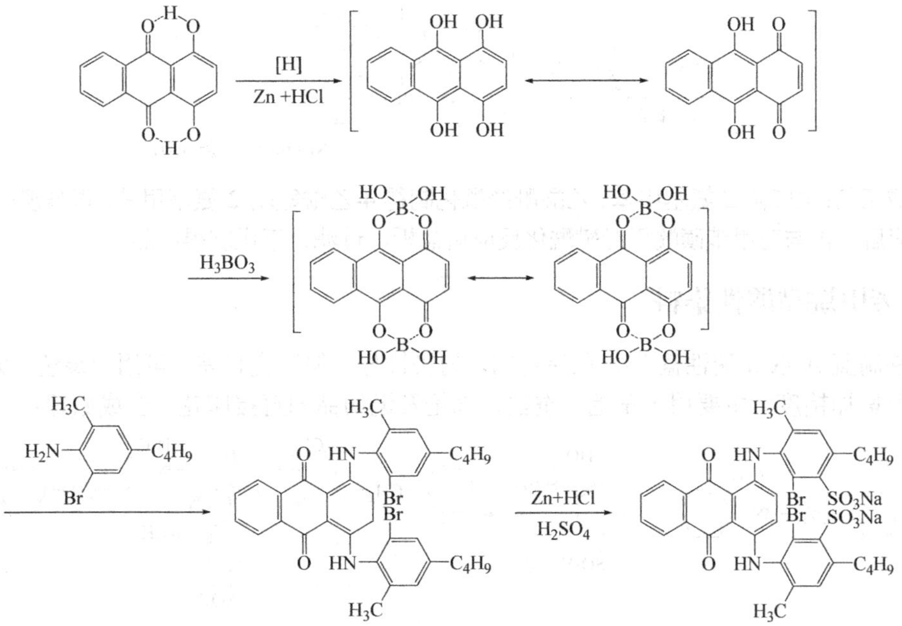

合成工艺：以 1,4-二羟基蒽醌为原料，先与 2-甲基-4-正丁基苯胺在硼酸催化下芳胺化反应，然后在溶剂中用溴素进行溴化，再在烟酸中磺化后商品化而得。国外有英国 ICI（帝国化学）、Yorkshire（约克夏）及日本 Kayoku（化药）等公司生产。

c. 弱酸性绿 AGS（C.I.酸性绿 25）：主要绿色弱酸性染料产品，色光为蓝光绿。由 1,4-二羟基蒽醌隐色体或 1,4-二羟基蒽醌和 1,4-二羟基蒽醌隐色体混合物与 2mol 对甲苯胺在硼酸存在下缩合，然后磺化而得。主要用于羊毛、锦纶、丝绸及其混纺织物的染色和印花。还可以用于皮革、纸张、化妆品、肥皂、木材、电化铝和生物的着色。

当芳胺为对正丁基苯胺则为弱酸性绿 AG（C.I.酸性绿 27），染羊毛时就具有优异的湿处理牢度及特别好的耐缩绒牢度，且色光更为鲜艳；当芳胺用均三甲苯胺时即为弱酸性艳蓝 RAW（C.I.酸性蓝 80），因分子空间障碍而引起色谱浅移效应，色光更为浓艳；当芳胺用 2-甲基-4-正丁基苯胺即为 C.I.酸性绿 81；若磺化前先用溴素溴化即为酸性蓝 2R（C.I.酸性蓝 140），因溴原子的存在色光明显偏紫，比 C.I.酸性蓝 80 更鲜艳，耐晒牢度更加优异，且因正丁基的存在，耐洗和耐缩绒牢度也比 C.I.酸性蓝 80 好。

d. 酸性蓝 MF-BLN（C.I.酸性蓝 350）：以溴氨酸为原料的氨基蒽醌磺酸类升级换代弱酸性染料。合成原理：

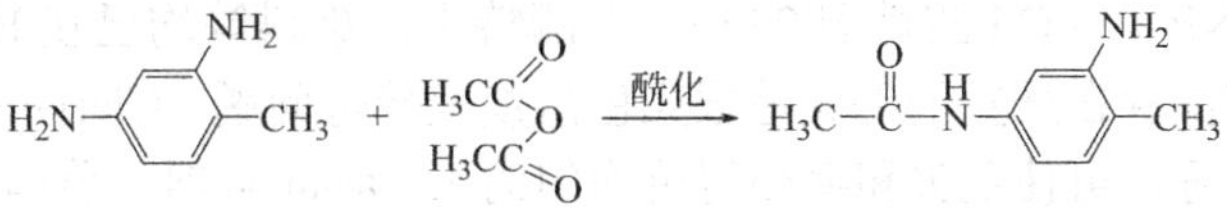

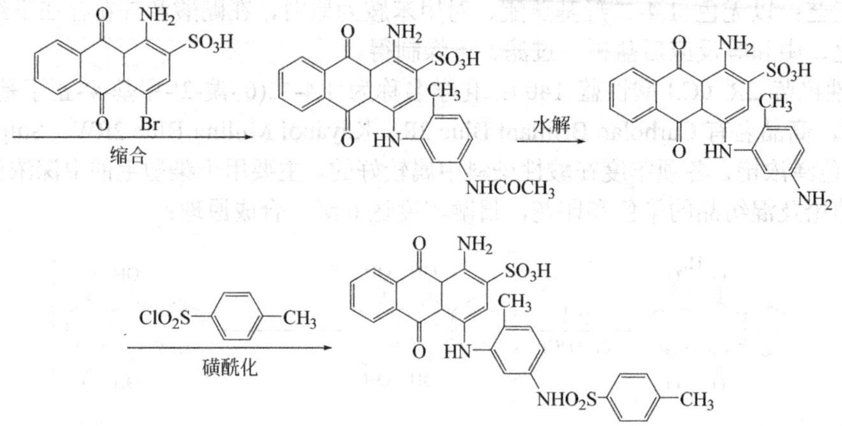

合成工艺：由 2,4-二氨基甲苯、乙酸酐经酰化制得 4-乙酰氨基-2-氨基甲苯，再与溴氨酸缩合、水解反应后，再与对甲苯磺酰氯经磺酰化反应后盐析、过滤、干燥制得产品。

6.3.3 芳甲烷型酸性染料

酸性湖蓝 A（C.I.酸性蓝 7）：色泽艳丽，匀染性好，但牢度较差，可用于绿色、藏青和红色等拼色增加艳度。主要用于羊毛、蚕丝、锦纶及混纺品的直接印花。合成原理：

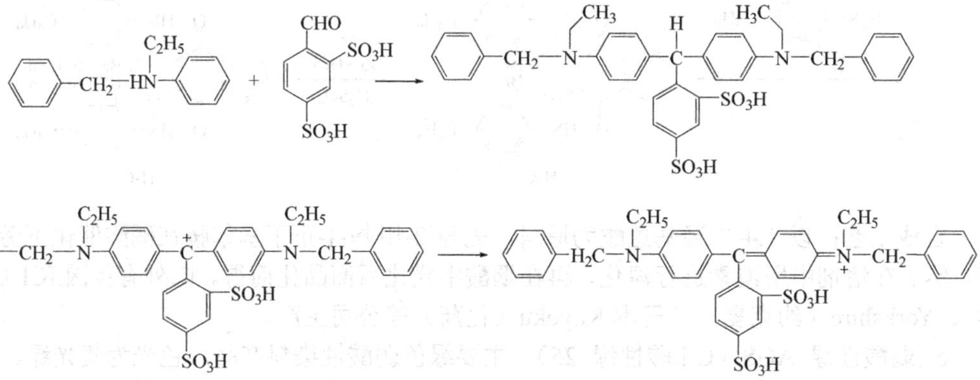

合成工艺：以 2,4-二磺酸苯甲醛和 N-乙基-N-苄基苯胺为原料，经缩合、氧化反应后盐析、过滤、干燥制得。

6.4 酸性染料研究进展

在新开发的染料产品中酸性染料所占比例较小。酸性染料结构创新的重点在于开发高色牢度的新发色体，在原有染料分子上引进各种杂环基团作结构修饰来提高鲜艳度、染色强度等应用性能并拓宽用途等。产品创新的重点在于开发禁用染料的替代产品和中性非金属络合产品、开发匀染性好和坚牢度高的锦纶染色专用酸性染料和环保型（ECO）染料、提高商品化技术等。如国内有用新型二氨基萘化合物替代联苯胺制成的环保型弱酸性黑 BG（C.I.酸性黑 31）和弱酸性黑 NB-G（C.I.酸性黑 234）、尤丽特中性染料等均已获 ECO 认证。

针对一些羊毛产品存在严重的毛尖毛根染色浓淡差异等问题，Clariant（科莱恩）公司开发了相容性、匀染性良好，可使毛尖和毛根得色均匀的 Lanasan 染料。美国亨斯迈公司开发了特别适合羊毛匹料和绞纱染色的 Neolan A 酸性染料，对 80:20 羊毛锦纶混纺品具有优秀的同色性。

针对新纤维的染色牢度、匀染性、染深性、透染性和多组分纤维染色的同色性等问题，德司达公司开发了匀染和耐缩绒良好的 Supranol S-WP 酸性染料，适合羊毛锦纶混纺、羊毛蚕丝混纺织物同浴染色，三原色酸性染料牢度优于 1:2 金属络合染料；Clariant（科莱恩）公司开发的 Sandolan、Lanasyn 和 Lanasan 等酸性和金属络合系列染料在超细旦锦纶纤维上可实现深浓染色且具有高湿牢度（包括反复洗涤牢度），染色配伍性良好。Nylosan Yellow S-L、Red S-B、Blue S-R 等用于锦纶染色具有优异的提升率，适用于超细旦锦纶及锦纶/氨纶混纺织物的深色染色。

开发适合锦纶染色的环保型弱酸性染料。Clariant（科莱恩）公司的 Sandolan MF 型染料如 Sandolan Golden Yellow MF-RL（C.I.酸性橙 62）、Red MF-2BL（C.I.酸性红 336）、Blue MF2RL（C.I.酸性蓝 126）、Green MF-BL（C.I.酸性绿 25）和酸性蓝 MF-BLN（C.I.酸性蓝 350）等均具有拼色性好、匀染性优异、湿处理牢度较高、浅色日晒牢度 4 级以上等特点，能在羊毛等电点范围染色，对羊毛损伤小；Neolan A 型染料吸尽性高、牢度好，适用于羊毛和尼龙混纺织物染色。还有 Telon K、Micro、Tectioln F、Erionyl A 和 Supranol S-WP 等系列染料均适用于聚酰胺地毯的吸尽法和连续法染色，具有优异的匀染性和移染性、好的横向条花覆盖性和牢度性能等。Sandolan Black N-BR 具有特强力份，耐水洗牢度优异；Supranol Red GWM 颜色特别鲜艳，适用于染运动衣等。国内有生产的普拉红 B（C.I.酸性红 249）、弱酸性艳红 10B（C.I.酸性紫 54）、弱酸性蓝 BRLL（C.I.酸性蓝 324）等用于羊毛和聚酰胺纤维的染色都具有好的牢度性能。

开发适应低温、小浴比［(1:4)～(1:5)］、一浴一步法等染色新工艺、新助剂、新设备（如喷射溢流染色机、筒子纱染色机、常压溢流充气式染色机等）的新产品。低温染色方法应用较多的是加入氯化稀土与表面活性剂组成配套助剂，除具有解聚染料和膨化纤维的作用外，还可提高纤维吸收染料的能力，降低废液的 BOD 和 COD。还有就是先预处理羊毛，提高纤维对酸性染料的吸收能力，然后进行低温染色。

开发适合数字喷墨印花技术的酸性染料墨水，如美国 Huntsman（亨斯迈）公司的 Lanaset S 酸性染料墨水，DyStar（德司达）公司开发的 Jettex A 酸性染料墨水。国内喷墨印花墨水产品的开发也进展迅速。

开发适合计算机控制自动调浆（液）系统及小浴比染色技术的高溶解度酸性染料。

6.4.1 酸性染料结构与性能

（1）酸性染料结构与耐酸碱、耐光牢度

偶氮类酸性染料分子偶合组分上氨基或羟基与偶氮基成邻位相连时，羟基和氨基上的氢原子和偶氮基的氮原子易形成分子内氢键，而使羟基的酸性降低，耐碱牢度得到提高。将不可能形成分子内氢键的羟基或氨基进行烷基化或酰化，既可保证色光的稳定性又可得到较好的耐酸碱牢度。蒽醌类酸性染料上的羟基和氨基可与蒽醌环上的羰基形成分子内氢键，故这类染料的耐酸碱牢度比较好。三芳甲烷类酸性染料对酸碱非常敏感，其耐酸碱牢度最差。

酸性染料的母体结构、取代基的性质及所处位置对耐光牢度影响极大。一般，蒽醌染料的耐光牢度高于偶氮染料，三芳甲烷染料牢度很低，只有 2～3 级。

蒽醌酸性染料在羊毛上的耐光牢度可达 5～6 级，取代基的性质对其耐光牢度的影响并不大，磺酸基的位置对耐光牢度略有影响。β 位引入吸电子基，日晒牢度增大，对称型比不对称型蒽醌结构牢度要高半级。

偶氮染料中以 H 酸为偶合组分的单偶氮酸性染料，采用氨基酰化的方法，可降低氨基的碱性或供电子性，提高染料的耐光牢度。以 γ 酸为偶合组分的偶氮酸性染料，在重氮组分的

邻位引入吸电子基可提高染料的耐光牢度，而引入供电子基，其耐光牢度明显降低。如果在偶氮基的对位上引入氨基，耐光牢度显著降低，但将氨基酰化后，耐光牢度却能得到明显提高。杂环偶氮结构酸性染料的耐光牢度总体上较高。以吡唑啉酮为偶合组分的黄色偶氮酸性染料，耐光牢度较好。在吡唑啉酮环上引入卤素（Cl）对耐光牢度也有改善。

（2）偶氮酸性染料结构与耐洗牢度

为了提高湿处理度而不影响染料色泽，常采用在染料分子结构中引入大分子疏水基，增加分子量的方法来增强染料与纤维间的范德华亲和力，降低染料在纤维上的解吸程度，提高耐洗牢度等。一般不采用增加偶氮基数目来提高耐洗牢度，而是在分子中引入苯氧基、磺酰氨基、砜基、芳砜基等，如弱酸性艳红 3B（C.I.酸性红 172）；在分子中引入长碳链烷基，或将氨基酰化成酰氨基，如弱酸性桃红 B（C.I.酸性红 138）。

酸性红 A3G（C.I.酸性红 447，Ciba Erionyl Red A-3G）在结构中引入了磺酰氨基。由硝基苯、磺酰氯、氨基化合物（7-氨基-1,3-二萘磺酸）、苯胺和 2-萘酚等经磺酰氯化、缩合、加氢还原、苯胺磺甲基化、水解、一次重氮偶合、二次重氮偶合等反应制得。产品原粉强度达165%～175%（标准 100%），色光浓艳、耐洗牢度好，主要用于羊毛和锦纶的染色与印花。

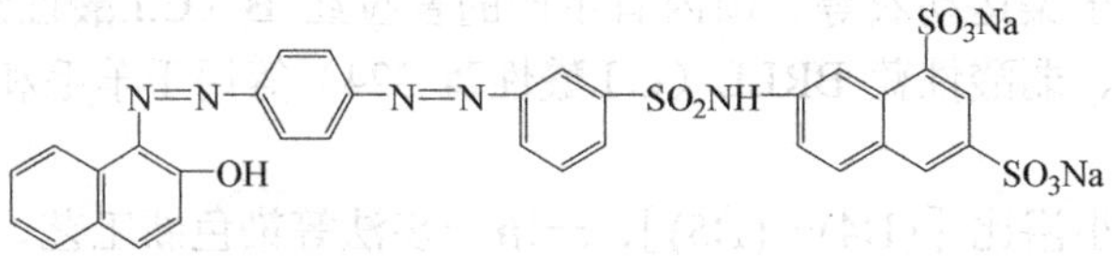

不同氨基酰化基团对提高耐洗牢度的顺序大致为：乙酰基＜丙酰基＜正丁酰基＜苯酰基＜辛酰基（$C_8H_{15}CO—$）。如在弱酸性深蓝 GR（C.I.酸性蓝 120）基础上发展的产品：

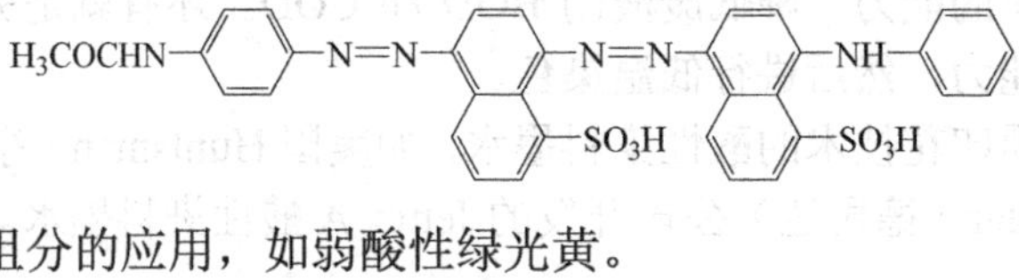

吡啶酮系新偶合组分的应用，如弱酸性绿光黄。

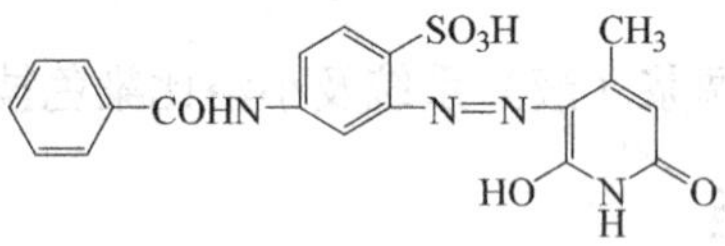

6.4.2 环保型酸性染料

（1）环保型弱酸性染料

高牢度、不含金属络合结构的环保型高档弱酸性染料是酸性染料研发的重点方向，用于高档超细旦尼龙纤维和羊毛、羊绒、丝绸等的印花染色。国际流行新版色卡中重要三原色有美国 SK Capital 公司的 Nylosan（昂高-尼龙山） E 型和 N 型系列等。典型产品有弱酸性黄E-2RL（C.I.酸性黄 256，Nylosan Yellow E-2RL）和弱酸性艳红 E-BNL（C.I.酸性红 426，Nylosan Red E-BNL，美佳特红 BRLL）等。

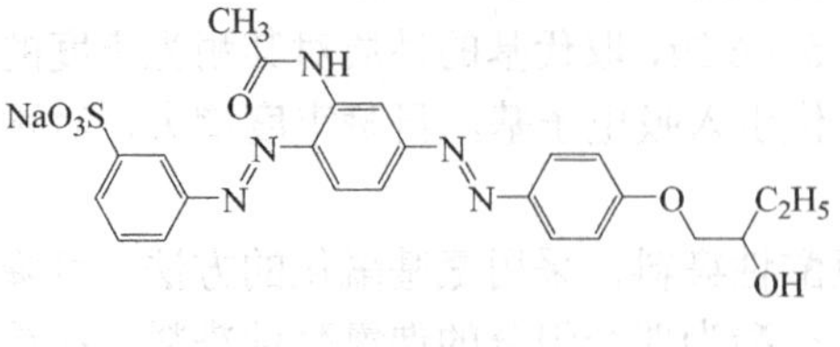

弱酸性黄E-2RL

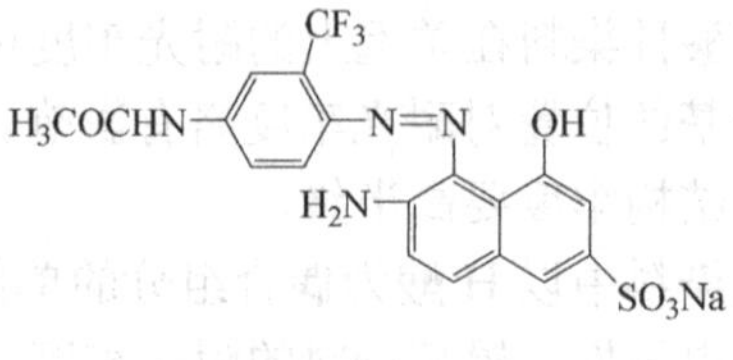

弱酸性艳红E-BNL

醌构蓝色主要品种弱酸性蓝 BRLL（Nylosan Blue BRLL，C.I.酸性蓝 324）和弱酸性金黄 MF-RL（Nylosan Gold Yellow MF-RL，C.I.酸性橙 67）。

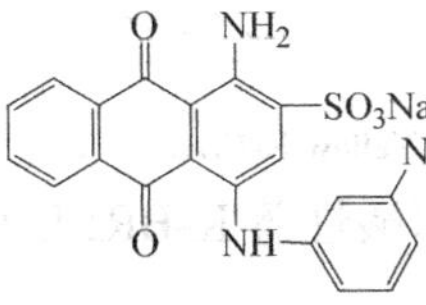

弱酸性蓝BRLL

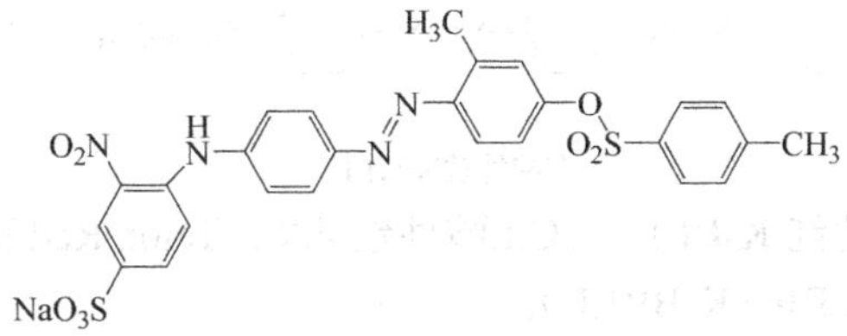

弱酸性金黄MF-RL

弱酸性橙 N-RL（Nylosan Orange N-RL，C.I.酸性橙 127），弱酸性红 N-2RBL（Nylosan Red N-2RBL，C.I.酸性红 336）和弱酸性蓝 N-BLN（Nylosan Blue N-BLN，C.I.酸性蓝 350）。

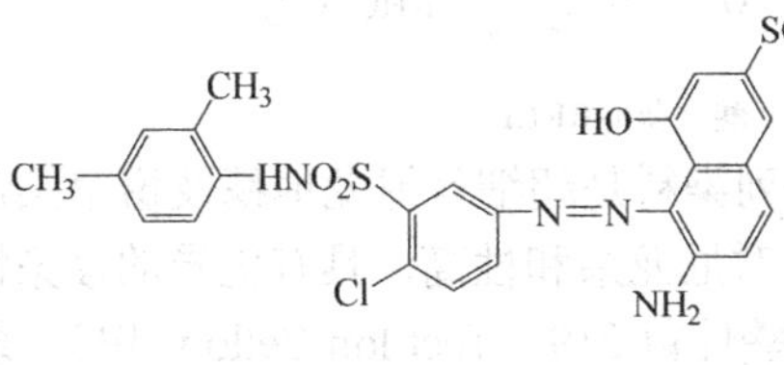

弱酸性红N-2RBL

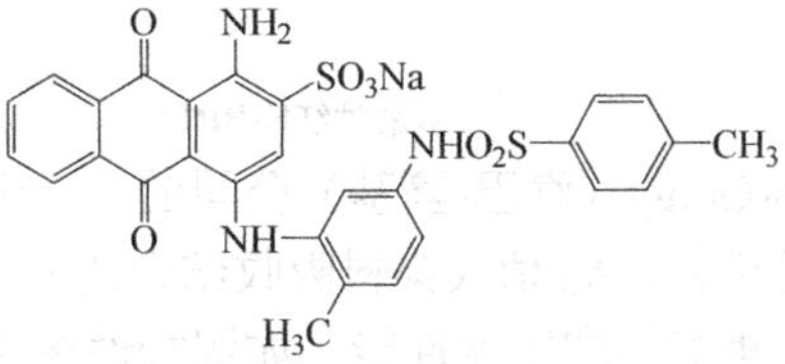

弱酸性蓝N-BLN

偶氮结构的典型产品如弱酸性红 BL（C.I.酸性红 151）、弱酸性艳红 B（C.I.酸性红 249），BASF（巴斯夫）公司的 Acidol Scarlet GX（C.I.酸性红 351）、弱酸性红 10B（C.I.酸性紫 54）等都是色泽鲜艳的弱酸性染料，各项牢度包括湿处理牢度和耐缩绒牢度好，可取代禁用染料弱酸性大红 G（C.I.酸性红 85）等。

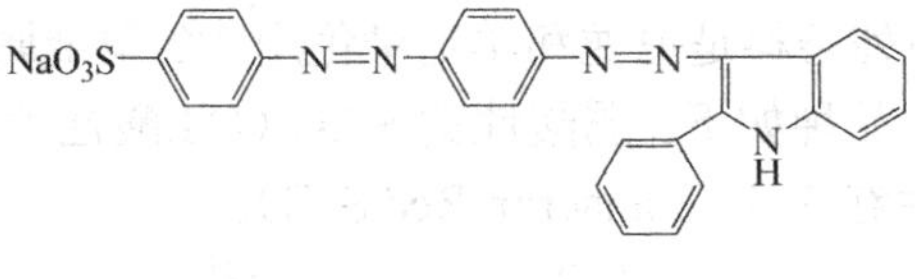

Acidol Scarlet GX

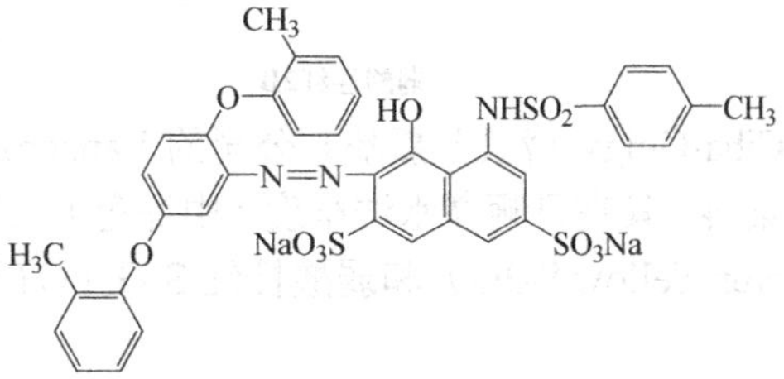

弱酸性红10B

弱酸性黑 NB-G（C.I.酸性黑 234）是以 4,4'-二氨基苯磺酰苯胺为原料合成的牢度优良的环保型酸性染料，可用于羊毛、丝绸、棉、粘胶和皮革的染色。对纤维素纤维有直接性，可取代含致癌芳胺结构的 C.I.直接黑 38 等。合成原理：

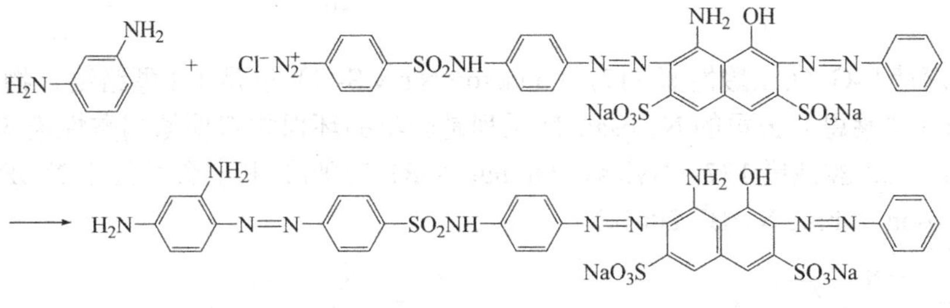

DyStar（德司达）公司的 Telon K 型和 Micro 型系列染料是环保型弱酸性染料。主要用于高色牢度超细旦尼龙染色。如弱酸性黄 K-GLL（C.I.酸性黄 197，Telon Golden Yellow K-GLL）和 Telon Yellow K-FGL。

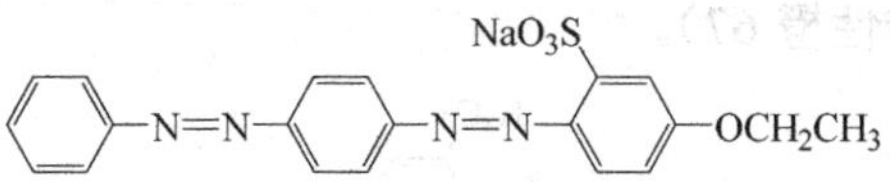

弱酸性黄K-GLL

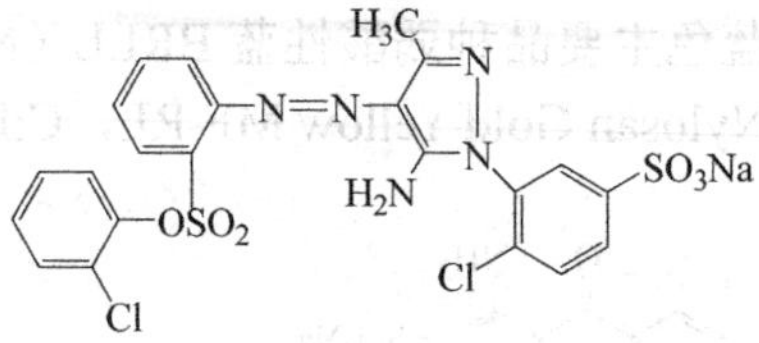

Telon Yellow K-FGL

弱酸性红 K-BRLL（C.I.酸性红 426，Telon Red K-BRLL）和酸性蓝 K-BRLL（C.I.酸性蓝 324，Telon Blue K-BRLL）。

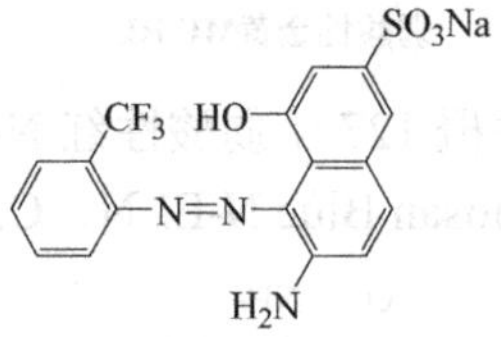

弱酸性红K-BRLL

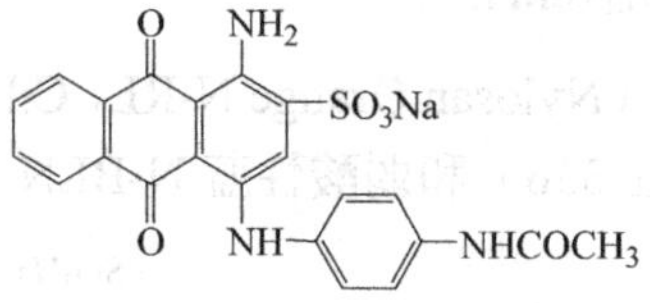

酸性蓝K-BRLL

Ciba-Geigy（汽巴-嘉基）公司的 Tectilon F 系列染料是超细旦尼龙地毯及窗帘染色和印花用弱酸性染料，K_K 值（染料吸收结合值）比较小，对尼龙亲和性高，具有优异的移染性、匀染性、染色重演性和牢度性能。如弱酸性黄 4R（C.I.酸性黄 219，Tectilon Yellow 4R）、弱酸性红 2B（C.I.酸性红 361，Tectilon Red 2B）及弱酸性蓝 4R（C.I.酸性蓝 277，Tectilon Blue 4R）等。

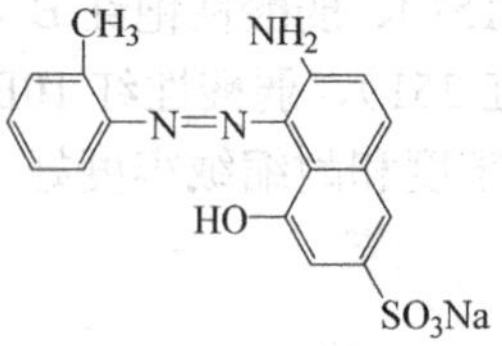

弱酸性红2B

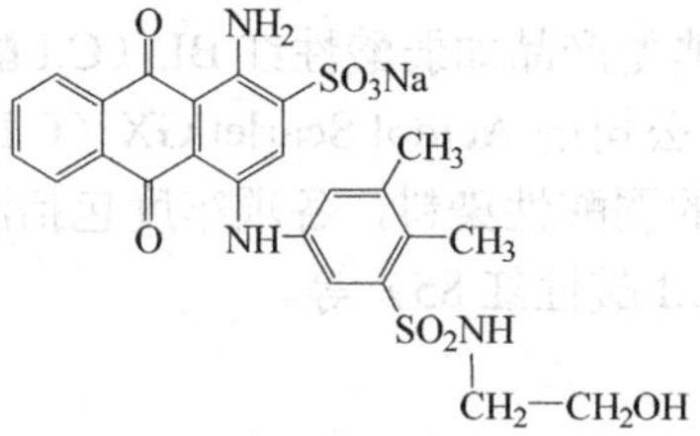

弱酸性蓝4R

Ciba-Geigy（汽巴-嘉基）公司的 Lanacron 系列染料是尼龙和羊毛染色用 1:2 型金属络合酸性染料，其高日晒高水洗牢度（中深色）三原色品种如下：弱酸性黄 S-2G（C.I.酸性黄 220，Lanacron Yellow S-2G）和弱酸性红 S-G（C.I.酸性红 315，Lanacron Red S-G）。

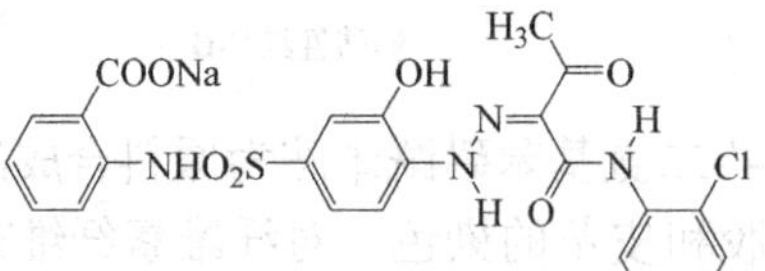

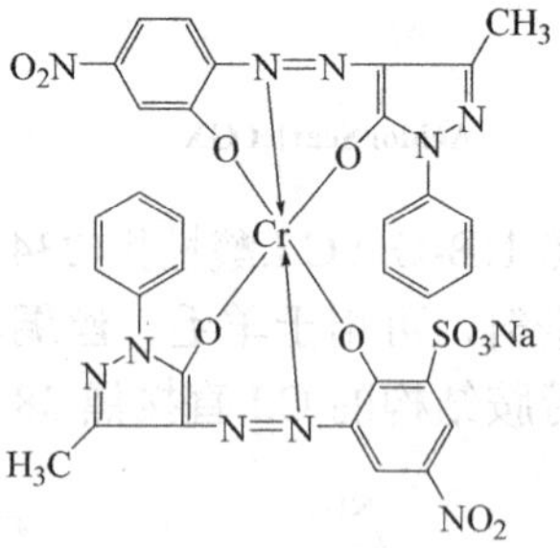

弱酸性深蓝 S-G（C.I.酸性蓝 317，Lanacron Navy S-G）也是 1:2 型铬络合物。

Clariant（科莱恩）公司的 Nylosan N 系列是较早的环保型双偶氮弱酸性染料，典型如弱酸性橙 N-RL（C.I.酸性橙 127；Nylosan Orange N-RL 250%）和弱酸性红玉 N-5BL（C.I.酸性红 299，Nylosan Rubine N-5BL 200%）。

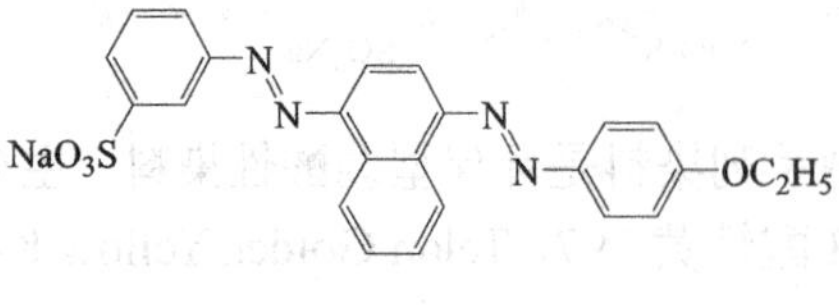

弱酸性橙N-RL

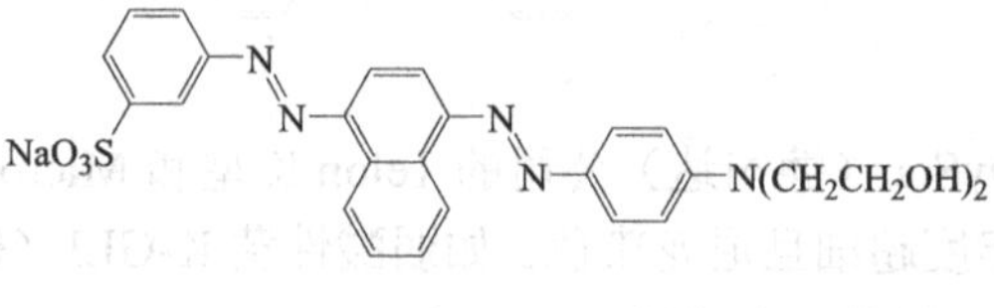

弱酸性红玉N-5BL

弱酸性蓝 N-BLN（C.I.酸性蓝 350，Nylosan Blue N-BLN）和弱酸性深蓝 5R（C.I.酸性蓝 113，Nylosan Navy N-RBLA）（Bluish），结构式如下。

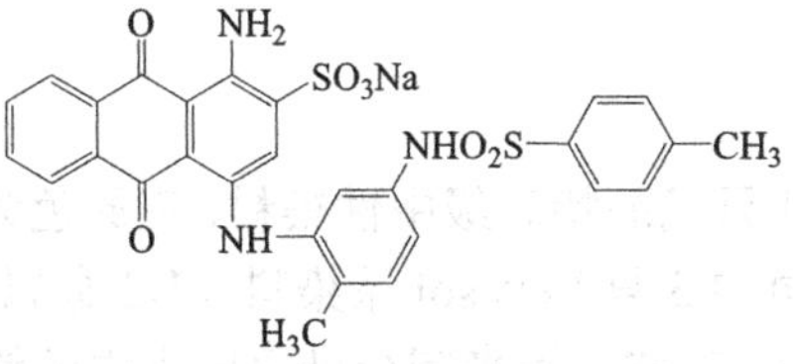

弱酸性蓝 N-BLN

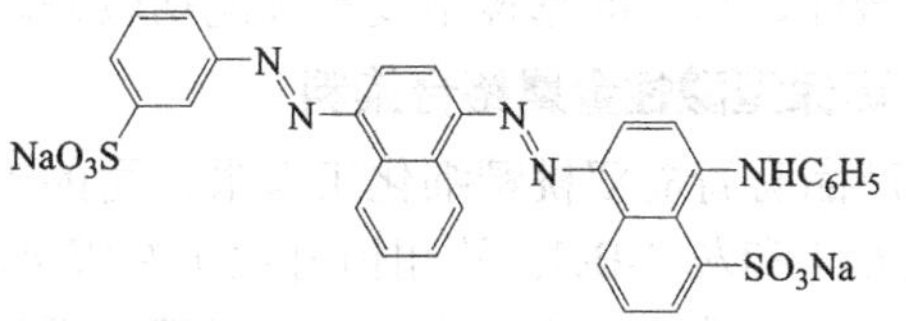

弱酸性深蓝 5R

瑞士 Bezema 公司的新型三元混合酸性染料 Bemacid 和金属络合染料 Bemaplex 系列，主要用于聚酰胺和羊毛纤维染色，在染色动力学和亲和力方面达到完美匹配，有均匀染深性。用这些染料可获得成本较低的高湿牢度艳丽色，而且便于在两系列染料中选择多只染料拼混以适应不同产品染色要求。该两系列染料可按吸色率和固色率、迁移力、拼混性、色档遮盖性和色牢度等染色性能进行分组，可用于外衣、袜品、泳装和内衣、高色牢度运动服等，也可用于地毯和技术类纺织品。

金华恒利康化工有限公司的隔离型双偶氮弱酸性染料系列，以二氨基二苯基环己烷为中间桥段。关键中间体为 4,4′-二氨基-1,1′-二苯基环己烷和 4,4′-二氨基-3,3′-二甲基-1,1′-二苯基环己烷。典型产品有弱酸性红 RN、弱酸性红 GRS、弱酸性红 GN（C.I.酸性红 122）、弱酸性猩红 FG（C.I.酸性红 374）和弱酸性紫红 BB（C.I.酸性红 154）等。染料分子量较大，发色体系呈对称型，具有色光艳、上色率高、耐缩绒、湿处理和日晒牢度均达 4～5 级及拼色性好等特点。

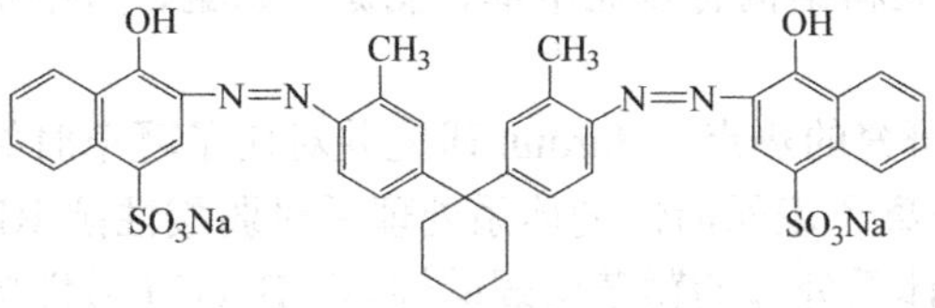

弱酸性红 RN

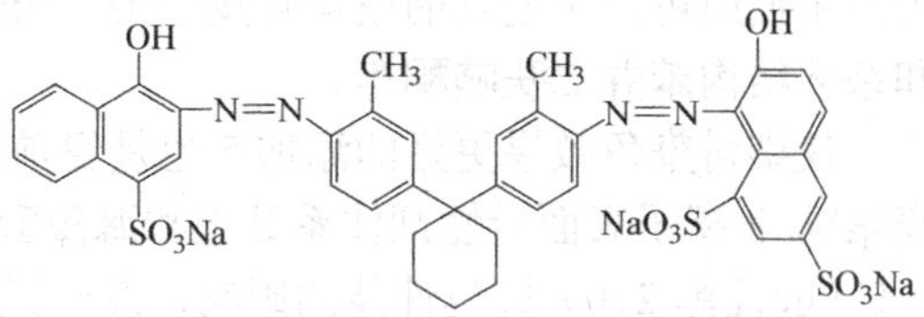

弱酸性红 GRS

20 世纪 90 年代瑞士 Bezema 公司的三元复配型 Bemacid 系列和金属络合 Bemaplex 两大系列酸性染料，按吸色率和固色率、迁移力、拼混性、色档遮盖性和色牢度等染色性能进行分组，使用时可在两系列染料中选择多只染料拼混，以适应不同产品染色要求并使成本合理。在染色动力学和亲和力方面达到完美匹配且色彩艳丽、均匀染深性优、湿牢度高。

杭州下沙恒升化工有限公司的美佳特系列环保型酸性染料，美佳特蓝 GLF（C.I.酸性蓝 281）、美佳特黄 FLW（C.I.酸性黄 159）、美佳特红 BRLL（C.I.酸性红 426）、美佳特黑 NM-3BRL 等适用于羊毛、丝绸、锦纶地毯的染色和印花，也可用于喷墨墨水。具有良好的匀染性、拔染性和湿牢度及优良的拼色性等。

（2）酸性黑色染料乌黑度改进

商品化的黑色酸性染料有 70 多只、黑色金属络合染料有 44 只，占酸性染料总数的 60% 多。在 70 多只酸性黑色染料中，国内在产有 25 只（包括国外淘汰 4 只）；44 只黑色金属络合染料中，国内在产的有 14 只（包括国外淘汰 2 只）。国内酸性染料主要存在湿处理牢度差、乌黑度低、部分络合染料含禁用金属等问题。因此改进酸性染料性能及染色工艺，研发新型环保酸性黑色染料尤为重要。

尹志刚等采用 10-羟基-5,10-二氢磷杂吖嗪-10-氧化物还原得到的中间体与乙酰-J 酸反应制得新型双偶氮酸性蓝黑染料，在 2%～3%染色浓度下浸染羊毛和丝绸，黑度均优于酸性黑

10B（C.I.酸性黑1）。复配是提高黑色酸性染料染色乌黑度的另一有效途径，但对染料的分子结构和上染率的配伍性要求较高，否则可能出现染花现象。复合黑染料用于皮革染色时，乌黑度、渗透性、耐干湿摩擦牢度等性能均较好。

（3）环保型酸性金属络合染料

典型产品有青岛双桃精细化工有限公司的10只尤丽特高级中性染料，三原色为尤丽特黄S-2G、红GN和灰S-BG；杭州恒升化工有限公司的3只Levasol系染料（1:2金属络合）。铬媒染料羊毛染色造成的铬污染严重，尽管可采用低铬技术等来减少染色废水中的铬含量，但仍超过10mg/L。取代羊毛用铬媒染料的有Lanaset新型金属络合染料等。

黑色酸性金属络合染料因着色力强、耐候性和耐光性好被广泛用于皮革、纺织、汽车、家具漆等领域。研究较多的有1:2型铁离子酸性金属络合染料。染料（酸性铁络合1）在6%染色深度时，对羊毛和尼龙纤维都产生黑色色调，其耐光色牢度及耐摩擦色牢度与采用钴和相同偶氮染料组分络合形成的染料相同。染料（酸性铁络合2）在6%染色深度时，对羊毛和尼龙纤维都产生黑色色调，其耐光色牢度及耐摩擦色牢度比未发生络合时有所改善。

（4）环保型合成革染料与助剂

环保型合成革染料与助剂是合成革着色技术突破的基础，环保型合成革染料要求不含有害重金属和有毒物质、着色力强、迁移性低并与合成革树脂混合性和兼容性好等。2008年美国 Milliken & Company（美利肯）公司开发的均相液态 Vivitint 合成革着色剂（染料，US20070231546A1）系列产品，与常用合成革树脂的混合性和兼容性极佳。产品具有水晶般透明、艳丽、明亮的色彩，可明显增强设计效果，六种基本色可调配出各种颜色。在合成革生产中使用可产生逼真的模拟真皮效果。Vivitint 染料结构有多亚甲基、偶氮、蒽醌、芳甲烷和杂环结构苯并二呋喃酮等。

使染料染色效果更好的添加剂也是目前应用研究的热点。Haroun 研究并对比了鞣革时经壳聚糖/非离子表面活性剂体系处理和海藻酸钠/非离子表面活性剂体系处理后对弱酸性黑 RB（C.I.酸性黑210）染色性能的影响，发现经前一体系处理的鞣革用弱酸性黑 RB（C.I.酸性黑210）染色后牢度有所提升。蓝云军等合成了APA-1220及MAPA系列皮革染黑助剂，对酸性染料染色有良好的匀染、增深、增艳及固色作用，能有效改善黑色酸性染料的染色性能。

（5）新合成工艺技术——混合偶合工艺

在偶氮环保型酸性染料的合成工艺中，可采用加入不同结构的偶合或重氮组分同时进行偶合反应的工艺来制得多组分染料，但须注意选择合适、有效的偶合与重氮组分及工艺配比，以便在改变产品色光的同时，能有效保持或提高混合染料的溶解性、匀染性及固色牢度；同时需注意严格控制反应条件，以免多组分同时反应的过程中产生过多副产物而影响产品性能。

6.4.3 木材染色用酸性染料

木材是一种不均质的毛细孔材料，木材纤维属于纤维素纤维，由纤维素、半纤维素和木素组成，木纤维中含有丰富的亲水性基团如羟基（—OH）、羧基（—COOH）等。纤维素纤维染色用的染料主要有酸性染料、直接染料、活性染料和还原染料等，以酸性染料应用为主，染色工艺以水浴染色法为主。酸性染料染色后的中、软阔叶材能达到模拟珍贵木材颜色的效果，且色泽稳定、鲜艳、不易褪色。

（1）重组装饰材

重组装饰材又称科技木。随着国家对天然森林资源实施保护禁伐措施，家具及装修需要的珍贵木材将更匮乏，因此，利用染色来实现低质木材模拟成人们需要的理想珍贵木材就显得尤为重要。对木材进行染色可以消除天然木材生长过程中产生的心边材、早晚材和涡旋纹之间的色差，提高木材的装饰品质。特别是染色后的低质阔叶材经过组坯（模拟珍贵木材的花纹）、胶压、刨切或弦切制成各式各样的人造组合薄木（即重组装饰材），不仅色泽鲜明，纹理清晰，立体感强，而且又不失天然木材的特性，是提高低质木材的经济效益、增加现有装饰建材花色品种的一条有效途径。重组装饰材即科技木产品的开发是木材产业深加工及资源综合利用的研发热点，产业规模将会有较大发展。

（2）木材染色机理与染料

染料随水溶液通过木材毛细管通道，透过木细胞壁扩散后，沉降在纤维表面上，使得木材染色。酸性染料在酸性介质中易电离形成带负电荷的磺酸基（—SO_3^-）与带正电荷的被染物相吸引，而木纤维浸泡在酸性溶液中，带正电荷的氢离子很快扩散到木纤维内，中和了显负电性的（—COOH）等基团，使整个木纤维带正电荷。因此，带负电荷的磺酸基与带正电荷的木纤维在亲和力的作用下相结合而上染，其色牢度由亲和力大小决定。

酸性染料对重组装饰材染色时染液温度在 70～80℃，超过 85℃染色木材易出现色花现象。染液 pH 4 左右，染色均匀稳定，色牢度好。为使染料在合适稳定的酸性介质中染色，一般同时加入 1.5%左右的助染剂元明粉（$Na_2SO_4 \cdot 10H_2O$）能有效抑制染料的溶解度，减缓其在水中的电离程度，保持染液浓度的动态平衡，使木材在染液中能均匀吸收染料分子，减少色差，提高染色的均匀性和牢度。

木材染色用酸性染料首先要求染料分子在木材中的渗透性好，一般选择分子量较小、水溶性高、匀染性和色牢度较好的染料，结构中红、黄色系染料主要为偶氮染料，蓝色系染料主要为蒽醌染料。可参考筛选的产品如下。

典型红色产品：酸性红 B（C.I.酸性红 14）、酸性大红 3R（C.I.酸性红 18）、酸性大红 BS（C.I.酸性红 13）、酸性大红 G（C.I.酸性红 1）、酸性大红 MG-B（C.I.酸性红 73）、酸性红 PE（C.I.酸性红 9）、酸性红 MG-BL（C.I.酸性红 249）、弱酸性桃红 B（C.I.酸性红 138）及弱酸性红 E-BM（C.I.酸性红 266）等。

典型黄橙色产品：弱酸性黄 RN（C.I.酸性黄 25）、酸性黄 MG-NR（C.I.酸性黄 23）、酸性黄 GRH（C.I.酸性黄 99）、酸性黄 2R（C.I.酸性黄 11）、酸性橙 MG-RL（C.I.酸性橙 7）、酸性橙 GX（C.I.酸性橙 10）、弱酸性黄 RXL（C.I.酸性黄 67）、弱酸性橙 N-RL（C.I.酸性橙 127）及中性艳黄 3GL（C.I.酸性黄 127）等。

典型深色产品：弱酸性艳蓝 RAW（C.I.酸性蓝 80）、酸性蓝 MG-BL（C.I.酸性蓝 45）、酸性深蓝 MG-3R（C.I.酸性蓝 113）、酸性蓝 K-BRLL（C.I.酸性蓝 324）、弱酸性蓝 2G（C.I.酸性蓝 40）、弱酸性蓝 ART（C.I.酸性蓝 25）、中性艳蓝 GL（C.I.酸性蓝 183）、酸性绿 MG-SL（C.I.酸性绿 25）、酸性棕 RL（C.I.酸性棕 2）、酸性棕 MG-BL（C.I.酸性棕 355）、酸性黑 MG-5B（C.I.酸性黑 1）及中性黑 2S-RL（C.I.酸性黑 172）等。

重组装饰材染色大多采用三原色拼色技术，内部渗透性和日晒牢度是重组装饰材染色的关键问题。染料渗透性与染料溶解性、极性和色谱（拼色技术）有关，一般浅灰色系的色牢度较差，深色系色牢度较好，最高可达 5 级。一些高色牢度酸性染料常存在渗透性问题，使得染料难以渗透到内部将木材单板内部染透，导致单板表面颜色和内部颜色不一致，在产品上主要体现为横截面的颜色不匀。酸性染料母体结构、取代基性质及所处位置对耐光牢度影响极大。一般而言，蒽醌染料的耐光牢度高于偶氮染料，偶氮染料又高于三芳甲烷染料。重组装饰材染色用红、黄、蓝三原色中影响耐光牢度的主要为红色染料。

由于一些酸性、还原、直接和媒染染料等常存在环境和安全问题，活性染料已成为主要的代用染料。活性染料对木材具有较好的易染性，邓洪等曾用活性染料对泡桐单板仿红木染色，染色后的泡桐单板经目测能达到红木商业用材的自然效果；他们还研究了不同前处理方式对活性染料在木材中渗透性的影响，采用热水浸提和化学试剂（烧碱或过氧化氢）等对杨木进行染色前处理的方法都可不同程度提高杨木的染色深度，其中烧碱对提高染液渗透深度影响最大。

6.4.4　铝合金着色用酸性染料

铝合金材料由于其优异的性能（高强度、高韧性、耐腐蚀、轻质化）在人们的生产生活和交通工具中得到广泛应用，各种美轮美奂的铝制品不断出现在人们的生活中。经添加其他金属元素后的高档铝合金材料更具材质轻、抗压性强、韧性极佳等特色。传统铝合金材料的着色大多为涂料喷涂工艺，生产过程废气很难控制，且产品易掉漆掉色。现已逐渐被应用高档环保型酸性染料色基的铝合金氧化着色工艺所代替。

铝合金材料氧化着色工艺，其美观度及牢度远高于传统的涂料喷涂工艺，如手机外壳、便携式电脑铝壳、汽车饰件、高尔夫球杆、化妆品瓶盖和食品类包装盒等，美观耐磨且不会存在掉色脱色现象。彩色铝合金材料在高档办公及家居组合产品中的应用也越来越普及，如铝合金书柜、文件柜、办公桌，高档铝合金门窗和家具及室内饰品等的市场需求量增长迅速。

高档铝合金氧化着色的基本原理是首先对铝合金材料表面进行阳极氧化，形成致密的多孔氧化层，然后让带阴离子电荷的高档环保型铝合金专用酸性、中性染料色基进行渗透形成紧密的离子键（部分也有范德华力作用）后最后进行封孔。色泽和铝合金材料紧密结合形成的涂层一般不会褪色掉色，其着色效果极其鲜艳精美，且色牢度极佳。

铝合金材料着色用酸性染料最早由德国 Bayer（拜耳）、瑞士 Sandoz（山道士）和英国 ICI 等公司开发上市，大多数产品由用于皮毛和丝绸染色的优良品种筛选而得，但必须是不带填充剂和助剂的高纯度原染料，且在可能的范围内纯度越高上色越容易，牢度也越高。典型商品品牌有 Alzarin、Alimax、Ultralan 等系列。铝合金着色专用酸性染料色基产品大部分是单色体，也有复配品种。可参考筛选的铝合金表面着色用酸性染料色基品种如酸性黄 M-R（C.I. 酸性黄 151）、酸性艳橙 GR（C.I.酸性橙 7）、中性络合橙 RL（C.I.酸性橙 86）、酸性橙 GRL（C.I.酸性橙 100）及茜素黄 S；酸性红 BL（C.I.酸性红 106）、酸性枣红 B（C.I.酸性红 151）、酸性红 RN（C.I.酸性红 154）、酸性桃红 B（C.I.酸性红 186）、酸性艳紫 RW（C.I.酸性紫 103）、酸性艳蓝 GLW（C.I.酸性蓝 221）、酸性宝蓝 5GLW（C.I.酸性蓝 232）、酸性蓝 GGN（C.I.酸性蓝 158）、中性棕 HT（C.I.酸性棕 121）、中性棕 S- GR（C.I.酸性棕 282）、中性棕 S-R（C.I.酸性棕 283）、中性棕 M2R（C.I.酸性棕 365）等。

用于铝合金着色的 1:1 及 1:2 金属络合酸性染料也呈现出优良的牢度性能和艳丽色彩。由金属络合染料与部分高牢度色彩艳丽的弱酸性染料复配产品的开发已成为铝合金着色用酸性染料研发的重点之一。

第7章

分散染料及研究进展

分散染料（disperse dyes）是染料产业第一大产品类别，约占染料总产量的80%。具有色泽鲜艳、应用方便、湿牢度好、成本较低等特点，是合成纤维用染料中最主要的应用类别，主要用于涤纶（聚酯纤维）和涤-棉、涤-毛、醋酸纤维等混纺织物的染色。近年来，随着印染技术的不断发展，还出现了专门用于转移印花、高温快速染色的分散染料，用于超细纤维染色的分散染料。特别是超临界二氧化碳染色技术等环保染色技术的出现，对分散染料提出了新的要求，将出现适用于超临界流体染色的新型染料。

本章将结合典型产品及中间体，简述分散染料结构特征、合成技术及研究进展。

7.1 概述

7.1.1 分散染料与产业

（1）分散染料研究历程

分散染料是一类不含水溶性基团的非离子型染料，在水溶液中以分散态对纤维进行染色。

涤纶即聚酯纤维，在纺织纤维总量中据首，占40%以上，为对苯二甲酸与乙二醇的缩聚物，化学结构上没有亲水基团，是由无数酯键连接苯环的线型高聚物。

涤纶吸湿性差，在纺织过程中经拉伸、定型后形成大分子定向排列、高度整列结晶状的紧密纤维结构，具有良好的机械强度和弹性及较高的耐热性。

1922年德国BASF（巴斯夫）公司的A. G. Green及K. H. Sandero等首先合成了一种适用于醋酸纤维染色的醋纤分散染料Ionamine（BDC），其在水中经表面活性剂研磨后呈现胶体状，被称为"醋纤染料"。

20世纪40~50年代，随着石油化工的快速发展，新型合成纤维品种如锦纶、涤纶（聚酯纤维）等相继问世。它们的染色问题随即出现，特别是涤纶，由于其结晶度高、纤维空隙小、疏水性强，因此它的染色条件十分苛刻，需在高温、热熔或有载体的条件下使纤维膨化后才能使染料进入纤维并上染，此时"醋纤染料"已经不能满足市场需求。

1953年C. M. Whittakar首创了用于聚酯纤维染色的分散染料。

1956年醋纤染料以分散染料的名义列入《染料索引》第二版。

1970年后分散染料成为发展最快和产量最大的一类染料。

1976年《染料索引》第四版中分散染料产品已达829种。

20世纪90年代以来国外染料新品开发中分散染料约占15%。如1998年世界染料市场除中国外共开发 384 个染料新品，其中分散染料 158 个。分散染料的化学结构达 2000 多种，商品牌号达 3500 多个。分散染料商品剂型有固态和液态等。中国分散染料商品中固态剂型包括粉状和粒状，占总产量的 85%~90%，液态剂型包括液状和浆状，占 10%~15%。液态染料作为一种基本剂型出现于 20 世纪 60 年代，分散、酸性、冰染和直接等染料类别都已有液态剂型产品。而活性染料由于极易水解，液态剂型产品的制造相对较晚。中国分散染料商品中液态剂型占比较低，液态剂型产品的开发是产业转型升级的重点之一。

中国分散染料产能已达 50 万~60 万吨，2017 年产量 47 万吨，2018 年产量 38 万吨，占全国染料总产量的 50%~55%，超过世界分散染料年产量的 2/3，居全球首位。分散染料年出口量超过我国染料年出口总量的 45% 以上，是出口量最大的染料类别。

分散染料主要以偶氮和蒽醌型结构为主，两类结构约占总量的 85%。

偶氮型分散染料具有色谱齐全、发色强度高、生产周期短、经济性好等优点，是分散染料中产量最大的一类，约占 70%。其中单偶氮型是产量和产品最多的，1970~1990 年间在偶氮型中的占比约从 50% 增至 70%。

蒽醌型分散染料具有染色性能好、颜色艳丽、耐水洗、耐酸碱、耐汗渍等特点，主要用于中高档织物的染色和印花，但也存在生产周期长、发色强度较低和价格较贵等缺点。蒽醌型在同一时期内已由 25% 降至 15%。其余为杂环型分散染料，该类染料具有发色强度高，提升力、匀染性、鲜艳度好等特点，虽价格稍贵，但日益受到重视，尤其是功能性产品。

（2）分散染料结构特征

分散染料结构特征主要有分子量小、不含强离子性的磺酸基—SO_3H 等，含碱性基团和亲油、非离子型基团，如—R、—OR、—SO_2NH_2 等。易上染组织紧密的涤纶纤维等，上染时呈分散态。

最早工业化的红色分散染料之一是 1953 年生产的 Dispersol 分散大红 B（C.I.分散红 1）。

最早工业化的蓝色分散染料是 Terasil Navy Blue SGL（C.I.分散蓝 125）和 Resolin Blue LS（C.I.分散蓝 165）等。

杂环类偶氮染料有以杂环作为重氮组分的，也有以杂环作为偶合组分的，也有不通过偶氮基而是以其他共轭系统将杂环连接在一起的。近三十年间相关专利很多，且已有许多杂环类分散染料工业化产品问世，但在《染料索引》中只有少量杂环类分散染料的分子结构公布。

7.1.2 结构与产品类别

分散染料应用时要求分散稳定性好。经助剂复配后在溶液中分散迅速，且粒度均匀，粒径 d 在 0.5~2μm 间，使分散染料微粒易进入纤维孔隙，能均匀上染。分散液的稳定性常通过加入扩散剂如木质素磺酸钠、萘系缩甲醛等控制，使得分散染料呈稳定的胶状悬浮液状态，且不产生二次团聚（凝聚）。

（1）产品类别

按染料染色应用性能，通常在染料名称字尾加注字母来分类。早期瑞士 Sandoz（山道士）公司的产品 Foron 牌号分散染料分为 E、SE 及 S 型三种。中国染料生产厂也采用类似的应用分类。

E 型（低温固着型或低温吸附型）：其特点是分子量小，低温时固着率高，随染色温度升高而其固着率降低，匀染性、移染性、遮盖性均好，但升华牢度低，适用于竭染法高温高压染色和转移印花等。中国有 60 多个产品，产量约占 35%。

S 型（高温固着型）：其特点是分子量大，低温时固着率很差，随染色温度升高而其固色率也上升，200~220℃ 可达最高固色率，一般情况固色率较高，热熔升华牢度好，适用于热熔染色、耐高温树脂整理等。但匀染性差，移染性及遮盖性均不如 E 型，能耗大，易损伤纤维，升华点多，扩散性差。

SE 型（中温固着型）：介于上述两种类型之间的一类染料，分子量较大，低温时有较高固着率，并随着染色温度升高而增加。一般受温度影响较小，且上染曲线平坦，这样就不会因为染色温度上下波动而造成色差，升华牢度、匀染性、移染性及遮盖性中等。既适用于高温高压染色，也适用于热熔染色，故此类分散染料产品最多。中国有 260 多个产品。

（2）结构类别比例

	偶氮	蒽醌	苯并咪唑	苯乙烯	喹酞酮	硝基三苯胺
比例/%：	50～60	25	3	3	3	1
主要色谱：	黄	红	红	紫	黄	橙

分散染料商品实际上主要有三大类结构：偶氮、蒽醌、稠杂环等。

分散染料不含水溶性的磺酸基团，但具有低度水溶性，在染色时依靠分散剂才能均匀分散在染浴中。分散染料产品类型齐全，有高能型、中能型、低能（高温竭染型）型、含羧酸酯基的 P 型、快速染色型和荧光型等，常用产品超过 120 个。染料力份（强度）也趋向多元化，有 100%、150%、200%、300%等。

国内年产量超千吨的分散染料产品有 20 多个，超万吨的产品有分散蓝 H-GL（C.I.分散蓝 60）、分散蓝 EX-SF 300%和分散黑 EX-SF 300%等 3 个品种，其中分散黑 EX-SF 300%年产约 5.5 万吨。低能型产品约 25 个，占总产量的 19%，分散黄 RG-FL（C.I.分散黄 23、禁用染料）、分散红 3B/FB（C.I.分散红 60）和分散蓝 2BLN（C.I.分散蓝 26）的产量占低能型染料产量 60%；高能型产品约 50 个，占总量的 63%；分散黄棕 S-2RFL、分散红玉 S-2GFL（C.I.分散红 167）、分散蓝 H-GL、分散蓝 EX-SF 300%和分散黑 EX-SF 300%等的产量占高能型分散染料 85%以上；中能型产品有 30 个，占总量的 12%～14%，主要有分散金黄 SE-5R（C.I.分散黄 104）和分散红玉 SE-GFL（C.I.分散红 73）等。

国内分散染料有技术难度的产品如分散翠蓝 S-GL（C.I.分散蓝 79）、分散翠蓝 S-BL、分散蓝 BGL（C.I.分散蓝 73）和分散艳红 E-RLN（C.I.分散红 53）等都已开发成功，特别是环保型（ECO）分散黑 EX-SF 300%和分散蓝 EX-SF 300%都已量产并大量出口；另外，分散黄 RG-FL 的取代产品分散黄 M-4G、分散黄 M-5G、分散黄 M-3RL、分散金黄 SE-5R 等也都已量产。此外，还开发了适用于涤纶超细纤维的专用分散染料，年产超过 3000t。

7.2 应用性能与染色机理

7.2.1 分散染料商品化质量

分散染料商品的质量如色光、强度、上染率和性能等都与原染料（约占生产成本的 85%，能耗约占 5%～6%）的质量特别是纯度和含有的杂质成分有关。分散染料滤饼和成品的纯度和所含杂质成分、重金属等都有严格限制，能满足用户需求。但各企业产品在分散性、高温分散稳定性和上染率等方面尚存在差距，实际生产中的稳定性随原料质量、控制水平和管理状况等因素波动大。有些产品中副染料、杂质、盐分和重金属等含量较高，熔点也较低，染色过程损失率达 10%～30%甚至 50%。有些产品染聚酯混纺织物时对其他纤维的沾污较严重，升华牢度差 0.5～1.0 级、热迁移牢度差 1.0 级以上、湿摩擦牢度差 0.5 级等。

分散染料商品化质量水平反映了原料制造、控制手段、生产设备及后处理设备和商品化技术等综合水平。染料粒子形状、晶型和粒径等的控制是分散染料商品具有优异分散稳定性的基础。分散染料的分散稳定性特别是高温分散稳定性已成为产品研究的重点。

分散染料的鲜艳度因产品而异，鲜艳度较高的染料商品名称中常加"艳"以示区别。对染浅淡色泽和印花产品，应选用鲜艳度较好的分散染料。根据图案设计配色要求，还可选用带荧光的分散染料。

（1）溶解特性

分散染料在水中的溶解度低，冷水中约为32mg/L，80℃热水中约为100mg/L，水温升高至沸，或在压力容器内加热至130℃，溶解度可达200mg/L以上。染料溶解度与温度、染料结构和分子量有很大关系。商品染料中通常含有较多有着明显增溶作用的阴离子分散剂。商品染料配制染液时，能溶解于水的大部分是各种分散剂，细小的染料微粒只是被水溶性的分散剂包围，这种不完全溶解的液体叫作分散液。

（2）升华牢度

一般分散染料加热至150~250℃便熔化或升华而不分解，容易在干热空气中由固态直接气化。染料干热升华的难易与染料化学结构上取代基的极性有关，一般来说极性越大越不容易升华。企业可根据不同需要，合成各种升华牢度、用途不同的分散染料。

分散染料的升华牢度可从染料样本中查到，通常用180℃、30s测试的原样变化和沾色的级数评价升华牢度，5级为最好，1级为最差。不同的染色深度，升华牢度差别很大，染色方法对升华牢度也存在一定影响。

（3）扩散能力

扩散能力是确定染色温度和时间的主要参数。温度是分散染料染色的重要因素，直接影响染料分子向纤维内部的扩散速率，不同结构的分散染料产品间扩散性能差别很大。

（4）提升力

提升力是分散染料的重要性能之一，表示染料染色或印花时染料用量逐步增加，织物上得色深度相应递增的程度。提升力好的染料，染色深度按染料用量比例增加，说明有较好的染深性；提升力差的染料，染深性差，达到一定深度时得色就不再随染料用量增加而加深。分散染料的提升力在具体产品之间存在很大差别。染深浓色泽要选用提升力高的染料，染鲜艳的浅淡色泽可以选用提升力低的染料。

（5）覆盖力

用分散染料上染涤纶、醋纤长丝织物和针织品后，常会出现色差。不同品质的涤纶长丝织物，在相同染色条件下用不同颜色分散染料染色会产生不同的色差，这反映了分散染料覆盖能力的差异。按灰色标准评级，色差严重的为1级，无色差的为5级。

分散染料对色差的覆盖力取决于染料结构本身，染料初染率高、扩散慢、迁移性差的产品，多数对色差的覆盖率也差，同时覆盖力与升华牢度也有一定关系。

（6）分散稳定性

分散染料在水中分散成0.5~1μm的细小颗粒，粒度分布按二项式展开。高品质商品的染料粒度大小规整，可用粒度分布曲线表明。粒径大小不等且分布差的染料分散稳定性也差。若颗粒明显偏大，会出现微小粒子重结晶，重结晶会使大粒子增多，导致染料析出，沉淀在染色机壁上或纤维上。

为使染料微小细粒成为稳定的水分散体，水中要有足够浓度的分散剂。染料微粒被分散剂包围，不使染料彼此靠近，防止相互聚集或结块成团。阴离子的电荷斥力有助于分散体的稳定。染料分散在水溶液中，因受外界因素影响有可能产生染料二次团聚使结晶增大、分散稳定状态遭到破坏并产生絮凝现象。

超细规整分散染料的开发是产品提升的重点，但纳米化分散染料产品并不多。

（7）pH 敏感性

分散染料产品多色谱广，对酸碱的敏感性不一致，不同 pH 染液常会导致不同的染色结果，影响得色深浅，严重的甚至产生色变。一般在弱酸性（pH 4.5～5.5）介质中分散染料处于稳定状态。

商品染料溶液的 pH 大多为中性或带弱碱性。染色前要用酸调节至规定的 pH。染色过程中有时染液的 pH 会逐渐升高，必要时可加醋酸和硫酸铵保持弱酸性状态。

偶氮型分散染料有些对碱十分敏感，也不耐还原作用。带酯基、氰基或酰氨基的分散染料，多数会受碱水解作用，影响正常色光。也有些产品即使在中性或弱碱性条件下高温染色也无变色现象，可与直接染料同浴染色，或与活性染料共同轧染。

疏水性的分散染料对涤纶有很好的亲和力。对聚酯纤维-涤纶上染温度是重要因素，可在 100～130℃的染液中或 180～210℃的干热状态下染成各种深度的颜色，日晒和耐洗牢度优良。当染液升温至沸腾，涤纶高聚物的无定形区软化，染料开始吸着在纤维表层，随着温度（120～130℃）上升，纤维大分子链段之间逐渐松动。在热作用下链段振动频率增大，纤维结构内出现许多可容纳染料分子的"空隙"；与此同时，染料的热量增加了溶解的染料分子的动能，加快了向纤维内部扩散。温度越高，染料分子进入纤维的扩散速率越快，甚至达到纤维结晶区的边缘。染色完成时染液降温至涤纶的玻璃化温度以下，染料分子被凝结在纤维固体中，不再溶出，从而获得很高的染色牢度。分散染料对醋酸纤维的应用性能也很好，在 80～100℃的染液中可染各种色泽，但湿洗牢度不够理想。

聚酰胺-锦纶纤维可用分散染料染色，但日晒牢度不及涤纶上的优良，如用低温型分散染料，则湿洗牢度不够好。氯纶的耐热性差，用低温型染料有较好的可染性。丙纶缺少极性基和容纳分散染料的染色席位，染色受到很大限制。腈纶带有负离子基团，主要用阳离子染料染色，适合腈纶染色用的分散染料要经过选择，通常只能染浅色，但湿洗牢度不理想。维纶由于亲水性较大，对分散染料的亲和力差，染色牢度低，不能用作主色染料。

7.2.2 染色方法及染色机理

分散染料用于涤纶织物的染色，主要有高温高压、热熔和载体等三种染色工艺。上染过程中分散染料悬浮液中有少量分散染料溶解成为单分子，因此在染料悬浮液中存在着大小不同的染料颗粒和染料单分子，染料溶液呈饱和状态；染色时已溶解的染料分子到达纤维表面，被纤维表面所吸附，并在高温下向纤维内部扩散，随着染液中染料单分子被吸附，染液中的染料颗粒不断溶解，分散剂胶束中的染料也不断释放出来，不断提供单分子染料，再吸附、扩散，直至完成染色过程。分散染料的染色过程有染料分子吸附在纤维表面、由纤维表面向纤维内部扩散、在纤维内部固着等三大步骤。三大步骤同时发生，并伴随能量转换和变化，但在染色某一时段内，某一过程却又可以占绝对优势。

（1）高温高压染色

涤纶织物的主要染色工艺，在 120～130℃、197～295kPa 压力下于密封的高温高压设备中进行。

此工艺的优点为染物得色鲜艳、匀透，可染至浓色。织物手感柔软，适用的染料产品较广，染料利用率达 80%～90%。缺点为间歇生产，生产效率较低，需要压力染色设备。

（2）热熔染色

织物通过加热烘焙，分散染料在干热状态下迅即热固着于涤纶中的工艺，用于涤纶与纤维素纤维混纺织物染色。对涤/棉或涤/粘纤维，主要以分散染料连续轧染为主。

热熔染色是用浸轧的方法使染料附着在纤维表面，烘干后热熔时，由于温度高，纤维无定形区的分子链段运动剧烈，形成较大的瞬时空隙；染料颗粒解聚或升华形成染料单分子而被纤维吸附，并能迅速向纤维内扩散。

热熔过程中没有水的增速溶胀作用，且热熔时间较短，所以热熔温度在 170～220℃间比高温高压染色温度高。染料利用率比高温高压法染色低，对染料的升华牢度要求较高，织物所受张力较大。热熔染色连续工艺生产能染浅、中色，效率高，适宜于大批量生产。

（3）数码印花

数码印花先进的喷墨印刷成像技术之一，与传统技术相比更环保，水、能耗低，只有极少量或没有残留染料浪费。Kosolia 等合成了三个适合喷墨印刷的苯并噻唑类杂环分散染料，用于制备常规喷墨油墨。典型产品如苯并噻唑和苯并异噻唑系稠杂环染料、分散红 2BL-S（C.I. 分散红 145，*N*-乙基，氰乙基）等。

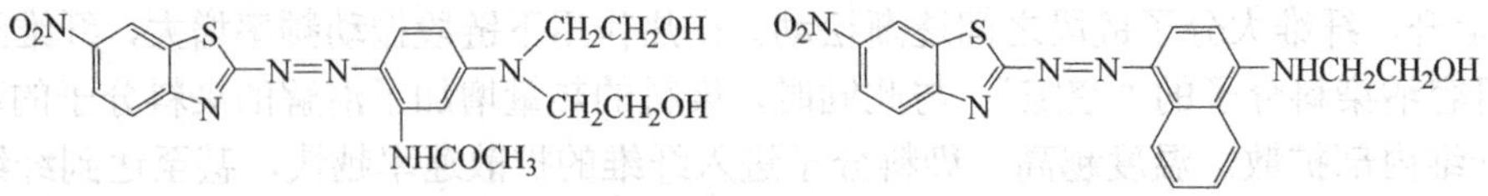

分散染料微滴乳化（微胶囊）应用是喷墨印刷成像技术的新进展，在纺织印染多彩设计中具有很大潜力，如双面多层织物的印染。由于微胶囊分散染料的半渗透控释性能，转移印刷纸可重复使用。第一步分散染料颗粒被电解质层层包裹，第二步在 60～70℃下通过减小 pH 使聚（脲醛）纳米粒子沉积在微胶囊表面上。M. Zandi 等采用弱的阳离子和强的阴离子通过逐层薄膜技术制得了分散染料颗粒微胶囊。

7.2.3 结构与性能关系

分散染料的染色性能和化学结构密切相关，不同的结构其染色性能差别大。染料化学结构与染料颜色、耐日晒牢度、耐升华牢度和耐热迁移牢度等关系的研究是染料化学技术基础理论研究的重点。

（1）结构与颜色

在偶氮分散染料中，染料颜色的深浅与染料分子的共轭系统及它的偶极性有关，染料分子偶极性的强弱又与重氮组分上取代基及偶合组分上取代基的性质相关。

a.重氮组分含吸电子基：产生深色效应，且加深程度随取代基的数目、位置和吸电子能力大小而变化。如果没有空间阻碍，吸电子取代基数目越多，吸电子能力越强，深色效应越显著。吸电子取代基在偶氮基的对位效果最强。

$$—NO_2 > —CN > —COCH_3 > —Cl > —H$$

在重氮组分和偶合组分都是苯系衍生物的单偶氮染料中，重氮组分重氮基的对位有一个硝基的染料多为橙色；对位一个硝基，邻位有一个氰基的为红色或紫色；如果在对位有一个硝基，在两个邻位有氯原子的则多为棕色；邻位的一个或两个氯原子换成氰基后，则多为蓝色。如果重氮组分的苯环换成杂环，颜色显著变深。如果杂环中具有吸电子基团，深色效应更强。

单偶氮染料的偶合组分主要是 *N*-取代苯胺衍生物。在氨基的邻位和间位引入取代基对颜色也有影响，间位的影响比邻位大一些。

b.偶合组分含供电子基：供电子基产生深色效应，吸电子基则产生浅色效应，与重氮组分情况正好相反。同理，改变偶合组分氨基上的取代基，也会引起深色或浅色效应，如表7-1所示。

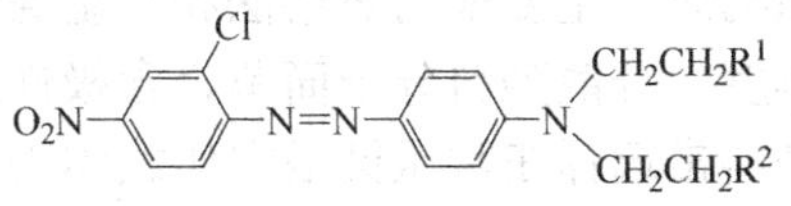

表7-1　不同取代基对 λ_{max} 的影响

R¹	R²	λ_{max}/nm
CN	CN	474　（橙色）
CN	H	499　（红色）
OH	H	525　（紫色）

在苯环的一定位置上，如果取代基体积较大，则可能会产生空间位阻。如在偶合组分氨基邻位存在体积较大的取代基时，氨基氮原子的孤对电子很难和苯环的π电子云重叠，深色效应减弱。在氨基邻位取代基体积越大，吸收波长越短。同理。在重氮组分重氮基的邻位引入体积较大的取代基，也会因空间位阻而降低深色效应。由此可知，体积小的吸电子基团产生的深色效应明显。

（2）结构与耐日晒牢度

染料在织物上的光褪色作用复杂，除染料结构外，还和纤维性质、染料在纤维上的聚集状态及大气条件等因素有关。

偶氮染料在氧气存在下，在非蛋白质纤维上的光反应首先生成氧化偶氮化合物，然后发生瓦拉西（Wallach）重排生成羟基偶氮染料，再进一步水解反应生成醌和肼的衍生物：

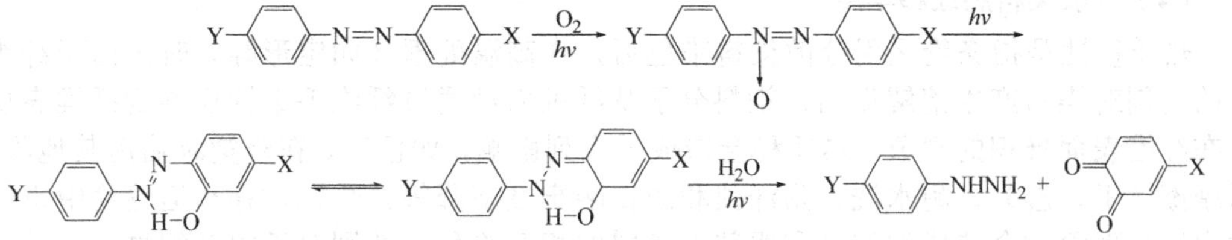

生成的醌和肼的衍生物还会进一步反应。由于偶氮染料分子中偶氮基的光化学变化是一个氧化反应，偶氮基氮原子的电子云密度越高越易发生反应，所以在苯环上引入供电子基往往会降低分散染料的耐日晒牢度，引入吸电子基则可提高耐日晒牢度。同理，在重氮组分上引入吸电子基，除了个别情况外，耐日晒牢度随吸电子性增强而提高。

硝基是强吸电子基，但却使耐日晒牢度降低。这是因为偶氮基邻位的硝基会被还原为亚硝基。六元环结构通过分子内氧化作用会生成邻位有亚硝基的氧化偶氮化合物，后者较容易发生光化学反应，故耐日晒牢度下降。如果在苯环6位上再引入一个吸电基，耐日晒牢度又可以变好。这可能是在6位上具有这些基团后，难以发生上述反应的缘故。重氮组分为杂环的分散染料的耐日晒牢度一般较高，引入吸电子基后染料的耐日晒牢度更高。纤维材料不同耐日晒牢度也不同。大多数染料在涤纶上的耐日晒牢度比在锦纶和醋酯纤维上的要好。

为改善分散染料的耐日晒牢度，常在染料分子中引入适当的吸电子基团，由于在偶氮组分上引入吸电子基会起浅色效应，而且偶合反应变得困难，因此吸电子基多半引入在重氮组分上，既可提高耐日晒牢度，又可起深色效应且可使偶合反应容易进行。

（3）结构与升华牢度

升华牢度是指分散染料在高温染色时由于升华而脱离纤维的程度，是主要的应用性能。分散染料染涤纶或涤棉混纺织物时，主要采用热熔法和高温高压法，尤以热熔法更为普遍，要求染料具有较高的耐升华牢度。分散染料分子简单、含极性基团少、分子间作用力弱、受热易升华。升华牢度较低的染料常选择在常压染浴中作载体染色，而用于转移印花的染料则要求有一定的升华牢度。

分散染料的升华牢度主要和染料分子的极性、分子量有关。极性基的极性越强，数目越多，芳环共平面性越强，分子间作用力就越大，升华牢度就越好。染料分子量越大越不易升华。此外，染料颗粒状态对升华难易也有一定影响，颗粒大，晶格稳定不易升华。在纤维上还和纤维分子间的结合力相关，结合力越强越不易升华。改善染料的升华牢度，可在染料分子中引入适当的极性基或增加染料的分子量。

重氮组分上取代基 R 的极性增强，染料升华牢度相应增高。同理，在偶合组分中引入极性取代基也可提高染料的升华牢度。

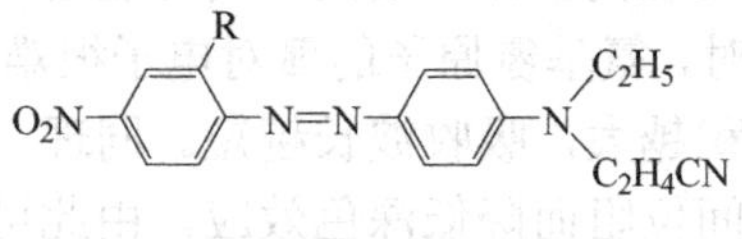

R 为—NO$_2$＞—CN＞—Cl＞—OCH$_3$＞—H＞—CH$_3$

增加分散染料取代基的极性和分子量都有一定的限度。极性基团过多，极性过强，不但会难以获得所需的色泽，还会改变染料对纤维的染色性能，降低对疏水性合成纤维的亲和力。增大分子量会降低染料上染速率，使染料需要在更高温度下染色。除了改变染料的化学结构，染料在纤维上的分布状态也会影响升华牢度。染色时应提高染料的透染程度来获得良好的升华牢度。

（4）分散染料热迁移牢度

热迁移性是指涤纶采用分散染料染色后，在高温处理（如定形等）时，由于纤维外层的助剂对染料产生溶解作用，染料分子从纤维内部通过纤维毛细管迁移到纤维表层，并在纤维表面堆积的现象。热迁移会造成一系列影响，如色变、在熨烫时沾污其他织物、耐摩擦（干、湿）、耐水洗、耐汗渍和耐日晒牢度下降等。长期贮存和运输途中也经常发生这一现象，会造成纺织品和服装上染料的相互渗色，特别对于印花织物。分散染料热迁移是染料以固态凝聚体从纤维内部迁移到纤维表面，没有相变，所以热迁移性仅与分子结构有关。升华是染料先气化，呈单分子状态再转移；热迁移是染料以固态凝聚体（或单分子）向纤维表面迁移，因此耐升华牢度好的分散染料其热迁移并不好。如 Dystar（德司达）公司 Resolin 系 8 个分散染料的热泳移牢度全部为 1～2 级，而升华牢度均为 4～5 级。

染料热迁移现象是分散染料在两相溶剂（涤纶和助剂）中的一种再分配现象。因此所有能溶解分散染料的助剂都能产生热迁移作用。如果无第二相溶剂存在，就不可能产生热迁移现象；如果第二相溶剂对染料的溶解性弱或量很少，则热迁移现象也相应减弱。应用非离子表面活性剂是导致分散染料热迁移现象的主要原因，但不同结构的分散染料在非离子表面活性剂中溶解度也不同。

7.3 偶氮型分散染料

以单偶氮为主（80%多），主要色谱：黄、橙、红、棕、紫、蓝等。影响 λ_{max} 的因素主要是共轭发色系统和偶极性（分子极性）。如重氮、偶合组分结构，键的极性与偶极距等。染料分子是由一个带正电荷中心和负电荷中心组成的体系，分子内因电子迁移性强而产生永久偶极距，且易由于电场存在而引起分子极化产生诱导偶极矩。

7.3.1 重氮组分

工业上常用的重氮组分（diazo component）为多取代芳胺类化合物，该类化合物常为环境激素，是禁用偶氮分散染料的主要结构因素。在重氮组分中引入噻吩、苯并异噻吩和苯并噻吩等稠环、稠杂环结构是环保型分散染料研发的主要方向。

（1）多取代苯胺类
典型如 4-硝基苯胺、2-氯-4-对硝基苯胺、2-氰基-4,6-二硝基苯胺等。

（2）多取代萘系芳胺类
该结构具有较大的共轭发色体系，颜色比苯环深。

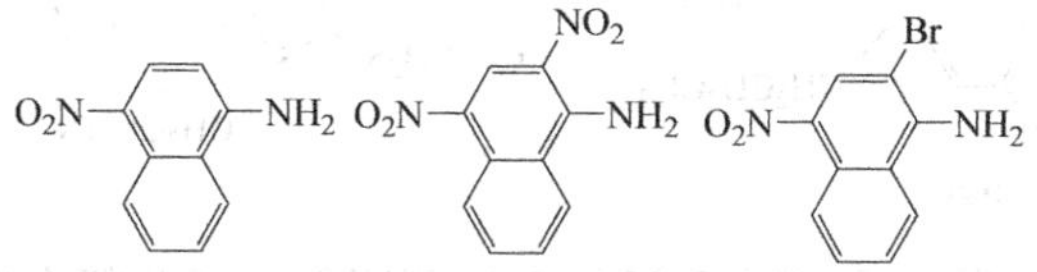

（3）多取代杂环芳胺类
典型带吸电子基的亲电杂环重氮芳胺组分有 2-氨基噻唑、2-氨基苯并噻唑、2-氨基苯并异噻唑、2-氨基噻吩、2-氨基咪唑等。2-氨基 5-硝基噻唑的合成：

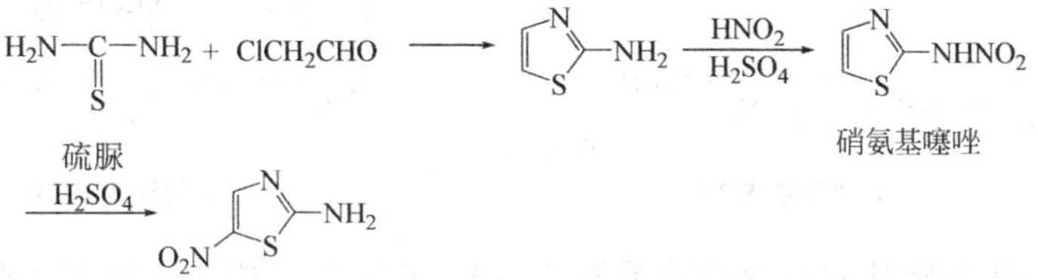

杂环重氮组分偶氮染料的颜色较深且鲜艳。不同稠杂环结构的深色效应（红移）强弱不同，如苯并异噻唑、苯并噻唑、噻唑、吡唑啉等。稠杂环上一般都有硝基等取代基。工业上应用较多的是带有硝基等强吸电子基的硫代杂环、稠杂环化合物。如下取代 2-氨基苯并异噻唑等，其取代基深色效应（红移）的强弱为—NO_2>—CN>—SCN>—CH_3>—OCH_3。

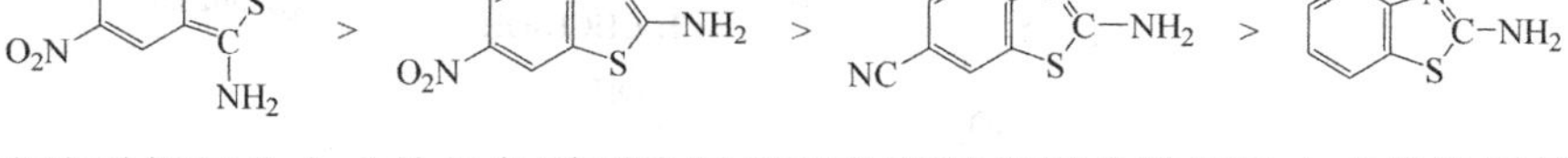

由苯并噻唑重氮组分合成的红色系列染料是稠杂环环保型分散染料中产品数量最多的，约有 20 种。该系列杂环分散染料颜色鲜艳，且具有较好的耐光牢度和发色强度。分散大红 SE-GS（C.I.分散红 153）色光为深红色，主要用于涤纶高温高压及热熔染色。分散艳红 2BL-S（C.I.分散红 145，与 C.I.分散红 313、C.I.分散红 319 结构相同）色光鲜艳、性能优良、强度高，主要用于涤纶高温高压及热熔染色。该产品也是分散黑 2B-SF 拼色三原色组分之一。其他还有 Kayalon Red BR-SF（C.I.分散红 154）等。

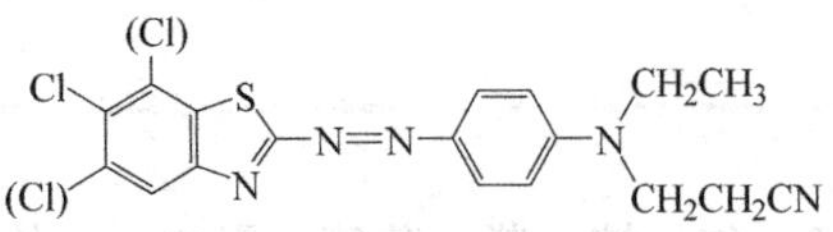

分散大红 SE-GS

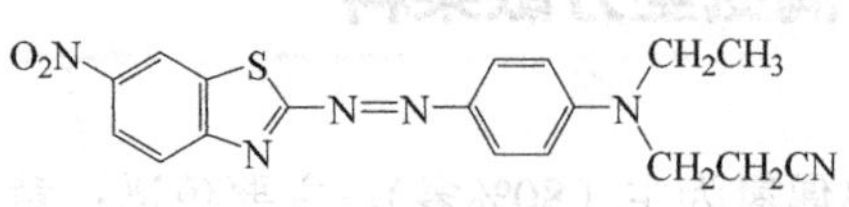

分散艳红 2BL-S

由氨基噻唑重氮组分合成的蓝色系列杂环分散染料，由 2-氨基-5-硝基噻唑重氮化后与不同偶合组分偶合而成。如分散蓝 2RD（C.I.分散蓝 96）。

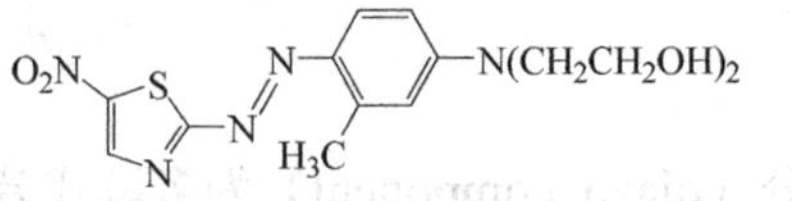

分散蓝 2RD

由 2-氨基-5-巯乙基噻二唑重氮化后与不同偶合组分偶合可得到一类涤纶用新型红色杂环分散染料，具有高鲜艳度和高发色强度，日晒牢度 6～7 级，水洗牢度 5 级。美国 Huntsman（亨斯迈）公司的 Eastman Red BSF（C.I.分散红 338）、Eastman Red YS-LF（C.I.分散红 339）、Eastman Red LFB（C.I.分散红 340）的摩尔消光系数达 5.5×10^4 L/(mol·cm)，为红色蒽醌类分散染料的 4 倍，且具有更高的日晒牢度。

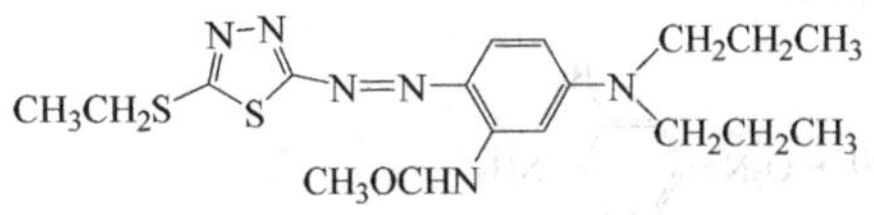

Eastman Red BSF

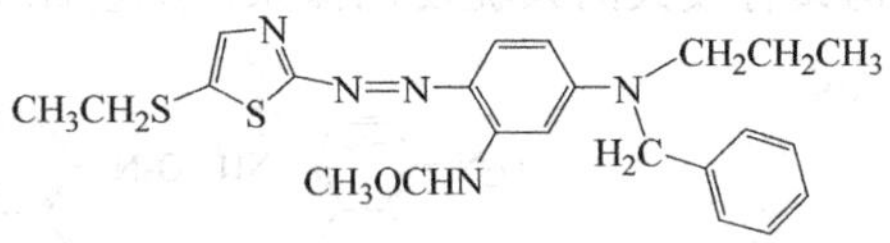

由 3-氨基-5-硝基-1,2-苯并异噻唑重氮化后与不同偶合组分偶合后可制得蓝色系列杂环分散偶氮染料。如分散深蓝 S-3RT（C.I.分散蓝 148）、分散深蓝 2GS（C.I.分散蓝 367）。

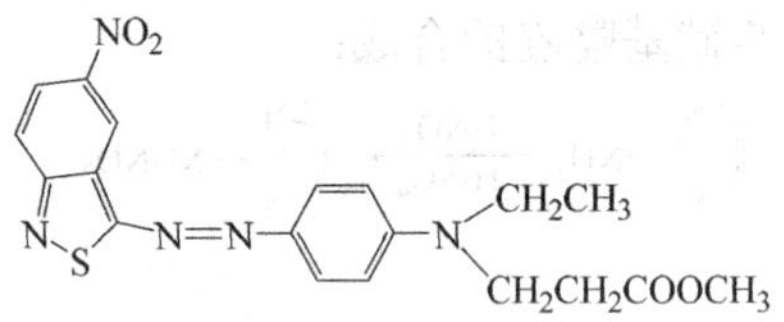

分散深蓝 S-3RT

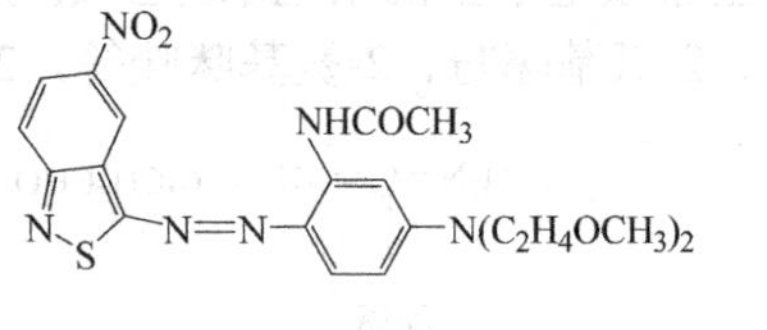

分散深蓝 2GS

由 4-氨基-5-溴-7-硝基苯并异噻唑重氮化后与 N,N-二乙基-3-苯氧基乙酰氨基苯胺偶合可制得 Celletren Navy Blue R（C.I.分散蓝 328），适用于涤/棉混纺织物一浴法染色。

噻吩重氮组分合成的杂环类分散染料产品较少。一般苯环上的取代基为供电子性时染料为红色，若加入吸电子取代基如硝基，则为绿蓝色。

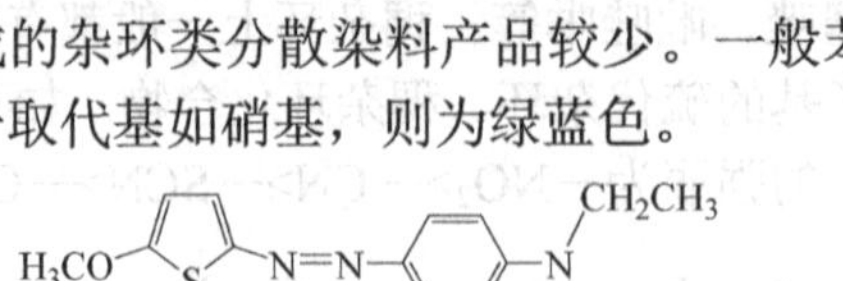

$\lambda_{max} = 502$nm

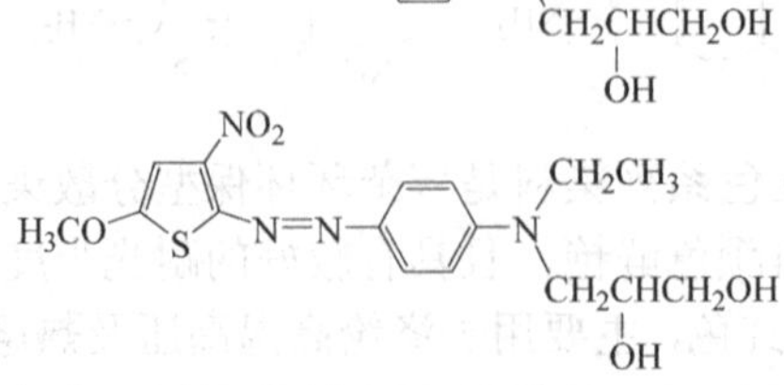

$\lambda_{max} = 603$nm

分散绿 6B（C.I.分散绿 9）由 2-氨基-3,5-二硝基噻吩重氮化后与 3-乙酰氨基-N,N-二乙基苯胺偶合制得。

7.3.2 偶合组分

偶合组分（coupling component）以多给电子基取代芳胺、酚类化合物为主。取代基 R 给电性增强，则产生红移效应。

（1）N-羟（氰）乙基苯胺类

在偶合组分中氨基上引入羟乙基减弱氨基氧化性，可提高染料的亲水性、分散性和耐光牢度；芳胺的羟乙基化由芳胺和环氧乙烷直接烷基化合成，工艺上分常压法和加压法（120～140℃，5～6kgf/cm^2，1kgf/cm^2=98.0665kPa），引入羟乙基的数量由环氧乙烷配比决定，羟乙基化反应为热力学有利的强放热反应，且环氧乙烷易与空气混合引爆，反应前后需用氮气保护吹洗。羟乙基芳胺的酯化可改进染料的上色性能。

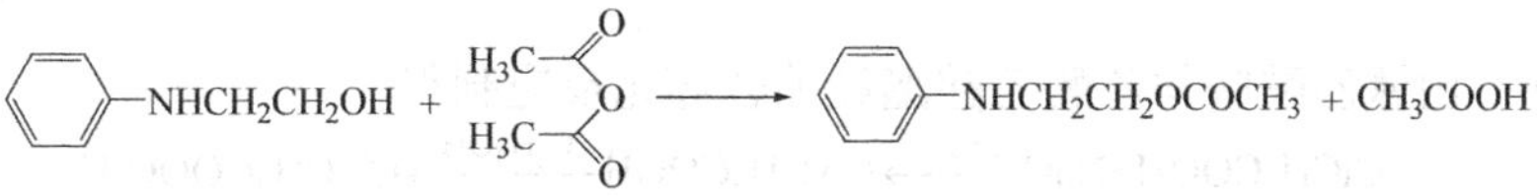

在偶合组分中氨基上引入氰乙基减弱氨基（—NH$_2$）氧化性，可提高染料的色光鲜艳度和耐光牢度。N 取代选用 2-氰基-3-甲基-2-戊烯二酸单乙酯可改进染料的耐酸碱性。如分散橙 S-4RL（C.I.分散橙 30），为 N-氰乙基和羟乙基酸酯的环保型分散染料，国内众多企业在生产。

分散红玉 H-2GFL（C.I.分散红 167），色光艳，可与 KB 比拟，价格仅为 KB 的 1/3。分散蓝 BBLS（C.I.分散蓝 165），色艳牢度好，染色性能稍差，天津染料厂曾生产。

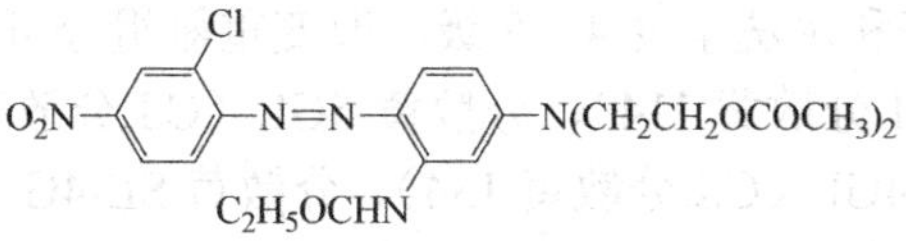

分散红玉 H-2GFL

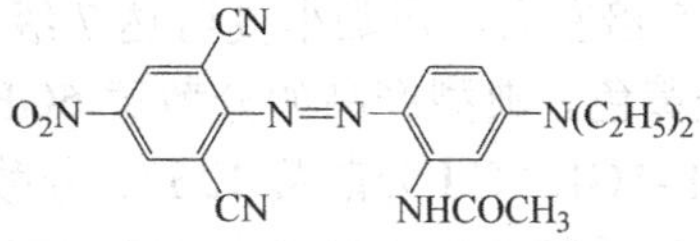

分散蓝 BBLS

分散蓝 SE-4GF（C.I.分散蓝 291:1）色光为黑色、蓝色，是热熔轧染涤/棉布深色的主要染料，拼色范围较广。该染料含 N-双烯丙基结构，是目前分散染料需求量最大的产品 300%分散黑、300%分散蓝的拼色三原色组分。分散紫 CW（C.I.分散紫 93），色光为蓝光紫。用于涤/棉混纺织物、纯涤纶织物的染色和印花。这两只分散染料是目前市场量较大的产品。

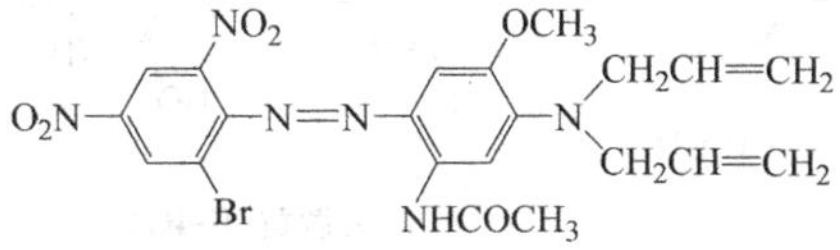

分散蓝 SE-4GF

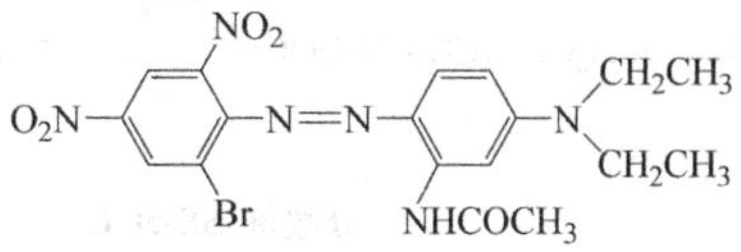

分散紫 CW

分散橙 2RL（C.I.分散橙 61），深橙色粉末，为 N-氰乙基苯胺结构的暗红光橙染料，用于涤纶及其混纺织物的染色和印花。C.I.分散橙 288 的偶合组分为 N-氰乙基-N-苄基苯胺。用于涤纶及其混纺织物的染色和印花。这两只分散染料也是 300%分散黑、300%分散蓝的拼色三原色组分，在产量较大。

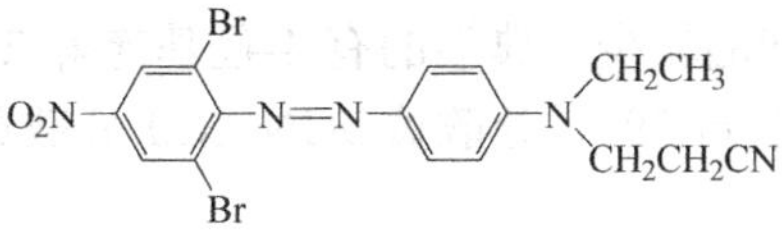

分散橙 2RL

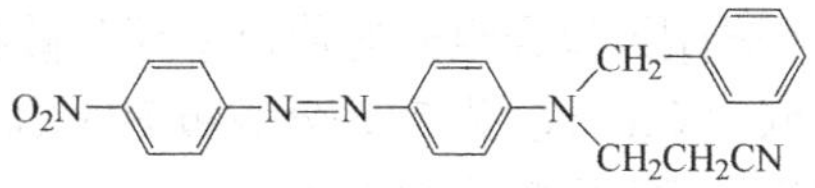

C.I.分散橙 288

（2）杂环类

稠环、稠杂环结构偶合组分有噻吩、噻唑、5-吡唑、2-甲基吲哚、2-苯基吲哚、1,3,3-三甲基-2-亚甲基吲哚啉、咪唑、巴比妥酸、喹啉、喹酞酮等。在染料产品中吡啶酮、苯并二呋喃酮等是较新的结构。

N-烷基羟基吡啶酮衍生物为一类重要的杂环偶合组分。自20世纪80年代上市以来已成为重要的新型分散染料结构产品。*N*-取代-3-氰基-4-甲基-6-羟基-2-吡啶酮（简称"吡啶酮"）系偶氮分散染料产品的研发始于20世纪60年代，*N*-烷基羟基-2-吡啶酮类发色体的创新开发被誉为是20世纪染料化学两大重大发明之一。该系分散染料以淡（黄）色谱为主，特点是颜色鲜艳且带有荧光。*N*-取代-3-氰基-4-甲基-6-羟基-2-吡啶酮（R=H，烷基，芳基）等中间体合成工艺研究是产业化的关键，现有的一步法工艺特点为反应设备简单、反应条件缓和、产值高。

合成原理：由氰乙酰胺与乙酰乙酸酯经缩合环化反应制得。

$$ClCH_2COOH+NaCN \longrightarrow CNCH_2COOH \xrightarrow{C_2H_5OH} CNCH_2COOC_2H_5$$

$$CNCH_2COOC_2H_5 + RNH_2(\beta-酮酸酯) \longrightarrow CNCH_2CONHR$$

缩合环化：

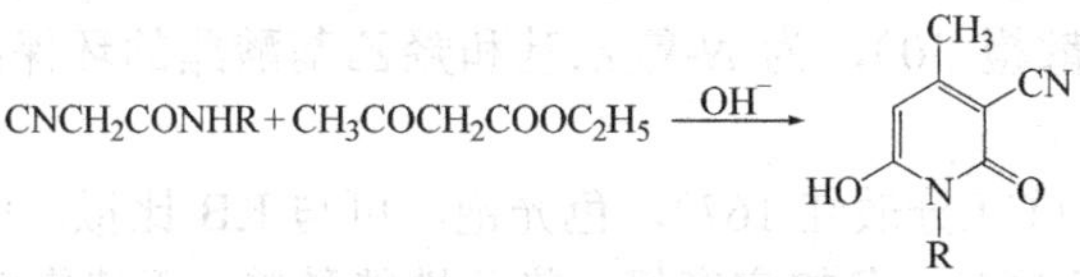

$$CNCH_2CONHR + CH_3COCH_2COOC_2H_5 \xrightarrow{OH^-}$$

吡啶酮衍生物为偶合组分合成的分散染料都是嫩黄颜色，吸收强度很高，比传统的吡唑啉酮高1.5倍左右，日晒牢度可达7级，升华和水洗牢度4～5级。改变重氮组分可得不同色光的绿光黄色。典型产品如分散黄6GFS（C.I.分散黄114）、分散黄5GL（C.I.分散黄119）、分散黄SE-5GL（C.I.分散黄126）、分散黄H-4GL（C.I.分散黄134）、分散黄SE-4G（C.I.分散黄221）、分散黄S-5GF（C.I.分散黄231）和分散黄S-5GL（C.I.分散黄241）及C.I.分散黄103、C.I.分散黄123、C.I.分散黄134、C.I.分散黄165、C.I.分散黄211、C.I.分散黄234和分散橙149（涉及致癌芳胺而禁用）等。分散嫩黄S-4GFL、分散金黄SE-RGFL的日晒牢度均达6～7级，升华牢度（180℃，30s）为4级。分散嫩黄S-4GFL色泽鲜嫩艳丽，牢度性能好，热熔固色率90%以上，原染料强度可达500%，可用来制备200%～300%分散染料。

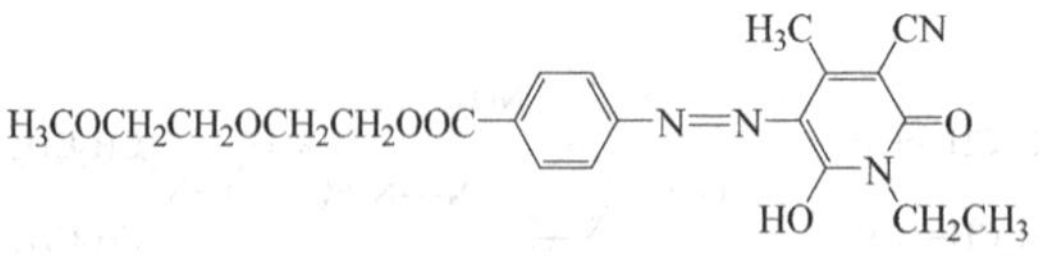

分散黄 SE-5GL 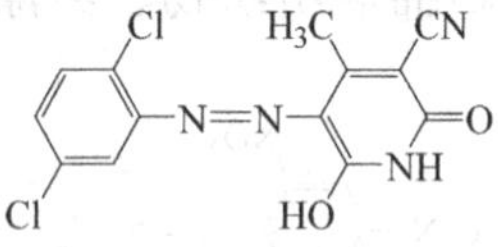　　　　　　分散黄 H-4GL

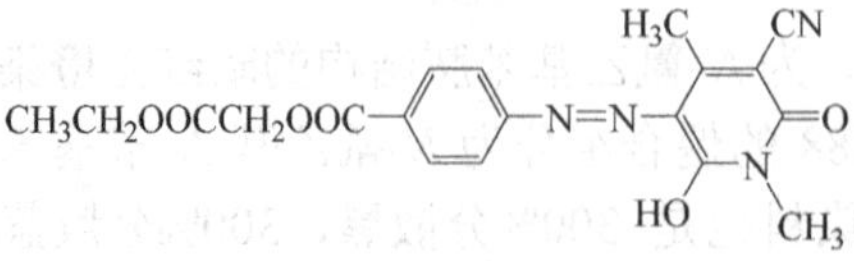

分散黄 SE-4G 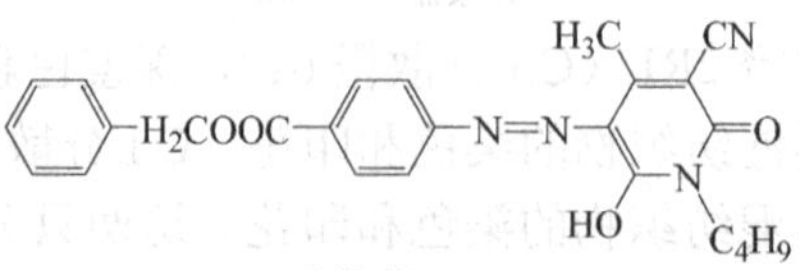　　　　　　分散黄 S-5GF

以喹啉酮为偶合组分的黄色杂环分散染料产品较少，典型的有4-羟基喹啉-2-酮。产品有分散黄5G（C.I.分散黄5）、分散黄HG（C.I.分散黄79）、分散黄3GN（C.I.分散黄10）、分散黄SE-2FL（C.I.分散黄56）等。

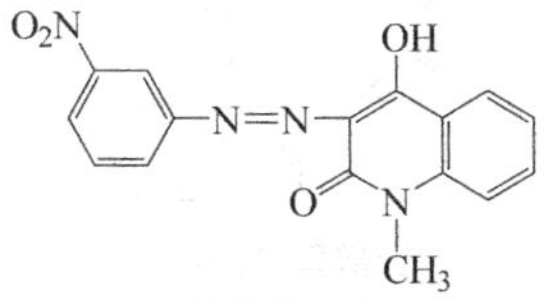

分散黄 5G 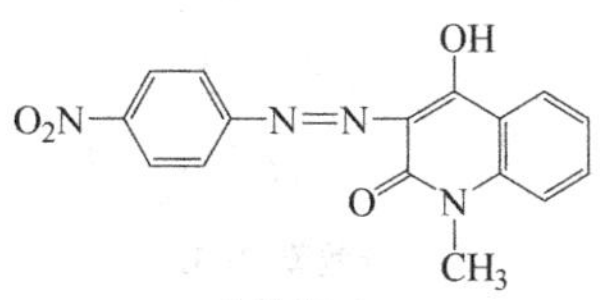   分散黄 HG

喹啉衍生物为偶合组分的杂环蓝色分散染料为鲜艳的绿光蓝色，在白炽灯下与其他绿光蓝色相比，绿光更明显，主要用于热熔染色。

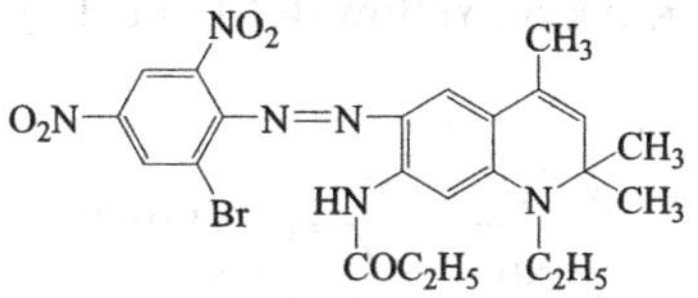

C.I.分散蓝 335 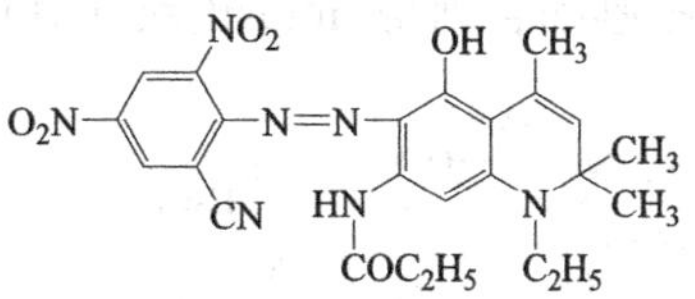   C.I.分散蓝 338

以苯并咪唑为偶合组分的黄色分散染料产品不多，结构公开的有 C.I.分散黄 82、C.I.分散黄 83 和 C.I.分散黄 182，具有很好的日晒牢度，国内没有生产。

以巴比妥酸为偶合组分的黄色分散染料产品也少，结构公开的只有下列两个：

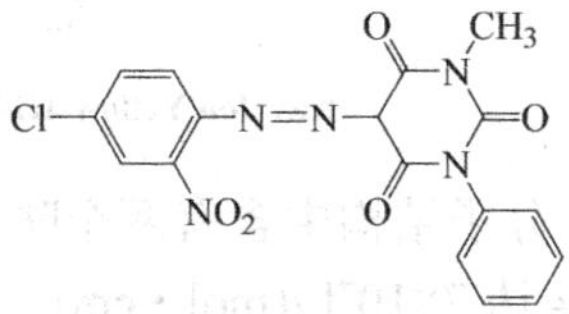

C.I.分散黄 85 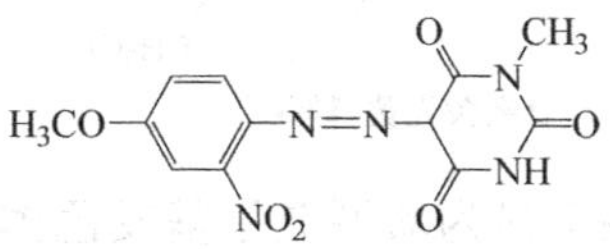   C.I.分散黄 123

一般以吡唑啉酮作为偶合组分的偶氮染料，日晒牢度偏低，但也有较好日晒牢度的吡唑啉酮分散染料，如对氨基苯甲酸甲酯重氮化后与 1-苯基-3-甲基-5-吡唑啉酮偶合得到分散黄 RL（C.I.分散黄 60），日晒牢度达 7 级。

2,4-二硝基苯胺重氮化后与 1-苯基-3-甲基 5-氨基吡唑偶合得到 Setaron Brilliant Orange 2R（C.I.分散橙 56），日晒牢度达 6 级。

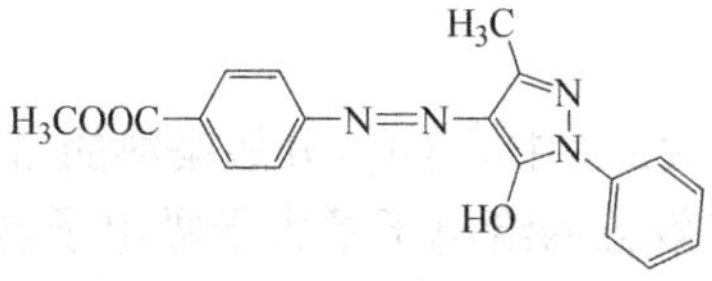

分散黄 RL 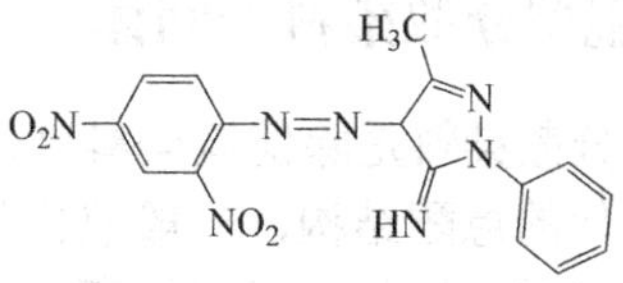   C.I.分散橙 56

7.3.3 杂环缩合型分散染料

杂环类分散染料除了偶氮型外，还可通过杂环与其他化合物缩合反应得到新型高发色值分散染料。其中 3-羟基喹酞酮是一类合成简单的黄色杂环类分散染料，是由 2-甲基-3-羟基喹啉与苯酐缩合得到分散黄 3GE（C.I.分散黄 54），如在 4 位上引入溴则为分散黄 3GL（C.I.分散黄 64）。它们的吸收强度是吡唑啉酮类黄色分散染料的 1.5 倍。相似结构有 BASF（巴斯夫）公司的 Palanil Yellow 3GTL（C.I.分散黄 143）和 Diaix Yellow HG-SE（C.I.分散黄 160）等。

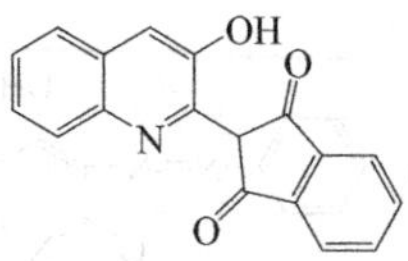

分散黄 3GE 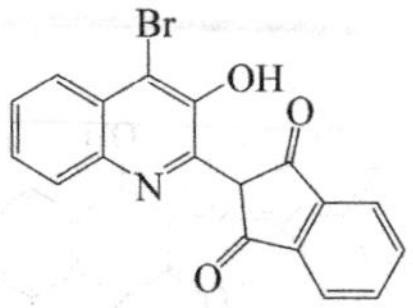　　　　　　　　　　　　分散黄 3GL

香豆素类分散染料是一类带荧光的绿光黄色杂环分散染料。香豆素与各种杂环缩合得到不同的产品。与苯并咪唑缩合可得分散黄 8GFF（C.I.分散黄 82），与喹噁啉酮缩合可得分散黄 SE-5GL（C.I.分散黄 186），与甲基苯并噁唑缩合可得分散荧光黄 10G（C.I.分散黄 184），与氯代苯并噁唑缩合则得 Intrasil 艳黄 10GFF、Kayalon Yellow 4G-E（C.I.分散黄 232）。

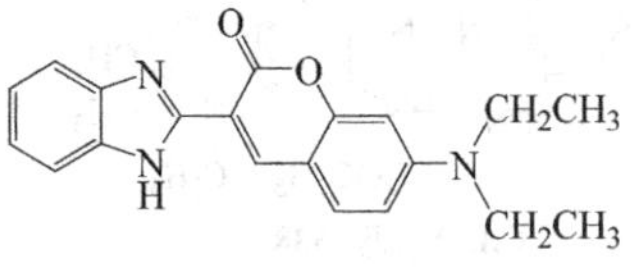

分散黄 8GFF 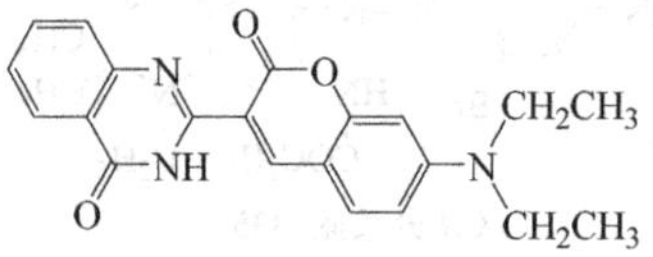　　　　　　　　　　　分散黄 SE-5GL

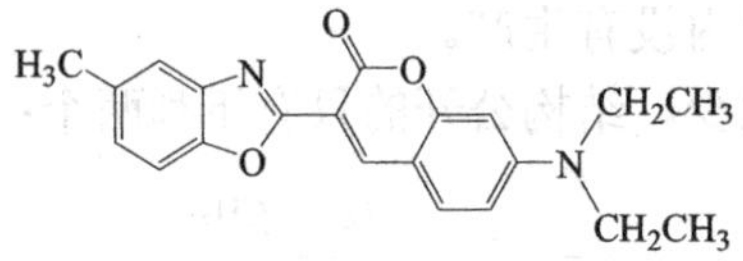

分散荧光黄 10G 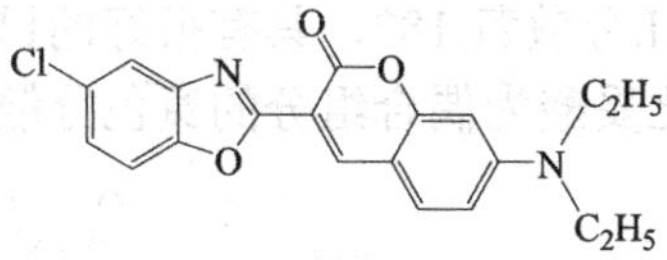　　　　　　　　　　Kayalon Yellow 4G-E

苯并二呋喃酮染料为新型亚甲基发色体结构，分子结构中含有两个呋喃酮对称分布，性能稳定、色泽鲜艳、发色强度高，其摩尔吸光系数 ε 达 $7\times10^4 L/(mol \cdot cm)$。苯并二呋喃酮结构分散染料产品的研究开发始于 20 世纪 60 年代，该类发色体的创新开发被誉为是 20 世纪染料化学两大重大发明的第二项。

7.4 蒽醌型分散染料

7.4.1 蒽醌型分散染料中间体

蒽醌型分散染料是除偶氮染料以外用量最大的染料，约占分散染料的 30%。蒽醌型分散染料为多取代的蒽醌结构，一般取代基的红移效应为给电子基大于吸电子基，α 位取代由于易形成分内氢键而增加分子极性所以红移效应大于 β 位取代；同环上二取代比异环上二取代红移性强。

蒽醌型分散染料以羟基、氨基蒽醌衍生物为主要中间体，色谱以深色产品为主。该类分散染料主要具有两大优点：一是耐晒牢度优良；二是能产生鲜艳的颜色，在红、紫、蓝、绿的深色染料中，蒽醌染料占有无可取代的重要地位。但是，由于蒽醌上反应的定位较复杂，某些反应需用重金属定位；原料蒽醌及衍生物溶解度较差，大部分反应需在硫酸介质中进行，使得蒽醌染料的合成工艺较繁杂、成本高、"三废"污染严重。

蒽醌型染料的摩尔消光系数偏低（一般为 10^4 量级）。目前，高档深色耐晒分散染料，蒽醌染料仍是首选对象。因为 α 羟基或氨基的氢与羰基形成氢键后，能使蒽醌的发色体系产生深色效应，提高发色强度，几乎所有的蒽醌染料都是 α 羟基或氨基的衍生物。如 1-氨基蒽醌（红色）、2-氨基蒽醌（橙黄色）、1,4-二氨基蒽醌、1-羟基蒽醌（橙色）、2-羟基蒽醌（黄色）、1,4-

二羟基蒽醌、2,4-二溴-1-氨基蒽醌、1-氨基-4-溴蒽醌-2-磺酸（俗称溴氨酸）、1,5-二硝基-4,8-二羟基蒽醌及1,8-二硝基-4,5-二羟基蒽醌等。

溴氨酸（1-氨基-4-溴蒽醌-2-磺酸）是应用广泛的重要中间体。合成原理：

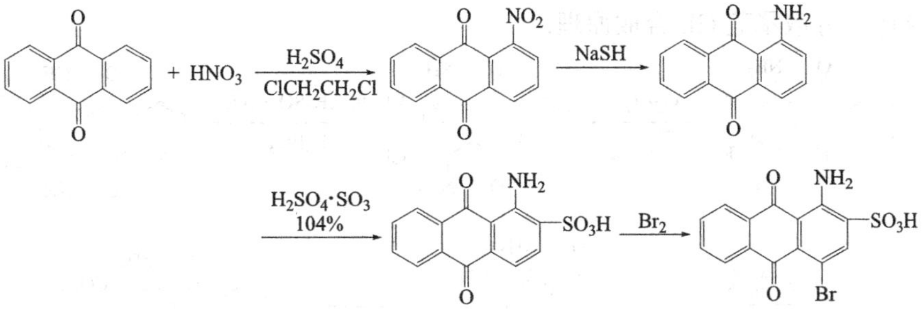

7.4.2　蒽醌型分散染料典型产品

（1）分散红系列

工业上红、蓝等系列产品仍以蒽醌型为主。典型产品如分散红3B（C.I.分散红60）。合成原理如下。

溴化反应：

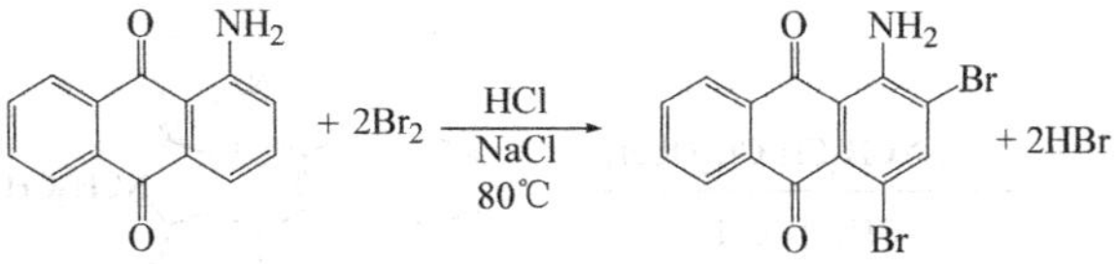

溴化终点时，加1% $NaHSO_3$ 除过量的溴；

$$2NaHSO_3 + Br_2 \longrightarrow 2NaBr + SO_2 + H_2SO_4$$

水解反应：

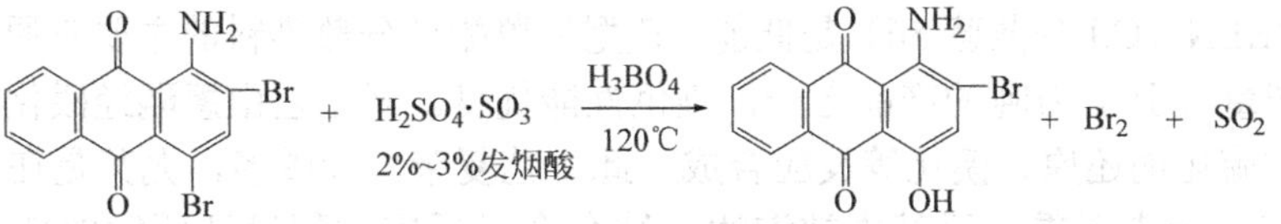

缩合反应：

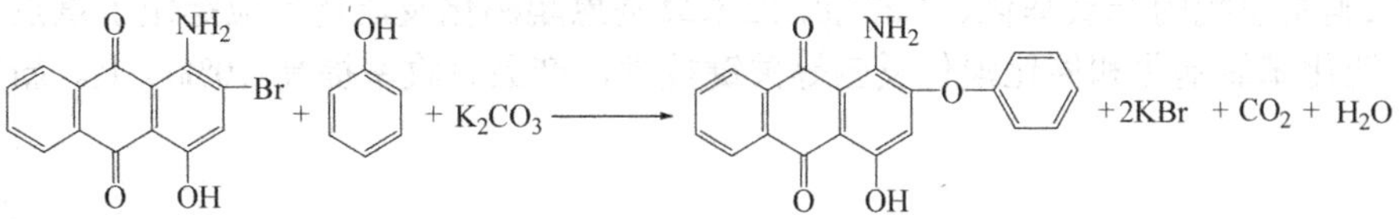

分散红3B（C.I.分散红60）工艺的关键在于中间体的纯度、水解反应时Br的定位和缩合反应时Br的水解完全度，这些都会影响染料的色光、艳度和耐升华牢度等。

分散红光紫 HFRL（C.I.分散紫26）为1,4-二氨基-2,3-二苯氧蒽醌，最大吸收波长为545nm，可用于多种织物染色及直接印花和转移印花，还可用于塑料、聚酯的着色（溶剂染料）。工业上将苯酚、缚酸剂碳酸钾混合，在135℃脱水后，在190℃与1,4-二氨基-2,3-二氯蒽醌缩合制得。

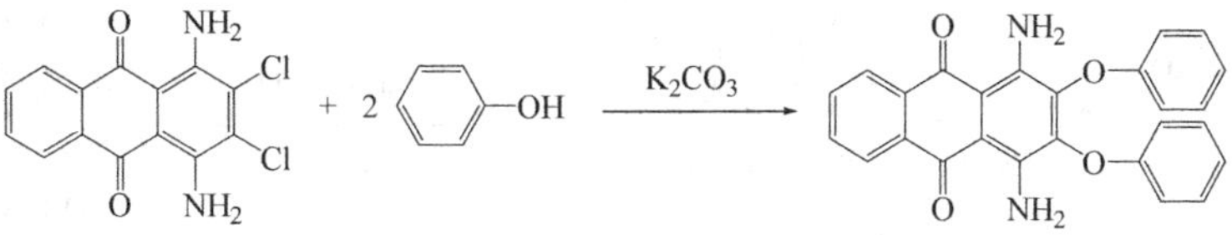

（2）分散蓝系列

典型产品有分散翠蓝 GL（C.I.分散蓝 60）、分散蓝 B（C.I.分散蓝 1）、分散红光蓝 6R（C.I.分散蓝 72）、Akasperse Transfer Blue（C.I.分散蓝 359）、分散蓝 2BLN（C.I.分散蓝 56）及 C.I.分散蓝 9 等。分散翠蓝 GL 合成原理：

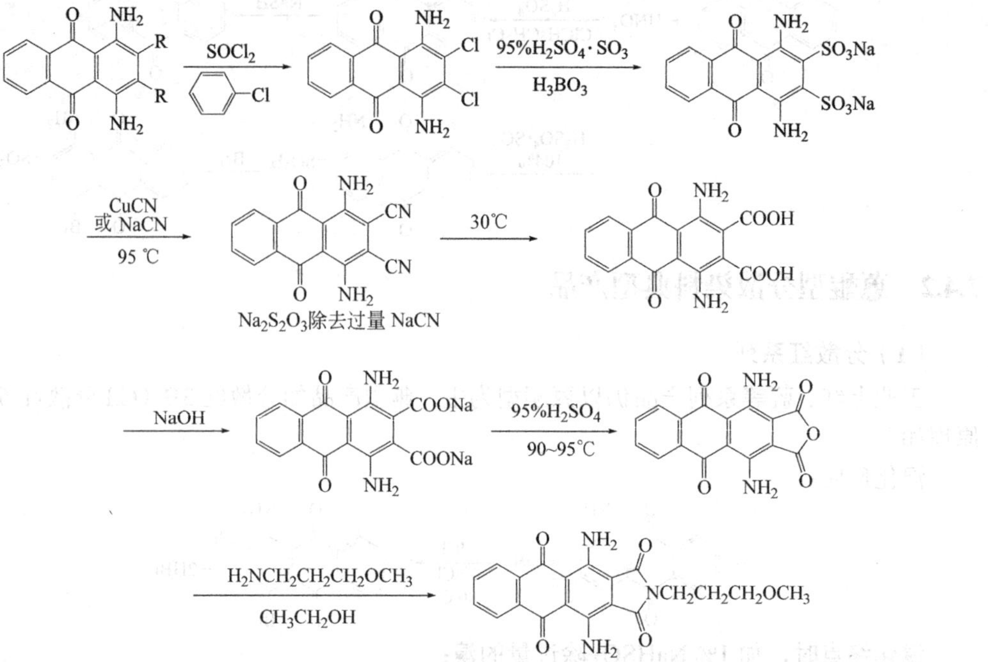

与 C.I.分散蓝 60 结构相似的产品如分散翠蓝 R-SF（C.I.分散蓝 143），其氮上取代的为丁氧基乙基。此外还有其羧基亚胺化的产品，如分散翠蓝 S-BL（C.I.分散蓝 87）。

分散蓝 2BLN（C.I.分散蓝 56）是低能（E 型）蒽醌型分散染料的主要三原色之一，也是分散染料中产量大于 1 万吨的产品之一，染色性能优良。老工艺由蒽醌经磺化、苯酚取代磺酸基、硝化、硫化钠还原、溴化等反应合成。此工艺复杂，步骤多，尤其是在磺化时使用硫酸汞定位基三废污染严重，已基本被淘汰。结合合成反应过程设计研发的新工艺，主要对 1,5(1,8)-二硝基蒽醌的苯氧基化、1,5(1,8)-二苯氧基蒽醌硝化及溴化反应等做了重点研究。开发了碱性催化苯氧基化和催化溴化反应等关键技术，产品总收率提高 10% 以上。新工艺合成原理：

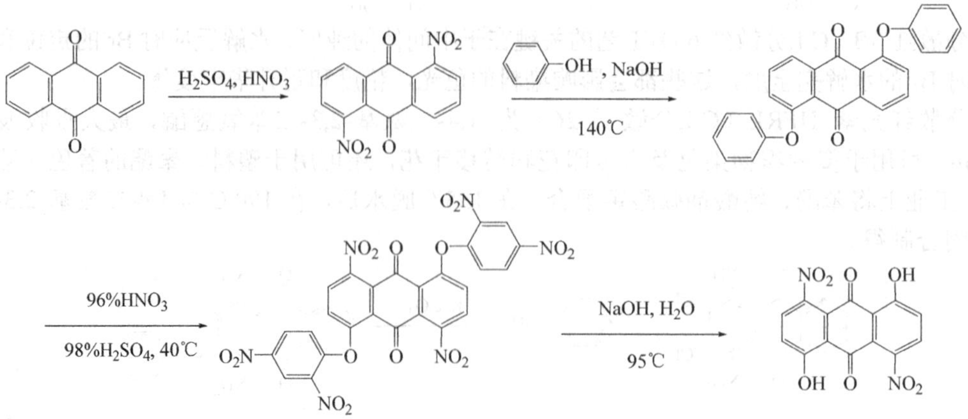

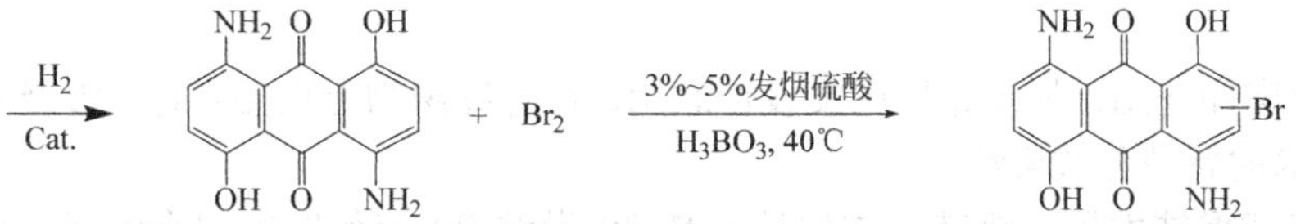

Akasperse Transfer Blue（C.I.分散蓝 359）为 1-氨基-4-(乙氨基)蒽醌-2-甲腈，是应用广泛的三原色之一，主要用于喷绘印花和转移印花，采用喷绘印花改变了传统的印染工艺，对后序印染上的环境改善起到决定性作用。由溴氨酸在催化剂一价铜盐及缚酸剂的存在下 75～95℃与乙胺发生氨化反应，随后 90～95℃下与氰化钠反应制得。

芳氨基取代蒽醌型分散染料的典型产品分散红光蓝 6R[C.I.分散蓝 72,1-羟基-4-(4′-甲苯氨基)蒽醌]产品为紫黑色粉末，主要用于纯涤纶和醋酸纤维染色及直接或转移印花。常与分散红 3B、分散黄 RL 组成三原色。由 1,4-二羟基蒽醌与对甲苯胺在锌粉及硼酸的存在下经 100～120℃缩合反应、碱煮、酸煮等工序制得。

类似结构产品还有 C.I.分散蓝 8[1-羟基-4-(3′-羟基苯氨基)蒽醌]、C.I.分散蓝 9[1-氨基-4-（4′-甲氧基苯氨基）蒽醌]及 C.I.分散蓝 19 等。Coldisperse Blue 2R（C.I.分散蓝 19；CAS 4395-65-7;1-氨基-4-苯氨基蒽醌）为红光蓝色染料，在浓硫酸中为暗蓝光紫色，稀释后有暗蓝色沉淀，耐日晒和水洗牢度达 5 级，溶于丙酮、乙醇和苯等，微溶于四氯化碳。主要用于纯涤纶和醋酸纤维的染色及直接或转移印花。由 1-氨基-4-羟基蒽醌与苯胺在硼酸存在下缩合制得。

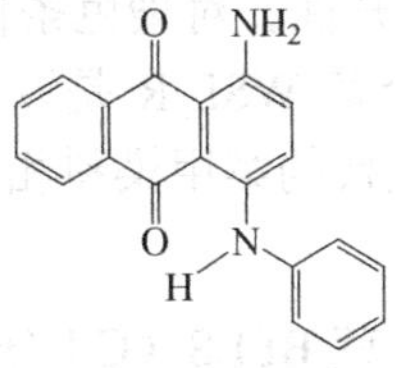

C.I.分散蓝 19 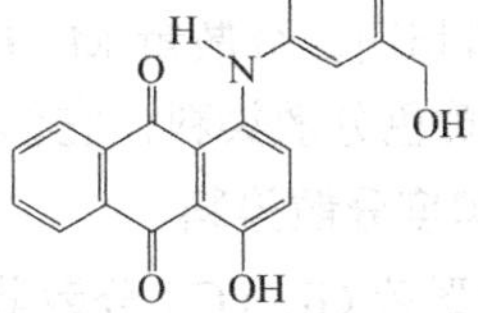   C.I.分散蓝 8

7.5 分散染料研究进展

7.5.1 分散染料产品创制

中国的分散染料业现状为产量猛增实现了规模生产、中控手段现代化、产品品质显著提高、出口加快、生产技术水平有较大提高。但也存在着盲目发展、部分产品供过于求、产品结构以老产品为主、质量参差不齐、能源及原材料消耗高、市场竞争激烈及规模生产效应明显下降等忧患。因此为适应新形势下的要求和新的竞争，特别是对"绿色产品"和"绿色工艺"的市场竞争，实现分散染料产业转型升级已成为中国染料工业发展的重点。

分散染料产业转型升级除采用新工艺提高染料品质、降低成本、改善劳动生产收率外，更要注重产品结构调整与根除或减轻三废的"环境友好工艺"相结合。具体研究方向有新型稠杂环发色体产品的开发，如苯并二呋喃酮系染料；结构中引入活性基使成为涤棉混纺用（同浴染色）活性分散染料及多组分复配产品开发等；晶相变化控制、加工性能改进及商品化相关工艺与技术开发等。

国内高坚牢度分散染料在新产品创制和产量上均有较大的发展空间，关键在于设计与开发不同用途的高坚牢度分散染料产品。

a.原有涤纶及混纺织物用：高坚牢度、环保型、碱性染色及超级耐晒分散染料。

b.超细旦纤维用：解决传统分散染料对超细旦纤维的不易染深、易染花、牢度下降等关键问题。

c.喷射打印印花用：与计算机图案设计联用，在合纤织物上直接打印，涉及喷射打印和转移印花等技术的新型分散染料。

d.热转移成像技术用：热转移成像技术是 20 世纪 90 年代发展起来的新技术，所用高坚牢度分散染料与转移印花用分散染料的要求和特性相关。

高坚牢度分散染料可用于多种合成纤维的染色，具有色泽鲜艳、湿牢度好、应用方便等特点，已发展成为合成纤维用染料中最好的类别。因生产工艺特殊，虽然售价居各类合成纤维用染料之首，但以消耗量计的市场份额仅占分散染料的极小部分。

7.5.2 环保型分散染料

环保型生态分散染料已成为印染技术发展的迫切要求，开发重点在于环保型结构和新剂型产品等两大方面。要求符合 STANDARD 100 by OEKO-TEX®规定，可取代过敏性分散染料并具有优异耐热迁移性等。已投入市场的商品有 ECO 系列分散染料、分散黄 M-4G、分散黄 M-3RL、分散金黄 SE-3R 等，它们不仅符合 STANDARD 100 by OEKO-TEX®的要求，而且具有优良的各项色牢度、后加工牢度和染色重现性。

国内环保型（ECO）分散黑 EX-SF 300%作为黑色分散染料的主要产品，年产量约 6 万吨。它不用过敏性染料 C.I.分散橙 76 组分，其吸尽性、提升性、对染色条件的依存性和坚牢性等都与被取代的黑色染料相同。分散黄 M-3RL 和分散金黄 WSE-R 是取代禁用分散染料 C.I.分散黄 23 的新型环保型黄色分散染料，它们具有与被取代的禁用染料相近的各项性能。

（1）蒽醌型高坚牢度分散染料

a.蓝色染料：分散翠蓝 GL（C.I.分散蓝 60）、分散蓝 BFLS（C.I.分散蓝 77）等。

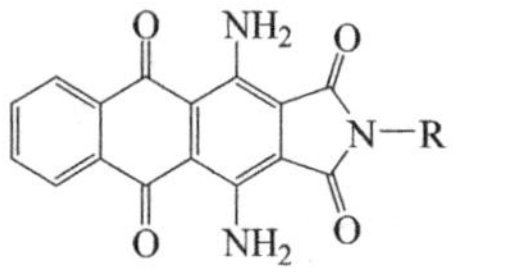

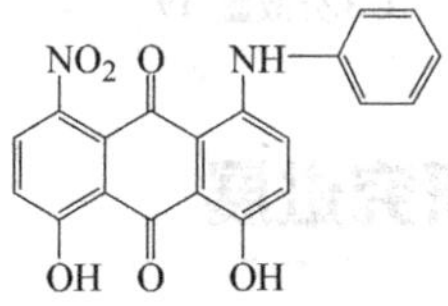

b.黄色染料：耐晒牢度较佳的黄色分散染料主要有以下典型结构。

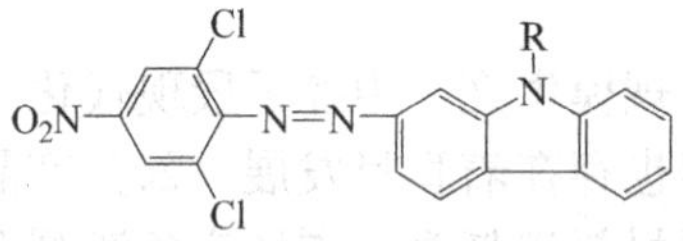

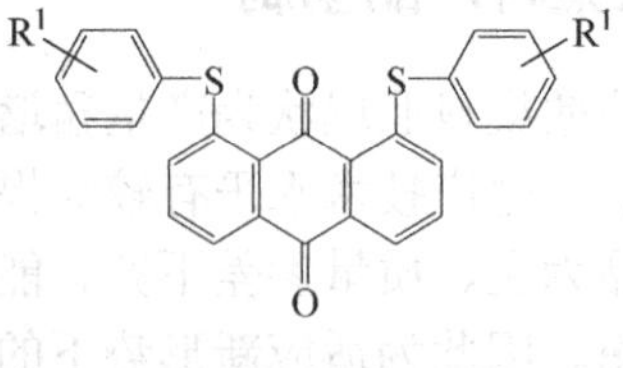

c.红色染料：主要有三类结构，蒽醌类、含氰基重氮组分偶氮染料、含氰基吡啶偶合组分偶氮染料等。能用作低温型分散染料三原色中的黄色组分。

早期开发的环保型分散染料还有 Terasil SD、Compact ECO 和 Dianix ECO Liquid 型染料及 Kiwalon SK、Kiwalon KG、Kiwalon Polyester Navy Blue ECX 300、Kiwalon Polyester Black ECX 300、Kiwalon Polyester Yellow Brown 3RL143 和 Samikaron Black S-GC 300%等。

典型蒽醌类结构如下，其烷氧基的合成方法有：2-羟基醚化、2-卤原子醇取代和烷氧基烷基交换等。

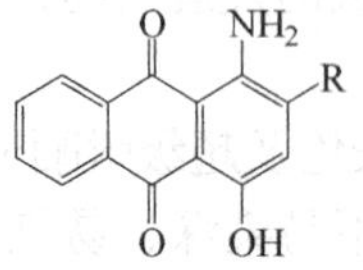

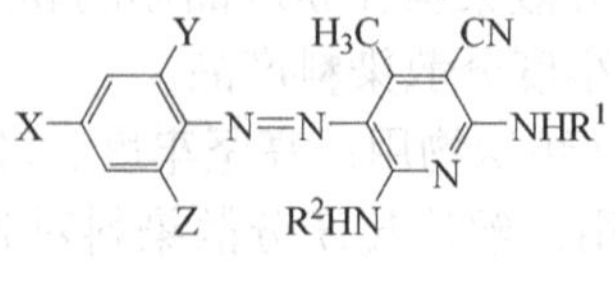

d.杂环醌构分散染料：该类环保型分散染料以不同蒽并杂环为结构特征，是发展较快的结构类别。以下为典型的蒽并杂环分散染料结构，杂原子和杂环形式不同，颜色和强度及应用性能各异，合成工艺难易也不同。

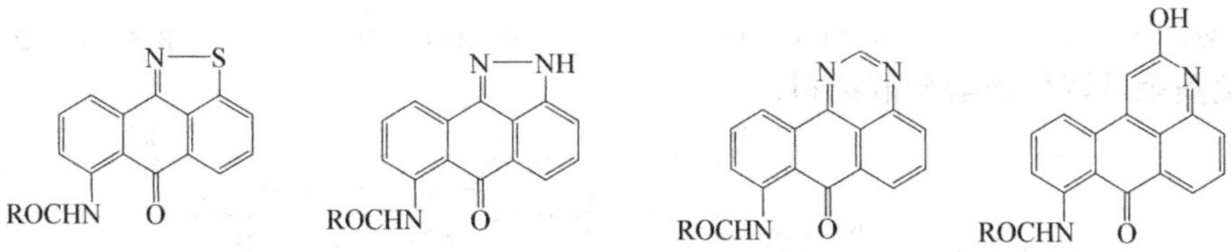

黄色分散染料如异噻唑蒽酮类（A）和1,8-二硫酚取代蒽醌类（B）等是在醌构基础上引入杂原子的新型分散染料。

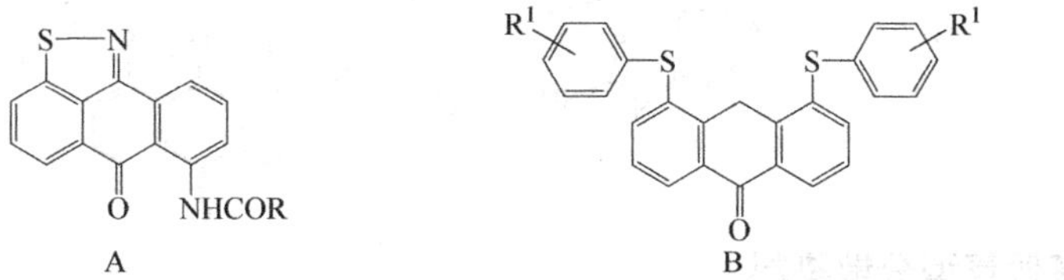

黄色染料 A 的合成有两条工艺路线，一是以 1-氨基-5-蒽醌磺酸盐为原料，经亚胺化闭环和 N-乙酰化等反应合成。

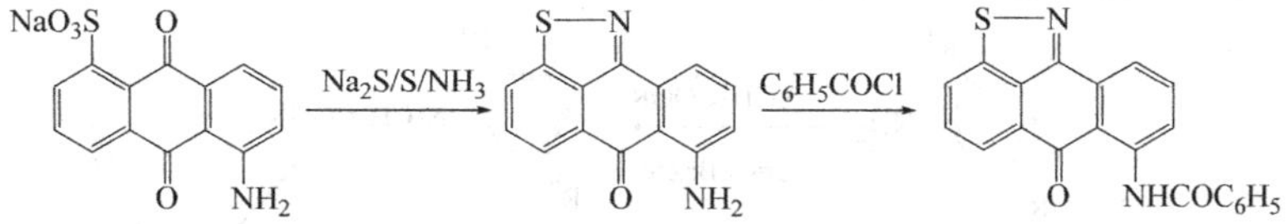

该路线比较成熟，工艺简洁、产品质量好。但受原料限制，1-氨基-5-磺酸基蒽醌需要以 1-磺酸基蒽醌为原料经硝化、还原制得，合成蒽醌磺酸时需用汞或汞盐为催化剂，有较大环保压力；另外硝化时还有异构体分离问题。

二是以 1-氨基-5-苯甲酰氨基蒽醌为原料，经重氮化、巯氰化和闭环等反应合成。该路线最大的优点是避免使用汞催化剂，但步骤较长，有待进一步研究。

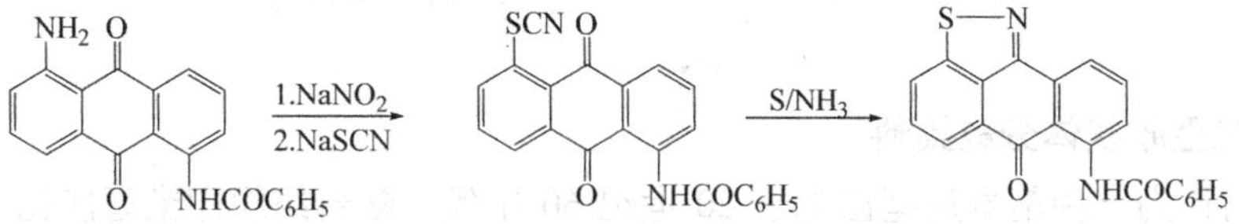

分散染料 B 黄色系列产品以 1,8-二取代蒽醌为原料，经硫酚取代反应制得，工艺简单。

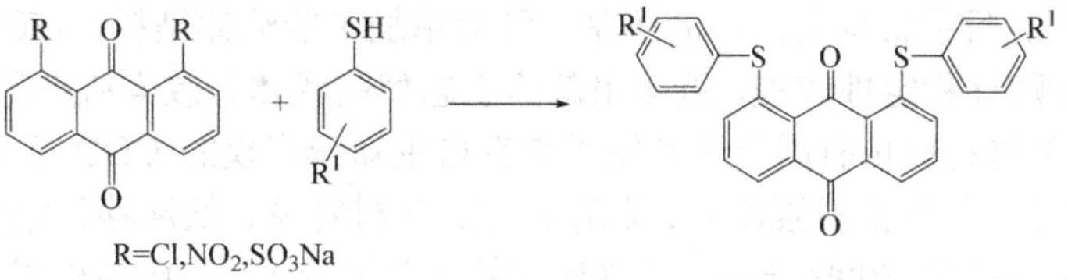

吡啶蒽酮合成原理：

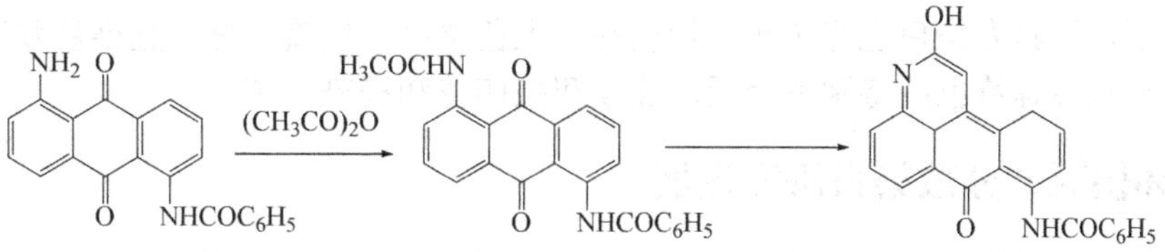

吡唑蒽酮合成原理：

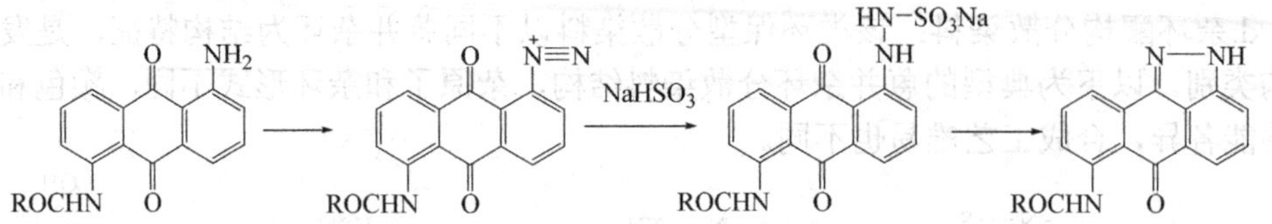

1,8-巯基杂环取代蒽醌分散染料：

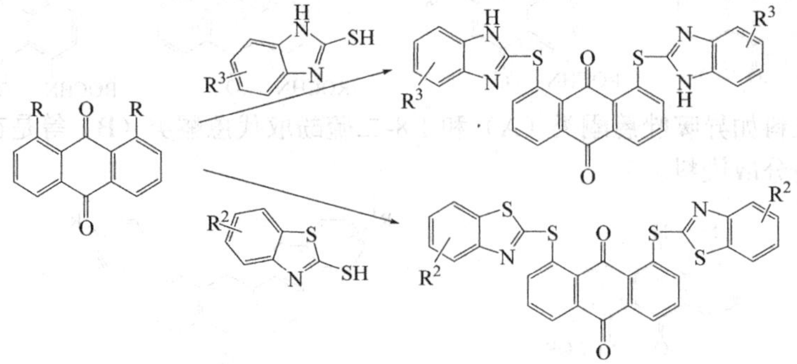

（2）含氰基偶氮型分散染料

染料分子中引入氰基可提高耐晒牢度，引入酯基可提高升华及湿处理牢度等。该类分散染料是环保型结构中较典型的一类。合成原理：

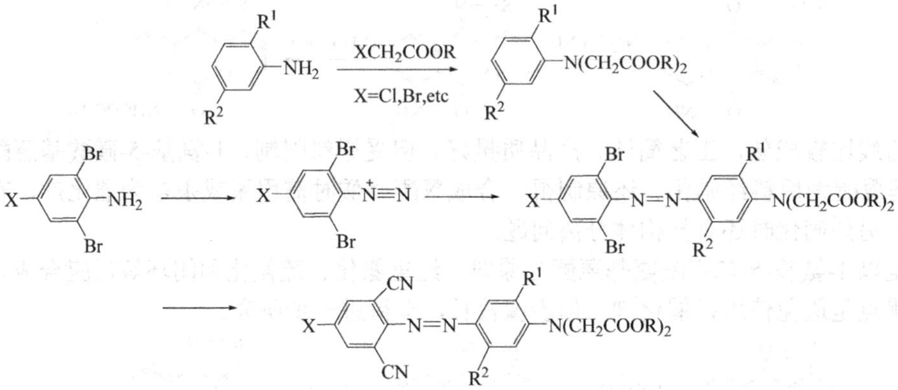

（3）生态型胶状体分散染料

液态染料作为一种基本剂型出现于 20 世纪 60 年代，随着纺织印染智能化、自动化发展的趋势越来越清晰，染料也要走向高品质、高浓度、液体化。液态分散染料产品是环保型产品开发的必然趋势。目前市场上的产品还是一种简单加工的液体染料，150%力份以上产品因技术难度高，往往贮存稳定性较差。近年来新的生态型胶状体分散染料产品的开发引人瞩目。2019 年浙江博澳新材料股份有限公司开发了具有自主知识产权的 COD 系列生态型胶体状分散染料共 13 个产品，具有染料强度高、贮存稳定、化料容易、低泳移、低残留、无粉尘等特点。如分散生态黑 3-COD 300%产品，其强度与粉状分散黑 ECT 300%相同，甲醛、喹啉含量及染色残液 COD 等均显著低于分散黑 ECT 300%。COD 系列生态型胶体状分散染料品种在不同染色深度下，均具有染色色光纯正、艳度高、上色率高、遮盖力好，且染色残液色浅 COD可下降 30%～80%等特色；特别适合无水连续智能印花和浸染工艺。

7.5.3 杂环偶氮型分散染料研究进展

杂环偶氮型分散染料是近几十年分散染料研发的主流，大多产品具有良好的染色性能且耐日晒和耐水洗牢度优异。尤其适于聚酯超细纤维染色。

（1）含氮杂环偶氮型分散染料

2010 年 Mohammed 等合成了一类吡啶酮类分散染料，其结构创新在于吡啶酮中的氰基换成了酯基，色谱从黄到橙色，各项牢度优异。

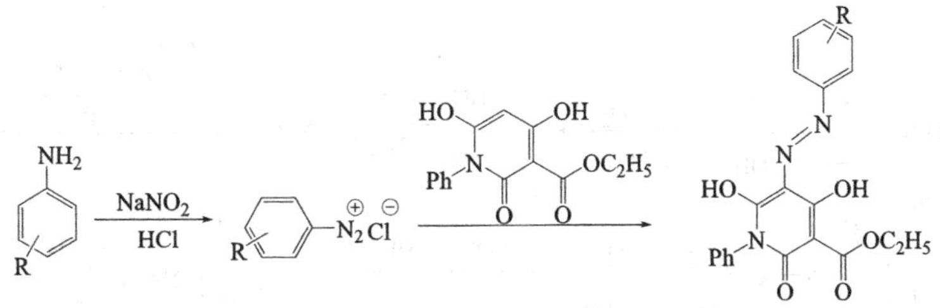

R= 2-NO₂,4-NO₂, 2-CH₃, 4-CH₃, 4-OCH₃, 2-Cl, 4-Cl

2010 年陆然哲等将对氟苯胺与氯乙醛及盐酸羟胺反应生成 *N*-(4-氟苯基)-2-肟基乙酰胺，然后在浓硫酸作用下经环合、水解和 Wolff-Kishner-黄鸣龙还原等反应得到 5-氟吲哚-2-酮。然后将 5-氟吲哚-2-酮与间硝基苯甲醛经脱水反应生成硝基苄叉基取代的吲哚-2-酮，经还原后作为一种重氮组分，与常规偶合组分偶合得到含吲哚酮结构的偶氮型分散染料，色光从黄到红。

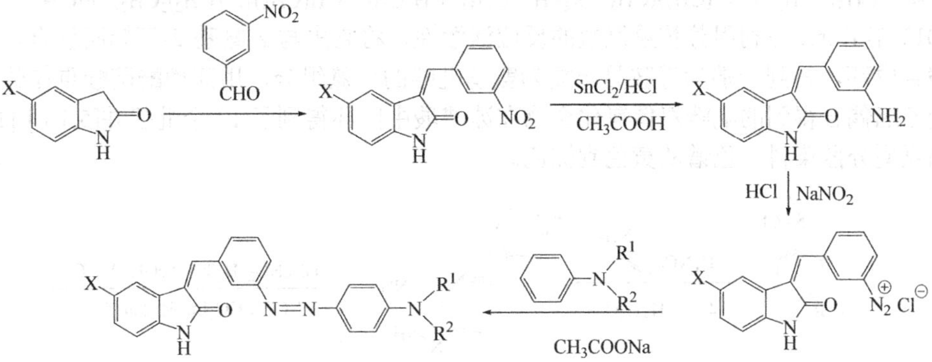

X= H, F; R¹= CH₃, C₂H₅; R²= CH₃, C₂H₅, C₂H₄CN, C₂H₄OH等

吲哚酮分子中含有内酰胺结构，酰胺氮上的氢原子可和聚酯中的羰基形成氢键，酰胺上的羰基可和聚酯中酯基形成偶极-偶极作用，两种作用力提高了含吲哚酮结构的分散染料对涤纶纤维的上染率及耐日晒牢度。

2011 年 Ali 等研究了含三氮唑结构的分散染料系列，色谱从黄到红色，分子中的三氮唑结构可与铜和铬等金属离子形成络合物。若纤维先用铜盐处理，则有优异的着色力。

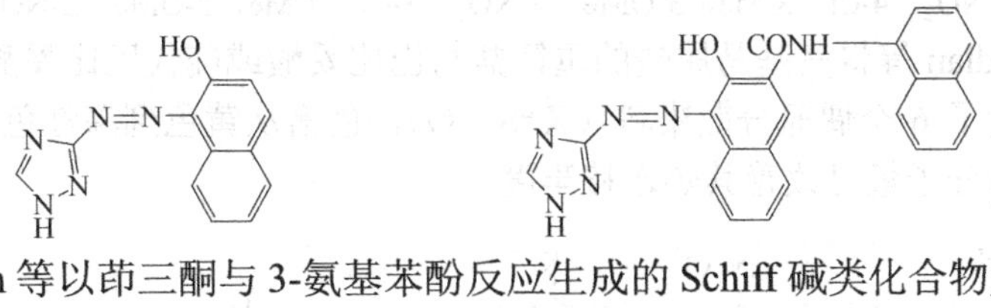

2012 年 Pravin 等以茚三酮与 3-氨基苯酚反应生成的 Schiff 碱类化合物为偶合组分与常规重氮盐偶合，得到了含茚三酮-席夫碱结构的偶氮型染料（Ar 为邻氨基苯酚、甲基苯胺、氨基苯甲醚和 1-萘胺等）。色谱从土黄色到棕色，具有良好的日晒和水洗牢度。

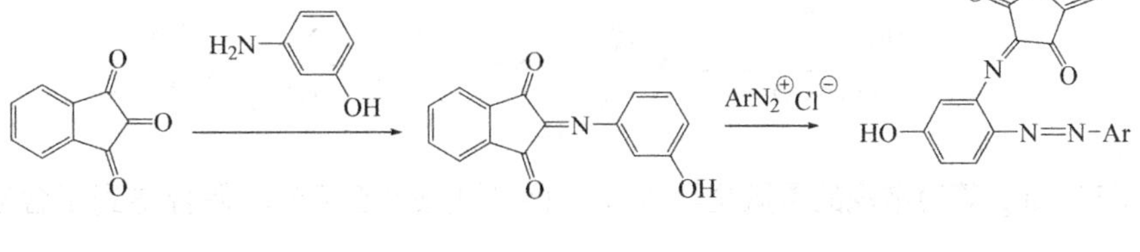

2012 年 L. P. Cui 等将含羧基的酸性染料经酰氯化再胺化得到了系列含有酰胺基团的吡唑啉酮黄色分散染料。染料分子中的极性酰胺键与聚乳酸（PLA）有强亲和力，可用于 PLA 纤维染色。

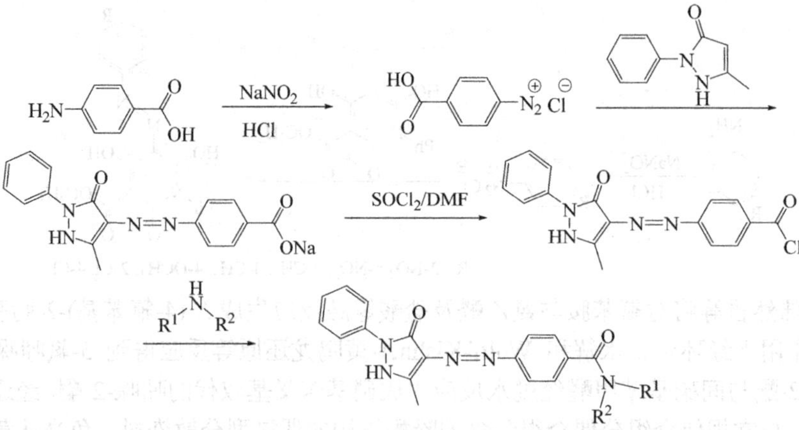

R^1=H，CH_3，CH_2CH_3，$(CH_2)_3CH_3$；R_2=H，CH_3，CH_2CH_3，$CH(CH_3)_2$，$(CH_2)_3CH_3$，Ph 等

2013 年 Karci 等利用芳胺重氮盐的反应活泼性，将它先与 2-氨基-2-丁烯腈偶合，再与水合肼缩合成环，得到一端为芳胺另一端为氨基吡唑的重氮组分，用亚硝酰硫酸重氮化后再与氰乙酸乙酯偶合得到的吡唑双偶氮化合物在冰醋酸中闭环得到了 13 个吡唑并[5,1-c] [1,2,4]三嗪类偶氮型分散染料，色谱从黄色到棕色。

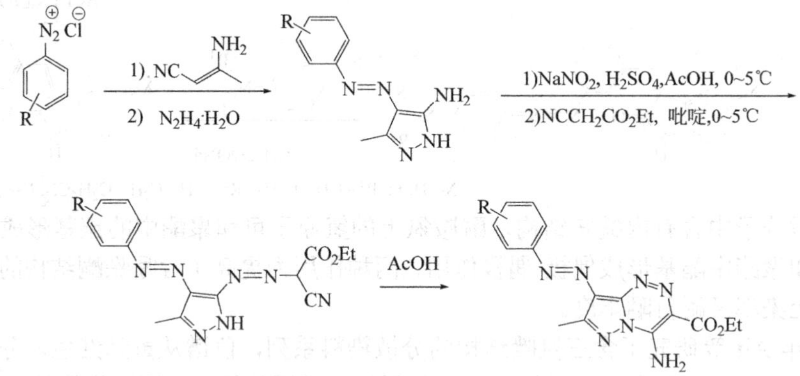

R=H，4-Me，4-NO_2，4-Cl，3-Me，3-OMe，3-NO_2，3-Cl，2-Me，2-OMe，2-NO_2，2-Cl

2013 年 Hamidian 等将氨基马尿酸的重氮盐与巴比妥酸或硫代巴比妥酸偶合，所得产物再与芳香醛缩合得到了 6 个偶氮分散染料（X=S，O），色谱从黄色到深红色。在偶氮结构引入共轭杂环增大染料分子量可改善其热迁移牢度。

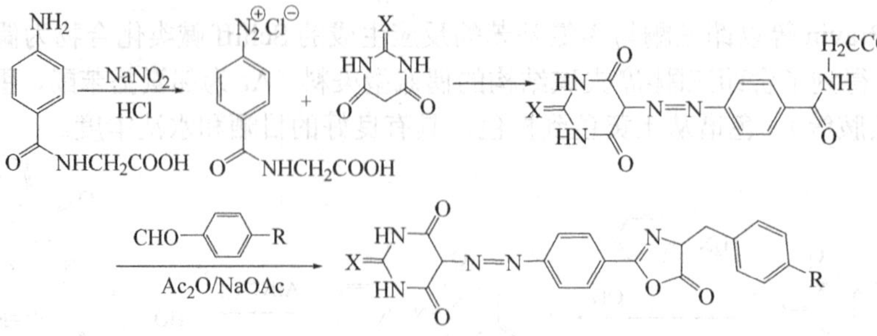

2013 年 J.Zhang 等用常规的重氮盐与 N,N-二(羧酸甲酯)乙基苯胺偶合得到了含双酯结构的

单偶氮橙色分散染料。

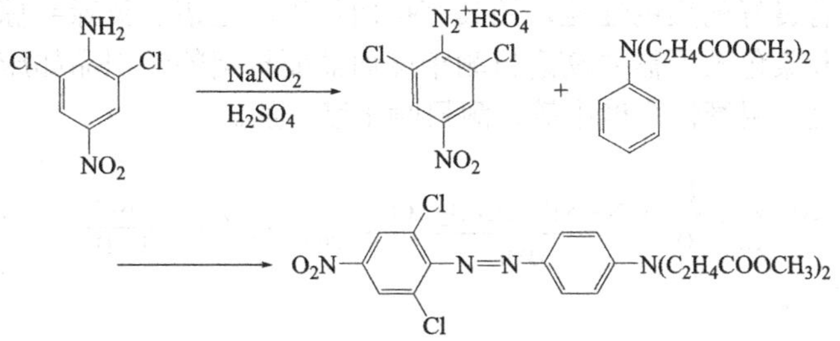

（2）含硫、氮杂环偶氮型分散染料

2006 年 Naik 等将二氢异佛尔酮与硫、丙二腈在仲胺存在下进行 Gewald 反应得到了重氮组分 2-氨基-3-氰基-5,5,7-三甲基-4,5,6,7-四氢苯并噻吩，重氮化后与 N,N-二烷基苯胺偶合得到系列新结构分散染料。

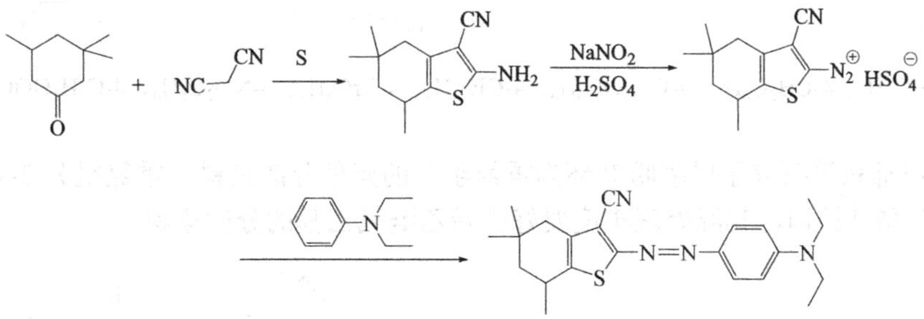

2007 年 Seferoglu 等合成了系列双杂环偶氮分散染料，色谱从红色到黄色。

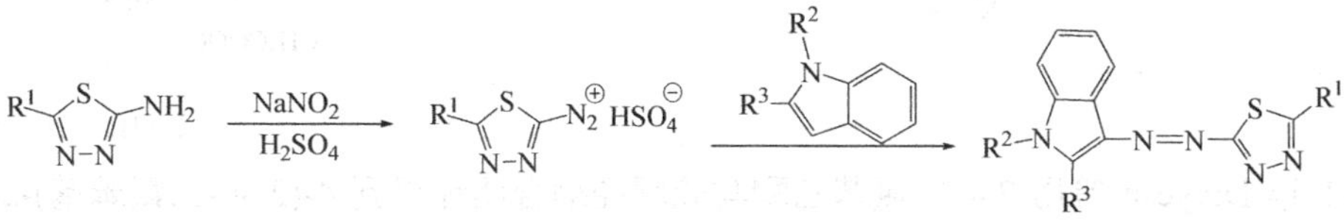

R[1]=H，CH$_2$CH$_3$，SH，SCH$_3$；R[2]=H，CH$_3$；R[3]=CH$_3$，Ph

2008 年 Shams 等合成了系列新结构吡啶酮分散染料。在吡啶酮环上引入杂环或把吡啶酮环由单环扩成多环。由于分子共轭链延长，增加了 π 电子的流动性，导致最大吸收波长红移。这类染料的色泽艳丽，色谱从红到绿色，虽然分子量提高了，但在纤维中的分散性和染色性没有降低，并提高了热迁移、水洗和耐汗渍等牢度。

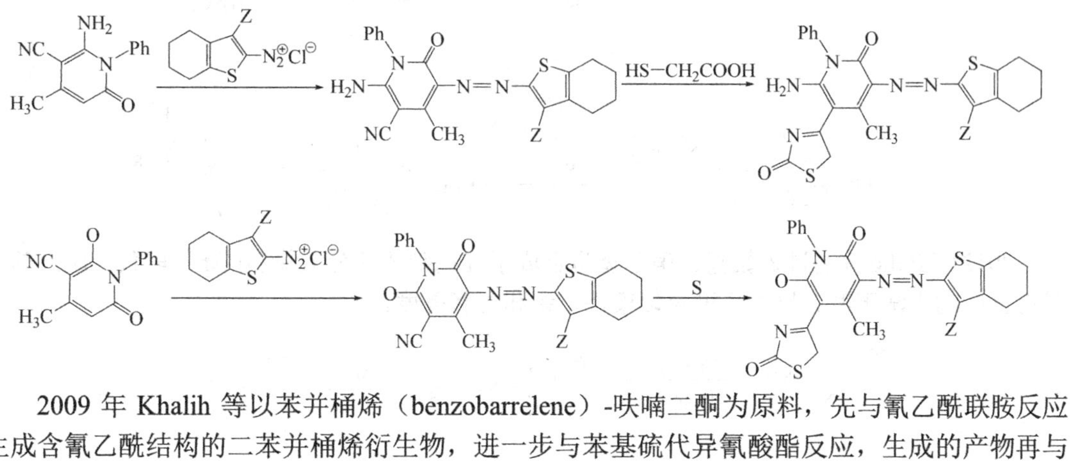

2009 年 Khalih 等以苯并桶烯（benzobarrelene）-呋喃二酮为原料，先与氰乙酰联胺反应生成含氰乙酰结构的二苯并桶烯衍生物，进一步与苯基硫代异氰酸酯反应，生成的产物再与

氯乙酰氯反应，环构制得氢化噻唑酮结构的分散染料，它与氰乙酰-二苯并桶烯以碳-碳双键结合。该系染料具有良好的染色性能，还具有抗菌作用。色谱从黄绿到棕色，颜色鲜亮。适于涤纶纤维的印花和染色及不需要高耐日晒牢度而需要抗菌的纺织品如床单等的染色，水洗牢度和汗渍牢度优良，耐摩擦牢度中等，耐日晒牢度一般。

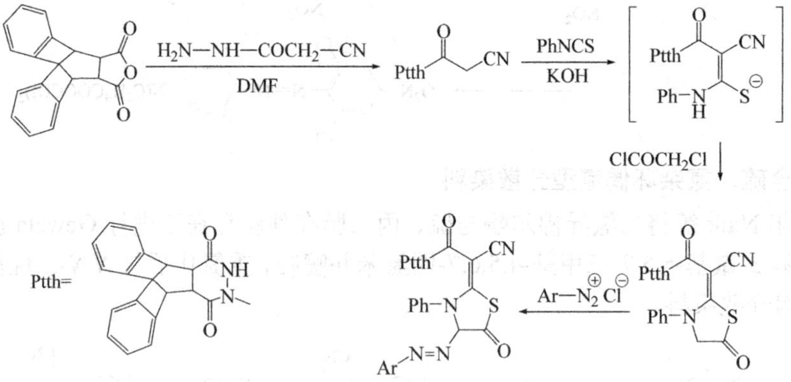

Ar 为—C_6H_5、4-$CH_3C_6H_4$、4-$CH_3OC_6H_4$、4-ClC_6H_4、4-BrC_6H_4、4-$NO_2C_6H_4$、4-$C_2H_5OOCC_6H_4$ 和一些芳杂环结构。

2011 年邢颖等研究了以噻吩杂环为重氮组分的蓝色分散染料，重氮组分 2-氨基-3,5-二硝基噻吩带有酯基结构，其湿处理牢度要好于带乙酰氧乙基的分散染料。

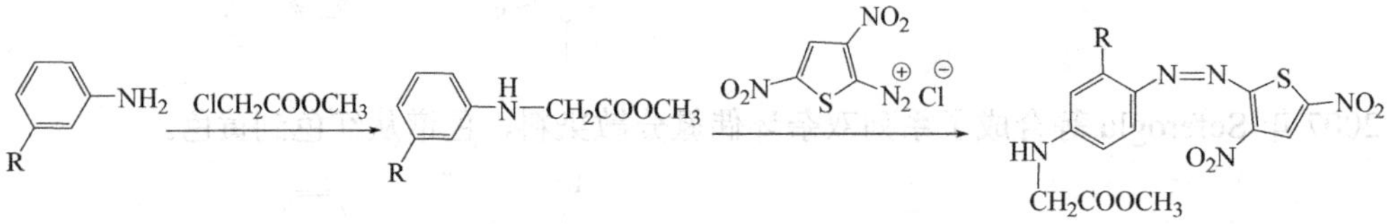

R= H，CH_3，$NHCOCH_3$

2011 年 Divyesh 等用 2,4-二氯苯乙酮与硫脲经缩合闭环得到 4-(2′,4′-二氯苯基)-2-氨基噻唑重氮组分，常规偶合组分偶合得到了 10 个蓝色偶氮分散染料，具有很好的染色提升力、优异的耐日晒、耐水洗和耐摩擦牢度。

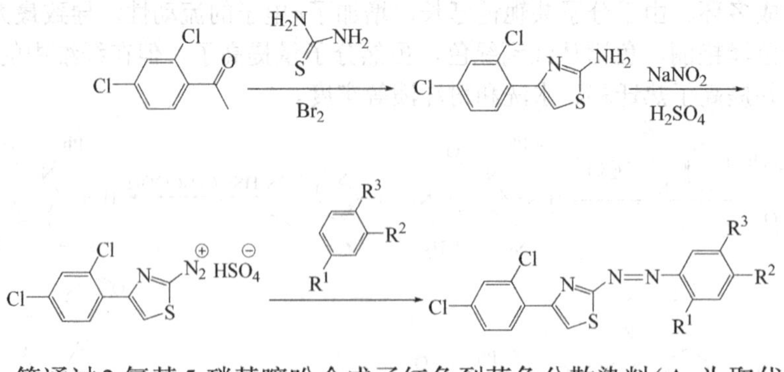

2012 年 Bello 等通过 2-氨基 5-硝基噻吩合成了红色到蓝色分散染料（Ar 为取代芳胺或酚），具有良好的水洗牢度、日晒牢度及匀染性、亲和力和亮度。

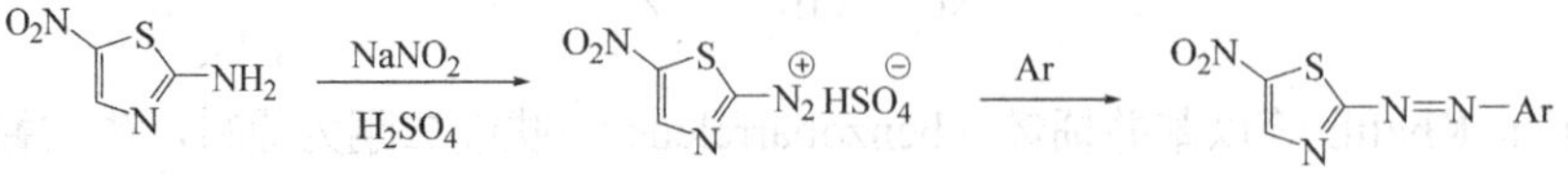

2012 年 Manjaree 等将 2-羟基-3-萘甲酸（2,3-酸）与邻氨基苯硫酚通过缩合和闭环反应得到 3-(1,3-苯并噻唑)-2-萘酚，然后以它为偶合组分分别与常规重氮组分偶合，得到了 5 个新的红色分散染料，色光从红色到棕红色。用 3-(1,3-苯并噻唑)-2-萘酚代替色酚 AS 衍生物得到的偶合产物因分子骨架改变而易引起激发态分子内质子转移（excited state intramolecular proton transfer），增强了分子的光学稳定性，也提高了染料的耐日晒和耐水洗牢度。

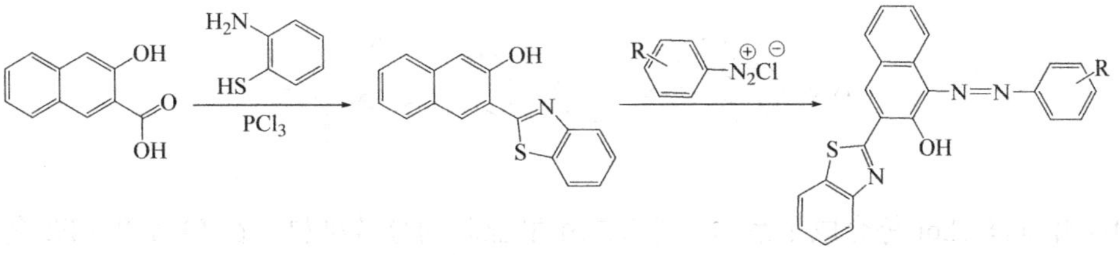

R=4-Cl, 2-OH, 4-NO$_2$, 4-OCH$_3$, 2-NO$_2$

2012 年贾俊以 2-氨基-4-氯-5-噻吩甲醛为重氮组分与 N,N-二乙基苯胺偶合得到含醛基偶氮染料，再与含活泼亚甲基的化合物（丙二腈、氰乙酸酯）缩合得到了含氰乙烯基的偶氮染料，色谱从金黄到深蓝色。氰乙烯基的引入使染料色谱红移和摩尔吸光系数 ε 增加。

含双氰乙烯基的偶氮染料比含醛基染料的 λ_{max} 增加了 60～70nm，而氰基乙氧酰基乙烯基染料和氰基丁氧酰基乙烯基染料比含醛基染料的 λ_{max} 增加了 40～50nm。

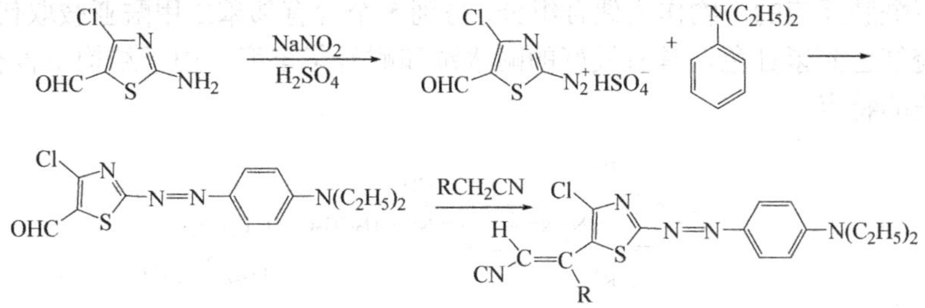

R=CN, COOC$_2$H$_5$, COOC$_4$H$_9$

2013 年 Mousawi 等合成了一类噻吩并苯并吡喃类单偶氮分散染料（R=H，CH$_3$，OCH$_3$，Cl，NO$_2$），色谱从橙色到紫色，耐水洗和耐汗渍牢度良好、日晒牢度中等。

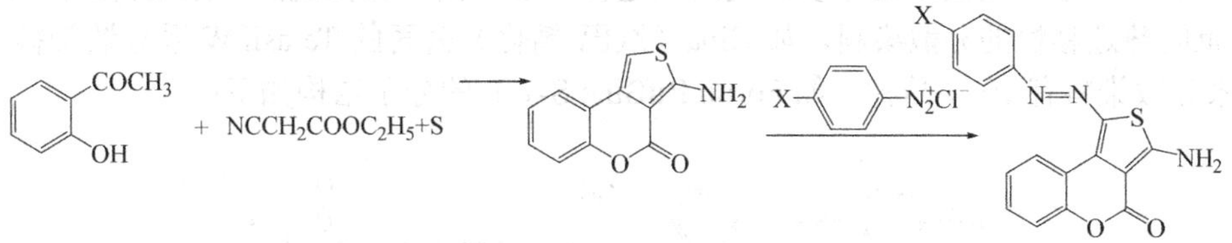

2013 年刘伟等以氨基噻吩或氨基苯并噻吩衍生物为重氮组分（ArNH$_2$ 结构），N,N-二氰乙基苯胺衍生物为偶合组分，合成了 12 个硫杂环或硫氮杂环偶氮染料。在 DMF 中染料最大吸收波长在 417～621nm 间，摩尔吸光系数均大于 10^4L/(mol·cm)。色光有黄色、红色、紫红色和蓝色等。具有色泽鲜艳、发色强度高、水洗牢度和日晒牢度高等特点，可用于多种纤维染色。

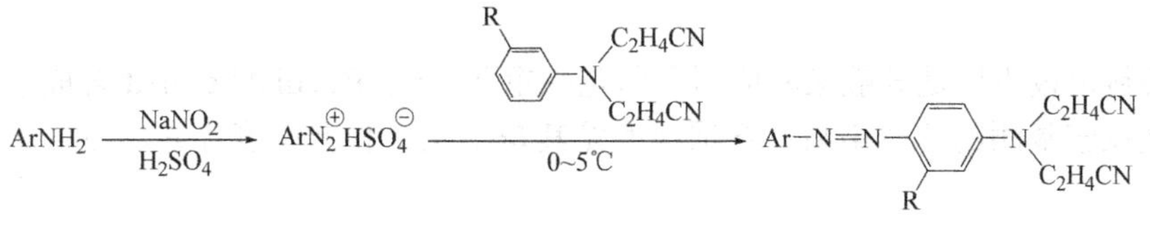

（3）含邻苯二甲酰亚胺基团偶氮分散染料

该类分散染料偶合组分中含有邻苯二甲酰亚胺或酯基团，不含可吸附有机氯化物，分子量较大，其生产成本较低。与聚酯纤维及混纺织物亲和力大，具有优异的耐光性和湿牢度，已固着的染料即使在高温下也不易从纤维内部泳移到表面，从而具有良好的热迁移牢度。适合热转移印花工艺的要求。

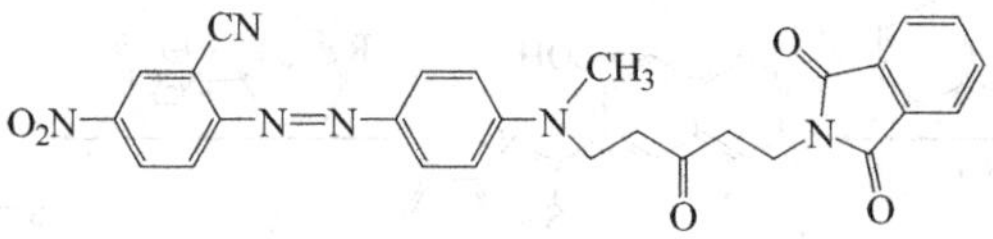

2011 年 J.H.Choi 等合成了系列含邻苯二甲酰亚胺的分散染料。在 PLA 和 PET 等的染色中具有良好的水洗牢度。

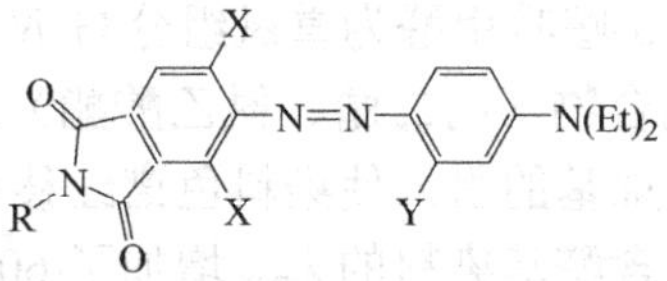

2013 年贾建洪等通过 N-甲基苯胺与丙烯酸反应生成 N-甲基苯胺基丙酸，将它与 N-羟乙基邻苯二甲酰胺反应的产物作为偶合组分，得到 5 个含有邻苯二甲酰亚胺取代基的分散染料，其色谱从橙红色到紫红色，具有较好的耐水洗和耐升华牢度。由于结构中含有酯基，染料具有易碱清洗的特点。

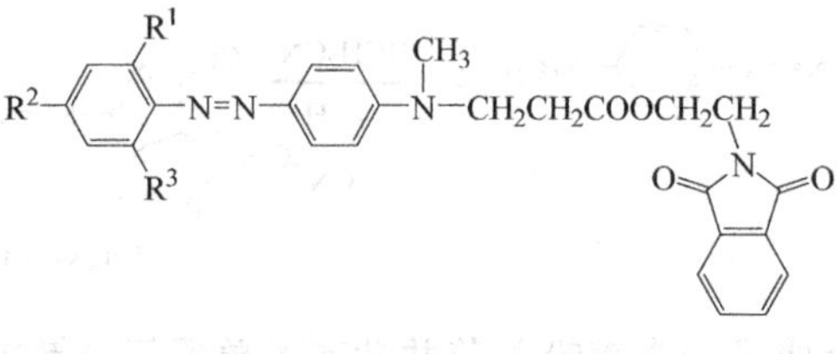

由于超细聚酯纤维的产业化，旅游用聚酯纤维的增长，运动服与汽车内聚酯织物用量的上升等因素，必须开发高水洗牢度、高耐热迁移牢度、高环保性能的分散染料。国外相继推出了一批防热迁移性的分散染料。如 Ciba（汽巴-精化）公司的 Terasil W 系分散染料，Foron S-WF 系分散染料有 10 个品种，如 Foron RuBine S-WF 的分子结构如下：

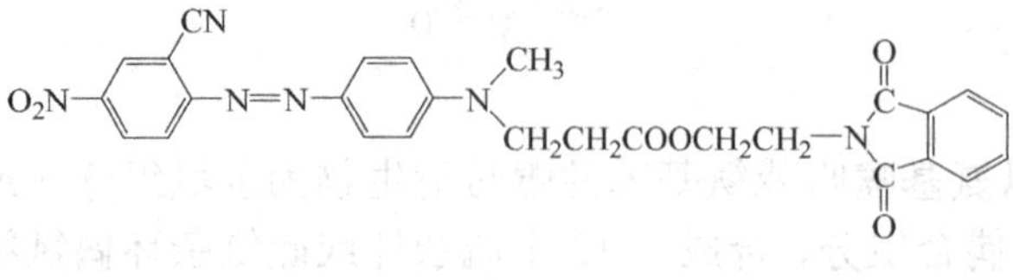

美国 Huntsman（亨斯曼）公司的 Terasil 系列有 12 个品种，WW 系列有 5 个品种，Dystar（德司达）公司的 Dianix HF 系列、英国 Specialities 公司的 Itoeperse HW 系列和 Lumacron SHW 系列等均含有邻苯二甲酰胺和酯的结构基团，在聚酯纤维及混纺织物上具有极佳的热迁移和洗涤牢度。

偶氮染料可拔染性是分散染料应用于印花的重要特性。Ruedi Altermatt 合成了一系列含有邻苯二甲酰亚胺基团的分散染料，各项牢度尤其是耐光性和湿牢度优异，而且还有良好的热迁移牢度。

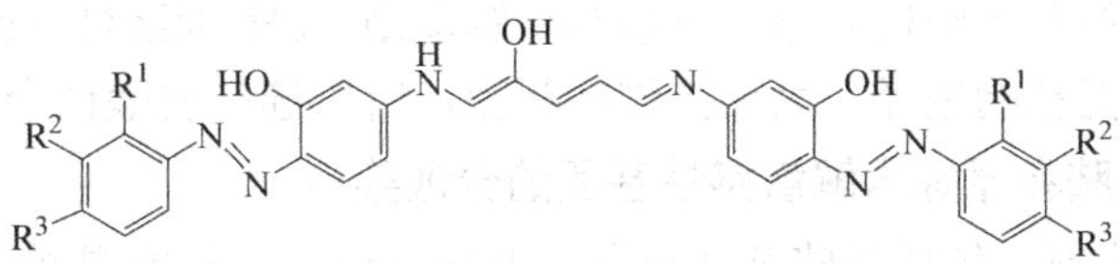

（4）萘系杂环偶氮分散染料

单偶氮分散染料包含萘等稠杂环结构时，具有很好的热性能和染色牢度。典型结构为引入 1,8-萘二甲酰亚胺基团的新型分散染料。

2008 年 Charanjig 等研究了以强荧光发色体 4-氨基-1,8-萘二甲酰亚胺为重氮组分的新型分散染料，色光十分艳丽。染料最大吸收波长 λ_{max} 在 515～563nm 间，摩尔吸光系数在$(2.5～4.9)\times 10^4$ L/(mol·cm)间。具有良好的高温稳定性、耐水洗和耐日晒牢度。

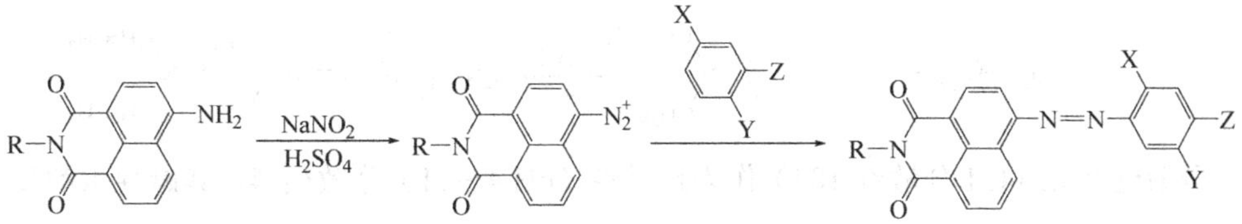

R=CH₃，CH₂COOCH₃，CH₂COOC₂H₅；X=H，CH₃，NH₂，NHCOCH₃；
Y=H，COCH₃；Z=H，N(C₂H₅)₂ 等。

K.Sadegh 等合成并检测了 N-丁酸基（—CH₂CH₂CH₂COOH）取代的 1,8-萘二甲酰亚胺系染料在聚酰胺纤维上的特性，结果表明，含羧基等 N-取代 1,8-萘二甲酰亚胺萘结构的单偶氮分散染料在聚酰胺织物上的湿牢度性能良好。

分子结构中含有酯键的分散染料与聚酯纤维因有结构相似性有很好的亲和力，不易发生热迁移。上染后用热碱液洗涤，使酯水解为羧酸钠盐。应用耐热迁移分散染料和氨基硅油乳化剂可较好解决分散染料在涤纶上染色后的热迁移问题。

7.5.4 耐碱性分散染料

由于分散染料和活性染料的染色 pH 分别为弱酸性和碱性，传统的涤/棉混纺织物染整加工一般采用二浴二步法，工艺流程复杂且耗能耗水。20 世纪 80 年代中期开发了分散染料碱性染色法，分散/活性一浴一步法染色随之产生。在传统前处理退浆、精练，特别是涤纶超细纤维在高速纺丝时需施加大量油剂，其高密度和超高密度织造时又需施加大量的浆料，这些都在碱性条件下进行，因而促使了碱性染色分散染料的发展。碱性染色的优点是易于去除涤纶纤维中的低聚物。

涤纶纤维中低聚物不溶于 100℃以下的水中，在染色温度 130℃水中，溶解度约 0.54g/L，当染料温度由 110℃升温至 130℃时，低聚物从纤维内部向外部迁移，黏附在纤维表面。在传统的酸性介质中染色时，在分散剂作用下呈焦油状，最终成为包含染料、低聚物、分散剂、纤屑等杂质的凝聚物，黏附在织物上，形成难以洗去的染疵；黏附在染色机内壁，形成难以去除的积垢，能沾污和擦伤织物；黏附在热交换器和管内壁，影响热交换效率。而在碱性介质中染色，则在碱的作用下低聚物会分解为对苯二甲酸钠盐，不易形成凝聚物且去除也较容易。

日本首先开发了碱性染色新方法，此后欧洲也开发了分散染料碱性染色工艺。从分散染料染色机理来说，设定染色要在弱酸性（pH 4.5～5.5）介质中进行并不是一个必要条件。只是因为许多分散染料分子结构中存在一些易水解基团，pH 偏酸性（pH<3）或碱性（pH>8）都能促成水解反应而影响色泽，为保护这些基团，所以选择弱酸性介质染色。

（1）含酯、酰胺和氰等水解敏感性基团的分散染料

大多为偶氮型染料，包括某些杂环类偶氮型分散染料。而蒽醌型分散染料大多数对 pH 敏感性较小。酯基的耐碱性最差。由于酯基的水解使其与聚酯的亲和力下降，所以染料的固色率随染浴 pH 增高、碱性增强而下降。C.I.分散橙 90（Amacron Orange KLW）碱性水解后即变成了分散棕 3G（C.I.分散棕 1），有些杂环染料会因碱性分解而破坏发色体引起褪色。

C.I.分散橙 90　　　　　　**分散棕 3G**

分散红 2BL（C.I.分散红 184）作为耐碱性（pH 4～11）分散染料，其碱性水解反应如下。

通常上染浅色对染料的耐碱性要求更高。日本 Kayoku（化药）公司评价分散染料耐碱性的方法，即以 0.1%染浴比时酸浴（pH 4～5）染色布的表现给色量为标准，要求碱性浴（pH 11）染色布深度降低在 5%以内的分散染料可认定为耐碱性产品。日本 Kayoku（化药）公司的 Kayacelon E 和 Kayalon Polyester 型系列耐碱性分散染料，部分商品牌号和分子结构如下。

Kayacelon E 型：Kayacelon Yellow E-3GL（C.I.分散黄 64，分散黄 3G、3GL）、Kayacelon Yellow E-BRL（C.I.分散黄 163）、Kayacelon Red E-2BL（C.I.分散红 60，分散红 3B/FB）、Kayacelon Polyester Rubine 3GL-S（C.I.分散红 258）、Kayacelon Blue R-5G（C.I.分散蓝 291）、Kayacelon Blue E-BR（C.I.分散蓝 183）等。

Kayacelon Yellow E-3GL　　　　　　**Kayacelon Yellow E-BRL**

Kayacelon Blue R-5G　　　　　　**Kayacelon Blue E-BR**

Kayalon Polyester 型：Kayalon Brilliant Flavine GL-SF（C.I.分散黄 66）、Kayalon Brilliant Flavine FG-S（C.I.分散黄 82，分散黄 8GFF）、SF Kayalon Brown 2GSF（C.I.分散橙 74）、Kayalon Orange R-SF（C.I.分散橙 73，分散橙 S-SF）、Kayalon Light Red BF（C.I.分散红 152，分散红 BS）、Kayalon Blue 2GL-S（C.I.分散蓝 27）、Kayalon Blue EBL-E（C.I.分散蓝 56，分散蓝 2BLN）、

Kayalon Blue GR-E（C.I.分散蓝 81）、Kayalon Navy Blue 2G-SF（C.I.分散蓝 270 等两组分）、Kayalon Navy Blue TK-SF （三组分）、Kayalon Green H-SF （C.I.分散绿 6:1）等。

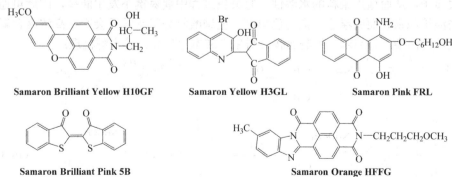

Kayalon Brilliant Flavine GL-SF

Kayalon Brilliant Flavine FG-S

Kayalon Light Red BF

Kayalon Blue 2GL-S

Kayalon Navy Blue 2G-SF

Kayalon Navy Blue TK-SF

　　DyStar（德司达）公司 Samaron 系列耐碱性分散染料：Samaron Brilliant Yellow H10GF（C.I.分散黄 199）、Samaron Yellow H3GL（C.I.分散黄 64）、Samaron Pink FRL（C.I.分散红 91）、Samaron Scarlet RGSL（C.I.分散红 183，枣红 H-G）、Samaron Brilliant Scarlet RS（C.I.分散红 200）、Samaron Brilliant Pink 5B（C.I.分散红 364）、Samaron Orange HFFG（C.I.分散橙 32）、Samaron Violet HFRL（C.I.分散红 26，艳红光）、Samaron Violet E-2RL（C.I.分散紫 28，艳紫）、Samaron Blue FBL-E（C.I.分散蓝 56，蓝 2BLN）等。

Samaron Brilliant Yellow H10GF

Samaron Yellow H3GL

Samaron Pink FRL

Samaron Brilliant Pink 5B

Samaron Orange HFFG

　　国内耐碱性分散染料（pH≤9）有龙盛公司的 ALK 系列、闰土公司的 ADD 系列，稳定性良好，得色深，与酸性染浴（pH 4～5）的色光相比变化小。20 世纪 90 年代 DyStar（德司达）公司在原三菱化成体系的基础上，除适应碱性染色体系的 Dianix 染料原有的 AC-E 和 SPH 三原色系列产品外，又增添了 Dianix UPH 三原色，用于染中-深色。Dianix 系列产品耐碱且染色牢度好。

从已公开分子结构的耐碱性分散染料中，绝大部分都不含易水解的敏感性基团，也是常用的分散染料，很少有特殊结构。Dianix AC-E 三原色和 Dianix UPH 三原色既耐碱，又有良好的相容性、匀染性、重现性、pH（5～9.5）稳定性和条花遮盖性。

（2）可碱洗偶氮型分散染料

由于分散染料在水中的溶解度较小，需要借助分散剂的作用悬浮在水体系中使纤维染色，一些染料聚集体在染色过程中吸附在纤维表面上形成浮色。染料浮色不仅影响织物的鲜艳度，还会降低其耐升华、耐水洗和耐摩擦牢度。因此，在涤纶织物染色结束后通常要还原清洗（2g/L 保险粉，1g/L NaOH，浴比 80:1，70℃，15min）去除纤维表面的浮色。在此过程中偶氮染料分子中的偶氮键被保险粉还原成游离芳胺化合物溶于还原液中，还原液还会产生含硫化合物、氢氧化钠等的高浓度废水。同时保险粉吸潮后易自燃，在储存和使用过程中还会逸出大量刺激性气体，加重环境污染并存在安全隐患。分散大红 B（C.I.分散红 1）水解生成两种具有致癌性或诱变性的水溶性芳胺。

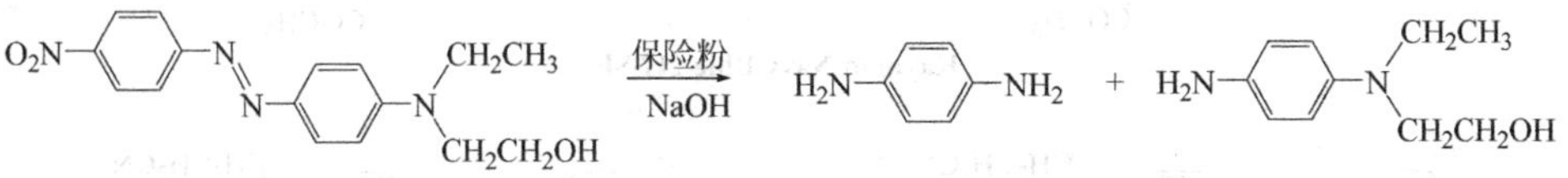

为解决偶氮分散染料染色后处理过程中存在的环境问题，国内外学者在免用保险粉的可碱洗分散染料方面进行了研究。在分散染料结构中引入酯基，有助于提高分散染料对聚酯纤维的亲和性，增加分散染料与聚酯纤维的范德华力和氢键力。利用酯基在碱性条件下易水解的性质，能使浮色染料变成无亲和力的化学结构（类似酸性染料），从而易于洗除。可碱洗分散染料避免了常规还原清洗时偶氮染料被还原分解为致癌性芳胺，减小了废水处理难度。

韩国 J.S.Koh 等开发了两类结构中分别含有疏水性的磺酰氟和邻苯二甲酰亚胺基团的可碱洗分散染料。染料水溶性较低，对涤纶纤维亲和力强，结构如下。

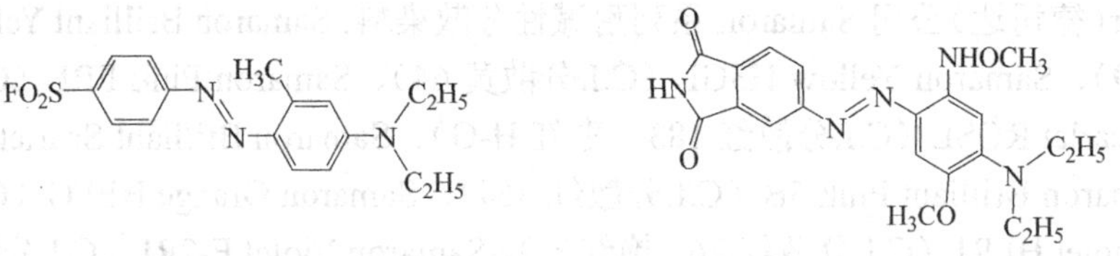

在碱性条件下，磺酰氟和邻苯二甲酰亚胺基团易发生水解，分别生成磺酸根离子和邻苯二甲酸根离子，从而增加染料的水溶性，且染色过程中偶氮键不发生断裂，因此可通过碱洗方法除去涤纶织物表面的浮色，提高色牢度。但磺酰氟染料水解后会产生高浓度含氟废水，仍会造成环境污染，且邻苯二甲酰亚胺染料生产成本也较高。其水解机理：

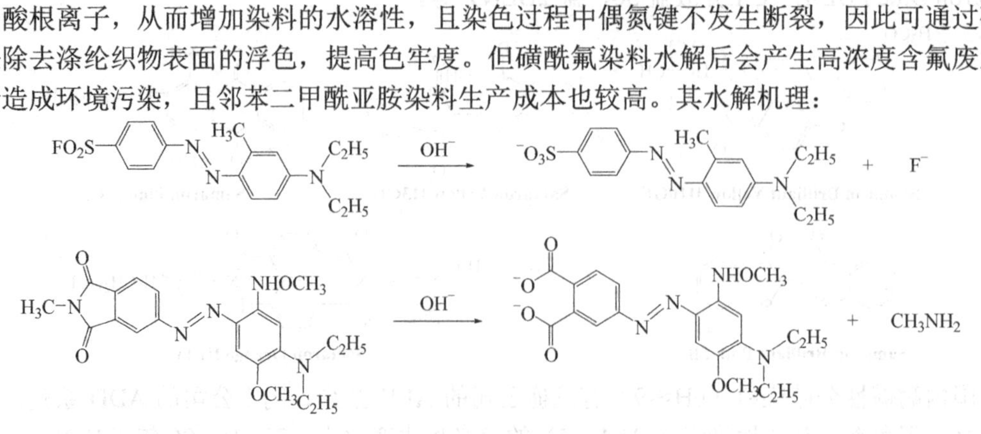

2000 年 Clariant（科莱恩）公司开发了如下具有双酯结构的偶氮型分散染料 Dispersol XF，与涤纶结构相似性好、亲和力高、不易发生热迁移，具有很高的染色提升力和上染率，特别是耐湿处理牢度很好。染料染色后的织物经热碱水清洗，双酯基会水解为羧酸钠盐，可用于上染涤/棉混纺织物的棉纤维。

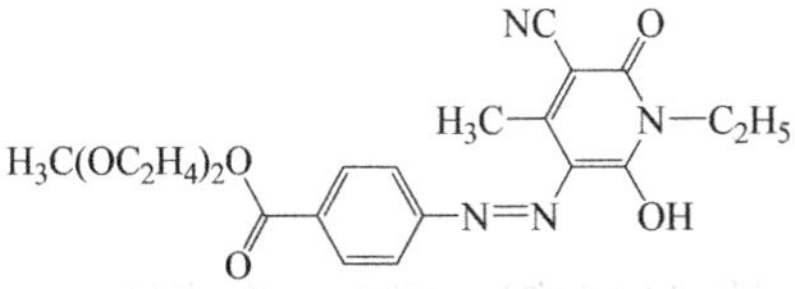

C.I.分散黄 126 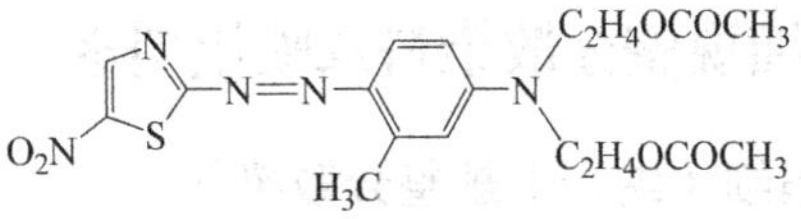   C.I.分散蓝 295

20 世纪 90 年代 DyStar（德司达）公司在原三菱化成产品的基础上，在 Dianix 系列染料原有的 AC-E 和 SPH 三原色产品的基础上，又增添了适应碱性染色的 Dianix UPH 三原色产品，用于染中-深色。Dianix 系列产品耐碱且染色牢度好。国内耐碱性分散染料（pH≤9）有龙盛公司的 ALK 系列、闰土公司的 ADD 系列，稳定性良好，得色深，与酸性染浴（pH 4～5）的色光相比变化小。

崔志华等在偶氮结构中引入易在碱性条件下水解的羧酸酯基团，设计合成了多只可碱洗的羧酸酯型偶氮分散染料。以含氰基染料分散橙 2RL（C.I.分散橙 25）和分散红 2BL-S（C.I.分散红 145）为原料，利用氰基醇解反应合成了羧酸酯染料 D_1；以含羧酸甲酯基染料 C.I.分散蓝 148 和 C.I.分散棕 19 为原料，通过酯交换反应合成了羧酸酯染料 D_2；以对氨基苯甲酸为重氮组分、1-苯基-3-甲基-5-吡唑啉酮为偶合组分，通过重氮化、偶合反应得到吡唑啉酮型酸性染料 AD-3 后分别和异丙醇、仲丁醇、正戊醇等酯化反应合成了染料 D_3、D_4。

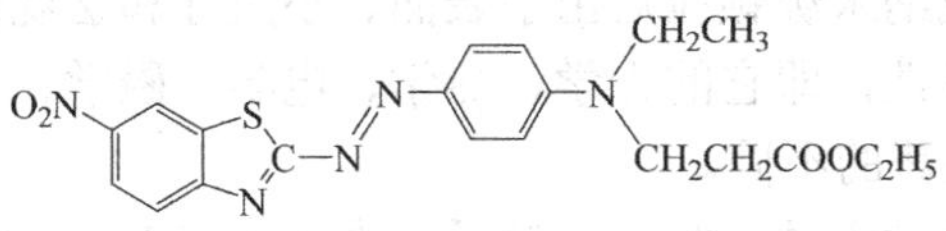

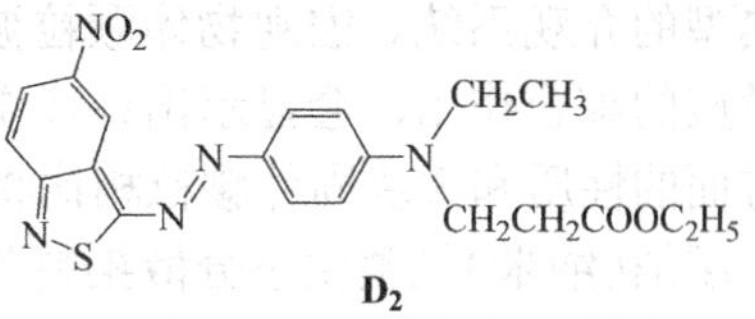

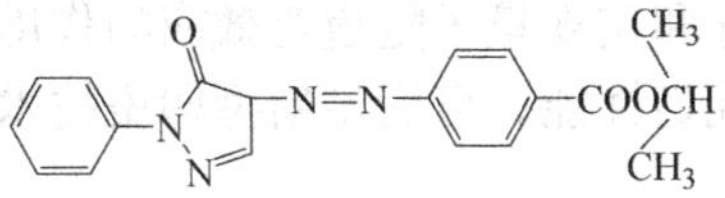

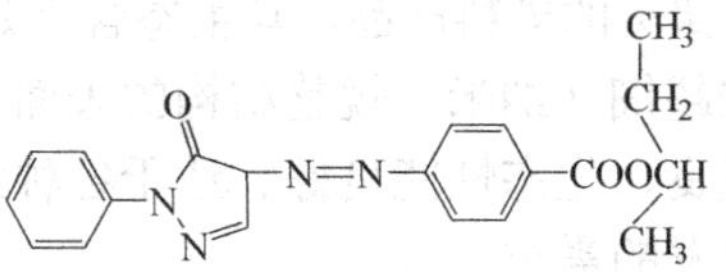

羧酸酯型偶氮分散染料上染率达 85 % 以上，K/S 值均超过 12，能满足涤纶织物染色深度要求；碱洗后涤纶织物的耐摩擦、耐洗和耐升华牢度均能达到 4 级以上，说明羧酸酯型染料的碱洗工艺能够取代传统的还原清洗，色牢度比还原清洗后相同甚至更好；且在还原清洗处理时可免用保险粉，在低浓度碱的作用下便可发生羧酸酯基水解，重新生成易溶于水的羧酸盐染料和低毒的醇类化合物，从而去除涤纶织物表面浮色，达到色牢度要求，同时能有效减少染料生产和使用过程中产生的有害物质。

目前市场量较大的含 N-双乙酰氧乙基的可碱洗分散染料产品还有分散深蓝 HGL（C.I.分散蓝 79），色光为红光海军蓝（涤卡蓝），适于高温高压染色，可染较深色泽，升华牢度较好，能耐高温定型，匹染时匀染性略差。锦纶、腈纶、涤纶用此染料印花，得色不够浓艳。与活性染料同浆印花，色光会产生变化。分散红玉 S-2GFL（C.I.分散红 167）色光为深红色。适于高温高压染色法，可在涤纶上直接印花，也可以作涤/棉防拔染的中、浅底色，不能与含有碱剂的活性染料同浆印花。

分散深蓝 HGL

分散红玉 S-2GFL

7.5.5 超细规整分散染料及喷墨墨水

（1）超细（纳米）规整分散染料

超细（纳米）规整分散染料是织物喷射打印技术的关键，国内外有称纳米生态染料。它是中国分散染料较多的偶氮型（约占 65%）老产品；商品化染料的粒径和分布范围宽、粒子形状不规则，晶型不清楚有球形、菱形、针形和圆柱形等，因此产品的分散稳定性差。

纳米技术是单个原子、分子层次上对物质的种类、数量和结构形态进行精确的观测、识别和控制的技术，是在纳米尺度内研究物质的特征和相互作用，并利用这些特性制造具有特定功能产品的高新技术。纳米技术被认为与物质和系统的结构和元素有关，因为这种结构和元素在纳米范围内，所以它们表现出新颖和有大幅提高的物理、化学和生物特性、现象和处理过程。纳米技术的目标是通过在原子、分子、超分子水平上控制结构来发现这些特性并加以有效运用。保持接触面的稳定和在微米、肉眼观察范围内合成这些纳米结构是另外一个目标。纳米材料又称为超微颗粒材料，是纳米技术的基础，是指固体颗粒小到纳米（nm）尺度的超微粒子（也称之为纳米粉）和晶粒尺寸小到纳米量级的固体和薄膜。纳米粒子也叫超微颗粒，一般指尺寸在 $1 \sim 100nm$ 间的粒子，处在原子簇和宏观物体交界的介尺度区域。从通常的关于微观和宏观的观点看，这样的系统既非典型的微观系统亦非典型的宏观系统，是一种典型的介观系统。宏观物体颗粒被加工成纳米级颗粒后由于表面、小尺寸和宏观量子隧道等效应的综合作用，会显示出许多奇异的特性，即它的光学、热学、电学、磁学、力学及化学方面的性质和大块固体颗粒相比将会有显著的不同。

超细（纳米）规整生态分散染料是指利用纳米技术制造的粒子三维尺寸在 $100 \sim 300nm$（非完全纳米级）的染料产品，其生态含义是指染料本身、印染过程及印染产品均符合生态要求。由于特殊超细（纳米）规整结构的表面、小尺寸和宏观量子隧道等效应的作用，使得其具有色牢度优良、生态性能良好、适于各种纤维等优良性能。可满足新型印染技术的要求和染料功能化开发的需求。

2003 年日本小松工艺公司采用纳米加工技术和分散剂混配技术开发纳米级分散染料，平均粒径小于 100nm。已制得细得多的蓝色、红色和黄色分散用染料。小松工艺公司在开发蓝色、红色、黄色三种纳米级分散染料的同时，也解决了产品的储存稳定性问题。

2004 年高建荣等研发了超细（d^{90}<150nm）分散蓝 2BLN（C.I.分散蓝 56）的粒径控制和助剂组合复配控制二次团聚等工艺技术。应用再沉淀-高压均质制备技术，可由原染料经球磨、复合助剂再沉淀后经高压均质制得超细（纳米）化产品。

（2）喷墨印花用分散染料

喷墨印花工艺有直接数码喷墨印花和转移印花两种工艺。作为 21 世纪印花技术发展的重点，数码喷墨印花技术是将计算机中的数字式花样图案，通过印花分色描稿系统（CAD）编辑处理，再由计算机控制喷嘴，把墨水直接喷射到纺织品上形成所需图案。该技术适用于小批量、多产品，更新花样速度快，可达到单一产品定制，色彩还原水平及清晰度高，与传统印花工艺相比，同等产值下，数码喷墨印花耗电量下降 50%，耗水量下降 30%，染料使用量下降 30%。理论上，所有的纺织品染色和印花用染料都可以配制喷墨印花墨水（色浆），但目前主要用活性、酸性和直接染料等。

高利润、高附加值的超细规整分散染料数码喷墨印花墨水（色浆）作为户外广告喷绘用墨水比颜料型墨水具有耐晒牢度高、耐候性好、可水洗、可用于转移印花及纺织品无需前、后处理等优点。国外主要有 Ciba（汽巴）公司的 Terasil TI 系列分散染料墨水，杜邦公司的 D700 系列分散染料墨水，意大利 J-Teck-3 公司的 J-ECO 系列分散染料墨水等。近年来国内市场上数码喷墨印花墨水产品的研究开发进展较快。

喷墨和转移印花用分散染料的三原色为黄、品红、青。一般要求类型相同，色光鲜艳牢度好、强度高、热稳定性好（200℃左右升华）且易研磨、三原色配套且成本低。分子量在 230～370 间、纯度 98% 以上、墨水中染料粒径需小于 0.3μm。典型结构如下。

黄色染料：分散荧光黄Ⅱ、分散黄 FL（C.I.分散黄 42）、分散黄 S-5GF（C.I.分散黄 231）。

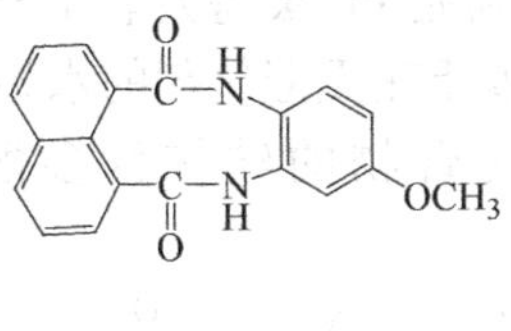

分散荧光黄Ⅱ 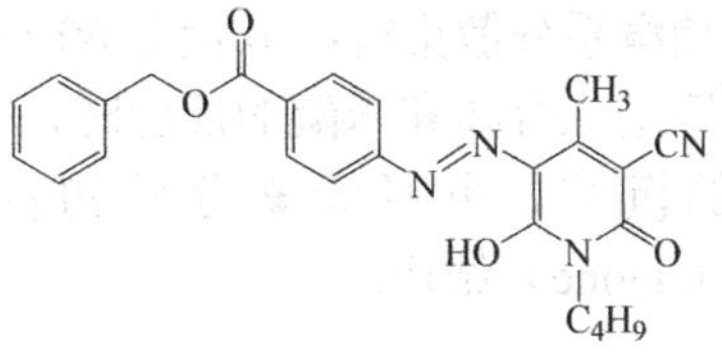　　　　　　　　　　　分散黄 S-5GF

红色染料：有分散红 FB（C.I.分散红 60）、分散荧光红 2GL（C.I.分散红 277）和分散大红 G-S（C.I.分散红 153）等。

蓝色染料：有分散翠蓝 H-GL（C.I.分散蓝 60）、分散蓝 BFLS（C.I.分散蓝 77）和 Dispersol Blue 4R-PC（C.I.分散蓝 356）等。

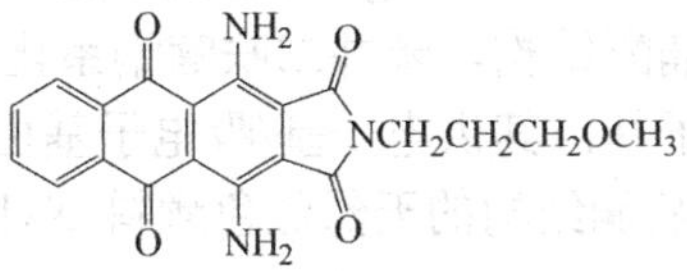

分散翠蓝 H-GL 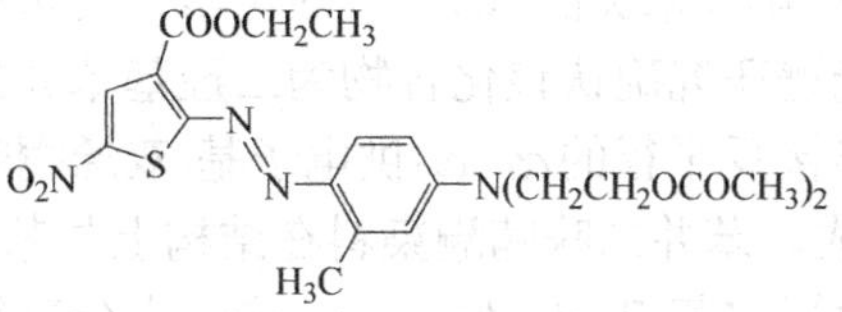　　　　　　　　Dispersol Blue 4R-PC

（3）水暂溶性分散染料

在染料分子结构中引入水暂溶性基团，如—CONHR、—COOH、—SO_2CH_2—COOR 等改变染料的溶解性。产品呈液态或膏状，不需砂磨和喷雾干燥，上染不加分散剂，能有效降低物耗和能耗。大部分水暂溶性分散染料在上染时发生结构变化反应后水暂溶性基团解离消失，转化为非离子型的分散染料并脱除相应的醇、水等。

潘鑫等研发的含羧甲磺酰基的水暂溶性分散染料系列，在上染时只脱除 CO_2，用于超细涤纶纤维的染色可获得深的色泽，竭染后残液基本无色。此类染料适合于小浴比的染浸，织物在染色过程中需一直浸没于染液中。由于染料中无分散剂，既没有分散剂对染色的影响，也没有对染色残液的环境影响。

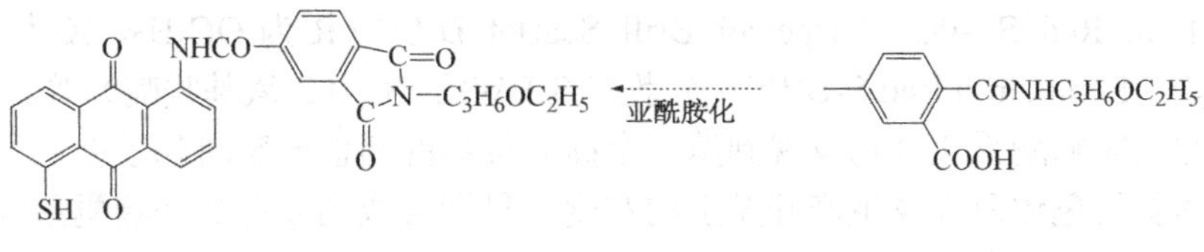

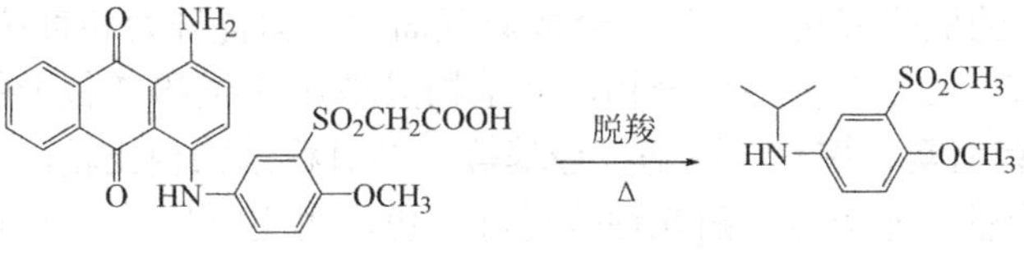

7.5.6 超细纤维染色用分散染料

超细纤维（microfiber）也称超细旦纤维，是 20 世纪 70 年代研究开发的新型纤维。纺织纤维纤度的定义为每千米长纤维单丝的重（g），称为旦（demier）；粗纤维大于 7g、一般纤维 3～5g，而超细旦纤维小于 1g（日本标准 0.1～0.01g）；超细纤维具有高密度、柔软蓬松、轻质、透气防水等特色。其织物具有高舒适性、高质感、手感好等优点。

由于超细纤维的纤度细、比表面积大、织物高密，所以不易上染、匀染、染深且牢度差。超细纤维染色用分散染料的开发是拓展分散染料应用领域的新方向。该方向的研究主要分新型结构创制和从传统的偶氮、蒽醌等分散染料中筛选两方面。苯并二呋喃酮系分散染料等结构是典型的创新结构。

苯并二呋喃酮系分散染料：20 世纪 60 年代初，澳大利亚 Junek 等发表了一篇论文报道了在研究活性亚甲基化合物和苯醌的反应时，由氰乙酸与苯醌在无催化剂的水相反应时得到一种红光黑色的沉淀，并经元素分析初步推测了该化合物的结构为多醌稠环联戊醌（link-pentanequinone）结构。

联戊醌
link-pentanequinone

直到 70 年代末英国 ICI（帝国化学）公司的 C. W. Greenhalgh 等重复了这一工作，经深入分析和光谱研究确认该化合物为二羟基苯并二呋喃酮结构。苯并二呋喃酮系化合物可分为两组交叉连接反平行的 α，ω-供电子基/双烯酮吸电子基，其供电子基/吸电子基由两对 O 与 C=O 基组成。苯并二呋喃酮染料在结构上与苯并呋喃酮结构的天然红色颜料 Xylerythrins 相关，其曾由树皮菌 *Peniophora sanguine* 中分离得到。

Z^1, Z^2：S, O, N
R^1, R^2：H, NO$_2$, X, R, OR, Ar, CN, OH, ect
X^1, X^2：H, X, R, OR, ect

1984 年英国 ICI（帝国化学）公司推出了第一个苯并二呋喃酮结构的高坚牢度分散染料产品 Dispersol Red BN-PC（C.I.分散红 356，X 为 OC$_3$H$_7$）；系列产品还有 C.I.分散红 357（X 为 OC$_4$H$_9$）和 C.I.分散红 367[X 为 OCH（OC$_2$H$_5$）CH$_2$OCOCH$_3$]等。可用于各种天然及合成纤维的印染，也可用于混纺及涤纶微晶纤维。特别在超细旦纤维染色中有着优良的性能。

典型染料商品还有 Dispersol Brill Scarlet SF-PC（分散大红 SF-PC，X 为 OCH$_2$COOCH$_2$CH$_2$OC$_2$H$_5$）、Dispersol Brill Red SF-PC、Dispersol Brill Scarlet D-SF（R 为 OC$_3$H$_7$，X 为 OCH$_2$COOCH$_2$CH$_2$OC$_2$H$_5$）、Sumikaron Red S-BWF（分散红 S-BWF，X 为 2-氧基呋喃）等。

从苯并二呋喃酮系化合物发现到第一个商品染料的问世整整跨越了近三十年时间，说明了染料化学新发色体研究及生产开发上的难度。早期合成的苯并二呋喃酮系分散染料均为对称结构，即 3,7-位上的取代基相同，虽然合成原理简洁，但提升力和直接性较差。近 40 年科学家合成了几百种苯并二呋喃酮系化合物，其结构只是在 3 位和 7 位上的取代基不同，或在 4 位和 8 位上取代有卤素、烷基、羧基、羟基等。与对称结构相比较，不对称结构苯并二呋喃酮系染料的热稳定性、坚牢度、耐光性等更好，色泽也更鲜艳，发色强度也更高。

在苯并二呋喃酮系分散染料研发和产业化方面，英国 ICI（帝国化学）公司、Zeneca 公司、德国 Bayer（拜耳）公司、日本 Sumitomo Chemicals（住友化学）公司及韩国 LG 公司等相继开发了新的含苯并二呋喃酮结构的商品染料。国内大连理工大学、浙江工业大学和龙盛集团、闰土集团等也先后开展了研究，并都已实现了产业化。

苯并二呋喃酮系分散染料的合成主要有固相法和液相法两大类。传统固相法要求温度较高，一般在 190～200℃之间，且收率低。新工艺采用溶剂法，温度降至 60～130℃（因溶剂不同稍有差异），并加入了一定量的酸催化剂，提高了收率。合成工艺从原料出发主要有三条，分别为四氯苯醌、苯醌和氢醌（苯二酚）等。

7.6 分散染料复配商品化技术

复配型分散染料是目前染料产品开发的热点之一。复配型分散染料是指色相接近或性能相近，化学结构大体相近或不同的分散染料混合物，但不包括染料合成过程中产生的异构体。一般是两个以上组分按一定比例复配，应用较多的是单偶氮分散染料。

利用多组分分散染料的增效作用能够得到深浓色产品，可以提高染料利用率，也可以提高染料的染色性能和牢度性能。近年来，利用分散染料复配增效作用已得到多种黑色、藏青色、深红色产品及各项性能优异的产品。

7.6.1 分散染料复配原理及应用

（1）复配基本原理

利用两物质在特定比例下存在最低共熔点的特性，两种不同分散染料混合形成共熔混合物可改善对热熔温度的敏感性并降低热熔温度，使固色率曲线趋于平坦，提高匀染性能，有利于竭染中提高染料对纤维的亲和力，使染料具有更好的染色性能。两种染料混合上染要求在染色时不发生相互作用而独立上染，在涤纶纤维中独立结晶且上染率与单独染料染色时相同。而混晶型分散染料混合时的上染率比单独染色低。

分散染料上染时符合物质在两种溶剂间的分配定律，即在染色介质中的分散染料和进入纤维的分散染料间存在着平衡关系。从分配定律关系可知，两种不同的染料对涤纶上染饱和值有一定的加和性，因此利用这种性质，几种分子结构相同或不同的染料混合在一起进行染色，可使上染总量增加并得到较深的色泽，提高染料的固色率和提升率。

化学结构相似或不同的染料，其最大吸收波长接近或有差异，如果配合得好会使色泽相互补充，且色泽更丰满或得到需要的色泽。

由于两种物质混合可以改变其熔点和蒸气压，所以可按所需要求改善分散染料的热迁移性和耐升华性。

染色亲和力主要取决于染色热和染色熵。染色热取决于染料和纤维分子吸附前后分子间力的大小。分散染料和纤维间存在氢键、范德华力、p-p作用力等多种分子间作用力，染料和纤维不同它们起的作用也不同。涤纶酯键的羰基氧原子能和分散染料供质子基（—OH、—NH$_2$等）形成氢键；其苯环可和分散染料供质子基形成p-氢键，与分散染料的苯环形成p-p作用力。范德华力也是分散染料和涤纶结合的一种重要形式，多组分分散染料间同样具有以上作用力，染料间所形成的新作用力对涤纶形成不同形式的结合。染料分子间和与纤维分子间的结合强弱不取决于其中个别基团，而是取决于整个染料分子的作用。分子间总的相互作用可用溶解度参数表示。

染料与染料、染料与助剂、染料与基质间存在着范德华力、氢键、库仑引力、偶极作用、p-p相互作用等，这种弱分子间作用称为超分子化学作用。超分子化学概念可以解释混合染料的复配增效，通过染料的筛选和组合赋予新染料更好的染色性能和牢度性能等。特别是提升分散染料和活性染料的染深性，开发黑色、藏青、深红等深色染料品种，以及适应新开发纤维的染色性能和提高染色牢度等。

（2）溶解度参数（δ）

溶解度参数的概念由Hildebrand于1916年提出，1931年Scatchard把内聚能密度（cohesive energy density，CED）的概念引入溶解度参数。内聚能密度为1moL液体或固体气化成气体所需的能量，也就是每立方厘米的蒸发热，可用摩尔蒸发热E_V和摩尔体积V_m来计算，V_m为分子量与密度之商（$V_m=M/Q$），即：$CED=E_V/V_m$（J/cm^3）。

1949年Scatchard又用符号δ来表示溶解度参数。即：

$$\delta = (CED)^{1/2}=[(\Delta H-\rho\Delta V)/V_m]^{1/2}=[(\Delta H-RT)/V_m]^{1/2} \quad (J^{1/2}\cdot cm^{3/2})$$

溶剂的溶解度参数δ可从摩尔汽化热ΔH计算，R为气体常数，T为绝对温度，K。ΔH可从文献中查阅得到，是计算δ最直接和最精确的方法，但在绝大多数情况下，在所要求的温度下的汽化热不能直接从文献中查阅到或直接得到。

1970~1977年间V. Krevelen将溶解度参数与化合物分子结构内各取代基团的吸引力常数（F_i）、对分子贡献的总和（ΣF_i）和摩尔体积等关联。

即：
$$\Sigma F_i = \delta \times V_m \qquad \delta = \Sigma F_i / V_m$$

整个分子中每个基团对摩尔体积 V_m 的贡献也具有加和性，即摩尔体积可以从分子中每个基团的体积常数 V_i 之和求得。

即：
$$V_m = \Sigma V_i \qquad \delta = \Sigma F_i / \Sigma V_i$$

有关基团的吸引力常数 F_i 和体积常数 V_i 可查相关计算和实验结果汇总，这样就很容易计算已知分子结构化合物的溶解度参数。

（3）复配分散染料产品

涤纶的折射率是各种纤维中最高的，达 11725，其他纤维折射率分别为三醋酸纤维 1147、腈纶 1151、锦纶 11568、羊毛 11553、蚕丝 1158、棉 1158、黏胶 1154。高折射率纤维使染入纤维的染料反射出来的光线减少，造成视觉效果色泽变浅，涤纶超细旦纤维因反射增多使折射率更高。因此，分散染料商品化的关键是提高日晒牢度、移染性、盖染性、湿牢度和对其他纤维沾色牢度，降低热迁移现象造成的牢度下降，特别是提升力高的深浓色产品。此外，还要开发适应新型 PTT（聚对苯二甲酸丙二醇酯）、PLA（聚乳酸）、芳砜纶纤维染色的专用产品。

结构单一的黑色分散染料产品很少，多为偶氮类。该类染料往往存在染深性和提升力不足、牢度性能差的缺点。采用分散染料复配是开发深浓色产品和超细旦涤纶纤维用染料的有效方法之一。Terasil W 型、WW 型等分散染料属于通过复配增效作用开发的牢度优异深色产品。

早期的复配型分散染料偏重蓝色色谱，如分散蓝 BBLSN（C.I.分散蓝 165-B2）是如下分散蓝 BBLS（C.I.分散蓝 165）与一个结构相似的组分拼混产品，将偶合组分的 N-二乙基改为 N-二丙基，改进了上色快的缺点及匀染性，提升率比单一组分高 30%。

分散蓝 BGL（C.I.分散蓝 73）也是两个组分构成，如只采用一个组分，染色性能不佳。

常规的分散蓝 EX-SF 300% 和分散黑 EX-SF 300%（Kayalon Polyestrer Black EX-SF 300%）是由 C.I.分散蓝 291（分散蓝 SE-5GL）、C.I.分散紫 93（分散紫 B）及 C.I.分散橙 61（或 C.I.分散橙 25、C.I.分散橙 29、C.I.分散橙 30、C.I.分散橙 44、C.I.分散橙 163）等复配制得。

超细旦涤纶纤维纤度细，比表面积大、折射率高，因而染深性和匀染性较差。采用复配技术制得的快速型分散染料的最大特点是相容性与匀染性好、染深性佳，较适于超细旦涤纶纤维染色。典型产品如 Clariant（科莱恩）公司的 Foron RD 型快速分散染料系列，其中 Foron Black RD-RL 由 C.I.分散蓝 183 或 C.I.分散蓝 79、C.I.分散红 167 及 C.I.分散橙 30 等复配制得。DyStar（德司达）公司的 Resolin K 型快速分散染料系列，其中 Resolin Black K-BLS 由 C.I.分散蓝 79、C.I.分散紫 40 及 C.I.分散橙 30 等复配制得。这些超细旦涤纶纤维专用分散染料的应用表明分散染料经适当比例复配后具有很好的增效作用。

浙江龙盛集团采用如下三种结构染料进行复配，获得色光艳丽、分散性好且耐晒、耐洗和耐汗渍色牢度好的深藏青色产品，复配效果显著。

目前，典型的高强度拼色产品分散黑 ECT 300%、分散蓝 ECT 300%系列是市场上主流黑色系产品。随着大众生态环保意识的觉醒和对产品品质的更高追求，高环保和高坚牢度分散染料已成市场主导。浙江龙盛集团于 2017 年推出了两个升级的高环保型分散染料产品——龙盛分散黑 NP-ECT 300%和龙盛分散黑 ECT-BS 300%。

2020 年，浙江龙盛集团新开发了分散黑 ECT 300%的环保和牢度双重升级产品——龙盛分散黑 WECT-R-BS 400%。该产品具有优异的升华、摩擦和水洗牢度及良好的热迁移性，不含致敏的 C.I.分散蓝 291 和 C.I.分散紫 93 组分。作为高力份产品，其力份较分散黑 ECT 300%高了近三成，因此能以更少的量获得同样的黑度，同时还可有效降低染色残液的 COD 处理成本。

7.6.2 商品化技术和分散剂

（1）商品化技术

分散染料商品的质量如色光、强度、上染率和性能等都与原染料的质量特别是纯度和含有的杂质成分有关，这是分散染料商品化的前提。

染料商品化技术是企业的核心竞争力，研究涉及染料-染料、染料-助剂、染料-染色基质间相互作用的超分子化学，其理论尚不够成熟。中国分散染料中商品化质量反映了从分散染料的原料、制造技术、控制手段、生产设备，一直到后处理设备和助剂复配商品化技术等综合的水平。分散染料的商品化技术除需进一步提高理论和硬件水平外，还需加快研究高档染整技术用助剂（HLB 值 10~14 为佳）、配方、液态染料剂型和先进加工工艺等。

染料粒子的形状、晶型和粒径的控制等以使分散染料具有优异的分散稳定性和高温分散稳定性为标准。分散稳定性特别是高温分散稳定性是商品化研究的重点。分散染料在使用过程中是以超微的形式悬浮在水中并转换成溶解状态的分子形式扩散入聚酯纤维的无定形区而上染的。随着染料上染于纤维，分散染料单分子、晶粒和胶团中的染料所保持的动态平衡被打破，胶团中的染料会释放出来，悬浮体状态的染料也会不断溶解，而此溶解度与分散染料的粒径、形状、晶型等密切关联。然而分散染料的粒子太细，溶解度太大，反而会促进结晶生长，这就是所谓 Ostwald-Reifung 现象；另外，粒子太细也会使其更易发生泳移。因此，商品化的分散染料的粒子细度不是越细越好，而要求粒子细度控制在使分散染料于染色温度下保持适宜溶解度小于 100mg/g 为妥，这也与应用工艺有关，用于竭染的低能型分散染料的粒径为 0.2~0.5μm；若用于轧染-热熔工艺，分散染料的合适粒径为 1.0~2.0μm。

（2）分散剂结构与性能

分散剂应具备的性能有：a.良好的水溶性，分散剂只有溶于水，才有助于研磨，溶解度越大，越有利于染料对它的吸附；b.亲油基对染料有良好的亲和性，有利于对分散体保护，提高稳定性；c.好的热稳定性；d.良好的润湿效果等。这四个条件可用润湿、分散、悬浮、热稳定等性能和泡沫度等指标表示。此外，分散剂的热稳定性也是一个重要的参数。

木质素磺酸盐类分散剂具有好的热稳定性，但其分散性、悬浮性、润湿性等均属一般，且泡沫较大。萘磺酸甲醛缩聚物类分散剂（如 MF）具有好的分散性和润湿性，泡沫也少，但悬浮性一般，热稳定性较差，因此，通常使用上述两者的混合物作为分散染料分散剂。木质素磺酸盐类分散剂的分散性与磺化度有关，一般磺化度低则分散性好，使用时先把低磺化度木质素磺酸盐加到分散染料滤饼中进行研磨，研磨后再加入高磺化度的木质素磺酸盐类分散剂，两者比例为 1:1（质量比），这样可得到分散性和热稳定性皆优良的产品。若加料次序反过来，效果反而不好，所以高磺化度木质素磺酸盐类分散剂常用作分散染料加工后期稀释剂。若按分散剂的四个要素要求木质素磺酸盐类分散剂和萘磺酸甲缩聚物类分散剂都还不尽人意。

具有优异应用性能的新型分散剂，如 BASF（巴斯夫）公司的可生物降解分散剂 Setamol F，DyStar（德司达）公司的环保型分散染料 Dianix ECO Liquid 系列产品专用可生物降解分散剂，Akzo-Nobel 公司的 Petro 牌号萘磺酸盐缩合物类分散剂等新型润湿分散剂，均具有优异的润湿性和分散性、高的热稳定性（>200℃）、好的悬浮性与低的泡沫，添加量为 3%～5%。用 Petro 分散剂能大大提高研磨效率和染料分散性。Mead Westvaco 公司的 Hyact 分散剂也是一种新型分散剂，其热稳定性超过 Reax 85A，可提高大多数分散染料的分散稳定性，另外使用量少，可用来制造高浓度染料；该公司的 Reax LS 的热稳定性与 Reax 85A 相同，但对纤维的沾污性更小，可用于浅色染料和高光牢度染料的分散；该公司还开发出一种取代萘磺酸盐类分散剂的新型分散剂 Reax SN，成本低和对纤维沾污性低。

（3）复配分散剂

分散剂的复配设计也是分散染料应用研究的重点之一，如萘磺酸甲醛缩聚物类分散剂和木质素磺酸盐类分散剂组成的复配分散剂产品。复配分散剂组分选择及复配比例随分散染料产品而异，如对亲油性较强、热敏感的高能型分散染料来说，选择亲和性和稳定性良好的分散剂既可缩短研磨时间，又能提高分散染料悬浮体的热稳定性。

关于分散剂的润湿性，若分散染料的润湿性能不好，就需另外添加润湿剂。分散剂的润湿性在研磨过程中有重要的作用，它可以缩短研磨前的混料时间、润湿已磨细的粒子、减少能耗，因此，润湿性是分散剂复配的重要指标。如 Peso 分散剂具有很好的润湿性，而木质素磺酸盐类分散剂的润湿性就比较差。若分散剂的润湿性不够强，也可在商品化配方中添加润湿剂，如 Petro EFW、Nekal BA77 和 Igepon TN-74 等。

为防止分散染料粒子絮凝及结晶生长，添加少量非离子型分散剂是有利的。一般情况下非离子型分散剂能与阴离子分散剂相容，而且呈现出优良的分散稳定性；另外，非离子型分散剂如 EO/PO 共聚物还具有增溶作用，这种功能在竭染工艺染色时非常重要。PetroD-500 就是一种非离子型分散剂，它与阴离子型分散剂复配能有效阻止分散染料粒子絮凝和结晶生长。

总之，分散染料的发展在于"四高三低二个一"。"四高"即高洗涤牢度、高上染率、高耐晒牢度、高超细旦聚酯纤维及尼龙和氨纶等纤维染色性；"三低"即易洗涤、低沾污、小浴比短时染色；"二个一"即一次成功染色、一浴一步法染色。新型产品主要包括高发色值高坚牢度环保型稠杂环、耐热迁移、对尼龙和氨纶等低沾污、适用汽车内装饰织物染色超耐光性和数码喷射打印、热转移成像用功能性等分散染料，需满足高技术领域和具有明显节能减排效果的新型染色工艺，如一次成功染色、气流染色、小浴比染色工艺、混纺织物一浴一步染色等的需求。

第8章
活性染料及研究进展

活性染料（active or reactive dyes）是合成染料中通过化学结合而染色的一类染料，其分子中含有反应性基团（活性基），能与棉纤维的伯醇羟基、羊毛和丝的氨基、聚酰胺纤维的氨基及酰氨基等反应，发生共价键合并成为稳定的"染料-纤维"有色整体而固色。活性染料与纤维结合的共价键能达 252～378kJ/mol，与分子间力有量级之差，因此有很好的色牢度；主要用于染棉、麻、羊毛、丝和部分合成纤维。

活性染料新产品的开发速度也领先于其他各类染料。世界上纤维素纤维用活性染料年产量达 40 万吨以上，约占世界染料年产量 20%以上。世界纤维素纤维用活性染料年产量的增长速度要比棉用活性染料快得多。近 50 年来活性染料的产业化开发进展迅速。中国已生产活性染料产品 100 多个（有 C.I.号），产能 30 多万吨。2017 年产量创历史最高，达 30.38 万吨，2018 年产量达 27 万多吨，约占国内染料总量的 25%以上，居全球首位。同时活性染料的进口也居各类染料之首，尤其是高固着率活性染料。

本章将结合典型产品及中间体，简述活性染料结构理论、结构特征、合成技术及研究进展等。

8.1 概述

8.1.1 活性染料与产业

纤维素纤维是由葡萄糖的残基联结起来的大分子化合物，分子中带有伯醇羟基（—CH_2OH）。直接染料、冰染染料、还原染料和活性染料都可用于纤维素纤维的染色，但与纤维素的结合形式各不相同。直接染料分子的共轭双键系统中带有可以形成氢键的基团，如氨基与纤维的伯醇羟基形成氢键联结而染色。由于氢键结合不牢固，常不耐皂洗。冰染染料染色后在纤维素上形成不溶性偶氮染料，提高了皂洗牢度，可以说是直接染料的改进。还原染料则以它在碱性溶液中溶解的还原体渗入纤维内部，经氧化成为不溶性染料。虽然冰染染料和还原染料都提高了耐洗牢度，但都具有不耐磨的缺点。

活性染料通过化学结合染色，提高了染色织物的耐洗牢度，又避免了还原染料、冰染染料耐磨牢度低的缺点。活性染料染色工艺经济，操作简单，各项坚牢度特别是湿牢度较高。活性染料色谱广、色泽鲜艳、性能优异、适用性强。不需要其他类别的染料配套，其色相和性能基本适应市场对纤维和衣料的要求，尤其是新型纤维素纤维产品（如 Lyocell 纤维等）印染的需要。其生产和使用成本相对较低。

1898 年 Cross 与 Bevan 发现，纤维素纤维和浓氢氧化钠溶液作用后的生成物碱纤维能和苯甲酰氯作用，生成纤维素和苯甲酸酯的混合物。

酯化的与未酯化的纤维素经混酸硝化、还原、重氮化、偶合等反应即生成与纤维素纤维通过共价键结合的有色物质。

Cell—O—C(=O)—C6H5 —硝化→ Cell—O—C(=O)—C6H4—NO2 —还原→ Cell—O—C(=O)—C6H4—NH2

—重氮化→ Cell—O—C(=O)—C6H4—N2Cl —偶合→ Cell—O—C(=O)—C6H4—N=N—(naphthol-OH)

1930 年 Haller 和 Heckendorn 发现碱性条件下纤维素纤维能和三聚氯氰发生酰化反应：

Cell-ONa + (三聚氯氰, Cl—C(N=C—Cl)(N—C—Cl)) ⟶ Cell—O—C(N=C—Cl)(N—C—Cl)

然后再与带有氨基的染料反应，使染料与纤维牢固地结合起来。上述反应虽在实际生产中难于实现，却说明了染料与纤维成化学键结合是可能的。

8.1.2 研究历程

早期的研究工作促使了 1956 年活性染料的发明。纤维素纤维的化学性质并不活泼，但仍有不少化合物能与其发生作用。自 1956 年第一个活性染料产品 Procion 发明后新的活性染料产品不断涌现。

1895 年 Cross 和 Bevan 通过对黏胶纤维的研究提出了纤维素纤维生成共价键的初步理论框架，其后 Schroeter 对染料活性基团的形成进行了试验。

1923 年瑞士 Ciba（汽巴）公司发明了一氯均三嗪（monochlotrizine）活性染料，能与羊毛上的氨基或亚氨基形成羊毛-染料共价键，并获得很好的湿牢度，从而在 1953 年以 Cibacron 品牌开始生产。

1952 年德国 Hoechst（赫司特）公司在乙烯砜基团（vinyl sulphone）的基础上，生产了用于羊毛的活性染料 Remalan，但效果不佳。

1956 年英国 ICI（帝国化学）公司从羊毛活性染料三聚氯氰的基础上，开发了品牌为 Procion 的二氯均三嗪活性染料。1957 年又开发了品牌为 Procion H 的一氯均三嗪型染料。用于棉纤维染色。

1958 年德国 Hoechst（赫司特）公司又将乙烯砜基活性染料成功地应用于纤维素纤维，品牌为 Remazol。

1960 年瑞士 Sandoz（山道士）公司与 Geigy（嘉基）公司开发三氯嘧啶活性染料，品牌为 Drimarene X 及 Reacton。

1961 年 Bayer（拜耳）公司开发二氯喹噁啉活性染料，品牌为 Levafix E。

1970 年 Sandoz（山道士）和 Bayer（拜耳）公司先后开发二氟一氯嘧啶染料 Drimarene K、Drimarene R 及 Levafix EA、Levafix PA。1972 年英国 ICI（帝国化学）公司开发双一氯均三嗪活性染料。

1976 年英国 ICI（帝国化学）公司又开发膦酸基活性染料，可在非碱性条件下进行染色，品牌为 Procion T。

1978 年瑞士 Ciba（汽巴）公司开发了一氟均三嗪活性染料，品牌为 Cibacron F。

1980 年日本 Sumitomo（住友）公司开发了乙烯砜一氯均三嗪双活性基品牌为 Sumitfix Supra 的活性染料。

1984 年日本 Kayaku（化药）公司开发了在均三嗪环的基础上加入烟酸取代基的中性活性染料，品牌为 Kayacelon React。

1957 年国内奚翔云、陆锦霖等就对活性染料进行了探索研究。1958 年中国第一个三嗪型活性染料在上海投产，仅比国外晚了 2 年，随后乙烯砜型活性染料相继投产。

经过 50 多年的发展，至 20 世纪末已有不少于 50 个不同结构的活性基团出现，产品已超过 900 种，为所有染料之冠。回顾活性染料的研究开发史，按照时间划分，一般可将其分为四个阶段。

1956～1966 年第一阶段，活性基集中开发的阶段。开发的活性基有一氯均三嗪、二氯均三嗪、β-硫酸酯乙烯砜、2,3-二氯喹噁啉、β-硫酸酯丙酰胺、卤代杂环类等，但由于活性基活性及生产成本问题，只有前 4 种活性基幸存并得以发展。

1967～1976 年第二阶段，开发了高活性、高稳定性的氟氯嘧啶衍生物与毛、丝蛋白质纤维用活性染料等。

1977～1988 年第三阶段，重点开发一氯均三嗪和 β-硫酸酯乙烯砜为双活性基的活性染料。此外，为适应涤棉混纺织物的染色要求，开发了能与分散染料同浴染色的磷酸酯活性染料和中性浴固着的季铵盐取代的均三嗪活性染料。

1989 年至今第四阶段，重点在于高摩尔吸光系数的杂环类染料母体的开发及染料商品化技术的研究和复配增效技术等，标志性成果是开发了复合双活性基染料及以甲臜和三苯二噁嗪为母体的活性染料等。

据欧洲专利局统计，1999 年至 2003 年，全球活性染料专利有 304 项，其中关于染料商品化的专利就有 176 项，占 54%。染料商品化技术包括不同活性基的反应配伍性、复配增效、新剂型的开发等。如通过复配增效技术，可提高染料的有效利用率、提升力、固色率等，最终达到提高染料品质的目的。

8.2 活性染料结构与商品化

8.2.1 结构特征与类型

活性染料分子结构特征包括母体染料和活性基两个组成部分。活性基为含反应性活泼原子和取代基的分子团，通过连接基与母体染料连接。如活性艳红 K-2BP（C.I.活性红 12）。

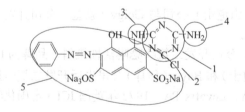

1—活性基部分；2—活泼原子（反应性）；3—活性基和母体染料的连接基；

4—活性基取代部分；5—母体染料

（1）活性染料结构类型

可按活性基种类、母体的结构、应用等进行分类。按活性基可分为卤代均三嗪类、乙烯砜类、卤代嘧啶类和多活性基染料等。按固色温度可分为低温型（40℃）、中温型（60~70℃）和高温型（80~90℃）等。

按母体结构可分为偶氮、蒽醌、酞菁、三苯二噁嗪、邻双偶氮三环形金属络合和苯并二呋喃酮等类型。

a. 偶氮：约占活性染料的 70%~75%。以黄色、橙色、红色等浅色系为主的主要是单偶氮染料；颜色较深的黄棕色属双偶氮染料；另有一些浅色的杂环偶氮类染料，主要由吡啶酮结构和吡唑啉酮偶合而成。

b. 蒽醌：一般为艳蓝色。蒽醌类活性染料主要是溴氨酸的衍生物，色泽艳丽，但在生产过程中蒽醌及其衍生物溶解性差，大部分反应需在硫酸介质中进行，造成三废压力，且蒽醌类染料摩尔消光系数低，逐渐为三苯二噁嗪类活性染料所取代。

c. 酞菁：一般为翠蓝色。母体为酞菁结构，金属从 Co→Cu→Ni 变化时，活性染料的色光从红光向绿光演变。酞菁类活性染料具有良好的溶解性和染着性，优良的日晒牢度、耐汗渍牢度，但游离镍对人体有害，工业化生产中难以控制。

d. 三苯二噁嗪：一般为艳蓝色。母体为取代的三苯二噁嗪及其衍生物，色泽鲜艳，耐光牢度好，发色值高，摩尔消光系数为蒽醌的 4~7 倍，是近年来的研究热点，有望取代蒽醌类的艳蓝色活性染料产品。

e. 三稠杂环金属络合：一般为蓝色，也有绿色和紫色。母体为三稠杂环的酮络合物，结构稳定，具有很高的耐晒牢度、耐氯牢度和耐氧化牢度。

f. 苯并二呋喃酮：一般为红色。母体为取代的苯并二呋喃酮，颜色鲜艳，染色牢度高，染色性能优越。

（2）活性染料性能指标

在工业化生产中常用染料染色后的应用性能来指导染料的研究和生产。一般情况下，评判染料的优劣运用如下性能指标。

a. 直接性 S：染料对纤维的亲和力，或染料和纤维之间的亲和力。用染料上染时（未加碱固色前）的吸附率来表征。

b. 竭染率 E：浸染结束（固色结束）时被纤维吸附的染料量与所使用的染料总量的比值。竭染率越高，染料对纤维的亲和力越好。

c. 反应性 R：活性染料活性基与纤维的反应能力，与活性基类型相关，同时受染色温度、pH 等的影响。

d. 固色率 F：除去浮色后，测得纤维上的染料量与所使用染料总量的比值。活性染料的开发和研究主要致力于提高染料的固色率，提高染料有效利用率，减少染料废水。固色率取决于染料的反应活性和水解速度之比，反应活性高、水解速率低的活性染料具有高固色率。此外，活性基的反应性、"染料-纤维"的键合稳定性，染色条件如温度、pH、浴比等对活性染料的固色率均有一定的影响。

e. 扩散性：染料向纤维内部移动的能力。扩散系数大的染料，反应速率快，固色率相对较高，匀染和染透程度也较好。

f. 提升力：活性染料染色时，对一定量的纤维随着染料用量的增大，纤维上染色深度递增的能力增大。提升力是表征染料染深色能力的参数。

8.2.2　活性染料商品化技术

商品化技术是指在原先的生产基础上，对原染料进行成型加工，使染料商品在色光、固色率和应用性能如溶解性、提升力、染料间的配伍性等方面得到改进，以满足市场需求。商品化技术研究包括染料与染料、染料与助剂、染料与纤维之间的超分子化学研究，当前最热门的就是染料间和染料与助剂间的复配增效研究。

根据复配增效原理，结构相似、直接性、反应性、I/O 值相近的活性染料拼混后可提高产品的溶解度、耐碱性等。2000 年 DyStar 公司开发一套耐碱性很好的活性染料 Remazol RGB 系列，该系列中除了一个染料外，其余均为拼混染料，这些拼混染料组分在单独使用时均不耐碱，而按比例拼混后其耐碱性能却大大地提高了。

一般情况下，直接性大的活性染料其分子量大，分子间的缔合较为严重，上染染料的粒径变大，染料渗透入纤维内部变得困难，从而导致染料固色率降低。然而，在染料中加入助剂，可以有效阻止染料分子缔合，加速染料上染从而提高染料的固色率。

（1）活性染料技术问题

活性染料的历史与其他染料相比不长，随着应用实践的发展，活性染料产品研发亟待解决的难题有：

a. 固色率不高，一般在 60%～70%，产生大量有色污水，其色度超过几万倍，COD 值一般在 800～30000mg/kg，浓废水的 COD 值要超过 50000mg/kg。

b. 使用时为了抑制纤维表面的负电荷，需耗用大量盐，既提高了劳动强度，又造成废水中的氯离子浓度高达 100000mg/kg，大大增加了活性染料染色废水的治理难度。

c. 某些性能还不能满足市场要求，如耐汗、日光牢度与湿摩擦牢度差等。

d. 能取代硫化、直接、还原等染料的深色产品较少。

e. 能取代羊毛和聚酰胺纤维用的媒染染料和金属络合染料，且经济适用、性能优良的产品也不多。

（2）活性染料创新研发

20 世纪 90 年代中期开始，活性染料的创新研究开发主要表现为新产品开发的重点不再是新活性基或新母体结构等产品开发，而是转向以规模化、清洁精细化及商品化技术提升为导向。

a. 性能优异产品生产规模化。活性黑 KN-2B（C.I.活性黑 5）及其衍生的高乌黑度黑色产品；M2 型深色和浅中色的三原色（C.I.活性黄 145、活性黄 176；C.I.活性红 195、活性红 241；C.I.活性蓝 194、活性蓝 222）；KN 型的蓝 KN-2R、翠蓝 KN-2G；X2 型的红 X-23B、橙 X-2GN、蓝 X-2BR；K2 型的红 K-2BP 等。这些产品产量之和约占全部活性染料 2/3 以上。

b. 生产工艺技术清洁精细化。环境友好生产技术日益受到重视，在染料生产中不采用产生大量废水的盐析工序，而是采用原浆喷干、膜分离等技术，其他如液相加氢等环境友好技术也不断引入相应的中间体生产过程。

c. 商品化技术进步快。以改进染料商品化技术来改造原有商品，赋予商品新的功能，令其升级换代。新的活性染料商品着重于应用性能；如低盐的 LS（low salt）系列，染色中促染的电解质用量少，利于环保；特深色、耐氯和浅色匀染等系列。这些系列染料产品更加注重于应用目标和应用工艺的一致，而不拘泥于活性基的相同与否。

研发重点：为了解决现有纤维素纤维用活性染料存在的上述问题，国内外染料界主要围绕提高吸尽率和固着率两个方面展开研究与开发。

a. 引入两个异种或同种活性基：在活性染料分子中引入两个活性基，特别是引入两个异种活性基，如引入一氯均三嗪基（MCT）和乙烯砜基（VS），这是目前研究最多，也最有效的手段。新型双活性基染料的染色和印花固着率均比对应的只含一个活性基的染料高出 10%以上，且具有更好的洗涤牢度。含有两个活性基的新活性染料在 50～80℃范围内染着率变化很小。因此，若染浴温度分布不均匀（如在绞盘绳状染色机中），新染料仍能获得优良的染色效果或染色重现性。新染料的这些新特性是由于其与纤维素纤维间除了存在共价键结合外，还有交联结合。

含两个同种活性基染料产品具有一些突出的性能，如匀染性好、固着率和 RFT 值高等。如 Procion HE 和 Procion XL 都是含有两个一氯均三嗪活性基的新染料，具有合适的 RFT 值。它们在中性盐存在下，表示相容性的四要素，即染料的直接性（S）、一次吸着阶段活性染料移染性指数（MI）、加碱后二次吸着对染料吸着效果的匀染性因素（LDF）、碱存在下的半染时间（T_{50}）都在最佳范围内。它们不仅适用于小浴比、自动化染色，而且有很好的匀染性，国外市场上用其取代原有的 Procion HE 染料。

含有两个不同种活性基染料产品的开发。一氟均三嗪与乙烯砜组成的染料的代表产品为 1988 年 Ciba 公司开发的 Cibacron C 型活性染料，如 Cibacron Yellow C-2R（C.I.活性黄 206）、Cibacron Red C-R（C.I.活性红 238）、Cibacron Blue C-R（C.I.活性蓝 235）等。其特点是高固色率：冷轧堆染色固色率达 90%～99%，轧-烘-轧-蒸法 85%～95%，轧-蒸法 70%～92%。高牢度：耐酸和耐碱牢度 3～4 级，耐氯和耐过氧化物牢度 4 级，染色牢度比其他活性染料高。对各种染色条件，如浴比、温度、时间、Na_2SO_4、Na_2CO_3 等依赖性小，有很好的移染性和易洗涤性。

b. 引入三个及以上活性基：从理论上分析，在活性染料分子中引入三个及以上活性基应当获得更高的固着率，其实不然。由于多个活性基染料的移染性和扩散能力较差，不仅影响染料的固着，而且染料的提升力也会降低，再者，这种活性染料的制造成本比较高，因此目前市场上含有三个及三个以上活性基的染料产品和数量较少。

c. 开发新活性基：为了提高活性染料的固着率，研究了 10 多种反应性强的新活性基，如三氟嘧啶基、氰基二氟嘧啶基等，但真正商业化的新活性基不多。3-羧基吡啶基均三嗪活性基是突出的例子，特别是含有两个 3-羧基吡啶基均三嗪活性基的染料，它们是季铵化的活性染料。

8.3 活性染料的活性基

8.3.1 活性染料与纤维的结合方式

活性染料的主要应用特点是与纤维反应生成共价键，并成为稳定的"染料-纤维"有色化合物的整体，使染色纤维具有很好的耐洗牢度和耐摩擦牢度。在应用上的另一特点是它可以用于多种纤维的印染。活性染料的活性基能与棉纤维的伯醇羟基、羊毛和丝的氨基、聚酰胺纤维的氨基和酰氨基等反应。活性染料可以染棉、麻、羊毛、丝和一部分合成纤维。

活性染料由于活性基与纤维在一定条件下发生化学反应而染色，所以活性基必须具有与纤维发生反应的性能，但反应性能过于活泼会使染料不稳定，过于稳定的基团，又必须在较高条件下才能与纤维反应而染色，因此适用于生产的活性基并不是很多。

8.3.2 活性基结构类别

国内活性染料按所含活性基结构类别可分为以下类型。X 型（二氯均三嗪型活性基）、K 型（一氯均三嗪型活性基）、KN 型（β-乙烯砜基活性基）、KM 型（两个不同活性基，一氯均三嗪型+β-乙烯砜基活性基-对位酯）、M 型（两个不同活性基，一氯均三嗪型+β-乙烯砜基活性基-间位酯）、KE 型（两个一氯均三嗪型活性基）、ME 型（与 M 型相同）、KD 型（直接活性染料）、P 型（膦酸酯基活性基）、E 型（2,3-二氯喹噁啉活性基）、R 型（两个烟酸基活性基）、F 型（二氟一氯嘧啶活性基）、PW 型（溴代丙烯酰胺活性基）、活性分散（带活性基的分散染料，活性基作为暂溶性基团）、其他类型（以两个一氯均三嗪型活性基为主）。

（1）含活泼卤原子的三氮苯（均三嗪）活性基

含氮杂环活性基中，三聚氯氰类是最早发现和发展的，色谱较齐全，产品也较多。以三聚氯氰为活性基的活性染料，按氯原子取代情况分为两种类型：带有两个氯原子的低温型活性染料称 X 型，即三聚氯氰的第一个活泼氯原子与母体染料分子上的氨基反应，染料产物的分子结构中三聚氯氰环上有两个活泼氯原子存在。染料具有较高的反应活泼性，能在低温（25~40℃）下于碱性介质（碳酸钠或碳酸氢钠）中与棉纤维反应固色。如果三聚氯氰环上一个活泼氯原子与母体染料氨基反应，第二个氯原子被氨水、苯胺或氨基苯磺酸或烷氧基所取代，只有第三个氯原子与纤维反应而染色的染料，属于热固型活性染料，称 K 型染，其反应活泼性低，须在 90℃ 以上与纤维反应而固色。

在三聚氯氰分子中，由于氮原子的负电性比碳原子的负电性大，氮电子对组成 C=N 双键的π电子具有较大的吸引力，所以氮原子上电子密度较大，成为负电荷中心。与之相邻的碳原子具有较低的电子密度而成为正电荷中心，容易发生亲核反应。这也使染环上与碳原子相连的氯原子具有较高的反应活泼性，易被给电子基如氨基、羟基等所取代。因为在三聚氯氰分子中氯原子为吸电子基，与其相连碳原子上的电子密度进一步减弱，当三聚氯氰和亲核试剂如羟基负离子反应时，负离子向碳原子进攻，进而取代氯原子并与母体染料连接。

三聚氯氰分子中三个氯原子的活泼性不同，可依次被各种亲核试剂取代。第一个氯原子最活泼，一般在 0~5℃ 发生取代反应。但是，被氨基取代后，由于取代基的给电子性，使第二个氯原子的活泼性显著降低，一般需在 40~45℃ 发生反应。进一步的反应同样使第三个氯原子相连的碳原子正电性进一步降低，从而使第三个氯原子的反应性更不活泼，要在 90~95℃才进行反应。值得说明的是，三聚氯氰环活性基结构在一些文献和染料产业界交流中也有用如下简单的"三角型"表述（非规范）。

三聚氯氰环上氯原子被其他基团取代，影响环上其他氯原子的活泼性。取代基的给电子性愈强，环上氯原子活泼性愈低。常用的取代基有氨基、烷氨基、N-取代芳氨基等。

活性基三聚氟氰和三聚氯氰一样是均三嗪结构。由于氟原子代替氯原子，提高了反应活泼性。

（2）含活泼卤原子的嘧啶（二氮苯）活性基

含两个氮原子的卤素取代嘧啶衍生物比三聚氯氰稳定。四氯嘧啶在 60℃ 与母体染料反应生成活性染料。在嘧啶环上 5-位碳原子上具有较高的电子云密度，可发生亲电取代反应。5-位碳原子的取代基对嘧啶环的反应活泼性有影响，所以四氯嘧啶比三氯嘧啶的反应活泼性高。

在四氯嘧啶分子中，5-位氯原子的活泼性较低，与带氨基的母体染料反应时生成 2,4,5-三氯嘧啶型活性染料；2,4-位上氯原子具有较高的活泼性，能和纤维素纤维共价键合。

为提高嘧啶环上卤素原子的反应活泼性，可改变环上与碳原子相连的活泼原子，如三氟一氯嘧啶，具有较高的活性。

（3）喹噁啉系活性基

喹噁啉系活性基为氯取代的喹噁啉杂环结构活性基，如 2,3-二氯-1,4-二氮萘-6-碳酰氯分子中两个氯原子具有较高的活性。当苯环上引入吸电子取代基甲酰氯基后进一步提高了氯原子的反应能力。碳酰氯与母体染料反应键联成活性染料，氯原子与纤维反应而固着。

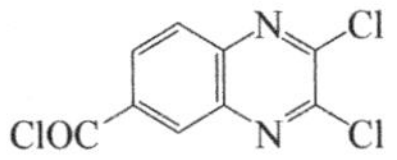

（4）含活泼卤素或硫酸的脂肪链活性基

作为脂肪链结构的活性基，常含有活泼的卤素原子（一般为氯原子）或硫酸酯基。脂肪链化合物中应用较多的是带有砜基结构的基团，由于砜基的强吸电子性，使脂链碳原子带正电荷，并使乙烯基更容易与纤维发生加成反应。不同基团如—$COCH_2CH_2Cl$、—$NHCOCH_2CH_2Cl$、—$NHCOCH_2CH_2OSO_3H$、—$CHCOCH=CH_2$、—$SO_2CH=CH_2$、—$SO_2CH_2CH_2OSO_3H$、—$SO_2NHCH_2CH_2Cl$、—$SO_2NHCH_2CH_2OSO_3H$ 等与纤维反应的活泼能力也不同。

β-羟乙基磺酰胺硫酸酯基是另一种性能更为稳定的活性基，这是因为虽然同样由于砜基的吸电性使β-碳原子带正电荷，但由于氮原子的存在削弱了砜基的吸电子性，所以乙基磺酰胺硫酸酯较乙基砜硫酸酯反应性相对较稳定，溶解性较好。

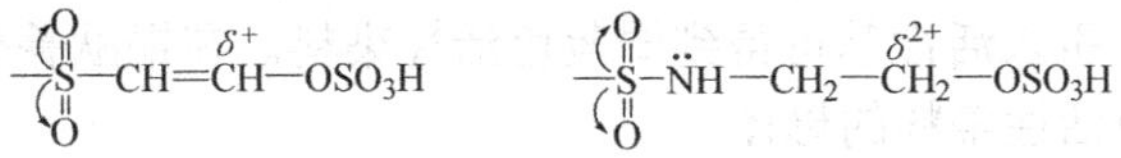

3-氯-2-羟基丙氨基用作活性分散染料的活性基。上染时活性基团先脱去一分子氯化氢，生成环氧乙烷衍生物，然后再与纤维反应。

（5）其他类型活性基

a. 膦酸结构：分子中具有膦酸基结构，在氰胺或双氰胺存在下，与纤维素纤维结合生成共价键。

b. 2-氯或 2-甲砜基苯并硫氮茂结构：分子中具有 2-氯或 2-甲砜基苯并硫氮茂结构，其中氯原子或甲砜基具有较高的活泼性。

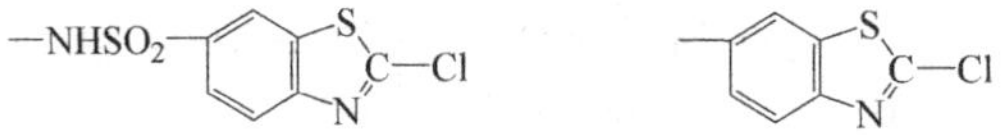

8.4 活性染料合成

8.4.1 母体的选择

作为活性染料的母体染料，必须适应活性染料的颜色、应用性能和坚牢性能的要求。活性染料的颜色很大程度上取决于母体染料的分子结构。浅色产品的母体染料，大部分采用单偶氮染料。其中黄色产品常用吡唑酮及衍生物为偶合组分。

近年来用吡啶酮衍生物作偶合组分制得的绿光黄色染料，具有耐氯漂的优点。如活性嫩黄 X-7G（C.I.活性黄 86）。

橙色和红色产品常用酸性单偶氮染料作母体，且多数以 J 酸、H 酸或 K 酸为偶合组分。

活性染料中深色产品如紫、深蓝、棕、黑、灰等色谱常用酸性单偶氮染料的金属络合物作母体染料。大多为铜或铬的络合物，也有用钴络合的。铜络合染料色泽鲜艳，铬络合的颜色较深。

蒽醌结构的酸性染料常用作活性染料蓝色产品的母体。以溴氨酸的芳胺化产物为母体的活性染料是蓝色活性染料的重要产品。如：

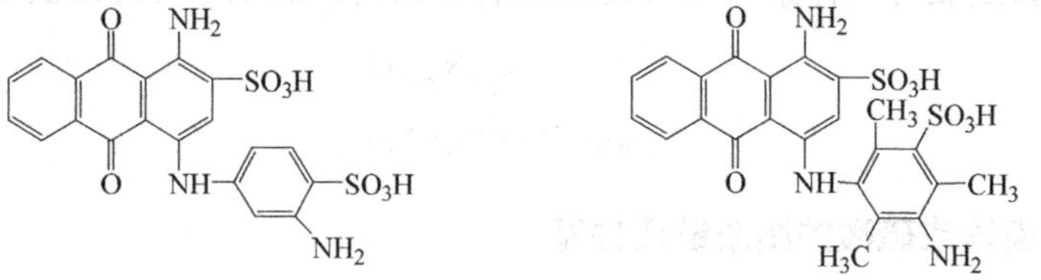

引入活性基以后，得到鲜艳的蓝色活性染料。

蒽醌酸性染料与偶氮染料的混合型母体，一般可作为绿色活性染料的母体，如：

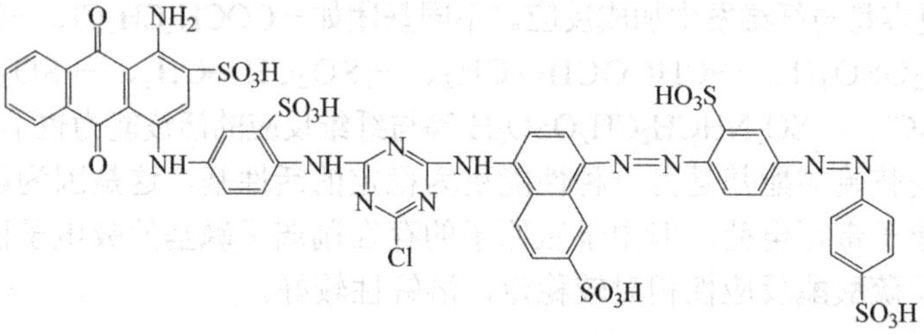

以酞菁蓝作母体，引入活性基可得到翠蓝色活性染料。在铜酞菁分子结构中引入偶氮染料分子，也可成为绿色活性染料的母体。

深蓝色活性染料采用金属络合物作染料母体，性能较好，既具有深色谱金属络合染料坚牢度高的优点，又在一定程度上克服了一般金属络合染料色泽不够鲜艳的缺点。典型产品如铜络合甲臜型结构的活性蓝 BRF（C.I.活性蓝 221）。

三芳甲烷染料以色泽鲜艳著称，但耐晒牢度差。利用三芳甲烷染料色光鲜艳的特点，在其结构中引入活性基以改进其耐光和耐洗性能，可用于棉、丝、毛等染色。

还有多种新的染料母体在活性染料产品中获得应用。如二氮蒽、氧氮蒽等结构多数为深色产品。

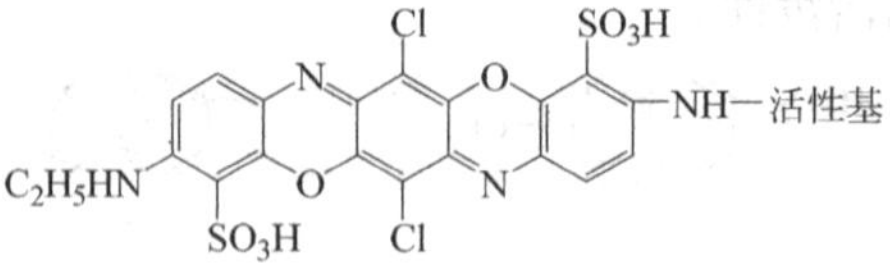

8.4.2 桥基的选择

活性染料发色母体与活性基间或两个相异活性基间的桥基（或称连接基）使发色体与活性基连接成一个整体，起着平衡两个组成部分的特殊作用。桥基的选择首先其在碱性介质中必须有足够的稳定性。

典型的活性染料桥基以氨基为主，也有烷氨基、芳氨基、脂肪链二氨基、亚烷基和烷氧基等。双一氯均三嗪结构的 Procion H-EXL 系列活性染料以苯胺为刚性桥基，其活性基不易与纤维素纤维的葡萄糖单体伯羟基共价键合。Ciba 公司的 Cibacron（现为 Novacron）C 型、

FN 型、LS 型双活性基活性染料以脂肪链二氨基为桥基，因为是柔性连接，与纤维固着的概率较刚性高。一些典型产品的桥基有乙二胺（C.I.活性蓝 198，DrimareneXN 系列）、丙二胺（C.I.活性黄 208）、异丙二胺（C.I.活性橙 132）、N-羟乙基乙二胺（C.I.活性红 264，Cibacron Red C-GR，W-B）、异己二胺（C.I.活性红 268）和亚乙基（—CH$_2$CH$_2$—）（C.I.活性红 28，Cibacron Red C-2G）、乙氧基（C.I.活性黄 174，Cibacron Yellow C-2GR）等。

对于连接相异单侧型双活性基的亚氨桥基，在碱的影响下亚氨基脱去一个质子，形成带负电荷的富电子氮负离子，会使固色速度降低几个数量级，得色量下降。亚氨基 N-烷化后可以抑制这一情况的发生，这是由于 N-烷基的空间效应使母体发色体与活性基的共平面性被破坏，导致染料缔合度下降，因而溶解度得以提高，直接性下降，易洗涤性提高，因而这类活性染料水溶性高、染色性能和牢度性能也优。但对于烷氨基与发色母体连接的单活性基染料如 C.I.活性橙 4（Procion Orange MX-2R），因为桥基对整个染料平面性影响很小，不会影响与纤维素纤维的反应。

对于连接单侧型双乙烯砜活性基的 N-烷化亚氨桥基，由于平面性的破坏，N-烷化亚氨桥基对乙烯砜活性基的吸电子性降低，会影响碱性条件下乙烯砜基的 β-消除反应及与纤维素纤维的结合而降低固色速度。

关于桥基的研究只是简单且有针对性的定性分析，有待于进一步加强系统的基础研究。

8.4.3 氮杂环活性基活性染料合成

（1）三氮苯（三嗪）型活性染料

这类活性染料的合成须根据活性基本身的活泼性和母体染料合成过程所要求的条件来决定。有两种合成方法，一种是合成母体染料后再将活性基接上制得活性染料；另一种是先合成带活性基的中间体，然后合成活性染料。对于偶氮型染料产品，两种合成方法都有采用。同时，活性基既可在重氮组分中，也可在偶合组分中。但因为三聚氯氰是非常活泼的活性基，络合金属偶氮型活性染料，一般在母体染料金属络合以后，再把活性基引入。蒽醌型活性染料的三聚氯氰基一般直接与母体染料键连。

a. 先合成母体染料后引入活性基。如活性艳蓝 X-BR（C.I.活性蓝 4）。

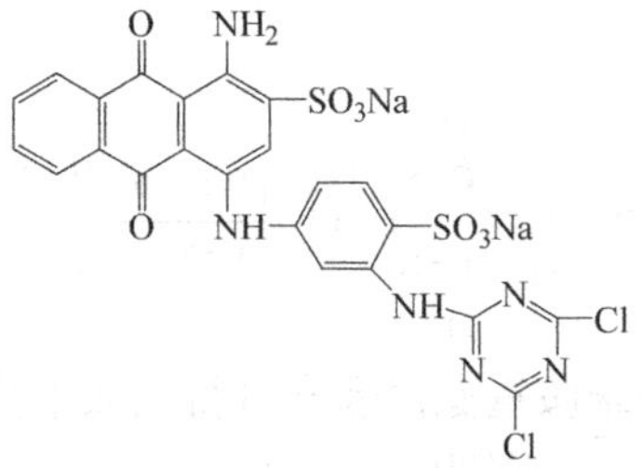

活性艳蓝 X-BR 是应用广泛的艳蓝色蒽醌型活性染料。以溴氨酸为原料，与间苯二胺磺酸在氯化亚铜存在下以碳酸氢钠作缚酸剂缩合得到蓝色酸性染料作为母体，再引入三聚氯氰活性基生成活性染料。

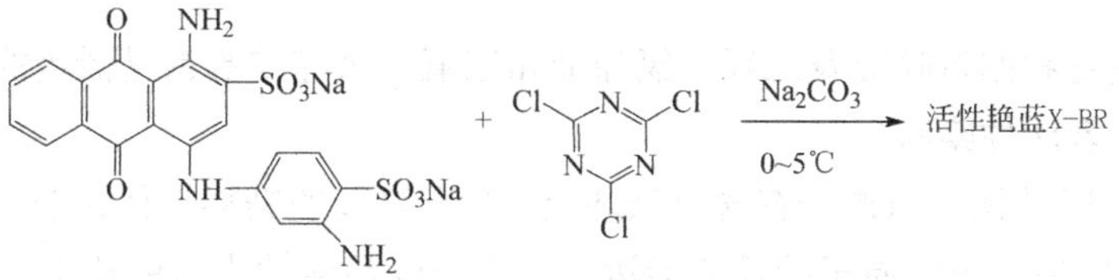

b. 先合成带活性基的中间体后合成染料。在偶氮型活性染料分子中采用氨基萘酚磺酸作

偶合组分时，为了避免在氨基邻位发生偶合以致产生杂染料，影响色光，必须先在氨基上引入活性基，然后合成染料。如活性艳红 K-2BP（C.I.活性红 24）是带蓝光的艳红色染料，色泽鲜艳，广泛用于印花。一般采用先在 H 酸的氨基上引入三聚氯氰活性基的合成方法。

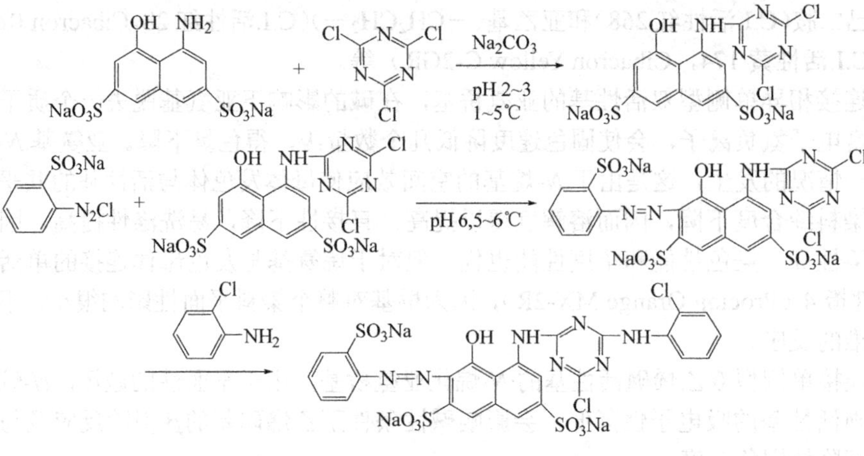

活性艳红 K-2BP

活性基连接在重氮组分上的活性染料，重氮组分常常是芳二胺衍生物。其中一个氨基与三聚氯氰进行酰化反应以引入活性基，另一个氨基进行重氮化，然后再和偶合组分偶合得到活性染料。如活性嫩黄 K-6G（C.I.活性黄 2）：

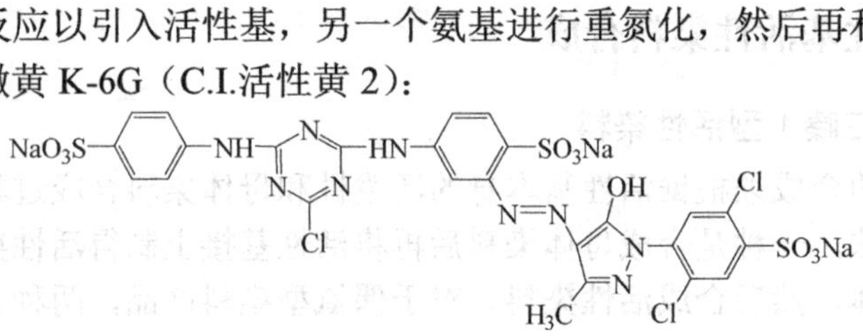

（2）嘧啶型活性染料

4,6-二氯嘧啶-5-碳酰型活性染料具有较高的反应活泼性。

在嘧啶环上 5-位碳原子与吸电子取代基羧基相连，使氯原子的活泼性提高，从而提高与纤维的反应活性，反应速度较快。活性基上的酰氯与胺反应缩合后常作为带活性基的偶合组分。

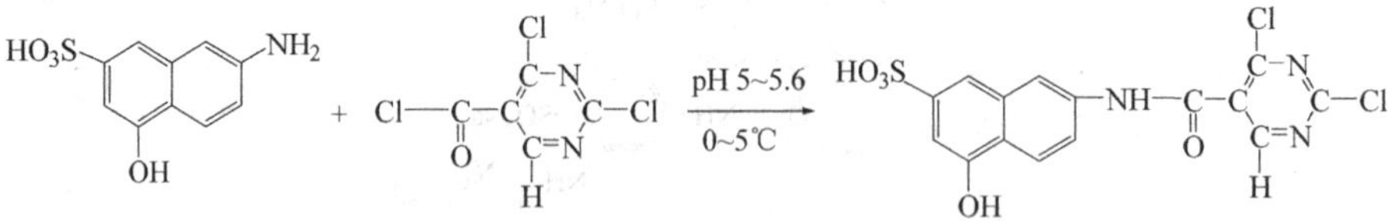

与重氮组分如 2,4-二磺酸苯胺重氮盐偶合可得到如下活性染料：

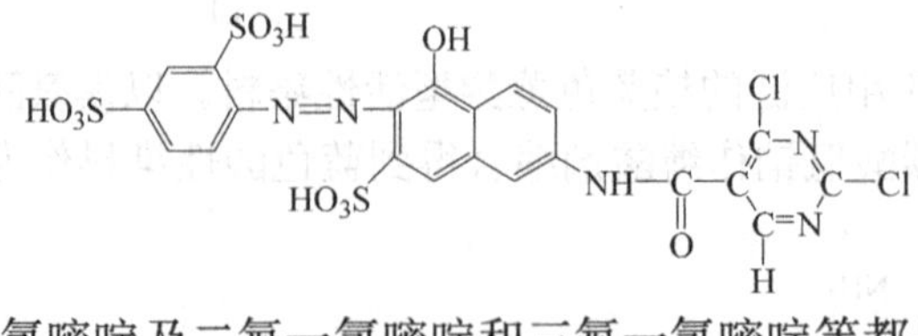

2,4,6-三氯嘧啶和四氯嘧啶及二氟一氯嘧啶和三氟一氯嘧啶等都是活泼的活性基。

（3）喹噁啉型活性染料

2,3-二氯喹噁啉的两个氯原子在含氮杂环上，与含氨基的染料母体缩合有困难，一个氯原子被取代，会降低另一个氯原子的反应活泼性，难于满足活性染料的要求。在碳环上引入碳酰氯或磺酰氯基，酰氯基的氯原子比氮杂环上的氯原子较为活泼，可与氨基的母体染料缩合，并能提高环上氯原子的反应活泼性。

2,3-二氯喹噁啉与含氨基的染料母体在水介质中、40℃及 pH 4.6 的条件下酰化。偶氮型染料可以在偶合组分上进行酰化，然后偶合得到活性染料。如：

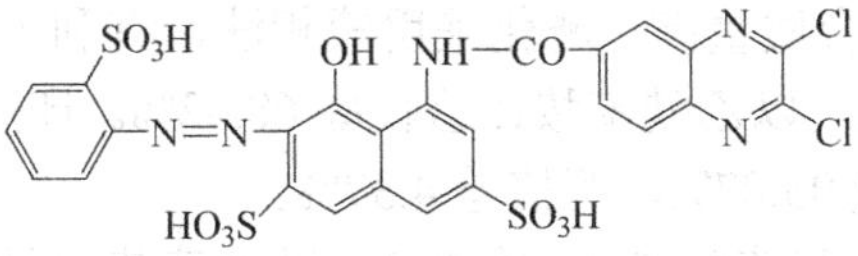

（4）乙烯砜型活性染料

乙烯砜型活性染料分子中都含乙烯砜基或β-羟乙砜基硫酸酯活性基。这类染料色谱齐全，固色率达 70%，"染料-纤维"化合物在碱性介质中高温下长时间作用会发生水解，使"染料-纤维"键断裂。乙烯砜型活性染料牢度好、得色深，适用于染色及二相法印花，可与冰染染料同浆印花，在活性染料中占有重要地位。

乙烯砜型活性染料常制成溶解性好的硫酸酯。一般以β-羟乙砜基芳胺作为重氮组分时，常直接使用其硫酸酯。对于偶氮型络合金属染料，由于β-羟乙基砜硫酸酯活性基中间体的氨基邻位缺少羟基，因此常用氧化络合的方法。活性红紫 KN-R（C.I.活性紫 4）合成过程如下：

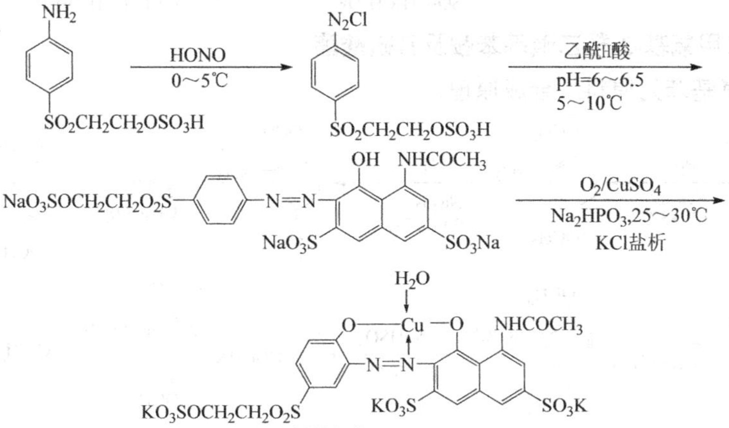

活性红紫 **KN-R**

8.4.4 活性染料关键中间体

（1）对位酯和间位酯

对位酯和间位酯是活性染料的重要中间体，用于 ME 型、EF 型、KN 型活性染料合成。

a. 对-β-羟乙砜基苯胺及其硫酸酯（对位酯）：以乙酰苯胺为原料合成。将乙酰苯胺用氯磺酸在 12～15℃氯磺化，生成物在碱液中在 25～30℃被亚硫酸氢钠还原，便制得对乙酰氨基苯亚磺酸。亚磺酸与氯乙醇缩合、脱酰水解并酯化，生成对-β-羟乙砜基苯胺硫酸酯。

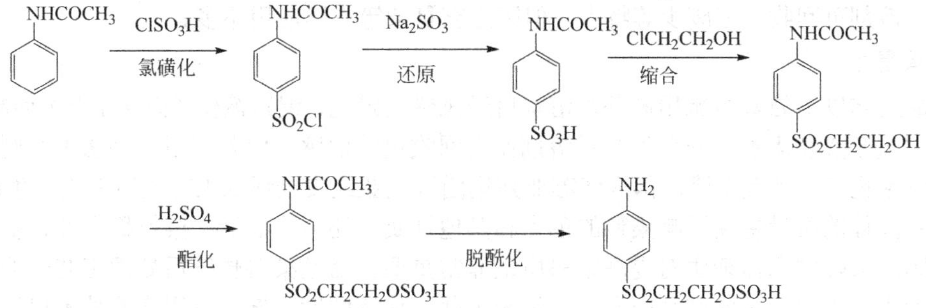

传统合成工艺用氯乙醇为缩合剂需在温度≥80℃反应，副产物多，收率低，酯化物与焦化物含量高。以乙酰苯胺为基准总收率64%。

环氧乙烷法对位酯合成工艺的特点在于添加二氯亚砜（$SOCl_2$）促进氯磺化，以环氧乙烷为缩合剂，反应温度低，缩合质量高，酯化采用液相法，有利于提高质量。氨基值98.02%，酯值96.78%，两值差1.24%，以乙酰苯胺计总收率68.42%。印度也有采用环氧乙烷的工艺，产品氨基值97.44%，酯化值93.07%，两值差4.37%。

b. 间-β-羟乙砜基苯胺及其硫酸酯（间位酯）：以硝基苯为原料。硝基苯在25~30℃间位氯磺化，然后在碱液中10~15℃和亚硫酸氢钠反应，再还原得间硝基苯亚磺酸。亚磺酸与氯乙醇缩合、还原制得间-β-羟乙砜基苯胺。合成原理：

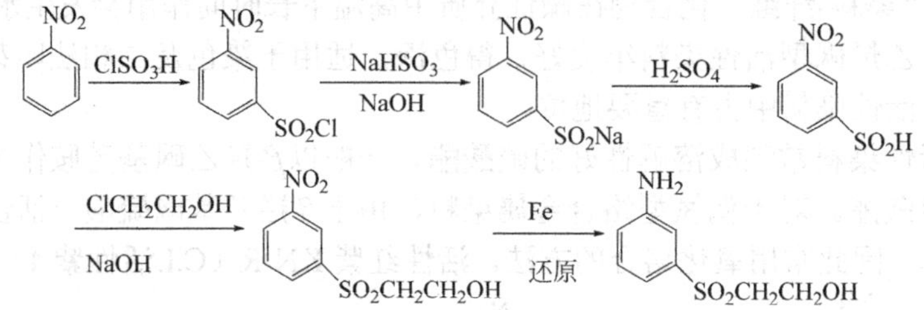

（2）2,5-二甲氧基-3-羟乙砜基苯胺及其硫酸酯

以对二甲氧基苯为原料。合成原理：

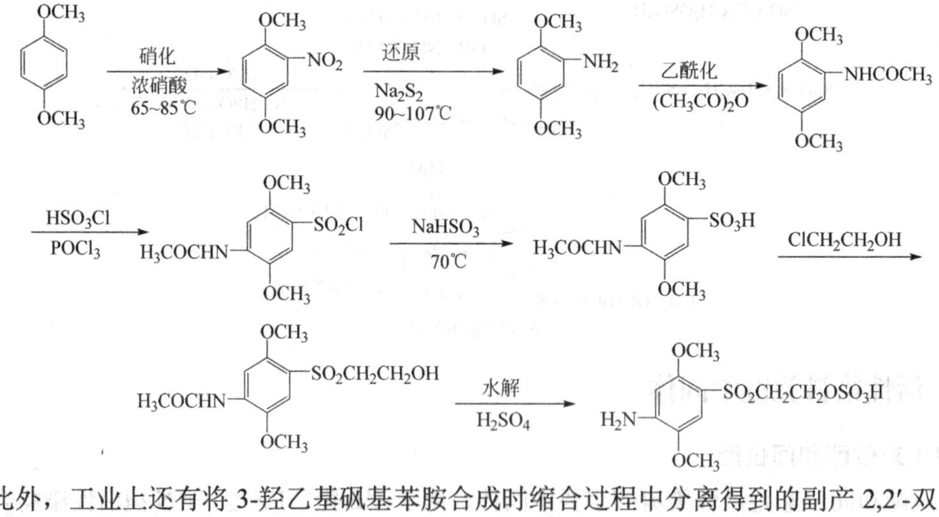

此外，工业上还有将3-羟乙基砜基苯胺合成时缩合过程中分离得到的副产2,2′-双（3′-硝基苯基砜基）二乙醚经水解转化合成2-硝基3-乙氧基-羟乙砜基苯的实例。

4-羟乙基砜基-N-乙基苯胺用氨基磺酸在N-甲基吡咯烷酮中酯化合成4-硫酸酯基乙基砜基-N-乙基苯胺及对羟乙基砜硫酸酯基苯胺衍生物的溶剂酯化工艺，具有酯化率高、酯值与氨基值差小、溶剂可回收及三废少等特点，但因工艺复杂等实际应用不多。

（3）溴氨酸

原合成工艺以1-氨基蒽醌用硝基苯溶解后经氯磺酸磺化、溴素溴化（卤化工艺）而制成，工艺中有大量废酸和废水。安全生产对溶剂使用回收也较敏感，但若不用溶剂法工艺则废水量更大，收率也低，纯度下降。国内江苏亚邦集团等企业经安全环保工艺改造在正常生产。

染料中间体的质量主要影响染料的色光和其他性质，还会降低活性染料稳定性、扩散性和力份。因此去除中间体杂质对提高染料质量非常重要。活性染料传统后处理工艺一般采用盐析法，使染料析出，因此产品中含有大量无机盐，使溶解度降低。采用膜滤技术提纯染料也可有效去除无机盐和杂质，实现产品高纯、低盐和高强度。

8.5 活性染料染色理论

8.5.1 活性染料染色过程

20 世纪 60 年代染料学界做了大量基础研究工作。对纤维素纤维由于葡萄糖单元上伯醇羟基和仲醇羟基反应活性不同及所处空间差异，活性染料与纤维素的反应键合主要发生在葡萄糖的伯羟基上，其次在仲羟基上。

Dawson 等研究结果指出，对于二氯三嗪染料来说，伯羟基比仲羟基速度快 317~712 倍，而一氯三嗪染料则为 1314~1512 倍；醇解和水解的速度比为 1217（甲醇）和 714（乙醇）。

Ackermann 和 Dussy 以含 2,2,3-三氯-21,42-喹啉活性基的 E_2 型染料为研究对象，给出了醇解明显优先于水解的同样的结论，并给出了醇解（包括低碳醇、山梨醇和淀粉）与水解的动力学速率常数比。除了反应速率常数原因，有学者认为是染色时纤维内部纤维素负离子浓度远大于氢氧根的原因，而 Zollinger 则将其归因于空间作用。

染色织物在贮存过程中，尤其在潮湿、温热条件下会发生活性染料-纤维键的断裂。由二氯三嗪、一氯三嗪、硫酸酯乙基砜和二氯喹啉活性基等活性染料染色的纤维在不同 pH 下水解速度不同，一般在 pH 6~7 是稳定的。很多活性染料的稳定性在 pH 3~5 下降 1 个单位，pH 11~12 则增高 1 个单位，其水解速度也加快了 10 倍。相对而言，三嗪型染料染色后的耐碱性优于耐酸性，而乙烯砜型染料染色后耐酸性优于耐碱性。

羊毛与活性染料的反应主要在侧链胱氨酸的巯基、赖氨酸和精氨酸的氨基及组氨酸的亚氨基上，其肽链链端氨基也可进行反应。张壮余等研究证明，丝绸与活性染料的反应在侧链赖氨酸的氨基和酪氨酸的羟基上，其肽链链端氨基也有部分进行反应。而断裂一个染料-蛋白质纤维形成 C—N 键比染料-纤维素纤维间形成的 C—O 键所需要的能量要高 116 倍，所以染料-蛋白质纤维键的稳定性要比相应的染料-纤维素纤维键高得多。

活性染料包括上染（吸附和扩散）、固色和水洗三个过程。纤维素负离子与染料分子发生共价键合，这种共价结合的形式有两种，一种为亲核取代反应，另一种为亲核加成反应。活性染料活性基不同，则反应机理不同。活性染料固色后需进行充分的洗涤，包括水洗和皂煮，以除去未固着的染料及残留的会影响染料键合牢度的酸、碱等化合物。

8.5.2 活性染料染色机理

（1）亲核取代机理

卤代均三嗪型及嘧啶型活性染料与纤维的反应是一种亲核取代反应，染料-纤维结合键可视为醚键。以一氯均三嗪活性染料为例，固色时，碱性介质中纤维负离子作为亲核试剂，进攻一氯均三嗪中与氯相连的碳原子，而氯原子作为离去基团离去。反应机理如下：

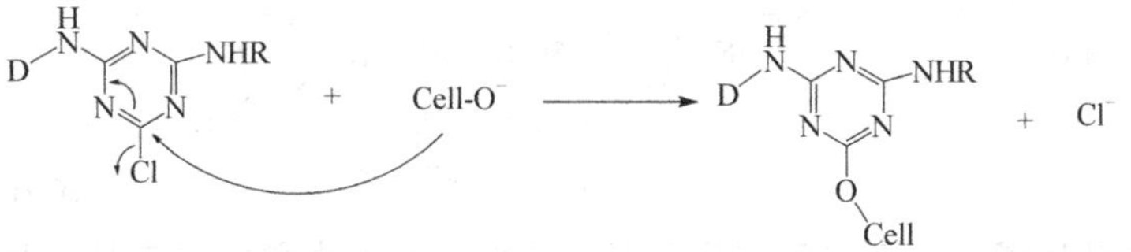

活性染料分子中与氯原子相连的核上碳原子正电荷密度较高，对纤维素负离子来说，是

亲核反应中心。生成酯键的亲核取代反应是不可逆的。

（2）亲核加成机理

乙烯砜型活性染料和纤维的反应是一种亲核加成反应，染料-纤维结合的共价键是一种醚键。固色时，染料在碱的作用下生成含活泼双键的乙烯砜基（$—SO_2CH=CH_2—$），$—SO_2$ 为吸电子基，电子诱导效应使 β-碳原子呈现更强的正电性，与纤维负离子发生亲核加成反应。反应机理如下：

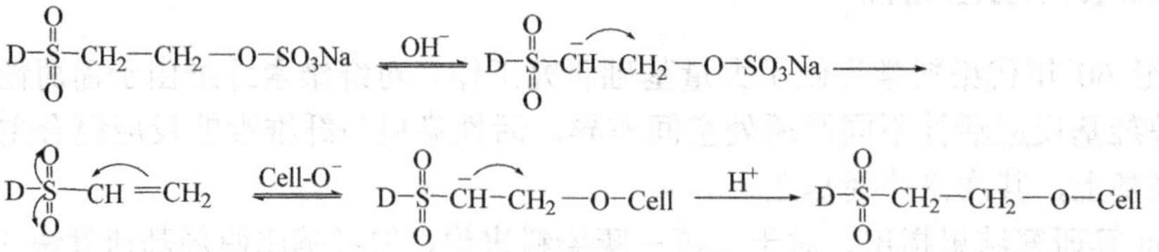

活性染料分子中因砜基而引起的共轭效应，使 β-碳原子上正电荷密度增加，引起和纤维素负离子发生加成反应。当"染料-纤维"化合物生成后，在碱的作用下，在 α-碳原子上先脱去一个氧离子，然后在 β-碳原子上失去纤维负离子，又生成乙烯砜基，所以生成醚键的亲核加成反应是可逆反应。

活性染料染色时，活性基和纤维素纤维的伯醇羟基化合生成共价键，因而获得良好的湿处理牢度。染料时纤维素纤维首先和染浴中的碱作用，生成纤维负离子。然后纤维负离子和活性染料作用，生成"染料-纤维"化合物。

8.6 活性染料研究进展

8.6.1 高固色率活性染料

活性染料在印染过程中有水解反应发生，一般固色率不超过 70%，既浪费了染料，又增加了多次皂洗洗涤。因此减少水解染料的生成，提高活性染料的固色率，一直是活性染料研究的重要课题之一。高固色率染料的使用意味着染料使用量降低 10%~20%。以活性染料应用 6 万吨计，在产量不变的情况下，相当于增产活性染料 1 万吨，以平均 5 万元/吨计算，经济效益 5 亿元/年。如果以生产每吨染料排废水 35t 计算，将少排废水 35 万吨/年。

除改进活性基外，近年来出现了双活性基新型活性染料。采用两个活性基团来提高固色率的原理是简单的，当一个活性基团因水解而失去活性后，尚有另一个活性基可以和纤维素纤维相结合。染料分子中引入双活性基时，还须考虑到不要使染料的直接性有过分的增加，并要保持染料一定的扩散能力。活性染料分子中引入两个活性基团有三种方法。

在一氯三氮苯型活性染料分子中预先引入一个氨基，然后再和第二个 2,4-二氯三氮苯衍生物缩合，制得分子两侧有一氯三氮苯核的双活性蓝光红活性染料，固色率超过 90%。

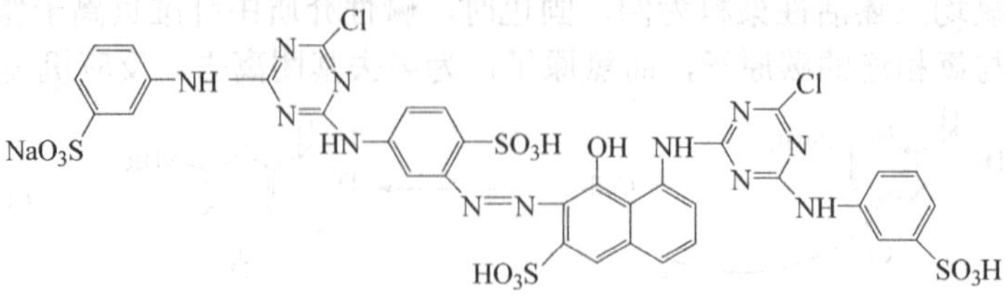

将两个三氮苯核通过一个二元胺分子联合起来，生成物和二氯三氮苯型活性染料缩合，即生成具有双活性基团的超活性染料。如：

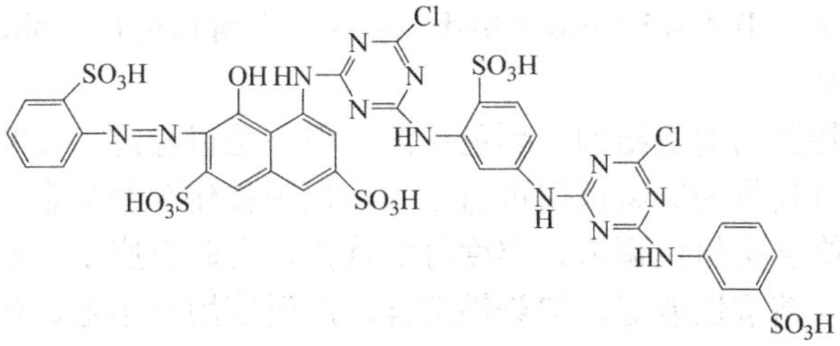

将乙烯砜基通过氨基苯基和三氮苯核相连接，即生成分子中具有乙烯砜基及一氯三氮苯基两个活性中心。这类活性染料的固色率超过90%，牢度好，适用于短蒸，可印可染，不但节约了染料，减少了污水，并可使洗涤后处理变得更为简易。

8.6.2 羊毛用活性染料

近年来羊毛用活性染料品种和产量增长颇快，其原因是羊毛价格高，需要使用牢度较好的染料并且羊毛、毛粘等混纺织物产量的不断增大。活性染料用于羊毛、混纺织物的染色有以下优点：由于活性染料与羊毛纤维成化学键结合，比一般酸性染料的湿牢度高，且鲜艳度相同。

（1）α-溴代丙烯酰氨基型活性染料

α-溴代丙烯酰氨基染料为鲜艳的蓝色染料，具有色艳、高反应性及耐晒、耐湿处理牢度好等特点。

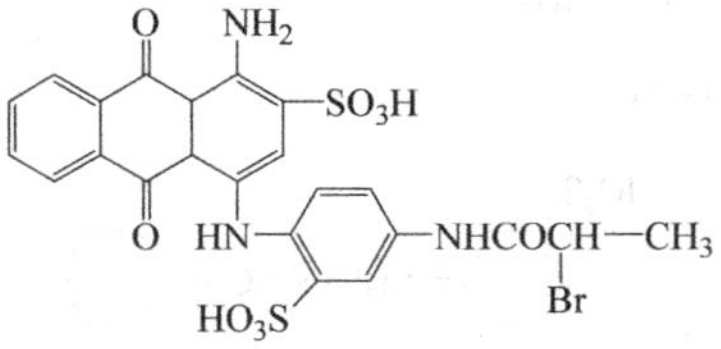

含α,β-二溴丙酰胺、—NHCOCHBrCH₂Br活性基的活性染料在酸性介质中（pH 4~5.5）于100℃染羊毛，然后在接近中性固色。二溴丙酰胺转变成α-溴代丙烯酰胺，然后与羊毛分子结构中的氨基反应。由于先经酸性染料形式与羊毛结合，同时固色条件不高，避免了水解的发生，使固色率提高，湿处理牢度也较好，上色率达95%~96%。可染羊毛、丝、皮革等。

（2）二氟一氯嘧啶型活性染料

在染羊毛的各类活性染料中，含二氟一氯嘧啶活性基的活性染料有最好的湿牢度。这与活性基的高反应性有关，其与羊毛纤维以共价键结合的染料达98%，而且生成的"染料-羊毛"键最为稳定，发生"染料-羊毛"化学键水解断裂的可能性较小。

8.6.3 稠杂环活性染料

活性染料的母体对活性染料的色泽及染色性能，如固色率、上染率、匀染性等染色牢度等起决定性作用。一般来说，黄色、橙色、红色等浅色染料为单偶氮或双偶氮染料；艳蓝或绿色为蒽醌类或酞菁类染料；紫色、灰色等深色染料为金属络合染料。开发稠杂环类发色母体的活性染料是该类染料产品研发的重点之一。以甲臜和三苯二噁嗪为母体的活性染料已工业化生产，尤其是三苯二噁嗪类活性染料凭借其高摩尔消光系数、鲜艳的色光、染色性能和牢度优异等特点，可作为蒽醌系染料的替代产品应用。

（1）甲臜型活性染料

甲臜化合物 *N*-(2-羧基-5-磺基苯基)-*N'*-(5-磺基-2-羟基-3-氨基苯基)-*C*-苯基甲臜，英文名

N-(2-carboxyl-5-sulfophenyl)-N′-(5-sulfo-2-hydroxyl-3-aminophenyl)-C-phenyl formazan，是多种酸性、活性染料的色基。

甲臜化合物具有特殊的偶氮结构，颜色深浓，但不是很稳定，日晒易氧化褪色，遇酸也易变色，所以甲臜化合物作为染料使用价值不大。但甲臜化合物与金属离子反应生成的金属络合染料既具有金属络合染料色调浓、牢度好的优点，同时克服了一般金属络合染料色光较暗的缺点，色泽明艳，溶解性能好，匀染性能佳，广泛应用于羊毛、丝绸、锦纶等纤维的染色。典型产品活性艳蓝 ME-BR（C.I.活性蓝 221）为甲臜型铜络合结构。

N-(2-羧基-5-磺基苯基)-N′-(5-磺基-2-羟基-3-氨基苯基)-C-苯基甲臜经铜离子络合、水解，生成四齿甲臜 1:1 铜络合物即得到活性艳蓝 ME-BR（C.I.活性蓝 221），λ_{max} 603nm，纯度 98%，收率约 75%。其合成原理为以 2-氨基-4-磺基苯甲酸为原料，经重氮化、还原，与苯甲醛缩合，生成中间体 2-苯亚甲基肼基-4-磺基苯甲酸，再与 3-乙酰氨基-5-氨基-4-羟基苯磺酸的重氮盐反应得到 N-(2-羧基-5-磺基苯基)-N′-(5-磺基-2-羟基-3-氨基苯基)-C-苯基甲臜后，与金属离子络合制得染料。

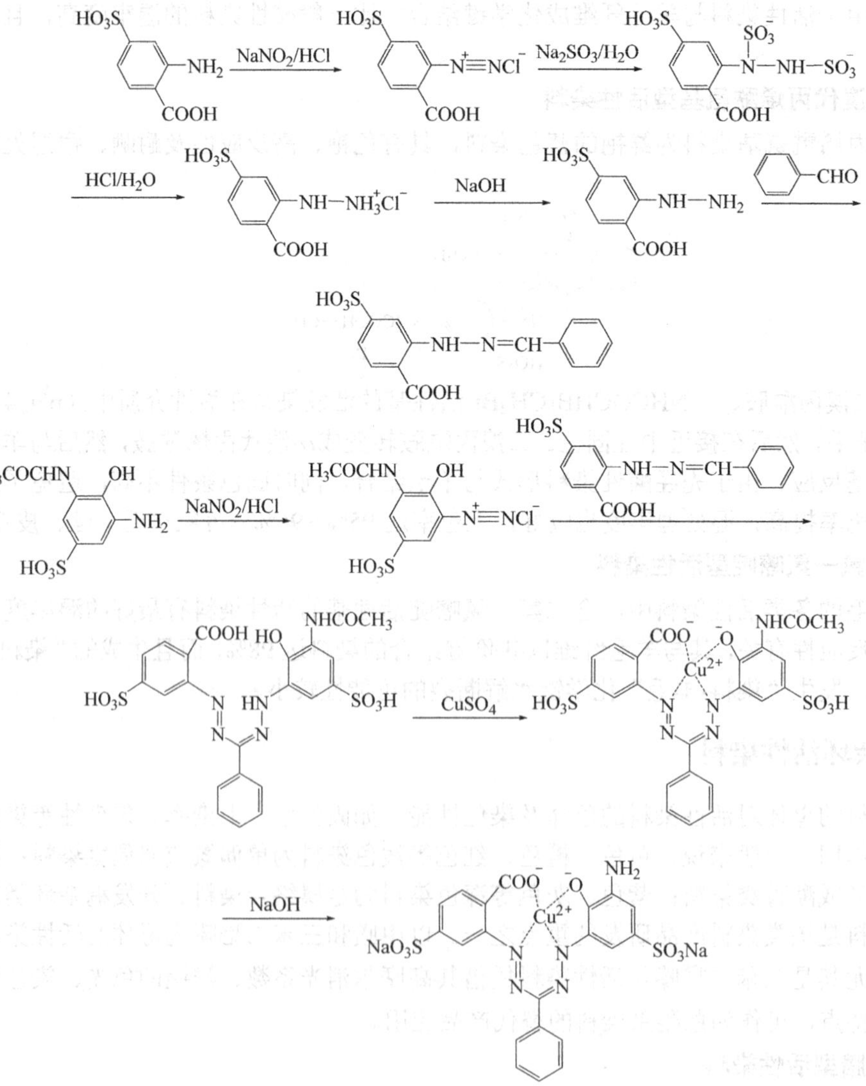

（2）三苯二噁嗪型活性染料

三苯二噁嗪杂环是由三个苯环和两个噁嗪杂环构成的对称双氧氮蒽杂环结构：

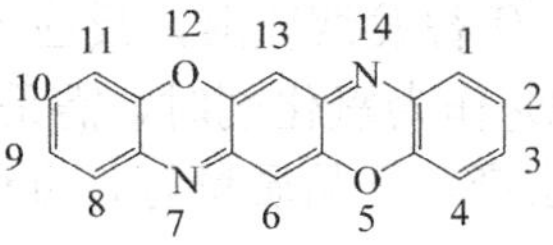

双氧氮蒽结构的三苯二噁嗪类化合物是含有 4 个杂原子的给电子-受电子发色体系，电子从基态跃迁到激发态的概率比只含有单个氧氮蒽的杂环大很多，因而在可见光区域内含有更强烈的 n→π* 吸收带。三苯二噁嗪类化合物最先被用于颜料领域，后又陆续被用于直接、酸性、阳离子、分散、荧光等染料和激光、光电转换等功能染料中。在三苯二噁嗪类化合物中引入活性基、水溶性基团等的活性染料具有突出的艳度和着色强度，耐热、耐光、耐湿等性能优异，固色率达一般活性染料的 1.2~1.6 倍。

三苯二噁嗪为橙色，为得到深色色谱的活性染料，可在母体中引入取代基。若在三苯二噁嗪杂环的 3、10 位引入氨基或取代氨基，则母体为蓝色。同时，在母体 4、11 位上引入磺酸基等水溶性基团，增大活性染料的溶解度，以提高染料的耐碱性能。若在三苯二噁嗪杂环的 3、10 位引入羟基或烷氧基，则母体为红色。

20 世纪 50 年代美国公司开发了二噁嗪类高档有机颜料产品永固紫 RL，具有突出的着色强度与光亮度及优异的耐热、耐渗性和良好的耐光牢度等特点，是多种涂料、塑料、有机玻璃、橡胶、纺织印花、溶剂量、水性墨、包装印刷等领域深受欢迎的品种，在胶印、凹印、柔版印刷上也都适用。此后，世界各大染料公司相继研究开发了多个系列二噁嗪类活性染料，如英国 ICI（帝国化学）公司在 60 年代率先成功开发 C.I.活性蓝 163 和活性蓝 KE-GN（C.I.活性蓝 198）等产品。1990 年 Bayer（拜耳）公司开发了一系列蓝光红色活性染料，结构如下：

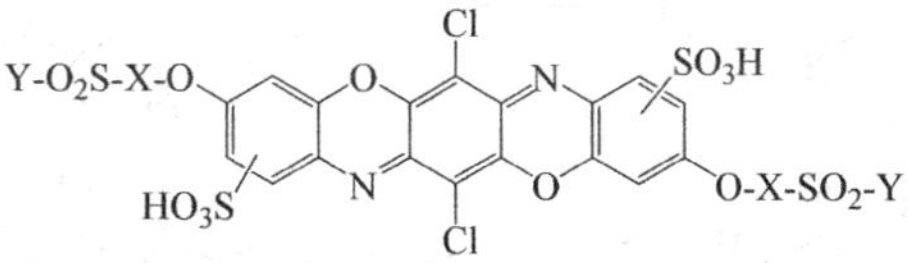

三苯二噁嗪型活性染料以蓝色为主，色光鲜艳，改变了蒽醌类活性染料在艳蓝体系中的主导地位，对纤维有很大的直接性，发色强度高于蒽醌和偶氮型活性染料，摩尔消光系数是蒽醌的 4~7 倍，深受市场欢迎。

（3）三苯二噁嗪型活性染料母体的合成

三苯二噁嗪型染料母体为带桥基取代基的三苯二噁嗪类化合物。该类化合物的合成分成缩合和闭环两步，闭环是重要的一步。对不含水溶性基团的缩合中间体来说，反应需要在有机溶剂（硝基苯或邻二氯苯）中进行，且需添加闭环试剂如酰氯类有机化合物。对含水溶性基团的缩合中间体，发烟硫酸作反应介质是理想的，它起溶剂和氧化剂双重作用。用邻二氯苯作溶剂，用芳甲酰氯作闭环试剂，所需反应温度较高，且闭环效率不高，产物中所含有机试剂难以除尽，造成生产成本高，操作工艺复杂，故不适合工业化生产。

三苯二噁嗪型活性染料母体上接有磺酸基等水溶性基团，即其缩合中间体含水溶性基团，用发烟硫酸作为闭环试剂最为理想。与有机溶剂相比，发烟硫酸不仅价廉，且反应可在较低温度下进行，操作工艺简单，生产成本降低，产品质量提高。然而，使用发烟硫酸作为闭环试剂时，酸过量较多，需要用大量的碱来中和废酸。因此，近年来研究者致力于在发烟硫酸的基础上，加入适量氧化剂的研究，此时可以减少酸用量，且反应可在常温下进行，副产减少，产品质量提高。一般可将氧化剂的种类分为以下几类：过硫酸盐（过硫酸铵、过硫酸钾、过硫酸钠等）、卤素（Br_2、Cl_2）、有机碘化合物、MnO_2、H_2O_2等。用MnO_2为氧化剂时，可采用浓硫酸代替发烟硫酸，反应条件温和，副产物少，但反应后废酸中含有部分锰离子污染。用H_2O_2作为氧化剂时，需采用浓度大于5%的发烟硫酸，反应可在常温下进行，且不产生其他副产，产品质量好，可谓一种理想的氧化剂，但目前对此研究报道较少。

根据闭环方式的不同可将三苯二噁嗪型活性染料母体的合成工艺分为三类。

a. 氧化闭环法：芳胺或取代芳胺（氨基邻位无取代基）与四氯苯醌在乙醇或邻二氯苯中缩合，无水醋酸钠或无水醋酸钾为缚酸剂，得到缩合中间产物二芳氨基二氯苯醌。再以苯甲酰氯为闭环试剂，硝基苯或邻二氯苯为反应溶剂，氧化闭环得到三苯二噁嗪类产物。

合成原理：

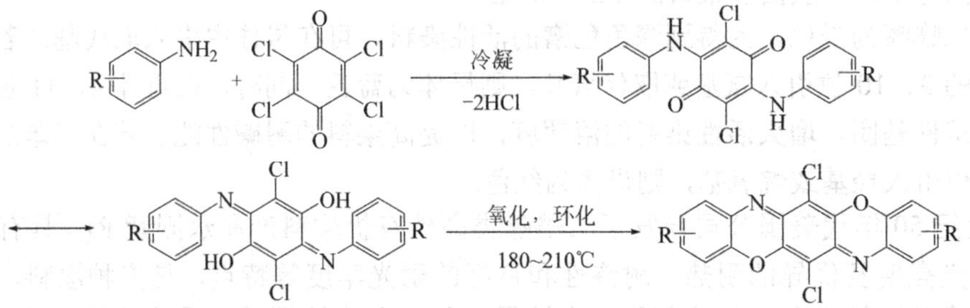

其中，R 为苯环上的取代基，可以是一个，也可以是两个或两个以上相同基团或不同基团，一般为磺酸基、羧基等水溶性基团。

电化学氧化闭环反应原理：

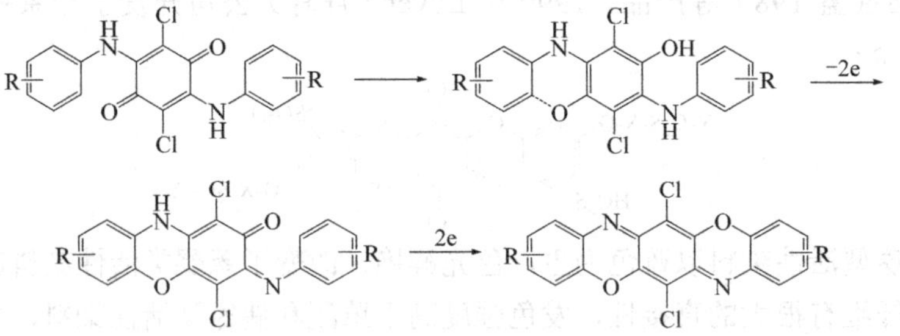

b. 脱醇闭环法：取代芳胺（氨基邻位有烷氧基或芳氧基）与四氯苯醌缩合，缩合中间产物在邻二氯苯介质中脱醇闭环，以苯甲酰氯为闭环试剂时可在170～175℃下反应，且反应时间更短。反应原理：

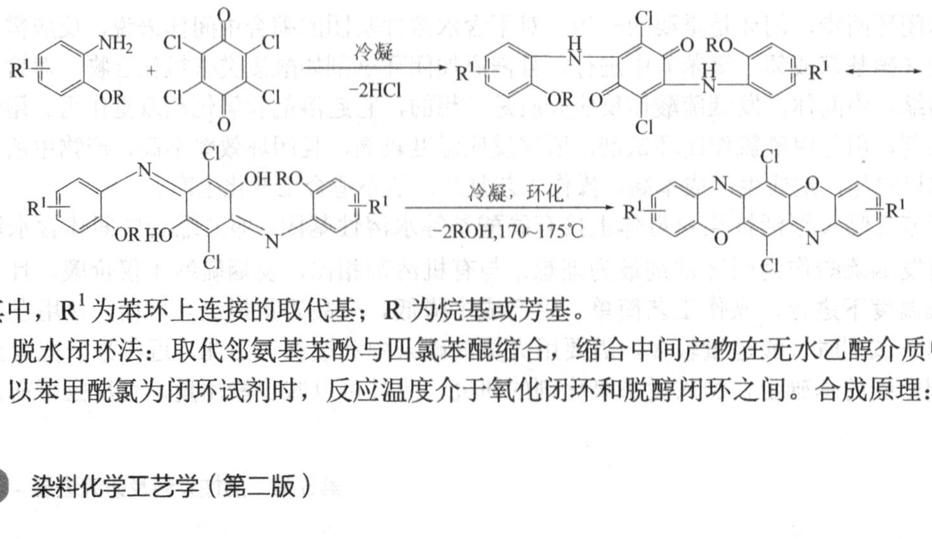

其中，R^1 为苯环上连接的取代基；R 为烷基或芳基。

c. 脱水闭环法：取代邻氨基苯酚与四氯苯醌缩合，缩合中间产物在无水乙醇介质中脱水闭环，以苯甲酰氯为闭环试剂时，反应温度介于氧化闭环和脱醇闭环之间。合成原理：

以上三种类别的合成途径由缩合和闭环两部分组成，缩合步骤的反应条件基本相同或类似，闭环步骤中由于取代芳胺的取代基不同，导致其反应类型及反应条件不同。

1974 年 John 等提出了一种以发烟硫酸为闭环试剂的方法。该法反应温和，不需高温，在缩合反应过程中采用 75%的水和 25%的丙酮混合溶液为溶剂，闭环过程中直接用 25%发烟硫酸，不需加任何有机溶剂，生产成本大大降低，适合工业化生产。

用发烟硫酸进行氧化闭环时，需先升温至 50℃再降温至 20℃反应，最后在 0℃下冷却，操作较为繁杂。

1977 年 A.Kenneth 提出在使用发烟硫酸为闭环试剂的基础上同时加入适量过硫酸铵，反应温度可适当降低。

L.L.John 采用 24%的发烟硫酸和少量的过硫酸铵成功地进行闭环，但反应时间较长，需先室温下反应 3.5h，再在 0～5℃下反应 19h。

有研究者以浓硫酸为闭环试剂，加入少量氧化剂如二氧化锰、$NaBO_2 \cdot H_2O_2$ 等进行氧化闭环，但所需反应时间较长。

1995 年邵玉昌等研究了用不同取代基的芳胺合成三苯二噁嗪类化合物荧光染料的闭环反应特征及机理。合成原理：

R 为 H、甲氧基或乙氧基。X 为氯、硝基、磺酰氨基或对（间）位取代的苯氧基。

当 R 为 H 时，闭环反应为氧化闭环过程；当 R 为 OCH_3 或 OC_2H_5 时，闭环时脱掉 CH_3OH 或 C_2H_5OH，为缩合闭环过程。当原料芳胺的氨基邻位有取代基，或者苯环上含有吸电子基时，由于空间效应和吸电子诱导效应，致使氨基氮原子上电子云密度降低，与四氯苯醌缩合收率减小，从而导致产品收率降低。

1998 年魏启华等以四溴苯醌为原料合成了系列三苯二噁嗪类化合物。

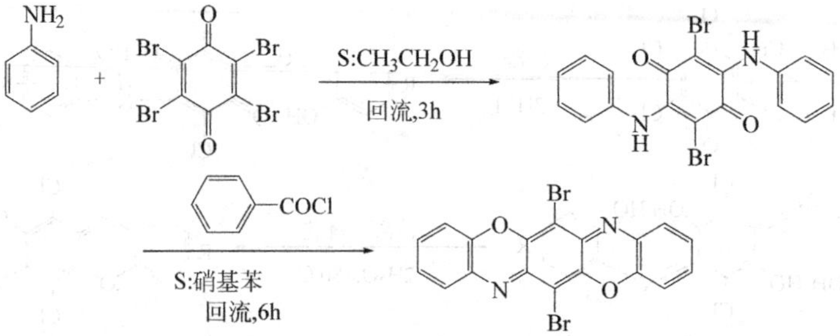

以四溴苯醌为原料与四氯苯醌为原料进行缩合反应相比，反应时间大大缩短。原因是溴原子比氯原子活泼，易发生缩合反应。

然而，上述合成过程均存在反应时间长，闭环温度（180～210℃）太高，需用到邻二氯苯、硝基苯、乙醇等有机溶剂的不足。用苯甲酰氯或取代苯甲酰氯作闭环试剂时，闭环收率不高而造成工艺过程复杂、生产成本高等问题。在三苯二噁嗪及衍生物的合成过程中，闭环是关键的步骤，为适应工业化生产，研究开发新的闭环合成方法与试剂尤为重要。

2004 年 B.David 等以 96%浓硫酸为闭环试剂，加入适量活化后的 MnO_2（90%～95%）为氧化剂，反应 2h，成功地实现了闭环。

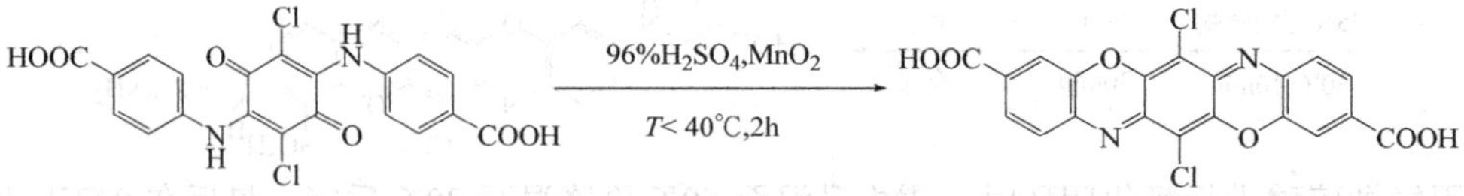

在以不同浓度的发烟硫酸为闭环试剂的基础上，对加入的氧化剂的研究较深入。

2007 年 Reichert 等采用 25%发烟硫酸为闭环试剂，加入过硫酸钾为氧化剂，合成了三苯二噁嗪类化合物。

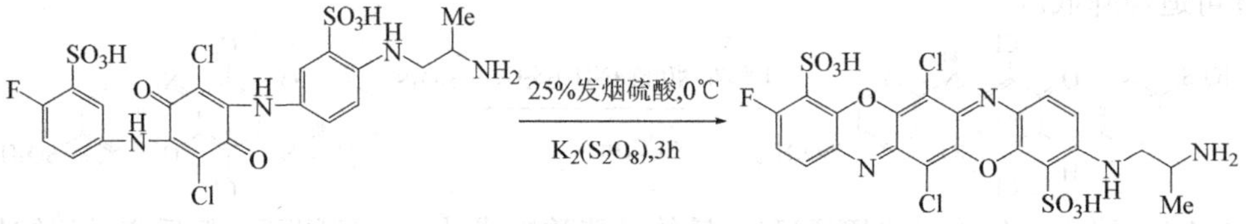

2009 年 Tzikas 等采用浓度较低的 5%发烟硫酸为闭环试剂、过硫酸钾为氧化剂，合成了三苯二噁嗪类化合物。该合成方法闭环效率高、反应温度较低、反应时间合适，发烟硫酸既作为闭环试剂，又作为溶剂，工艺流程简单，成本低，易实现工业化生产。

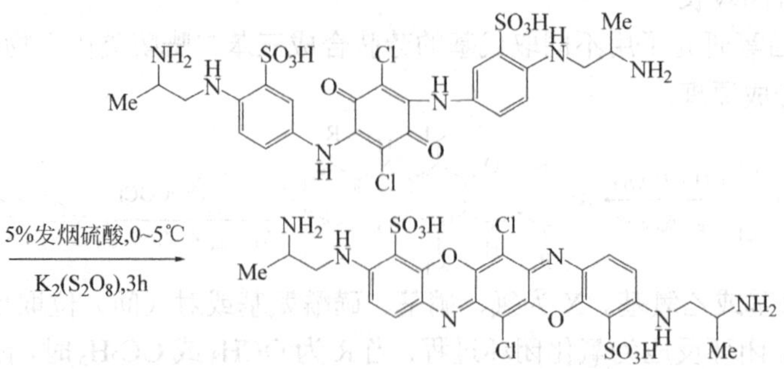

（4）三苯二噁嗪型活性染料的合成

三苯二噁嗪类母体为对称结构，一般引入双活性基，使得三苯二噁嗪型染料的固色率更高。三苯二噁嗪型活性染料的合成方法有两种：一是从芳二胺中间体出发，先与苯醌衍生物在一定的条件下缩合、闭环得到含有氨基的母体，母体再与含有活性基团的中间体缩合得到目标染料；二是先合成含有活性基团的芳胺中间体，然后中间体与苯醌衍生物缩合、闭环得到目标染料。大多数三苯二噁嗪型活性染料的合成均通过桥基将活性基引入母体，即通过上述第一种路线合成三苯二噁嗪型活性染料。但也有一部分三苯二噁嗪型活性染料是通过第二种路线合成，主要是以乙烯砜硫酸酯为活性基的染料，如 1988 年 Bayer（拜耳）公司专利中的活性染料结构：

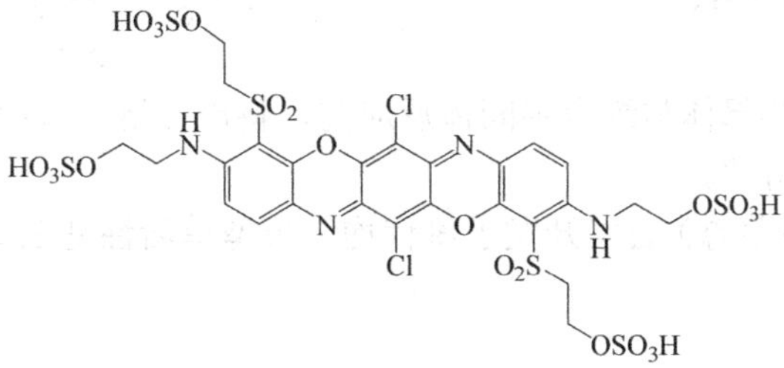

通过第二种合成方法合成三苯二噁嗪型活性染料的商品化产品不多，典型如活性艳蓝KN-FB。合成原理：

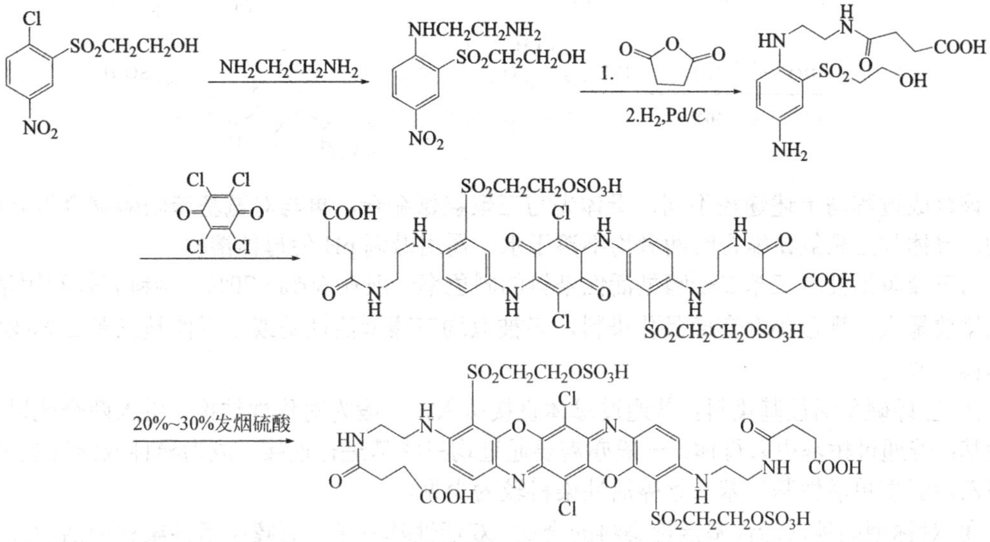

三苯二噁嗪型活性染料在母体上通过桥基引入活性基时，母体结构中需保留一个端氨基，以用于引入活性基。活性基种类和个数的不同使得染料具有不同的空间结构，其固色率、牢度性能及应用性能等均不同。按照活性基结构三苯二噁嗪型活性染料大致可分为以下几类。

① 均三嗪单活性基染料的合成：三苯二噁嗪型活性染料通过端氨基引入活性基时，一般采用卤代均三嗪活性基连接。均三嗪活性基一般包括氯代均三嗪和氟代均三嗪，氟代均三嗪反应活性高于氯代均三嗪。一般来说，含一个一氟均三嗪活性基的三苯二噁嗪型活性染料的固色率比含一个一氯均三嗪活性基的三苯二噁嗪型活性染料的固色率高 10%左右。然而，三聚氟氰的合成工艺复杂，生产条件苛刻，严重腐蚀设备，造成生产成本较高，因而商品化染料中氟代均三嗪三苯二噁嗪活性染料未见报道。

1989 年 Bayer（拜耳）公司开发了氟代均三嗪型单活性基三苯二噁嗪型活性染料。该红色活性染料母体杂环的 3,10-位引入了烷氧基，$\lambda_{max}=510nm$。合成原理：

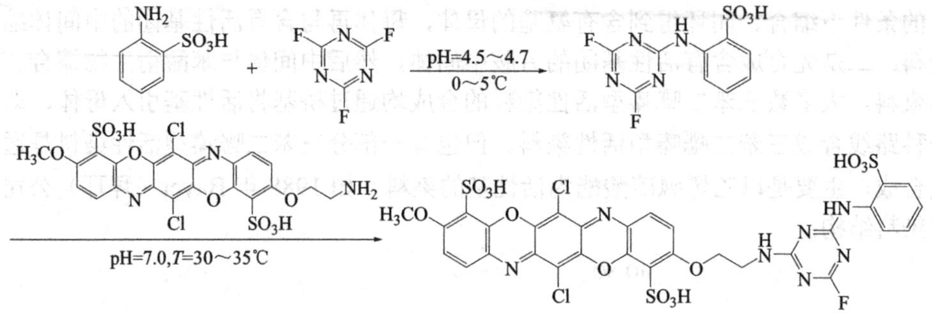

在合成过程中，染料母体与缩合中间体反应前，将母体溶于水中用 NaOH 溶液将 pH 调至 10.5，以使母体顺利溶解。

2000 年 Clariant（科莱恩）公司开发了氯代均三嗪型单活性基三苯二噁嗪型活性染料。合成原理：

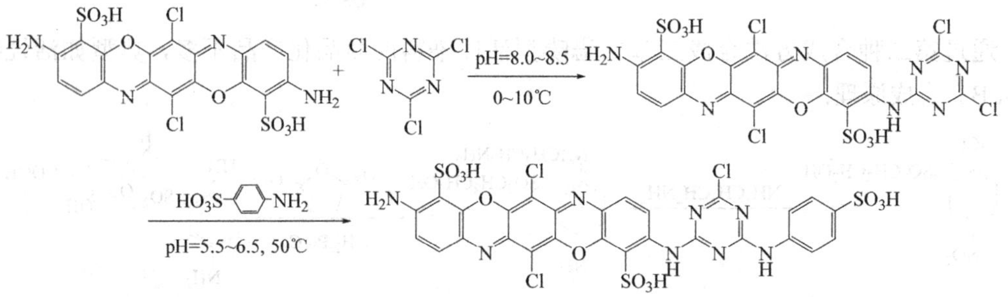

该合成过程与上述途径不同，母体先与三聚氯氰缩合，再与对氨基苯磺酸缩合得到目标产物。母体与三聚氯氰缩合时两者均不溶于水，需用碱调 pH 使母体溶解。

均三嗪单活性基三苯二噁嗪型活性染料的固色率一般在 60%～70%，染料有效利用率低，废水排放量大。现已不存在商品化染料，多被双均三嗪型活性基或多活性基三苯二噁嗪型活性染料所取代。

② 乙烯砜单活性基染料：若通过母体直接引入，一般为对称性结构，引入两个或以上的活性基；若通过桥基引入母体，一般亦需要通过均三嗪基进行连接，成为异种双活性基染料，故而乙烯砜型单活性基三苯二噁嗪活性染料较为少见。

③ 对称型同种双活性基活性染料的合成：双活性基三苯二噁嗪型活性染料中活性基个数增加，反应活性增加，从而染料的固色率增加，是目前市场上最为常见的一类商品化三苯二噁嗪型活性染料，而其研究历史可追溯到 20 世纪 70～80 年代。

三苯二噁嗪型活性染料市场上代表产品有 C.I.活性蓝 163、Kayacelon React Blue CNFL（C.I.活性蓝 187）、活性蓝 KE-GN（C.I.活性蓝 198）、Levafix Royal Blue E-FR（C.I.活性蓝 224）等。

1985 年英国 ICI（帝国化学）公司开发了双均三嗪型三苯二噁嗪活性染料，结构如下。该对称结构蓝色活性染料分子呈线形，直接性大，固色率较高。水溶液中 $\lambda_{max}=620nm$。

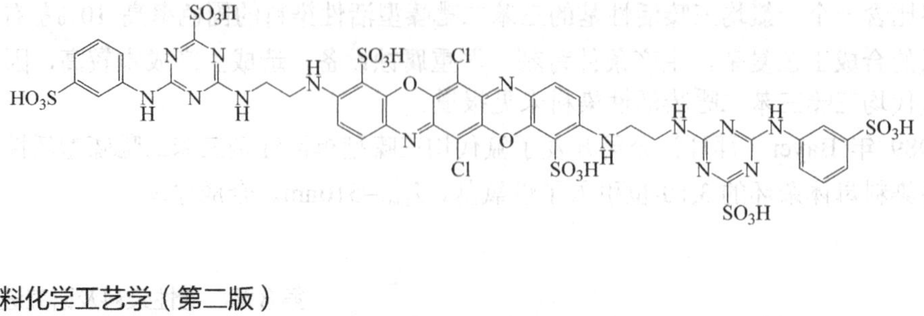

1999 年 Reiher 等以三聚氟氰为原料合成了一种双二氟均三嗪三苯二噁嗪活性染料，$\lambda_{max}=620nm$，母体缩合时条件较为温和。

1995 年邵玉昌等用 8 种不同取代芳胺合成了系列对称型同种活性基三苯二噁嗪型荧光染料，并测定了其在不同溶剂中的荧光光谱。2006 年邵玉昌等又以 4-氨基二苯醚及衍生物为原料成功合成 10 个新结构的对称型同种活性基的三苯二噁嗪型荧光活性染料。

④ 对称型异种双活性基染料：在染料的母体中引入两个或两个以上不同种类的活性基，可以使染料的各项性能得以优化。单一氯代均三嗪活性基的活性染料应用性能好，容易连接任意带有氨基的发色团，耐碱性能好但不耐酸；单一乙烯砜基活性基的活性染料水溶性好，上染时亲和力好，染料-纤维化学键合稳定性好，但引入其他基团较难。若同一染料上同时含有这两种活性基，则既能具有两者的优点，又能弥补各自的不足，且由于两种活性基的反应活性不同，最佳染色温度范围变宽，且竭染染色的重现性得到改善。

2007 年 H. Reichert 等合成了含一氯均三嗪和乙烯砜双活性基的三苯二噁嗪型活性染料，$\lambda_{max}=592nm$。合成原理：

2008 年 DyStar 公司以含有不同桥基的母体合成了类似的异双活性基三苯二噁嗪型活性染料，其反应 pH 较低，反应过程中副产少。合成原理：

该染料为含两种活性基的非对称型染料，也可合成含四个异种活性基的对称型活性染料，对提高染料的固色率有较大效果，但结构过于复杂，如 Bayer 专利中的活性染料结构：

三苯二噁嗪活性染料可见光区域内吸收强度大，色泽鲜艳、发色值高、着色强度突出、耐光牢度好，在市场上具有很强的商业价值和良好的工业发展前景，典型产品活性艳蓝 KE-GN 的固色率较高且摩尔消光系数和日晒牢度均高。

国内活性艳蓝 KE-GN（C.I.活性蓝 198）商品与国外商品相比，在相同染浴条件下，强度要低 8%~10%，引起该现象的原因不仅在于合成工艺，更多地在于染料应用性能的研究。通过染料商品化技术研究，改善染料分子间缔合现象，提高染料固色率，改善染料应用性能是三苯二噁嗪型活性染料的研究重点。

8.6.4 环保型活性染料

中国活性染料的研究与发展基本上与国际同步，其是取代禁用染料及其他类型纤维素用染料（如冰染染料、直接染料、硫化染料等）的最佳选择之一，也是取代铬媒染料的较佳代用品。环保型活性染料研究是发展环保型染料的重点。特别是引入一氯均三嗪基和乙烯砜基等两个异种活性基，如 Cibacron LS（Less Salt）系列，Remazol EF（Environmental Friendly）环境友好系列，Sumifix HF（High Fixation）高固着系列，Drimarene Eco（Ecologically）生态友好型和 Levafix OS 系列等和国内的 EF 型、EF-D 型、ME 型和 B 型等，已有近 10 类共 100 多个产品。它们具有好的耐酸性水解和过氧化物洗涤的能力、高的吸尽率和固着率、低的染色条件依存性和好的染色重现性等特点，特别是有些产品具有突出的性能，如活性黑 KN-RL（C.I.活性黑 31）能在棉织物上染得具有优良各项色牢度的深黑色，提升率达 12%，是取代禁用黑色直接染料 C.I.直接黑 38 和黑色硫化染料的优良产品。这类活性染料经过适当改良后还能用于羊毛和丝等蛋白质纤维的染色，是铬媒染料的最佳取代品之一，商品有蓝迪素毛用活性染料等。

中国新型环保型活性染料产量已超过活性染料总量的 1/3。环保型活性染料的特点是用盐量少，竭染率、固着率高，染色残液色度低和易洗涤性好等。大多从现有商品染料中择其亲和力高、反应性好的产品筛选出来，从中再选出染色参数直接性（又称一次吸附率）S 和半染时间 $t_{1/2}$ 相近的三原色系列。如 Sumifix HF 的三原色黄 3R、红 2B、蓝 2R 的 S 依次为 44%、58%、60%；$t_{1/2}$ 依次为 1.7min、1.5min、1.8min。三原色染料的相容性很好。

（1）低温型活性染料

活性染料约 60%用于竭染工艺，低温型活性染料是指在 50~60℃固色的染料产品。如 Remazol RR 型、Sumifix Supra E-XF 型、Drimarene SN 型等；国内有安诺其公司开发的 40℃ 染色 Anazol L 系列产品等。应用时可通过三原色拼色满足 50%以上的要求。

德国 Hoechst 公司的 Remazol RR 型的基本活性基为单乙烯砜或双乙烯砜基，它的三原色不同于 Remazol 过去的乙烯砜基染料。Remazol RR 型三原色染料的直接性、扩散性、固色率和易洗涤性有着很好的平衡，在染色条件允许波动范围内不影响它的重现性。实际上染色工艺条件不可能始终保持恒定，当染色条件发生极端偏差时，所影响的仅是色泽强度而不是颜色变化。在标准染色条件下的中性浴中，染料具有中等的直接性和优异的扩散性，确保染料在织物上充分渗透，获得均匀染色，吸附性和扩散性在染色时很快达到平衡，故加碱前的中性上染时间可以缩短。相比 80℃ 高温染色染料，亲和力（直接性）大多偏高，需提高温度才能增加扩散性，并且在逐渐升温，延长上染时间后才能充分扩散。否则，加碱后染料活性基转变为乙烯砜基后不能在纤维上泳移，造成染色不匀。用 Remazol RR 型三原色竭染染色时，即使未能处于最佳染色条件，仍具有高固色率，仅有少量染料水解，加上未反应的染料，两者之和的浮色对纤维的亲和力低，所以容易洗涤。水洗后处理中先去除盐和碱，降低浮色染料的直接性，浮色很容易从织物上洗去，并提高水洗牢度，也有利于降低废水量。

美国 Huntsman 公司于 2011 年推出 AVITERA SE 型低温低盐高牢度环保型活性染料。三原色产品为 AVITERA 黄 SE（C.I.活性黄 217）、AVITERA 红 SE（C.I.活性红 286）、AVITERA 蓝 SE（C.I 活性蓝 281），三个品种都是含一个氟均三嗪和两个乙烯砜的三活性基染料，用于纤维素纤维的竭染染色，适用于超小浴比染色。该系染料的 S 60%~70%；E 大于 90%；$E-S$ 小于或等于 30%，这个数值越小越好，否则影响匀染性、重现性和敏感性；R 大于 70%，说明固着速度很快；F 大于 85%，$E-F$ 小于 15%，说明浮色少，且有很好的易洗涤性。染色时能耗少，用水量减少，上染曲线同步性好，可配伍多种色调色光且固色性能和各项牢度指标优良。

（2）活性分散染料

带有活性基的不溶性分散染料称为活性分散染料，主要用于合成纤维及混纺纤维（两种以上纤维）的一浴快速染色。作为涤棉一浴混合染色的活性染料部分，要求反应性高，并具有高固色率、在弱酸性介质中稳定、与棉纤维结合牢固等。含膦酸的活性染料与分散染料混合一浴染涤棉混纺织物是早期的成功案例。

分散染料专用于染合成纤维涤纶，活性染料主要染棉等，而带有活性基的不溶性分散染料，主要用于聚酰胺纤维等合成纤维的染色。活性分散染料分子中的活性基团在碱性染色条件下与聚酰胺纤维中的氯、酰氨基结合而固色。如蒽醌型的活性分散蓝 R（C.I.活性蓝 6）等，色泽鲜艳，性能较好。

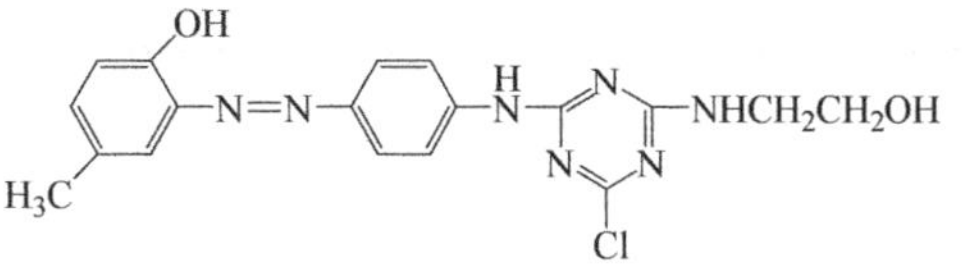

活性分散黄

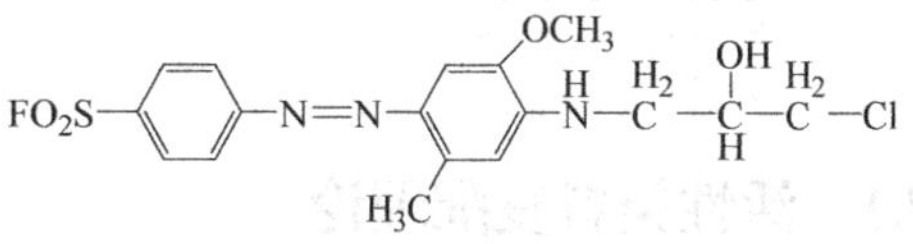

活性分散橙

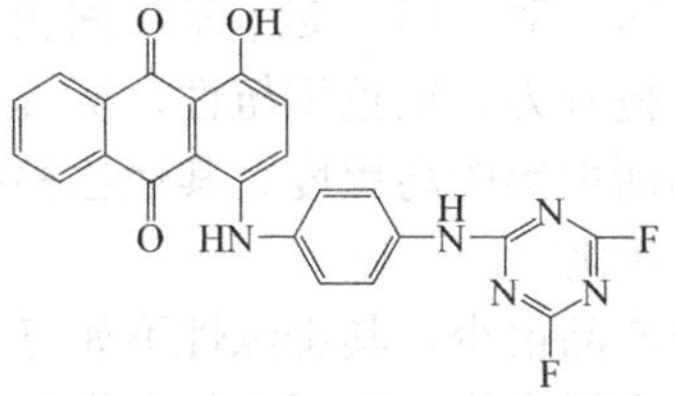

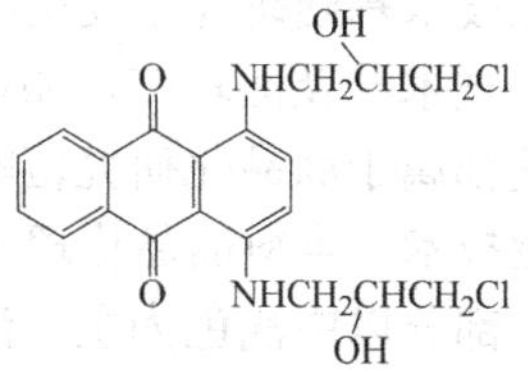

活性分散染料染结构中活性基类型有磺酰氟基、一氯均三嗪、二氟均三嗪和环氧氯丙烷等，它们在碱性条件下与聚酰胺纤维中的氨基、酰氨基结合而固色。含乙烯砜活性基的偶氮类活性分散染料结构中乙烯砜活性基可在重氮组分上，也可在偶合组分上。该类染料可用于涤/棉混纺织物的印花，同时上染两种纤维。

如下含乙烯砜型活性基的偶氮型不溶性活性分散染料可用于涤-棉混纺织物的印花。对重氮组分上带有乙烯砜活性基或羟乙基砜硫酸酯活性基的水暂溶性活性分散染料的研究近年来获得了进展。该类染料可用于各种天然纤维、合成纤维及其混纺织物，具有优良的染色性能。如活性分散艳橙在锦纶 66 和锦纶 6 纤维织物上可染得较好的效果，色泽鲜艳，牢度较好。

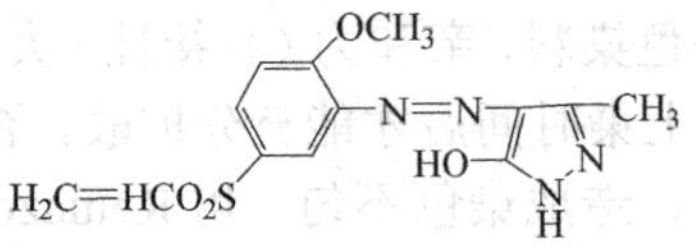

活性分散黄 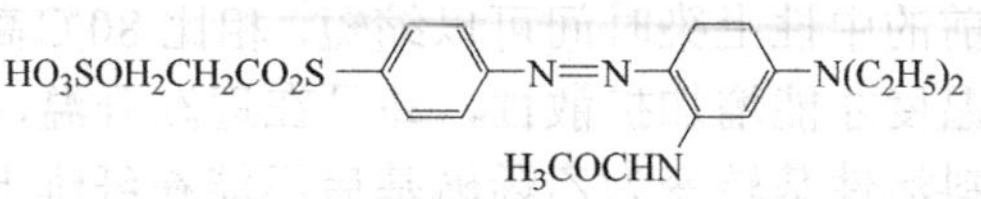   活性分散艳橙

8.6.5 绿色加工工艺——膜分离技术

在染料生产过程中，粗制染料的质量分数一般在 5%~15%，含盐质量分数有时甚至高达 40%，且混有相当量的异构体及未完全反应的原辅材料、中间体、副产物等。无机盐的存在将影响染料稳定性，降低着色强度和色牢度；副产物的存在将使染料颜色发生不可预测的偏离。为了提高染料的质量，需要对合成染料进行纯化精制。传统上采用直接蒸发浓缩或盐析等工艺，但得到的产品质量差，盐消耗量达 10%~15%，染料流失率在 5% 左右，且废水量大。

膜分离技术作为一种绿色清洁生产工艺，可有效地用于粗制染料的脱盐和浓缩，所得到的染料溶液可直接制成高浓度、低盐、高附加值的液体活性染料产品，也可经喷雾干燥后制成固体粉状染料产品。水溶性的活性染料带有亲水性基团如—SO_3Na、—$COONa$ 等，其分子量一般为 300~1500，首选的膜分离技术为纳滤技术。纳滤（NF）是纳米级过滤的简称，是由压力驱动的新型膜分离过程。纳滤用于染料脱盐和浓缩时有如下特点：分离过程中能够截留中低分子量的有机物，同时可部分透过一价盐，所以纳滤可以集染料脱盐与浓缩为一体；操作压力低，可节约动力；某些性能优良的纳滤膜有良好的耐热性能、耐酸碱性能，在有机溶剂中有较好的稳定性。

采用管式 NF-30（一次分离）和 NF-70（二次分离）膜组件对取自车间的染料偶合液（含固体质量分数为 12%）进行纯化，将无机盐和未反应的重氮、偶合组分除去。二次膜分离后废水色度小于 50，COD 为 7801.05mg/L。与压滤法相比，生产 1t 染料可降低成本 4000 元。

8.7 活性染料复配商品化技术

8.7.1 活性染料复配理论

染料商品化技术基础研究涉及染料分子间、染料-助剂间、染料-基质间相互作用的超分子化学等。商品化技术涉及面较广，如得色深度、提升力、染色配伍性、溶解度、剂型、防尘乃至包装等性能都属于商品化研究范畴，是提高活性黑的乌黑度、其他色种的增深和提高染料提升力的关键技术。染料商品化理论研究亟待深化。

活性染料大部分以中浅色为主，深色单组分产品很少，其染深性不如直接染料和硫化染料。根据活性染料的结构特征进行拼混增效可大大提高染料对纤维的上染率，赋予新染料更好的染色性能和牢度性能，可开发出具有良好染深性的节能减排型活性染料，及适应新开发纤维的染色性能，提高染色牢度。近年来其研究主要集中在染料复配和商品化加工领域推向市场的活性染料新产品。

20 世纪 90 年代后推向市场的活性染料新产品中如 Cibacron、Novacron S 型、LS Remazol RGB 型、RR SumifixE-XF 型和 Everzol ED 型等，绝大部分都是染料提升力、匀染性、耐碱水性、染色牢度等染色性能较好的复配产品。染料复配的基本原理为"相似相容易复配，结构不同可互补"。活性染料混拼时组分染料间的相容性非常重要，相容性表现在结构相似和染色特征值 SERF 和无机性值/有机性值（I/O）相近。结构相似可以增强染料之间的相互作用，特别是纤维上达到相互作用而产生的协同增效，可以大大提高染料的提升力和固色率，并达到增深增艳效应。复配染料时需根据各染料的结构特征进行筛选，要求染料的相容性较好，相容性好则重现性好。应用时主要通过测定染料特征值 SERF 及无机性值/有机性值（I/O）的计算来决定复配染料的组成。筛选活性染料复配组分的一个重要根据就是染色特性值 SERF 在±15%范围内。

复配增效技术典型成果有采用专用助剂复配活性蓝 KN-2R 以提高耐碱性、黑色活性染料复配增深等。20 世纪 80 年代前，黑色活性染料主要为活性黑 KN-2B，乌黑度不好；90 年代开始，以 C.I.活性黑 5 与活性橙 GF 相拼，改进了乌黑度；21 世纪后出现的活性黑 WNN、活性深黑 G（Sumifix Black 系列）等，不仅提高了乌黑度，而且提高了提升力和染深性。

（1）染料特征值 SERF

S（substantivity value）是指染料对纤维的直接性，用加碱前吸附 30min 时的吸附率表征。E（exhaustion value）代表上染的竭染率，加碱剂后最终的吸附值；R（rate of fixation）代表染料的反应性，用加碱 10min 后固色值对最终固色值的比率表征；F（fixation value）代表染料的固着率，皂煮后的固色值。选用拼混染料时也需特别注意相容性，SERF 值不能相差 20%以上。

S、E、R、F 值越接近，染料间的相容性越好，染色重现性就越佳。选用拼混染料时也需特别注意，如果 S、E、R、F 值相差 20%以上，则相容性很差，不能选为拼混染料的组分。上染百分率采用残液比色法测定，染液吸光度在分光光度计上测定。S、E、R、F 值综合反映了活性染料的染色性能，以数值的形式表示了这些性能，测试 SERF 值，并通过大量应用试验进行色光调整和染色性能的协调等工作，最终可获得满意的复配型产品。S、E、F 值分别按下列公式计算：

$$S=（1-A_1/A_0）\times100\%$$
$$E=（1-A_2/A_0）\times100\%$$
$$F=（A_0-A_2-A_3/A_0）\times100\%$$

式中，A_0、A_1、A_2、A_3 分别为染色前、染色 30 min、染色结束时和染色结束后皂洗液的吸光度。

（2）无机性值/有机性值（I/O）

筛选活性染料复配组分的另一个重要根据就是计算染料的 I/O 值。I/O 值可定性地评估活性染料的疏水性和染色性能，I/O 值小的活性染料疏水性较大，对纤维的亲和力大，容易在纤维上吸附，但在水中溶解度小，易聚集析出，造成色斑和色花，所以要选用 I/O 值较大的染料。筛选活性染料复配组分时染料的无机性值/有机性值（I/O）一般在 5~7 间，I/O 值较大且相近则配伍性好。

有机性值和无机性值的计算方法为：由于有机化合物都由碳组成，因而可以用亚甲基的碳原子数来度量有机性值，一个碳原子的有机性值为 20。计算时只需考虑碳原子数，不必考虑碳原子上的氢原子数。因为氢原子数的减少只能出现异构体，而不饱和链或氢原子被其他元素或基团取代，这些可以列为无机性值来考虑。与有机性值相比，无机性值的确定就比较复杂。把醇类羟基的无机性值定为 100，并以此为基础，决定其他取代部分的数值。

8.7.2 高乌黑度活性黑染料及复配

国内外现有黑色活性染料商品都存在固色率不高的缺点。在标准深度下，固色率基本上都在 62%～65%间，将近 35%～40%的黑色染料将流入废水，活性染料色度处理是件难事，势必将未充分脱色的印染污水排出，严重影响生态环境，并浪费大量染料。表 8-1 为部分染料产品的性能指标。

表 8-1　黑色活性染料商品的竭染率和固色率

染料名称	竭染率/%	固色率/%
活性黑 G2RC	67.2	65.3
Novacron Black WNN	66.2	64.0
Novacron Black S-R	66.6	61.5
Novacron Black ED-G	38.3	64.7

目前市场上销售的所谓"超级黑"主要有 Huntsman 公司的 Novacron Supra Black G 和 R（黄光与红光）、龙盛科华超级黑 LC-G 和 LC-R、瑞华的活性超级黑 RWG、万得的活性黑 B-EXF 等。都是活性黑 KN-B（C.I.活性黑 5）与如下含有两个乙烯砜基的黄色三偶氮活性染料的复配产品。

知名品牌 Novacron Black WNN、Novacron Black S-R 等的乌黑度和提升力都有较大提升，但其固色率不高，染色后未固着的浮色量大，需耗用大量水洗涤。原因是主组分活性黑 KN-B（C.I.活性黑 5）的质量分数高达 65%～85%，因此很大程度上受到活性黑 KN-B 的影响，而活性黑 KN-B 的固色率只有 62%～64%。此外，活性黑 KN-B 的水溶性很好，但加碱前中性染色和加碱后的竭染率都太低，说明分子线性和平面性很差，因此对纤维亲和力偏小，根据活性染料染色吸附-扩散-固色三过程机理分析，首先取决于染料的吸附率。

活性黑 KN-B 为商品黑色染料中藏青组分的主要成分。活性黑 KN-B 及衍生的高乌黑度染料产量约占活性染料总产量的一半，但它的乌黑度不够满意。活性黑 KN-B（C.I.活性黑 5）的 λ_{max} 为 596nm，达不到藏青色，拼入的黄色活性染料的 λ_{max} 低于 460nm，所以超级黑的乌黑度并不高。

入射的可见光如被全部均匀的吸收（完全消光）就能得到完美的黑色。由于不可能设计出一支可覆盖全部可见光谱的发色体分子，黑色色素只能将几支结构单元加以组合，靠每个单元吸收某一特定部分光谱来完成。从色度学分析，染料拼黑的黄、红、蓝三原色理想的最大吸收波长依次为 460～480nm、520～540nm 和 600～620nm 等三个波段。实际上它们的吸收领域在某种程度上相叠加而最大限度地接近完全、均匀吸收，使消光系数在 400～700nm 波长范围内接近 100%。采用结构相近的活性染料组分复配，能获得协同和增效作用。因此，可根据染料的吸收光谱曲线及其分子结构，选择合适的染料进行拼混、复配以获取所需黑色。活性黑 KN-B（C.I.活性黑 5）在 596nm 有一个尖的最大吸收峰，在 400nm 有一个比较宽的消光度很低的吸收峰，并延伸到 520～540nm，其吸光度低的恰恰是前两个波段。所以除了需要添加橙色染料，还要适当地拼混红色活性染料，才能使乌黑度进一步提高。

活性黑 KN-B 合成原理：

重氮盐合成：

$$HO_3SOC_2H_4O_2S \text{—} \langle \text{苯环} \rangle \text{—} NH_2 \xrightarrow[5\sim10℃, 1h]{NaNO_2, HCl} HO_3SOC_2H_4O_2S \text{—} \langle \text{苯环} \rangle \text{—} N_2^+Cl^-$$

一次偶合（酸性）：

$$HO_3SOC_2H_4O_2S \text{—} \langle \text{苯环} \rangle \text{—} N_2^+Cl^- \quad + \quad \text{(萘环: OH, NH}_2\text{, HO}_3\text{S, SO}_3\text{H)}$$

$$\xrightarrow[10\sim15℃, 3h]{pH=2.8\sim3.0} \quad \text{(萘环: OH, NH}_2\text{,} \ N=N \text{—} \langle \text{苯环} \rangle \text{—} SO_2C_2H_4OSO_3H, \ HO_3S, \ SO_3H)}$$

二次偶合（碱性）：

$$HO_3SOC_2H_4O_2S \text{—} \langle \text{苯环} \rangle \text{—} N_2^+Cl^- \quad + \quad \text{(萘环: OH, NH}_2\text{, N=N—} \langle \text{苯环} \rangle \text{—SO}_2\text{C}_2\text{H}_4\text{OSO}_3\text{H, HO}_3\text{S, SO}_3\text{H)}$$

$$\xrightarrow[10\sim15℃, 0.5h]{NaHCO_3} \quad HO_3SOC_2H_4O_2S \text{—} \langle \text{苯环} \rangle \text{—N=N—(萘环: OH, NH}_2\text{)—N=N—} \langle \text{苯环} \rangle \text{—SO}_2\text{C}_2\text{H}_4\text{OSO}_3\text{H} \quad (\text{HO}_3\text{S, SO}_3\text{H})$$

活性黑 KN-B 的乌黑度不够，不管用什么方法提升乌黑度，其目标就是达到上述两支染料的标准，活性黑 KN-B 在 350～520nm 的吸收偏低，目前提高它乌黑度的方法中还是以复配补色为佳。

早在 20 世纪 80 年代，韩国理禾公司在活性黑 KN-B 中拼混 Synozol orange HF-GR（C.I. 活性橙 129），但由于该复配染料两组分的化学结构截然不同，上染不同步，匀染性和移染性较差。我国的活性黑 KN-2RC、MES 中也添加了该染料，在橙色区有所改进，但仍不平衡，乌黑度仍不够理想。

在分子结构上，通过延伸共轭链的方法可增加染料乌黑度。Edmond 等采用氨基偶氮苯衍生的单偶氮染料为重氮组分合成黑色染料，发现能有效改善染料色光，乌黑度更高。Bao-Kun Lai 采用萘环代替苯环为染料主体制备黑色活性染料，也取得一定的深色效果。此外，由于酰氨基的互变异构效应能延伸共轭系统，在分子中引入酰氨基，增加染料分子链长度，可有效增加染料乌黑度。活性染料以中、浅色为主，深色产品很少，其染深性不如直接染料和硫化染料等其他染料类别，所以提高染料提升力是活性染料复配研究的重点。

（复杂的三嗪基偶氮萘染料结构式，含 Cl、三嗪环、R-NH基团、NaO$_3$S、NaSO$_3$Na、OH 等基团）

复配高乌黑度活性黑染料可以下列结构所示的藏青色系列染料为主体，添加黄色或橙红色活性燃料复配制得。藏青色系列染料结构如下：

（藏青色系列染料结构式：XO_2S—$\langle$苯环$R^1/R^2\rangle$—N=N—(萘环: OH, NH$_2$, MO$_3$S, SO$_3$M)—N=N—$\langle$苯环$R^3/R^4\rangle$—SO_2X）

黄色或橙红色染料大多含有与藏青色染料染色原理相似的活性基团。这类混合染料主要与纤维发生亲核取代反应，其根据上染对象不同，选择含有不同反应性基团的组分进行复配，复配用各组分结构相近，从而改善其乌黑度。复配活性黑染料各项指标要求竭染率≥90%、固色比 T（$100×F/E$）≥90%、染色特性 S70%～80%、MI≥90%、LDF≥70%、$t_{1/2}$≥10min 等，以及提升性、电介质敏感性、碱剂敏感性、温度敏感性、浴比敏感性等性能和各项牢度指标均比传统产品要有提升。

研究和开发与活性黑 KN-B（C.I.活性黑 5）匹配的橙色活性染料要求有相近的直接性、反应性、溶解度和耐碱性是首要的因素。典型橙色活性染料有 Remazol Billiant Orange FR（C.I.活性橙 82）：在 C.I.活性橙 82 的偶合组分 J 酸上增加一个 SO_3Na，以利提高溶解度。

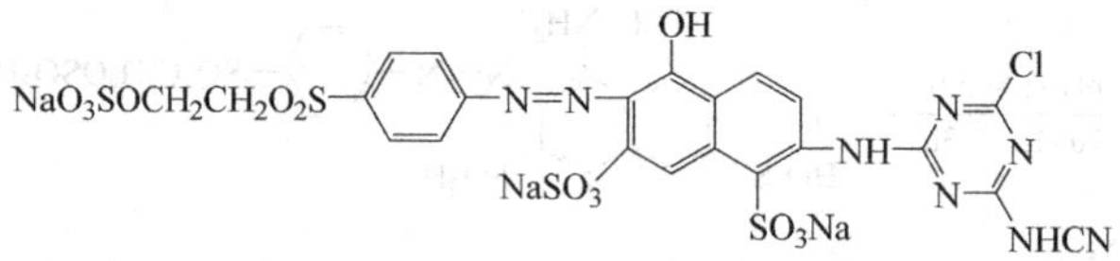

拼混黑色的组分常为含 J 酸及其衍生物或 H 酸结构的偶氮型活性染料，它们的 λ_{max} 都在 500～530nm 间，染色性能也相近。典型产品如活性艳红 M-2BE（C.I.活性红 227）、Cibacron Red C-GR（C.I.活性红 264）、活性艳红 KN-BS（C.I.活性红 111）等。

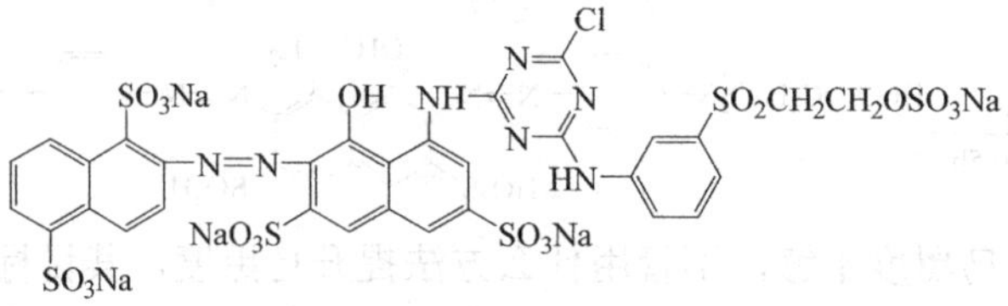

活性红 M-38E(C.I.活性红 195)

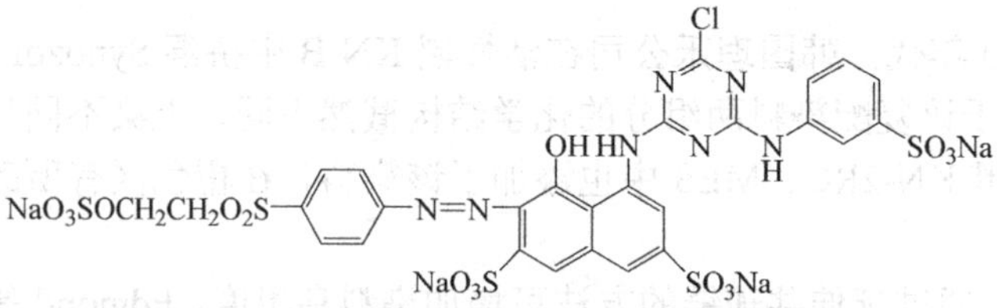

活性红 M-RBE(C.I.活性红 198)

C.I.活性红 264 基本上是两个 C.I.活性红 198 在分子结构上的相加。

2011 年 Hoechst（赫斯特）公司申请了三组分黑色活性染料专利，三组分别为 C.I.活性黑 5、C.I.活性红 198 和如下氰氨基为活性基的橙色活性染料。

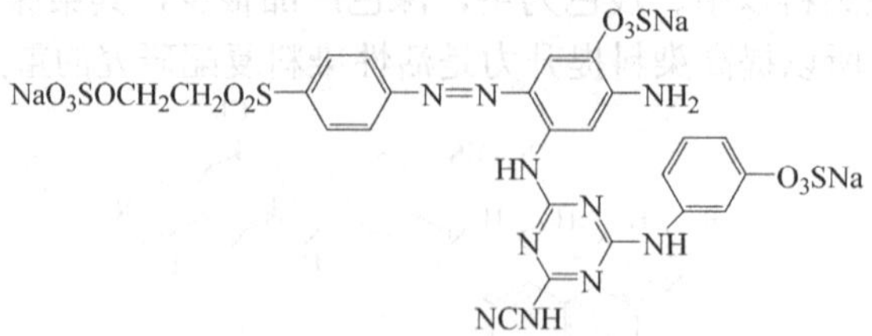

20 世纪 90 年代初对复合双活性基反应机理的研究结果表明，一氯均三嗪的氯原子只有少部分与纤维结合，但三嗪环使染料亲和力的改变不容忽视，以氟原子取代氯原子是当时的主要方向。Ciba（汽巴）公司开发了 Cibacron C 型、FN 型、LS 型等知名商品。进入 21 世纪后，DyStar（德司达）公司发表了一系列用氰胺取代均三嗪环上氯原子的专利。

Hoechst（赫斯特）公司公布了氰胺均三嗪系列拼混活性染料可供选用的组分，用下列染料拼混后，包括拼混黑色活性染料，可用于羟基纤维素纤维或酰氨基蛋白质纤维的染色。

以上化学结构中各染料标注：（黄）（橙）（红）（蓝）（深蓝）

以上所列染料相容性极佳，在各染色工艺中各组分对染色工艺参数的波动呈相近的敏感性，因而采用这些染料拼混用于各种染色工艺和印花，均能获得良好的重现性。

吴祖望等设计的新型藏青色活性染料，经复配后制得活性深黑，其溶解度达 250g/L，可适应小浴比染色，初始竭染率 S 49.5%，R 62.1%，加碱后最终竭染率达 88.1%，固色率达 80%以上。

在活性黑 KN-B（C.I.活性黑 5）原有分子结构上进行修饰设计，有延长共轭系长度和提高染料极性两种方法。在 H 酸一端偶合给电子基，另一端偶合吸电子基可使染料的 λ_{max} 产生红移如 Remazol Navy Blue RGB（C.I 活性蓝 250）和 Cibacron Navy Blue GR-E（C.I 活性蓝 214）。

C.I 活性蓝 214 为双偶氮染料，并有两个供电子基（—CH₃，—OCH₃），使共轭系统延长，以提高 λ_{max}。

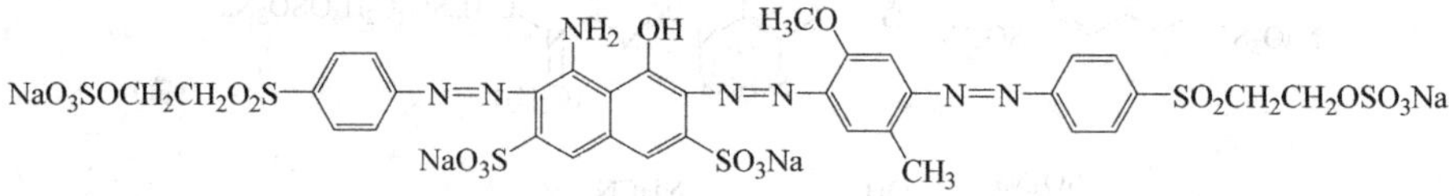

引入酰氨基后，经互变异构（酮式与烯胺）可提高共轭系统长度。

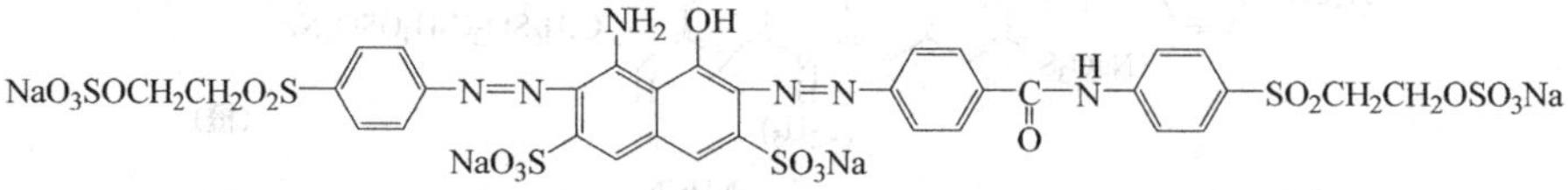

一般很少应用具有较强吸电子基（如硝基）的对位酯作为另一个重氮组分。因为当胺类的碱性非常弱时，重氮化可在 90%～96%硫酸中进行，这时重氮化剂实际上是亚硝酰硫酸（HSO_4NO）。亚硝酰硫酸在<50℃的经典反应条件下非常稳定；然而二硝基化合物在此条件下是危险的，因为高浓度的亚硝酰硫酸有爆炸危险。

Bayer 公司早期开发的二氟一氯嘧啶为活性基的黑色活性染料，是藏青色和橙色双组分拼混染料，商品名 Levafix Black P-3GA（C.I.活性黑 34）。

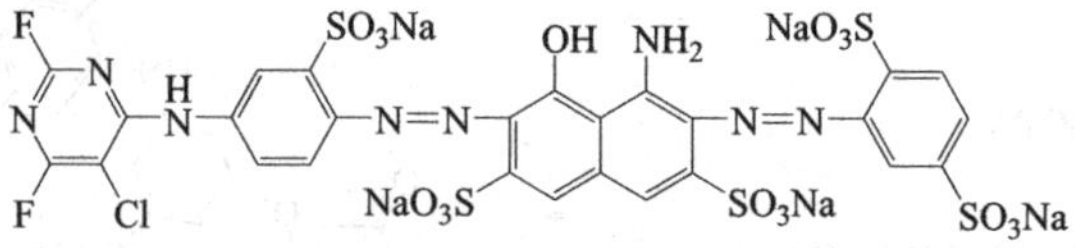

Levafix Navy Blue P-4RA(23.80%)

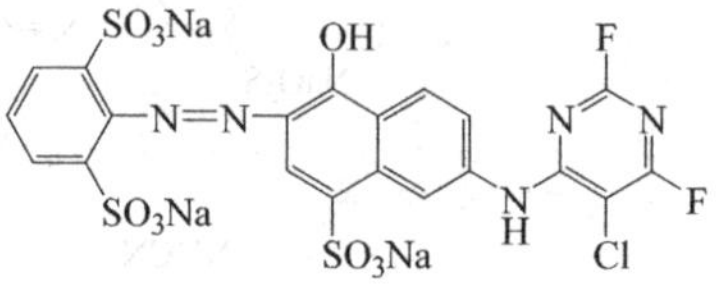

Levafix Orange P-4GA(62.20%)

8.7.3　单色谱活性染料复配增深

黄色染料的拼混是要获得深黄色，活性黄 M-2RE（C.I.活性黄 145）和活性黄 3RS（C.I.活性黄 176）都是应用很广的黄色活性染料，但二者单独染色达不到深黄色，若按一定比例混拼即可达到增深效果。一般采用母体结构相似而活性基不同的染料混拼。

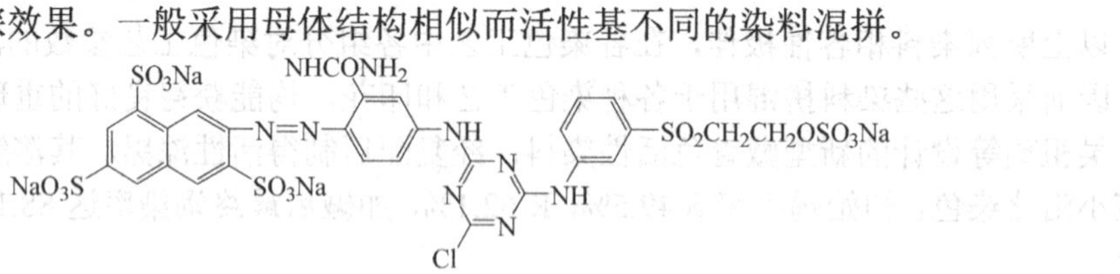

活性黄 M-2RE

以下两只橙色活性染料的溶解度不高，耐碱也不好，但当它们以（25%～75%）∶（75%～25%）的比例复配后得到的 Remazol Brilliant Orange FR（C.I.活性橙 82），溶解度和耐碱稳定性显著提高，而且混合染料的提升力也高于任一单独组分，两只染料的分子结构只差一个磺酸基。

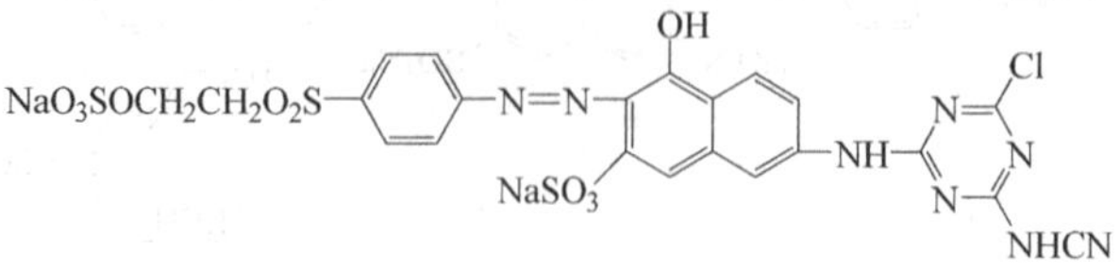

红色活性染料复配可获得深红色，主要是提高了提升力。如 Novacron Red C-GR（C.I.活性红 264）和活性红 M-BRE（C.I.活性红 198）按适当比例混合得到的复配染料，固色率、易洗性、耐晒和耐海水牢度都得以提高，其提升力高于两个染料的单一组分。

C.I.活性红 264 是以 *N*-羟乙基乙二胺为桥基，将两个含有一氯均三嗪和乙烯砜基双活性基染料链接而成的四活性基染料，基本上是两个 C.I.活性红 198 分子结构上的相加，所以结构有相似性。

活性艳红 M-2BE（C.I.活性红 227）与活性艳红 M-3B（C.I.活性红 240，双活性基，母体结构相同）以适当比例拼混合后，得到一支深红色活性染料，可明显提高提升力。

活性艳红 M-3B

两只红色活性染料是双活性基与三活性基染料，分子结构十分相似。

以下活性蓝 M-BRE 为甲臜型蓝色活性染料，其与桥基为烷氨基的类似结构甲臜型蓝色活性染料复配不仅可达到增深目的，还可提高溶解度。

以两个异构体染料拼混不但可提高上染率和固色率，还可提高水溶性和耐碱稳定性。如以下互为异构物的活性蓝 KN-R（C.I.活性蓝 19）和活性蓝 KN-3R（C.I.活性蓝 49），如单独存放于有电解质存在的中性或碱性水溶液中，在 25~30℃时放置一日一夜即有染料沉淀析出，但它们的复配染料产品在相同条件下没有析出物，制得的印花浆也稳定。

活性蓝 KN-R   +   活性蓝 KN-3R

通过以上几组实例可清楚看出，根据复配基本规律可以开发复配拼混型深浓色活性染料。复配后应测试应用性能和染色性能，才能决定复配是否有效。

8.7.4　低盐染色活性染料

（1）电解质无机盐的作用

传统活性染料染色需加入大量无机盐（电解质）以提高固色率。电解质无机盐的作用机理：一是增加染液中钠离子和氯离子（或硫酸根离子）浓度。在钠离子屏蔽作用下，染料阴离子接近阴离子富集的纤维表面所受斥力便大为减弱，从而提高染料的吸附速率。二是增加染液本体中的钠离子浓度可减少染液本体和纤维界面附近（钠离子浓度高）的浓度差，从而减小由于浓度差而产生的能阻，提高染料的扩散速率。三是降低染料的溶解度，提高染料吸附密度，从而提高平衡上染率。

低盐染色活性染料在染色过程中对盐的依赖性较小，在较低盐用量下能获得较高上染率，降低了活性染料染色废水处理的难度，符合高效无污染的发展方向。

（2）低盐染色活性染料研究

关键是要提高活性染料对纤维的亲和性，但又不能太高，否则会影响未固着染料和水解染料的可洗涤性。影响活性染料对纤维的亲和性的因素有活性基类别（乙烯砜型）、染料分子结构平面性、阴离子（磺酸基）数目等。实践中可通过对各种活性染料在不同盐用量下的染色实验筛选（元明粉用量仅为常规用量的 1/2 左右，$30\sim40g/L$）。同时由低盐活性染料红、黄、蓝三原色产品复配拼色，如 C.I.活性红 195、C.I.活性黄 145、C.I.活性蓝 264 等可得到提升力、匀染性、染色牢度、耐碱稳定性优良及成本低廉的低盐染色活性染料深色产品。

国内外开发的低盐活性染料存在的问题：染料筛选不够广，应在研究低盐活性染料的结构特性和配伍性的基础上对现有染料产品进一步筛选，找到成本更低、效率更高的低盐型活性染料；染料价格过高，不利于大量推广使用，尤其是深色复配产品；已开发的部分低盐型活性染料为含氟均三嗪结构如 Cibacron LS，其中间体对设备腐蚀严重并不符合环保要求，值得关注。

典型低盐染色活性染料如 Huntsman（亨斯迈）公司的 Cibacron LS 有 Cibacron Yellow LS-4G（C.I.活性黄 207）、Cibacron Yellow LS-R（C.I.活性黄 208）、Cibacron Orange LS-2BR（C.I.活性橙 132）、Cibacron Scarlet LS-2G（C.I.活性红 268），日本 Sumitomo Chemicals（住友化学）公司的 Sumifix Supra E-XF 和 NF 系列，DyStar（德司达）公司的 Levafix E-A 型、Remazol EF 系列，江苏锦鸡公司的 LS 系列及日本 Kayoku（化药）公司的 Kayacion E-LE 系列等。它们的分子结构各异，低盐染色效果也不同。如 Procion HE 染料是含有两个一氯均三嗪基的活性染料。

Cibacron LS 系染料的四个产品均为双一氟均三嗪作活性基，连接基两端是对称的两个偶氮染料母体，直接性很好。

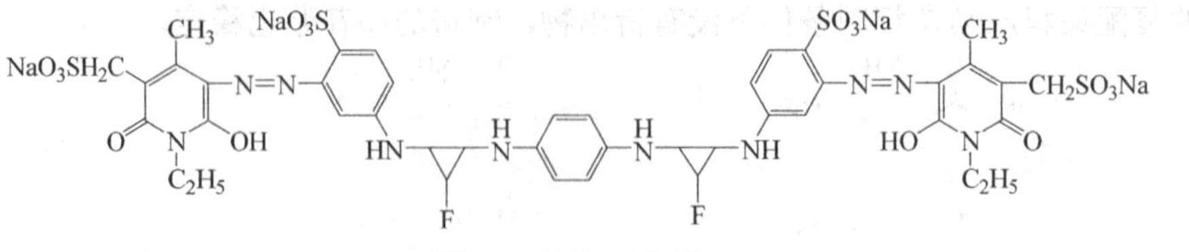

Cibacron Yellow LS-4G

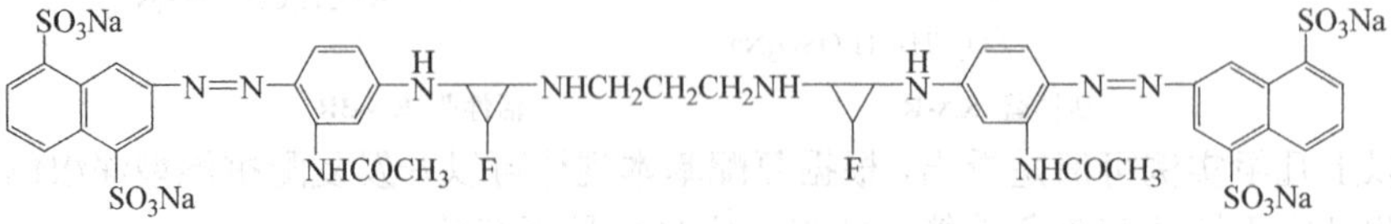

Cibacron Yellow LS-R

1996 年日本 Sumitomo Chemicals（住友化学）公司开发了低盐染色 Sumifix Supra E-XF 系列活性染料，其深色三原色 Sumifix Supra Yellow Brown E-XF、Rubine E-XF 和 Blue E-XF，减少了磺酸基数量并含一氯均三嗪和乙烯砜双活性基，其染色盐量一般为常规量的一半。

1997 年 DyStar 公司开发了低盐染色系列活性染料 Levafix E-A、Levafix Orange E-3GA（C.I. 活性橙 64）、Levafix Scarlet E-2GA（C.I.活性红 123）、Navy Blue E-BNA（C.I.活性蓝 225）等，还开发染色新工艺即 Levafix OZ 系列低盐染色法。其特点是盐用量可减少 2/3、工艺流程缩短、浴比为 1:10，减轻了排水负荷，染料溶解度高，匀染性优异。

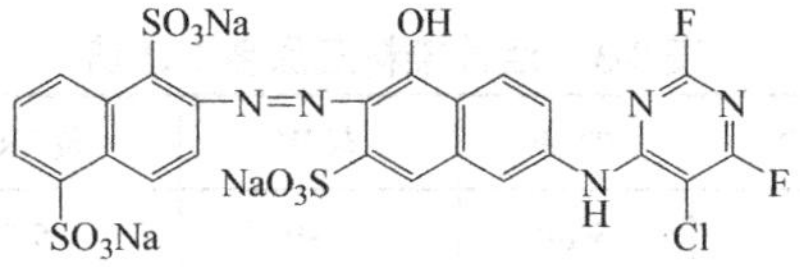

Levafix Orange E-3GA

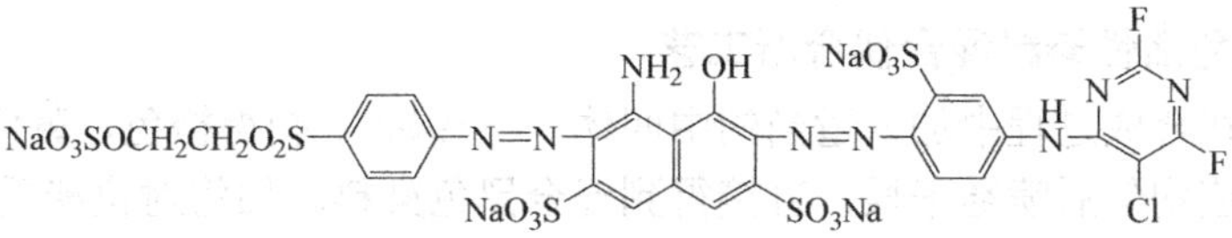

Navy Blue E-BNA

1998 年日本 Sumitomo Chemicals（住友化学）公司开发了 Sumifix Supra NF 和 HF 系列，盐用量为普通型的 60%，适合高温（70~80℃）竭染染色，固色率达 85%~90%；美国 Huntsman（亨斯迈）公司开发 Cibacron C 型染料，冷轧堆染色固着率达 90%~99%，轧-烘-蒸法固着率达 85%~95%。

1999 年日本 Kayoku（化药）公司开发的 Kayacion E-CM、E-MS 和 E-S 活性染料及一套中深色经济型环保活性染料均具有低盐染色功能。

如下为用于低盐活性黑染料复配的典型三原色产品，其 SERF 值和 I/O 值见表 8-2 和表 8-3。目前复配三原色和黑色产品的研究是热点。典型结构如下。

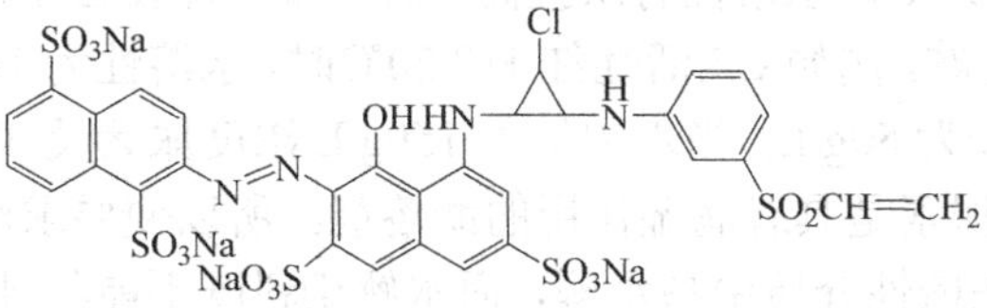

活性红 3BFN

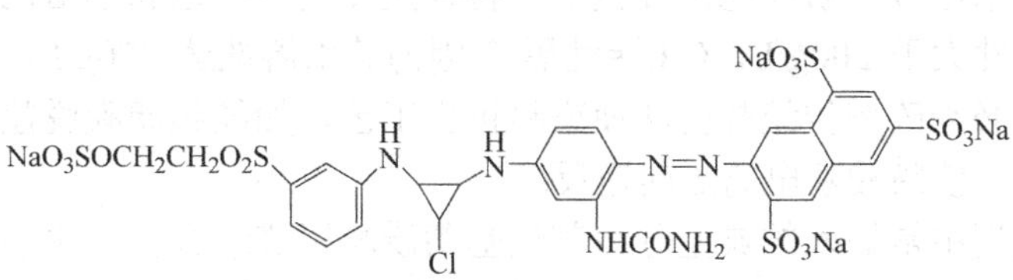

活性黄 3RFN

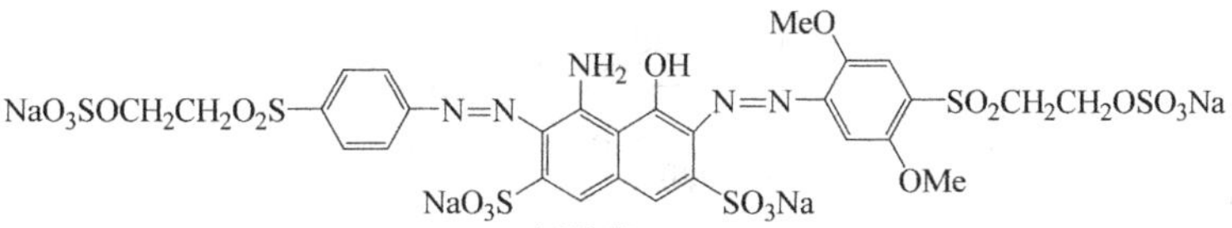

活性蓝 GG

表 8-2　活性染料三原色 SERF 值

染料名称	S/%	E/%	R/%	F/%
活性红 3BFN	64.60	85.60	60.60	77.90
活性红 EP	58.66	81.90	64.43	76.44
活性黄 W	50.18	85.08	67.55	78.76
活性黄 4GR	60.46	65.23	41.29	49.37
活性蓝 GG	52.67	80.32	65.31	78.01
活性蓝 RGN	54.76	92.86	56.06	76.17

表 8-3　活性染料三原色 I/O 值

染料名称	红 3BFN	红 EP	黄 W	黄 3RFN	蓝 RGN	蓝 GG
I/O 值	5.67	5.14	5.99	5.77	5.87	5.80

（3）复配黑色活性染料混合偶合新工艺

该工艺是指在合成过程中加入适当的中间体，"一锅煮"制得橙色、黄色、红色等三原色单偶氮染料，反应均匀后喷雾干燥，直接得到混合黑色染料。如将对位酯重氮盐与 J 酸-三聚氯氰缩合物、H 酸-对位酯偶氮化合物等在同一个反应釜中通过"一锅煮"混合偶合直接制得复配型活性黑染料。改变偶合组分比例和反应条件，还可得到色光不同的复配型活性黑染料产品。混合偶合生产工艺将合成与复配过程同时进行，既简化了工艺流程，又减少了工业废水。但寻找合适的三原色结构和中间体较为困难。

8.7.5　染料与助剂的复配

活性染料虽然磺酸基多，乙烯砜型活性染料存在暂溶性硫酸酯，因此水溶性较好，但双活性基以上的活性染料线型分子，特别是酞菁类、甲臜类及三苯二噁嗪和蒽醌类活性染料因同平面性，所以染料分子之间易凝聚，水溶性并不是很好，有的在室温下仅为 20～50mg/L，随着温度升高至 50℃ 及 90℃，水溶性有所提高。有些染料即使在室温下水溶性尚好，但加碱后水溶性下降，显示不耐碱，例如 C.I.活性红 118 20℃时，水溶性为 100g/L，当水中含有 20g/L 浓度 $NaHCO_3$ 时，即下降为 50g/L；当水中加入 150g/L 浓度尿素及 20g/L $NaHCO_3$ 时，水溶性又上升到 100g/L，因为尿素是具有润湿作用的助溶剂。所以便要求活性染料既有良好的水溶性，又有耐碱性。染料在碱性介质中易水解，而水解染料既不能与纤维成键，又降低水溶性，因此要求活性染料水溶液的耐碱稳定性良好。特别是冷轧堆染色和小浴比竭染染色，要求活性染料室温下水溶性大于 200g/L。C.I.活性黑 5 因为其水溶性达 250g/L，所以耐碱性较优。要达到上述要求，必须改变传统盐析法使染料析出工艺，如经超滤膜脱盐工艺，因为盐的存在降低染料溶解度，使磺酸基电离走向逆反应。

染料商品化过程中常加入的典型分散剂烷基萘磺酸甲醛缩合物，化学结构通式如下，其磺化度 $n=1$，$m=3\sim5$；$R^1=H$，$R^2=CH_3$。此助剂也用作水泥减水剂 $n=1$，$m>9$；R^1，$R^2=H$。

$$\left[(NaO_3S)_n \underset{}{\overset{R^1 \quad R^2}{\bigcirc\bigcirc}} CH_2 \right]_m$$

该分散剂使用时需根据分子量大小，特别是疏水基（亲油基）大小和水溶性基团（亲水基）数量，即计算活性染料的 HLB 值以调整 R^1、R^2、n 及 m 来选择活性染料。换言之，染料与分散剂的 HLB 值相匹配，才能得到最佳效果。该分散剂的疏水部分吸附在活性染料分子表面，为阴离子—SO_3^- 的胶束，使凝聚的染料分子解聚，导致水溶性的提高，由于胶束外层为酸性磺酸阴离子，耐碱也随之提高。Novacron FN 型即用该法处理。

木质素磺酸盐是多个 4-羟基-3-甲氧基丙烷的羟基和磺酸基的聚合物，平均分子量为 8000~13000，磺酸盐一般是钠盐、钙盐，也有铵盐，是一种高分子分散剂。木质素磺酸盐加入后，由于溶解而电离出磺酸阴离子，它的疏水基团趋向于染料，亲水端（磺酸基—SO_3^-）趋向于水中，在染料分子表面吸附一层有定向排列的阴离子的电子层，使颗粒之间相互排斥，将染料分子之间因色散力和氢键拆开，使染料之间解聚，也因此染料颗粒表面呈亲水性，有利于溶解于水。

染料在水中的表面电荷为 -40~60mV，为使更有效地实验上述的吸附状态，应使磺酸钠盐的电离程度充分，这样就使木质素磺酸的疏水部分吸附于染料颗粒表面。木质素磺酸的铵盐比钠、钾、钙、镁及游离磺酸更易电离，因为铵盐的电离能最小，它们的电离能依次如下：NH_4^+(2.54eV)，K^+(4.341eV)，Na^+(5.139eV)，Ca^{2+}(6.113eV)，Mg^{2+}(7.646eV)，H^+(13.598eV)。

使用木质素磺酸铵较其他磺酸盐更为有效，国内木质素磺酸铵盐尚未批量工业化生产。Borregard 公司的 Borresperse AM-320、Reed 公司的 Linosol TSF（吸收值 1320，相对吸收率 100%）、Linosol TSD（吸收值 1144，相对吸收率 87%）、Linosol TSF-65（吸收值 1440，相对吸收率 109%）。而传统添加元明粉（Na_2SO_4）其吸收值为 11、相对吸收率为 0.8%。为获得良好的稳定性分散体，应将染料颗粒用水介质润湿，加入润湿剂降低其表面能，使介质更容易润湿在染料颗粒表面，促使颗粒分散。常用的润湿剂如 JFC、JFCS、渗透剂 T、Igepon T 等都是纺织品用的，由于染料的临界表面张力低于棉制品的临界表面张力，所以润湿剂的表面张力必须低于染料的临界表面张力，才能使介质对染料润湿，所以需使用特殊的润湿剂。如尿素的氧乙烯衍生物和环乙烯脲聚氧乙烯衍生物，比尿素衍生物的润湿性好得多。典型结构如下：

$$H(C_2H_4O)_5OH_4C_2HN-C(=O)-NHC_2H_4O(C_2H_4O)_5H$$

$$H_2N-C(=O)-NH-CH(CH_3)-CH_2O(C_2H_4O)_{10}H$$

环乙烯脲衍生物是近年开发的产品，其效果优于尿素衍生物，结构如下：

$$O=C\begin{Bmatrix} N-(C_2H_4O)_{18}CH_2OCHCH_2OCHCH_2OH \\ | \quad\quad CH_3 \quad\quad CH_3 \\ N-(C_2H_4O)_{18}CH_2OCHCH_2OCHCH_2OH \\ \quad\quad CH_3 \quad\quad CH_3 \end{Bmatrix}$$

$$O=C\begin{Bmatrix} N-(C_2H_4O)_{18}CH_2OCHCH_2OCHCH_2OC_2H_4OH \\ | \quad\quad CH_3 \quad\quad CH_3 \\ N-(C_2H_4O)_{18}CH_2OCHCH_2OCHCH_2OC_2H_4OH \\ \quad\quad CH_3 \quad\quad CH_3 \end{Bmatrix}$$

8.8　活性染料染色与超分子化学

8.8.1　超分子化学与染色

超分子化学是一门化学、材料和生物交汇的新兴交叉学科。1988 年 Lehn 教授因提出超分子化学概念而获得了诺贝尔化学奖。超分子化学是除共价键以外的弱的分子间作用的化学。

Lehn 在《超分子化学——概念和展望》一书中指出："超分子化学如同分子的'社会学'，非共价相互作用决定了组间的价键、相互作用和反应，简言之，即是分子的个体和整体的行为：它们作为众多具有自身组织的分子个体组成的整体的'社会结构'；它们的稳定性和易破损性；它们缔合或析离的倾向；它们的选择性、'可选择的亲和力'、种类结构、互相识别能力；它们的动力学，对排列、分级、张力、运动、重新取向的柔性或刚性；它们彼此之间的相互作用和转换。"

超分子化学的发展与大环化学（冠醚、环糊精、杯芳烃、穴醚、葫芦脲等）的发展密切相连，与分子自组装（凝胶、囊泡、脂肪、DNA 双螺旋等）、分子机器和纳米材料的研究息息相关。超分子化学包括的范围很广，目前还没有一个完整、精确的定义和范畴，主要研究内容包括分子识别，分为离子客体的受体和分子客体的受体；环糊精；生物有机体系和生物无机体系的超分子反应性及传输；固态超分子化学，分为晶体工程、二维和三维的无机网络；超分子化学中的物理方法；模板，自组装和自组织；超分子技术，分为分子期间和分子技术的应用。

瑞士著名染料化学家海因利希·左林格（Heinrich Zollinger）在《色素化学》（2003）一书中指出：尽管染色工艺比染色化学本身成熟得多，但人们仍未能对控制这些过程的诸多要素做出解释；织物和其他物质的染色是超分子化学迄今为止最为广泛的技术应用。

根据 M_2 型染料染色机理分析三嗪环的贡献主要是增加了染料分子对纤维的亲和力。根据超分子化学理论，研究活性染料与纤维的反应不能只考虑活性基的反应性，要综合分析染料分子个体与染色体系中各个分子的相互作用，染料分子间的缔合与解聚，染料与助剂及其他化学品的相互作用、染料与纤维的直接性、染料与染液的氢键作用等。

超分子化学可以解释染料间复配增效机理，通过染料分子发色体与取代基、分子构型、染料性能组合等，筛选单体染料从而赋予复配染料更好的染深性、提升力和固色率等性能。

8.8.2 染料分子结构与染色性能

C.I.活性蓝 221 和 C.I.活性红 222 结构中均以 N-乙基间位酯为尾基，由于乙基的空间障碍，M_2 型活性染料的三嗪环和尾基的苯环不处于同一平面，降低了直接性，从而提高了匀染性、提升力和耐湿处理中沾色牢度。两平面间的扭转已由模拟化合物单晶的 X 射线衍射谱证明，N-烷基导致苯环扭转了将近 45°。

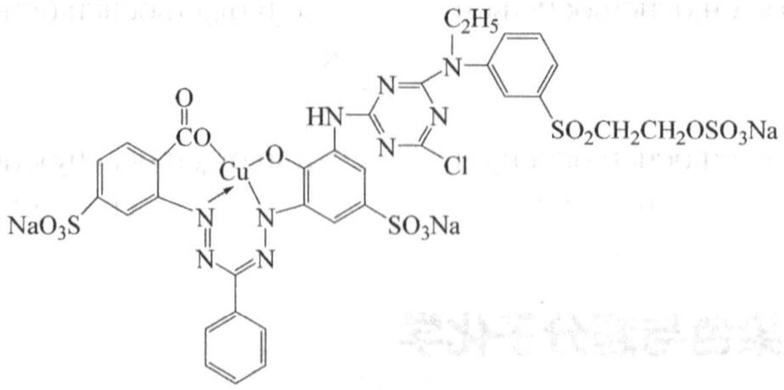

C.I.活性蓝 221

分子的非平面性会降低分子的缔合而影响染料的直接性，对于直接性过大的染料分子可通过引入羟乙基等方法降低染料的直接性。如活性红 KW 的分子中引入羟乙基，破坏了分子的共平面性，降低了染料的直接性，改善了固色率和匀染性。

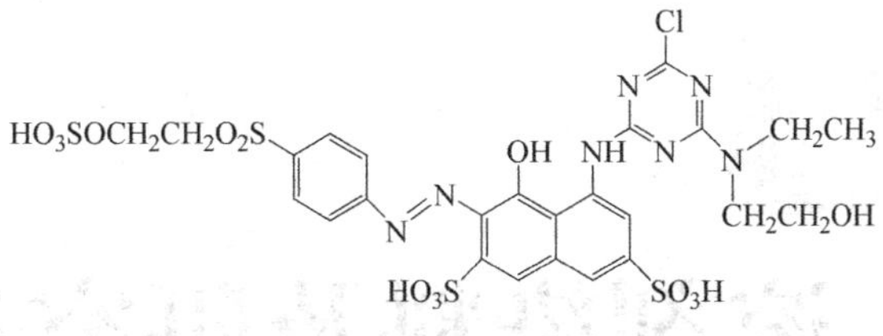

活性红 KW

　　超分子化学可以解释混合染料的复配增深。筛选出来的多种染料混合（包括粉剂的机械混合、染料溶液混合后共同喷干或在同浴反应合成以求混晶等）可以赋予产物更好的染深性和提升力。如由某一比例的活性艳红 M-2BE（C.I.活性红 194）与活性红 M-RBE（C.I.活性红 198）复配得到的活性红 RR 比其组分染料有更好的提升力。

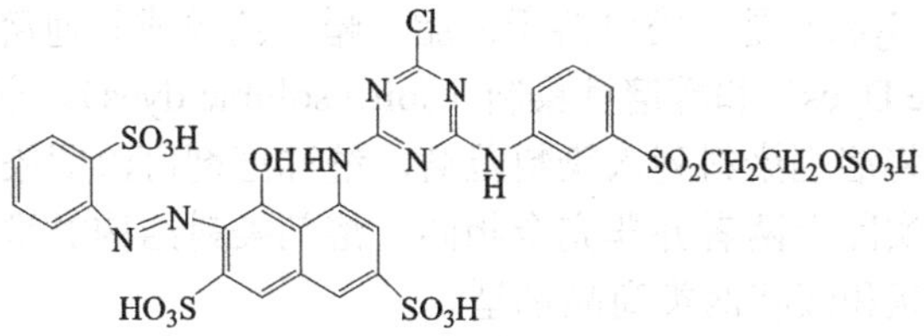

活性红 M-2BE

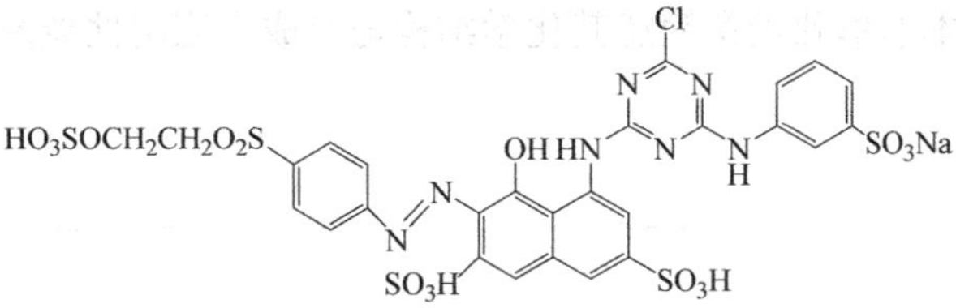

活性红 M-RBE

　　染料染色性能表征有 S（直接性）、R（反应性）、E（竭染率）、F（固色率）、移染指数（MI）、提升力指数（BDI）等十大指数，在筛选复配染料的组分中也得到了很好的应用。可看作是超分子化学在揭示活性染料染色性能上的具体应用。

　　总之，活性染料将主要围绕着提高吸尽率和固着率两个方面进行研究，发展集中在"五高五低二个一"。"五高"即具有高固着率、高色牢度、高提升性、高匀染性、高重现性的具有明显节能减排效果的新产品；"五低染色"即低盐、低温、小浴比、短时、湿短蒸等染色；"二个一"即一次成功染色、一浴一步法染色。

第9章

溶剂染料及研究进展

溶剂染料（solvent dyes）是一类可溶于油脂、蜡、乙醇或其他溶剂的染料，一般可分为油溶性染料（Oil Soluble Dyes）和醇溶性染料（spirit soluble dyes）。它不同于纺织染料，没有明显的上染机理。国外将溶剂染料列入染料范畴，统称溶剂可溶解染料。国内则把溶剂染料列入有机颜料范畴，但实际上两者并非完全相同。溶剂染料结构类型多、批量小且品种牌号多。溶剂染料产品有粉状和液状两类商品剂型。

我国溶剂染料产业发展快，企业近百家，已成为世界上溶剂染料产量较大的国家。鉴于溶剂染料的特殊性，本书单独设章简述其化学结构与合成、应用性能及研究进展。

9.1 概述

溶剂染料的历史可追溯到150多年前。1861年发现C.I.溶剂黄1（苯胺黄），1867年发现C.I.溶剂黑5及7（尼格罗辛，即苯胺黑），1862年发现C.I.溶剂紫8（甲基紫）。多数早期的溶剂染料都是简单的偶氮染料或游离碱式的碱性染料。

1912年BASF（巴斯夫）公司开发了含水杨酸偶氮结构的商品牌号为Ergans的溶剂染料产品，此后发展了Neolan（BA）、Capracy1（DUP）及Lanamid（Allied）等品牌。早期开发的一些用于染纺织品纤维的金属络合染料也是十分有用的溶剂染料。

1920~1930年间，IG（法本）公司就开发了可对透明漆着色的商品牌号为Zapon Fast的系列溶剂染料，是酸性染料铵盐和醇溶性金属络合类溶剂染料。此后的研究工作主要在于开发石油产品、圆珠笔或其他专用油墨等用的系列液状溶剂染料。

溶剂染料产品增长速度低于活性、酸性、分散等主要类别染料而高于其他各类染料。根据1992年《染料索引》统计，不同结构的各色谱溶剂染料中，偶氮型215种，蒽醌型79种。从色谱上来看，国内外规律相似，红色占29%，黄色占25%，蓝色占17%。国内溶剂染料产品有130多个，除粉状商品外还有液状商品。结构类别有偶氮、蒽醌、三芳甲烷、芘、苝、酞菁、亚甲基、杂环及金属络合等。

开发应用于新型功能材料与光电子器件等高技术领域的溶剂染料是目前染料产业功能化研究开发的重点。

9.1.1 溶剂染料及分类

（1）溶剂染料定义

不溶于水而溶于有机溶剂的染料。可用于燃料油、木材、蜡烛、润滑油、鞋油、油漆、涂料、油墨、有机玻璃、合成树脂、合成纤维原浆及化妆品、护肤品等的着色；还可用于液晶显示、激光器、有机光电导材料、太阳能电池、金属荧光探伤及药物示踪等高技术领域。

溶剂染料与分散染料、有机颜料有一个共同点，即都不溶于水。溶剂染料不少品种与分散、酸性、还原、直接等染料和有机颜料属于同一化学结构或十分相似，尤其是不少品种与分散染料为相同结构。如C.I.分散黄3即C.I.溶剂黄77，C.I.分散蓝7即C.I.溶剂蓝69等，而C.I.溶剂黄14与C.I.颜料橙2是苯胺和邻硝基苯胺分别与2-萘酚偶合的产品。

溶剂染料与分散染料间的区别主要在于用途。分散染料通常以在水介质中的分散态对合成纤维染色，染色时可用有机溶剂作为载体或采用高温使纤维着色。但载体是否仅起到染料溶剂的作用还是有争议的。另外，溶剂染料则通过它可溶于溶剂或基质的能力起到染料的作用，如在合成纤维溶剂染色工艺及转移印花工艺中所用的溶剂或分散染料。

溶剂染料与有机颜料的区别则在于后者不溶于有机溶剂，但也不是绝对的，多数商品有机颜料在有机溶剂中有一定溶解度，但在实际操作中，颜料均分散在基质中，亦即以胶体状态应用而并不以基质中的真溶液应用。在应用中，在油墨、涂料、合成高分子色母粒着色等领域内有机颜料与溶剂染料间均相互竞争，由应用上的特殊要求来决定选择采用溶剂染料或有机颜料。

有机荧光溶剂染料是溶剂染料的特殊类别，由于其良好的荧光特性而有广泛的应用领域。如用来增白洗衣粉的荧光增白剂、日光型荧光着色剂及用作指示信号的各种荧光标志服、荧光路标漆、管道的渗漏探伤、环境污染及工业水污染检测方面用荧光试剂等；在科学研究中，荧光染料由于优异的光学性能，已广泛用于生命科学与生化分析即荧光探针等各个领域。这类染料的化学结构可变性很大，是溶剂染料产品的研究开发热点。

（2）溶剂染料分类

① 溶于烃类及其他低极性溶剂的染料：这类染料易溶于脂肪、芳香烃、氯代烃、油脂或石蜡。主要用于对这些溶剂或各种不同的含有这些溶剂物料的着色。典型商品牌号有：Oil，Calco（ACY），Sudan（G），Organol（Fran），Ceres（FBY），Waxoline（IC.I.），Petrol（PAT）等。

② 溶于醇类及其他高极性溶剂的染料：这类染料易溶于醇及酮类。主要用于漆、染色剂、清漆、套版印刷用油墨及圆珠笔油墨。这类溶剂染料的商品牌号有：Calcofast（ACY），Azorol（G），Orasol（C.I.ba），Iosol（NAC），Intracetyl（Fran），Irgacet（GY），Spirit Solulle（醇溶）（NAC），Luxol（DUP），Metharol（IC.I.），Zapon（FH），Neozapon（BASF）。

③ 在多数溶剂中溶解度相对较小的染料：这类染料可用于合成高分子色母粒及各种不同的最终用途。其商品牌号有：Piasto（NAC），Thermoplast（BASF），Amaplast（AAP），Hythern（PAT），Solvaperm（FH）。

（3）结构及溶解度特性

溶剂染料的分子设计包括发色体系创新和由其他类别染料进行结构改性等。具体方式如下：

① 采用低分子量染料：多数简单的偶氮及蒽醌染料在有机溶剂中均有良好的溶解度，很多可直接或简单修饰后用作溶剂染料。

② 含长脂肪侧链染料：染料分子量高会使它们在有机溶剂中溶解度变差，可通过引入长碳链来解决。如：C.I.还原绿1（16,17-二甲氧基紫蒽酮）在有机溶剂中溶解度很差，而Zapon Fast Green B结构中用$OCH_2CH_2OC_4H_9$来代替甲氧基就使染料可作为溶剂染料使用。同样，铜酞菁可通过引入长碳链磺酰氨基的方法使之转变为溶剂可溶性染料（C.I.溶剂蓝89）。

③ 酸性或碱性染料的盐：有些酸性染料与脂肪胺成盐或碱性染料与脂肪酸成盐即可成为

溶剂染料。通常它们都在醇类等极性溶剂中有很好的溶解度。经过筛选，这类染料中有些在多种有机溶剂中有良好的溶解性能。

9.1.2　溶剂染料结构类别

溶剂染料按化学结构分类有偶氮（包括偶氮金属络合染料）、蒽醌、芳甲烷、亚甲基、甲亚胺、酞菁、呫吨、香豆素、萘酰亚胺、氮杂噻吨、吖嗪、苊酮、喹酞酮及其他稠杂环结构类型等。在溶剂染料产品中，偶氮型占总量的39%，蒽醌型占29%，杂环型占15%。

①　偶氮型　偶氮型溶剂染料一般不含水溶性基因，以黄、橙及红色产品为主，价廉、用途广，但通常牢度差。因此在一些要求较高的应用中已逐步被其他类染料代替。常见的金属络合溶剂染料都是偶氮染料的铬或钴络合物。如溶剂黄 BL（C.I.溶剂黄 21，邻氨基苯甲酸、1-苯基-3-甲基-5-吡唑酮为原料）。经选出的金属络合染料在醇类、乙二醇类及酮类中溶解度均很好，但在油性基质如油、脂及石蜡中的溶解度较差。可采用将经典金属络合染料与可溶解的胺成盐的方法来改善它们的溶解度。

偶氮金属络合溶剂染料有很多黄、橙及红色产品。由于它们牢度和溶解性能好，在印刷油墨和透明漆中的应用较多。

②　芳甲烷型　以红、紫、蓝、绿及黑色产品为主。尽管它们属于最早发现的一些染料，但由于它们发色强度高，颜色鲜艳，因此其游离碱或脂肪酸盐至今仍在许多应用领域中得到广泛使用。

③　酸性染料铵盐与碱性染料酸盐　偶氮或酞菁系带磺酸基的染料可与高分子量的有机碱，如二芳基胍或二环己胺制得溶剂染料。酮酞菁染料衍生物是重要的醇溶性蓝色染料。

④　蒽醌型　蒽醌系主要为蓝色及绿色产品。很多专利均在这类染料的基础上开发高分子色母粒等用途的溶剂染料。

⑤　其他结构染料　如香豆素、喹啶酮、吡咯酮、荧烷等稠杂环结构，其中多数溶剂染料是重要的塑料着色剂。稠杂环结构是新型功能性溶剂染料研究开发的主要结构。

9.2　溶剂染料结构与性能

9.2.1　偶氮型溶剂染料

偶氮染料和某些碱性染料的游离碱是最早发现的溶剂染料。早期的油溶性染料（oil colors）即属于这一系列的产品。偶氮溶剂染料以黄、橙、红色产品为主，价格低廉，在很多溶剂中溶解性能良好，应用领域广泛。简单又重要的用途是石油产品的着色，可用于使炼油商、零售商及用户区分各种不同油品型号。对于石油产品的着色牢度通常不是问题，主要考虑的是溶解度及应用方便。

早期油溶染料均为粉状，后也采用将熔化的染料在激烈搅拌下与水相混合制成粒状或用制片机将熔融染料制片。许多专利都集中于液状染料的制备，可选择适当的溶剂如异丙基酚或其他烷基酚制备液状染料，或将染料溶在其他油品添加剂如液状抗腐蚀剂中后用于油品着色。单偶氮型溶剂染料结构相对比较简单，合成也方便。在产的单偶氮溶剂染料约52只，国内生产约有 19 只。典型产品有 C.I.溶剂黄 14、C.I.溶剂黄 56、C.I.溶剂橙 3、C.I.溶剂红 1 和 C.I.溶剂棕 5 等。

（1）单偶氮苯溶剂染料

色谱以黄色为主，一般日晒牢度较差，熔点较低。C.I.溶剂黄 2 已逐步被二乙基衍生物 C.I.溶剂黄 56 所取代。醇类溶剂染料 C.I.溶剂黄 2 和 C.I.溶剂黄 5 的溶解度都不佳，可与 C.I.溶剂黄 56 等类似结构的溶剂染料混合来改进溶解度。C.I.溶剂黄 3 在结构中有两个环上的甲基及一个游离氨基，在各种溶剂中的溶解度均较好。C.I.溶剂橙 3、C.I.碱性橙 2 的游离碱在各种有机溶剂中的溶解度都很好。

C.I.溶剂黄 14 由苯胺重氮盐与 2-萘酚偶合而得。国内外商品牌号有 30 多种。该染料日晒牢度差，熔点 134℃。它与 C.I.分散黄 97 为同一结构。

C.I.溶剂黄 16 由苯胺重氮盐与 1-苯基-3-甲基-5-吡唑啉酮偶合而得。日晒牢度良好，熔点 157℃。它与 C.I.分散黄 16 为同一结构。该染料溶于乙醇和四氯化碳等，可用于树脂、涂料、铝箔着色。

C.I.溶剂黄 56 由苯胺重氮盐与 N,N-二乙基苯胺偶合而得，能溶于多种溶剂，适于油品、蜡类、脂肪类物质着色，也可用于塑料、油墨、油漆着色，还可用作烟雾染料。国内外生产的商品牌号有 20 多个。

偶氮结构中引入烷基、烷氧基等取代基可改善染料在石油制品中的溶解度，如用苯酚、辛基、对壬基酚或 N-丁基苯胺等作偶合组分，用 $C_2 \sim C_{10}$ 烷氧基取代混合芳胺作重氮组分合成 C.I.溶剂橙 1。也有用 N-(2-硝基-1-苯基乙基) 苯胺来制得黄至红色油溶性染料。

（2）单偶氮萘溶剂染料

典型产品 C.I.溶剂黄 4（1-苯基偶氮-2-萘酚）占美国溶剂黄产量的一半。其色光为红光黄，有些商品也称为油溶橙，广泛用于油品的着色。用邻甲苯胺或 2,4-二甲苯胺来代替苯胺制得的产品就是 C.I.溶剂橙 2 或 C.I.溶剂橙 7。C.I.溶剂橙 7 比 C.I.溶剂黄 14 的溶解度好，广泛用于油制品，但色光更红，有些商品称为油溶性大红。

C.I.溶剂红 1 由邻氨基苯甲醚重氮化后与 2-萘酚偶合而得，日晒牢度一般，熔点 180℃，主要用于油脂、蜡和文教用品着色。国内外生产厂家较多。它的溶解度稍差，但可用邻乙氧基苯胺与烷基酚如壬基酚偶合制得含 50% 染料的液状复配物。也可用含 $C_5 \sim C_{12}$ 烷基取代的 2-萘酚制备液状染料改进溶解度。

另一种制备溶剂染料的方法是将偶氮染料的磺酸基通过磺酰氯转化成磺酰胺或酯。含羧酸基的染料也可用相同的方法制备成为溶剂染料（1）和（2）。这些染料牢度有改善，可用于油漆的着色。带砜基或磺酰氨基的溶剂染料（3）和（4）常用于高分子材料着色。

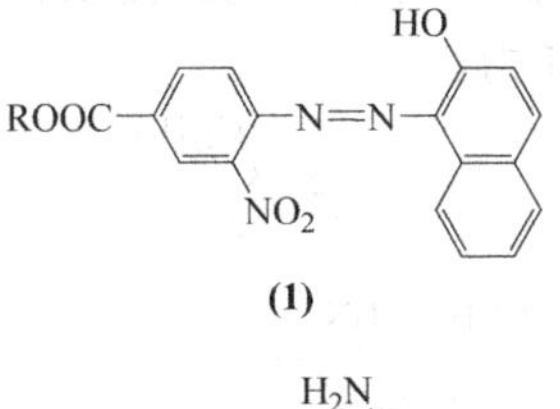

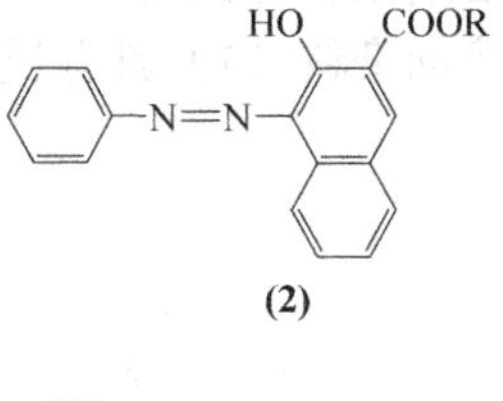

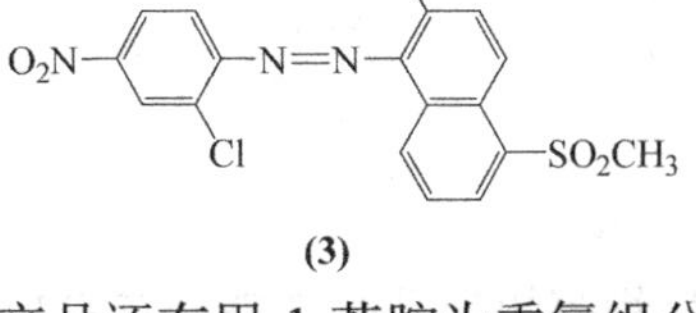

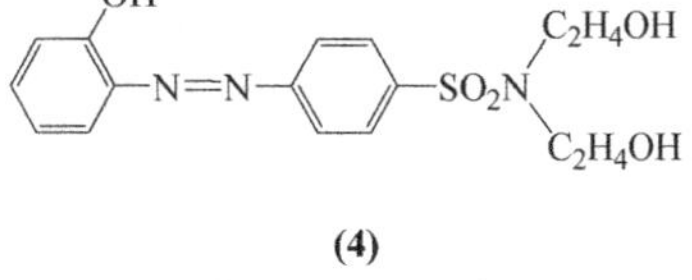

萘系溶剂染料产品还有用 1-萘胺为重氮组分与 2-萘酚偶合得到的 C.I.溶剂红 4、与 1-萘胺偶合得到的 C.I.溶剂棕 3 或与 1-萘酚偶合得到的 C.I.溶剂棕 5。

（3）双偶氮溶剂染料

60%以上的双偶氮型溶剂染料为红色，其他色谱产品很少。国外生产双偶氮型大约26个产品，国内生产双偶氮型大约13个产品。典型产品有C.I.溶剂红23、C.I.溶剂红24、C.I.溶剂红164和C.I.溶剂黑3等。多数双偶氮溶剂染料以氨基偶氮苯衍生物为起始原料。有少数被脂族碳隔离共轭体系的双偶氮染料为黄色。

芳甲烷结构偶氮型溶剂染料有Oil Yellow 3G（C.I.溶剂黄29）、Oil Yellow GRA（C.I.溶剂黄30）及C.I.溶剂黄31（类同溶剂黄29，对叔丁基苯酚为偶合组分）等，常用于醇基清漆及油墨。用C.I.溶剂黄29的重氮组分与1-苄基-3-甲基-5-吡啶酮偶合可制得用于圆珠笔的黄染料，溶解度很好。

由5个不同取代4-氨基偶氮苯（未取代、3,2'-Me、2,5,2'-Me、混合氨基二甲偶氮苯等）与2-萘酚偶合可得到系列红色溶剂染料C.I.溶剂红23至27。其中溶剂红2B（C.I.溶剂红24）和溶剂红MXB（C.I.溶剂红26）是石油制品中常用的产品。

C.I.溶剂红23由4-氨基偶氮苯重氮盐与2-萘酚偶合而得。日晒牢度良好，熔点195℃。有的厂家是采用混合重氮组分，即采用4-氨基偶氮苯和4-氨基-2,3-二甲基偶氮苯的混合物作重氮组分，可起到协同增效作用。国内外有多家企业生产。

C.I.溶剂红24由4-氨基-2,3-二甲基偶氮苯重氮化后与2-萘酚偶合制得。该染料是国内外大吨位产品之一，国外生产25个商品牌号，国内生产厂也有10余家。也可采用C.I.溶剂红23和红24拼混应用。主要用于有机玻璃、ABS树脂、聚氯乙烯等多种塑料着色。也用于油漆和圆珠笔墨水。C.I.溶剂红164为蓝光红，国外有12个商品牌号。由多组分芳伯胺如甲苯胺、二甲苯胺、烷氧基苯等混合制备的氨基偶氮苯混合型中间体可用于制取溶于烃类的多偶氮溶剂染料（5）。红色溶剂染料（6）是以不同R取代的2-RHN-萘混合物为偶合组分合成的，R可以是乙基、异丙基、2-乙基己基、n-辛基等。

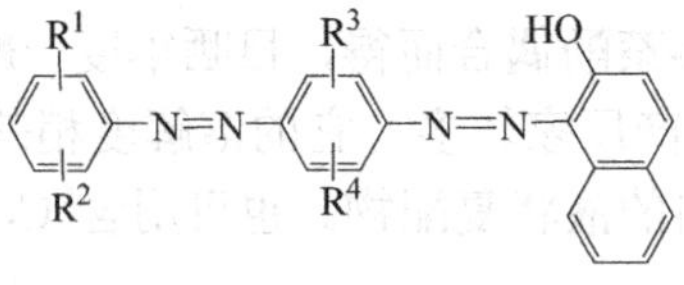

(5) 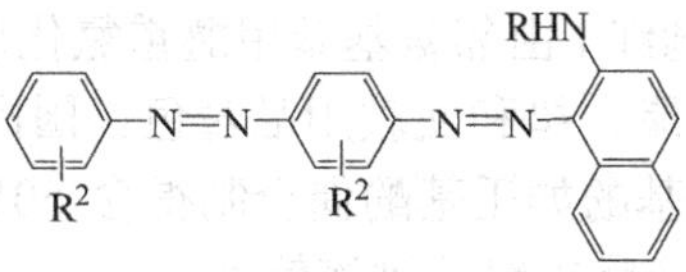   (6)

C.I.溶剂黑3可溶于乙醇、甲苯、丙酮等溶剂，由苯胺重氮化后与甲萘胺偶合，再重氮化，与2,3-二氢-2,2-二甲基萘哌啶偶合而得。国外生产有14个商品牌号，国内有多家企业在产。

有些商品红色溶剂染料加到燃料油中时存在被常用吸附剂如白土、活性炭、氧化铝等吸附的缺点。双偶氮溶剂染料（7）具有抗吸附的能力。

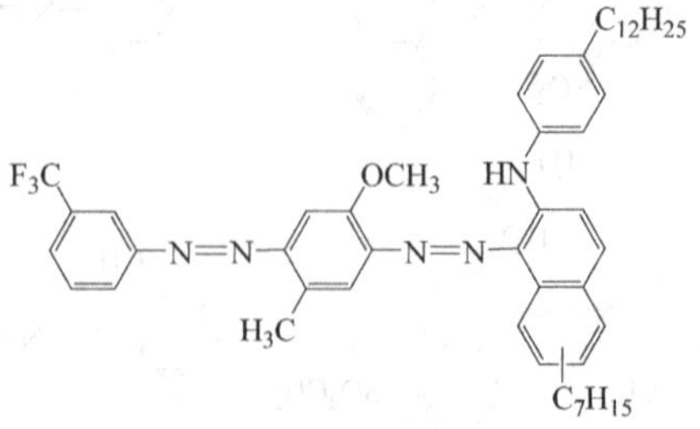

(7)

结构中含苯胺、萘胺、二氨基萘的环烷化物等的商品溶剂染料有C.I.溶剂黑3等。

（4）其他偶氮溶剂染料

采用乙酰乙酸酯或乙酰乙酰苯胺为偶合组分制备结构为（8）和（9）的溶剂染料。溶剂染料（**10**）常用于油漆稀释剂的着色，也是引入磺酰氨基以增加溶剂中溶解度的例子。用 1-苯基-3-甲基-5-吡啶酮为偶合组分，用苯胺、2,4-二甲苯胺及 4-氨基-2-硝基甲苯作相应的重氮组分可制得 C.I.溶剂黄 16、C.I.溶剂黄 18、C.I.溶剂黄 23 等。其他邻苄基苯胺的衍生物也是良好的溶剂染料中间体。乙酰乙酰芳胺及吡唑啉酮染料作为金属络合物的母体染料比其他单偶氮染料更重要。

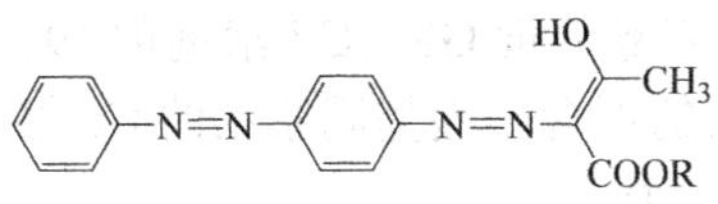

(8) 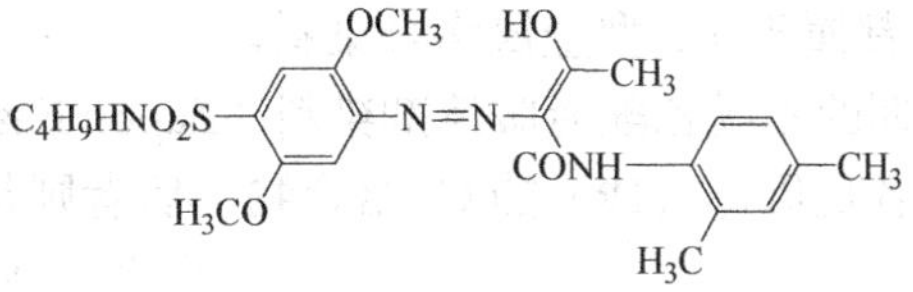　　　　　　　　　　　　　(9)

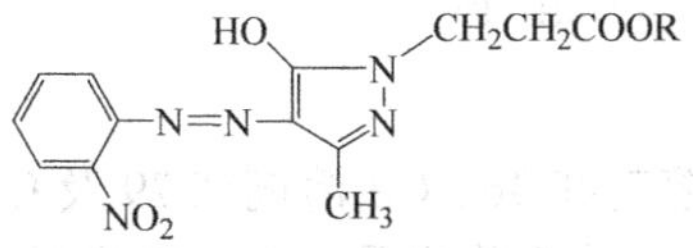

(10) 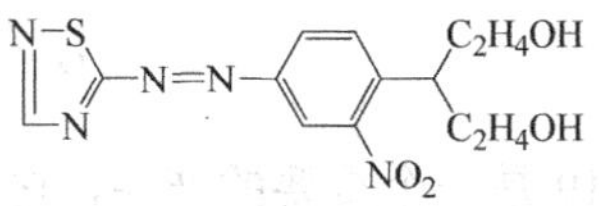　　　　　　　　　　　　　(11)

杂环化合物作为重氮或偶合组分，如由 5-氨基-1,2,4-噻哒唑（**11**）或 2-氨基苯并噻唑（**12**）制得的溶剂染料常用于漆或塑料着色。还有由 3,7-二氨基二苯并噻吩二氧化物（联苯胺砜）也可制成溶剂染料。红色液状染料（**13**）可由双重氮化的双（4-氨基苯基）硫醚与 $C_6 \sim C_8$ 烷氨基萘胺偶合制得。

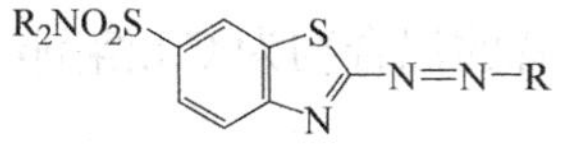

(12) 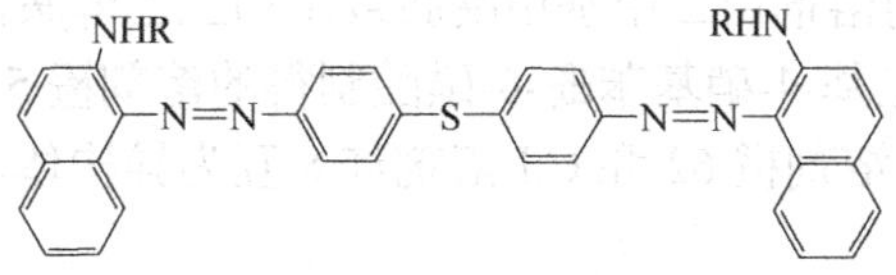　　　　　　　　　　　　　(13)

咔唑及吡啶衍生物也曾用于作偶合组分制取溶剂染料（**14**）及（**15**）。两者均对光、热稳定，常作为硬塑材料（如聚苯乙烯）的着色剂。

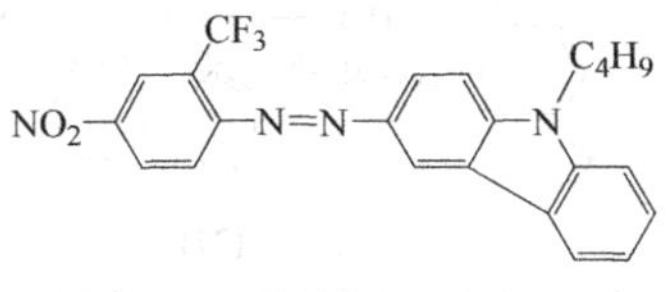

(14) 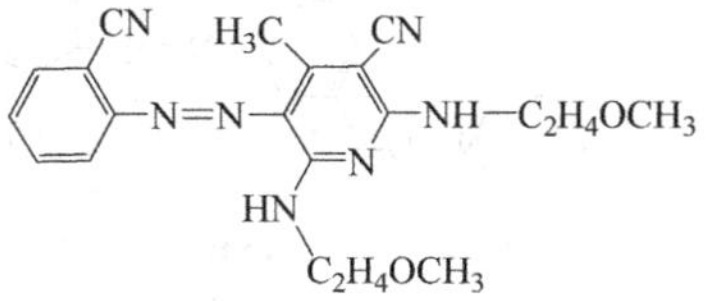　　　　　　　　　　　　　(15)

通式为（**16**）的溶剂染料常用于印刷油墨。通式为（**17**）的溶剂染料则用于光稳定的聚烯烃树脂。由碱性橙 2 的游离碱用甲醛缩合后制得的溶剂染料（**18**）可用于醇基印刷油墨。

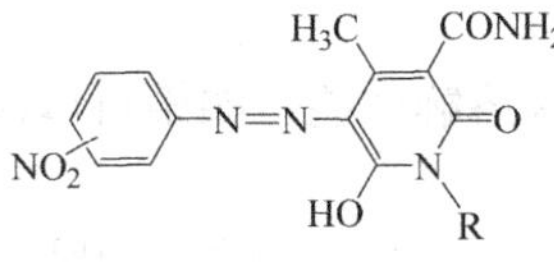

(16) 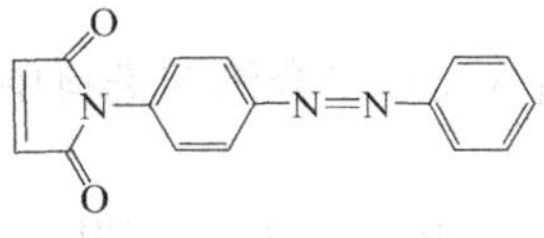　　　　　　　　　(17) 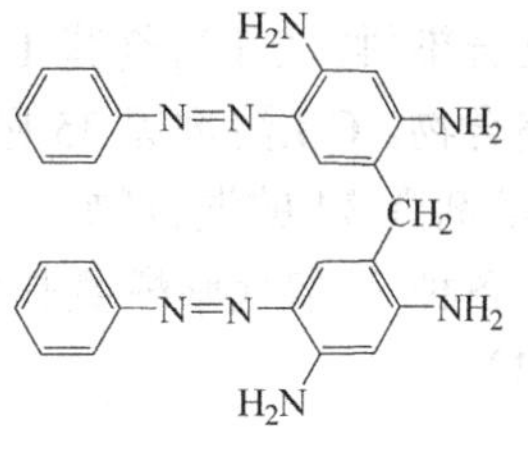　　　　　　　　　(18)

多偶氮染料由于溶解度差，通常不宜作溶剂染料。但由两分子氨基偶氮苯重氮化后与间苯二酚偶合得到的染料据报道可用作聚甲基丙烯酸甲酯的溶剂染料。

偶氮铬络合溶剂染料采用可溶性胺进行改性，可进一步改善这些金属络合物的溶解度。BASF（巴斯夫）公司的 Neozapon 染料即是这一类型的溶剂染料。由于它们强度高、色光鲜艳、牢度及溶解度均好，因此在印刷油墨及漆中的应用稳步增长。一般只有铬及钴络合物才用作溶剂染料。

偶氮金属铬络合溶剂染料约占溶剂染料总数的 19%，仅次于蒽醌染料。国内开发和生产的偶氮金属铬络合溶剂染料产品约 17 个，占溶剂染料总数的 13%。典型产品有 C.I.溶剂黄 21、C.I.溶剂黄 82、C.I.溶剂橙 54、C.I.溶剂橙 62、C.I.溶剂红 8、C.I.溶剂红 122、C.I.溶剂黑 29 等，都属于 1:2 型金属络合染料。

早期的乙酰乙酰芳胺溶剂染料（Zapon Fast）有醇溶黄 GR（C.I.溶剂黄 19）和 C.I.溶剂橙 45。前者是母体（**19**）的 Cr 络合物，后者则是它的不含磺酸基同系物的 Co 络合物。

(19)

C.I.溶剂黄 19 是一个重要的产品，它还是 C.I.溶剂红 36、C.I.溶剂红 79 及 C.I.溶剂红 109 的结构组分。2-氨基苯酚-4-磺酰胺-乙酰乙酰苯胺的钴络合物也是一个溶剂染料产品。

由 1-苯基-3-甲基-5-吡唑酮制得的吡唑酮类铬络合溶剂染料为重要的黄、橙、红色产品。红光黄色的 C.I.溶剂黄 21 以邻氨基苯磺酸为重氮组分，是 1:2 型络合溶剂染料。耐光牢度好，主要用于各种透明漆、塑胶等表面着色，印刷在包装纸或葡萄酒、啤酒瓶贴纸的铝箔上，可表现出一种镀金效果。生产工艺过程为先合成染料母体，再与金属铬盐反应生成络合物。络合反应中的溶剂由二甲基甲酰胺或水和三乙醇胺混合（水:三乙醇胺为 4.5:1）。

由 2-氨基-4-硝基苯酚-6-磺酸制得的溶剂橙 5 也用作醇类溶剂染料。由 2-氨基-4-硝基苯酚制得的 C.I.溶剂橙 62 和 C.I.溶剂红 8 互为异构体，两者的混合物为 C.I.溶剂红 100 和 C.I.溶剂红 142。

也有将各种磺酰氨基引入染料结构的，如重氮组分（**20**）和吡唑酮偶合组分（**21**）。典型的吡唑酮偶合组分如 1-苯基-5-吡唑酮-3-羧酸类。

(20)   **(21)**

此外，1-芳基-3-烷基-4-吡啶酮和 1-苯基-3-甲基-5-氨基吡咯等均可制备金属络合染料。

苯酚（如 2,4-二氯苯酚、4-甲氧基苯酚）和萘酚也用于制备金属络合红、紫及黑色产品的溶剂染料，但它们强度相对较低。C.I.溶剂红 102 是由 2-氨基苯酚-4-磺酰胺重氮化后制得的铬络合染料。C.I.溶剂紫 1 和 C.I.溶剂黑 34 是由 2-氨基-5-硝基苯酚重氮化后制得相应的钴及铬络合物。C.I.溶剂黑 35 则是由 2-氨基-4-硝基苯酚制得的染料，即 C.I.溶剂黑 34 的异构体与 C.I.溶剂黑 34 的混合物。

各种 N-取代磺酰氨基被引入 Cr 络合溶剂染料中以改善溶解性能，如染料母体（**22**）和（**23**）。

(22)   **(23)**

也可用乙酰胺或磺酰胺取代的 2-萘酚制备金属络合溶剂染料。当染料（**24**）及（**25**）金属化时，相应的甲基及磺酸基就会脱去。

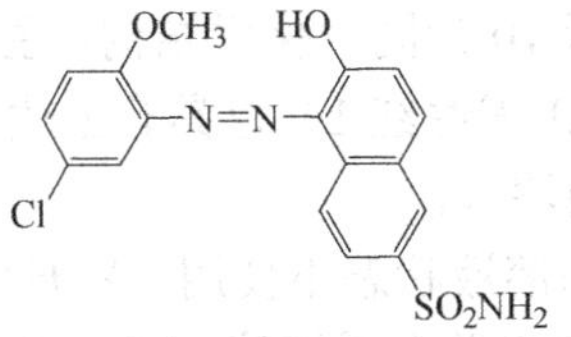

（24） 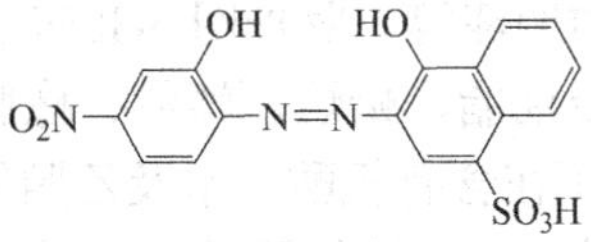　　　　　　　　　　　　　　（25）

由邻氨基偶氮衍生物制备的金属络合溶剂染料如（**26**）及（**27**），是可用于硝基及乙烯清漆的橄榄绿至蓝灰色染料。

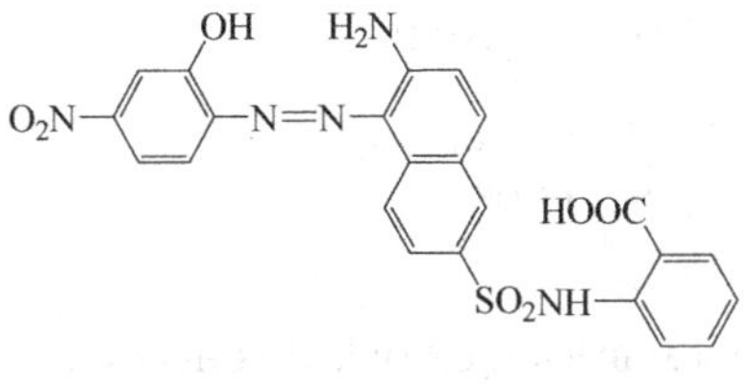

（26） 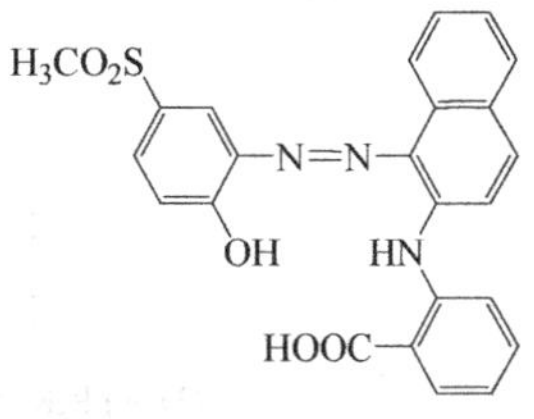　　　　　　　　　　　　　　（27）

由杂环偶氮染料制得的金属络合溶剂染料产品。如用芳肼与苊醌缩合制成的（**28**）。C.I.溶剂黄 32 则是由水杨醛制得的亚甲基亚胺染料（**29**）。用于清漆的黄光红产品 C.I.溶剂红 99 为由 2,4-喹啉二酚制得的 1:1 铬络合物（**30**）。用 2-羟基-1-萘甲醛也可制得与前者结构类似的染料。

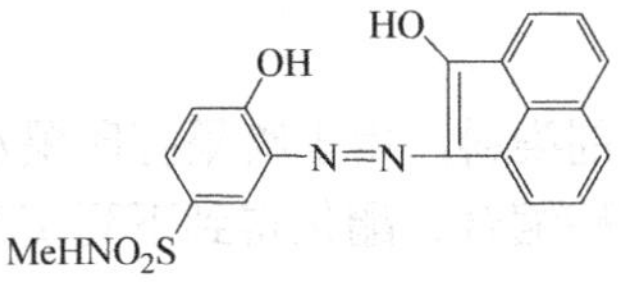

（28） 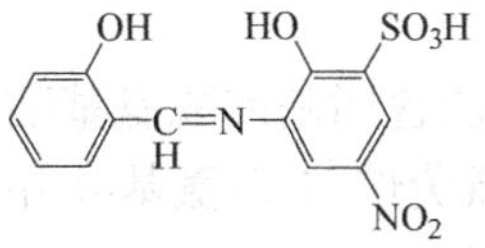　　　　　　　　　　　　　　（29）

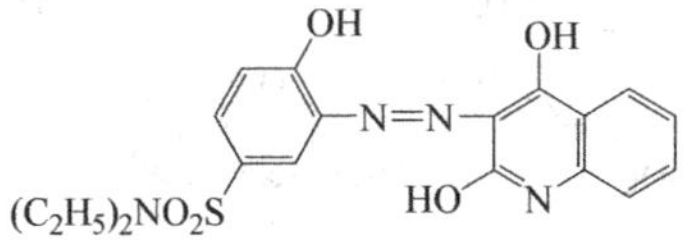

Cr络合物　　（30）

9.2.2　芳甲烷型溶剂染料

这类溶剂染料的游离碱可用作溶剂染料，结构上可分为呫吨、三芳甲烷、吖嗪及噻嗪等。

（1）呫吨型

通常带有荧光，色谱包括黄、橙、红、绿，以红色为主。主要品种有 C.I.溶剂黄 94、C.I.溶剂橙 16、C.I.溶剂橙 17、C.I.溶剂橙 18、C.I.溶剂橙 32、C.I.溶剂红 42、C.I.溶剂红 72、C.I.溶剂红 73、C.I.溶剂红 140、C.I.溶剂红 141、C.I.溶剂红 218 及 C.I.溶剂绿 4 等。重要品种有 C.I.溶剂红 43（溴代荧光素）和 C.I.溶剂红 49 等。

结构上可进一步分为羧基与氨基呫吨（**31**）或混合的氨基和羧基呫吨染料。多数羧基呫吨型酸性染料的游离酸或酯可作为溶剂染料。荧光黄（C.I.溶剂黄 94）、曙红（C.I.溶剂红 43，与 C.I.酸性红 87，C.I.颜料红 90 结构相同）、根皮红（C.I.溶剂红 48）等一直用于生物着色，也用于药品及化妆品着色，但没有氨基呫吨染料应用广泛。由呫吨与 3-(2-乙基己氧基)丙胺转化成铬络合物溶剂染料常用作铝涂层着色。

在氨基呫吨型中罗丹明（Rhodamine）染料最为典型。除可用于醇类、脂肪酸、漆及油墨外，由于其在正常反射相似的波长下有荧光，所以还用作高强度日光荧光染料。罗丹明 B 色基（C.I.溶剂红 49）带有强烈荧光，与 C.I.碱性紫 10 为同一化学结构，主要用于油脂、蜡烛、塑料、橡胶、透明漆等。罗丹明 6GDN 色基（C.I.碱性红 1）也具有上述荧光特性，广泛用于日光荧光染料及油脂、蜡烛、塑料、橡胶、透明漆等。

罗丹明 B 可在含有机酸、水及乙腈等溶剂的溶液状态下使用。罗丹明 6GDN 也可转成乙二醇中的液状染料。改性的罗丹明染料（**31A**）是将游离碱用硫酸二乙酯或二甲酯在乙醇中处理制得。该染料不溶于水，常用于圆珠笔油墨，也可用硫酸二乙酯在乙二醇或乙二醇醚中与游离碱作用制得液状罗丹明（**31A**）及（**31B**）。

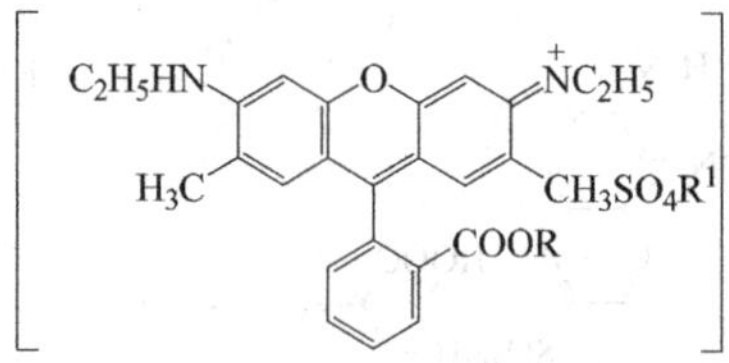

(**31 A**) R,R^1＝CH$_3$ 或 C$_2$H$_5$; (**31 B**) R＝CH$_2$CH$_2$OR^1, R^1＝CH$_3$或C$_2$H$_5$

典型的还有如下二氮呫吨（diazaxanthene）溶剂染料（**32**），也可用作色基。

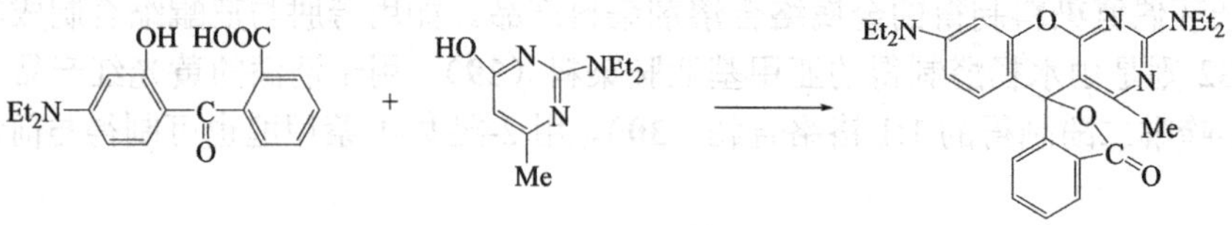

(**32**)

捷利康公司的含脂基或酰氨基呫吨型溶剂染料，用于喷墨打印墨水、塑料、聚酯及聚酰胺着色。3,6-二氯荧烷与 3-氨基-4-甲基苯甲酸缩合、酯化得到下列高着色强度和优异水洗牢度的溶剂染料（λ_{max}＝545nm）。

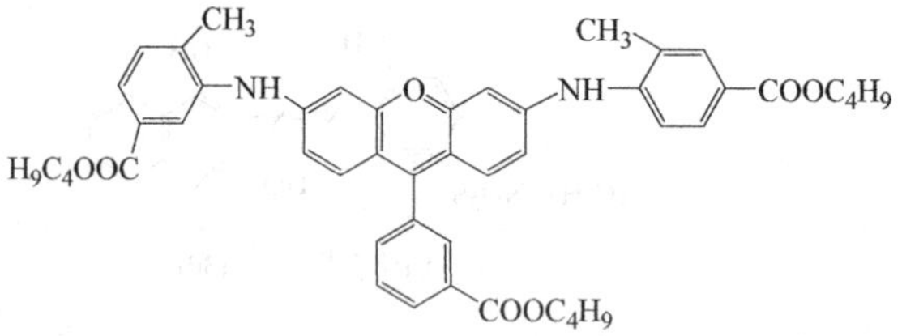

日本三菱化成公司研究的氮杂噻吨型也可称作氮杂硫呫吨型溶剂染料，为荧光红色，可用于树脂着色及油漆、油墨、激光器、有机电子器件、荧光标记材料等。典型结构如下。

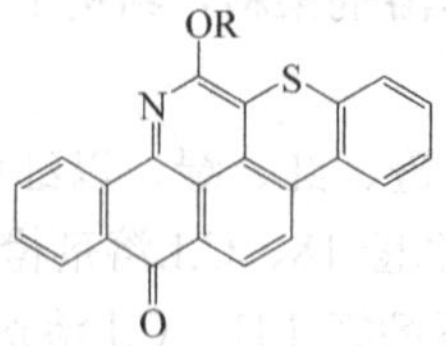

（2）芳甲烷型

有 10 多个产品品牌，以紫和蓝色为主，其色光特别鲜艳，但日晒牢度较差，主要用于油品的着色，同时也适用于塑料和各种树脂着色。该类溶剂染料本身也是碱性染料如 C.I.碱性紫 1，或有机颜料如 C.I.颜料紫 3、C.I.溶剂紫 27，只是成盐方式不同。甲基紫色基（C.I.溶剂紫 8）是这类染料中的重要产品。结晶紫色基（C.I.溶剂紫 9）、维多利亚蓝色基（C.I.溶剂蓝4）及孔雀绿色基（C.I.溶剂绿 1）也是重要的溶剂染料。

该类溶剂染料大多存在醌构与烯醇式互变异构，特别是在纯态下均为无色的隐色体结构，在失去一分子水后烯醇式会形成浅红色的醌构态，如维多利亚纯蓝 BO 色基（C.I. 碱性蓝 7、**33**），不论是隐色体或醌构体用酸均能转化成盐并显示染料本色。

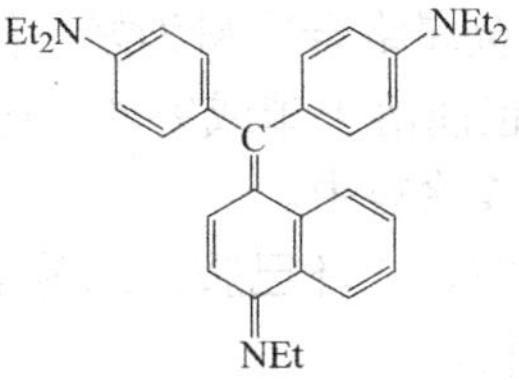

(33)

它们在脂肪酸中的溶解度好，但在其他溶剂中的溶解度差。因此当将这些染料复配成打字色带、复写纸、圆珠笔油墨、印刷油墨及清漆时配方中都有脂肪酸。为改善它们在醇及乙二醇中的溶解度，可用硝酸盐、苯磺酸、3-甲苯酚-2,4-二磺酸、二苯乙烯双磺酸、水杨酸及4,5-双-(*p*-羟基苯基)戊酸等的有机盐及正磷酸盐等。

在二芳甲烷染料中盐基淡黄（auramine）色基可用作溶剂染料（C.I.溶剂黄 34）。盐基淡黄 *N*-丁基取代物的改性结构（**34**）常用于印刷油墨。某些盐基淡黄衍生物隐色体是稳定的无色化合物。当与酸接触时会与二芳甲烷隐色体一样颜色很深，这种独特性质可用于开发无色复写纸和热敏或压敏记录纸。

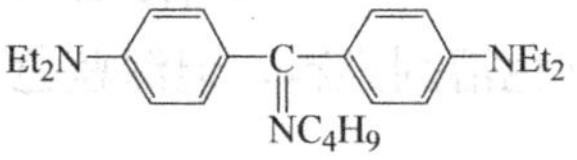

(34)

（3）吖嗪及噻嗪型

1856 年第一个合成染料马尾紫（mauve）即为吖嗪染料。与它类似但更复杂的吖嗪型溶剂染料吲哚啉（induline）（C.I.溶剂蓝 7）是三苯胺及四苯胺的衍生物，其色光更绿。尼格罗辛（nigrosines，苯胺黑）（C.I.溶剂黑 5 及 C.I.溶剂黑 7）是不同结构吖嗪与少量噁嗪的混合物。染料的色泽可由蓝光黑到深黑色。吲哚啉及尼格罗辛的游离碱均是油及蜡溶性溶剂染料，而其氯化盐则是醇溶性溶剂染料。尼格罗辛价格低廉，是大吨位溶剂染料产品。

在尼格罗辛染料熔炼过程中加入脂肪酸可改善它在蜡中的溶解度，可由粉碎成细粉的尼格罗辛或吲哚啉的色基与无机酸共热去除不纯杂质制得高纯溶剂染料。将尼格罗辛或吲哚啉转化成 $C_1 \sim C_8$ 有机盐可制得稳定型乙二醇基油墨。在聚乙烯薄膜中加入 0.5％尼格罗辛及 0.01％乙酰丙酮钴盐后可改善其吸热性及稳定性。将苯胺盐与结构为（**35**）的偶氮染料一起熔融可制得改性的黑色吖嗪溶剂染料。此外，将苯胺与 4-丁基硝基苯反应可制得溶解度更好的改性粒状尼格罗辛染料。

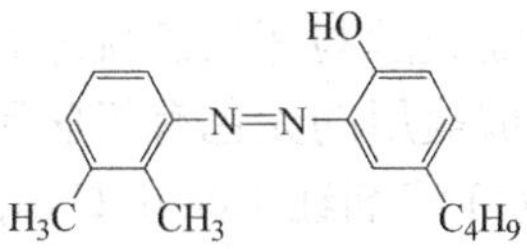

(35)

噻嗪型溶剂染料 C.I.溶剂蓝 8（绿光蓝）是 C.I.碱性蓝 9（亚甲基蓝，methylene blue）的游离碱，其应用不如三芳甲烷蓝色基广泛。C.I.碱性蓝 9（亚甲基蓝，methylene blue）的 *N*-苯甲酰化衍生物是一种记号剂。

9.2.3　酸性染料铵盐型溶剂染料

前已提及的 Zapon Fast 染料是第一类专用溶剂染料的母体。其中某些产品是金属络合染料，但多数是染料的酸性基团与有机胺成盐的产物。与简单的油溶性染料相比，这类染料耐光牢度、耐升华性及迁移性均有改善。由于分子量增大及具有离子结构，能固着在应用区域内。它们的色泽比一般油溶性染料要鲜艳、色深，特别是黄色及红色，在很多溶剂中的溶解度都非常好。一般铵盐比经典的金属络合染料为好，因为后者主要在醇类溶剂中使用。经选择的铵盐不仅可溶于醇及酮类，也能溶于苯或甲苯。它们在石油醚及植物油中的溶解度不大，因此不常用于干性油、清漆及瓷漆涂料中。

早期染料中使用的胺有环己胺、二环己胺、二芳基胍及二异戊基胺。二芳基胍及二环己胺等至今仍用于制备许多溶剂染料。

（1）偶氮酸性染料铵盐

典型结构有带不同取代基 A、B、C 的吡唑酮型黄色系列溶剂染料（**36**）。氨基偶氮苯及衍生物多用于制备红色溶剂染料，如 C.I.溶剂红 30（黄光红色），C.I.溶剂红 31 及 C.I.溶剂红 32 等。也有用其他胺改性的，如二丁胺或 1-(2-乙基己氧基)-3-丙胺制得的溶剂染料的醇溶性较好，能改进迁移稳定性及耐热性，适用于聚丙烯的原浆着色。

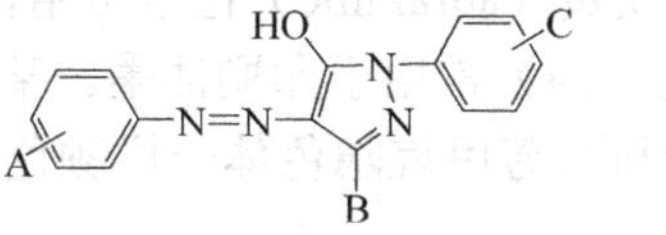

吡唑酮染料(36)

多数偶氮染料可提供黄到红色溶剂染料，但深蓝色的 C.I.溶剂蓝 37 却是由 C.I.酸性蓝 92 与有机碱合成的。

由 O,O'-二羟基偶氮染料衍生出的经典 2:1 金属络合染料通常都是钠盐。将它们转变成铵盐可改善溶解度，如 C.I.溶剂黄 82、C.I.溶剂红 122 等。

将含磺胺酸基的金属络合染料转化成铵盐可提高溶解度。如 C.I.溶剂橙 56、C.I.溶剂黄 81 等。溶剂染料（**37**）具有良好的溶解度和牢度性能。

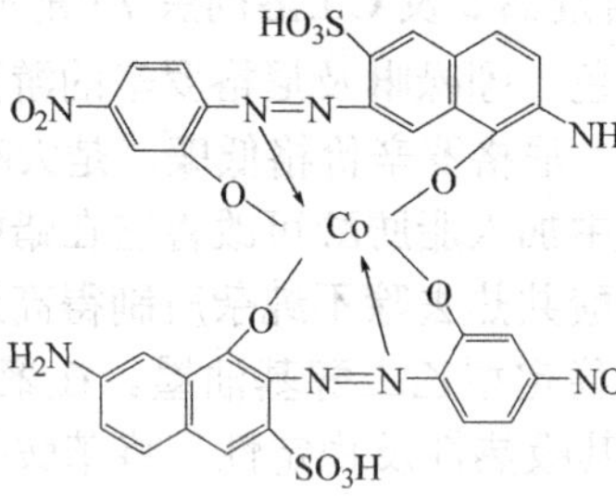

(37)

由水溶性酸性染料如 C.I.酸性黄 116 及 C.I.酸性绿 23 来制备可溶于过氯乙烯等有机溶剂的溶剂染料的工艺是使用二烷基酚或醇与环氧乙烷缩合物的酸式磷酸酯作为乳化剂。也可用碱性染料的游离碱代替酸性染料成盐用的无色有机胺制取醇溶性溶剂染料。C.I.溶剂红 35、C.I.溶剂红 36、C.I.溶剂红 79 及 C.I.溶剂红 109 和 C.I.溶剂紫 2 都是用罗丹明色基与不同酸性染料生成的盐。它们的鲜艳度较酸性染料高，耐光牢度比碱性染料好，其不同的复配组合可用于圆珠笔油墨及记号油墨。这类溶剂染料中的蓝色及绿色产品常为蒽醌（C.I.溶剂蓝 74）、吖嗪（C.I.溶剂蓝 49 及 C.I.溶剂蓝 50）或酞菁结构等。

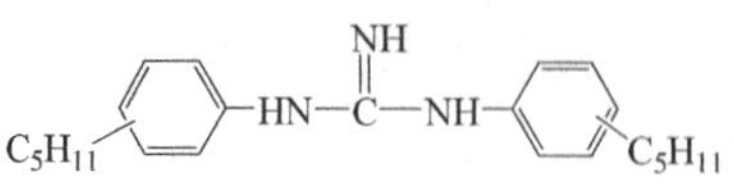

(38)

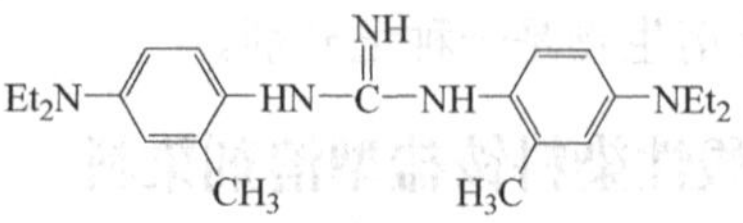

(39)

碱性染料（**39**）、（**40**）的游离碱也可代替胍制取不同颜色的圆珠笔用油墨。也可将含碱性基团的铜酞菁衍生物与三芳甲烷型酸性染料或其他酸性染料成盐制得相应的溶剂染料。

为改进溶解度及渗色性，可将铜酞菁制成磺酰氯及磺酸的混合物后与不同的铵盐反应制得混合的酰胺及铵盐。C.I.溶剂蓝 25 和 C.I.溶剂蓝 55 即是这种产品。典型的胺类有 R—NH(CH$_2$)$_x$—NH—CH$_2$CH$_2$NH$_2$、C$_{12}$H$_{25}$O(CH$_2$)$_x$NH$_2$、HO—R—NH$_2$ 及 2-亚氨基六氢嘧啶等。

当铜酞菁磺酰氯与选定的胺反应时，生成的酰胺有可能是油溶性溶剂染料。溶剂蓝 89 即属于这种类型。采用的胺是 2-乙基己胺、3-甲氧基丙胺、2-乙酰氧基乙胺、异戊氧基丙胺或二甲氨基丙胺。用胺反应制得的染料不仅在乙二醇溶剂中有良好的溶解度，而且也可通过将它转化成盐后作为水溶性的碱性染料。C.I.溶剂蓝 51 即可用此方法制得。

可不用胺，而用烷基或烷氧基苯酚与铜酞菁的 3-或 4-磺酰氯反应制得 CuPc（SO$_3$Ar）。该产品可用于油漆释放剂、燃料油及蜡的着色。

含有—SO$_2$N(C$_4$H$_9$)$_2$基的钒酞菁可用于作护目镜、面罩等塑料材料的着色。将钴酞菁在阴离子及脂肪胺存在下用氧化剂处理，可制得一个非常有趣的溶剂染料。它是由三价钴形成的六价配位络合物，可用作制漆和圆珠笔油墨用醇溶性溶剂染料。

（2）酞菁及相关染料的铵盐

酞菁（Pc）溶剂染料一般是酞菁磺化物或氯磺化物的铵盐，价格适中、牢度优异、色谱为独特的翠蓝色。重要产品有 C.I.溶剂蓝 70，为艳绿光蓝，日晒牢度优良，还有 C.I.溶剂蓝 38，为二磺化铜酞菁的铵盐。酞菁溶剂染料在溶剂中有很好的溶解度及较好的耐光性能，常用于油品、树脂及塑料的着色。

分子结构的改进可使酞菁颜料转化为溶剂染料。表 9-1 中所有溶剂染料均由铜酞菁磺化物（40）衍生而得。C.I.溶剂蓝 24 及 C.I.溶剂蓝 38 是将磺酸转化成铵盐。以 C.I.溶剂蓝 38 最为常用，它的组成与其他许多商品染料稍有不同，主要是磺化度及所用胺类不同（可能是二芳基胍盐）。通过氯化钙或氯化钡处理除去无机硫酸盐杂质可制得油墨用无砂溶剂染料。

$$\left[CuPc \begin{array}{l} (SO_2A)_x \\ (SO_3H \cdot HA)_y \end{array} \right]$$

（40）

表 9-1　铜酞菁溶剂染料结构

C.I.溶剂	C.I.结构号	HA	x	y
蓝 24	74380	二甲胺	0	2～4
蓝 25	74350	异己胺	2～3	1～2
蓝 38	74180	二芳基胍盐	0	2～3
蓝 55	74400	异十一烷基胺	2～3	1
蓝 89	74340	三甲氧基丙胺	3	0

另一种使酞菁具有醇溶性的方法是将铜酞菁先进行氯甲基化后再与胺或巯基化合物反应。但由于反应试剂双氯甲醚是致癌物，所以工业化实例不多。

9.2.4　蒽醌型溶剂染料

蒽醌型溶剂染料为各种结构类型之首，以紫、蓝及绿等深色产品为主，其色光鲜艳、耐热性能（熔点一般在 250～300℃）、耐光牢度及抗化学品能力等均优于偶氮染料。国外常生产的蒽醌型溶剂染料有 70 多只，分别为黄色 5 个、橙色 3 个、红色 20 个、紫色 14 个、蓝色 27 个、绿色 5 个和棕色 2 个。国内已开发和生产的蒽醌型溶剂染料约 37 个，其中黄色 3 个、橙色 3 个、红色 7 个、紫色 8 个、蓝色 13 个和绿色 3 个，少有黑色产品。

C.I.溶剂红 111（1-甲氨基蒽醌）为最早的高级塑料着色剂，亦是重要的溶剂染料品种。广泛用于各种油脂、塑料、蜡、油墨等的着色。由甲胺和 1-硝基蒽醌发生缩合反应得到 1-甲氨基蒽醌粗品，经脱溶、洗涤压滤、酸煮、干燥等精制工序处理后得到产品，总收率达 97%。

C.I.溶剂红 111 在某些应用中已被一些新的红色蒽醌染料代替。1-环己氨基蒽醌为稍偏蓝光的红色染料，在聚苯乙烯及甲基丙烯酸甲酯中的耐光牢度及热稳定性均较好。1-(2-羟乙氨基)蒽醌在聚苯乙烯中的抗热性能较好。1-(4′-丁基苯氨基)蒽醌在氟碳制冷剂中有优异的热稳定性，因此常用作制冷剂测漏组分。许多带取代基的 1-芳氨基蒽醌溶剂染料均通过 1-氯蒽醌与相应的胺反应制得。1,1′-蒽醌基氨基-3,5-二苯氧基-S-均三嗪为溶剂染料，黄色，常用于对ABS 树脂着色。

1-烷氨基或芳氨基蒽醌系溶剂染料具有色光鲜艳、耐热性能优等特性，其原因在于氨基上的氢可与羰基形成很强的氢键。这类 1-取代蒽醌物的制备可以相应的卤代或磺酸蒽醌或 1,4-二羟基蒽醌隐色体为原料。

常用产品为透明紫 B（C.I.溶剂紫 13,1-对甲苯氨基-4-羟基蒽醌），其进一步磺化并转化成钠盐就是 C.I.酸性紫 43。C.I.溶剂紫 13 国内外的商品牌号有 30 多个，工业上由 1,4-二羟基蒽醌或 1,4-二羟基蒽醌隐色体或 1-溴(或氯)-4-羟基蒽醌与对甲苯胺在硼酸、甲醇、DMF 中制得，常用于燃料油的跟踪剂。

1,4-二烷氨基蒽醌系溶剂染料，颜色以蓝-绿色为主，多数用于石油制品、蜡、漆及树脂等的着色，也可用于对耐光牢度、耐热、化学稳定性有要求的塑料、材料的着色。1,4-双烷氨基蒽醌牢度性能一般不能满足某些热塑性材料的要求，可通过芳烷胺化如用 2-苯乙基胺、烷氧基苄基胺等来进行改进。当一个烷氨基被芳氨基取代后，牢度通常可得到提高。常用的产品有透明蓝 2N（C.I.溶剂蓝 35）、C.I.溶剂蓝 78（C.I.分散蓝 14,1,4-二甲氨基蒽醌）、透明蓝4R（C.I.溶剂蓝 59,1,4-二乙氨基蒽醌）和透明蓝 AP（C.I.溶剂蓝 36,1,4-二异丙氨基蒽醌）、C.I.溶剂蓝 97、C.I.溶剂蓝 104 和 C.I.溶剂绿 3 等。主要产品 C.I.溶剂蓝 104 由 1,4-二羟基蒽醌与均三甲苯胺在硼酸、氢氧化钾中制得。

C.I.溶剂蓝 35 由 1,4-二羟基蒽醌与正丁胺在液碱、保险粉（$Na_2S_2O_4$）存在下制得。

C.I.溶剂蓝 11 为绿光蓝，C.I.溶剂蓝 12 为红光蓝。它们是由 1-甲氨基-4-溴蒽醌和 1-氨基-2,4-二溴蒽醌经相应缩合反应制得，耐光牢度较好，更适宜于热塑性材料着色。

C.I.溶剂黄 163（1,8-二苯硫基蒽醌）用于聚苯乙烯和聚甲基丙烯酸甲酯着色，日晒牢度和热稳定性远超过一般的偶氮类溶剂黄色产品。此外，它先加在单体中再去聚合时不受过氧化物催化剂的影响，也无反催化作用。

产品生产工艺：在缩合釜中加入计量水、苯硫酚，开启搅拌，依次投入计量的氢氧化钾，平平加 O 及 1,8-二氯蒽醌，升温至 80~105℃回流反应，冷凝液经一级冷冻冷凝回流至缩合釜内，反应 10~14h 取样测缩合终点，降温至 40~45℃。

反应物料经过滤后用热水洗涤滤饼至中性，后期洗涤水收集作为下一批次前期洗涤水。反应及过滤设备均为密封，反应釜不凝尾气及过滤设备平衡管通向尾气捕集系统。洗涤好的滤饼卸料后经热风循环干燥、拼混后包装得到成品。

透明紫 ER（C.I.溶剂紫 11,1,4-二氨基蒽醌）为艳紫色，即使在低浓度时也有良好的耐光牢度。由 1,4-二羟基蒽醌在压力下与氨水和保险粉缩合，然后在邻二氯苯和硝基苯的混合物中将 1,4-二氨基蒽醌隐色体氧化制得。可用于醋酸纤维及塑料着色。类似结构产品还有 C.I.溶剂紫 12（1-氨基-4-甲氨基蒽醌）。C.I.溶剂红 53（1-氨基-4-羟基蒽醌）的发色强度低，耐光牢度差，但其 2-位取代衍生物如苯氧基、苯硫基取代的溶剂染料（X-1，X-2）可用于高分子材料的着色。

透明紫 BS（C.I.溶剂紫 31,1,4-二氨基-2,3-二氯蒽醌）与 C.I.分散紫 28 化学结构相同，为蓝光紫色，在浓硫酸中为浅暗棕色，稀释后为紫色，可用于高分子材料的着色。

产品合成工艺：在氯化釜中加入硝基苯，开启搅拌投入 1,4-二氨基蒽醌，升温至 40～45℃后通过计量罐细流加入磺酰氯，维持温度反应 6h，反应过程中产生的气体经水喷淋吸收，产生的酸溶液作为副产品回收利用。保温完毕，取样测缩合终点后，通过计量罐加入 30%液碱，将氯化物料转入，调节物料 pH 值至中性，再将物料转移至蒸馏釜升温蒸出硝基苯。过程中产生的溶剂蒸气经一级冷冻冷凝成液体收集，冷凝液硝基苯和水经静置分层后油层回用。蒸馏结束，降温至 80℃出料。

用物料泵和密闭管道将物料输送至压滤机过滤，滤饼用水分多次洗涤至中性，后期洗涤水收集，作为下一批次前期洗涤用水。反应及过滤设备均为密封，反应釜不凝尾气及过滤设备平衡管通向尾气捕集系统。洗涤好的滤饼卸料后经闪蒸干燥机热风干燥约 3h 后包装得成品。

新开发的一条工艺是将 N 取代邻苯二甲酰亚胺（**41**）在硫酸及硼酸存在下 150～180℃加热得到相应的 1-氨基蒽醌衍生物。直接用 Friedel-Crafts 反应来合成 1-氨基蒽醌衍生物却并不成功。

(41)

C.I.溶剂紫 14（1,5-及少量 1,8-双对甲苯氨基蒽醌）在热塑性树脂中有较好的抗热性及耐光牢度。以氯代苯氨基改性的产品及 1,8-异构体均可用于聚合物色母粒的着色。

透明红 FB（C.I.溶剂红 146,1-氨基-4-羟基-2-苯氧基蒽醌）与 C.I.分散 60 结构相同，以 1-氨基蒽醌为原料，经溴化、水解、稀释、缩合反应制得。

中间体生产工艺：在溴化釜中通过计量罐加入浓硫酸，开启搅拌投入 1-氨基蒽醌，升温至 70～75℃后在 5h 内慢慢加入溴素，加完维持温度反应 6～8h，反应过程中产生的气体经水喷淋吸收，产生的酸溶液作为副产品回收利用。到反应终点后降温至 60℃转入水解釜中，通过计量罐加入发烟硫酸，升温至 120℃维持反应 8～10h。水解完全后，降温至 40℃转入离析釜离析，物料搅拌 1h 后出料。用物料泵送至压滤机中挤压，滤饼用水分多次洗涤至中性。反应及过滤设备均为密封，不凝尾气通向尾气捕集系统。洗涤好的滤饼卸料后经闪蒸干燥机干燥约 3h 得到中间体。

产品生产工艺：在缩合釜中加入熔化的苯酚，开启搅拌投入上述中间体、碳酸钾，升温至 160℃保温反应 5h，过程产生的溶剂蒸气经过一级冷冻冷凝回流至缩合釜内。保温结束取样测缩合终点后，降温至 120℃转入离析釜中离析，再降温至 30～35℃出料送至压滤机中过滤，滤饼先用水多次洗涤，置换苯酚，母液与洗水一并收集至母液收集釜中，静置分层，水层排入污水处理站，油层转至精馏釜先常压精馏脱水，再减压蒸馏回收苯酚套用。用热水多次洗涤滤饼至中性后送至干燥包装车间，经干燥约 4h 后包装得到成品。

美国 Huntsman（亨斯迈）公司开发了多磺酰胺蒽醌溶剂染料，在蒽醌环上引入两个磺酰氯，再与不同的二胺化合物缩合反应所得溶剂染料可用于纤维、塑料、薄膜上光剂、化妆品、护肤品、涂料、蜡、油墨等着色。其他含有磺酰氨基（**42**）或酯基（**43**）取代苯氨基的蒽醌型溶剂染料可用于聚酯纺前原浆着色。

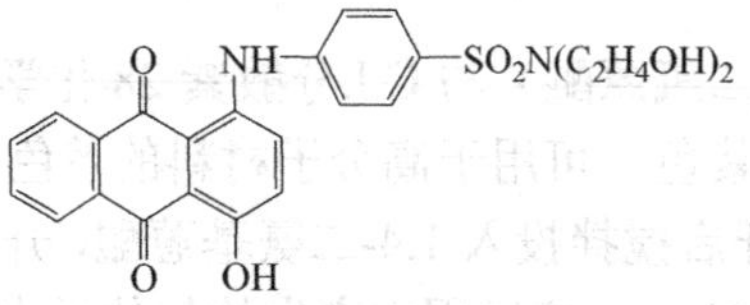

SO$_2$N(C$_2$H$_4$OH)$_2$

OH

(42)

NH

COOR

ROOC

OH

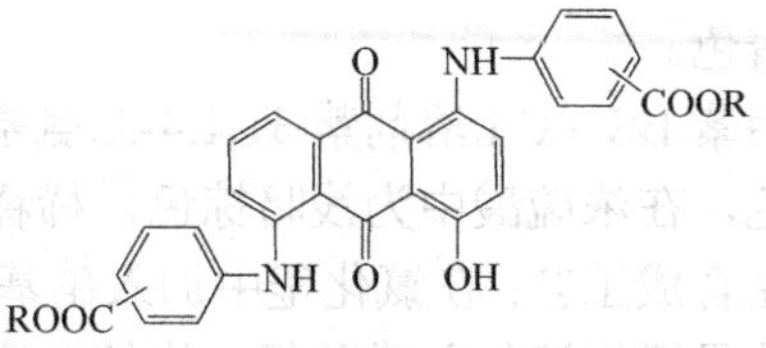

(43)

专用于石油制品的蓝色溶剂染料也可制成液体剂型。其方法是将 1,4-双-3-(2′-乙基己氧基) 丙基蒽醌的混合物溶化于脱氢降冰片烷甲基酮中。也可由 1,4-二羟基蒽醌与两种以上不同的 胺缩合，如 3-(2′-乙基己氧基) 丙胺、2-乙基己胺、3-甲氧基丙胺等。

1,4-二羟基蒽醌与两分子对甲苯胺缩合得到 C.I.溶剂绿 3，它的各项牢度均好，广用于乙 二醇类抗冻剂的着色。C.I.溶剂绿 3 可进一步进行氯磺化或氯甲基化，产物再与烷胺或酚缩合 制得牢度良好的绿色产品。由 1,4-二羟基蒽醌隐色体与 4-氨基联苯缩合可制得 1,4-双（联苯 氨基）蒽醌，是一个纯草绿色产品，在热塑性材料中有优异的耐光及耐热牢度。1,4-双均三甲 苯胺蒽醌可用于氨基树脂。在均三甲苯胺中两个相邻的甲基可使颜色更带红光。

C.I.溶剂蓝 18（44）和 C.I.溶剂蓝 69（45）为 1,5-二羟基蒽醌及 1,4-二（羟乙基氨基）-5,8- 二（羟基）蒽醌结构，可用于原浆着色及硬塑料的着色。溶剂染料（44）由苯磺酰氯、三氯 化铝与相应的二苯氧基染料经 Friedel-Crafts 反应制得。

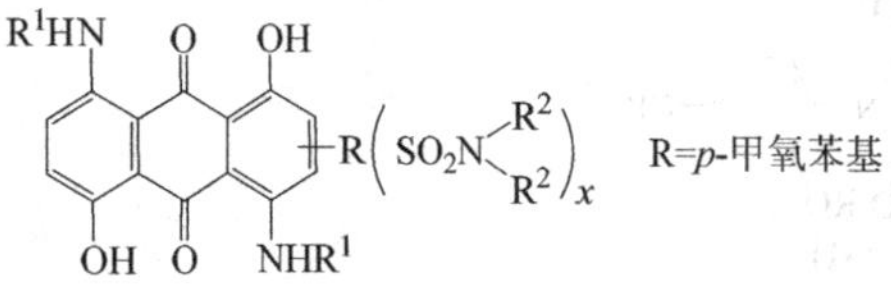

R^{1}HN   O   OH

R(SO$_2$N R^2 R^2)$_x$ R=p-甲氧苯基

OH   O   NHR^1

(44)

H$_2$N   OR

SO$_2$

OH   O   NH$_2$

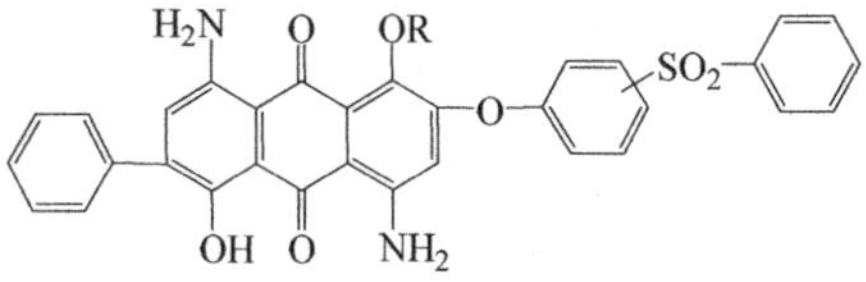

(45)

双 1-氨基蒽醌结构产品（46）可用于热塑性材料的色母粒。

吡啶蒽酮类蓝光红色系列溶剂染料（47）是稠杂环结构的常用品种，在聚苯乙烯、聚甲 基丙烯酸甲酯薄膜中有优异的耐光牢度及耐热稳定性，但溶剂中的溶解性稍差。典型产品 有透明红 5B（C.I.溶剂红 52）、透明红 G（C.I.溶剂红 149，R 为环己氨基）等，均可用于聚 苯乙烯、ABS、SAN、聚碳酸酯、尼龙、聚甲基丙烯酸甲酯及硬质聚氯乙烯等的着色，也可 有限制地用于聚醚塑料 PBT 着色。该系溶剂染料大多由 4-溴-N-甲基吡啶蒽酮与相应的有机 胺（对甲苯胺、环己胺、乙醇胺、4-磺酰氨基苯胺等）反应制得，特殊的由苯硫酚缩合反应 制得。

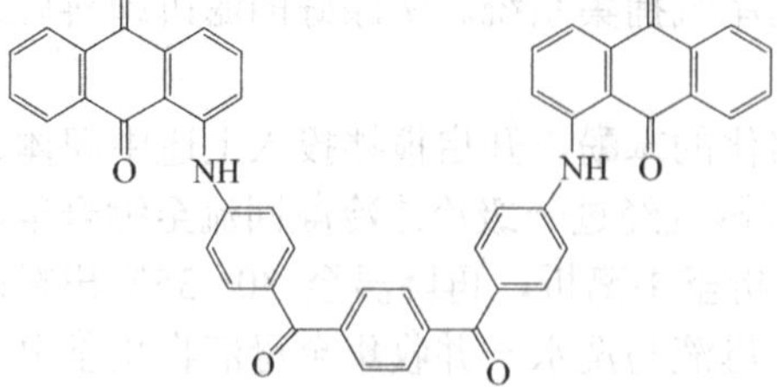

NH   NH

O   O

CH$_3$

O   R

(46)

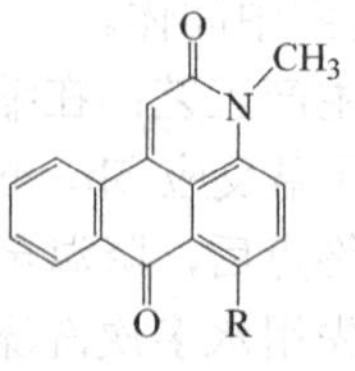

(47)

关键中间体 4-溴-N-甲基吡啶蒽酮（3-甲基-3H-二苯基[f, ij]异喹啉-2,7-二酮）由 1-甲氨基 蒽醌（C.I.溶剂红 111）经溴化反应合成 4-溴-1-甲氨基蒽醌，再与醋酸酐发生酰化反应生成中 间体，中间体在碱性条件下发生闭环反应得到粗品，再经酸精制得到 4-溴-N-甲基吡啶蒽酮， 总收率约 66%。合成反应工艺如下。

溴化反应：在反应釜内吸入甲醇，开启搅拌后加入 1-甲氨基蒽醌，温度控制在 20℃以下， 滴加溴素和双氧水，保温反应至终点。在反应釜内加入无水亚硫酸钠，搅拌 1h，将物料压入滤机。甲醇母液进入蒸馏釜中蒸馏回收甲醇。滤饼用水洗涤至洗涤废水 pH 值为 7 左右。将滤饼烘干得溴化料。

酰化反应：在酰化釜内吸入醋酐后，开启冷却水保持釜内温度在 30℃ 以下，缓慢加溴化料。投完料后缓慢升温至 110℃，保温反应 1h，反应完毕后降温至 20℃。加水使未反应的醋酐分解。将釜内物料压入滤机过滤，用热水洗涤滤饼至洗涤废水至中性，空压吹干得酰化料。

闭环反应：向闭环釜内加水，开启搅拌，投入酰化料、NaOH 后升温至 100℃，压力 0.1MPa，保温反应 6h 后降温至 80℃。将物料压入压滤机过滤，滤饼用热水洗涤至洗涤废水 pH 为中性，得到闭环料（粗产品）。

硫酸精制：向精制锅内加入 98% 硫酸后，开启搅拌将闭环料慢慢投入釜中，搅拌 4h 使闭环料中未反应的中间体溶解到硫酸中，达到与固相闭环料分离的目的。将物料经压滤机压滤，滤饼用热水洗涤至中性再烘干、粉碎得到 4-溴-N-甲基吡啶蒽酮成品。溶有中间体的废酸溶液压入稀释釜中，缓慢加水控制釜中酸度在 55% 左右，使中间体析出成晶体，过滤后用于闭环工段再次参加反应，从而提高闭环工段的转化率。

透明红 5B（C.I.溶剂红 52,3-甲基-6-[(4′-甲基苯基)氨基]-3H-二苯基[f,ij]异喹啉-2,7-二酮）由 4-溴-N-甲基吡啶蒽酮与对甲苯胺缩合制得。缩合反应工艺为在搪瓷釜中投入计量好的邻二氯苯和对甲苯胺，启动搅拌投入 4-溴-N-甲基吡啶蒽酮和碳酸钠，升温至 130℃ 反应 10h 后降温至 100℃，加水升温蒸馏回收邻二氯苯。降温至 35℃ 放料抽滤，滤饼热水洗至中性，烘干。在打浆锅内加入计量好的水和盐酸。在搅拌下投入烘干的滤饼升温至 60℃ 保温 2h 后将物料放入滤缸用热水洗涤至中性后过滤、烘干、粉碎得产品。

许多有机芳胺类可代替对甲苯胺用于制备改良的溶剂染料，如黄红色的嘧啶蒽酮类 C.I.溶剂红 114（Lumogen L Red Orange），由 2,4-二氨-1,9-蒽并嘧啶经氨处理后与苯胺缩合，再与 2,5-二氯苯甲酰氯缩合制得。主要用于聚乙烯、聚甲基丙烯酸酯等热塑性树脂的着色。类似结构的溶剂染料 Floulol 242 也可用于油类的着色。

杂环蒽醌型溶剂染料有咔唑（**48**）及吖啶酮（**49**）等结构，可用于清漆和塑料着色。5,12-苯并蒽醌衍生物系列黄色及橙色溶剂染料（**50**，R 为 OH、OR、SR 等）可用作聚苯乙烯、聚丙烯等的着色。

(48)　　　　　　**(49)**　　　　　　**(50)**

9.2.5　其他结构溶剂染料

C.I.溶剂橙 53 为 2,4-二硝基-4′-氨基二苯胺，可由 4-氯-3-硝基苯磺酰氯制得，与其类似的有油溶性黄色染料（**51**）。含 $C_5 \sim C_{18}$ 烷基取代的硝基二苯胺也是溶剂染料。氨基-1,4-萘醌（**52**）和由 N,N-二乙基对苯二胺与 1-萘酚缩合，在碱性水溶液中空气氧化制得的 C.I.溶剂蓝 22 是醇溶性溶剂染料，用于醇、酯及溶剂、油脂和石蜡的着色。由 1,3-茚二酮（2,3-二氢菲啶-1,3-二酮）在甲酸存在下用醛反应制得的黄色溶剂染料（**53**），可用于油墨等。

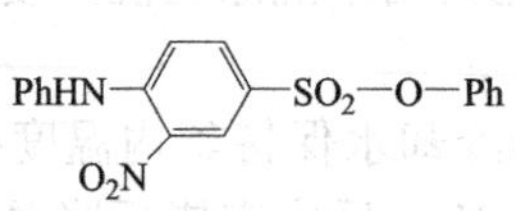

(51)

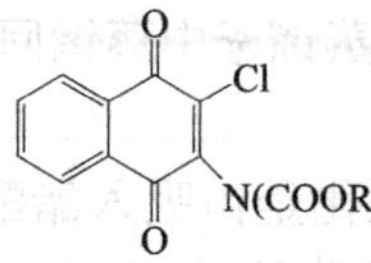

(52)

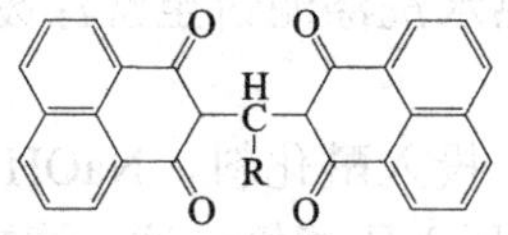

(53)

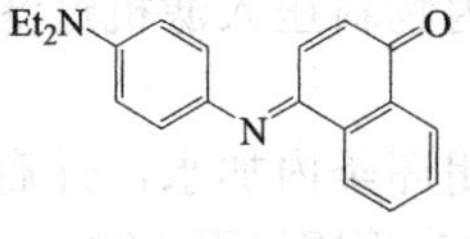

C.I.溶剂蓝22

2,6-二氯-1,4,5,8-萘四羧酸二酐与乙醇胺及苯胺缩合得到蓝色溶剂染料是一个具有优异坚牢性能的聚酯色母粒用溶剂染料。

喹酞酮结构（喹啉类）溶剂染料是重要的黄色系列染料，耐晒牢度及耐热性能良好，微溶于乙醇、亚麻油、矿物油、油酸、石蜡、硬脂酸等，溶于丙酮、氯仿、甲苯等有机溶剂。桥基连接的喹酞酮溶剂染料可提高着色强度 5%，用于聚苯乙烯，为绿光黄。在喹酞酮分子上引入取代烷基、芳基羰化物或磺酰化物可提高染料的热稳定性，适于树脂着色和原浆着色。重要品种有柠檬黄 4G（C.I.溶剂黄 33，同系物混合物）、透明黄 3G（C.I.溶剂黄 114）、C.I.溶剂黄 157 和 C.I.溶剂黄 176 等。C.I.溶剂黄 157 为喹啉与四氯苯酐缩合物，C.I.溶剂黄 176 即 C.I.分散黄 64（重要分散染料品种）。

典型产品如由喹哪啶与苯酐缩合而成的柠檬黄 4G（C.I.溶剂黄 33）和它的一些取代衍生物及苯并衍生物产品。柠檬黄 4G 的牢度稍低，但仍可用于醇溶漆、聚乙烯、聚碳酸酯、聚酰胺和丙烯酸树脂、化妆品的着色。

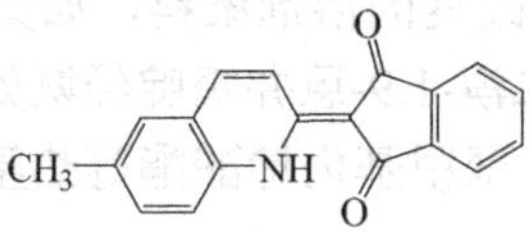

柠檬黄4G

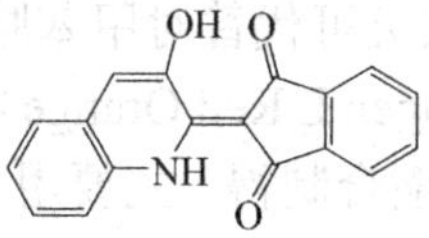

透明黄3G

透明黄 3G（C.I.溶剂黄 114）为绿光黄色，与 C.I.分散黄 54 化学结构相同。由 2-甲基-3-羟基喹啉与苯酐缩合制得。

产品生产工艺：在缩合釜中加入邻二氯苯、计量的苯酐和 3-羟基-2-甲基喹啉，开启搅拌升温至 195~205℃，维持回流反应 5h，过程产生的溶剂蒸气经过一级冷冻冷凝蒸馏出来，经油水分离器分层，油层邻二氯苯下一批套用。保温结束，取样测缩合终点后，降温至 120℃，加入 DMF 离析，继续降温至 30~35℃出料送至压滤机过滤，母液通过管道直接流入至母液精馏釜中。滤饼用甲醇分多次泡洗，置换母液，滤液收集至母液精馏釜中，精馏回收甲醇、DMF 套用。滤饼再用水多次洗涤，置换甲醇至母液精馏釜精馏回收甲醇后用热水多次洗涤滤饼至中性，送至干燥包装车间经闪蒸热风干燥后包装得到成品。

将 3-羧基喹哪啶-4-羧酸与不同的芳族邻二羧酸酐缩合可在喹哪啶酮分子引入 3-羧基，它的氢键可能会对改善牢度有利。用苯酐、3,3-萘二羧酸酐或偏苯三羧酸酐衍生物制得的黄色溶剂染料均可用于热塑性材料中。苯硫基-4-硝基吖啶和 3-氨基-5-硝基硫茚-2-羧酸酯是发色强度高的黄色溶剂染料，用于聚酯纤维清漆及高分子本体着色。

其他用于塑料着色的溶剂染料有苯氨基取代的对称型萘酰亚胺（54）、2,4-二羟基喹啉（55）及二羟基二苯并吩嗪（56）等典型杂环结构。C.I.溶剂黄 164 为不对称型萘酰亚胺结构艳红光黄色的溶剂染料，用于塑料的着色。

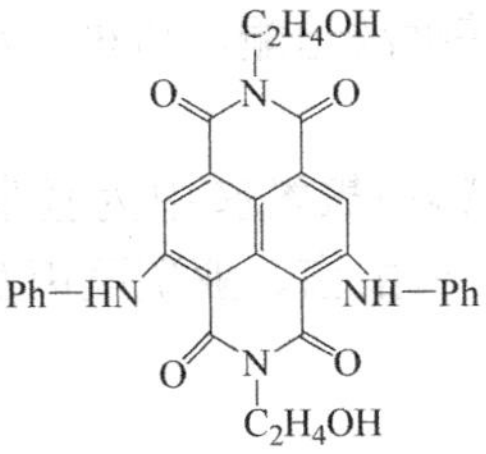

(54)

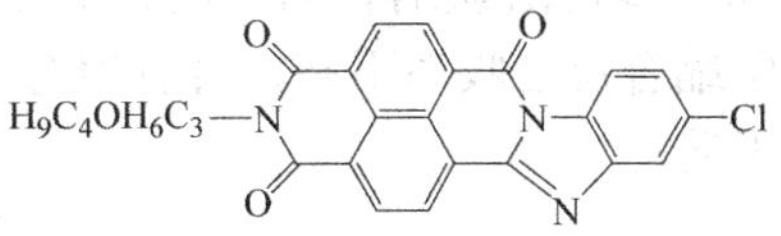

C.I.溶剂黄164

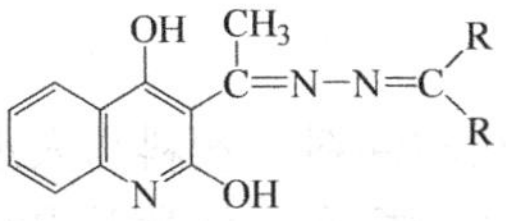

(55)

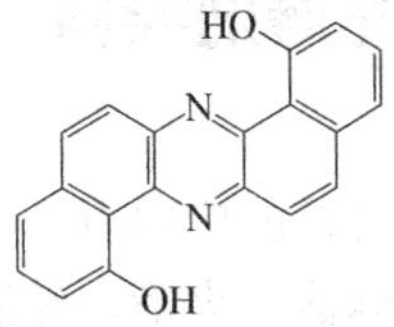

(56)

酞酰迫酮（氨基酮类、芘酮类）是另一类重要杂环结构。一般采用 1,8-萘二胺与邻苯二甲酸酐或其衍生物在高沸点溶剂中缩合制得。酞酰迫酮（**57**）是用于聚甲基丙烯酸甲酯及聚苯乙烯着色的耐光、热稳定性好的橙色产品。

溶剂红 EG（C.I.溶剂红 135）为四氯酞酰迫酮结构（芘酮类）溶剂染料的重要品种。由四氯苯酐与 1,8-萘二胺制得，具有优良的耐候耐光性、极好的耐热性且色彩鲜艳纯正、牢度与发色强度高，在单体苯乙烯及甲基丙烯酸甲酯中的溶解度也好。广泛应用于各种热塑性塑料的透明或不透明着色，也可用于涤纶纤维和聚酰胺纤维原浆的着色，但有在树脂中着色时分散性差易造成色斑的不足。

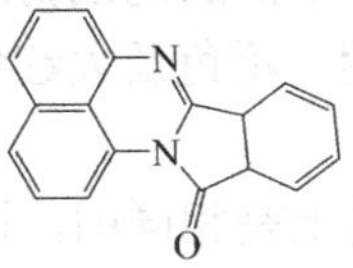

(57)

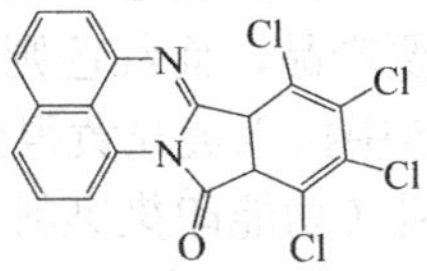

溶剂红 EG

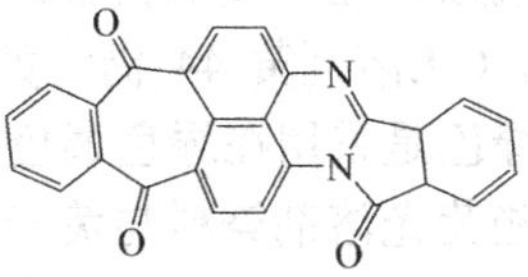

(58)

若将酞酰迫酮进行氯磺化并与二丁胺缩合，得到的黄光橙色溶剂染料可用于聚氯乙烯着色。也曾由酞酰迫酮出发制得许多衍生物染料，如与苯酐经 Friedel-Crafts 反应可制得用于塑料着色的溶剂染料（**58**）。用偏苯三甲酸酐代替苯酐得到的酞酰迫酮中会有一个羧酸基，可转化成橙色或红色的酯或酰胺。另一些酞酰迫酮产品可由苯均四羧酸二酐、3,3′,4,4′-二苯酮四羧酸二酐或四溴苯酐制得。四溴酞酰迫酮可用作染聚苯乙烯的阻燃溶剂染料。

红色酞酰迫酮（**59**）由 1,8-萘酐与 1,8-萘二胺制得，用 2,3-萘二胺时得到黄色产品（**60**）。

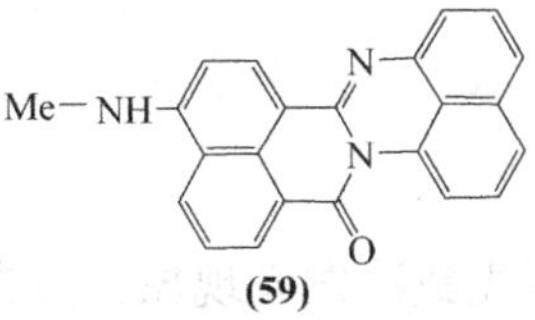

(59)

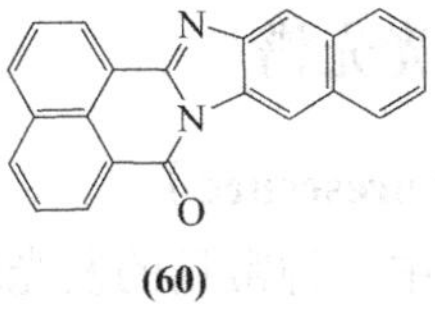

(60)

由邻苯二胺与取代萘酐可制得黄到橙色的酞酰迫酮类系列溶剂染料（**61**），典型产品如透明黄2GF（C.I.溶剂黄 184，X 为 H）、C.I.溶剂黄 187（X 为苯甲酰基）等，在塑料上着色的牢度良好。

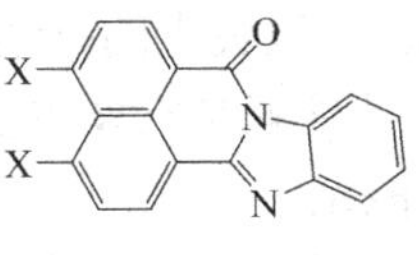

(61)

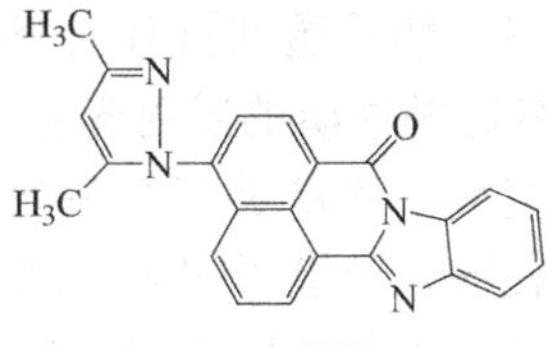

(62)

溶剂染料（**62**）由邻苯二胺与 4-肼基萘酐制成肼基酞酰迫酮，再进一步与乙酰丙酮缩合合成吡唑环。

由靛蓝和苯基乙酰氯缩合而得的萘啶二酮溶剂染料在聚酰胺中为坚牢的鲜艳桃红色产品。该工艺中缩合反应收率不高，曾有用芳基乙酰氯、芳酰卤、亚硫酰卤及硫酰卤的混合物反应的改进工艺。

9.3 有机荧光溶剂染料

有机荧光溶剂染料的应用有：有机荧光颜料与涂料、塑料与人造纤维用的荧光染料、光学增白剂、有机闪烁器、火箭、轮船及大型设备的探伤，化学及电化学发光体中的有机荧光源、荧光化学分析、生物医学荧光示踪及军事等方面的荧光源等领域。

荧光溶剂染料最早有紫外线作用下才有效的 Lumogen 品牌系列染料。某些在染料索引中列出的溶剂绿在石油及油品中呈现绿色荧光。C.I.溶剂绿 4（Fluorol 5G）、C.I.溶剂绿 5（16,17-二甲氧基紫蒽酮-3,9-二羧酸异丁酯）及 C.I.溶剂绿 6（16,17-二甲氧基紫蒽酮二硬脂酸酯）在润滑油着色中有少量应用。与其名称不同，C.I.溶剂绿 5 在热塑性树脂中为鲜艳荧光黄，光及热稳定性良好。与此相关的 3,9-双三甲苯基蒽酮结构染料是一个优良没有荧光的黄色溶剂染料，由 3,9-二羧酰氯在三氯铝存在下与三甲苯反应制得。三甲苯的空间效应可能是荧光猝灭的原因。

早期由 Swintzer Brothers 开发的颜料采用尿素及三聚氰胺甲醛树脂为基质，现已逐渐被改性磺酰胺树脂基质所代替。荧光溶剂染料的改进早期主要是通过添加剂或树脂基质改性来实现的。C.I.溶剂黄 44 仍为黄色谱主要产品，而红色则是洛丹明。橙色及大红色则主要采用拼色。绿色是采用在绿色调色剂或颜料中拼入荧光黄得到的。

一些荧光溶剂染料与荧光分散染料（功能印染染料）在结构上是相同的，因此在织物染色上应用日益广泛，典型的如荧光警示服饰等，为此，欧盟还制定了《高可视性警示服 EN471 欧洲标准》。

荧光溶剂染料应用时通常是将染料以分子态溶解在液态的热固性及热塑性树脂中，随后将树脂冷却固化制得色母粒颜料。这种色母粒颜料中的染料在受紫外及短波可见光照射时才发出可见荧光。

在过去几十年中许多新结构和多色谱染料产品在耐光牢度、热稳定性、颜料细度及渗色性等方面都有了明显改进，使荧光染料在涂料、油墨、塑料等领域得到了广泛的应用。

9.3.1 荧光与荧光光谱

（1）荧光（fluorescence）

荧光是自然界中一种常见的发光现象，属光致冷发光现象。荧光是物体在紫外线或日光（含紫外线）照射下发出的一种非主色的闪色。当移开光源后，便无反射光线及闪色现象。

当荧光物质分子经某种波长的入射光（通常是紫外线或 X 射线）照射，吸收光能后电子从基态跃迁至激发态，然后通过辐射衰变以发光的形式来释放能量恢复到基态并"立即"退激发并发射光，具有这种性质的发射光称之为荧光。一般荧光的持续发光时间（荧光态寿命）为 $10^{-8} \sim 10^{-5}$ s。荧光化合物能够产生荧光的最基本条件就是它发生多重性不变的跃迁时所吸收的能量要小于断裂该分子最弱的化学键所需要的能量。

在大多数情况下，光致发光所发射的波长较激发它们时所用的辐射波长要长。从微观角度看，具有荧光性质的分子吸收入射光能量后，电子从基态 S_0（通常为自旋单重态）跃迁至具有相同自旋多重度的激发态 S_2，而处于激发态 S_2 的电子可以通过各种不同的途径释放其能量回到基态。比如电子可以从 S_2 经由非常快的（短于 10^{-12}s）内转换过程无辐射跃迁至能量稍低并具有相同自旋多重度的激发态 S_1，紧接着从 S_1 以发光的方式释放能量回到基态 S_0，这里发出的光就是荧光。由于激发态 S_1 的能量低于 S_2，故在这一分子内跃迁移（inter conversion）程中发出的荧光的频率低于入射光的频率。通常电子从激发态 S_2 跃迁至 S_1 的内转换过程非常的快，而且产生的荧光物质的分子可以通过振动弛豫过程很快地（约 10^{-11}s）经由碰撞达到热平衡，这两个效应使得绝大部分荧光源自于振动基态 S_1。图 9-1 为分子内的激发和衰变过程的 Jablonski 能级图。荧光产生的电子能级变化过程为：

$$S_0 + h\nu_{EX} \longrightarrow S_2 \longrightarrow S_1 \longrightarrow S_0 + h\nu_F$$

式中，h 为普朗克常数；ν_{EX} 为入射光频率；ν_F 为荧光频率。

值得说明的是，电子也可以从激发态 S_1 经由系间跨越（intersystem crossing）过程无辐射跃迁至能量稍低具有不同自旋多重度的激发态 T_2（通常为自旋三重态），再经由内转换过程无辐射跃迁至激发态 T_1，然后以发光的方式释放能量回到基态 S_0。由于激发态 T_1 和基态 S_0 具有不同的自旋多重度，这一跃迁过程是被跃迁选择规则禁阻的，从而需要比释放荧光长得多的时间（约 10^{-4}s）来完成这个过程。而且与荧光过程不同，当停止入射光照射后，物质中还有相当数量的电子继续保持在亚稳态 T_1 上并持续发光直到所有电子回到基态。这种缓慢释放的光即为磷光（phosphorescence）。

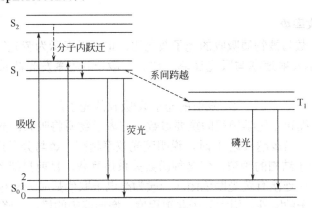

图 9-1　分子内的激发和衰变过程 Jablonski 能级图

由于 S_1 的高振功能级弛豫到的最低振动能级时消耗部分能量，荧光发射波长及吸收波长向长波长方向的移动。荧光化合物电子能量的转移不涉及电子自旋的改变，通常具有刚性结构的化合物往往发光能力较强，激发态分子在势能曲线和坐标变动不大的范围内产生衰变，而且通常以辐射衰变为主。因此，荧光化合物一般都具有刚性的结构。

（2）荧光光谱

荧光的产生是从第一电子激发态的最低振动能级开始，与荧光分子被激发到哪一能级无关，所以荧光光谱的形状与激发光的波长无关，而取决于基态能级分布并与吸收光谱极其相似，两者呈现出镜像对称关系。由于在发射荧光前有一部分能量被消耗掉，发射光的能量总是小于吸收光能量，因而荧光的最大发射波长比相应最大吸收波长要长。由于在吸收光能时分子可由基态跃迁至不同的电子激发态，而发出荧光时仅由第一电子激发态的最低振动能级回到基态，所以荧光光谱一般只有一个荧光带，而不像吸收光谱那样有几个吸收带。

9.3.2 荧光参数

（1）荧光强度

荧光强度是指一定条件下仪器对所测荧光物质发射荧光强弱的量度。它不是激发态的固有性质，随物质所吸收光强和发射光波长的改变而改变。荧光物质发射的荧光强度 I_f 是该系统吸收的激发光强 I 及该物质的荧光量子收率 Φ_f 的函数。

$$I_f = \Phi_f (I_0 - I) \tag{9-1}$$

式中，I_0 为入射光强度；I 是通过厚度为 L 的介质后的激发光强。

根据朗伯-比尔定律（Lambert-Beer equation）：

$$A = \lg(I_0/I) = \varepsilon cL \tag{9-2}$$

$$I/I_0 = 10^{-\varepsilon cL} \tag{9-3}$$

式中，ε 为物质的摩尔消光系数；c 为化合物浓度。将式（9-2）代入式（9-1），即可得到：

$$I_f = \Phi_f I_0 (1 - 10^{-\varepsilon cL}) \tag{9-4}$$

若 $\varepsilon cL < 0.05$，上式可近似地写成：

$$I_f = 2.303 \Phi_f \varepsilon cLI_0 \tag{9-5}$$

由此可见，在低浓度时，当 I_0 一定时，荧光强度 I_f 与荧光物质的浓度呈线性关系。当高浓度时，由于荧光物质的自熄灭和自吸收等原因，荧光强度与物质浓度常不呈线性关系。

（2）荧光量子收率 Φ

指荧光发射量子数与被物质吸收的光子数之比，也可以表示为荧光发射光强度与被吸收光强之比，或者表示发射速率与吸光速率之比。一般 Φ 不随激发光波长而改变，这被称为 Kasha-Vavilov 规则。

$$\Phi = 发射的光子数/吸收的光子数$$

Φ 是研究弛豫过程和光化学历程的重要参数，它表示物质将吸收的光能转化成荧光的本领。其值一般小于 1，当 Φ 越接近 1 时，说明荧光效率越高。Φ 与分子结构及环境有关，在一定温度下，它是分子结构的函数，但这种函数关系很复杂，目前只能依靠实验的方法来进行测定和计算。分子中连接有荧光助色团（一般为给电子取代基如—NH_2、—OH 等）、增加稠合环数目、提高分子的刚性、增大分子共轭程度、增加溶剂的极性、降低体系温度及氢键、吸附、溶剂黏度增加等均可使 Φ 提高。

（3）激发光谱和荧光光谱

通过改变激发光波长，在荧光最强的波长处测量荧光强度的变化，即把激发光波长 λ_{ex} 作为横坐标，荧光强度 Φ 为纵坐标作图，可以得到荧光物质的激发光谱，即吸收光谱，若保持激发光的波长和强度不变，测量不同波长处的荧光强度分布，用荧光发射波长 λ_{em} 作横坐标，荧光强度 Φ 为纵坐标作图，便可得到荧光发射光谱或称荧光光谱。

（4）斯托克斯位移（Stokes shift）

斯托克斯位移是指荧光光谱较相应的吸收光谱的红移。荧光化合物的荧光光谱与其吸收光谱之间成镜面对映关系，其最大荧光发射波长与最大吸收波长相比要长，该差值称作斯托克斯位移（S）。这种现象是斯托克斯在 1852 年首先观察到的，故被称为斯托克斯位移。斯托克斯位移的大小可从体系的分子吸收光谱与荧光光谱求得。斯托克斯位移愈大，则呈现的吸收光谱位置和荧光发射光谱位置分得愈开。斯托克斯位移大（*S*）的荧光化合物分子具有背景干扰低、对生物样品的光（能量）损伤小、样品穿透性强、检测灵敏度高等优点，荧光效率高且不易引起自身荧光猝灭。

9.3.3 有机荧光染料结构特征

有机荧光染料的荧光性能与其结构有着密切的关系。根据产生荧光的物质所必须具备的基本条件，如存在荧光团、共轭π电子体系及刚性平面结构等，研究较多的荧光材料及溶剂染料结构类型如下。

（1）取代芳烃结构

稠环芳烃荧光的强弱与结构相关，如苯、萘在紫外区有荧光，环数增加荧光光谱可进入可见区，如蒽能发出蓝色荧光，而并四苯则发出绿色荧光。聚苯芳烃如对三联苯和对四联苯有强烈荧光，可用于闪烁计数。芳香烃荧光量子收率的变化没有特定规律，从苯、萘到蒽的量子收率由 0.007 增至 0.36，而并四苯却又降至 0.21（溶剂为环己烷），二联苯为 0.18，对三联苯为 0.93，对四联苯则为 0.89。供电基和吸电基的引入可使芳烃的荧光最大吸收波长向长波方向移动（即红移），并增加量子收率。如 1-苯氨基-8-萘磺酸（**63**），可用于蛋白质的荧光示踪。又如 1-羟基芘-3,6,8-三磺酸（**64**），可作为带黄绿色荧光的织物染料。这类物质由于合成困难，加之某些芳烃有致癌性，因此应用不多。

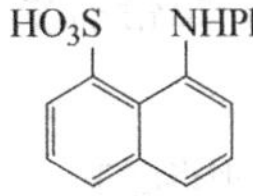

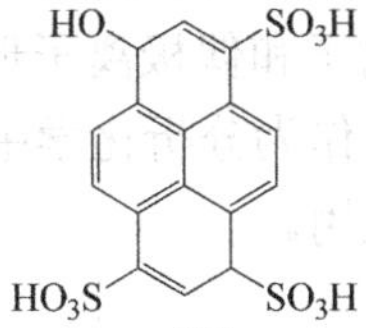

（2）芳基乙烯和芳基乙炔结构

芳基乙烯和芳基乙炔类化合物是一类重要的有机荧光发色体，具有较强的荧光。在结构上共轭碳链长度、取代基位置及数量都对荧光光谱和荧光强度有影响。特别是这类化合物中只有反式异构体能产生荧光，而顺式异构体通常没有或只有微弱的荧光。

二苯乙烯的取代衍生物（**65**）可用作荧光增白剂，由 DSD 酸为原料而制得。9,10-二（苯基-乙炔基）蒽（**66**）可用作化学发光的光源物，荧光在黄-绿色谱区，并且能抗氧猝熄。

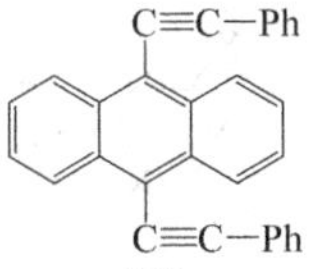

（3）甲亚胺结构

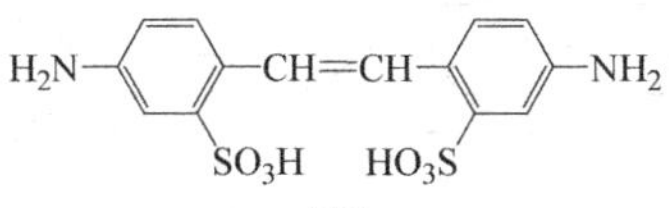

该类荧光溶剂染料结构中带有环外甲亚胺基团$(CH_3)_2C=N—$，包括甲亚胺和吖嗪类。$(CH_3)_2C=N—$基可以看作是乙烯基和偶氮基的中间形式。甲亚胺化合物的荧光性质主要取决于—$CH=N—$基团及 N 原子的孤对电子。甲亚胺型溶剂染料耐日晒牢度达 7~8 级。DyStar（德司达）、KRAS 等 5 家公司生产有 C.I.溶剂黄 79 等 6 个商品牌号产品，全部是镍、钴、铜等金属络合染料，甲亚胺结构溶剂染料的母体比较相似，尤其是 C.I.溶剂棕 62 和 C.I.溶剂棕 63 染料母体结构完全相同，只是分别为钴和铜的络合物。典型产品 C.I.颜料黄 101（**67**）具有黄绿色荧光，既可作为传统着色剂又可用于金属探伤等。

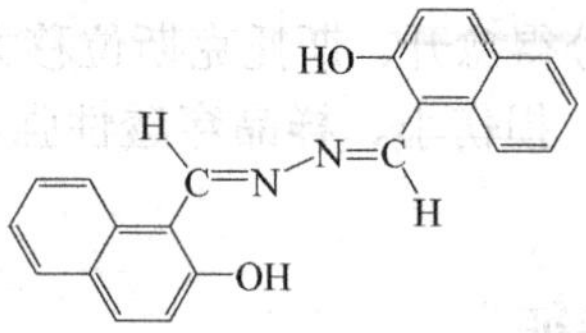

(67)

介质和环境对甲亚胺化合物的荧光性质有很大影响，其中溶剂和温度影响最大。芳胺如2-羟基-1-萘苯胺、水杨酸衍生物的溶液在室温下没有荧光，但随温度降低荧光渐渐显现。在所用溶剂中形成分子内氢键有助于吖嗪衍生物产生荧光。

（4）五元和六元杂环结构

五元杂环化合物的典型代表如呋喃、噻吩、吡咯及衍生物。此类化合物的荧光性质主要决定于碳原子上 π 电子的离域化及杂原子的孤对电子。但未被取代的五元杂环化合物一般不具有荧光，这主要是因为 π 电子共轭体系规模太小。如取代的 2,5-二苯基呋喃有强的蓝色荧光，而量子收率较高的苯并呋喃已作光学增白剂使用。五元杂环化合物与两个苯环缩合后得到不同杂原子的二苯呋喃、二苯噻吩、咔唑和芴。它们的荧光强度顺序依次为咔唑＜二苯呋喃＜芴。噻吩的量子收率非常低，以致很难产生荧光，但氧化后的二苯噻吩二氧化物具有较高的量子收率，可用于制备光学发光器件。未取代的吡啶没有荧光，而 2-羟基吡啶中性分子或阳离子态都显示出荧光。值得注意的是，在取代吡啶衍生物中，取代基的位置也影响荧光性质。如 3-羟基吡啶只有阳离子和偶极离子形态才有荧光，而中性分子形态没有荧光。

某些吖啶化合物可作为分析化学中的荧光指示剂。如带有黄绿色荧光的下列化合物（**68**）在生化研究中已得到应用。

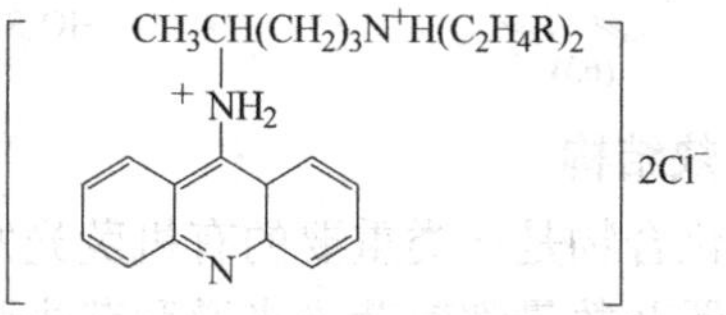

(68)

三嗪类荧光染料具有高荧光量子收率、宽激发窗口，发射光波长对溶剂极性极为敏感，具有大的 Stokes 位移。如下由 4-(N,N-二烷基氨基)-2,6-二烷基联苯基锂与三聚氯氰或三聚氟氰反应可制得下列结构的三嗪类高荧光量子收率荧光溶剂染料。合成原理：

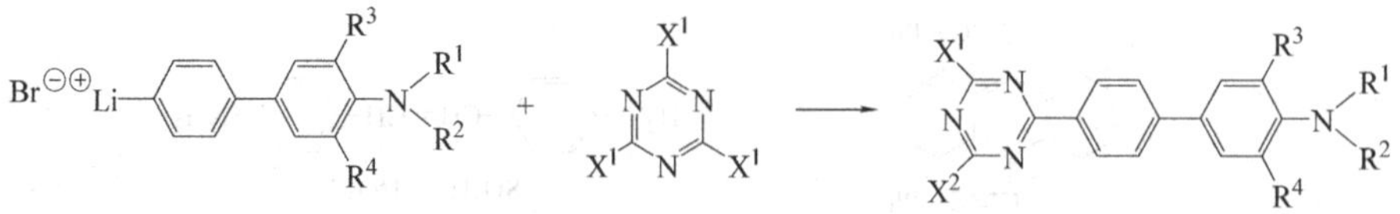

其中，X^1、X^2 为 Cl 或 F 或 3,5-二烷基吡唑基团。

3,5-二烷基吡唑基团取代荧光染料合成原理：

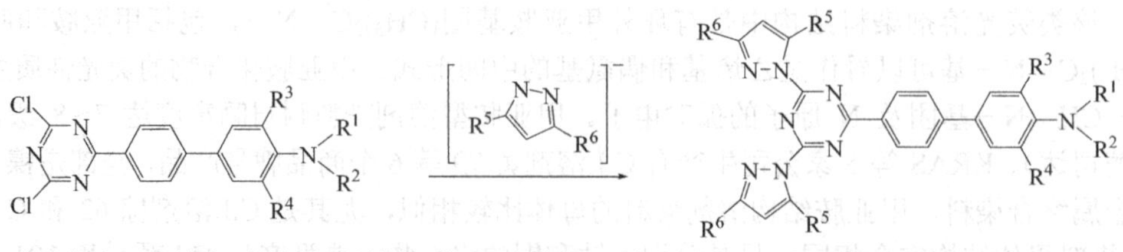

含氮杂原子三嗪类衍生物分子结构常呈对称性，由于分子具有刚性平面结构，很多都有荧光性质。三嗪类荧光染料的优点在于量子收率高，色光鲜艳，且耐晒牢度优异。

具有联苯基-三嗪结构的荧光染料也具有很高的荧光量子收率，其荧光发射峰对极性极为敏感，其最大荧光发射峰随溶剂极性而变化，可作为发光量子收率测定的通用标准参照物和荧光探针材料。

（5）杂环羰基结构

含杂环羰基结构的取代蒽醌化合物是一类重要的荧光发射体，如吡啶蒽酮衍生物（**69**）有很高的量子收率，可用作有机荧光颜料。含有氮杂环的嘧啶蒽酮（**70**）则可以制备荧光染料。含氧氮杂环的苯并噁唑羧酸的化合物（**71**）可产生蓝-绿色荧光，同时由于羧基的水溶性，可用作水溶性荧光源。

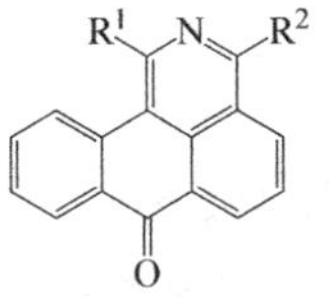

(69) 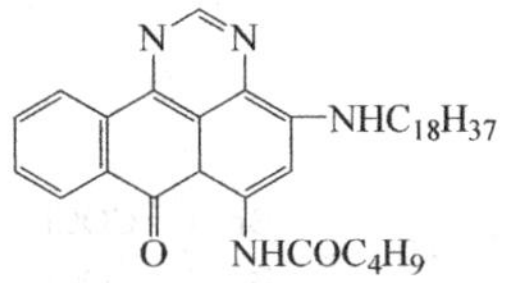　　　　　　(70) 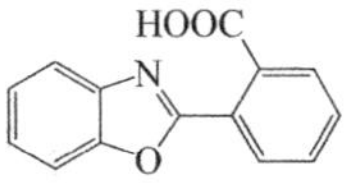　　　　　　(71)

典型的荧光发色体香豆素分子结构中不但含有六元杂环而且含有羰基。香豆素型溶剂染料色谱限于黄色、红色，具有强烈的荧光，既是溶剂染料，也是荧光分散染料与荧光颜料。不仅色彩绚丽，且牢度性能好（日晒及耐热），用途广泛，除大量用于塑料着色外，还适用于荧光油墨、荧光涂料、警示标牌、日用工艺品、装饰品着色。

典型产品有荧光黄 9GF（C.I.溶剂黄 145）、C.I.溶剂黄 171、C.I.溶剂黄 172、荧光黄 10G（C.I.溶剂黄 185）、C.I.溶剂红 196、C.I.溶剂红 197 等。香豆素作为荧光增白剂已有一定的历史，典型结构如苯并咪唑取代的绿光黄系香豆素荧光染料。

用下列方法合成的 2-亚胺-3-取代噻吩基-7-二乙氨基香豆素可用于制备黄色荧光颜料。该染料中的亚氨基可进一步与胺反应制得 N-取代亚胺香豆素染料。

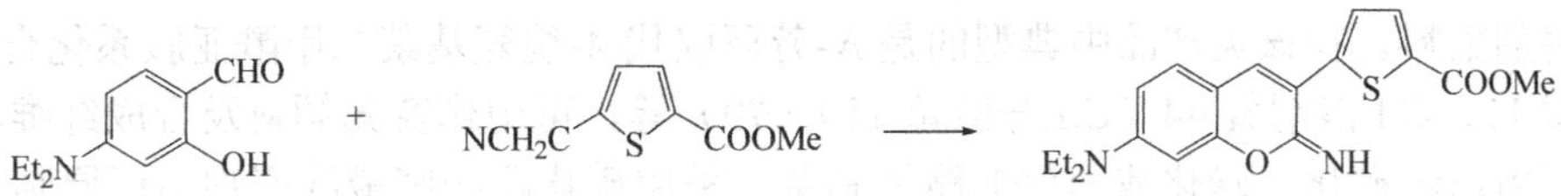

乙烯萘及苯二乙烯衍生物（**72~74**）也可作为黄色及橙色荧光染料。

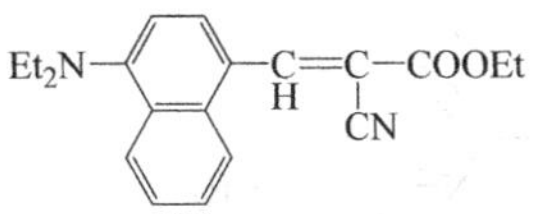

(72) 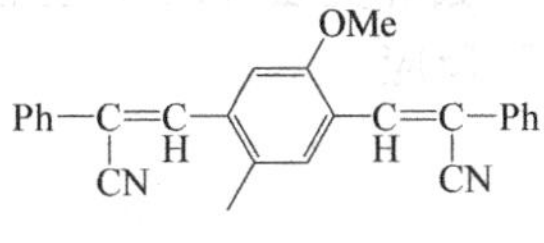　　　　　　　　(73)

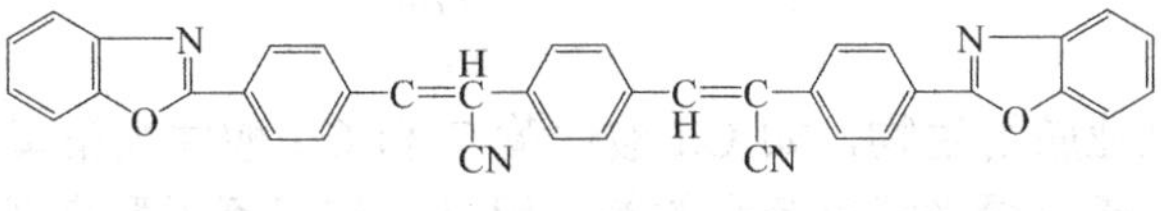

(74)

大多数的香豆素荧光染料为黄色，带有绿色荧光，但香豆素的母体结构是无色的，且在常温下没有荧光。但取代后的香豆素衍生物，特别是给电子基团的取代将增加其荧光量子收率，常见的取代基是 7 位上的羟基、烷基、烷氧基及烷氨基。在 3 位和 4 位上引入吸电子基团，将导致吸收和发射光谱向长波方向移动。

在香豆素母体结构 3 位上引入苯并咪唑、苯并噁唑、苯并噻唑则是应用广泛的染料，染聚酯纤维为绿光黄色，同时又可作为荧光颜料和激光染料。随着芳环数目的增加及取代基极性的增强，荧光染料的色谱也逐渐加深，如溶剂黄 X16。四嗪化合物（**75**）在溶剂中有强黄-红色荧光。四环五嗪化合物（**76**）则为黄色荧光。染料（**77**）在塑料中显示出绿-黄色荧光。双异喹啉酮衍生物（**78**）为绿光黄色至红光黄色荧光染料，牢度良好。

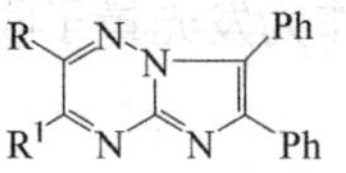

(75) 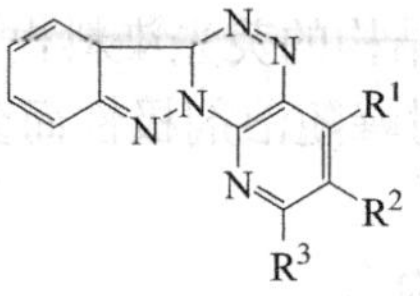   (76)

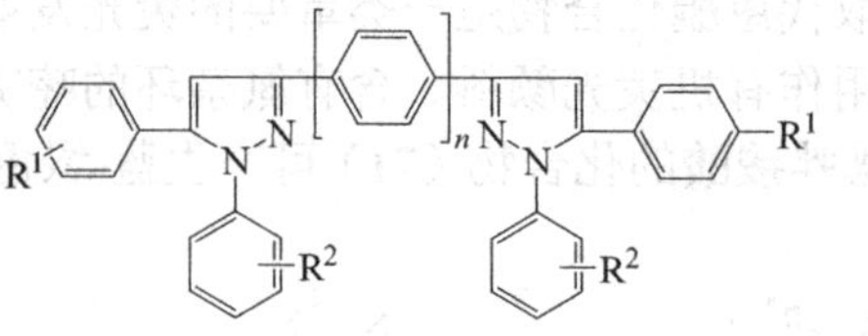

(77)

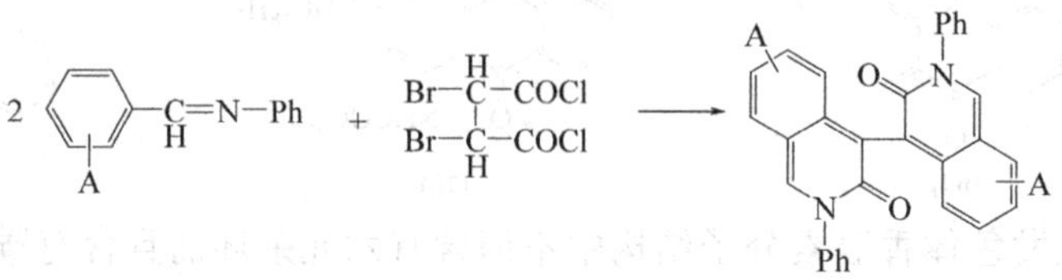

(78)

（6）萘酰亚胺结构

由萘二甲酸及酸酐制得的萘二甲酰亚胺（简称萘酰亚胺）结构化合物具有优异的荧光性能。这类化合物提供了大量荧光增白剂及染料。萘二甲酸及酸酐本身并无荧光，只有引入给电子基团和吸电子基团形成共轭体系后才具有产生荧光的能力。在 4 位上引入供电基团即可产生强烈荧光，这主要是由于分子内部给电子、吸电子基团之间的电荷转移引起的。

4-氨基萘二甲酰亚胺类溶剂染料至今还是工业上日光荧光颜料中最常用的黄色产品。4-丁氨基-*N*-丁基萘酰亚胺溶剂染料可由正丁胺与 4-磺酸-1,8-萘酐反应制得，是一类性能良好的荧光溶剂染料。在该类产品中典型的是 *N*-芳环取代-4-烷氨基萘二甲酰亚胺系化合物，如 C.I.分散黄 11、C.I.溶剂黄 44（C.I.分散黄 11）（79）等，可用作荧光颜料及合成纤维与塑料的着色。可由苊经硝化、磺化或卤化的路线制备。采用硝化路线则最终产物由还原制得。采用磺化或卤化路线时通过氨解反应可在 4 位上引入游离氨基或取代氨基。而采用酐为原料的工艺可在更缓和的条件下反应。

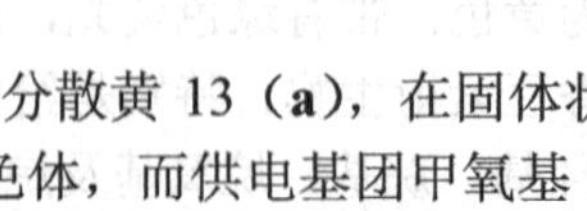

(79)

水溶性的萘二酰亚胺衍生物，如 C.I.酸性黄 7 和 C.I.酸性媒染黄 33，可用于丝绸染色，还可用作设备探伤。带有绿光黄色荧光的萘二甲酰亚胺阳离子型染料可用于腈纶的染色。

（7）苯并蒽酮结构

最早的苯并蒽酮荧光染料是 C.I.分散黄 13（**a**），在固体状态及溶液中都有黄绿色荧光。由于分子中存在一个供电-吸电子发色体，而供电基团甲氧基（—OCH₃）与羰基（—C=O）的共轭对吸收和发射光谱起着决定性作用。另一个异构体（**b**）在甲氧基与羰基之间没有共轭通道，中间是隔断的，因此没有荧光。（**c**）的分子结构中由于有氨基的存在，可以发生分子内的能量转移而增加了荧光强度，是一种重要的橙色荧光染料。杂原子的引入可使苯并蒽酮衍生物的荧光量子收率显著提高。典型产品有 C.I.溶剂黄 182 等。

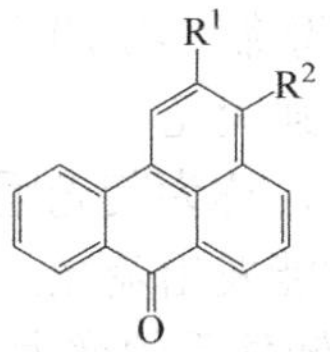

	R^1	R^2
a	H	OCH_3
b	OCH_3	H
c	H	NH_2

（8）杂环蒽酮结构

大多数蒽醌染料没有或很弱的荧光，只有少数蒽醌衍生物具有刚性平面结构，可增加荧光量子收率。（80）是一种红紫色的荧光颜料，它在长波区域内有荧光，其量子收率可达 0.66。蒽醌噁唑衍生物（81）是红色的荧光着色剂，用于合成纤维及塑料制品效果良好。二氯稠环酮（82），它可作为染纤维素纤维的还原染料，又可作为聚苯乙烯及聚甲基丙烯酸甲酯的红光紫色着色剂。

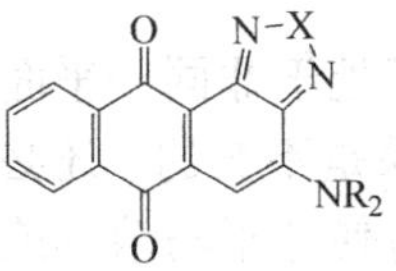

（80） 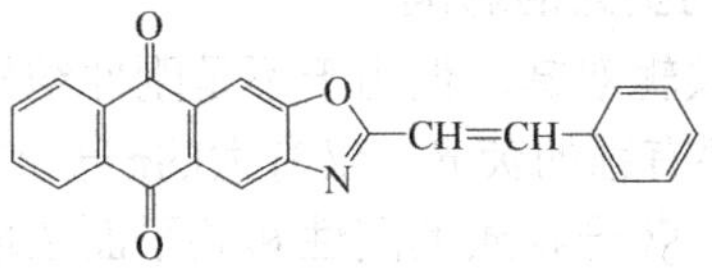　　　　　　　　（81） 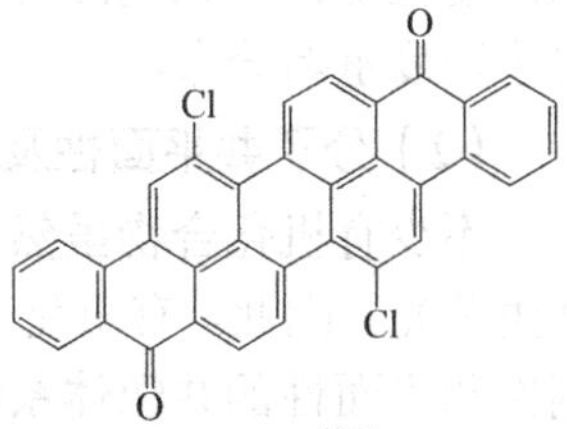　　　　　　　　（82）

德国 Hoechst（赫斯特）公司在开发苯并氧蒽及噻苯并氧蒽二羧酸衍生物作为新荧光染料方面进行了广泛的研究。所需的苯并氧蒽二羧酸是由 4-苯氧基-5-氨基萘二羧酸或 4-(2′-氨基苯氧基)萘二羧酸通过重氮盐制得。它的酐再转化成内酰亚胺（83），是带有绿色荧光的高强度黄色染料，耐光牢度很好。用于制备黄到红色荧光颜料的取代苯并氧蒽二羧酸衍生物，可由苯并蒽酮、紫蒽酮及异紫蒽酮制得。二苯并-4-氮杂-噻吩衍生物（84）是紫色荧光染料。

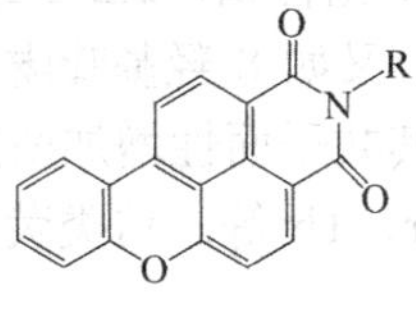

（83） 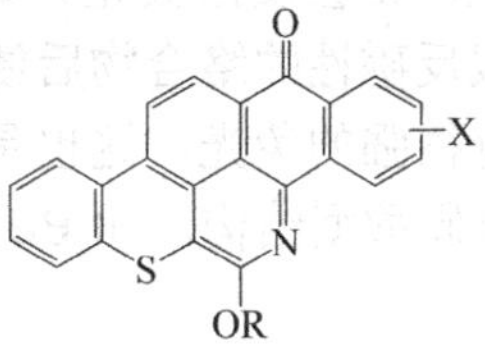　　　　　　　　（84）

（9）罗丹明（荧烷类）结构

此类染料发明较早，由于其独特的色光、艳度及合成与应用方面的优越性而受到重视。由于分子中有氧桥的存在，使分子保持了较好的刚性平面结构，因而荧光强烈，如荧光素（85）与荧光素钠（86）都是带有绿色荧光的黄色染料，广泛应用于云雾追踪及生化分析。

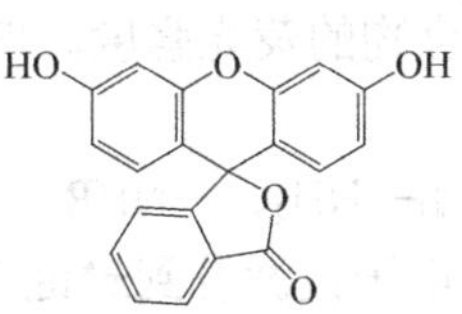

（85） 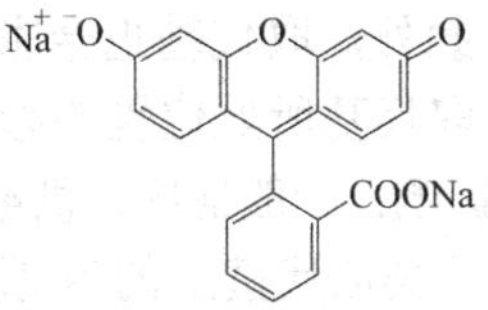　　　　　　　　（86）

9.3.4　结构与荧光性能关系

（1）分子共轭体系大小对荧光的影响

大多数荧光物质受到激发后，首先经历 $\pi \rightarrow \pi^*$ 或 $n \rightarrow \pi^*$ 跃迁，经过振动弛豫或其他无辐射跃迁，再发生 $\pi^* \rightarrow \pi$、$\pi^* \rightarrow n$ 跃迁，此时产生荧光。由于 $\pi \rightarrow \pi^*$ 跃迁的摩尔吸收系数一般

比 n → π* 跃迁大 $10^2 \sim 10^3$ 倍，而 π → π* 跃迁的寿命（约 $10^{-7} \sim 10^{-9}$ s）比 n → π* 跃迁的寿命（$10^{-5} \sim 10^{-7}$ s）要短，因此由π* → π常能产生较强荧光。

有机荧光分子中都含有可以发射荧光的基团，称为荧光团。荧光团的特点就是必须含有共轭的大π键，并且大π键体系达到一定的程度才能发出荧光，如（—CH═CH—）$_n$（$n>2$）、苯、苯并杂环、萘、对苯二醌等。随着分子的共轭体系的增大，π电子越容易被激发，荧光越容易产生，荧光发射峰波长向长波长方向移动，发生红移，一般荧光量子收率也会相应增加。荧光强度大的化合物大部分含有芳香环或者芳香杂环，芳香环的数量越多，共轭体系越大，荧光越强。共轭效应使荧光增强的原因，主要是由于增大荧光物质的摩尔吸收系数，有利于产生更多的激发态分子，从而有利于荧光的产生。

具有分子内电荷转移共轭结构的荧光染料是研究最为广泛的，由于这类染料化合物π电子的流动性更好，在光照时较容易发生整个分子的激发，引起分子内的电子转移，使分子中的电子密度重新分布。

（2）分子共平面性及刚性对荧光的影响

不少有机化合物虽然具有共轭双键，但由于不是刚性结构，分子处于非同一平面，而不产生荧光。因此，有机化合物要有强的荧光，仅有大的π电子共轭体系是不够的，还必须具有刚性和平面性的共轭体系结构。荧光物质的刚性和共平面性增加，可使分子与溶剂或其他的溶质分子间的相互作用减弱，从而有利于荧光的发射。联二苯通过单键连接，两个苯环可以自由转动，由于空间位阻或者立体结构效应使两个苯环不能共平面，其荧光量子收率只有0.18。芴相当于用一个亚甲基把联二苯的两个苯环固定在同一个平面上，使其不能自由转动，增强了分子结构刚性和共平面性，荧光量子收率接近 1。

有些有机化合物本身不发荧光，但是当它与金属离子形成络合物时，随着分子的刚性增强，平面结构增大，常会发出荧光。如下所示的两个化合物，2,2′-二羟基偶氮苯本身不发荧光，但与 Al^{3+} 形成反磁性的络合物后便能发出荧光。又如 8-羟基喹啉本身有很弱的荧光，但其金属络合物具有很强的荧光，这也是由于刚性和其共平面性增加所致。一般能产生这类荧光的金属离子具有硬酸型结构，如 Be、Mg、Al、Zr、Th 等。这类荧光物质可用于痕量金属离子的测定。

（3）取代基对荧光的影响

有机荧光化合物的分子结构上具有不同取代基时，会引起该化合物最大吸收波长和荧光发射波长的改变。此外，取代基也会影响荧光化合物的荧光强度。取代基对荧光性能的影响分为取代基类型和取代基所处位置的影响等。

取代基类型的影响：一般情况，供电子取代基如—NH₂、—NHR、—NR₂、—OH、—OR 等会增强荧光性能，这类取代基上的 N 或 O 的非键电子被激发到π*键上产生激发态，取代基上共轭电子参与到有机分子的大π键中，相当于扩大了荧光化合物分子结构的共轭体系，从而使其最大吸收波长和荧光发射波长发生红移，荧光强度也随之增强。但含有供电子基的荧光化合物在极性溶剂中易形成氢键而发生质子化，使其带部分正电荷，荧光会明显减弱，当离解出氢以后荧光恢复。吸电子取代基如—C═O、—NO₂、—COOH、—CHO、—COR、—N═N、—X 等对荧光强度的影响与供电子基相反，即荧光强度减弱，但波长同样红移。硝基吸电子能力最强，会严重抑制荧光，几乎所有的荧光分子中引入硝基后荧光都会消失。同样是强吸电子基团的氰基却表现出供电子的效果，会增强荧光。羧基及磺酸基等因吸电子性会减弱荧光，但当它们离解出氢后为供电子性的负电荷会使荧光增强。

取代基位置的影响：取代基在分子结构中的位置和取代基的数量对分子荧光性能的影响要视具体情况而定。当分子中只有一个供电子基，且位阻最小或者没有位阻时，可以使荧光增强。当分子中供电子基和吸电子基共存时，供电子基结合在对于吸电子基共振电子密度减小的原子上，即存在吸供电子效应，可使荧光大大增强。

取代基重原子效应对荧光性能的影响：通常随着取代基原子量的增加，荧光分子的荧光量子收率降低。如硫、磷、卤素等都存在"重原子效应"。这可能是因为重原子效应使系间穿跃速率增加所致。在重原子中，能级之间的交叉现象比较严重，因此容易发生自旋轨道的相互作用，增加由单重态转化为三重态的速度。

（4）外部环境对荧光的影响

a. 溶剂效应：一般来说，溶剂介电常数增大，荧光化合物的荧光发射波长增大，荧光效率也增大。另外，溶剂极性对荧光光谱也会产生影响，通常随着溶剂极性的增加，荧光化合物的吸收和发射光谱会发生蓝移，即负向溶剂化显色。在含有重原子的溶剂如碘乙烷和四溴化碳中，也是由于重原子效应，增加系间穿跃速度，使荧光减弱。

b. 温度的影响：大多数荧光物质的荧光量子收率随所在溶液的温度升高而降低，荧光强度减小。因为随着温度的升高，分子间碰撞的次数增加，促进分子内部能量的转换，从而导致荧光强度下降。

c. pH 的影响：当荧光物质为弱酸或弱碱时，溶液的 pH 的改变对溶液的荧光强度有很大的影响，这是因为它们的分子和离子在电子构型上的差异。很多荧光分子尤其是含有氧、氮或酸根离子的分子，对 pH 极其敏感，如 α-萘酚分子形式无荧光，离子化后显荧光。因此，对具有荧光性质的弱酸弱碱而言，可将其分子和离子看作不同的产品，它们有各自的特殊的荧光量子收率和荧光光谱。

（5）荧光的猝灭

荧光分子与溶剂分子或其他溶质分子的相互作用引起荧光强度降低的现象称为荧光猝灭（也称湮灭）。这些引起荧光强度降低的物质称为猝灭剂。导致荧光猝灭作用的主要类型有以下几种：

a. 碰撞猝灭：碰撞猝灭是荧光猝灭的主要原因。它是指处于单重激发态的荧光分子与猝灭剂发生碰撞后，使激发态分子以无辐射跃迁方式回到基态，因而产生猝灭作用。碰撞猝灭还与溶液的黏度有关，在黏度大的溶剂中，猝灭作用较小。此外，随着温度的升高，碰撞猝灭作用增强。

b. 能量转移：这种猝灭作用是由于猝灭剂与处于激发单重态的荧光分子作用后，发生能量的转移，使猝灭剂得到激发。

c. 氧的猝灭作用：溶液中的溶解氧常会对荧光产生猝灭作用。这可能是由于氧分子具有顺磁性，可以与处于单重激发态的荧光物质分子相互作用，促进形成顺磁性的三重态荧光分子，即加速了系间穿跃所致。

d. 自猝灭和自吸收：当荧光物质浓度较大时，常会发生自猝灭现象，使其荧光强度降低。这可能是由于激发态的荧光分子之间的相互碰撞引起的能量损失。当荧光物质的荧光光谱曲线与吸收光谱曲线重叠时，荧光被溶液中处于基态的荧光分子吸收，称为自吸收。

9.4 有机荧光溶剂染料研究进展

有机荧光染料以独特的性能在近几年的高档功能染料中越来越得到重视。有机荧光染料的研究进展主要在于荧光机理研究和新结构荧光产品的开发。

9.4.1 荧烷类荧光染料

荧烷类衍生物是开发热敏、压敏染料的主流，约占热敏、压敏染料总量的 2/3。荧烷类热敏染料属有机热变温染料，作为提供热变色色基的电子给予体化合物，用于与引起热变色的受电子体化合物、溶剂和其他添加剂一起形成复配物。此类染料含有内酯环，由于中心碳原子成环，芳环间不共轭，其中性分子无色。开环后形成离子化的共轭体系而发色。这种结构间的变化可逆，故此类热敏染料在一定条件下会随温度变化而呈现无色态与显色态的转变，从而作为温度低于或高于某一数值的标示物，用于报警及指示温度变化等方面。典型产品有 C.I.溶剂黄 94、Keyplast FL Yellow 8GK（C.I.溶剂黄 191）等。

荧烷类染料显色化学互变异构：

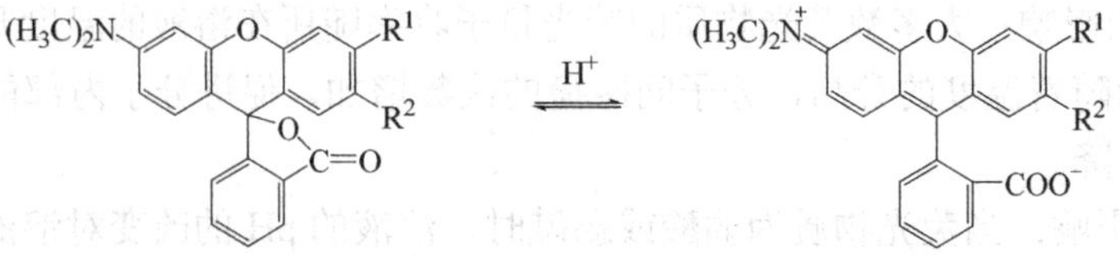

隐色体　⇌　显色体

3,6-二乙氧基荧烷是显黄色的热敏染料，作为三原色之一的黄色，不仅可单独使用，还能与其他荧烷染料拼色，从而调得各种色彩绚丽的荧烷染料。

2-乙基氨基-7-(2′-氯苯氨基)荧烷（FH101），由于在结构中引入具有吸电子作用的卤素原子，不仅能得到发黑色的压敏、热敏染料，而且染料的耐晒、耐水、耐光、耐有机溶剂等性能都有显著提高。合成原理：

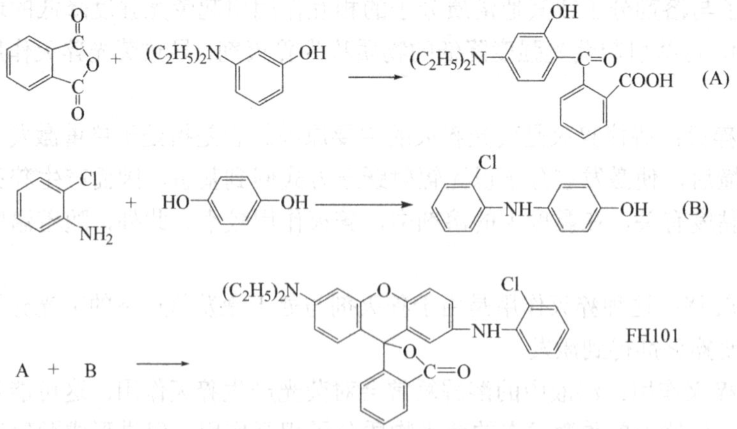

罗丹明系列商品染料属荧烷型染料，有强荧光且有高荧光输出效率。在罗丹明染料的可见吸收区域，其荧光与激光输出效率都较理想，但罗丹明染料的 Stokes 位移较小，吸收区域的低能量部分与发射区域的高能量部分有重叠，致使一部分染料的激发辐射被基态的染料分子再吸收。由于染料的荧光量子收率通常小于 100%，导致染料激发辐射损失。罗丹明染料的紫外区域系数较小，当在紫外区域进行激发时，由于不能有效地吸收泵浦光的能量，造成激发辐射量的降低。为有效地吸收紫外泵浦光的能量，常将染料的浓度调得很高，这样由于 Stokes 位移小而引起的激发辐射损失就会变得相当大。典型的罗丹明类荧光染料如洛丹明 6G、罗丹明 B、罗丹明 110、罗丹明 123 及罗丹明 101 等。结构如下：

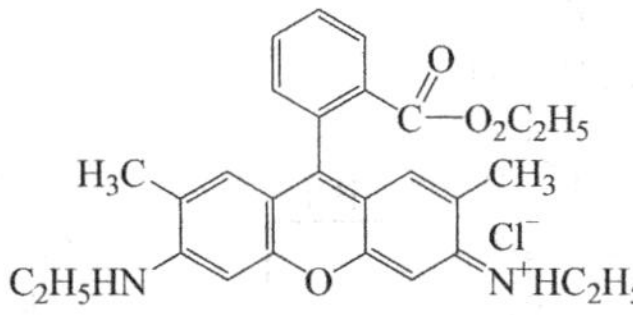

罗丹明 6G 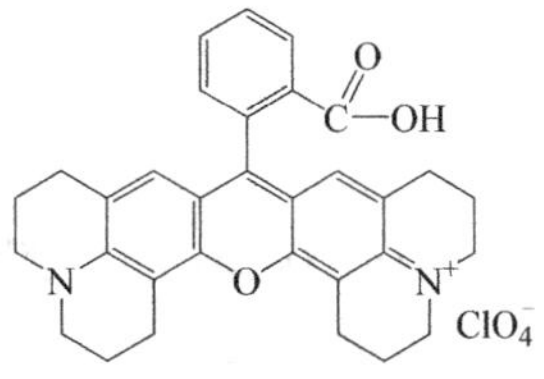　　　　　　　罗丹明 101

罗丹明类染料研究的两大发展趋势一是在氨基氮原子上接一些"天线分子"；二是在苯基羧酸基上接"天线分子"。其目的是形成多发色团荧光染料，通过"天线分子"对紫光能量的充分吸收，将能量通过分子内有效地传递到罗丹明分子母体。

罗丹明一般以间硝基苯酚为原料，经醚化、加氢、烷基化等反应而合成。罗丹明 101 的合成原理如下：

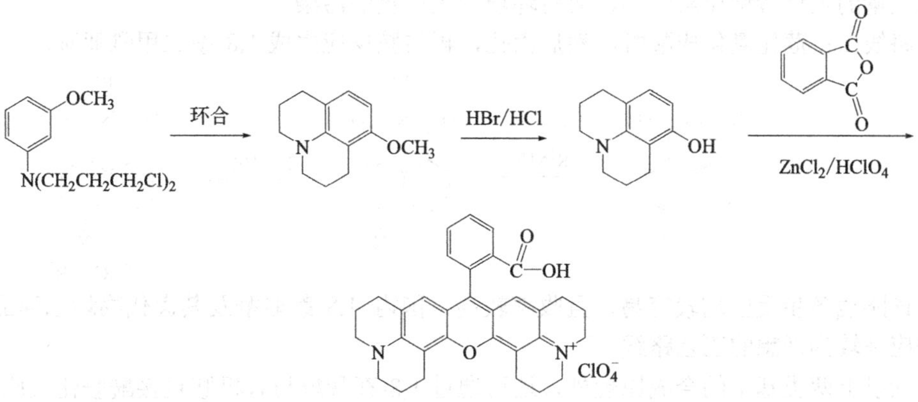

罗丹明 101

9.4.2　1,8-萘二甲酰亚胺类荧光染料

1,8-萘二甲酰亚胺（萘酰亚胺）类荧光染料是已产业化的三大重要结构类别之一，是重要的杂环染料类型，色泽鲜艳、荧光强烈，主要用于高分子聚合物着色。除作为荧光染料、荧光颜料、溶剂染料、荧光增白剂外，也是一类重要的功能性染料，可用于激光、液晶、有机光电导体材料、太阳能捕集器、金属荧光探伤、药物示踪、化学和生化分析等领域。

结构上主要是取代基 R^i 不同。1,8-萘二甲酰亚胺由 1,8-萘酸酐和伯胺缩合合成。1,8-萘酸酐的萘环上有给电子基团就形成了荧光染料，但若是吸电子基团，则不显示荧光。该类荧光染料分子结构具有这样几个特点：共平面性；具有较大的共轭体系；分子结构中一端具有强的给电子基团，另一端具有强的吸电子基团，因此其分子结构中存在一个大的"吸-供电子共轭体系"。处于这样体系中的电子很易受到光的照射而发生跃迁，从而产生荧光。典型产品有溶剂黄 R（C.I.溶剂黄 43,116）、C.I.溶剂黄 44、C.I.溶剂黄 164、Luminor Yellow 150（C.I.溶剂黄 181）等。

1,8-萘二甲酰亚胺类荧光染料的合成有几种基本途径，但起始原料都是从芘开始。

路线一：芘先硝化得到 4-硝基芘，进而氧化经脱水生成 4-硝基-1,8-萘酸酐，再与伯胺反应，最后还原得到 4-氨基-1,8-萘酰亚胺类荧光染料。也可以由 4-硝基-1,8-萘酸酐还原，再与伯胺缩合得到 4-氨基-1,8-萘酰亚胺类荧光染料。

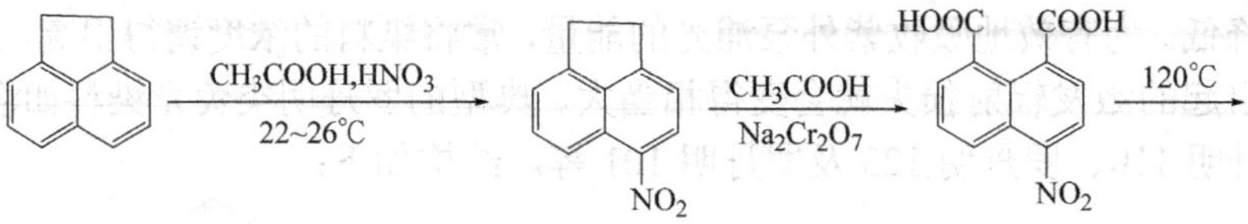

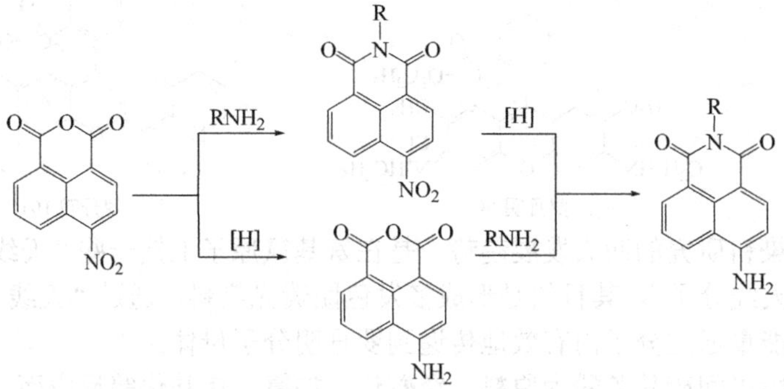

该方法的不足是苊硝化的产物中 3-硝基苊占有相当大的比例，氧化时收率只有 48%，需耗用大量的重铬酸钠作氧化剂，会对环境产生严重的污染。

路线二：苊先氧化成酸酐，然后卤化，再与胺反应生成 1,8-萘二甲酰亚胺。

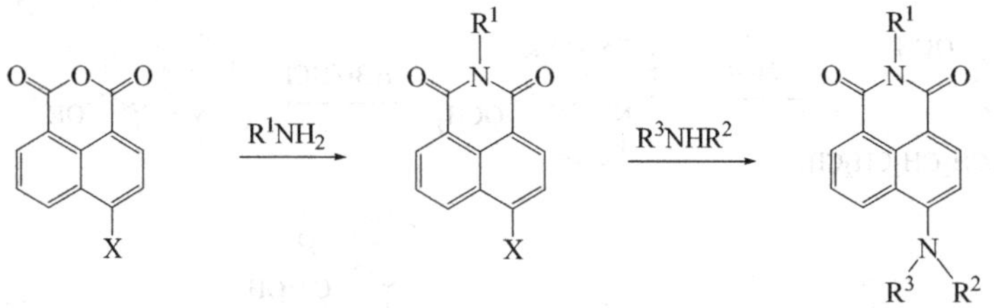

该路线各步反应均较容易，且收率较高。国内 1,8-萘酸酐及其卤代物均已商品化，因此该法应是较为理想的工艺路线。

除以上两类基本的合成原理外，还可通过 1,8-萘酸酐与有机胺直接酰胺化反应来合成。

由于酸酐的强吸电子性及—NO_2 和—SO_3H 在亲核取代反应中易离去的特性，该反应很易进行。

9.4.3 香豆素类荧光染料

香豆素（coumarin），化学名称苯并 α-吡喃酮或 1,2-苯并 α-吡喃酮（2H-1-benzopyran-2-one），可看作是邻羟基肉桂酸的内酯。现已发现的香豆素类化合物有几百种，可分为香豆素类（包括羟基、烃基、羧基等取代香豆素）、呋喃香豆素、吡喃香豆素和异香豆素等。香豆素本身是一种香料，广泛存在于车叶草等植物中。香豆素最早是从谷物和植物中提取的，如伞形科、豆科、茄科、菊科、芸香科等，通常在植物的幼嫩芽中含量较高。用萃取剂萃取后可用于配制香水、香皂、化妆品、医药等。1886 年 Perkin 首次合成了香豆素，早期香豆素的合成基本都是以水杨醛为原料，通过伯琴（Perkin）反应和佩希曼（Pechmann）反应合成。

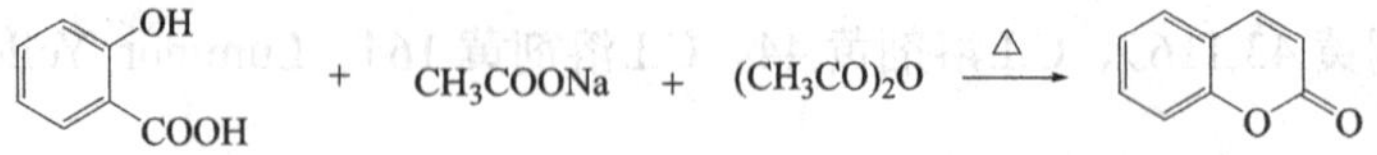

以邻溴苯酚为原料，与丙烯酸甲酯在醋酸酐和醋酸钯及三（邻甲苯基）膦催化下反应可合成香豆素。

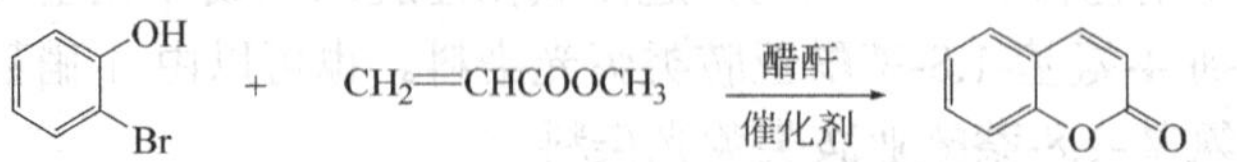

一般还是以水杨醛类为主要原料，经 Perkin 反应后再内酯化得到香豆素，但反应条件有所改变，特别是催化剂种类有很大改变，如用钯配合物、氟化钾、冠醚、PEG（聚乙二醇）等为相转移催化剂。投料方式由一次投料改为二次投料，时间缩短，收率有所提高。

许多香豆素类衍生物被广泛用作荧光增白剂、荧光染料，及用于高聚材料的着色剂，水下电视、通信、照明、监视、测距、化学分析，尤其是在军事上也有应用。因而近些年来既有对香豆素类荧光染料合成原理的研究，也有对这些产品性能的研究，同时还研制出了一些新的产品。香豆素类荧光染料的特性是具有极高的荧光效率，Stokes 位移大。简单的香豆素衍生物一般为黄色荧光，改变取代基或增强共轭体系，特别是给电子基团的取代，将增加其荧光量子收率，改变其光谱范围并改善染料的应用性能。在 3 位和 4 位上引入吸电子基团，将导致吸收和发射光谱向长波方向移动。在香豆素母体结构中的 3 位上引入苯并咪唑、苯并噁唑、苯并噻唑，则是应用广泛的荧光染料。

（1）香豆素类荧光染料结构特征

香豆素类染料是一种新型荧光溶剂、分散和功能染料，是目前染料产品开发的热点之一。研究表明，在染料分子上引入长链烷基，有利于增大染料在溶剂中的溶解度，如液态的溶剂染料。根据产生荧光的物质所具备的基本条件如存在荧光团、共轭π电子体系及刚性平面结构等，目前研究最多的荧光材料及染料中，香豆素衍生物是荧光化学研究的热点之一。在它们的分子结构中不但含有六元杂环，而且含有羰基，两者都有产生荧光的潜能。大多数香豆素荧光染料为黄色，带有绿色荧光，但香豆素的母体结构是无色的，且在常温下没有荧光，但取代后的香豆素衍生物，特别是给电子基的取代，将增加其荧光量子收率，常见的取代基是 7 位（R^1）上的羟基、烷基、烷氧基及烷氨基。实验证明，在 3 位和 4 位引入吸电子基团，将导致吸收和发射光谱向长波方向移动。在香豆素母体结构中的 3 位（R^2）引入苯并咪唑、苯并噁唑、苯并噻唑，则是应用广泛的染料，可应用于合成纤维的染色，同时又可作为荧光颜料和激光染料。

（2）香豆素类荧光染料合成研究

由于香豆素类荧光染料的结构特点，决定了该类化合物作为有机荧光染料具有较高的荧光效率和 Stokes 位移大等优异的特点。所以，近几年香豆素衍生物是有机荧光染料研究的重点之一。

1982 年 Bayer（拜耳）公司 S.Folrin 等合成出如下荧光染料；R=Cl，Br，CN 或 OH；R^1=芳基及杂环基；R^2=Cl，Br，CN 或 N(CH$_3$)$_2$。合成原理：

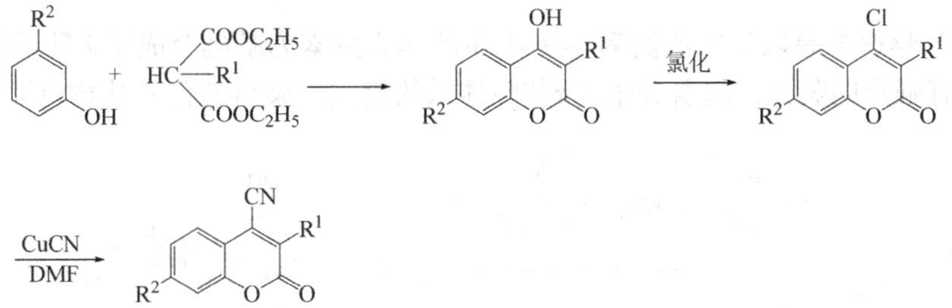

1985 年 N.Horst 等用新方法合成了如下新型荧光染料，结构中 R^1=CN，COR，COAr，CONH$_2$，COHR，CONHAr；R^2，R^3=CH$_3$，C$_2$H$_5$。合成原理：

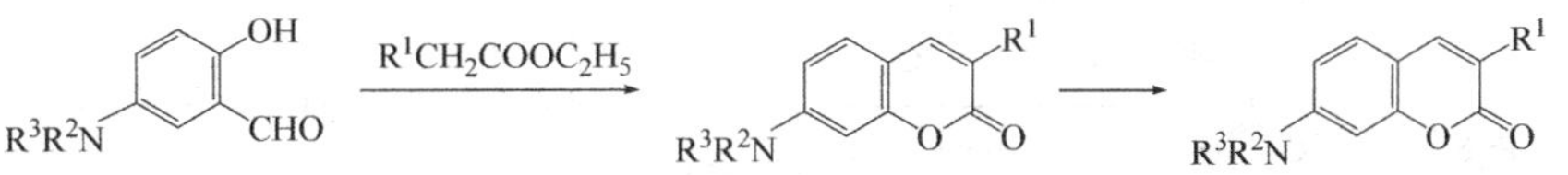

1988 年蒋啸川等以浓 H$_2$SO$_4$ 替代 POCl$_3$ 作催化剂，将三氟乙酰乙酸乙酯与 N-取代基苯酚

缩合，制备出三氟甲醛香豆素的荧光染料。合成原理：

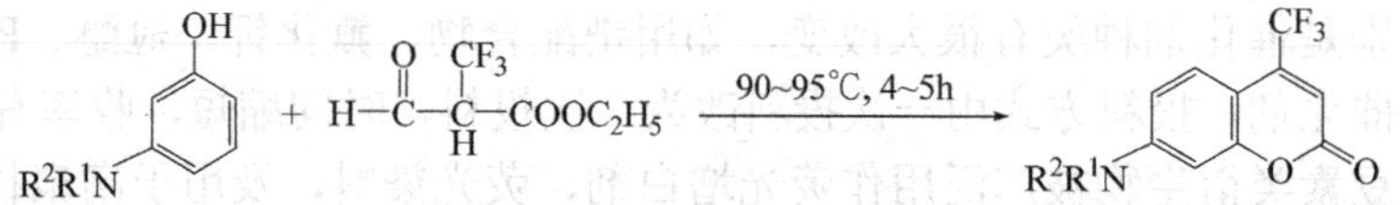

该方法最后得到灰白色固体，干燥后在无水乙醇中重结晶，得白色闪光晶体。若用 POCl₃ 作催化剂，得到的为粉红色固体，杂质多、收率低。

1990 年周成栋等以水杨醛为主要原料，以氟化钠为催化剂，合成了香豆素类化合物，将收率提高至 76%，并缩短了反应时间。随后又用冠醚（二苯并 18 冠 6）作相转移催化剂合成了香豆素类化合物。收率进一步提高到 78.8%，操作条件更为缓和合理。

1991 年苏联 A.V.Knopachev 等合成出结构如下的双荧光团香豆素类染料：

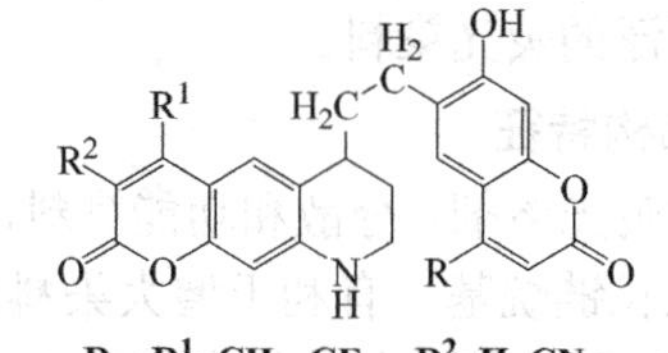

R、R¹=CH₃, CF₃；R²=H, CN

该类化合物不溶于苯，微溶于乙醇和氯仿，具有较强的荧光。A.V. Knopachev 等还给出了具体合成原理、化合物结构与性质之间的关系。

1992 年乌克兰 V.S.Tolmacheva 等合成了如下含 1,2,3,3-四甲基吲哚基团的香豆素类荧光染料。

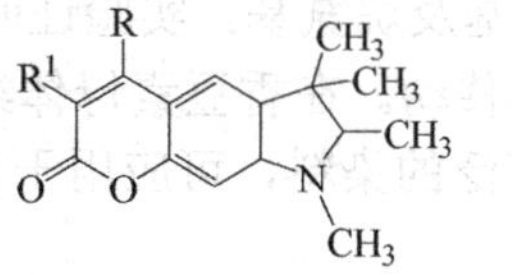

R=CH₃，CF₃；R¹=H，CN。其合成原理是以 1,2,3,3-四甲基-6-羟基吲哚啉为原料与有（或没有）取代基的乙酰乙酸乙酯类化合物缩合，闭环制得产物，收率 65%～87%。

1993 年何斌等合成了另一种香豆素类荧光染料（R 为 CH₃、CF₃）。

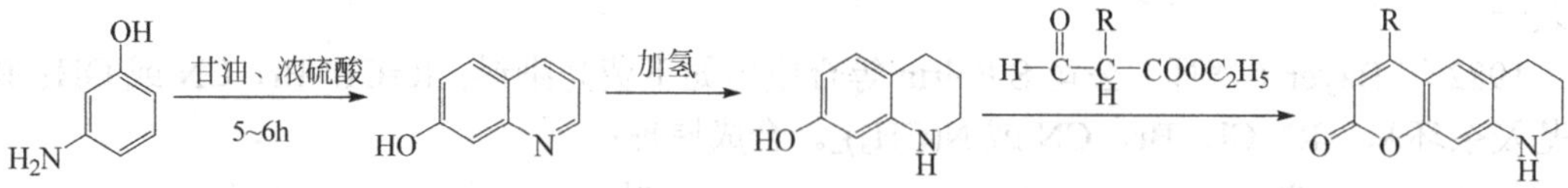

1998 年赵德丰等以 7-二乙氨基-4-氯-3-甲醛基香豆素为基础合成了 7 只新型香豆素类荧光染料，具有强烈的荧光。随着分子内π共轭体系的增大，染料的色光从黄色增至红色。

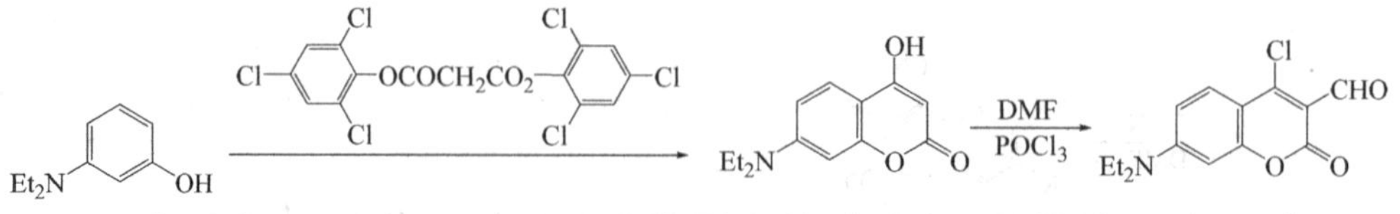

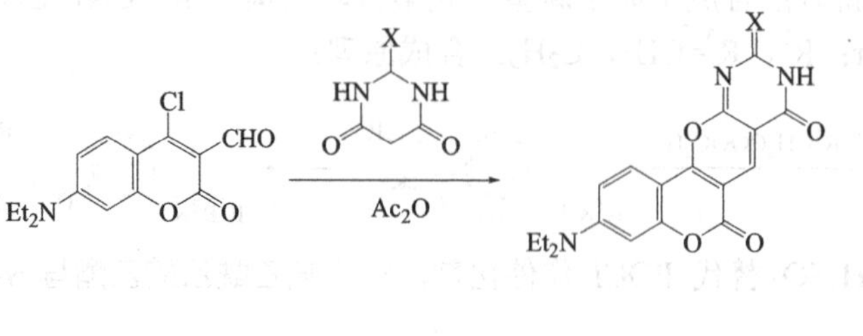

（Ⅲ，X=O；Ⅳ，X=S）

$$\text{(scheme with reagents: } NC, CH_3, H_2N, CN, Ac_2O \longrightarrow \text{ product)} \qquad (V)$$

2001 年罗先金等合成了系列含磺酰氨基的香豆素类染料，其摩尔吸光系数 ε 增大，吸收光谱和荧光光谱发生了红移（10nm），日晒牢度、升华牢度提高了 1~2 级，同时在有机溶剂中的溶解度也有增大，如以异氧基丙胺缩合的产品在氯仿中的溶解度达 14.8g/50mL。

关于结构与性能研究，1990 年苏联 M.M.Ansinov 等研究了 8 种结构不同染料的物化性质及红移原因，提出了添加 1% 己酸于染料溶液中可提高染料稳定性的见解。

1993 年美国 A.Mandu 等系统研究了在 500nm 处 C485、C498、C500、C503 的激光效率及光泵的操作条件对激光效率的影响，得出了 C498 效率在这几种染料中效率为最高，达 30%以上的结论。

1994 年李隆弟等研究了 4-甲基-7-羟基香豆素有二聚现象，发现其谱形状与峰位置不仅随溶剂性质而异，且随浓度而变。

1997 年俄罗斯 N.A.Kurnetsora 等对香豆素类染料的荧光光谱性质、光物理特性及主要光化学反应作了全面的评述。

9.5 溶剂染料应用与评价

9.5.1 溶剂染料的应用

溶剂染料的应用领域十分广泛。有些性能要求则与其他染料的要求类似。如色光与强度也是经常需要检测的性能。但也有许多与用途及基质有关的性能。有机溶剂中的溶解度是溶剂染料的主要性能。一个理想的溶剂染料应该在应用溶剂中的溶解度要好，而在其他溶剂中的溶解度要差或不溶。因此，评价溶剂染料的新用途时，溶解度数据就十分重要。对同一个染料，生产厂不同，溶解度可能会有很大的差异。测试时染料中含有异构体或同系物及其他杂质均会影响溶解度。

溶解度数据说明：I 不溶，AB 可渗色，NB 不渗色，SB 稍渗色，CB 较渗色，HB 高渗色。在实际应用中，加热溶剂可制得更高浓度的染料溶液。混合溶剂也可增大溶解度。溶剂染料在不同用途中有许多特殊性能及要求。圆珠笔需要的染料要强度高，在溶剂中的溶解度大。一些特殊类型墨水如触感及其他记号笔墨水、记录器用墨水、转移用纸用墨水研究和静电复印、电子照相方面的应用研究是另一重点。

许多溶剂染料在有增塑剂存在下的软塑料中遮盖力及抗迁移性均很差，这是由染料在溶剂中的溶解度特性引起的。有些缺点（迁移性、耐光、遮盖力、耐热、耐化学品等与颜料比均差）已逐步被新的溶剂染料所克服。已有可耐操作温度为 500~600°F的耐热染料，在丙烯酸聚合物中不受过氧化氢影响或聚酰胺生产中还原过程影响的惰性染料。改善耐光牢度的溶剂染料就可用于户外标志、汽车尾灯等。溶剂染料已在许多热塑性材料，如聚丙烯酸酯、聚苯乙烯、醋酸纤维、聚酰胺及硬聚乙烯材料中使用。已有聚苯乙烯、聚酯、聚乙烯用醇溶性染料以 N-乙烯-2-吡咯酮进行本体染色的改进方法。这种方法不仅可降低成本，同时也使塑料制造商先制成未着色的制品，然后可根据需要将它们染成不同的颜色。有时，在染色前需进行表面改性处理。

　　另一种用溶剂染料染塑料制品的方法是采用乳化剂在溶剂-水乳化液体系中染色。被染的塑料制品有：发泡聚苯乙烯、聚碳酸酯树脂、聚丙烯等。研究某些溶剂染料在水中被表面活性剂溶解及在聚苯乙烯乳胶生产过程中的溶解问题表明，随温度及表面活性剂浓度的增加，溶解度会增加。

　　溶剂染料的质量测试相对较简单。对已知染料来说，与标准品对比的熔点测定即可说明染料质量。在溶剂中不溶物的百分含量也可说明质量。另一种常用的质量检测法是与标准品对比的光谱强度测定。因此，色光及力份检测也是常用的确认产品质量方法。测定法是将染料溶液滴在纸上或将染料制成有色墨水与标准对比。对新染料或老产品新用途进行评价时除色光、力份、溶解度数据外，还常测定耐光牢度、耐热稳定、抗迁移及抗化学品等性能以检查它们是否适于特定用途。对液状溶剂染料还需补充在不同温度及条件下的储存稳定性试验。

9.5.2　溶剂染料的测色

　　关于日光型荧光染料发光强度的目测评估及与测色值间的关联研究发现两者间有线性关系。对蓝色圆珠笔油墨进行简单的酸-碱处理的方法可用于多种溶剂染料的目测鉴别。

　　在 5mol/L 醋酸中进行纸上电泳和气-液色谱法可用于鉴定某些简单的偶氮或蒽醌染料。可用纸色谱法及在醋酸纤维上的反相 TLC 法鉴定溶剂染料。硅胶、聚酰胺或两者的混合物上的薄层色谱是更常用于分离及鉴定溶剂染料的方法。还有一些特殊分离及分析检测技术常用于面膜涂层、唇膏、食品及饮料中溶剂染料的测定。

第10章

功能染料及研究进展

20 世纪 80 年代以来，为保持市场竞争力和占有率，染料产业进行了结构重组和分类优化，分散、活性、酸性等染料和印花颜料制剂等产品有较大的增长，而还原、不溶性偶氮、硫化等染料的比例则相对有所下降。由于染料性能要求提高、应用领域改变、新型印染技术与装备提升及安全环保节能法规完善等因素，促使染料产业必须转型升级。

同时，功能性染料在激光器、液晶显示、电致发光、光信息记录、光热致变色、热转移成像、非线性光学材料、太阳能转换、生物标识与功能染色、荧光探针等领域的应用不断拓展。应用于高新技术与新材料领域的功能染料的研发已成为产业可持续发展的主要方向。

功能染料（functional dyes）类别较多，各类别的研究进展和产品与技术开发水平也不平衡，本章将有重点地选择几类典型功能染料及研究进展加以叙述。

10.1 发展概述

1871 年拜尔公司开发的作为 pH 指示剂的酚酞染料可能是最早的功能染料。

19 世纪 90 年代开始出现压敏复写纸，但直至 20 世纪 60 年代压热敏复写纸有了快速发展。随着电子信息技术等高新技术产业的发展，与高新技术紧密结合的各类功能染料已成为染料化学研究和产品创制的重点目标。

1936 年 Destriau 制得了最早的有机聚合物薄膜电致发光器件。

1966 年第一台染料激光器问世，使用的激光染料为氯化铝酞菁染料。此后，染料激光器与激光染料的研发进展迅速。

1970 年美国 IBM 公司首先在复印机中使用有机光导材料，开发了聚乙烯咔唑、三硝基芴酮（TNF）等有机感光鼓，此后有机光导材料的应用迅速发展。

1987 年美国 Kodak（柯达）公司 C.W.Tang 和 S.A.Vanslyke 制作了第一个性能优良的有机电致发光器件，有机电致发光显示由于其具有的优点引起了人们极大的兴趣。有机电致发光二极管（OLED）显示技术与液晶、等离子等平板显示技术相比，具有结构简单、主动发光、高亮度、高效率、视角大、响应速度快、低压直流驱动等诸多优点，随着研究工作的深入，特别是各种性能优良的有机材料分子的合成，OLED 作为新一代平板显示技术具有了极大的市场潜力和竞争力，被称为第三代显示技术。

在 OLED 这一研究领域，材料起着决定性作用。目前的材料性能仍不能满足 OLED 对使用寿命和稳定性的要求，开发综合发光性能优异的发光材料一直是该类材料研究的重点。另外，有机发光材料以其固有的多样性为材料选择提供了宽广的范围，通过对分子结构的设计、组装和裁剪，能够满足不同的需要。与无机和高分子电致发光相比，有机电致发光具有驱动电压低、响应速度快、视角宽、发光强、能耗低及多色性等特点，可做在柔性衬底上，器件具有可弯曲、折叠、抗震性好等优点。

20 世纪 80 年代非线性光学材料（nonlinear optical material，NLO）的研究渐成热点，该类材料是激光技术和实现光存储、光全息等的重要物质基础。从二阶逐步转到三阶非线性光学材料的研究，其中功能色素类材料是重点结构类别。

光子学的重要应用是将光子作为信息载体用于信息存储、光通信和信息处理、光计算等信息领域。功能染料分子具有含电荷迁移系（charge-transfer system，CT）的有机大π共轭结构，具有良好的光致变色、光电转换、光物理、光电化学等特性，已成为化学、生物和有机光电材料、超导、传感器等功能材料领域的研究热点。

有机光电磁功能材料之所以越来越受到人们的重视，一是以无机半导体为材料基础的固体电子学经历了 50 多年的发展，已使微电子元件的尺寸降到了微米和亚微米级（0.15μm），再要进一步提高集成度遇到了一些困难；二是有机固体材料的电子性质、导电机理及杂质影响不同于传统无机半导体，研究其化学结构与理化性能，尤其是特殊光电性能间的规律性联系及模型器件中材料的作用机制等具有重要的科学意义。

1989 年在日本大阪召开了第 1 届"国际功能染料学术报告会"，标志着功能染料已成为染料化学的一个独立研究分支。此后在 1992 年神户、1994 年 Santa Cruz、1999 年大阪和 2002 年 Ulm 召开了第 2~5 届国际功能染料学术报告会，并在第 5 届会上改名为"国际功能π电子体系学术报告会"。该国际会议已成为功能染料学术交流的正常平台。

10.2 功能染料分类

有机功能染料的分类原则可以用途或功能原理为依据，因此有不同的分类结果。随着研究开发的深入和应用高技术领域的不断开拓，必定会有许多新的功能类别出现。一般按材料的功能原理可将功能有机染料分为以下五大类 22 小类。

① 变色异构功能染料：主要有光变色料、热变色料、电变色料、湿变色料、压敏等类别。

② 能量转换与存储用功能染料：主要有电致发光材料、化学发光材料、激光染料、有机非线性光学材料、太阳能转化用染料敏化剂等类别。

③ 信息记录及显示用功能染料：主要有液晶显示用、滤色片用、光信息记录用、电子复印用、喷墨打印用、热转移成像用等类别。

④ 生物医学用染料：主要有医用、生物标识与着色、光动力疗法用、亲和色谱配基用等类别。

⑤ 化学反应用染料：主要有合成催化（仿生催化）用、链终止用等类别。

和传统染料一样，功能染料的吸收光（颜色）、发射光（荧光和磷光）、电子性能（氧化还原、光诱导活性）、互变异构性（变色、隐色）及光化学反应性（光显色和光敏性）等性能都来源于其分子的 p-π 电子共轭体系。

10.3 有机光导材料

经过半个多世纪的发展，以无机半导体为材料基础的微电子元件的尺寸已达到了微米和亚微米级（0.15μm），再要进一步提高集成度遇到了一些困难。为此，科学家提出了一个设想，即在有机分子结构内（分子尺寸）实现电子运动甚至光子过程的控制，使分子聚集体构成特殊的器件，从而开辟一条进一步提高集成度的途径。

复印机和激光打印机等电子照相系统迅速发展和普及，作为电子照相系统心脏部分的感光体，早期主要用硒、硒合金（Se/Te、Se/As）、硫化镉（CdS）、氧化锌（ZnO）等无机材料。有机光导材料与无机光导材料相比具有对半导体激光（780nm 或 830nm）光敏选择性好、分辨率高、易加工、成本低、低毒安全及材料选择范围大等优点。现在 70％以上的复印机采用有机光导鼓。另外，由于目前尚未发现对半导体激光（波长 780nm）敏感而实用化的无机光导材料，所以激光打印机和彩色复印机中几乎全部采用了有机光导材料。

为使有机光电功能材料的应用更广泛，人们在研究拓展有机光电功能材料应用性能的基础上正不断对各类材料进行新的分子设计、聚集态及器件设计，开发新的功能。已产业化的有有机光导激光打印机和复印感光鼓涂层用有机电荷产生与传输材料；利用压敏、热敏变色有机材料生产的传真纸、彩色和数字影像记录系统、无碳复写纸等；利用有机固态光化学反应进行的光信息储存可录激光光盘（CD-R）等。电子照相又称光电成像，是一种高新成像技术，包括光电复印和激光打印两种技术，前者是采用光消除静电来成像，后者采用激光/二极管发光来消除静电来成像，都涉及光与电能的相互作用，都需用一些特殊的染料。这种技术也已应用到纺织品的打印印花中。

10.3.1　激光打印原理

（1）激光打印过程
根据打印过程原理和作用机制，具体可分为如下六大步骤。
① 给鼓状或连续带状的光导层表面以均匀的静电荷；
② 将均匀的静电荷的表面在透过图像或从图像上反射出来的光线中曝光，在印有图像处，光被阻断不能进入电荷层，而曝光部分的电荷被消除，因此在光导层上形成一个潜在的静电图像；
③ 带相反电荷的有色（或发色）颗粒，被吸引到潜在的正图像上，图像的光导层表面显影；
④ 显现出来的图像再通过静电吸收，用偏电流辊或其他方法转移到被印物体上；
⑤ 使被印物上的图像固着；
⑥ 被印物表面清扫。

（2）有机光导体原理
主要由电荷产生材料（carrier generation material，CGM）制成的电荷产生层（CGL）和电荷转移材料（carrier transport material，CTM）制成的电荷转移层（CTL）组成。感光体受电晕放电处理后，表面上充满了均匀的电荷（正电荷或负电荷），受到光照时，CGL 中的 CGM 分子发生电子跃迁形成电荷载流子，当感光体表面带负电荷时，载流子中的空穴通过 CTL 中的 CTM 传递到表面与负电荷中和，使光照部位的电荷消失；如果感光体表面带正电，则载流子中的电子与通过 CTL 传递到表面和光照部位的正电荷中和，空穴和底部的负电荷中和。这样，未照光的部位保留着电荷，形成了静电潜影，当它和带有相反电荷的静电色粉接触后就能形成影像，将这个静电色粉的影像转印到纸上，再经热处理即得到复印件或打印件。

10.3.2　电荷产生材料

典型有机电荷产生材料（CGM）的结构有：蒽醌类、偶氮类、方酸类、菁染料、酞菁类等。

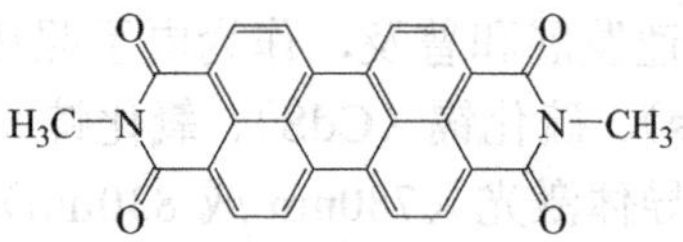

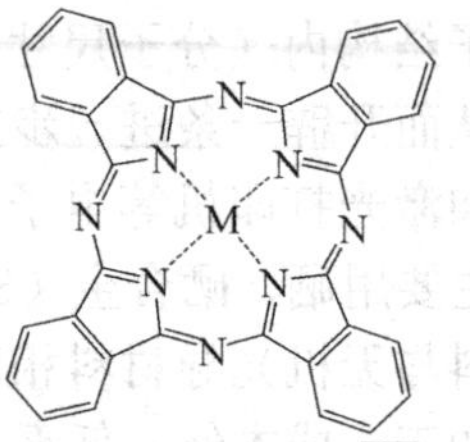

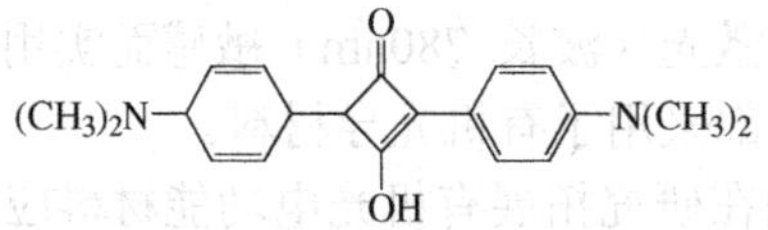

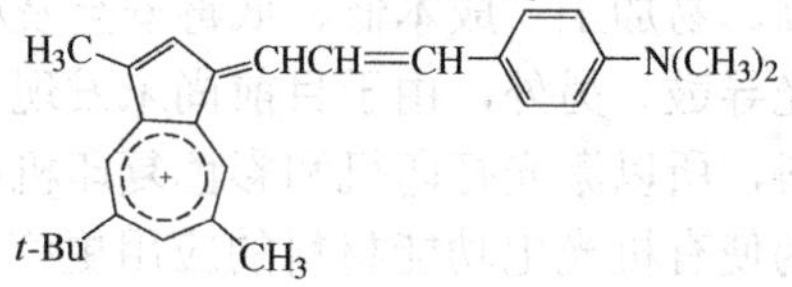

10.3.3 电荷转移材料

在 CTL 中的 CTM 分子能接受由 CGL 来的电荷，并把它传递到表面上，因此要求 CTM 从 CGL 接受电荷的效率要高，常用的有吡唑啉、腙、噁唑、噁二唑、芳胺、三芳甲烷等结构的电离势小、有给电子基取代的化合物。CTL 中的电荷迁移性要大，一般来说，CGM 和 CTM 的电离势之差越小迁移度越大。典型的共轭胺类结构的 CTM 材料化合物如下。

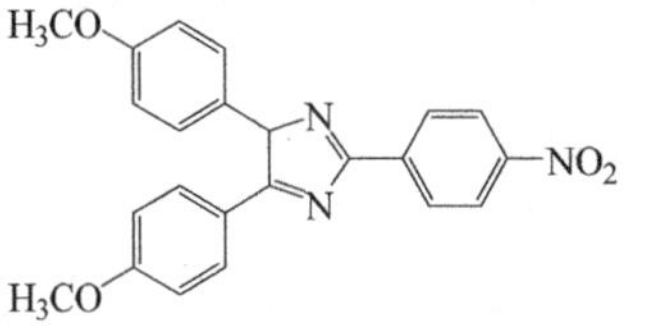

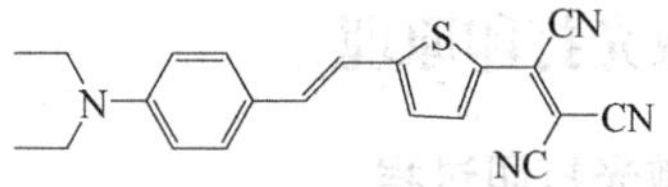

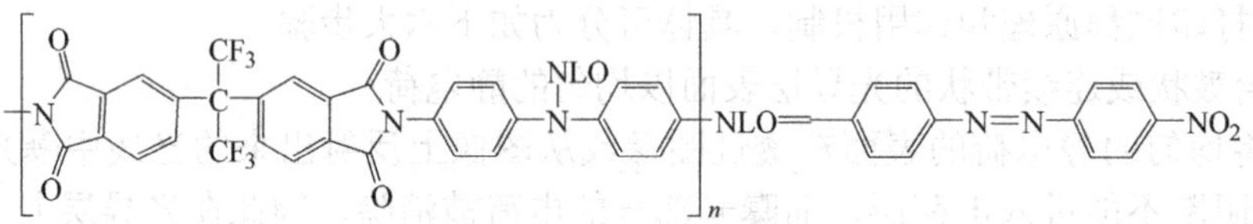

10.4 激光染料

10.4.1 激光与激光器

光波是从无线电波经过可见光延伸宇宙射线的电磁波谱中很窄的一段。激光（LASER，light amplification by stimulated emission of radiation）是经受激辐射引起光频放大的纯相干光辐射单色光，具有很强的能量密度。激光器已经成为在医学、工业及众多科研领域不可或缺的基本仪器设备。

1960 年 7 月 7 日《纽约时报》首先披露,美国物理学家希尔多•梅曼(Theodore H. Maiman) 成功制成了世界上第一台红宝石激光器，他以闪光灯的光线照射进一根手指头大小的特殊红宝石晶体，创造出了相干脉冲激光光束，这一成果后来震惊了全世界。在全世界顶尖的实验室都争取第一个发明激光器的情况下，梅曼当时的雇主洛杉矶休斯飞机公司（Hughes Aircraft Company）获得了成功。梅曼 1927 年 7 月 11 日生于加州洛杉矶，是一个电气工程师的儿子。1949 年科罗拉多大学硕士毕业后，梅曼来到斯坦福大学攻读博士研究生，并于 1955 年获得博士学位，他的导师是于 1955 年获得诺贝尔物理学奖的拉姆（Willis E. Lamb）。

在美国休斯飞机公司工作时，梅曼告诉老板希望能够制造一台激光器，但由于当时其他著名实验室都没有做出令人振奋的成果，休斯公司还是希望他在计算机方面进行一些"有用"的工作。但梅曼坚持要进行研究，并以辞职相威胁。最终公司给了他 9 个月的时间，5 万美元和一位助手。在第一台激光器获得成功后，梅曼又继续对激光器在医学治疗上的应用进行研究，尽管当时的公众认为这是一种"致死"的光线。不过，由于休斯公司并没有再对激光器的潜在应用进行更多的投入，梅曼选择了离开并于 1961 年创办了自己的 Korad 公司。

梅曼的论文工作并不顺利。他先把论文投到《物理评论快报》（PRL），但当时的编辑 Sam Goudsmit 认为这只是又一篇重复工作的文章，因此拒绝发表。后来梅曼将论文发表在《自然》上。经过多年的努力争取梅曼的成就得到了认可。尽管 1964 年的诺贝尔物理学奖并没有授予发明了世界上第一台激光器的他，而是给了此前发明了微波激射器并提出激光器原理与设计方案的美国贝尔实验室物理学家汤斯和苏联物理学家巴索夫、普罗霍罗夫，但梅曼仍两次获得诺贝尔奖提名，并获得了物理学领域著名的日本奖和沃尔夫奖。他还于 1984 年被列入"美国发明家名人堂"（National Inventors Hall of Fame）。在《自然》杂志一百周年纪念册中，汤斯将梅曼的论文称为该杂志 100 年来所有精彩论文中最重要的一篇。

（1）激光产生

光的产生总是和原子中的电子跃迁有关。假如原子处于高能态 E_2，然后跃迁到低能态 E_1，则它以辐射形式发出能量，其辐射频率为 $\gamma = (E_2-E_1)/h$。

能量发射有两种途径：一是原子无规则地转变到低能态，称为自发发射；二是一个具有能量等于两能级差的光子与处于高能态的原子作用，使原子转变到低能态同时产生第二个光子，这一过程称为受激发射。受激发射产生的光经光频放大后的纯单色光即为激光。

当光入射到由大量粒子所组成的系统时，光的吸收、自发辐射和受激辐射三个基本过程是同时存在的。在热平衡状态，粒子在各能级上的分布服从玻耳兹曼分布律 $N_i = N_e \mathrm{e}^{\frac{-E_i}{kT}}$。其中，$N_i$ 是处在能级 E_i 的粒子数；N_e 为总粒子数；k 为玻耳兹曼数；T 为体系的热力学温度。因为 $E_2 > E_1$，所以高能级上的粒子数 N_2 总是小于低能级上的粒子数 N_1，产生激光作用的必要条件是使原子或分子系统的两个能级之间实现粒子数反转。

染料激光器属于液体激光器，通过染料类型和浓度、溶剂种类、泵浦光源及使用各种非线性效应变频技术等，可扩大染料激光器的输出波长范围。1966 年制成的第一台染料激光器的工作物质为氯化铝酞菁染料，用脉冲红宝石激光器作泵浦发射激光（波长 694nm）照射氯化铝酞菁乙醇溶液时，酞菁分子便发射出 755nm 的激光束。目前染料激光中心调谐波长范围为 308～1850nm，染料产品已有近千种。

（2）染料激光原理

有机染料在可见光区域中有很强的吸收带，这是由于它们都有共轭体系构成的发色系统，对于一些简单的发色系统，人们可以运用经验的量子力学数据和公式预测其吸收性质，染料的长波长吸收带取决于电子从基态 S_0 到电子第一激发单线态 S_1 之间的跃迁。这个过程的跃迁矩（transition moment）通常很大，而反转过程对应于荧光同步辐射和染料激光器中受激同步辐射的过程。由于很大的跃迁矩，同步辐射的速率就很快（辐射寿命在纳秒数量级），因而染料激光的增益通常应超过固体激光器几个数量级。

用强光泵浦照射时（闪光灯或激光），染料分子被激发到单线态的较高能级，然后在几个皮秒内，它们弛豫到第一激发单线态的最低振动能级。对于最低激光效率而言，这时应期望染料分子保持在这一能级上，直到发生受激辐射，但由于存在许多非辐射失活过程的竞争，荧光效率会降低。这些非辐射过程可归结为两种类型：一是激发态直接到 S_0 的弛豫过程（内转换，internal conversion）；另一种是系间穿越到三线态的过程。由于三线态分子具有较长的寿命（微秒级），导致在泵浦过程中染料分子在第一激发三线态能级上的积累，而通常三线态分子对激光有吸收，对于这些都是应当避免的。同样，也应避免第一激发单线态对泵浦光和激光的吸收。

由于光同步辐射是通过自发辐射向外发出光而形成的，这种辐射是各自独立的、随机的，所发出的光子总是沿着四面八方传播，光能分散，光强度也不可能很强；又由于各光子间没有固定联系，相干性很差，要实现激光作用就必须产生振荡，造成"粒子数反转"。在工作物质的两侧，互相平行的全反射和部分反射两块反射镜组成光学谐振腔，受激辐射的光在其间来回不断地被反射，每经过一次工作物质就得到一次激发，进而使大量分子分布在第一激发单线态；当激发态分布大于基态分布且光放大到超过光损耗时就产生了光的振荡，并从谐振腔内的反射镜发射出激光。

按染料激光器的工作方式可分为连续波式染料激光器和脉冲式染料激光器两类。染料激光器的泵浦源有闪光灯泵浦及氮分子激光、红宝石激光、Nd：YAG 激光、准分子激光、负离子激光、氦离子激光等泵浦。泵浦方式有纵向、横向、斜向三种。

10.4.2　激光染料

激光染料的化学结构主要有联苯、噁唑、二苯乙烯、香豆素、呫吨、噁嗪、多亚甲基菁等类别。

（1）联苯类

联苯类结构染料的激光调谐范围在 310～410nm，是一类研究得较早且激光输出性能较稳定的紫外区激光染料。如 2,2-二甲基对三联苯（$\lambda=312～352$nm）和 3,5,3′,5′-四叔丁基对五联苯（$\lambda=360～410$nm）。

（2）噁唑、噁二唑类

该类染料激光调谐范围在 350～460nm，典型有 2-（4-联苯基）-5-苯基-1,3,4-噁二唑（PBO，$\lambda^L=312～352$nm）和 1,4-二[2-(5-苯基噁唑基)]苯 （POPOP，$\lambda^L=360～410$nm）。

（3）二苯乙烯类

该类染料有较好的稳定性，调谐范围为 395～470nm，如 4,4′-二苯基二苯乙烯（DPS）及双（二苯乙烯-3,3-二磺酸钠）都是常用蓝光区的激光染料。

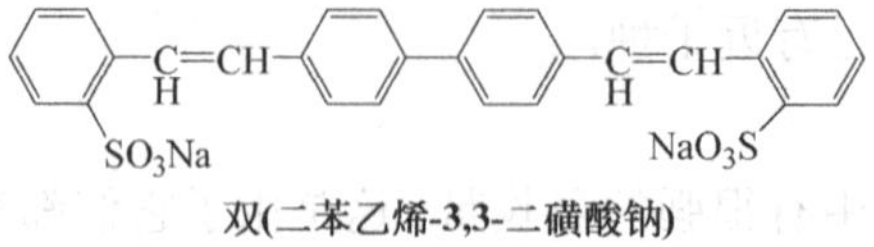

双(二苯乙烯-3,3-二磺酸钠)

（4）香豆素类

香豆素类染料有很好的荧光效率，是使用较广的激光染料，其输出激光范围为 420～570nm。通常这类化合物的衍生物在 7 位上有电子给体（较为普遍的是乙氧基、二烷基氨基等），在 3 位上有吸电子取代基时其吸收和辐射波长向长波方向移动。利用刚性化原理设计合成了如下"蝴蝶"式香豆素衍生物（1），X 为 N、O 或 S 等杂原子，具有接近于 100%的荧光量子效率。

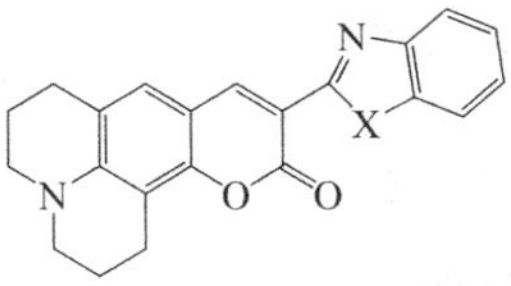

(1)

这类化合物的 Stokes 位移随环境变化也很大，如下列化合物（**2**）在丙酮溶剂中 Stokes 位移为 67nm，而在聚酯中则达 115nm。化合物（**3**）的 Stokes 位移在极性溶剂中达 110nm，在激光染料及太阳能聚集器上均有应用。

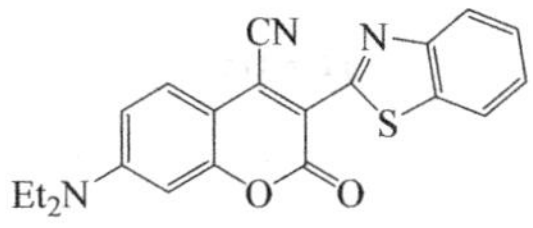

(2)

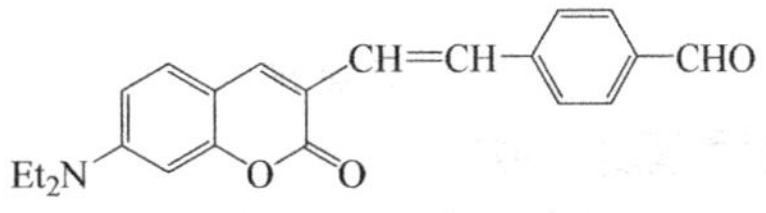

(3)

（5）呫吨类

呫吨类是一类常用的激光调谐范围为 500～680nm 的激光染料，典型的是罗丹明 6G 和荧光素，其激光输出效率较高。它们不同于香豆素类染料，通常是水溶性的，但常常在水溶液中又生成聚集体。呫吨染料中发色π电子分布是两个相同权重的共轭体：

因此其激发态和基态均不存在着与分子长轴方向平行的静电双偶极矩，主吸收带跃迁平行于分子长轴，荧光光谱与长波吸收带成镜面对映关系，Stokes 位移（10～20nm）较小。

罗丹明类化合物的研究有两大发展趋势：其一是在氨基氮原子上连接一些"天线分子"（**4**）或在苯基羧酸基上连接"天线分子"（**5**），形成三发色团或双发色团荧光染料，其目的是通过"天线分子"对紫外线能量的充分吸收，将能量有效地传递到罗丹明母体，从而提高激光输出效率。

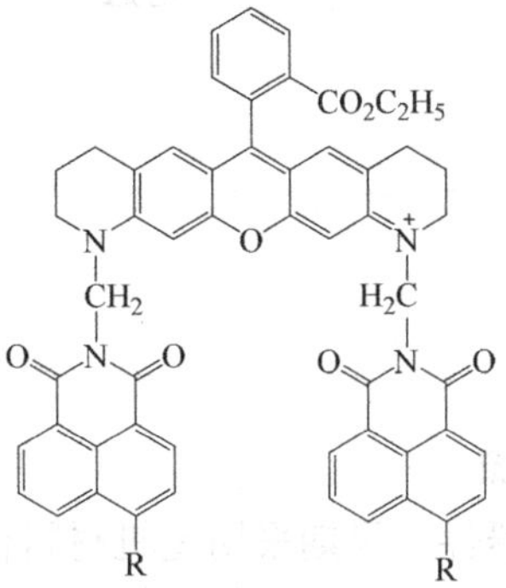

(4)

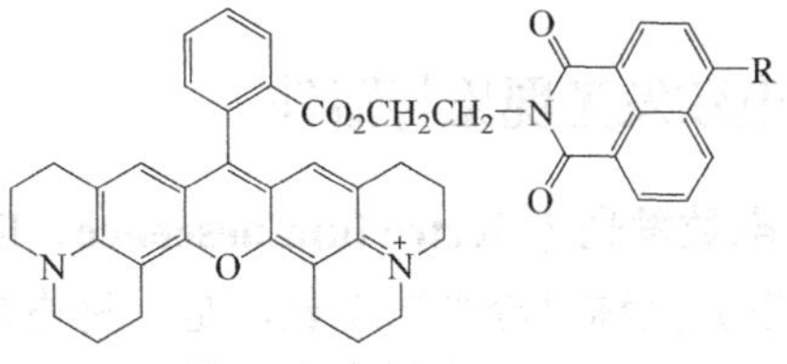

(5)

其二是采用扩大共轭体系的手段，将这类化合物的吸收延至长波长区域，其中最典型的是如下化合物（**6**），其最大吸收波长为 667nm，发射波长为 697nm，量子效率达 0.55。

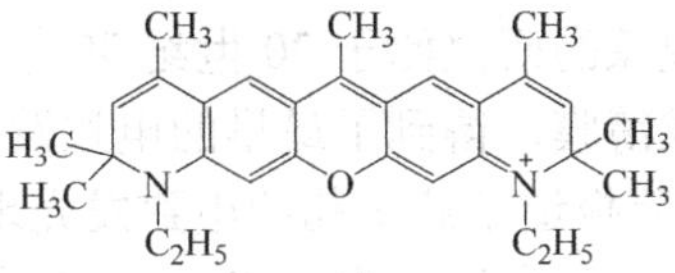

(6)

（6）噁嗪类

它是红外及近红外区域激光染料，调谐范围为 600～780nm，有较好的稳定性，Stokes 位移约 30 nm。常用的有甲酚紫（**7**）、噁嗪 1 及噁嗪 750。

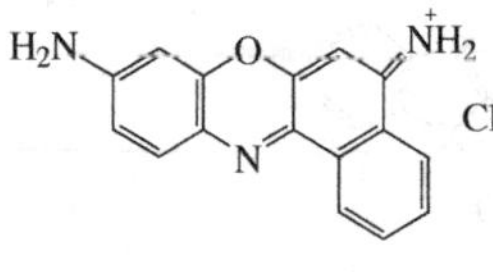

甲酚紫(7)

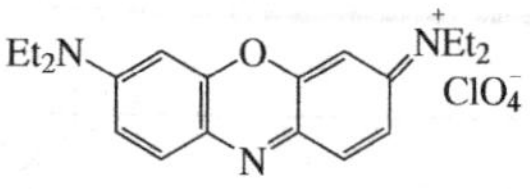

噁嗪1

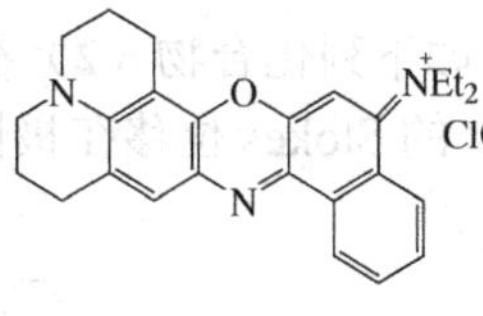

噁嗪750

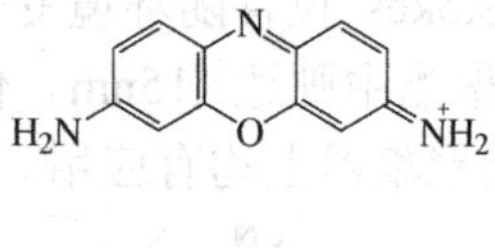

噁嗪118

（7）多亚甲基染料类

它能产生红外区域激光，调谐范围从 650～1800 nm，增多亚甲基链，激光波长也增大，但亚甲基链过长，染料的稳定性降低。此类染料中苯乙烯染料具有激光输出效率高、调谐范围宽、Stokes 位移大等优点，由可见光区的光激发可得到近红外区的激光。如 4-二氰亚甲基-2-甲基-6-(*p*-二甲氨基苯乙烯基)-4*H*-吡喃（DCM）的调谐范围为 610～710nm。

多亚甲基染料还可以用作饱和吸收体，利用其对饱和染料的非线性吸收特征，在激光器内可获得窄脉宽、高功率激光脉冲。与用转镜 Q 开关相比，具有结构简单、使用方便、无电干扰等优点，在染料激光器里进行被动锁模可获得微秒级超短脉冲激光。如 1-乙基-4-[4-(*p*-甲氨基苯基)-1,3-丁二烯]吡啶高氯酸盐（吡啶 2）、3,3'-二甲基噁三碳菁碘盐（DOT）等。

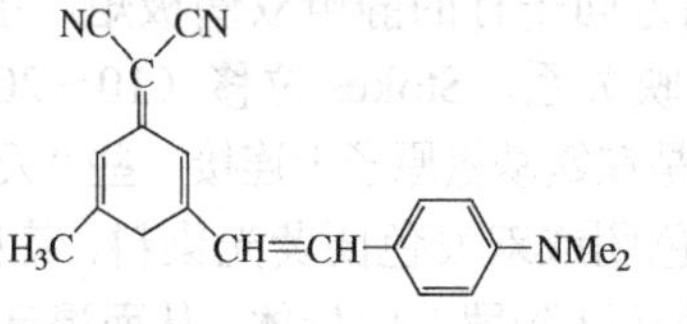

DCM

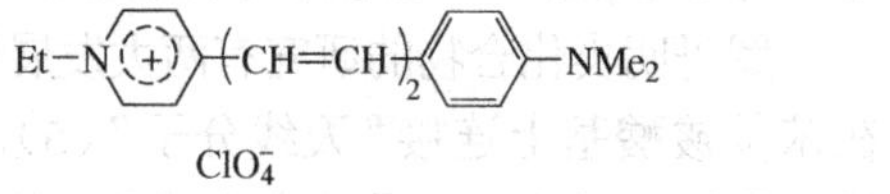

吡啶2

10.5 有机电致发光材料

10.5.1 电致发光现象与器件

（1）电致发光（electro luminescence，EL）现象

电致发光又称"冷光"现象，是一种电控发光器件。早期采用无机材料作为发光材料，其发光效率差，而且无法制成大型显示器和纤维状制品。采用功能有机染料作为有机电致发光材料，以高分子材料作基体，有可能制成超薄大屏幕显示器、可弯曲薄膜显示器和薄膜电光源等。

对有机化合物电致发光现象的研究始于 20 世纪 30 年代中期。1936 年 Destriau 将有机荧光化合物分散在聚合物中制成薄膜，得到了最早的电致发光器件。

1963 年纽约大学 M.Pope 等报道了蒽单晶的电致发光现象。随后 Helfrich 等相继报道了蒽、萘、并四苯等稠杂芳香族化合物的电致发光。Vincett 等用各种缩合多环芳香族化合物及荧光染料，制成 EL 薄膜器件。

1982 年 Vincentt 用蒽作为发光物质，制成的有机电致发光器件能发蓝光。但由于发光效率和亮度较低，未能引起人们注意。

1987 年美国 Eastman Kodak（柯达）公司 C.W.Tang 等采用超薄膜技术及空穴传输效果更

好的 TPD（三芳胺化合物）有机空穴传输层，制成了直流电压小于 10V 驱动的高亮度、高效率有机薄膜电致发光器件（organic electro luminescent device，OELD）。使有机 EL 获得了划时代的发展。随后，日本安达等发明了利用电子传导层-有机发光层-空穴传导层的三层结构，同样得到了稳定、低驱动电压、高亮度的器件。

（2）电致发光器件研究进展

1989 年 Tang 再次报道对发光层进行了 DCM_1、DCM_2 掺杂，使掺杂的荧光产生率达未掺杂的 3~5 倍，得到了黄、红、蓝绿色的有效电致发光。使有机 EL 在多色显示方面表现出更大的优越性。

有机薄膜电致发光属于注入式的激子复合发光，即在电场的作用下分别从正极注入的空穴与从负极注入的电子在有机发光层中相遇形成激子，激子复合而发光。这种器件都为多层结构，其中的有机功能染料发光层是决定发光光谱、强度、效率及寿命等指标的因素。

有机电致发光材料主要分为分子型与聚合物型两类。有机电致发光器件操作寿命是其广泛应用的关键，"分子型"元件已经证明了它有更高的电致发光效率及更好的元件性能，其耐久性、亮度及颜色方面的控制较佳。而聚合物电致发光没有小分子纯，但聚合物型的元件拥有易加工成型、易曲性比"分子型"材料好等优点。

1990 年 Burronghes 等首次提出用共轭高分子 PPV（聚对苯乙炔）制成聚合物有机 EL 器件，在低电压条件下可发出稳定的黄绿色光。从而开辟了聚合物电致发光这一高技术领域。

1992 年 Braum 等用 PPV 及其衍生物制备了发光二极管，得到有效的绿色和橙黄色两种颜色的发光。为了降低电子注入的能垒，Greenham 等合成了 MEH-CN-PPV。此后，Garten 等用聚 3-辛基噻吩为发光层制成电致发光器件，使得有机 EL 的研究向纵向发展。

1994 年 Kido 利用稀土配合物研制出发纯正红色的 OELD。中国稀土资源丰富，为研究开发稀土有机发光材料器件提供了十分有利的条件。

1997 年单色有机电致发光显示器首先在日本实现产品化。

1998 年 Baldo 等采用磷光染料对有机发光层进行掺杂，制备的器件发光效率随掺杂浓度的增大而增大。

1999 年日本先锋公司率先开发了为汽车音视通信设备而设计的多彩有机电致发光显示器面板并开始量产；同年 9 月，使用了先锋公司多色有机电致发光显示器件的摩托罗拉手机大批量上市；10 月美国 Sanyo Electric 公司和 Eastman Kodak 公司又共同研发了一款全彩面板。有机电致发光显示器件已从研发进入了实用化阶段，从样品研制到批量化生产阶段，从仅能提供单色显示发展到了可提供多色显示和全色显示的高级阶段。

1999 年 Daldo 等在研究激子传输规律后提出了用 BGP（一种传输电子的有机导电聚合物）做空穴阻挡层。用磷光染料掺杂制得的 OELD 内量子效率达 32%。2000 年 Daldo 等又用二苯基吡啶铱掺杂到 TAZ（三氮唑）等材料中制得的电子传输材料，其器件发光效率达 15.4%±0.2%。

2002 年牛俊峰等合成了在聚对苯亚乙炔主链末端引入蒽基团的电致发光材料。

正是因为有机电致发光应用前景诱人，国际上许多著名公司都投入了大量的人力、物力，如 Du Pont（杜邦）、Dow Chemical（陶氏化学）、Philips（飞利浦）、Osran（欧司朗）等。

10.5.2　有机电致发光材料

电致发光是物质受电子激发（带电粒子的注入）而发出光的辐射现象。电致发光器件是一种电控发光器件。这种发光固体器件具有应答速度快、亮度高、视觉广等优点，可用于制成薄型的、平面的、彩色的发光器件。电致发光材料的研究已成为重要的高技术应用研究课题之一，是开发平板显示器所必需的关键材料。有机电致发光材料是继无机材料后新一代的电致发光材料，具有荧光和发光效率高、功耗低、结构易设计、发光色彩齐全等优点。2000 年度诺贝尔化学奖获得者 Alan Heegerc 认为"此领域的发展将会异常迅速"。

有机电致发光体系是一个开放式结构体系，其发光点形成微小的"像素"。每一个像素能独立地被打开或关闭并且能创造多重的颜色。以高分子材料为基体链接含大π共轭发色体结构（功能染料发色团）的有机薄膜电致发光材料，能创造全部动感的图像并制成超薄大屏幕显示器、可弯曲薄膜显示器、快速开关的大面积薄膜光源及新型光转换器等，在军事、高技术产业等领域有广阔的应用前景。

有机电致发光材料在结构上有分子型和聚合型两大类，与聚合型有机材料相比分子型有机材料易分子设计，便于研究结构与性能的内在规律性关系，从而揭示其机理过程。此外，分子型有机材料电致发光元件具有操作寿命长、亮度高、颜色全等优点，其器件化开发前景好、较易市场化。具有分子内电荷迁移系的大π共轭发色体结构是分子型有机电致发光材料的基本结构特征，其电子结构与几何构型间存在着非常紧密的联系，在电激发后会引起注入式激子复合发光现象。

有机电致发光材料主要由载流子传输材料和有机发光材料等组成。

（1）载流子传输材料

载流子传输材料应具备以下条件：能够形成无针孔的均匀超薄膜；在接触电极和有机界面能形成电子匹配；保持使带电粒子及激发光子在发光层内部有效存在的能量关系；具有电荷输送能力。载流子传输材料可分为空穴传输材料和电子传输材料两类。

① 空穴传输材料：空穴传输材料一般应具备较高的空穴迁移率、较低的离化能、较高的玻璃化温度、大的禁带宽度，及可形成高质量薄膜和稳定性好等特点。主要应用的空穴传输材料有多芳基甲烷、腙类化合物、多芳基胺化合物和丁二烯类化合物等。其中多芳基胺化合物空穴的活度大，具有优良的空穴传输能力，它与各种黏结树脂有很好的互溶性，在多层有机电致发光器件中，胺类化合物可以起到阻挡层的作用，因此引起研究者的广泛注意。有代表性的空穴传输材料如 TPD、NPB（**8**）、PVK（**9**）等。空穴传输材料的分子设计及合成研究的重点在于材料要有高的耐热稳定性；在 HTL 阳极界面中要减少能垒障碍；能自然形成好的薄膜形态。新型的结构有（**9**）和（**10**）等星射型（starburst）空穴输送材料。

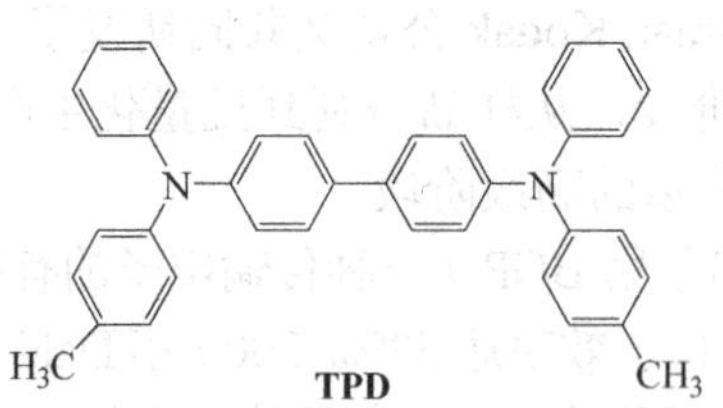

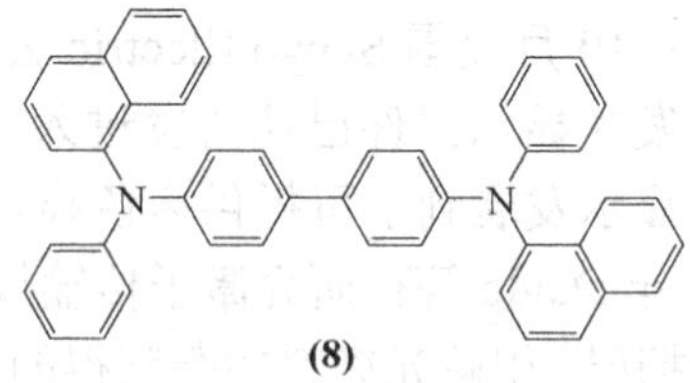

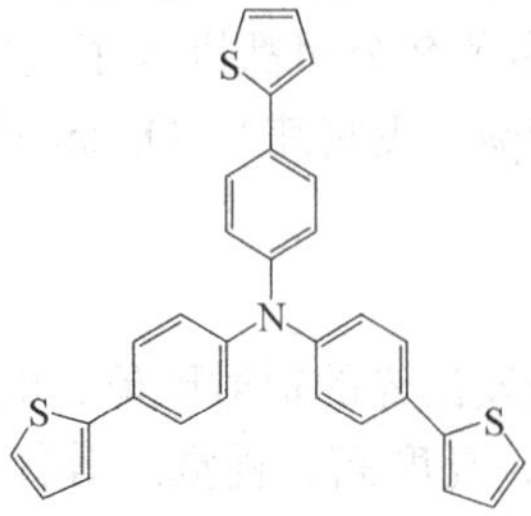

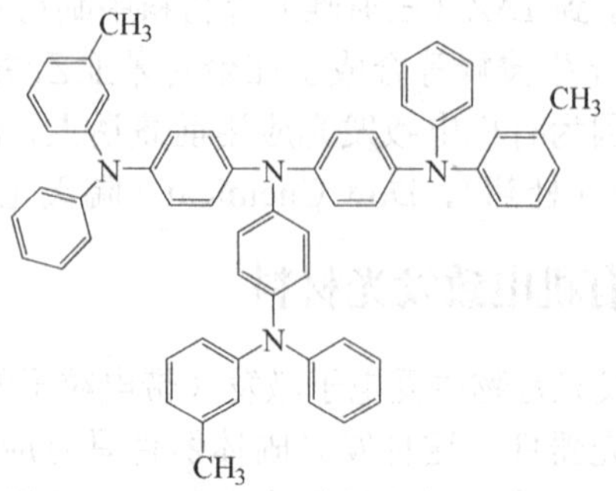

② 电子传输材料：电子传输材料一般应具备较高的电子迁移率、较高的电子亲和势、较高的玻璃化温度、大的禁带宽度、可形成高质量薄膜、稳定性好。8-羟基喹啉和三价铝离子结合所生成的一种复杂的配位化合物 AlQ$_3$ 是最常用的电子传输材料。由于其分子具有高度的对称性，所以 AlQ$_3$ 薄膜的热稳定性和形态稳定性非常好。因为 AlQ$_3$ 膜的厚度小，电致发光响应时间很短（小于 1μs）。用 AlQ$_3$ 作电子输送层的厚度一般小于 1000Å（1Å$=10^{-10}$m），这样可以减少驱动电压。其他有代表性的结构化合物有噁二唑、三氮唑、苊类及噻吡喃硫酮等，如 PBD、TAZ、TPS 等。

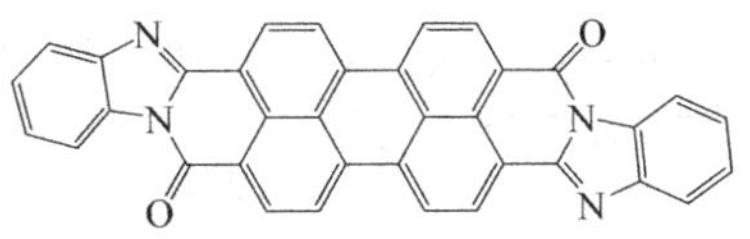

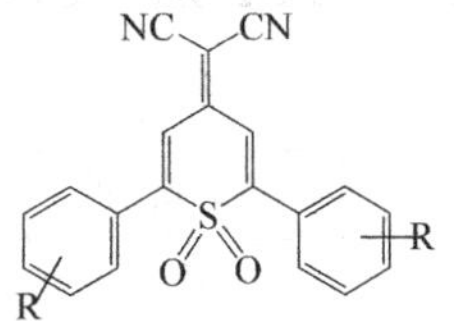

TPS

（2）有机发光材料

作为有机电致发光器件的发光材料，应具有较高的荧光量子效率，且荧光光谱要覆盖整个可见光区域；具有良好的半导体特性，或传导电子，或传导空穴，或既传导电子又传导空穴；具有合适的熔点（200～400℃），且有良好的成膜特性，即易于蒸发成膜，在很薄（几十纳米）的情况下能形成均匀、致密、无针孔的薄膜；在薄膜状态下具有良好的稳定性，即不易产生重结晶，不与传输层材料形成电荷转移络合物或聚集激发态。

有机电致发光器件用发光材料可分为两类，一种是电激发光体，其本身已具有带电荷输送性质，也称为主发光体。主发光体又分为传输电子和传输空穴两种。也有一些有机化合物是两性的，既可导电子又可输送空穴。这类材料常跟传输电荷层一起使用，以让正负电荷再结合所产生的激子能够被局限在有机层的界面处发光。另外一种发光体被称为客发光体，是用共蒸镀法把它分散在主发光体中。这些荧光染料具有非常高的荧光效率，这种组合甚至还可以产生液晶显示市场上所需要的"白光"或称"背光源"。

① 金属喹啉化合物：以 8-羟基喹啉铝（AlQ$_3$）和 8-羟基喹啉锌（ZnQ$_3$）为代表的金属络合物，因其具有高的荧光效率，良好的半导体特性和成膜特性，在薄膜状态下具有良好的稳定性等特点而被广泛应用。常用的喹啉铝是一种性能优良的发光材料，能传导电子和空穴，有优良的成膜特性、较高的载流子迁移率及稳定性。稀土络合物也是重要的有机分子型发光材料。典型结构化合物如 AlMQ$_3$、AlQ$_3$Cl、ZnQ$_2$、BeQ$_2$、CaQ$_3$、BTPOXD、DPNCI 等。

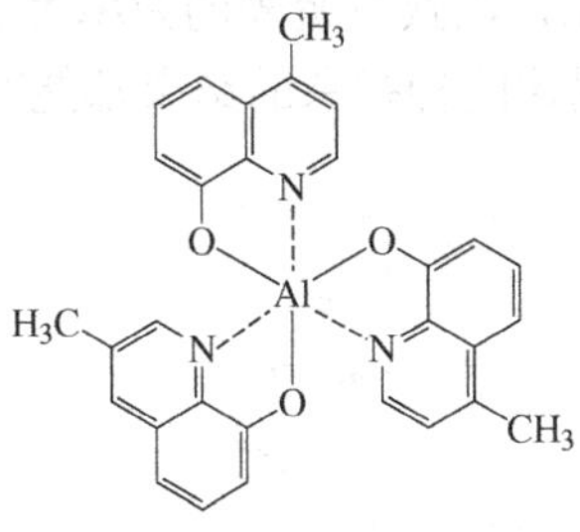

AlMQ$_3$ 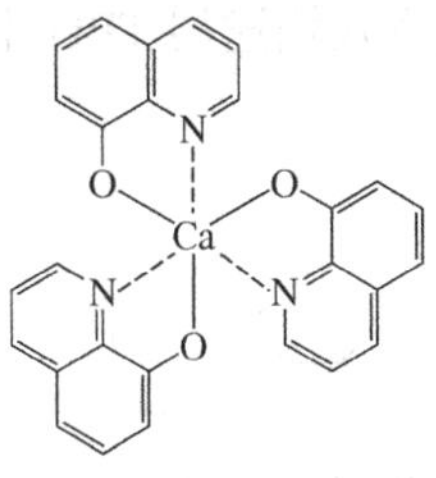   CaQ$_3$ 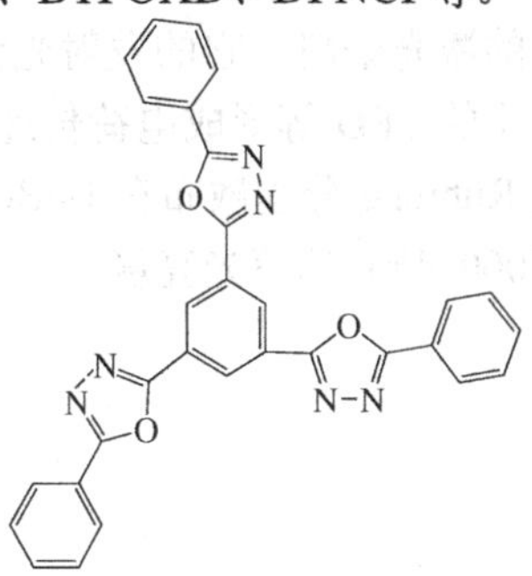   BTPOXD

② 噁二唑类衍生物（oxadiazole，OXD）：是荧光性很强的一类化合物，耐热性良好、玻璃化温度较高。既可作电子传输材料又可作发光材料。噁二唑系材料的光致发光和电致发光波段在蓝光和绿光区域；电致发光亮度可达 100～300cd/m^2，工作电压在 20V 左右；在空气中

稳定性好，真空高温易蒸发成膜。已被用来构建有机电致发光器件的电子传输层，如含单 1,3,4-噁二唑结构和双 1,3,4-噁二唑结构的 PBD 材料。

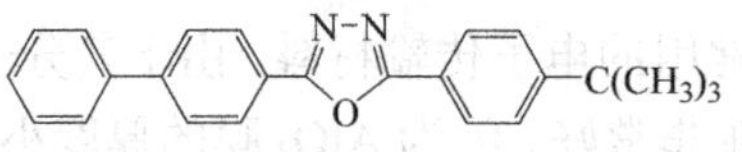

PBD

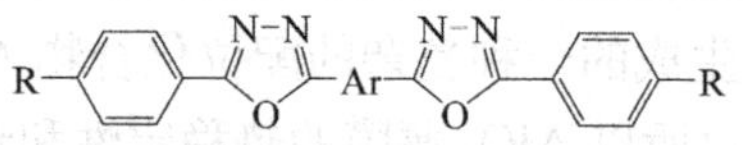

主链和侧链含有 1,3,4-噁二唑环系的高分子有机电致发光材料在单层电致发光器件中可发射从蓝色到黄色各种颜色的光。已被合成并用于电致发光器件电子传输层。典型结构化合物如 P-P68、P-P71、PODSi、PODSiN 等。

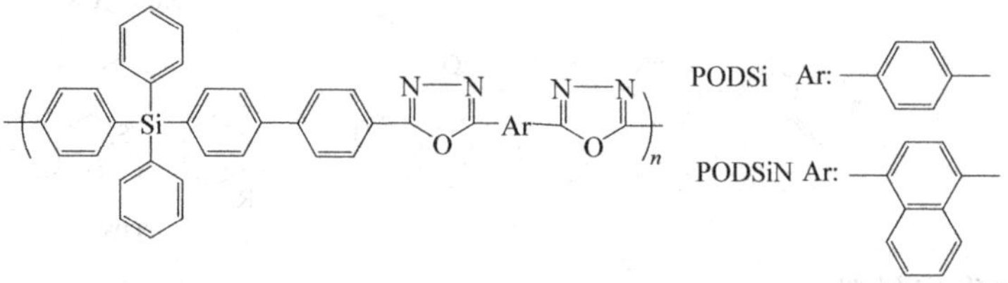

PODSi Ar:

PODSiN Ar:

咔唑及其衍生物也是一类很好的有机光导材料。咔唑基有空穴传输性能。化合物 NA-PVK 由电子传输基团噁二唑类衍生物（OXD）环、空穴传输基团咔唑和发光基团 1,8-萘二甲酰亚胺组成。该材料化合物将不同发色团引入同一高分子侧链，有望提高其发光性能，用该化合物构成的单层电致发光器件有较高的发光效率。

③ 三氮唑（1,2,3-triazole，TAZ）的发光 λ_{max} 为 464nm，为蓝色。它比噁二唑类衍生物具有更好的电子输送能力。因为三氮唑有较高的 LUMO 能位，可被用来作三层式 EL 元件里激子的局限层。

有机染料发光体通常是一些强荧光有机染料，它们接受来自被激发的主激发体的能量，经能量传递而导致不同颜色（蓝、绿、红）产生。值得注意的是这些高荧光度有机染料在超过一定的浓度下（尤其是在固态中）发射峰会往长波段延伸，荧光效率也会在高浓度下急速下降甚至完全猝灭，而且荧光的波带会变宽。高荧光有机染料的发光波长和猝灭（自我骤熄）问题的解决均可通过分子设计及结构修饰来调整，这是该类材料研究的重点。有机染料发光体典型结构有：

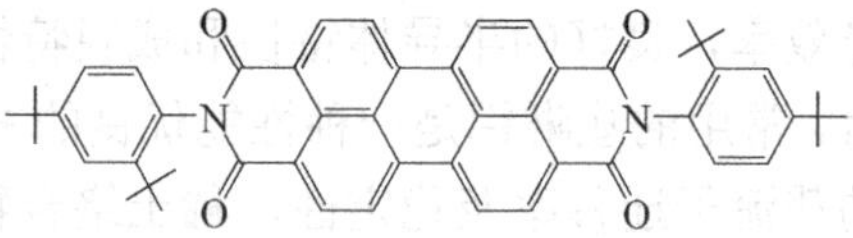

红

1,8-萘酰亚胺类通常发绿色光。蓝色荧光染料还有荧光增白剂，如 BBOT 是个很好的蓝色的激光染料，它的发射光波长 λ_{max} 为 450nm，而且荧光量子效率也很高。但它易与空穴输送层的 TPD 等形成电荷传递复合物，而导致绿色的电致发光，以致发蓝光的效率大大降低。把 Rubrene 分别散布在 BeBq$_2$ 层或空穴输送层 TPD 中，发现这两种掺杂的结果都能产生超过 10000cd/m^2 的蓝光亮度。

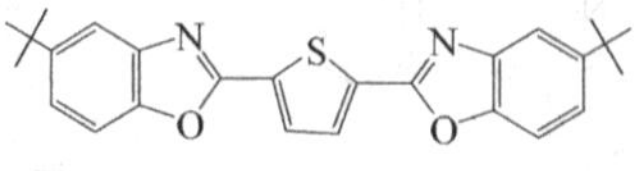

BBOT

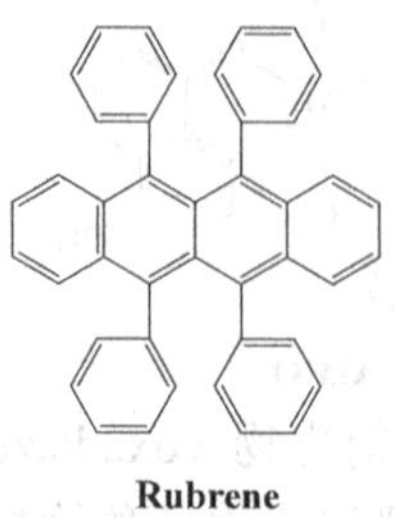

Rubrene

多芳基取代的苯二乙烯（DSA）衍生物是较好的蓝电致发光体系列，它的基本结构如下所示。这些发蓝光的染料以 DSA 三取代衍生物为主，光峰在 440～490nm 之间，发光亮度平均在 1000cd/m^2 左右。

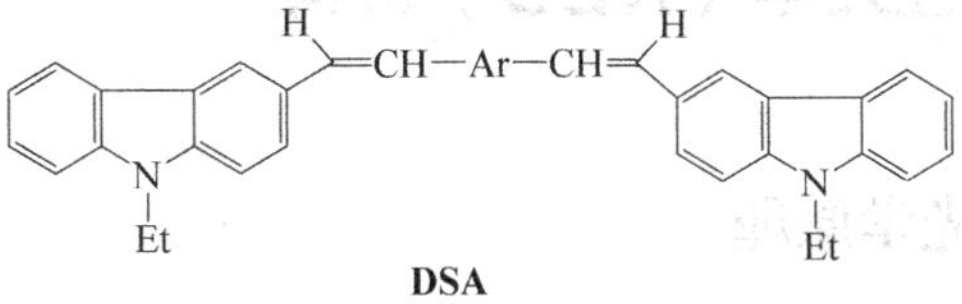

DSA

强红光荧光发光染料不像蓝与绿光体那么多。如罗丹明的 GaCl$_4^-$、InCl$_4^-$、TaCl$_4^-$ 盐等曾被用来做掺杂成橘红色的 EL。用 DCM、DCJ 掺杂的 AlQ$_3$ 可以发红光。

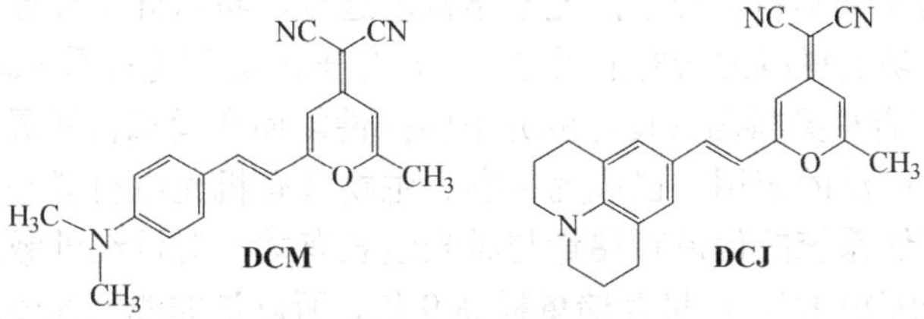

DCM   **DCJ**

白光是将电致发光的三种不同的荧光染料（蓝、绿、红）混合而成。电致发白光的器件构造层次是 ITO/TPD(40nm)/p-EtTAZ(3nm)/AlQ$_3$(5nm)/Nile red[1%（摩尔分数）]掺杂 AlQ$_3$（5nm）/AlQ$_3$（40nm）/Mg：Ag。RGB 器件的构造层次是 ITO/TPD（60nm）/NAPOXA（15nm）/AlQ$_3$（30nm）/DCM（0.3%）掺杂 AlQ$_3$（20nm）/AlQ$_3$（20nm）/Al，其电致发光效率为 0.5lm/W，可得到 4750cd/m^2 亮度的全色光，可用作低压光源。

Nile red(尼罗红)   **NAPOXA(蓝光)**

10.5.3 有机悬挂体系电致发光材料

在电致发光聚合物中掺杂少量的高荧光效率染料，可大大提高电致发光亮度并调节颜色。但由于简单的掺杂染料是分散在聚合物中，与聚合物只有微弱的范德华力作用，产生的效率不高，稳定性也差。有机悬挂体系电致发光材料为有机染料类"发光单元"与可溶性共轭可聚合载流子注入传输体键连合成的电致发光材料。该类材料可看作是一种分子内含有有机染料发光体的"悬挂体系"。共轭体系中大部分难溶于有机溶剂，采用可溶性共聚法制备时步骤多、时间长、产物纯化困难。将发光单元引入共轭可聚合载流子材料中，这样的材料有分立的发光中心，又溶于一般有机溶剂，给器件制作带来了极大的方便。如聚乙烯咔唑（PVK）即可看作是一种悬挂体系电致发光材料。

有机悬挂体系电致发光材料的结构设计关键在于悬挂发光基团的选择。Aguiar 等合成了芘基作为悬挂发光基团的聚合物，名为聚（芘基-对甲氧基）苯乙烯。这个聚合物是可溶的，并有极好的成膜性能，作为 LED 的有源层，发出蓝光发光波长为 450nm。Aguiar 还合成了每两个苯乙烯单元悬挂有一个多取代蒽发色基团的聚合物，其发光波长 590nm。

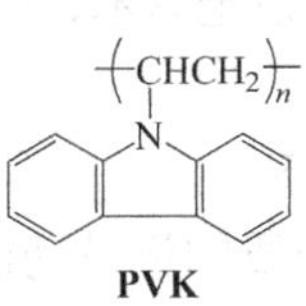

PVK

10.6　有机非线性光学（NLO）材料

10.6.1　分子非线性光学原理

（1）分子非线性光学

分子非线性光学是研究分子的光子学机理过程、揭示材料分子设计及电子结构特征与性能间规律性联系的新兴学科。分子的光子学机理过程、材料分子设计及结构与性能等研究属目前较为活跃的新功能材料的研究前沿之一。含分子内电荷迁移系（charge-transfer system, CT 系）的 π 共轭结构有机染料因其良好的光电转换性能而在模拟自然界光合作用、光物理、光电化学等方面具有广泛的应用，已成为化学、生物和有机光电材料等功能材料领域的研究热点。由于光信息存储系统的信息存储量与激光波长有关，对近红外激光采用三阶非线性光学材料可将激光波长缩短 1/3，信息存储量提高 9 倍，所以说非线性光学材料是激光技术和实现光计算、光存储等的重要物质基础。随着激光技术的广泛发展和应用，非线性光学材料的研究已成为重要的高新技术应用研究课题之一，国家已列入 863 高新技术项目。

非线性光学材料的研究早期以无机材料为主。有机材料由于具有光学非线性活性高、响应时间快、结构易设计、光学损伤值高等优点而备受注目。20 世纪 90 年代前关于有机材料的研究主要集中在二阶非线性光学材料上。人们合成发现了众多类的二阶有机非线性光学材料。理论上探索非线性光学效应的微观机理与化合物结构间相互影响的关系，提出了"电荷转移（CT）"理论和分子工程、晶体工程的概念及系统具体的分子设计方法。有机功能染料具有分子内电荷迁移系的大 π 共轭结构，在光、电等能量激发下会产生一些特殊的应答（如三阶非线性光学极化），因此运用有机发色体结构模型设计开发三阶非线性光学材料用功能染料是染料产品功能化、高附加值化的研发方向之一。

光在介质中传播时，光电场作用于原子的价电子上使价电子产生位移，引起介质的极化。由光电场引起的电极化强度的线性非线性光学效应可用 Maxwell 方程描述。

材料的极化：
$$P = P_0 + \chi^{(1)} E + \chi^{(2)} E^2 + \chi^{(3)} E^3 + \cdots \qquad (10\text{-}1)$$

分子的极化：
$$p = \mu + \alpha E + \beta E^2 + \gamma E^3 + \cdots \qquad (10\text{-}2)$$

式中，P 和 p 分别为表示宏观和微观极化效应的极化强度；$\chi^{(2)}$ 和 $\chi^{(3)}$ 分别为材料的二阶和三阶非线性极化率，其值越大非线性光学效应越灵敏；β 和 γ 分别为材料分子的二阶和三阶非线性超极化率。μ 为永久偶极矩；系数 α 为分子的线性极化率。当分子间的相互作用不强时，材料的 $\chi^{(3)}$ 为每个分子的张量元之和。

一般的光源，其电场强度与原子内的电场强度相比是很微弱的，近似呈线性光学。而激光是功率大、单色性好、方向性好的强光，相干性和光电场强度均很大。非线性光学材料在激光的激发下发生非线性极化，从而产生各种新现象和新效应。它可以改变入射光的频率及波长；引起材料的折射变化；发生多波相干混频，即当多种不同频率的光入射后，会产生新的组合频率的相干光及产生光学参量振荡。由于非线性光学材料具有其特殊的功能，在现代高新技术中得到广泛的应用，包括光通信、光信息处理、光存储及全息术、光计算机、激光武器及激光医学等。

（2）非线性光学材料的用途

非线性光学材料的主要应用领域如下。

① 变频，使记录介质匹配，提高介质的记录功能；

② 倍频和混频，对弱光信号的放大；

③ 改变折射率，用于高速光调节器和高速光阀门；

④ 利用非线性响应，实现光记录、光放大和运算，及激光锁模、调谐等功能。

非线性光学材料的研究早期以无机材料为主。现在实际应用的材料也是以无机化合物为多数。如石英、磷酸二氢钾、铌酸锂、磷酸氧钛钾、β-偏硼酸钡等。但无机材料的非线性光学现象主要是由晶格振动引起的，倍频系数不高，不能满足用于小功率激光的倍频，而有机非线性材料主要是由共轭π电子引起的，所以能得到高的响应值和比较大的光学系数。而且，有机材料吸收波长范围易调、有机分子易于设计和裁剪组装及合成制备，同时，有机材料光学阈值高，便于加工成型及器件化。

10.6.2 有机二阶非线性光学材料

关于有机材料的研究早期主要集中在二阶非线性光学材料上。实验合成发现了多种二阶有机材料。理论上探索非线性光学效应的微观机理与化合物结构间相互影响的关系，提出了"电荷转移"理论和分子工程、晶体工程的概念及系统具体的分子设计方法。二阶非线性光学材料主要结构类别有硝基苯胺、二氯硫脲、羟甲基四氢吡咯、硝基吡啶、氨基硝基二苯硫醚、苯基或吡啶基过渡金属羰基化合物及多取代醌、二茂铁有机物等。通常扩大给体与受体之间的共轭体系能增加倍频系数值，但是由于增加共轭不可避免地造成了其光谱吸收红移，从而限制了其实际应用。一些不对称 1,2-二苯乙炔中的—C≡C—桥连部分能明显减少分子的电荷转移性，使β值降低。为解决这一问题，Nguyen 等提出新桥连接给体与受体的方法，从而提高材料的光学透明度。

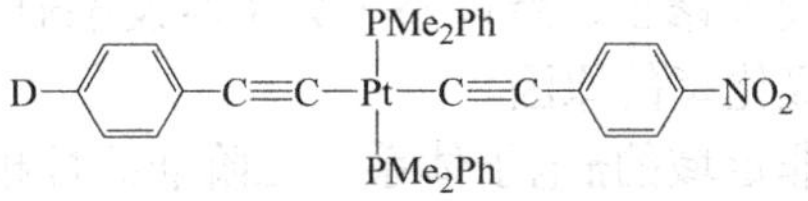

以上化合物不仅具有良好的可见透明性及优良的热稳定性，而且其β值也有明显增加。非线性光学材料做成器件时一般要具有经受 250℃ 的短时高温和承受 100℃ 左右加工和操作的长时间热稳定性。

以 1-双 (二氰亚甲基)-1,2-二氢化茚（DBMI）作电子受体，以 APT 为电子给体的、具有推拉效应的非线性光学材料，其二阶非线性分子超极化率β值为 1.024×10^{-30}esu，达到了一些聚合物的水平，且热稳定性也相当好。

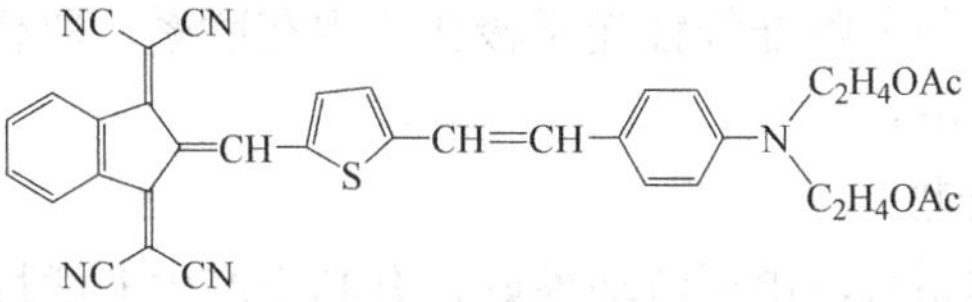

二氢化茚类分子(APT-DBMI)

由于酞菁环状中心对称结构，通常将其考虑为三阶非线性光学材料。1994 年 Hamumoto 等首先发现钒氧酞菁（VOPc）膜的一阶非线性光学特性（SHG），表明具有中心对称的酞菁膜也具有 SHG 特性，如非取代的 CuPc 和 H₂Pc。选择合适的给体和受体及具有分子内电荷转移特性的不对称酞菁化合物作为二阶非线性光学材料应当是有前途的，如硝基-3-叔丁基取代的酞菁 LB 膜的 SHG 特性等$\chi^{(2)}$为（2~3）×10^{-8}esu。

10.6.3 有机三阶非线性光学材料

三阶非线性光学效应包括非共振的克尔效应、光学双稳态、光学相共轭和三次谐波产生

（THG）等。因其在相共轭、光计算和光通信、光参量振荡和放大、光混频及动态全息摄影及作为光谱学工具等方面的广泛应用前景而成为近十多年来非线性光学材料研究的重点。有机三阶非线性光学材料主要分为以聚双炔为代表的共轭高分子和以含发色团的共轭染料为代表的共轭低分子化合物两类。

日本京都工业大学的松冈贤教授等研究了 1,5-萘醌系化合物的多层分子拟三维结构特性及光导性能、三阶非线性光学性能等，揭示了有机色素化合物良好的三阶非线性光学性能。国内已有中科院感光所、大连理工大学、浙江工业大学、四川大学等开展了有机三阶非线性材料及性能测试与理论计算等研究。但目前国内外对三阶有机材料的研究大多以共轭高分子化合物和简单有机共轭低分子化合物为主。对三阶材料的非线性光学机理、复杂分子设计及分子非线性光学理论计算等研究尚未形成系统理论，尤其在材料的微观分子结构与性能及材料类型等方面的研究更显薄弱。因此，通过分子设计、裁剪和组装技术合成一些π共轭系有机低分子材料，一方面用作大型激光光路（如四波混频光路）和有机光波谱等实验方法，研究检测材料的微观分子结构、晶体构型和三阶非线性光学性能参数；另一方面建立分子三阶非线性光学模型进行数值计算，与实验结果对比研究，从分子层面上探索材料分子的空间三维有序微观结构、晶型等与性能间的内在联系，揭示材料的三阶非线性光学机理，从而建立可行的分子设计理论模型。这是在该研究领域取得突破性进展的关键。

有机功能色素在光、电等能量刺激下会产生一些特殊的应答如三阶非线性光学极化，因此运用有机发色体结构模型设计具有较强的光电耦合特征的有机大π共轭结构三阶非线性光学材料是功能色素研究的重要方向之一。有机功能色素类三阶非线性光学材料的电子结构与几何构型间存在着非常紧密的联系，由光激发引起的分子的几何弛豫起源于激发态π电荷密度的瞬间变化，即波函数的较大修正，所以整个分子激发态π电荷的瞬间变化是引起整个π电子骨架具有较强非线性光学极化率的原因。

有机材料的极化源于非定域的π电子体系。三阶非线性极化率$\chi^{(3)}$和分子三阶非线性超极化率γ是材料非线性光学性能的主要指标。具有分子内电荷迁移系的大π共轭结构分子有较强的光电耦合特征，增大共轭体系、减小能隙可获得较高的三阶超极化率的三阶非线性光学材料。因此，具有离域π共轭电子结构的高分子化合物及以含发色团的共轭染料为代表的共轭小分子化合物可作为优选的三阶非线性光学材料。这也是有机色素材料的基本结构特征。

对该领域的研究涉及的规律性认识和科学问题如有机色素材料的分子非定域大π共轭结构、空间三维有序结构、晶体的分子层结构与三阶非线性光学极化的内在规律性联系，分子结构对称性和不对称性与三阶非线性光学极化的内在联系，取代基对应用性能的影响等是应用基础研究的关键和前沿。

（1）偶氮色素化合物

偶氮化合物共轭体系长，电子流动性好，有利于产生非线性光学效应。它可以多层涂层应用于光学器件中。一些两端含吸供电子基的偶氮芳环化合物具有较高的三阶超极化率。如下化合物（**11**）的$\chi^{(3)}$值达 6×10^{-13}esu。在偶氮结构中引入芳香族羧基和芳香族磺酸基会明显增强材料的 THG 效应。在偶氮芳环化合物材料中已观察到了光学双稳现象，这表明光学双稳现象可能具有电子过程，即光诱导的折射率变化的性质。化合物（**12**）不但具有较强的 THG 效应，而且在 700~900nm 内发光，在单一波长光照射后可以产生含宽范围波长成分的变频光，在其光谱中出现了多条干涉条纹，这是折射率变化所致。

（2）醌构色素化合物

醌构染料具有分子内电荷迁移系，这非常有利于产生激光辐射，引起较大偶极矩差。蒽醌类化合物结构中的对醌基团为吸电子基（A），芳环和引入的氨基、羧基等为供电子基（D）。吸供电子基的排列可为左右对称的直线形排列，或者以一个吸电子基（或供电子基）为中心使供电子基（或吸电子基）呈放射状排列，这样相邻的吸供电子基之间所产生的永久偶极矩之差就可能是最大限度地减小而获得较大的三阶超极化率。研究表明，分子内吸供电子基排列对称性高时，激发态与基态间偶极矩差小，故蒽醌类化合物的 $\chi^{(3)}$ 值对称结构的远大于非对称结构的。在蒽醌环上引入强供电子的氨基大大加强了 CT 系使分子内的诱导偶极矩增大，从而提高 $\chi^{(3)}$ 值。

1994 年高建荣等设计并合成了多个系列醌构稠杂环三阶非线性光学色素材料（见表10-1）。该系列类别材料分子具有较长的拟一维π共轭系母体结构，分子内π电荷的迁移性强。电子的非简谐效应比较显著，易因光致激发使分子的跃迁偶极矩增大而呈现较高的分子三阶非线性超极化值。如表 10-1 中 3D DFWM（简并四波混频法）实验测定和计算萘醌并噻唑、四氧二苯并噻蒽化合物溶液的红外区、非共振 $\chi^{(3)}$ 值达 $(3.7\sim4.3)\times10^{-13}$ esu，γ 值达 $(3.8\sim4.4)\times10^{-31}$ esu。双(1,4-二羟基萘)四硫代富瓦烯衍生物的 $\chi^{(3)}$ 值达 $(4.3\sim5.9)\times10^{-13}$ esu，γ 值达 $(8.6\sim11.9)\times10^{-31}$ esu。

表 10-1　醌构化合物三阶非线性光学性质 $\chi^{(3)}$ 和 γ 值

序号	化合物	λ_{max}/nm	$\chi^{(3)}/10^{-13}$ esu	$\gamma/10^{-13}$ esu
1	2-苯基-4,9-萘醌并噻唑	381.5	3.75	3.74
2	2-(4′-羟基苯基)-4,9-萘醌并噻唑	427.6	3.84	3.89
3	2-(4′-二甲氨基苯基)-4,9-萘醌并噻唑	507.5	3.811	3.82
4	2,2′-苯基-二(4,9-萘醌并噻唑)	450	4.32	4.38
5	5,7,12,14-四氧二苯并噻蒽	488	4.11	4.12
6	双(1,4-二羟基萘)四硫代富瓦烯	400	5.94	11.91
7	双(1,4-二乙氧基萘)四硫代富瓦烯	375	5.05	9.95
8	双(1,4-二正丁氧基萘)四硫代富瓦烯	374.5	4.48	8.77

萘醌并噻唑化合物的 γ 值比类似结构的苯并噻唑类化合物的 γ 值要高 $10\sim10^3$ 量级，呈对称结构且其分子拟一维π共轭系较长的母体结构，有利于减少能隙，使得基态和激发态的永久偶极矩之差较小而增大其 γ 值。双（1,4-二乙氧基萘）四硫代富瓦烯的 $\chi^{(3)}$ 达 5.94×10^{-31} esu，γ 达 11.91×10^{-31} esu。这是由于在较长的线性分子结构中对称分布的羟基给电性较强，增加了π电子共轭系的电荷密度。同时由于羟基的极性作用增加了分子间的作用力，使得分子定向排列而形成拟二维或三维π共轭分子结构，对提高分子的 γ 值和材料的 $\chi^{(3)}$ 值均十分有利。

在较大平面结构的醌构化合物母体结构中引入取代基和杂原子的作用主要为形成吸供型π共轭体系，增强分子内的电荷迁移性。在四硫代富瓦烯结构中，多硫杂环中硫原子的 p-π 共轭增强作用明显，两端组装上带有给电子的萘环后既增长了分子的π共轭系，又由于稠杂环上给电子基羟基及烷氧基的促进作用，使得分子的π电荷密度进一步提高而具有较强的光电耦合特征，易在光电场激发下发生电子云分布的畸变，显示较高的三阶非线性光学活性。5,7,12,14-四氧二苯并噻蒽分子中噻蒽环上两个硫原子的π电子离域性较强，使得其 γ 值较高。其真空镀膜（厚 1.9μm）的 $\chi^{(3)}$ 值达 4.7×10^{-31} esu。在萘醌并噻唑分子中接上带不同取代基的芳环后，由于立体效应使得芳环侧转而形成拟二维共轭结构，对提高分子的 γ 值和材料的稳定性都有利。

（3）稠杂环类色素化合物

该类化合物以茚环分子为多。简并四波混频法（DFWM）研究苯并噻唑、苯并噁唑、苯并咪唑等化合物的 THG 效应表明：由于不存在单或双光子共振，该类分子的非线性光学效应直接取决于分子构型。分子的三阶超极化率随着拟一维分子的共轭链的增长而明显增大。在共轭结构中含硫的稠环对 γ 贡献明显。咪唑分子中氮键对分子中电子从拟一维到拟准二维离域有利。对苯并噻唑类衍生物，因为是硫杂环分子其 γ 值较高。在结构上增加分子的共轭长度、在分子中嵌入双键或供电子基以增大 π 电子的离域度等均能明显地增大化合物分子的 γ 值。

2003 年高建荣等设计合成了双偶氮-9,10-蒽二酮、偶氮-1,3,4-噻二唑、对称型苯并二呋喃酮等三大系列新型有机色素类三阶非线性光学材料化合物，研究了化合物在非共振状态下的三阶非线性光学性能，探讨了分子结构与三阶非线性光学性能间的关系。典型结构如下：

在分析三阶非线性光学性能原理和参数模型的基础上，采用飞秒激光，应用简并四波混频测量技术，测试并计算拟合了 41 个目标化合物在非共振状态下的三阶非线性光学极化率 $\chi^{(3)}$、非线性折射率 n_2、分子二阶超极化率 γ 及响应时间 τ 等性能参数。双偶氮-9,10-蒽二酮类化合物的 $\chi^{(3)}$ 为（2.62~3.93）$\times 10^{-13}$esu，n_2 为（4.82~7.24）$\times 10^{-12}$esu，γ 为（2.57~3.84）$\times 10^{-31}$esu，τ 为 86~116fs。偶氮-1,3,4-噻二唑类化合物的 $\chi^{(3)}$ 为（3.31~4.29）$\times 10^{-13}$esu，n_2 为（6.08~7.89）$\times 10^{-12}$esu，γ 为（3.44~4.29）$\times 10^{-31}$esu，τ 为 69~112fs。对称型苯并二呋喃酮类化合物的 $\chi^{(3)}$ 为（2.86~3.21）$\times 10^{-13}$esu，n_2 为（5.26~5.91）$\times 10^{-12}$esu，γ 为（2.92~3.42）$\times 10^{-31}$esu，τ 为 88~98fs。

探讨了分子结构与三阶非线性光学性能之间的关系。离域能小的共轭骨架、非中心对称结构、长的共轭链、吸供取代基的引入、取代基强的供电子性或吸电子性、长的吸供电子取代基之间的距离，及良好的共平面程度等因素有利于获得较大的三阶非线性光学性能。

2017 年贾建洪等设计并合成了 10 多个以喹吖啶酮为电子受体的有机三阶非线性光学材料，用 Z 扫描技术在脉冲 190fs 条件下对目标化合物分子进行了三阶非线性光学性能检测。发现在受体和供体之间引入不同的 π 桥对分子的非线性响应有很大的影响，与苯并噻二唑相比，噻吩可以减小受体和供体之间的夹角，增大分子的共轭长度，从而增强分子内的电子流动。同时供体的供电能力越强，分子的三阶非线性响应越强。典型结构如下：

QA-1

QA-2

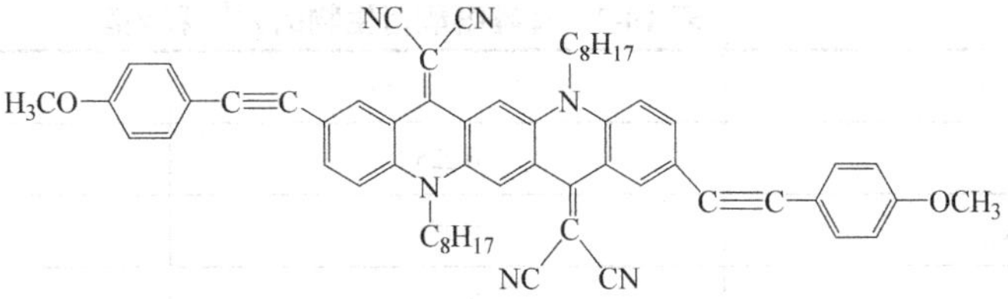

QB-1

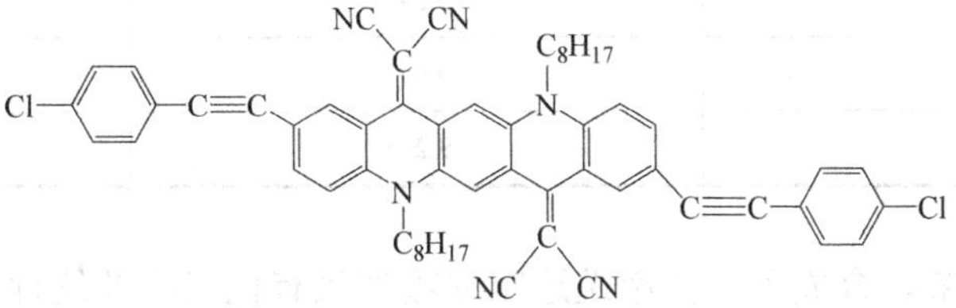

QB-2

喹吖啶酮衍生物的 $\chi^{(3)}$ 和 γ 值见表 10-2。

表 10-2   喹吖啶酮衍生物的 $\chi^{(3)}$ 和 γ 值

化合物	$\chi^{(3)}/10^{-12}$esu	$\gamma/10^{-33}$esu
QA-1	21.196	13.856
QA-2	13.420	9.475
QB-1	15.456	6.944
QB-2	14.608	6.621

以喹唑啉酮为电子受体设计合成了三个系列有机三阶非线性光学材料（$K_1 \sim K_6$），研究了不同给电子基团和共轭长度对分子三阶非线性的影响。并用 Z-扫描技术检测了其三阶非线性光学性质。结果见表 10-3。

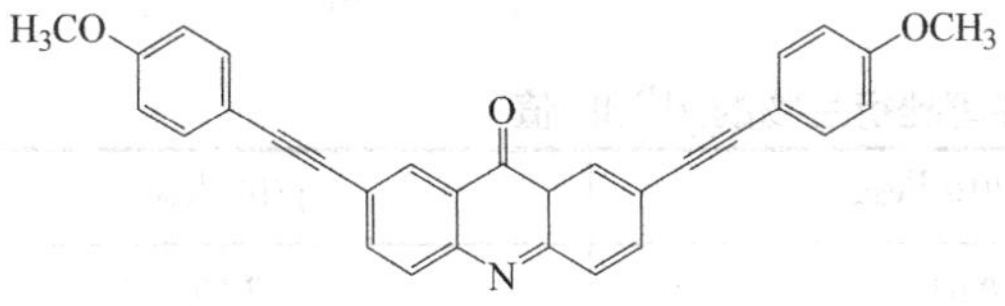

K_1

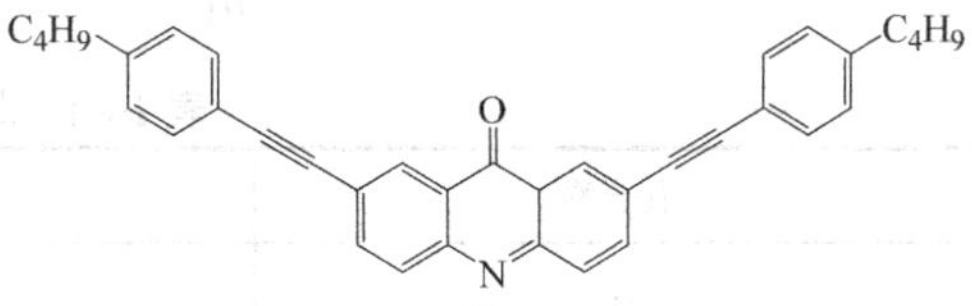

K_2

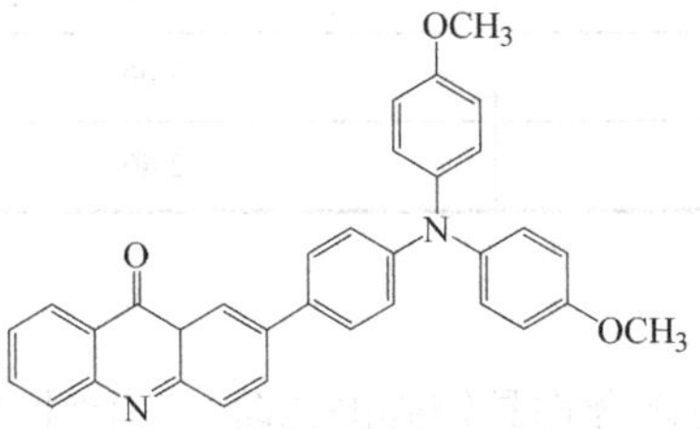

K_3

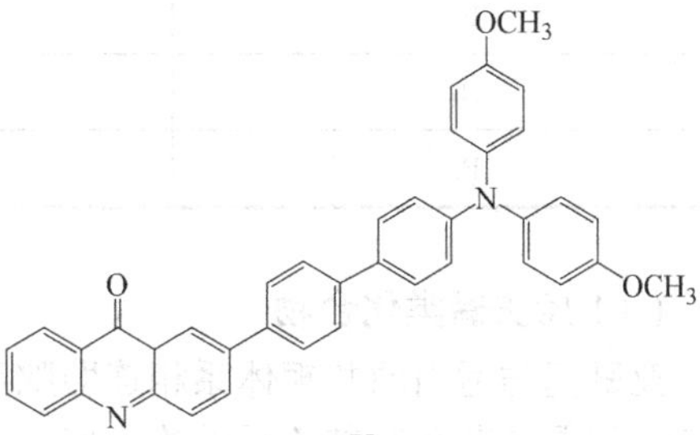

K_4

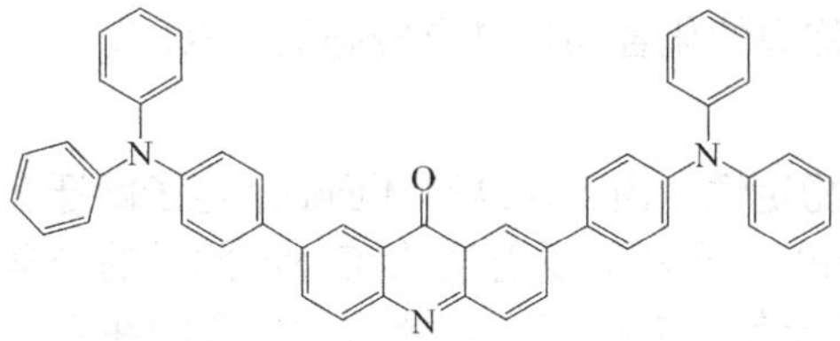

K_5

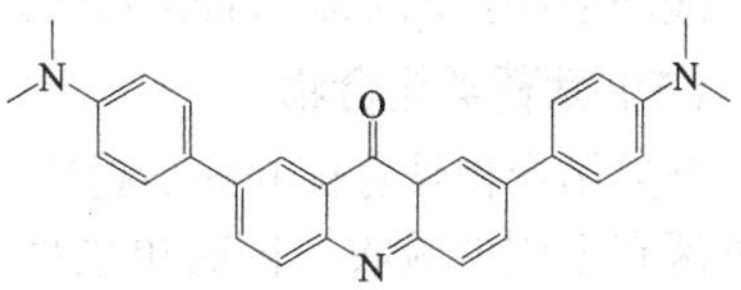

K_6

表 10-3　喹唑啉酮衍生物的 $\chi^{(3)}$ 和 γ 值

化合物	$\chi^{(3)}/10^{-13}$esu	$\gamma/10^{-31}$esu
K_1	6.225	8.374
K_2	5.086	5.779
K_3	7.752	2.026
K_4	9.295	2.799
K_5	9.691	3.462
K_6	9.295	2.113

2017 年高建荣等合成了三芳甲烷连苯并噻唑系有机三阶非线性光学材料（$B_1 \sim B_4$），用 Z-扫描测试技术在 532nm 条件下检测衍生物的三阶非线性响应值。结果见表 10-4。

表 10-4　苯并噻唑衍生物的 $\chi^{(3)}$ 和 γ 值

化合物	$\chi^{(3)}/10^{-13}$esu	$\gamma/10^{-31}$esu
B_1	0.631	3.50
B_2	1.420	8.61
B_3	1.262	7.00
B_4	0.552	2.40

（4）席夫碱类化合物

亚氨基与适当的共轭体系相连即腙系或席夫碱类化合物具较强的二阶、三阶非线性光学效应。与偶氮苯和对苯乙烯结构类似，在单席夫碱结构中引入吸供电子基及芳香羧基和芳香族磺酸基会明显增强其 THG 效应。一些对称型的化合物也具有较强的 THG 效应。

（5）酞菁类化合物

该类化合物具有优异的热稳定性和化学稳定性。由于在酞菁环面 π-π^* 电子跃迁在可见和近红外区有很强的吸收，同时单层酞菁铜（CuPc）和覆盖反射层的 CuPc 薄膜的光学写入特性研究表明，在激光辐射前后可以获得较高的反射率对比度。因此该类化合物在光信息存储领域具有潜在的应用价值。具有二维 π 电子共振结构的 AlPc-F、GaPc-Cl 等化合物通过共振作用增强了其 THG 效应，$\chi^{(3)}$值分别为 5×10^{-11}esu 和 2.5×10^{-11}esu。在酞菁环上引入不同的取代基以获得高$\chi^{(3)}$值的材料是该类化合物研究与分子设计的重点。

（6）菁染料类化合物

菁染料具有典型的类多烯结构，包括在可见和红外光区有吸收的菁阳离子、部花菁和链花菁等。微扰理论 INDO/SDCI 法计算结果表明，菁染料分子的γ值随着链长增长，当 $n\geq6$ 时达 1×10^{-33}esu。当 n 足够大时端基影响减弱，其γ值与多烯烃γ值相近。

10.6.4 有机金属色素三阶非线性光学材料

金属有机配合物是由金属（主要是过渡金属）中心原子（或离子）和有机分子配位体通过配位键直接键合而成的。金属有机配合物除具有有机非线性光学材料的多数优异性能外，还由于金属中心，特别是具有多变的价电子数和空的 d 电子轨道的过渡金属或空 f 电子轨道的稀土金属的引入给分子非线性光学材料的研究带来了新的空间和新的变化。与传统的无机材料相比，有机及金属有机三阶非线性光学材料具有非线性光学系数高、响应时间快、介电常数低和良好的可加工性等无可比拟的优点。分子具有较高的基态偶极矩、极化率和较低的激发态能量，这非常有利于提高材料的非线性光学响应速度；分子内存在着独特的从金属到配体（MLCT）及从配体到金属（LMCT）的跃迁，可使分子内电荷密度分布发生明显的畸变，从而使材料的非线性光学性能得到进一步优化。

通过合理的分子设计可构筑形状各异的三维空间结构。借助金属原子 d 电子轨道或 f 电子轨道的参与，有可能使有机配位体π共轭体系在空间维度上得到进一步扩大，这种独特的分子结构可能会带来优化的非线性光学性能。而且通过精确的结构修饰，金属和有机配体结合后，分子的光学可调性、氧化还原可调性和整体电子性能等均可进行控制，从而整体优化非线性光学性能。引入过渡金属可改善材料的溶解性，有利于提高材料的可加工性。

（1）金属酞菁化合物

酞菁很稳定，在空气中加热到 400～500℃都无明显分解。由于它们具有优良的热稳定性和多方面的化学适应性，成为非线性光学材料的研究热点。由于在酞菁环面π-π*电子跃迁在可见和近红外区有很强的吸收，同时单层酞菁铜（CuPc）和覆盖反射层的 CuPc 薄膜的光学写入特性研究表明，在激光辐射前后可以获得较高的反射率。具有二维π电子共振结构的 AlPc-F、GaPc-Cl 等化合物通过共振作用增强了其 THG 效应，$\chi^{(3)}$值分别为 5×10^{-11}esu 和 2.5×10^{-11}esu。在酞菁环上引入不同的取代基以获得高$\chi^{(3)}$值的材料是该类化合物研究与分子设计的重点。酞菁分子的另一优势是易与多种金属络合，所以可通过金属原子来调节大环分子的电子性质。

2004 年李琳等研究了金属酞菁的中心离子、取代基对材料三阶非线性光学性能的影响，结果见表 10-5。以苯硫基钛菁锌（$C_{56}H_{32}N_8S_4Zn$）、苯硫基铝钛菁（$C_{56}H_{32}AlClN_8S_4$）和烷氧基铝钛菁（$C_{56}H_{32}AlClN_8O_4$）为研究对象，在 DMF 溶液中，采用 Z-扫描技术，532nm 皮秒激光光束下测得三种材料的三阶非线性极化率$\chi^{(3)}$。中心离子的影响主要在于三重态量子收率。由于苯硫基酞菁锌的三重态量子收率大于苯硫基酞菁铝的三重态量子收率，所以使得苯硫基酞菁锌的三阶非线性光学极化率大于苯硫基铝酞菁。金属酞菁的光学非线性极化率与电子云的密度有关，苯硫基基团比烷氧基基团的吸电子能力小，和酞菁平面大π键作用使得电子云密度变化小，导致三阶非线性光学极化率有差别。

表 10-5　金属酞菁衍生物的 $\chi^{(3)}$ 值

化合物	$\chi^{(3)}/10^{-11}$ esu
$C_{56}H_{32}N_8S_4Zn$	1.353
$C_{56}H_{32}AlClN_8S_4$	0.729
$C_{56}H_{32}AlClN_8O_4$	1.303

2008 年 Zhao 等以稀土元素镧（La）、钆（Gd）和镱（Yb）为金属离子与酞菁形成配合物，与正戊糖形成聚合物，在 532nm、脉冲时间 25ps 下，用 Z-扫描技术检测了材料的三阶非线性光学性质。结果见表 10-6。

表 10-6　稀土酞菁衍生物的 $\chi^{(3)}$ 和 γ 值

化合物	$\chi^{(3)}/10^{-12}$ esu	$\gamma/10^{-29}$ esu
LaPPc	3.18	1.82
GdPPc	2.60	1.48
YbPPc	2.53	1.45

2008 年 Wang 等设计合成了末端镍酞菁功能化的高分枝聚芳基酮醚。并用 Z-扫描技术检测了该材料的三阶非线性性能，三阶非线性极化率 $\chi^{(3)}$ 为 0.98×10^{-11} esu。

2008 年刘大军等合成了四叔丁基萘酞菁铅化合物，并用 Q 倍频 Nd YAG 脉冲激光系统，在波长为 532nm 下，测得化合物的非线性折射率 n_2 和三阶非线性极化率 $\chi^{(3)}$ 分别为 2.42×10^{-11} 和 7.91×10^{-12} esu，通过计算得到分子二阶超极化率 γ 为 3.4×10^{-29} esu。研究认为：在纳秒激光下化合物具有较大分子极化率，主要与铅原子的重原子效应、叔丁基的空间位阻效应及萘环的共轭效应相关。萘环的引入使酞菁化合物共轭体系 π 电子具有更大的离域性，增强了分子自旋-轨道耦合，增加了 1S1-3T1 的系际跃迁概率，提高了三重态分子布居数，增强了三重态吸收。

2009 年 He 等设计合成了一种含四羧酸铜酞菁衍生物，并用自组装方法制备了一种含该染料的薄膜材料，用 Z-扫描技术在脉冲为 4ns 和 20ps 条件下对该铜酞菁衍生物在溶液中和制成薄膜后的三阶非线性光学性能进行了检测并对比了实验结果。发现四羧酸铜酞菁衍生物制成薄膜材料后比在溶液中具有更好的三阶极化率 $\chi^{(3)}$ 和二阶超极化率 γ。同时认为，铜酞菁大环的 π-π 电子重叠和相互作用是产生三阶非线性光学性质的重要原因。

（2）二硫代烯金属有机配合物

1986 年 Bousseau 等首次报道了 TTF[Ni（dmit）$_2$]$_2$ 具有超导性质后，含硫有机配体的金属有机配合物的研究得到迅猛发展。它们具有优良的 π 电子共轭体系，有机体系 π 共轭电子与金属离子的 d 轨道可通过轨道重叠，相互作用而形成更大的 π 电子离域体系，而有机体系与金属之间的电荷转移提高了电荷转移程度，从而增强了非线性光学效应。

1997 年杨楚罗等合成了两类含大 π 共轭体系的金属二硫杂环戊烯配阴离子和混式夹心的金属有机阳离子的有机金属电荷转移盐（下式），并采用简并四波混频的方法在 532nm、10ns 的条件下测量其三阶非线性极化率。实验发现该材料在纳秒时间范围内均有较大的近共振三阶非线性光学响应，三阶非线性极化率 $\chi^{(3)}$ 在 $10^{-12}\sim10^{-11}$ 量级之间，二阶分子超极化率 γ 为 10^{-30} 量级。

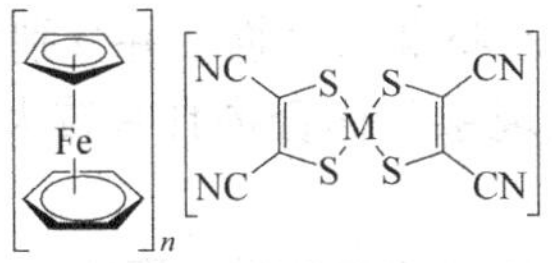

(CpFeBz)$_n$[M(mnt)$_2$] 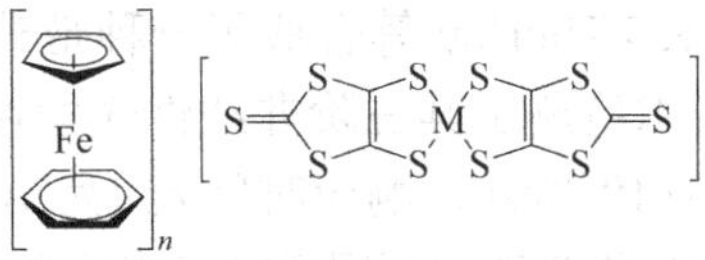   (CpFeBz)$_n$[M(dmit)$_2$]

2007 年 Zhang 等将双（四正丙基）双（2-硫代-4,5-二巯基-1,3-二硫杂环戊二烯）铜配合物掺杂在固体聚甲基丙烯酸甲酯（PMMA）薄膜中，并用 Z-扫描测试技术分别检测了该配合物在丙酮溶液和不同厚度的掺杂薄膜的三阶非线性光学性质，得到了掺杂该配合物质量分数为 1.5% 的三阶非线性光学极化率的实部和虚部分别为 10^{-9}esu 和 10^{-11}esu。

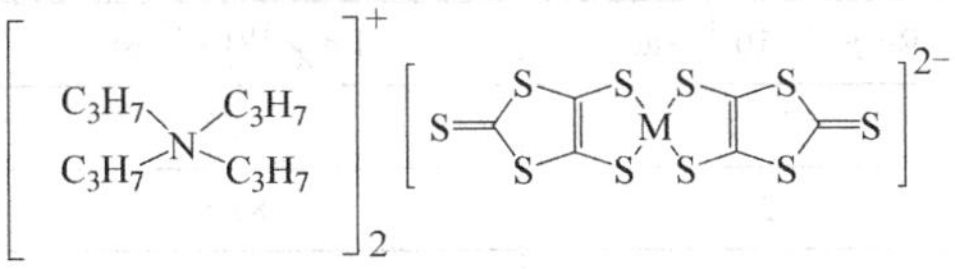

2008 年 Wang 等合成了一种双（四乙铵）双（2-硫代-4,5-二巯基-1,3-二硫杂环戊二烯）铜配合物。用 Z-扫描测试技术在 532nm 条件下测得该材料在丙酮溶液中的三阶非线性极化率 $\chi^{(3)}$ 为 5.17×10^{-31}esu。

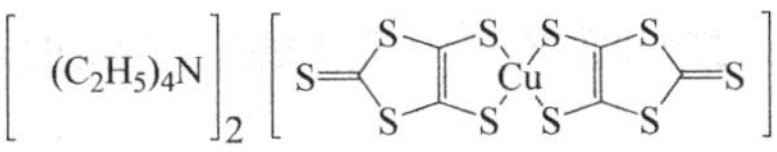

2010 年 Hu 等分析了四甲铵双（2-硫代-4,5-二巯基-1,3-二硫杂环戊二烯）镉配合物一水化合物的晶体结构，在波长为 1064nm 下，频宽为 20ps 条件下，用 Z-扫描测试技术检测了该配合物在乙腈溶液（3.5×10^{-3}mol/L）中具有交大的三阶非线性极化率 $\chi^{(3)}$ 和分子二阶超极化率 γ。

（3）金属卟啉化合物

2007 年 E.Xenogian 等将卟啉类化合物接在富勒烯上，分别用 AM1 和 PM3 半经验公式推导了该富勒烯-卟啉化合物（Fullerene-Prophyrin）的二阶超极化率 γ 的计算值，用 The optical Kerr effect（OKE）技术，在频宽为 35fs、波长为 532nm 的条件下测得该分子二阶超极化率 γ 的实验值。结果见表 10-7。

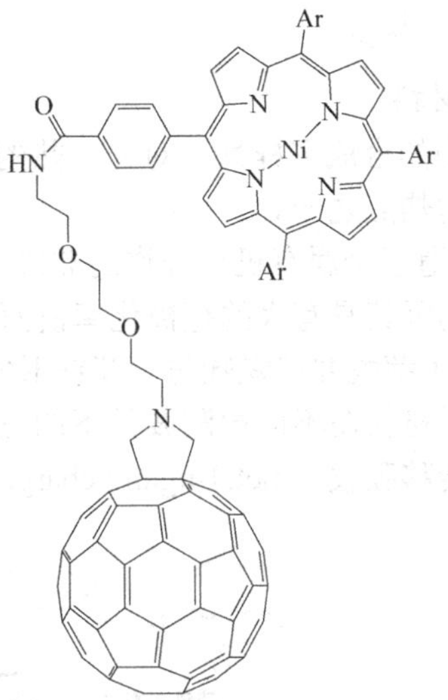

表 10-7　富勒烯的卟啉化合物的 γ 值

化合物	实验值（OKE） $\gamma/10^{-31}$ esu	理论计算值（AM1） $\gamma/10^{-31}$ esu	理论计算值（PM3） $\gamma/10^{-31}$ esu
富勒烯-卟啉化合物	11.6 ± 0.4	43.41	42.71

2008 年 K.J.Thorley 等合成了一种带碳正离子的卟啉二聚物，并分别用 Z-扫描和简并四波混频测试技术检测了其三阶非线性光学性质。发现系列化合物具有较大的三阶非线性极化率，$\chi^{(3)}$ 为 4.5×10^{-32} esu，响应时间 τ 约为 700fs。

2010 年裴松皓等通过不同桥键基连接得到四种不同结构的卟啉二聚物（Porphyrin-Dimer）材料（P-D$_{1\sim4}$），并和羧基取代的卟啉（H$_2$CPTPP）一起用 Z-扫描测试技术，在频宽为 4.5ns、波长为 532nm 条件下检测了其三阶非线性光学性能，结果见表 10-8。桥基π电子云密度的不同导致π电子云对卟啉母体掺入的程度不同，最终影响材料的三阶非线性光学响应值。

表 10-8 卟啉二聚物的 $\chi^{(3)}$ 值

化合物	Re $\chi^{(3)}/\times10^{-13}$ esu	Im $\chi^{(3)}/10^{-13}$ esu	$\chi^{(3)}/10^{-13}$ esu*
H$_2$CPTPP	−70.6	31.3	77.23
P-D$_1$	−125	81.5	149.22
P-D$_2$	−113	73.3	134.69
P-D$_3$	−276	136	307.69
P-D$_4$	−184	99.4	209.13

注：文献并未给出 $\chi^{(3)}$ 数据，打*列数据 $\chi^{(3)}$ 是笔者根据文献给的 $\chi^{(3)}$ 的实部和虚部（Re$\chi^{(3)}$，Im$\chi^{(3)}$）利用公式 $\chi^{(3)} = \sqrt{(\text{Re}\chi^{(3)})^2 + (\text{Im}\chi^{(3)})^2}$ 得到的。

（4）二茂铁类金属有机材料

二茂铁类金属有机化合物的合成多样性，对光、热的稳定性等特性，已使其成为金属有机化学与新型功能材料研究的热点之一。

1986 年 Frazier 等首次报道了金属有机化合物的非线性光学性质。近年来无论是理论上还是实验结果上，二茂铁衍生物因其具有大的超极化率值而特别引人注意。

2003 年 R.Rangel 等合成了萘醌并三氮唑与二茂铁形成的席夫碱衍生物，用 Z-扫描测试技术，在频宽为 10ps 下考察了材料在不同检测波长下的三阶非线性光学性能。发现该材料在 560nm 下存在一个金属配体转移吸收（metal-ligand charge transfer，MLCT）。

二茂铁萘醌并三氮唑

2003 年 Li 等合成了系列二茂铁衍生物（4-PEA）及与过渡金属锌、镉和汞形成的配合物。并用 Z-扫描测试技术，波长为 532nm，频宽为 8ns，在 DMF 溶液中测得 5 种材料的三阶非线性极化率 $\chi^{(3)}$ 和分子二阶超极化率 γ，结果见表 10-9。

(4-PEA)

表 10-9　二茂铁金属配合物的 $\chi^{(3)}$ 和 γ 值

化合物材料	$c/(mol/dm^3)$	$\chi^{(3)}/10^{-11}esu$	$\gamma/10^{-28}esu$
4-PEA	3.27×10^{-4}	8.97	1.51
4-PEA-Zn	1.22×10^{-4}	5.43	2.46
4-BPFA	2.35×10^{-4}	6.51	1.53
4-PEA-Cr	6.45×10^{-5}	3.72	3.12
4-PEA-Hg	7.65×10^{-5}	4.20	3.10

2007 年 Li 等研究了间二茂铁基苯甲酸分别与三种过渡金属铅（Pd）、锌（Zn）和锰（Mn）配合物的三阶非线性光学性能。用 Z-扫描检测方法，脉宽为 8ns，波长为 532nm，在 DMF 溶液中测得三种配合物的三阶非线性极化率 $\chi^{(3)}$ 分别为 $6.19 \times 10^{-13}esu$（Pd）、$5.9 \times 10^{-13}esu$（Zn）和 $5.3 \times 10^{-13}esu$（Mn）。

2008 年高建荣等分子设计并合成了不对称二茂铁乙烯型、二茂铁席夫碱型、二茂铁甲酰胺型及羰基二茂铁型四大系列共 54 个金属有机色素类三阶非线性光学材料，典型结构如下（2e）。采用简并四波混频光路技术，在飞秒激光下检测了材料的非共振三阶非线性光学性能，探讨了不对称二茂铁金属有机三阶非线性光学材料的结构与性能的关系。

2e

采用简并四波混频技术，光源为 Ti：SappHire 飞秒激光器，波长为 800nm，脉宽为 80fs，重复频率为 1kHz，检测了材料的三阶非线性光学性能，发现所测材料的三阶非线性极化率 $\chi^{(3)}$ 在 $(2.22 \sim 3.803) \times 10^{-13}esu$ 之间，分子二阶超极化率 γ 在 $(0.737 \sim 1.264) \times 10^{-31}esu$ 之间，非线性折射率在 $(4.098 \sim 7.022) \times 10^{-12}$ 之间，响应时间 τ 在 42.77～97.57fs 之间。探索了分子结构与三阶非线性光学性能之间的关系。结果发现不对称二茂铁金属有机三阶非线性光学材料的桥基对其性能影响较大，分子结构中具有甲酰胺桥基，其三阶非线性光学性能较好。材料分子结构中强吸电子基团能通过桥基与另一端的二茂铁基形成 D-π-A 结构，减小了电子π-π*跃迁能级，增强了材料分子π共轭体系内的电子流动性，使材料具有优异三阶非线性光学性能。不对称二茂铁型金属有机三阶非线性光学材料具有非常小的响应时间，大部分材料在 50～60fs 之间，最快的可达 42.77fs，是一种在光子开关、光学计算领域极具潜力的三阶非线性光学材料。

2008 年 Y.Bin 等报道了一种含有酞菁和二茂铁结构的化合物，并用简并四波混频技术，在 $2 \times 10^{-5}mol/L$ 四氢呋喃（THF）溶液中，波长 800nm、频宽 50fs、脉冲频率 1Hz 条件下，测得该化合物的三阶非线性系数 $\chi^{(3)}$ 和分子超极化率 γ 分别为 6.44×10^{-14} esu 和 1.74×10^{-30} esu，并与文献报道的相关化合物的分子超极化率 γ 进行了比较，发现该结构的化合物具有较高的分子超极化率。

2008 年周晓莉等合成了二茂铁亚甲基三氮唑与过渡金属镉和镍形成两种不同的配合物，用 YAG 倍频激光器，脉冲宽度为 7nm，Z-扫描测试技术，测得其三阶非线性折射率。发现材料的非线性光学性能主要取决于配体（发色体），同时，由于配体（发色体）的二茂铁基团和三氮唑基团之间存在着一个亚甲基，阻断了二茂铁基团和三氮唑基团之间的电子传递，未能形成更大的共轭体系。当金属离子配位到配体上时，由于亚甲基的存在，中心金属离子不会对配体的三阶非线性光学性质产生显著影响，因而两种化合物具有相似的非线性光学行为。

2009 年 E.Klimova 等报道了五个二乙烯羰基结构的二茂铁系衍生物，在二茂铁和芳香基团中间接两个 C=C 双键和一个羰基，使得两端的大 π 共轭体系得到连接。

采用三次谐波产生测量技术（THG），测得 5 个化合物的三阶非线性极化率 $\chi^{(3)}$，结果发现连接二茂铁另一端的芳香基（Ar）为吡啶时其三阶非线性极化率几乎无法测到，芳香基（Ar）为二茂铁时 $\chi^{(3)}$ 达 1.7×10^{-11} esu，是同类结构中最大的 $\chi^{(3)}$ 值。这主要是由于中间的羰基是吸电子基，两边具有相同供电子基团更有利于形成 A-D-A 型 π 共轭体系。

2010 年 W.Mile 等以 1,1′-双（3-羧酸钠-1-丙酰基）二茂铁、1,3-双（4-吡啶基）丙烷和氯化镉为原料自组装合成了三明治型金属镉二茂铁配合物，在浓度为 4.6×10^{-4} mol/L 的 DMF 溶液中，波长为 532nm 条件下用 Z-扫描测试技术测得该材料的三阶非线性极化率 $\chi^{(3)}$ 为 5.0×10^{-11} esu。

（5）其他类金属有机非线性光学材料

① 偶氮金属络合物：一种有效的增强电子离域性的方法是向有机分子体系键接过渡金属，进而形成络合物。很多实例证明，络合物的非线性系数比构成络合物所有配合体在自由状态下的非线性系数的和要大得多。偶氮染料在紫外或可见光波段存在偶氮色团 π-π^* 强烈吸收带，其具有对推-吸电子系敏感的显著特点。实验表明，在偶氮基团两端的推-吸电子基会强烈地影响偶氮基周围的共轭结构，从而导致上述吸收带的移动和展宽。

2008 年 Xiang 等用 OKG 方法，在 830nm 下检测了两种偶氮化合物与金属镍络合物的分子二阶超极化率 γ 值分别为 1.0×10^{-31} esu 和 4.9×10^{-31} esu。并通过结构与性能的关系分析得知，非共振非线性光学性能主要来自分子内离域电子的电荷转移。

偶氮金属镍络合物

② 吡啶和联吡啶金属络合物：含氮杂环，特别是吡啶、联吡啶及其衍生物等，经常被用来构筑具有非线性光学性质的超分子配合物。由吡啶、联吡啶构筑而来的偶极配位超分子，都容易发生金属到配体的电荷转移（MLCT），从而具有较大的非线性光学响应。

2007 年 Yong 等制备了一种 2,2′-联吡啶与锰离子及二价硫负离子形成的配合物。用 Z-扫描方法检测了其三阶非线性光学性能。发现其三阶非线性极化率 $\chi^{(3)}$ 和二阶超极化率 γ 值分别

为 3.35×10^{-12}esu 和 6.56×10^{-30}esu。

有机低分子三阶非线性光学材料的结构类型还有多并苯梯形分子、联苯醌、芳甲烷等。有机金属化合物和有机超导体的三阶非线性光学效应研究也引人注目。由于没有结构对称性及材料类型的特别要求，三阶有机材料的研究面更宽。

1986 年 C.Frazier 等首次报道了金属有机化合物的非线性光学性质，此后金属有机非线性光学材料的研究日趋活跃。金属有机非线性光学材料存在着光子从金属到配体及从配体到金属的跃迁；具有不饱和金属的光学可调性和氧化还原可调性；配体、金属的多样性；金属原子的引入可将磁、电性质与光学性质结合起来，利于产生磁光、电光效应等，所以一些金属有机化合物的非共振三阶非线性光学性能优越。已见研究报道的金属有机化合物三阶非线性光学材料有金属有机配合物和金属有机大 π 共轭分子等类别。典型结构有酞菁类金属配合物、金属卟啉类共轭分子、金属炔烃衍生物等。如过渡金属二硫代烯配合物材料在近红外区的 $\chi^{(3)}$ 值达 $7.16 \times 10^{-14} \sim 3.8 \times 10^{-11}$esu。不同金属的多取代酞菁络合物 $\chi^{(3)}$ 值达 $10^{-13} \sim 10^{-9}$esu。四苯基金属卟啉 $\chi^{(3)}$ 值达（$1.2 \sim 2.8$）$\times 10^{-8}$ esu，并随取代基的供电子能力增强而增大。二茂铁 β-二炔配合物（II）的 $\chi^{(3)}$ 值为 2.25×10^{-12} esu。金属离子的引入加强了分子内的电子离域度，从而增强分子的非线性效应，同时金属的不同氧化态还可用来调整分子的非线性性能。

将具有较高三阶非线性光学性能的有机发色体与金属有机基键合形成金属有机大 π 共轭分子，有可能在材料分子设计中实现 π 共轭体系和 π 电子离域度的扩展，从而获得高三阶非线性光学性能的材料。

对材料性能的研究应注意三阶有机材料本身因三阶效应而性能变差的稳定性问题和材料的 λ_{max} 和 THG 波长的相互作用即材料的吸收端问题等。在实用化研究方面应注意材料的制备、成型技术和设备等的研究。有机三阶非线性光学材料研究的关键在于结构创新，即要注重复杂分子的设计与剪裁。设计的材料应通过各结构的类比及不同杂原子的引入，从而获得具有有机稠杂环发色体的复杂分子新颖结构；在材料的合成过程中要注意合成原理与技术的创新，并探索可行的材料器件化成型技术。

应注重应用基础理论研究。由光激发引起的有机功能色素分子的几何弛豫起源于激发态 π 电荷密度的瞬间变化，即波函数的较大修正，所以整个分子激发态 π 电荷的瞬间变化是引起整个 π 电子骨架具有较强非线性光学极化率的原因。研究共轭低分子的三阶非线性光学效应和结构修正与性能的关系，从分子三阶非线性超极化率 γ 的推导中探讨分子内 CT 型共轭系多维立体微观结构及对称型分子结构修正与三阶非线性光学性能间的规律性关系，并逐步建立可行的分子设计理论模型和评估检测标准。

10.7 染料敏化剂与染料敏化太阳能电池

10.7.1 染料敏化太阳能电池原理

（1）染料敏化太阳能电池（DSSC）

能源再生是 21 世纪人类面临的重大科学技术挑战之一。太阳能电池大致可分为三代。第一、第二代分别以单晶硅和 Cd-Te、Ga-As 薄膜为材料。基于光子激发的第三代染料敏化太阳能电池（dye sensitized solar cell，DSSC）是目前研究的热点之一。染料敏化的概念可追溯到 1960 年前，最初的染料敏化太阳能电池以二萘嵌苯为染料敏化剂，氧化锌为半导体材料，其光电转换效率较低。染料敏化太阳能电池具有结构简单、成本低、可弱光发电、界面面积大、电子收集效率较高和光电转化率不受温度影响等特点,有希望成为新一代实用型高性能太阳能电池。瑞士 M.Grätzel 也因其在纳米晶体太阳能电池领域的开创性的工作获 2019 年诺贝尔奖提名。

1991 年瑞士 M.Grätzel 等在 *Nature* 上发表了首篇关于染料敏化纳米晶体太阳能电池的论文,报道了以羧酸联吡啶钌(Ⅱ)染料敏化的 TiO_2 纳米晶多孔膜为光电阳极的染料敏化太阳能电池。其光电转换效率 η 在 AM1.5 模拟目光照射下达 7.1%～7.9%,接近多晶硅电池的能量转换效率,成本仅为硅电池的 1/10～1/5,使用寿命可达 15 年以上。将合适的有机染料键合到半导体表面上,借助于染料对可见光的强吸收将半导体光谱响应拓宽到可见光区甚至红外区,这种现象称为半导体的染料敏化作用,所用的有机染料称为染料敏化剂(dye sensitizer),又称敏化染料(sensitized dye);载有染料的宽带隙半导体称为染料敏化半导体电极。早期的研究工作主要集中在平板电极的染料敏化上,由于只有吸附到电极表面的单分子层染料分子在光照下能够将电子注入半导体材料的导带中,因此这类染料敏化电池对太阳光的利用效率低,光电转换效率一直无法得到提高。随着电学和光学性能模拟及先进表征技术的发展,对 DSSC 工作原理和材料作用机制的揭示在不断地深化。在标准(Global Air Mass 1.5)光照条件下,不同染料敏化剂结构的 DSSC 的光电转换效率 η 达 7%～14.3%,以多吡啶钌(Ⅱ)为敏化剂的 η 达 11%。

传统 DSSC 由光阳极、多孔半导体金属氧化薄膜、染料敏化剂、电解质/空穴传输介质、对电极等五部分组成。DSSC 模仿自然界绿色植物光合作用把光能转化为电能,其工作原理如图 10-1 所示。键合在半导体 TiO_2 纳米晶体表面的染料敏化剂吸收入射光而产生电子跃迁,由于激发态高于 TiO_2 导带的能级,因而在界面处电子可快速注入 TiO_2 导带基底上富集并通过外电路流向对电极产生光电流;输出电子后的氧化态染料敏化剂分子被电解质还原,电解质扩散至对电极充电,从而完成一个光电化学循环。

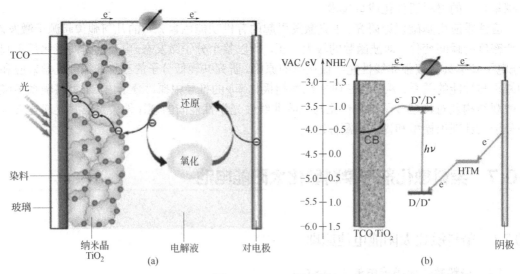

图 10-1　DSSC 原理图

近几十年来,DSSC 研究领域拓展迅速,吸引了不同专业领域的研究者。化学家主要设计与合成适合的给体-受体染料敏化剂,并研究结构-性能关系;物理学家主要通过新材料来制造太阳能电池装置,表征和优化它们的性能,研究光电物理转换过程;工程师主要开发新的装置结构。学科间的交叉协同对该领域的未来发展发挥着重要的作用。

（2）全固态染料敏化太阳能电池（ssDSSC）

传统 DSSC 中一般采用含有易挥发有机溶剂的液体电解质，不仅影响电池的稳定性和安全性，且难以进行电池器件封装及大规模组装和生产。1998 年 M.Grätzel 等首次在 *Nature* 上报道了全固态染料敏化太阳能电池（solid-state dye-sensitized solar cells，ssDSSC），采用固态有机空穴传输材料（hole transporing material，HTM）Spiro-OMeTAD 代替传统液态电解质，空穴在染料敏化剂基态时产生后再由空穴传输材料（HTM）还原再生，HTM 的电子则通过外部电路在对电极再生，从而完成光电化学反应循环。对于高效率的 ssDSSC，染料敏化剂的最高占有轨道（HOMO）应该比空穴传输材料的能级低，以保证电子注入 TiO_2 半导体导带后所产生的氧化态染料敏化剂在接受从 HTM 来的电子后可有效再生；同时，染料敏化剂通过空穴传输介质再生的速度应快于导带电子与氧化态染料敏化剂的电荷重组。代替传统液态电解质的固态电解质主要分为三类：有机空穴传输材料、无机 P 型半导体材料和聚合物电解质。

1998 年姚等研制出全固态纳米晶光电池，利用固体有机空穴传输材料替代液体电解质，单色光光电转换效率（IPCE）达 33%，引起了全世界的关注。2003 年又将准固态电解质成功地用于纳米晶光电池，从而很好地解决了电池的封装和运输问题。

有机空穴传输材料具有空穴传输率高、结构多样、可通过结构修饰调变能级匹配和表面性质等特点，是近年来空穴传输材料研究的热点。

Xu 等报道了一系列制备简单的芳胺、咔唑和中心螺旋结构的空穴传输材料。这些材料均表现出了和 Spiro-OMeTAD 相近的物理化学性质和光伏性能。研究表明，分子结构较小的空穴传输材料更容易与光阳极表面接触发生复合，提高分子共轭程度和分子中心的扭转能够提高空穴传输材料的载流子传输性能和相应的 ssDSSC 的光电转换性能。

2014 年 N.Lygaitis 等制备并探究了以三芳胺为中心，连有 *N*-(3-甲基苯基)-咔唑的空穴传输材料的物理化学性质及作为空穴传输材料在 ssDSSC 中的应用。材料表现出了较高的热稳定性和比 Spiro-OMeTAD 更高的玻璃态转变温度。

2015 年 R.Bui 等设计合成了甲基取代的噻吩连接的三芳胺中心和以 *N,N*-二（4-甲氧基苯基）氨基为侧链的空穴传输材料。研究表明，向分子内引入甲基会影响分子在材料内部的堆积，降低空穴在材料中的传输，导致较低的光电转换效率。Unger 等分别于 2011 年和 2015 年报道了以三苯胺为母体的对光电流有贡献的空穴传输材料 TVT 和 TPTPA，研究发现，在器件工作过程中，存在空穴传输材料向光敏染料能量转移的过程。

基于 *N,N*-二苯氨基取代的咔唑类空穴传输材料也获得了广泛的研究。

新型空穴传输材料的创新面临的问题有：空穴传输速率低和高电阻易使电子传输过程受阻而降低电池内部电子传输速度；有机空穴传输材料对纳米晶多孔膜的填充不充分，导致界面电子复合严重。这两者均会导致 ssDSSC 的短路电流不高，通常小于 $10mA/cm^2$，限制了 ssDSSC 光电转换效率的提高。

10.7.2 有机染料敏化剂

二十多年来，DSSC 结构及染料敏化剂等材料的分子设计和合成是该领域研发的重点。染料敏化剂的结构可分为两大类：一是功能性多吡啶钌（Ⅱ）等金属有机染料敏化剂，如 N3、N719（TBA^+，tetra-*n*-butyl ammonium）、Z907（η=9.5%）等，其特点是金属钌昂贵，合成和产物提纯复杂等；二是给体-受体（D-A）型有机染料敏化剂，可在现有合成技术下经济地合成。其主要优点是吸收光谱范围可调和电化学性能较优等。

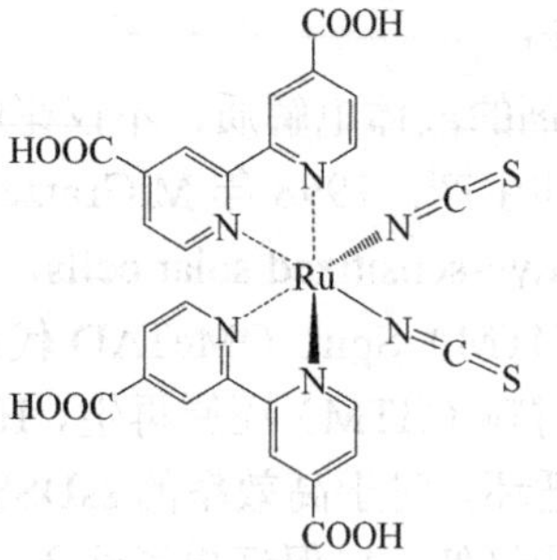

N3
$\eta=11.03\%$

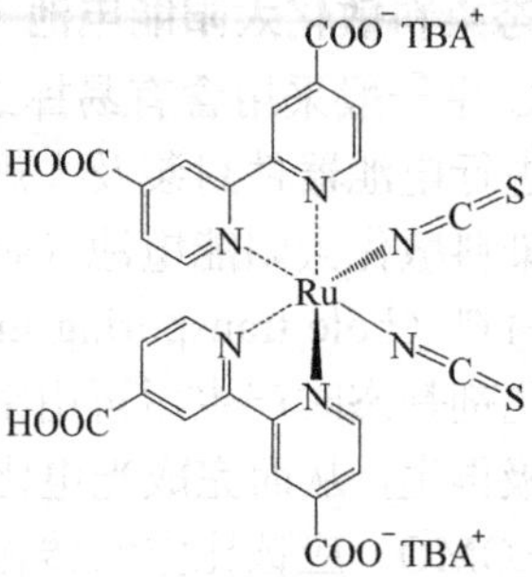

N719
$\eta=11.18\%$

以多吡啶钌（Ⅱ）化合物为基的 DSSC 在可见光区到近红外区有着宽广的吸收范围。另外，连接在联吡啶基上的羧酸基降低配体π*轨道的能量。电子跃迁是金属-配体间的电荷转移（MLCT）使得激发态的能量有效地输送到羧基；最后电子注入半导体导带。然而，在最大波长的 MLCT 下这些染料敏化剂的摩尔消光系数仅 $\varepsilon \leqslant 20000L/(mol \cdot cm)$。尽管这些染料敏化剂的吸收能力不强，但透明导电玻璃上的纳米 TiO_2 层与氟掺杂的氧化锡镀膜的厚度可以调整，以吸收几乎所有的入射光。

金属有机染料敏化剂吸收可见光后产生金属到配体的电子跃迁（MLCT），并将电子注入半导体中。通过对配体、中心金属及取代基的修饰，人们已经合成了多种单核或者多核的金属配合物染料敏化剂，中心金属原子多为钌（Ru）、锇（Os）、铂（Pt）、铼（Re）、铁（Fe）或者铜（Cu）等，而配体通常为各种取代的联吡啶或者多联吡啶。除此之外，卟啉配合物和酞菁配合物也被研究用于染料敏化太阳能电池的染料敏化剂。

结构性能关系的研究表明，给体-受体型有机染料敏化剂消光系数高。与多吡啶钌（Ⅱ）化合物相比，不同的发色体可嵌入有机结构中，以调节宽广的吸光范围并达到高的消光系数。高吸光有机染料敏化剂的光电转换效率 η 超过9%。由于它们在可见光区的光学性能优异，通过应用 TiO_2 薄膜（4~10μm），从而产生单色光入射的光电流转换效率是可行的。这点对无电解质溶液的固态 DSSC 来说是非常重要的，并且在 TiO_2 薄膜厚度为 2~3μm 时，可达到最佳聚集电荷的效果。

有机染料敏化剂是 DSSC 中决定可见光吸收和光电转换效率的关键结构材料，就像光捕获天线起着收集能量的作用。有机染料敏化剂具有结构易设计修饰和加工、成本低、稳定性好、质量轻、便于制备大面积电池等特点。

（1）高性能染料敏化剂特点

应具有高的化学稳定性和光稳定性、可见光范围内强的吸收、理想的氧化还原电位和较长的激发态寿命。它的基态能级应位于半导体的禁带中，激发态能级应高于半导体导带底并与半导体有良好的能级匹配，使电子由激发态染料分子向半导体导带中注入是热力学允许的。另外为了更好地捕获可见光，还应具有较大的摩尔消光系数，从而使 TiO_2 薄膜能有效地吸收全色段吸收光。

为使电子有效注入阳极，染料分子的电子最低占据轨道（LUMO）的能量应该比半导体（通常为 TiO_2）导带能级更负，且需有良好的轨道重叠。

染料敏化剂的 HOMO 应低于氧化还原介质的能级，也就是应该具有比电解质中的氧化还原电对更正的氧化还原电势，这样能够很快得到来自还原态的电解质的电子而还原。

为了减少注入电子与已产生的氧化态染料敏化剂之间的重新结合，电子注入后产生的正电荷应位于远离 TiO_2 表面的给体部分。

染料敏化剂外围应是疏水性的，减少电解质和阴极之间的相互接触，防止因水引起染料敏化剂从 TiO₂ 表面脱附，从而增强化学稳定性，能够完成 10⁸ 次循环反应，使之获得约 20 年的使用寿命。

染料敏化剂的氧化态和激发态要有较高的稳定性，在 TiO₂ 表面不会凝聚，从而避免激发态由于非辐射衰变到基态，及产生因凝集而使得薄膜变厚现象。

染料敏化剂中的电子受体是使染料分子牢固吸附于半导体 TiO₂ 表面的关键，这样染料激发生成的电子可有效注入半导体的导带中。主要的电子受体基团有—COOH、—OH、—SO₃H、—P₂O₄H₂ 和水杨酸盐等，其中应用广泛、吸附性能好的是羧基和磷酸基等。

（2）有机染料敏化剂结构类别

1993 年 Nazeeruddin 等报道了 AM1.5 下光电能量转换效率达 10%的染料敏化纳米薄膜太阳电池，激发了人们对 DSSC 的研究兴趣。此后人们设计合成了种类繁多的染料敏化剂，由于大多数无机半导体具有单一的基态和激发态性质，因此太阳能的转换效率主要取决于染料敏化剂分子。染料敏化剂主要分为金属有机染料敏化剂和有机染料敏化剂等两类。

电子给体（发色体）的结构设计是有机染料敏化剂研究的关键。根据有机染料敏化剂中电子给体（发色体）的结构特征，已见研究的主要结构类别有香豆素、咔唑、吲哚啉、多芳胺、噻嗪、吡咯并吡咯二酮、噻吩芴、类胡萝卜素、部花菁、半菁、叶绿素及多烯等，应用于 DSSC 中均得到了较好的光电转换性能。

10.7.3 DSSC 性能主要指标

主要性能评价指标有：电流-电压曲线（current-voltage curve）和光电转换效率等。

太阳能电池的电流-电压曲线（I-V 曲线，即伏安曲线）能够直接反映太阳能电池的应用性能。该曲线是在特定光强、特定温度下，通过改变太阳能电池外电路的电阻，而测定的光电流和光电压关系。由于不同太阳能电池的工作面积有差异，所以使用电流密度-电压曲线（current density-voltage curve，J-V 曲线）来比较不同电池的输出特性则更为常见，典型的 J-V 曲线如图 10-2 所示。

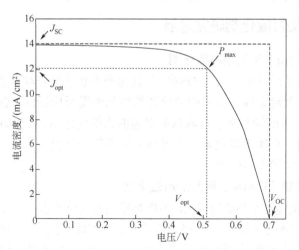

图 10-2　太阳能电流密度-电压（J-V）曲线

从图可看到太阳能电池性能的一些主要指标，如开路电压、短路电流密度、填充因子和光电转换效率等参数。

（1）开路电压 V_{OC}（open circuit photovoltage）

开路电压指的是电池处于开路时的电压，是电池所能达到的最大光电压，而此时光电流则为零。理论上讲，开路电压等于光照下半导体 TiO_2 的费米能级（E_{Fermi}）TiO_2 和电解质中的氧化-还原可逆电对的 Nernst 电势（$E_{R/R}$）之差，如式（10-3）所示：

$$V_{OC} = 1/q[(E_{Fermi})_{TiO_2} - (E_{R/R})] \qquad (10\text{-}3)$$

其中 q 为完成一个氧化-还原过程所需的电子数目。

（2）短路电流 I_{SC}（short circuit photocurrent）

短路电流是指电路处于短路（即外电阻为零）时，电池能产生的最大电流。而单位面积短路电流则称为短路电流密度 J_{SC}。

（3）填充因子 FF（fill factor）

电池的输出功率密度是电流密度与电压的乘积，电池最大输出功率密度（P_{max}）与短路电流密度和开路电压乘积的比值即为填充因子。如式（10-4）所示：

$$FF = P_{max}/(J_{SC} \times V_{OC}) = J_{opt} \times V_{opt}/(J_{SC} \times V_{OC}) \qquad (10\text{-}4)$$

（4）光电转换效率 η（solar-to-electrical energy conversion efficiency）

光电转换效率是电池的最大输出功率密度 P_{max} 与入射光功率密度（P_{in}）的比值。P_{in} 的数值可以从标准硅电池的放电数据中计算得到。如式（10-5）所示：

$$\eta = P_{max}/P_{in} = (FF \times J_{SC} \times V_{OC})/P_{in} \qquad (10\text{-}5)$$

图 10-2 中，曲线在纵坐标上的截距为短路电流密度 J_{SC}，而曲线在横坐标轴上的截距为开路电压 V_{OC}。从中可以看出，电池所能产生的最大电流密度为短路电流密度 J_{SC}，此时的电压为零。电池所能产生的最大电压为开路电压 V_{OC}，此时的电流为零。在曲线的拐点处对应着最大输出功率密度 P_{max} 时的电流密度和电压，另外该点所对应的矩形面积即为 P_{max}。J_{SC} 和 V_{OC} 的乘积为理论上电池的最大输出功率密度（实际上是不存在的），填充因子 FF 可以认为是电池的实际最大输出功率密度和理论最大输出功率密度的比值。

10.7.4　金属有机染料敏化剂研究进展

（1）联吡啶钌（Ru）系列染料敏化剂

联吡啶钌化合物是最早被应用到 DSSC 并且迄今为止仍然是综合性能优异的一类染料敏化剂，具有特殊的化学稳定性、良好的氧化还原性和激发反应活性，激发态寿命长，量子收率高，发光性能良好，对能量和电子传输具有很强的光敏化作用。典型如染料敏化剂 N3、N719 和黑色染料等。但由于钌属于贵金属，同时该类染料的分离也一直是一个难题等因素，限制了该类染料在 DSSC 中的实际应用。

（2）联吡啶锇／铼（Os/Re）系列染料敏化剂

与相同结构的联吡啶钌系列染料相比，联吡啶锇系列染料吸收范围较宽，并在 600～700nm 波长处出现另一个较强的吸收带，有利于提高太阳能的利用率，但它们的激发态寿命相对较短。联吡啶铼系列染料敏化剂吸收范围主要在蓝紫区，不能很好地利用太阳光能。因此可以为染料氧化态的电子重组提供更大的驱动力，加大被电解质还原的速度。如果通过适当的桥基将其与卟啉、酞菁等染料母体相连接，有效拓宽吸收范围，可能会获得更好的应用前景。

（3）金属酞菁系列染料敏化剂

酞菁类化合物有两个吸收带，一个在 550nm 附近，中等强度，摩尔消光系数为 10^4L/（mol·cm）数量级，称为 Q 带；另一个在 370nm 附近，摩尔消光系数在 10^5L/（mol·cm）数量级，称为 B 带。酞菁与金属原子结合可生成各种金属络合物，在金属酞菁分子中只有 16 个 π 电子，由于分子的共轭作用，与金属原子相连的共价键和配位键在本质上是等同的。这种结构赋予了它非常特殊的稳定性，能够耐酸、碱、水浸、热、光、各种有机溶剂等，对太阳光具有很强的吸收效率。He 等利用锌酞菁（ZnPc）的酪氨酸衍生物，在 690nm 单色光下获得了 24%的光电转换效率，电池的总效率为 0.54%。但酞菁在溶液中很容易生成无光学活性的二聚体，其光电转换效率还有待进一步提高。

（4）卟啉系列染料敏化剂

卟啉及其同系物是自然界广泛存在的含四聚吡咯的有色杂环化合物，它们能与铁、镁及其他金属离子相结合，形成含四个 N 原子的平面正方形结构，对卟啉周边环进行不同的取代可以调节其电子性质。它们参与生物氧化、还原和输氧过程，并在绿色植物的光合过程中起着关键作用。

10.7.5 有机染料敏化剂研究进展

（1）D-π-A 结构染料敏化剂

2000 年以来，有机染料敏化剂敏化太阳能电池研究的报道开始大量涌现。有机染料敏化剂与 Ru 配合物类染料敏化剂相比，具有摩尔消光系数高、结构易调整、成本低、电池循环易操作等优点。因此在对钌配合物深入研究的同时，有机染料敏化剂在染料敏化太阳能电池中的应用受到越来越多的关注。

有机染料敏化剂的结构通式为 "给体-π桥基-电子受体" （donor-π bridge-acceptor，D-π-A），如图 10-3 所示，在受体末端存在能与 TiO_2 键合的基团。

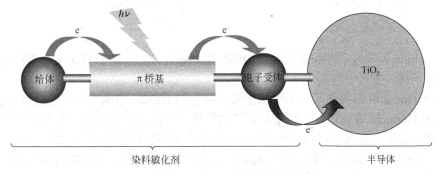

图 10-3 D-π-A 结构染料敏化剂

大部分报道的染料结构都是通过在π桥基的两端分别引入供电子基和吸电子基，形成一个 "电子供体-π桥基-电子受体" 类型的电子推拉体系。通过改变电子给体、π桥基和电子受体，已合成了一系列 D-π-A 型染料敏化剂分子，这类染料敏化剂敏化的纳米 TiO_2 太阳能电池的光电转换效率和稳定性也在不断提高。

2000 年 Arakawa 等报道了光电转换效率 η 达 4.2%的有机染料敏化太阳能电池，所使用的染料敏化剂为部花菁染料[Mb(18)-N]。

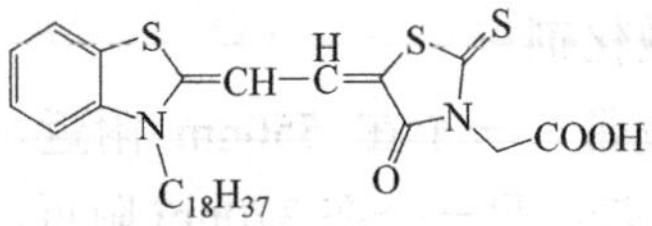

Mb(18)-N

2001 年黄春晖等通过对染料结构的优化并对 TiO$_2$ 电极进行处理，报道了以半菁化合物为染料敏化剂的太阳能电池，在模拟太阳光下，电池的光电转换效率 η 达 5.1%，所使用的染料敏化剂结构如下。

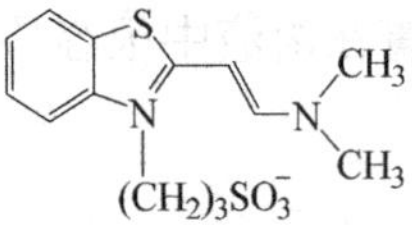

半菁染料BTS 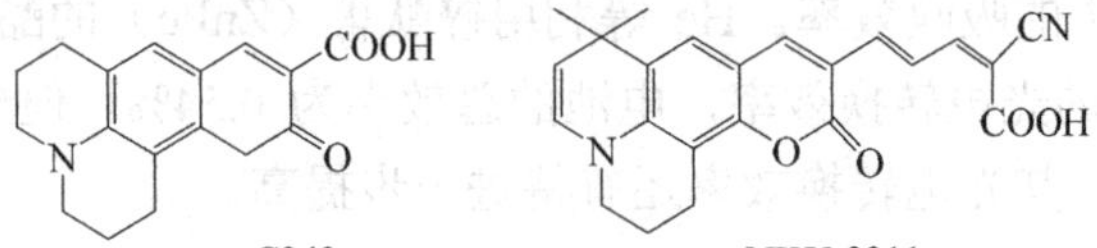   C343   NKX-2311

香豆素染料C343和NKX-2311

Arakawa 等一直致力于将香豆素衍生物应用到 DSSC 中。香豆素化合物 C343 是一个良好的染料敏化剂，被光激发时能够有效地将电子注入 TiO$_2$ 的导带中。但由于在可见光区的吸收带太窄，导致其敏化太阳能电池的光电转换效率低。

2001 年 Arakawa 等为了提高该类染料敏化电池的效率，通过向香豆素化合物 C343 骨架引入连接有—CN 和—COOH 的亚甲基链—CH=CH—使其吸收光谱红移，得到的染料敏化剂 NKX-2311，其电池的光电转换效率达 5.6%。进一步将 NKX-2311 中的亚甲基链用一个或者多个噻吩结构单元代替，得到了吸收光谱更宽的香豆素染料敏化剂 NKX-2593 和 NKX-2677，其中 NKX-2677 敏化电池的光电转换效率 η 达 7.7%，短路电流密度 J_{SC} 为 14.3mA/cm^2，开路电压为 730mV。Wang 等通过在 NKX-2677 的桥基上引入—CN，进一步向红外区拓宽了该类染料的吸收光谱，得到了新的香豆素染料 NKX-2883，虽然其敏化的太阳能电池效率没有 NKX-2677 高，但稳定性更好，电池在 80℃条件下经过了 1000h 的寿命测试，光电转换效率 η 稳定在 6%。

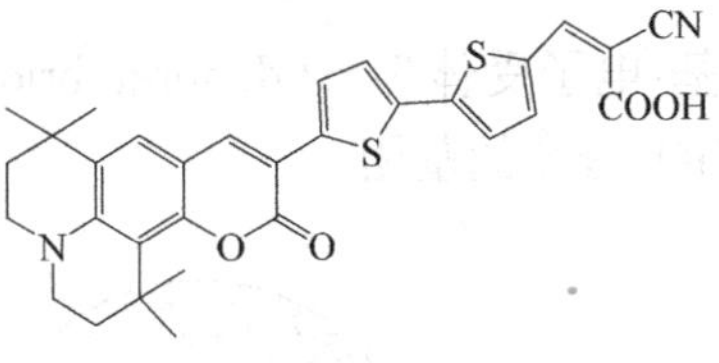

NKX-2677 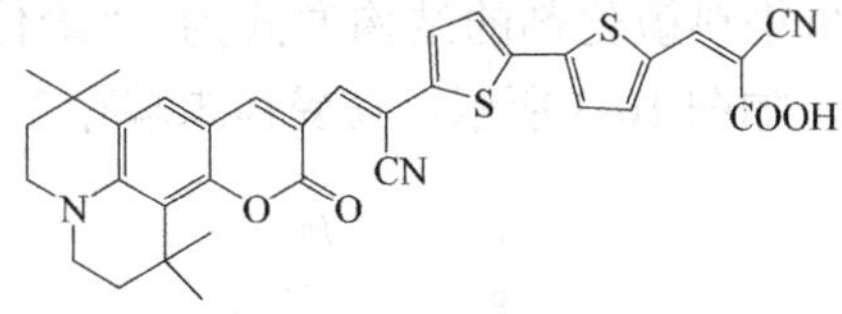   **NKX-2883**

日本 Uchida 等研究了吲哚啉类高效 DSSC 染料敏化剂，也属于 D-π-A 类型的结构，它以吲哚为供电子体，罗丹宁环为电子受体。

2003 年 Horiuclli 等报道了一种吲哚型染料敏化剂 D102，电池光电转换效率 η 达 6.1%。

2004 年 Horiuchi 等通过在吲哚染料骨架的罗丹宁受体部分再增加一个罗丹宁基团来红移其吸收光谱，得到了吲哚染料敏化剂 D149，将染料敏化电池的光电转换效率 η 提高到 8.0%。

2003～2004 年 Arakawa 等分别合成如下含多烯支链的二芳甲烷型染料敏化剂，敏化太阳能电池光电转换效率 η 分别为 6.8%（**13**）和 6.6%（**14**）。

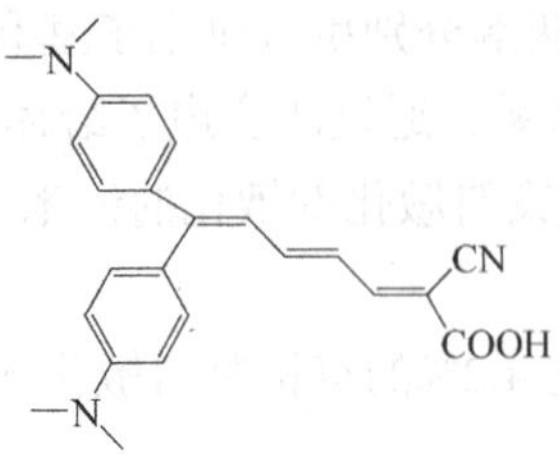

（13） 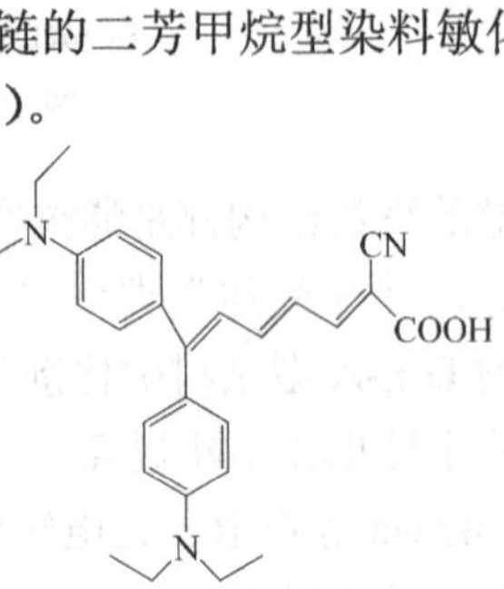   （14）

2005 年 Thomals 等报道了以噻吩芴为桥基的二芳胺染料敏化剂，由于噻吩芴基的引入，摩尔消光系数达到了约 160000L/（mol·cm），在 AM 1.5、100mW/cm^2 光照射下获得了 5.23% 的总的转换效率，在相同条件下含噻吩芴桥基的敏化剂的电池光电转换效率 η 为 5.5%。

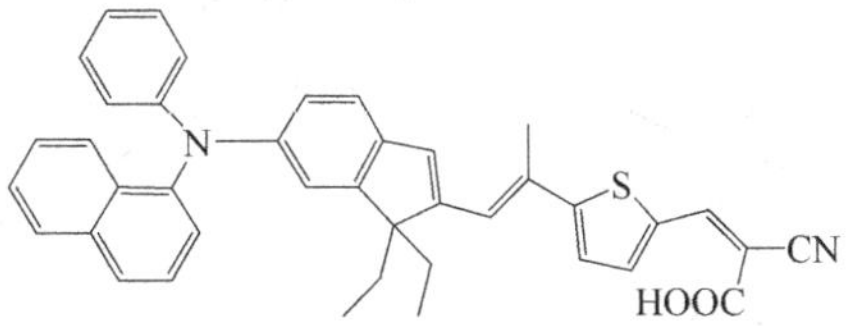

N3

2006 年 M.Grätzel 等通过对 TiO$_2$ 电极结构的优化，使得 D149 染料敏化的太阳能电池的光电转换效率 η 达 9%，这是目前基于有机染料敏化剂的太阳能电池的较高光电转换效率。

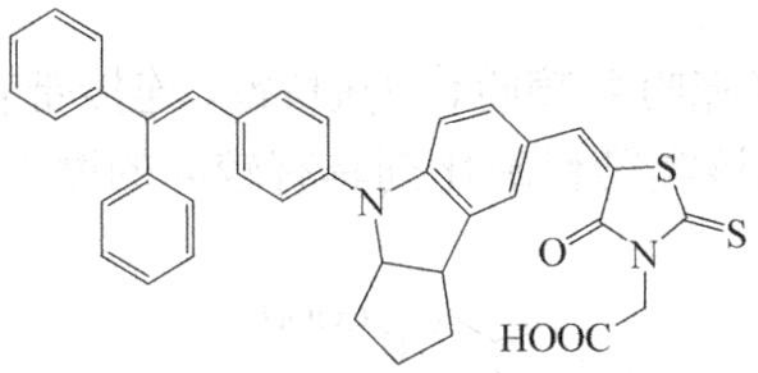

D102

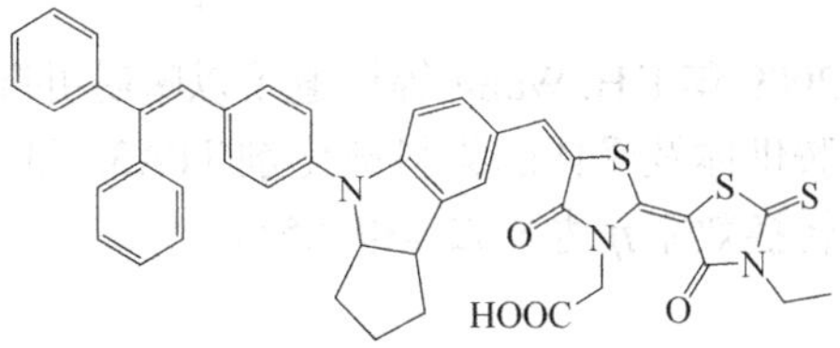

D149

吲哚啉类染料敏化剂

2006 年 Hagberg 等报道了三苯胺类染料 D$_5$，电池总效率达 5%。同年，He 等以噻吩为桥基，N,N-二乙基苯胺为给电子体，罗丹宁为电子受体合成了染料 D-ST，用该染料敏化的太阳能电池在 AM 1.5 白光照射下，总效率达 6.23%。Hara 等也在同一时期报道了新的染料结构 MK-2，通过在噻吩桥基上引入长碳链阻止了染料敏化剂与 TiO$_2$ 表面电子的复合，同时可避免分子聚集，MK-2 敏化的太阳能电池总光电转换效率 η 达 7.7%。

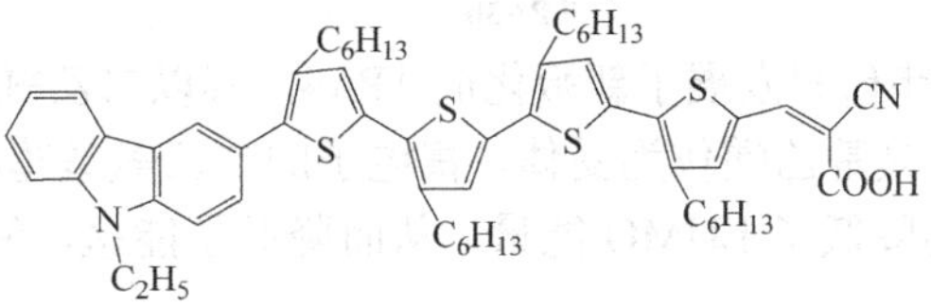

2007 年 Hyunbong 等合成了含有二甲基芴胺苯并噻吩结构的染料 JK-16 和 JK-17。将 IX-17 中两个噻吩之间的乙烯基（—CH≡CH—）直接换为单键相连而得到的 JK-16，增加了分子的刚性和稳定性，有利于电子的转移，其敏化的太阳能电池效率 η 由 5.49% 提升到了 7.43%，相同条件下 N719 染料敏化太阳能电池的效率为 9.16%（AM 1.5，$J_{SC}=100$mW/cm^2）。

花建丽等报道了含吡咯并吡咯二酮（DPP）结构的太阳能电池染料敏化剂，该类分子具有 D-A 分子极性特征，巧妙地利用 DPP 作为连接桥，取得了不错的效果。

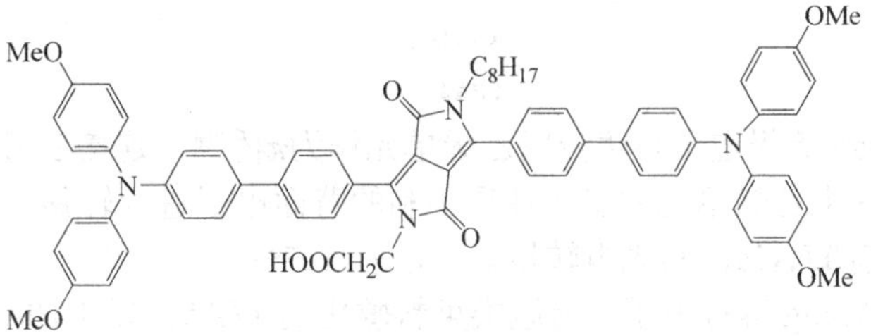

Z.K. Chen 等合成了如下含氟芳香环等取代的吡咯并吡咯二酮（DPP）结构的染料敏化剂，其共轭体系加长，最大吸收 600nm，符合太阳光发射在这一波段最长的特点，电化学宽带最小可达 1eV。该染料敏化太阳能电池参数为开路电压 0.81V，短路电流密度 J_{SC} 2.36mW/cm^2，填充因子为 0.52。

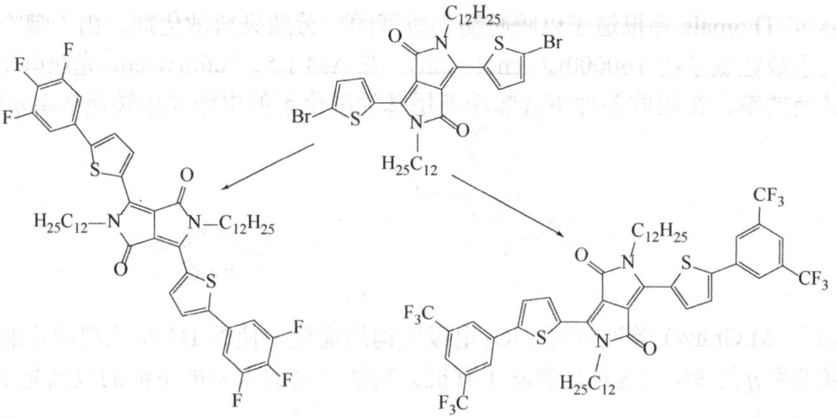

2009 年 F.H. Wang 等报道了以噻吩并噻吩及联噻吩并噻吩作为π桥键，连接带有烷氧基的三芳胺供体及受体的染料敏化剂 TPA3a 和 TPA3b。该类染料敏化剂具有较高的摩尔消光系数，光电转换效率η达 8.02% 和 7.5%。

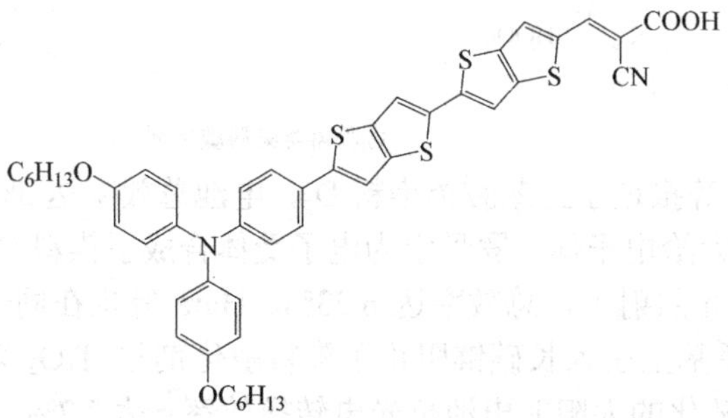

TPA3b

F.H. Wang 等进一步研究发展了新敏化剂 TPA4，其以二乙氧基噻吩和噻吩并噻吩作为π桥键，三芳胺作为供体，氰基乙酸作为受体。富电子的二乙氧基噻吩使得 HOMO 能量变高，同时，噻吩并噻吩单元则降低了 LUMO 能量，从而降低了能垒，使该新型敏化剂的光电转换效率η达 9.8%。

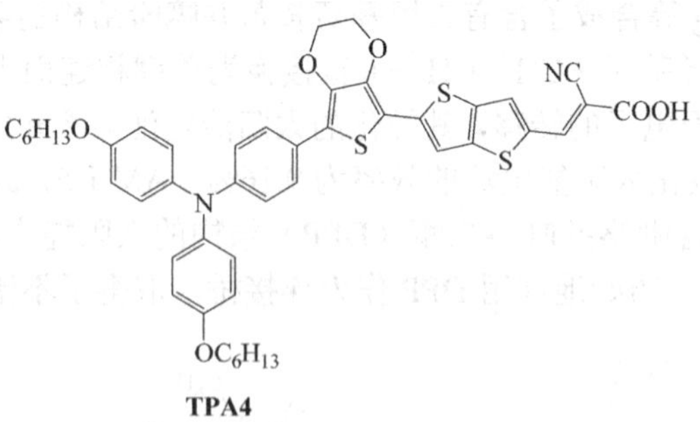

TPA4

2010 年 P. Tian 等报道了将噻吩联乙烯单元作为π桥键，连接三芳胺给体及受体，得到三种新的化合物。其中乙烯单元的引入使得不利的背面电子进行转移，同时降低了开路电压，得到的染料敏化剂 TPA2a，其光电转换效率η达 8.27%。

2011 年 F.H. Wang 等报道了三芳胺类染料敏化剂 TPA5，以 1,10-邻二氮杂菲 Co（Ⅱ/Ⅲ）为氧化还原离子对，光电转换效率η达 9.4%～10.3%。该结构可在较大波长范围内提高最大摩尔吸光系数，同时电子能离散到整个π共轭体系中并发生红移，使效率得到明显的提高。

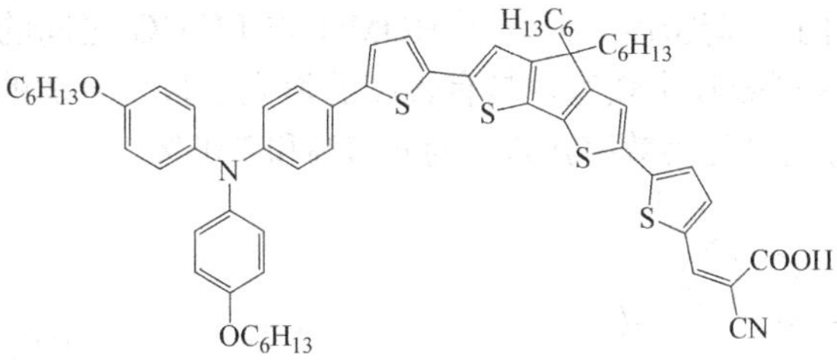

TPA5

2012 年 J. Cheng 等报道了以刚性共轭结构（环戊二烯并二噻吩）作为π桥键，连接三芳胺供体及氰基乙酸受体的新型染料敏化剂 TPA6，光电转换效率 η 达 6.3%。由于乙基取代的环戊二烯并二噻吩结构能较好地吸光，同时能够阻止相邻π-π共轭结构的堆积，因此有效地提高了光电转换效率。

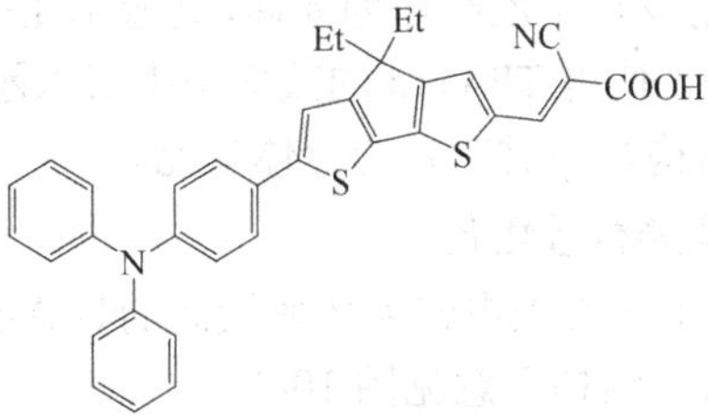

TPA6

2012 年 N. Jia 等报道了新的三芳胺类染料敏化剂 TPA7a 及 TPA7b，其连有两个吩噻嗪基团。实验结果表明，TPA7a 光电转换效率比 TPA7b 更高，其原因在于罗丹宁乙酸破坏了共轭体系，使得电子注入 TiO$_2$ 导带受阻。该结果对染料敏化剂的设计合成起到了指导意义，明确了氰基乙酸能更好地保持体系的共轭。

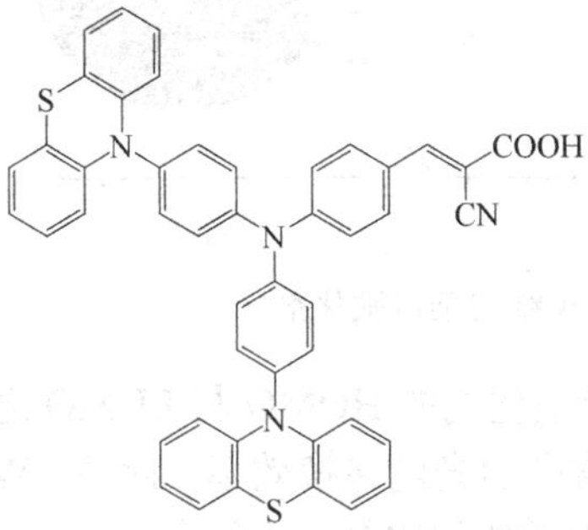

TPA7a 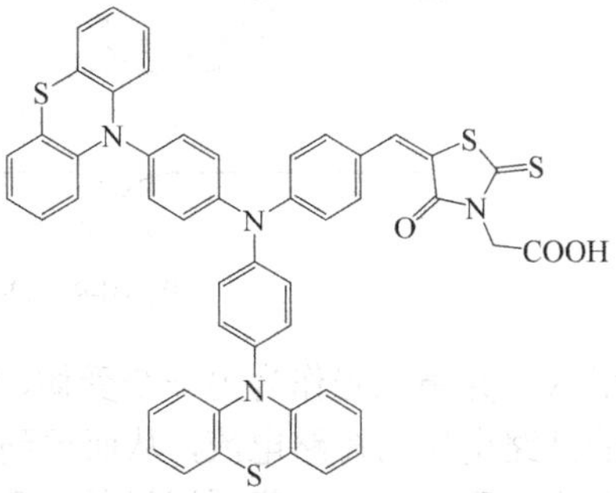   TPA7b

2012 年 P. Li 等报道了具有共敏化双染料分子 H 型结构的三芳胺类染料敏化剂 TPA9，其以三芳胺作为给体，芳基吡咯作为π桥键，氰基乙酸作为受体，光电转换效率 η 为 5.22%。其光电性能并没有显著地提高，说明 H 型敏化剂没有聚集在 TiO$_2$ 表面。

2013 年 L.B. Su 等报道了星型三芳胺类染料敏化剂 TPA8，其以连有咔唑的三芳胺为给体，二乙氧基噻吩为π桥键，氰基乙酸作为受体，光电转换效率 η 达 6.15%。给体部分咔唑的引入可提高给电子能力，而采用二乙氧基噻吩作为π桥键，能够增大吸收光谱范围。此外，二乙氧基噻吩单元可能会促进电荷的分离。

（2）D-D-π-A 结构新型染料敏化剂

2011 年 J.P. Tan 等报道了三种新型的 D-D-π-A 结构的染料敏化剂，其特点在于除了引入三芳胺作为电子给体，氰基乙酸作为电子受体外，还引入咔唑、芴等作为电子给体。其中咔唑、芴、螺二芴都为大基团。三种染料敏化剂在可见光区有较宽的电荷转移吸收带。同时，咔唑等也作为给体，增加了电荷密度，降低了 HOMO 与 LUMO 之间的能垒，使得该类型染料敏化剂在紫外-可见光区域吸收带较宽、具有较高的消光系数及合适的氧化还原特性。两种染料敏化剂（TPA10）的光电转换效率 η 分别为 6.51% 和 7.03%。

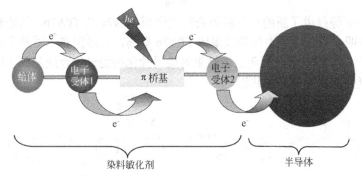

TPA10a   TPA10b

    2013 年 D.S. Kong 等则报道了另一类三芳胺类染料敏化剂 TPA11a 与 TPA11b，光电转换效率 η 达 3.2%。TPA11a 采用罗丹宁乙酸作为受体，其效率比采用氰基乙酸作为受体的效率高。此外，通过引入刚性环结构，使得 TPA11a 的效率与未引入刚性环相比增加了一倍，因此，刚性环单元对于染料敏化剂结构是一类有效的给体单元。

（3）D-A-π-A 结构新型染料敏化剂

    2012 年 Wang R.等报道了一类光电转换效率较高的 D-A-π-A 结构的三芳胺类染料敏化剂，光电转换效率 η 达 12% 左右。结构示意见图 10-4。

图 10-4   D-A-π-A 结构染料敏化剂

    由于引入苯并噻二唑作为另一个受体，使得敏化剂的 HOMO 与 LUMO 之间的能垒降低，增大电池的开路电压与短路电流，从而得到非常高的光电转换效率。此外，Wang R.等第一次引入苯甲酸作为受体，与一般采用氰基乙酸作为受体相比是一大特色。

TPA12

（4）染料敏化剂共敏化作用

    尽管有机染料敏化剂具有高吸光性的优点，但由于在可见光区的吸收带太窄、光捕获效率低及染料聚集和电子复合电阻大等影响了电池光伏性能，光电转换效率要低于多吡啶钌（Ⅱ）化合物。目前单一染料敏化剂 DSSCs 的光电转换效率达 13%。共敏化是一种有效的提高 DSSCs 光电性能的方法。共敏化作用机理是将具有不同吸收波长范围、相互间互补其吸光范围，且不影响各自敏化性能的染料敏化剂进行组合，从而提高 DSSC 在可见光区和近红外区的吸收波长范围。近年来，共敏化组合研究越来越引起人们的重视。共敏化方式有两类，一是金属有机染料与有机染料敏化剂，如 Ru-Ⅱ复合物与卟啉类有机染料敏化剂组合；二是不同有机染料敏化剂间组合。共敏化 DSSCs 的光伏性能常优于单一染料敏化的 DSSCs。

Spitler 等将不同的青蓝染料敏化剂进行组合而研发的 DSSC，可吸收整个可见光区光谱。在厚度为 4μm 的 TiO$_2$ 薄膜上，其 J_{SC} 值要比同等条件下的 N3 染料敏化剂高。Zhang 等测量了方酸染料敏化剂和青蓝染料敏化剂的共敏化作用。发现由于方酸染料敏化剂电子传输到 TiO$_2$ 导带的速度要比 N3 染料敏化剂慢，所以方酸染料敏化剂仅是一种较为低效的光染料敏化剂。然而，当浓度仅仅为 1%～2%的方酸染料敏化剂与 N3 染料敏化剂共吸附时，二者的最低单重激发态和激态都能有效地使染料敏化剂被还原再生，并能防止电子从 TiO$_2$ 流向氧化态的染料敏化剂，电池的 J_{SC} 可提高 10%以上。方酸至 N3 的电子传输效率为 300ps，这比通过 I$^-$/I$_3^-$ 进行的 N3 还原速率（约 10ns）或电子回传速率（μs～ms 级）要快很多。

Guo J.H.等研究了不同青蓝色染料敏化剂的共敏化作用。将两者以 1:3 的比例混合，发现它们能够吸收整个可见光区光谱，提高了光电转换效率。

4-二甲氨基苯基氰基丙烯酸与染料敏化剂分别可吸收黄色光（380nm）、红色光（535nm）和蓝色光（642nm），可将它们混合制作成液态的染料敏化太阳能电池。虽然由于三种染料敏化剂分子之间的相互作用，每种染料敏化剂的吸附作用有所降低，但三种染料敏化剂在各自对应的吸光区域内的 IPCE 值都有所提高。光电转换效率 η 达 6.5%。

Nazeerud 等研究将拥有互补吸光区域的染料敏化剂混合可产生全色吸收效应，光电转换效率达 7.4%，是有机染料敏化剂共敏化作用所达到的较高效率。类似条件下，它们单独的光电转换效率 η 分别为 7.0%和 4.2%。另外，从研究染料敏化剂在 IL-DSSC 中的共敏化作用的结果中发现，组合后的光伏性能比各自单独研发的 DSSC 有所增强。光电转换效率达 6.4%，在整个可见光区（400～700nm）中的 IPCE 值有所增广大。

2014 年 Xu J.等发现锌复合物(Zn-tri-PcNc-1)与有机染料(DH-44)共敏化后制备的 DSSCs 的性能显著提升。

2015 年 Kakiage 等在 Co（Ⅱ/Ⅲ）的氧化还原电解质下，用含硅有机染料（ADEKA-1）和有机染料（LEG4）敏化剂实现共敏化，光电转换效率 η 达 14%。

2017 年 M.Grätzel 在铜基电解液中用有机染料 D35 和 XY1 敏化剂实现共敏化后开路光电压达 1.1V，在 400～650nm 可见光区产生超过 90%的光电流，在 Osram 930 暖白荧光灯管下光电转换效率 η 达 28.9%。将有机染料（Y1 或 D131）与黑色染料共敏化制备的 DSSCs，η 达 11.0%～11.4%，高于单一的 N719 敏化 DSSCs 的效率。

2018 年 Athanas 等报道了 Ru-Ⅱ复合物（RDAB1）与香豆素类染料共敏化制备的 DSSCs 的 IPCE 值高于单一 Ru-Ⅱ复合物敏化剂制备的 DSSCs。Keremane 等研究发现，咔唑类染料与 NCSU-10 共敏化能提高 DSSCs 的光电转换效率。

2019 年 Zeng P.等研究了苯并噻二唑类染料与不同卟啉类染料间的共敏化，共敏化后的效率分别比两个单一染料的效率要高。

DSSC 及有机染料敏化剂研究涉及的规律性认识和科学问题有：发色体类型、三维空间非定域大π共轭构造、桥基、取代基和不同杂原子等与光电转换性能间规律性联系；染料敏化剂组合共敏化作用机制和复配筛选规律；发色体结构与应用性能间规律性联系等。有机染料敏化剂研究面临的关键问题：一是如何在分子中扩展发色体的π共轭体系和π电子离域度。染料敏化剂在可见光和近红外区域光吸收弱导致光电流不强是影响 DSSC 光电转换效率的主要因素之一。因此，可对"D-π-A"模式进行结构调变，设计大π共轭结构分子内电荷迁移系发色体，增强可见和部分近红外区域的有效光吸收；同时，优化染料敏化剂分子与 TiO₂ 键合方式，促进染料分子对半导体 TiO₂ 纳米晶体表面的覆盖，减少电解质与 TiO₂ 表面接触，减少暗电流产生，提高开路电压，从而提高光电转换效率。二是如何通过共敏化提高光电转换效率。设计筛选在可见和近红外区域具有良好吸收光谱的不同发色体结构的染料进行复配组合，研究复配组合染料敏化剂共敏化作用机制，实现全色段光吸收，增强光电流，提高光电转换效率。

10.8　化学发光材料

化学发光（chemiluminescence）现象很早以前就已发现，自然界的萤火虫发光就是化学发光的例子。萤火虫体内的荧光素在荧光酶的作用下，被空气氧化成氧化荧光素。用于照明的化学发光器件是近 20 年来才推向实用化的。化学发光光源是冷光源，安全性强。现有的小型、简便照明器件可以连续发光数小时，并可发出各种颜色的光。典型的化学光棒使用时将管子扭曲使内玻璃管破裂，氧化剂溶液和含有化学发光物质与荧光体的溶液混合而发光。在 0～50℃范围内可以持续发光照明数小时。适用于无电源或不可有明火、火星等特殊场合的照明及海事求救信号、科学研究器件、喜庆集会等。

10.8.1　化学发光原理

化学发光是一种伴随着化学反应的化学能转化为光能的过程，其原理见图 10-5。若化学反应中生成处于电子激发态的中间体，而该电子激发态的中间体回复到基态时以光的形式将能量放出，这样化学反应的同时就有发光现象。发光化学反应大多是在氧化反应过程中发生能量转换所引起的。

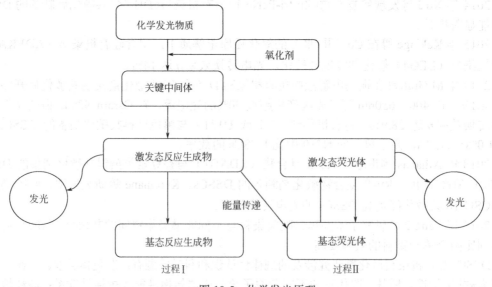

图 10-5　化学发光原理

10.8.2　化学发光材料

发光最强的化学发光物质是氨基苯二酰肼及其同系物。氨基苯二酰肼在碱性水溶液中在氧化剂作用下发出蓝色光，最大波长 424nm。这是因为生成了氨基苯二甲酸二负离子的激发单线态，它回复基态时放出荧光。但该发光过程持续时间很短，没有实用性。

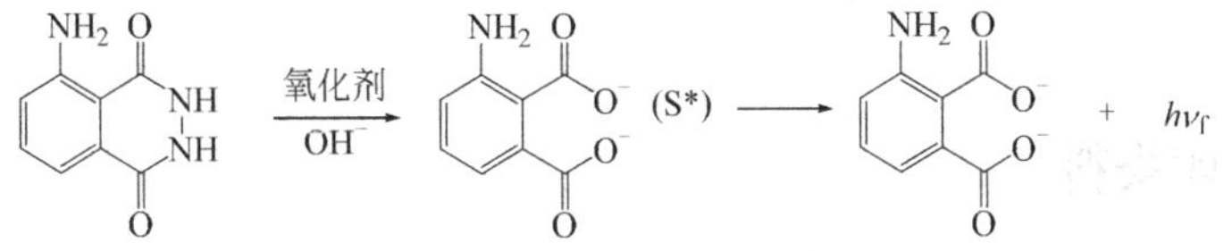

已实用化的是采用过程Ⅱ的途径，即在化学发光物质中配合荧光体，使得反应过程中激发共存荧光体按过程Ⅱ进行发色反应，得到较强的有色发光。化学发光材料主要由发光体（发光化合物）、氧化剂（过氧化氢）、荧光体（荧光化合物）组成。由这些化合物组成的化学发光材料可达到发光强度大、持续时间长和具有实用化意义的目的。

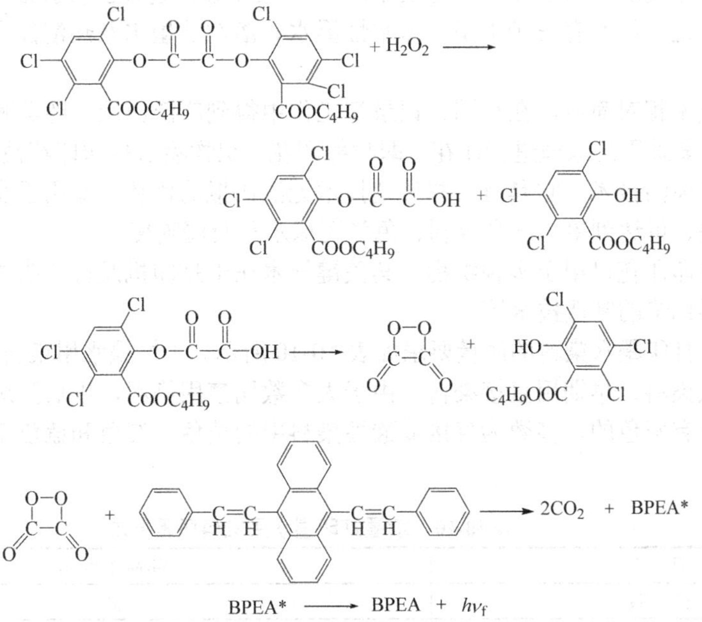

化学发光体在反应过程中被消耗，要维持长的发光时间，需要反应速度慢且平稳，同时要有高的量子收率。常用的化学发光体有草酸酐、草酰胺及稠环等结构。

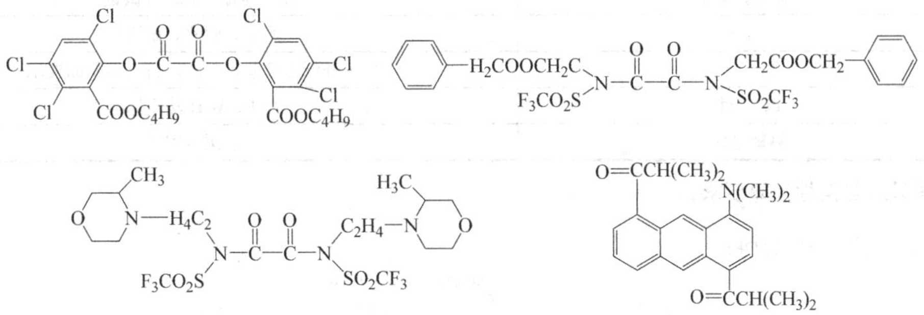

化学发光荧光体在氧化反应中通过能量转移而被激发，从基态到激发态时要防止副反应的发生，因此荧光体的反应稳定性要高。常用的化学发光体有蒽、对二苯乙炔基苯、荧烷及多并苯稠环类结构等。在实用过程中要考虑所用的化合物都不溶于水，与过氧化氢水性体系混合反应时要选择加入适当的溶剂、反应促进剂、稳定剂等控制氧化反应。

10.9 喷墨打印和热扩散转移成像技术用染料

10.9.1 喷墨打印染料

喷墨打印始于 20 世纪 30 年代，80 年代后期有了迅速发展。它采用与色带打印完全不同的工作原理，即用喷嘴喷出墨水（或彩色液），在纸上形成文字或图像。

喷墨打印有许多类型，用于办公及日常文件输出多数采用液滴式喷射打印技术。它利用电压装置系统将计算机输出的点阵电信息转化为压强，控制喷嘴喷出液滴，在纸上形成文字或图像。喷墨打印机以黑白文件打印为主流，90 年代开始兴起彩色喷射打印。喷墨打印除设备外，墨水是关键。墨水有三种类型，即水性墨水、溶剂性墨水及热溶性墨水，水性墨水用量最大。

喷墨打印技术相对简单，在绘图、记录等工作中得到广泛应用。随着喷墨打印技术的推广，纺织品也逐渐采用此原理进行印花，即喷射印花。织物喷射打印印花被认为是 21 世纪印花技术发展的最前沿技术。它具有一些传统技术无法比拟的优势：适用于小批量、多产品、更新花样速度快、可达到单一产品定制、色彩还原水平及清晰度高。

织物喷射打印印花可用于多种织物。其关键技术在于打印机及打印头的设计、织物的前处理技术及染料色浆的制造技术等。

对用作喷墨打印墨水染料的质量要求如表 10-10 所示。水性墨水用染料以黑色应用最广，它多半属多偶氮染料，早期用直接染料，由于大多数属禁用染料，以后又选用了食用黑色染料。打印墨水也有彩色的，多数为直接或酸性染料中的黄色、红色和蓝色染料，青色的均采用酞菁类染料。

表 10-10 喷墨打印墨水用染料质量要求

颜　色	黄/品红/青/黑
强　度	高
溶解度	5%～20%
不溶物	无
电解质/金属离子	Cl^-，SO_4^{2-}，Ca^{2+}（微量）
牢　度	耐光、耐水、耐渗化
色　泽	各种纸上应基本一致，符合印刷品要求
毒　性	按 REACH 法规标准
热稳定性	抗热结焦[①]

①只对热溶性油墨要求。

水性墨水用染料：

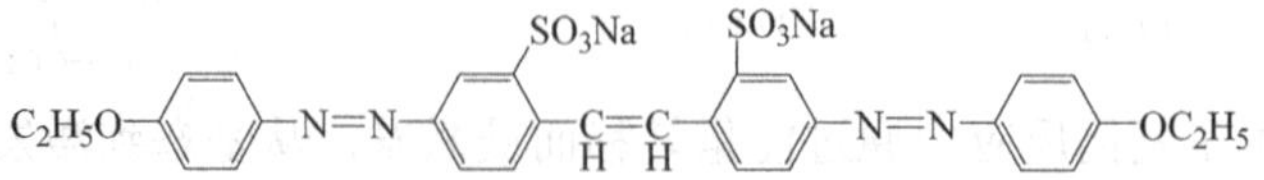

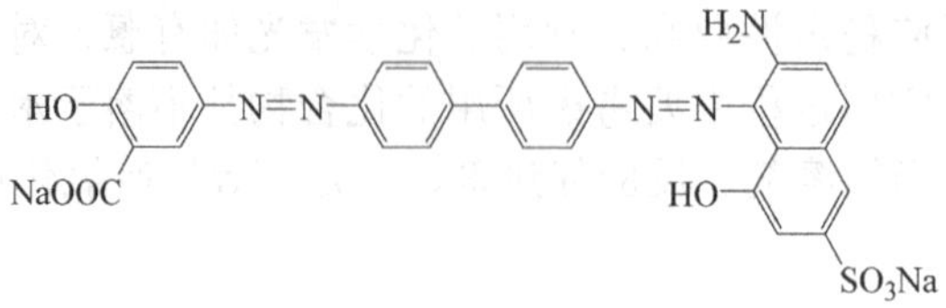

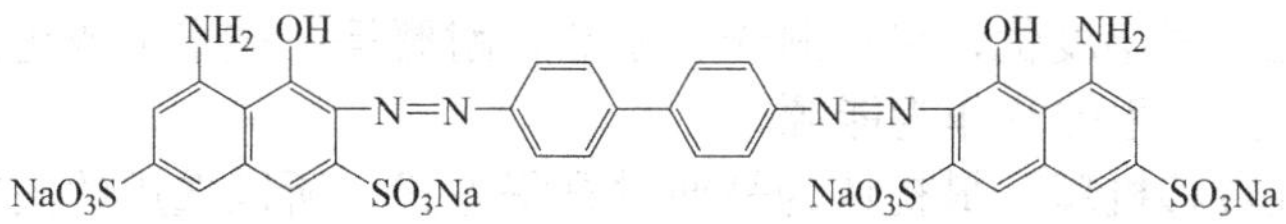

蓝色

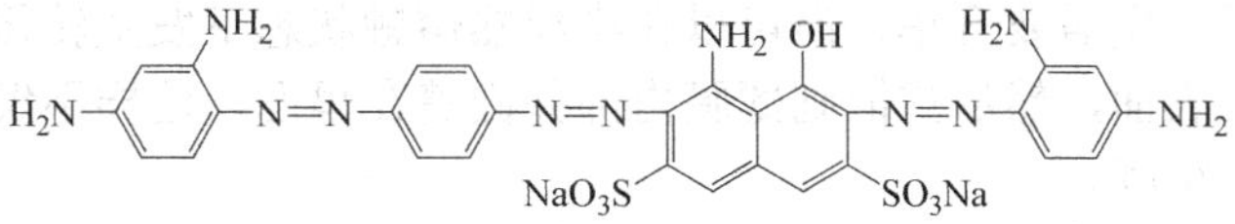

黑色

溶剂性墨水用染料：

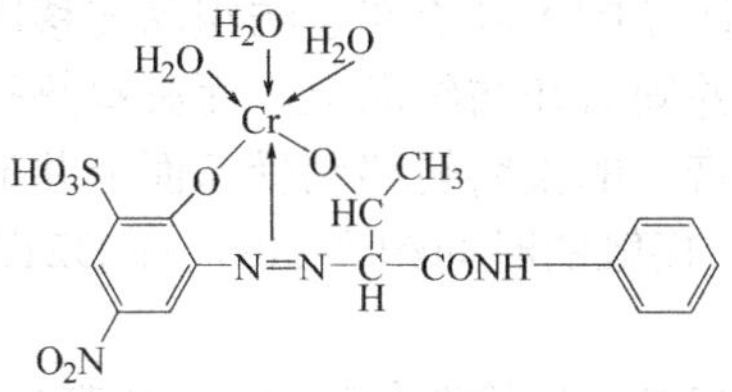

黄色 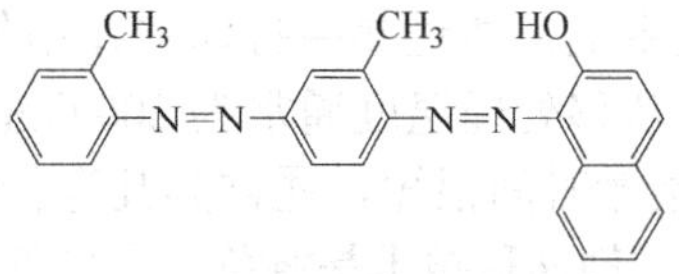　　　　　　　　红色

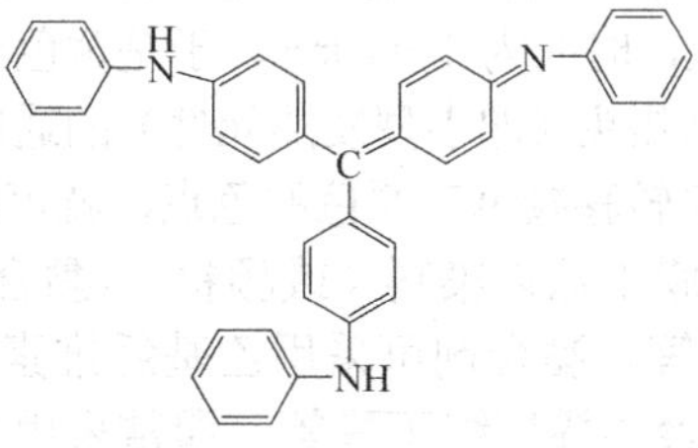

蓝色

　　用作织物喷射打印印花的染料色浆分为转移印花用染料色浆和直接印花用染料色浆两类。染料色浆研究的关键是染料的选择及色浆助剂的配置。目前所用的染料以分散及活性染料为主。对染料的要求基本与彩色打印墨水相同。要求染料类型相同，如转移印花用的 S 型分散染料等；纯度要高，通常需≥98%；易研磨，在墨水中染料的粒径需 100%≤0.5μm。其他要求则与一般打印墨水相同。典型的分散染料如：C.I.分散黄 42、C.I.分散黄 54；C.I.分散橙 30、C.I.分散橙 37；C.I.分散红 60、C.I.分散红 288；C.I.分散蓝 56、C.I.分散蓝 165 等。染料色浆用分散剂有萘磺酸甲醛缩合物、木质素磺酸钠、脂肪醇聚氧乙烯醚硫酸钠等。助剂则以二醇及醚类化合物为主，如乙二醇、戊二醇、乙二醇甲醚、乙二醇丁醚、二乙二醇、三乙二醇、乙二醇甲醚、二乙二醇甲醚、乙二醇乙醚等。

10.9.2　热扩散转移成像技术用染料

（1）染料热扩散转移技术

　　分散染料热转移印花、传统的印花方法和活性染料湿法转移印花方法具有许多优点，但是它仍然要采用印刷方法印制转移纸，也就是说仍然需要对图案进行分色等复杂的工序，而且转移后的废纸处理仍是个问题。随着转移技术和控制技术的发展，近年来出现了两种热转移新技术，即热扩散转移和热蜡转移技术。它们均不需要事先印制带有图像的转移纸，而只需涂有染料的色带，通过电脑控制的打印色带就可进行图像转印。它们两者的差异在于热扩散转移印花时染料发生上染固着，而热蜡转移印花不发生上染固着。

　　染料热扩散转移技术（简称 D2T2）是目前成像技术中的新技术之一。其优点是在所有的再成像技术中唯一能得到质量很高的中性黑，可产生全色谱图像；图像光密度最高可达 2.5，是生成高质量彩色图像必不可缺的条件；可采用与目前流行彩色相片外观十分相似的基质片为接受片；生像颜色的坚牢度优，包括耐光、耐热、耐磨等；技术上改进的潜力很大，有可能发展成为激光打印头产生的热作为能源。

关于染料热扩散转移机理，最初认为是通过升华方式，所以选用的染料主要是升华性的分散染料，结构均较简单，因此这些染料的耐热牢度较差。近期发现，在 D2T2 中，一些染料的热扩散转移并不一定需要升华，而可以在染料热熔融状态下发生转移，即通过"熔态扩散"方式转移到接触表面，然后扩散到薄膜内部并固着在里面，这样不仅扩大了染料的选择范围，而且提高了色牢度。

由于染料热扩散转移技术的成像基本原理与纺织品的转移印花十分相似，因此也是生产彩色印花织物最有前景的技术。但它与转移印花的不同点在于纺织品转移印花是将染料色浆印在转移印花纸上，通过热处理将图形转移并固着在纺织品上。而染料热扩散转移技术是将染料涂在色带上，通过热头打印的作用使色带上的染料转移到受印面上并形成图像。另外，转移印花的转移处理温度通常为 200℃左右，接触的时间约为 30s，而 D2T2 的转移温度高达 400℃，但接触时间很短，通常为几毫秒。

染料热扩散转移技术是将黄、品红和青色染料分段涂在色带上，当色带与接触面接触，来自磁盘的编码图像信息对与色带接触的热头进行寻址。譬如说，该处需要一个黄色点，则热头就把黄色带迅速加热到 400℃以上，时间为 1～10ms，于是黄色染料色点就通过"热扩散"方式转移到受印面上。另外，通过控制热头（即小型发热元件）的通电量还可改变转移的染料量，控制色点的颜色浓淡。用这样的方法转移减色三原色的色点，就可得到精细的全色印花图像。

所用的色带是在基质薄膜上涂以染料（或颜料）、黏合剂组成的油墨而制成的。基质薄膜可采用聚酯薄膜、电容器纸等。黏合剂可采用乙基纤维素、羟乙基纤维素、聚酰胺、聚醋酸乙烯酯、聚甲基丙烯酸酯、聚乙烯醇缩丁醛等。通常采用 6μm 厚的聚酯薄膜。转移记录用的接受纸是在基质上涂以聚酯、聚氨酯、聚酰胺、聚碳酸酯树脂等为接受层。

（2）热扩散转移技术用染料

主要有分散染料、溶剂染料及碱性染料等。对染料的要求有颜色为黄/红/蓝三原色；光密度达到 2.5 级；要求在制作色带的溶剂中溶解度≥3%；热稳定性达瞬间可耐 400℃；耐光牢度达到彩色照片要求；耐热牢度要求在保存图像的条件下无热迁移性；色带稳定性要求在使用条件下可保存 18 个月以上；无毒性等。为了提高颜色鲜艳度，还可应用具有良好溶解度和耐光牢度的荧光染料。典型的黄、红和蓝色染料的结构如下。

黄色染料：

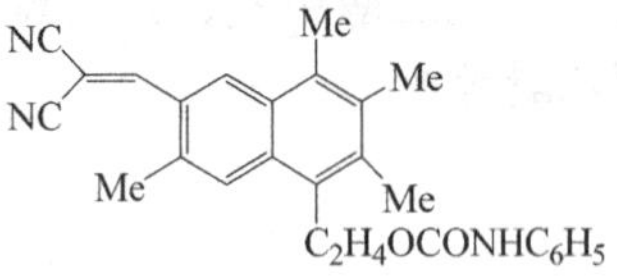

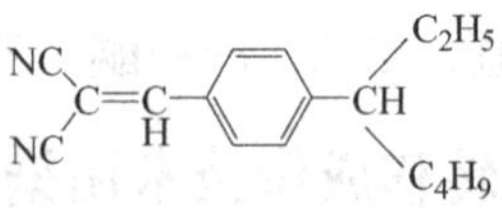

红色染料：

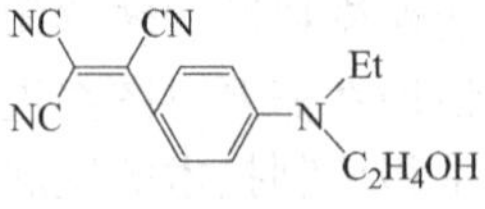

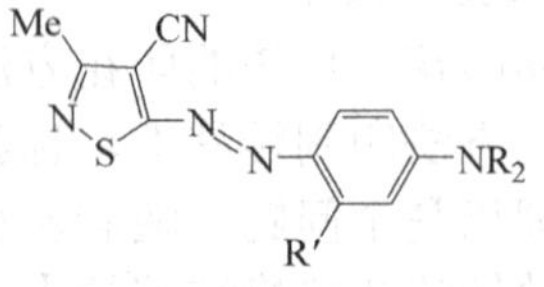

蓝色染料：

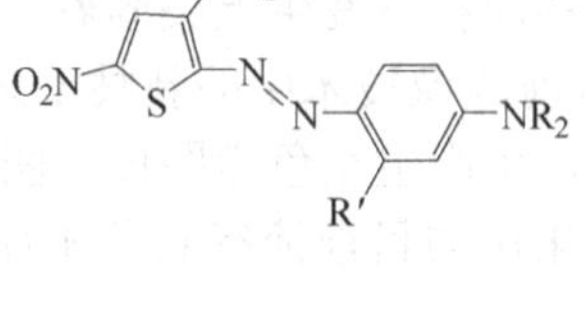

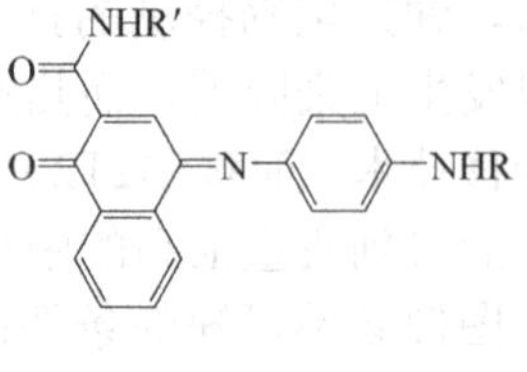

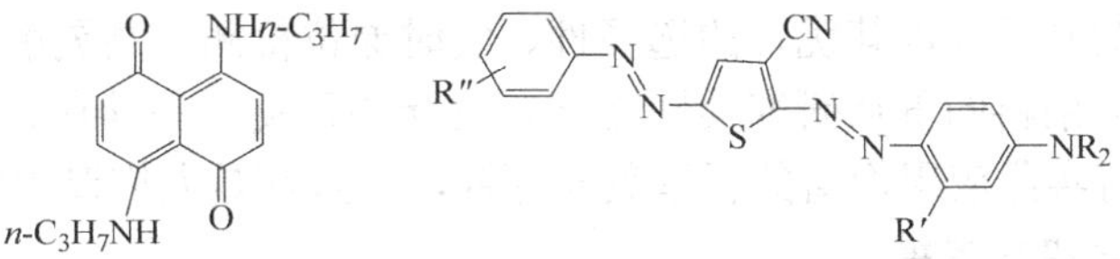

热扩散转移技术的发展不仅和所用的功能染料有关，同样决定于其他一些材料如受印薄膜、树脂和黏合剂。热扩散转移技术目前在纺织产业中工业化的应用虽还不多，但在服装等方面已有应用，而且效果很好。对一些质地紧密平整的合成纤维，如涤纶纺织品，直接可作为转移印花的接受表面进行印花，其原理和分散染料在涤纶纺织品上的普通转移印花基本相同且效果更好。而对于其他纤维的织物，只要在其表面涂上可被分散染料上染的聚酯等材料后也可以用于分散染料进行热扩散转移印花。热扩散转移印花技术只需三原色（或加黑色）色带染料，其效果远高于传统印花，它将使纺织品印花发生质的变化。

10.10 荧光探针及生物学应用染料

10.10.1 分子识别与荧光探针

（1）分子识别（molecular recognition）

分子识别是一种普遍的生物学现象，属于超分子化学重要的研究内容。分子识别一般通过两个分子的选择性相互作用，如抗原与抗体之间、激素与受体之间、底物与酶之间的专一结合来实现。要实现分子识别，一是要求两个分子的结合部位相互互补，二是要求两个结合部位有相应的基团，通过相互间作用力（如氢键、色散力、范德华力、离子键、晶体键等）使两个分子能够紧密结合在一起，最后达到材料或器件的功能。分子识别作为分子级事件仅发生在微观世界，需要借助一定的手段（如核磁共振）人们才能感知分子识别事件的发生。人们一般采用光学信号、电学信号来使微观分子识别事件所包含的信息有效和清楚地向外界传达。

（2）荧光探针

荧光探针为一类能和个别组织特异结合而又不干扰其他组织成分自身荧光的荧光染料和识别体所构建的荧光分子识别体系。其一般定义为在紫外-可见-近红外区有特征荧光，且其荧光性质（激发和发射波长、强度、寿命、偏振等）可根据所处环境，如极性、折射率、黏度等改变而灵敏地改变的一类荧光分子。荧光探针技术是指用荧光试剂对检测环境中特定的本身无荧光或荧光强度较弱的待测物进行标记或衍生，生成具有高荧光强度物质，使检出限大大降低，可方便快速地检测金属离子、有机分子和生物大分子（多肽、蛋白、核苷酸）等的技术。荧光作为传感信号具有单分子检测灵敏度高、操作简便、选择性好、响应时间迅速、对物质损害弱、可开关、纳米级分子空间识别性好等优点。荧光探针技术主要用于环境有害重金属离子、易爆炸化学物品和生物系统中起重要作用的分子离子等的检测。分子识别和组装涉及化学、生物学、光物理学、材料学等理论，在分子水平上的微观检测和研究具有重要的科学意义。

荧光探针主要包括分子识别和信号报道（荧光母体）两部分。荧光探针的研究关键在于探针分子体系的设计与合成，分子结构与作用机制决定了传感器的选择性和灵敏度。特别是在器件中关于"荧光母体信号基团"部分与"识别基团"部分的连接问题以及涉及的化学与光物理问题，需要研究者系统掌握分子设计、超分子化学和光物理等知识。

有机染料类荧光探针以其优良的选择性、实时原位检测、高灵敏度、成本低廉、简单快捷等优点成为功能染料的重点研究类别之一。设计并开发一些具有高灵敏度、高选择性、实时原位检测的具有实际应用价值的新型荧光探针，一直都是人们追求的目标。

（3）荧光探针设计原理

如图 10-6 所示，荧光探针一般由荧光团和识别基团组成。荧光团是荧光分子探针的核心组织部分，作用是将分子变化的信息转化成为荧光信号。因为芳香族类具有大共轭结构，故一般选择芳香族化合物作为荧光分子探针的荧光发色团。如稠环芳烃，以蒽、萘为代表的稠环芳烃类都具有较高的荧光量子收率。

按照响应机理荧光探针一般可分为分子内电荷转移（ICT）、荧光共振能量转移（FRET）和光致电子转移（PET）等类型。

① 光致电子转移（photo-induced electron transfer，PET）机理：典型的光致电子转移（PET）型传感器由"荧光团-连接基团（spacer）-识别基团"三部分组成，结构如图 10-6 所示。在"OFF"状态下，荧光团（fluorophore）的激发致使电子从识别基团（receptor）传输到荧光团成为一种可能，也就是说，荧光团的激发态能量需要足够提供荧光团的还原电位和识别基团的氧化电位；在"ON"状态下，识别基团与分析物结合后 PET 过程受到抑制，荧光团受激产生荧光。

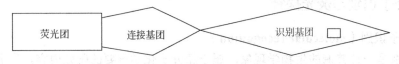

图 10-6　光致电子转移（PET）型传感器示意图

上述原理还可以用分子轨道能级图 10-7 来解释。到在"OFF"状态下，识别基团的最高占有轨道（HOMO）的能级介于荧光团前线轨道之间，当荧光团 HOMO 轨道上的一个电子被激发到最低未占轨道（LUMO）后，识别基团 HOMO 轨道上的一个电子可以发生向荧光团 HOMO 轨道的跃迁，使得荧光团 LUMO 轨道的激发态电子无法辐射跃迁至自身的 HOMO 轨道，从而表现为荧光团的荧光猝灭；而在"ON"状态下，识别基团与分析物相结合后，其 HOMO 能级降低至荧光团 HOMO 能级下，识别基团 HOMO 轨道上的电子向荧光团 HOMO 轨道的跃迁能力下降，从而荧光团 LUMO 轨道的激发态电子可以向自身 HOMO 轨道进行辐射跃迁，宏观上表现为荧光增强。

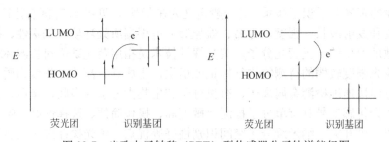

图 10-7　光致电子转移（PET）型传感器分子轨道能级图

② 分子内电荷转移（intramolecular charge transfer，ICT）机理：典型的 ICT 型荧光探针是由电子给体（electron donor）通过π电子共轭体系（π-system）与电子受体（electron acceptor）相连，组成"D-π-A"的结构。ICT 型荧光探针传感原理主要分两种情况。当给电子识别基团与分析物相互作用后，荧光分子体系的推吸电子作用显著降低，分子偶极矩减小，从而导致荧光光谱蓝移（blue shift）；反之，当吸电子识别基团与分析物相互作用后，则导致荧光光谱红移（red shift）。

③ 荧光共振能量转移（fluorescence resonance energy transfer，FRET）机理：如图 10-8 所示，荧光共振能量转移是指发生在分子内或分子间的两个荧光团之间的相互作用。一对合适的荧光物质可以构成一个能量供体（donor）和能量受体（acceptor）对，其中供体的发射光谱与受体的吸收光谱重叠，当它们在空间上相互接近到一定距离（10^{-10} nm）时，激发供体产生的荧光能量正好被附近的受体吸收，使得供体发射的荧光强度衰

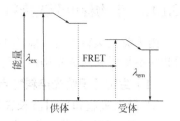

图 10-8　荧光共振能量转移原理

减，受体荧光分子的荧光强度增强。能量传递的效率和供体的发射光谱与受体的吸收光谱的重叠程度、供体与受体的跃迁偶极的相对取向、供体（donor）与受体（acceptor）之间的距离等有关。

④ 激发态分子内质子转移过程（excited state intramolecular proton transfer，ESIPT）：ESIPT 光物理过程如图 10-9 所示，以 2-（2-羟苯基）-苯并噻唑（HBT）为例。基态时存在顺-烯醇式吸收（enol absorption），并且形成分子内氢键。光致激发后，形成烯醇式单线态激发态，激发过程中遵循 Franck-Codon 法则，不存在几何结构弛豫。紧接着发生一个极快的 ESIPT 过程，形成顺-酮式（cis-keto）单线态激发态，同时也存在分子内氢键。由于 ESIPT 过程比荧光发射过程（辐射衰变）快速得多，所以基于 ESIPT 机理的发色团所观测到的荧光往往出自酮式互变异构体。除了辐射衰变，对于顺-酮式还有不同的失活方式：一种是系间窜越（intersystem crossing，ISC），形成酮式互变异构体的三线态激发态；另外一种是形成反-酮式（trans-keto）异构体（图中 K_z），从反-酮式转变成顺-酮式需要跨越一个能垒，因此过程相对缓慢。三线态衰退过程和反式到顺式的转变过程所需时间尺度相类似（长达微秒级）。这两个过程可以通过时间分辨光谱观测到纳秒级短暂差异。三线态激发态的衰退过程对氧气敏感，因此氧气的存在会减短瞬态的寿命，而反式酮转变到顺式酮的动力学并不会受氧气的影响。ESIPT 过程还伴随着显著的几何结构弛豫，如酮式和烯醇式的几何结构的明显差异会导致基于 ESIPT 机理的发色团存在比较大的斯托克斯位移。此外，基于 ESIPT 机理的发色团还对质子性溶剂敏感，在质子溶剂中 ESIPT 发射（酮式荧光发射，keto emission，500nm）受到抑制，只能观测到烯醇式荧光发射（E-Z isomerization）。

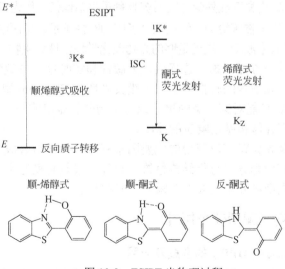

图 10-9　ESIPT 光物理过程

10.10.2　生物标识荧光染料

由于荧光染料本身性能的不同，导致其在生物分析的过程中的应用表现出较大的差异。因此并不是所有的荧光染料都可以作为荧光探针而被用于生物检测与生化分析领域。

（1）生物标识荧光染料特点

① 最大吸收和发射波长在近红外（NIR）区域。荧光染料的吸收和发射波长在近红外（NIR）区，生物体及组织的吸收和发射都非常弱，使得近红外光在生物体内能穿透得更深，从而有效地提高检测的灵敏度。若在紫外或较短波长区域，由于生物体内存在共轭小分子，如各种氨基酸、蛋白质分子、嘧啶、嘌呤等，它们在这一区域都会有吸收与发射，从而导致高背景噪声，降低荧光探针自身的灵敏度，再加上一些干扰分子的自发荧光，容易使检测的结果出现偏差。此外，对荧光检测灵敏度的影响还有紫外激发光照射在生物组织内而造成的散射。

② 荧光量子收率较高。荧光量子收率高的染料，在相同情况下能有效地提高检测的灵敏度，使检测限达到最低。

③ 环境稳定性较好。在光照、高温、酸碱条件下，染料的化学性质应该稳定，且不会出现明显的光褪色或光漂白现象。

④ 细胞穿透能力和细胞内溶解性较好。使荧光探针可应用在细胞中。

⑤ 荧光染料对组织细胞没有损伤。应完全没有或者毒性很小。

⑥ 溶解性良好。在大部分溶剂中应该具有较好的溶解性，从而有效抑制自身的聚积，利于生物分子的标识与检测。

（2）结构特征

大多是含有共轭双键体系的有机物，共轭双键这一结构特征使其更加容易吸收光，还可以使其激发波长处于近紫外区甚至为可见光区，同时使其发射波长处于可见光区。一些常用的荧光染料如噻嗪、噁嗪、罗丹明、荧光素、菁、花菁和氟硼荧、芘、香豆素、萘酰亚胺等结构类型，其吸收和发射波长相对较短，容易受生物体自身荧光的干扰。菁染料的光谱波长虽然容易达到近红外区域，但其稳定性会随着多亚甲基链的增加而迅速下降，这主要是因为链的增长使链更加柔顺，易遭受 O_2 和 O^{2-} 的进攻。因此，超过七个亚甲基链的菁染料几乎没有报道。目前开发的菁染料绝大部分是七亚甲基链，但由于种类不多、合成困难、光稳定性较差、在溶液中易聚积等缺点影响了其应用推广。噻嗪、噁嗪类近红外荧光染料荧光量子收率偏低。作为近红外荧光染料的花菁类染料分子，虽然已经被用于临床检测，但这些分子因为刚性不足、平面结构易被破坏，导致吸收和发射波长及荧光量子收率波动，缺乏足够的光物理化学稳定性和生物兼容性。

评价荧光探针有三个方面考虑，选择性，灵敏性和实时性。灵敏性指的是客体和探针检测基团结合的强度及荧光信号的转换效率（一般荧光增强 Turn-on 型大于荧光减弱 Turn-off 型）；选择性指的是探针只能对某一类的离子或者生物分子做出响应，单一型的探针是最理想的；实时性指的是识别客体和做出响应的速度。

总体上看，限制荧光染料广泛应用的主要因素有分子设计与合成难度大、结构种类少及价格高等。因此对现有荧光分子进行结构修饰，设计合成具有良好水溶性、生物兼容性和稳定性的新型近红外荧光染料分子已成为该领域研究的热点。

10.10.3　吡咯并吡咯二酮型荧光探针

（1）吡咯并吡咯二酮（DPP）的合成及应用

含酰氨基的吡咯并吡咯二酮（DPP）可用作氟离子荧光探针，其机理是体积小、碱性强的氟离子易夺走酰胺上氨基的氢，导致吸收光谱红移而发生变色，以此可实现氟离子的检测。H.Jianli 等利用偶联反应将芴引入共轭链，设计合成了新型红色荧光探针，能按比率探测氟离子，是 DPP 第一次作为探针应用的实例。之后，他们又合成了三芳胺-DPP 化合物，作为荧光探针在丙酮和乙腈溶剂中都出现了肉眼可观察到的荧光变化，并根据氟离子和硫酸氢根对荧光探针的响应设计了荧光逻辑门。

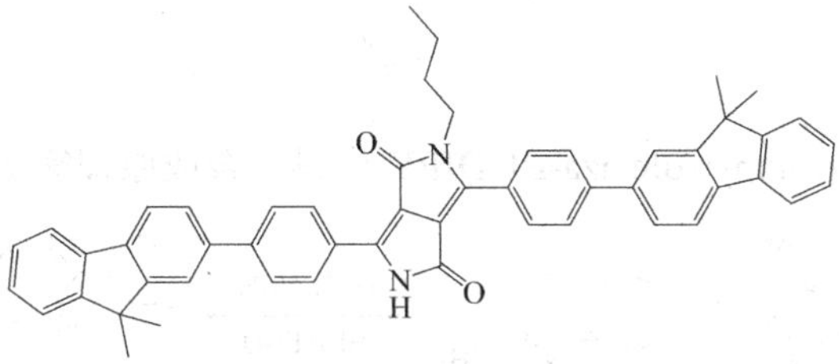

Zhao J.Z.等用乙烯基苯二腈吸电子基团与 DPP 共轭键合，导致 DPP 发射波长红移至666nm，实现了红光发射。利用含巯基氨基酸对乙烯基苯二腈的加成阻断共轭，使光谱蓝移发黄色光，用该发色基团检测含巯基氨基酸，并得到较高的选择性，成功地实现了红光比例型细胞检测成像。

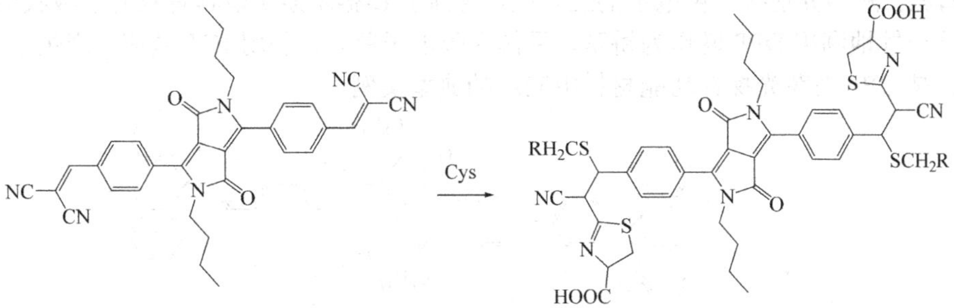

Yang W.J.等也利用 DPP 单取代衍生物设计合成了氟离子的单光子和双光子荧光探针，测试了荧光探针的双光子性能。

Jang W.D.等基于 DPP 酰胺位点巧妙利用叔丁氧羰基设计并合成了一个高选择性、颜色反差大的氰离子荧光探针。

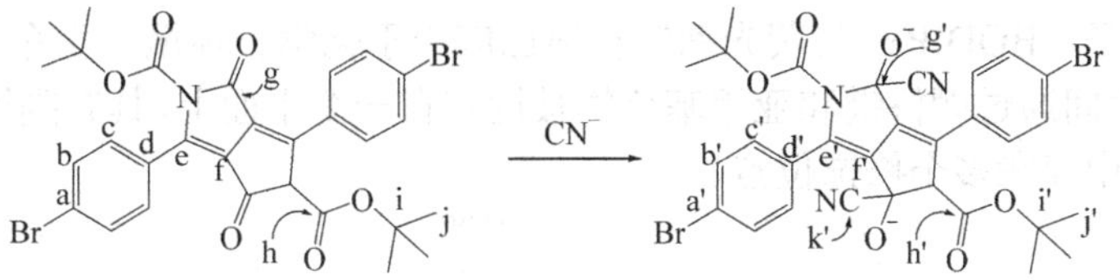

S.Susanne 等基于 DPP 联苯化合物合成了砜基 DPP 衍生物，丰富了 DPP 衍生物的合成路线，并研究发现该类分子对高压二氧化碳会选择性变色，可作为一种二氧化碳传感器应用。

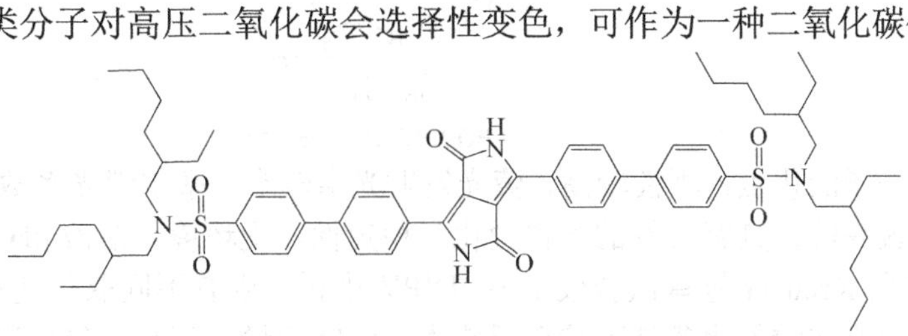

Z.Andreas 等基于 DPP 发色结构合成了如下结构的新型近红外系列染料，λ_{max} 达 850nm，作为近红外染料在光电材料、荧光探针、生物成像等方面有潜在价值。

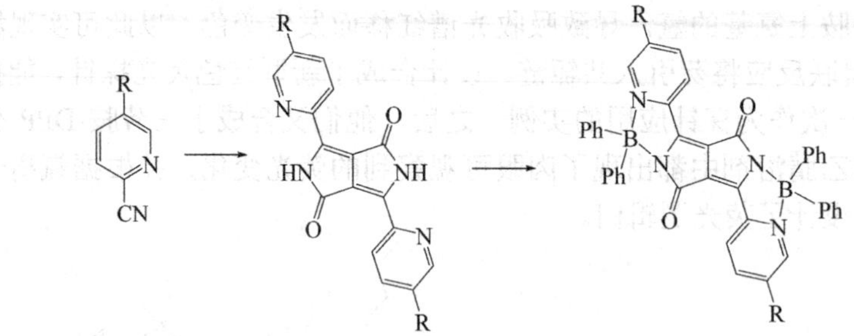

Soji 等合成了 Pyrrolopyrrole aza-BODIPY 染料，合成原理简单，具有强烈的荧光。

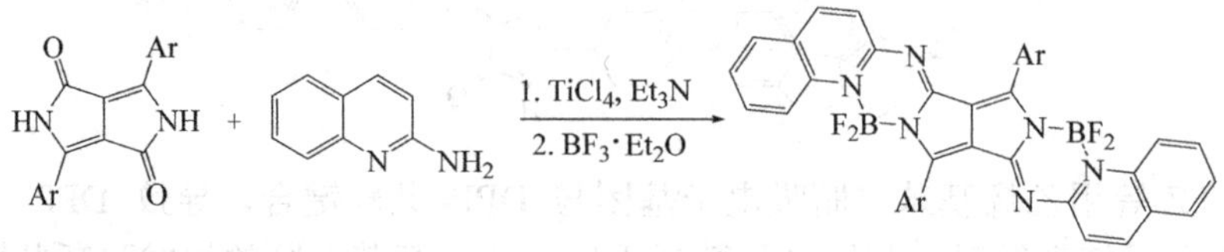

（2）DPP 类双光子荧光染料

双光子吸收在生物显影、生物荧光探针等方面具有明显的优势。 Yang W.J.等利用 DPP 作为母核，两端分别接上供电子的三苯胺，得到了 D-π-A-π-D 型具有双光子吸收的荧光材料。该设计巧妙地利用 DPP 既作为桥基，又作为吸电子单元，利用 ICT 效应，产生了大的双光子效应，是 DPP 在荧光探针功能材料中应用的典型实例。

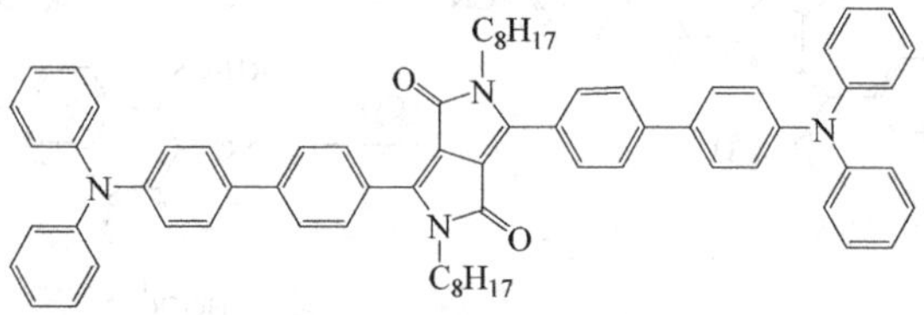

10.10.4　氟硼荧型荧光探针

（1）氟硼荧型荧光探针结构特征

氟硼荧化合物（boron-dipyrromethene，BODIPY）是近 20 年发展的一类光物理化学性能优异的荧光分子。BODIPY 类荧光探针材料已应用于化学、环境、生命科学等的研究。在结构中，吡咯环之间通过硼桥键和亚甲基桥键被固定在一个平面上，具有刚性平面结构。BODIPY 母体分子结构中存在多个修饰位点。

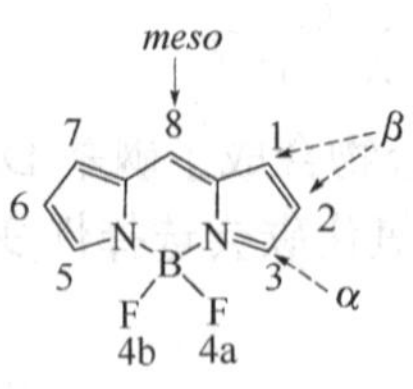

BODIPY母体骨架结构

该类荧光分子的优点：刚性较高、荧光发射光谱较窄、摩尔消光系数较高、吸光效率高、荧光量子收率较高等；具有较好的光物理化学稳定性，受环境、溶液 pH 影响较小。

1968 年德国 Kreuzer 等首次合成了 BODIPY 染料，由有不同取代吡咯甲醛和 α 位没有取代基的吡咯衍生物在酸催化条件下缩合反应生成吡咯甲烯，再与三氟化硼络合形成 BODIPY 荧光染料，其最大发射波长在 490～520nm。开创了 BODIPY 荧光染料的历史。

国内外众多的学者团队在 BODIPY 荧光染料的合成和光谱性能研究方面进行了一系列的开创性工作，如美国 Kevin Burgess、法国 Raymond Ziessel、日本 Koji Suzuki、土耳其 Engin U

Akkaya、比利时 Wim Dehaen 及中国的钱旭红、赵伟利、沈珍等。

正如 Kevin Burgess 在 2007 年发表的一篇综述中所提到的，目前大多数 BODIPY 类染料分子的吸收和发射波长都处于小于 600nm 的可见区域，缺少真正意义上的近红外 BODIPY 荧光染料。另外许多染料分子还缺乏足够的水溶性。为解决这两大难题，目前的研究主要集中在：对 BODIPY 结构进行修饰衍生，改善其光物理化学性能，实现长波近红外吸收发射，使之与现有商品化激光光源相匹配，从而获得最大荧光强度，降低背景干扰等；同时根据分子内电荷转移、光诱导电子转移、荧光能量转移等原理设计新型 BODIPY 荧光探针。

BODIPY 荧光染料分子主要是通过相应的二吡咯亚甲基与三氟化硼乙醚（$BF_3 \cdot OEt_2$）发生络合来合成的。二吡咯亚甲基的合成有吡咯与酰氯或酸酐缩合、吡咯与芳香醛缩合后氧化、吡咯醛自缩合及吡咯醛与吡咯缩合等四种方法。BODIPY 合成原理：

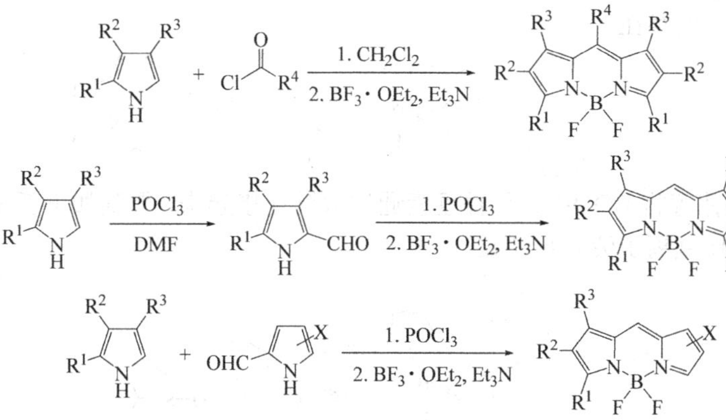

前三种方法主要用于合成对称的 BODIPY 衍生物。其中，通过方法一和方法二可以合成间位含烷基取代基或芳基取代基的衍生物；方法三是美国 Kevin Burgess 开发的新合成路线，主要用于合成间位无取代基的 BODIPY 衍生物。最后一种方法主要用于合成不对称的 BODIPY 衍生物。

BODIPY 母体骨架吸收在 500nm 左右，在生物体系内存在背景吸收、光散射和生物组织自身荧光等因素的影响，应用范围有限。因此，有必要设计开发长波长吸收和发射的新型 BODIPY 荧光分子，尤其是近红外 BODIPY 衍生物。主要可通过对 BODIPY 结构的 α 位和 β 位修饰来实现其吸收发射波长的红移。

（2）β 位修饰的 BODIPY 衍生物

1985 年 Wories 等合成了带有磺酸基的 BODIPY 染料 β-磺酸基氟硼荧，使 BODIPY 染料具备了较好的水溶性。采用简单的 BODIPY 染料与氯磺酸反应，在 β 位上引入磺酸基（β-磺酸基氟硼荧），然后进一步合成了磺酸钠盐形式的 BODIPY 染料。他们首次实现在 BODIPY 母核结构上引入活性基团。这类 BODIPY 衍生物在水和醇中也具有很高的荧光量子收率，其稳定性甚至比母体结构更高。说明 BODIPY 染料结构的可改造性还很大，且可望在生物分析领域获得应用。

Kevin Burgess 等在此基础上合成了一系列具有应用和衍生价值的水溶性 BODIPY 衍生物。BODIPY 的 β 位通过硝化、钯催化的碳氢活化、卤化得到单取代或双取代的 BODIPY 染料，但是由于重原子效应，荧光猝灭明显。BODIPY 的功能化原理如下：

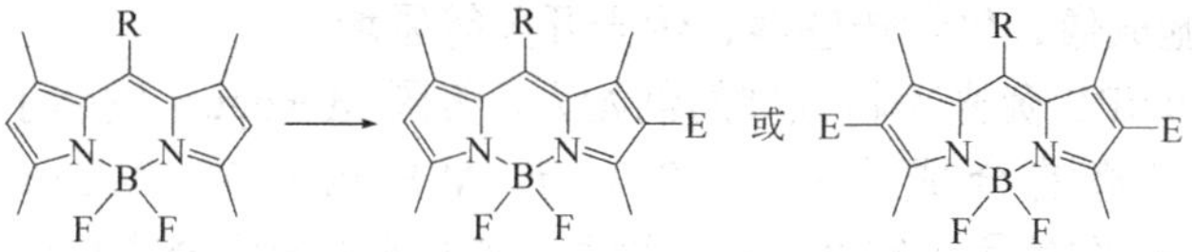

$E=SO_3H, NO_2, Br, I, CHO$

2009 年焦莉娟等用 Vilsmeier 试剂首次实现了通过 2,6-位甲酰化反应在 BODIPY 分子 β 位上引入醛基。在此基础上，将醛化反应进一步拓展，实现了区域选择性醛化 BODIPY 骨架的系列反应，磺化改变了 BODIPY 分子的溶解性，卤化及甲酰化提供了进一步反应的位点。这些使 BODIPY 功能化的修饰衍生方法为长波近红外染料的合成奠定了基础。

（3）α 位修饰的 BODIPY 衍生物

在吡咯 α 位进行修饰的合成反应主要包括 Knoevenagel 缩合、金属催化偶合、氧化醛化、氧化亲核取代或亲核取代等反应。通过对 α 位修饰得到的新型 BODIPY 染料在荧光传感器、生物探针等实际应用方面取得了不错的成果。

2001 年 Song X.等报道了如下一种用于快速检测抗生物素蛋白质的荧光探针，其灵敏度非常高，仅用 0.5pmol/L 浓度就可达到很好的检测效果，并且具有较好的选择性，可定性与定量地检测生物蛋白的存在。

2011 年曹晓伟等将 BODIPY 与香豆素通过双键连接起来，得到如下新型香豆素-BODIPY 荧光染料，可用作氟离子荧光传感器。

（4）4 位修饰的 BODIPY 衍生物

Ulrich 等运用芳香格氏试剂、芳香锂试剂或芳香乙炔基锂等强亲核试剂取代氟原子，从而得到了新的 BODIPY 的 F 取代荧光体系。

因为 F-B-F 所在平面与 BODIPY 母体结构平面呈垂直状态，导致这两个部分难以形成平面共轭体系，一般不会引起吸收光谱红移。BODIPY 荧光染料具有良好的化学反应活性，在 BODIPY 母核的间位上引入不同取代的芳基可得到不同功能的 BODIPY 染料。如含有芳胺结构的化合物可作为检测某些氧化还原性分子的选择性传感器；含有二甲氨基、羟基芳环的化合物可用作 pH 探针；能与金属络合的 BODIPY 荧光染料可被用作金属离子探针，用于环境、水等方面的检测。含羧酸、羧酸酯的 BODIPY 衍生物可用于检测糖、胺等。

（5）氮杂氟硼荧荧光染料

氮杂氟硼荧荧光染料（aza-boron-dipyrromethene，Aza-BODIPY）是 20 世纪 90 年代发展起来并受到广泛重视的一类新型荧光化合物。Aza-BODIPY 荧光染料按结构不同可以分为四芳基 Aza-BODIPY 和受限制的 Aza-BODIPY 体系两大类。

相比较 BODIPY 荧光染料，Aza-BODIPY 荧光染料的发射波长更长，接近于近红外区域，且具有相对较好的光稳定性；荧光光谱半峰宽较窄，作为荧光标识时有很好的灵敏度；荧光量子收率 0.23～0.36；摩尔消光系数一般在 $(7 \sim 8) \times 10^4 L/ (cm \cdot mol)$。作为近红外荧光染料能更好地应用于细胞成像、化学传感器、荧光开关等领域。

作为 Aza-BODIPY 荧光染料领域的创始人，美国 M.Rogers 发明了 Aza-dipyrromethene 发色团，设计了完整的合成方法。1943 年 M.Rogers 在 *Nature* 上发表论文介绍了 Aza-dipyrromethene 发色团。M.Rogers 注意到这类蓝色的化合物与金属络合后会发出红色荧光。随后在 *Chem.Commun.* 上连续发表了 4 篇论文介绍 Aza-dipyrromethene 发色团的合成方法及反应机理。合成 Aza-dipyrromethene 发色团有 α, β 不饱和酮硝化或氰基化、成环再缩合和亚硝化、吡咯与吡咯缩合等两条合成路线。路线一主要用于合成对称四芳基 Aza-dipyrromethene；路线二可得到不对称 Aza-dipyrromethene 衍生物。

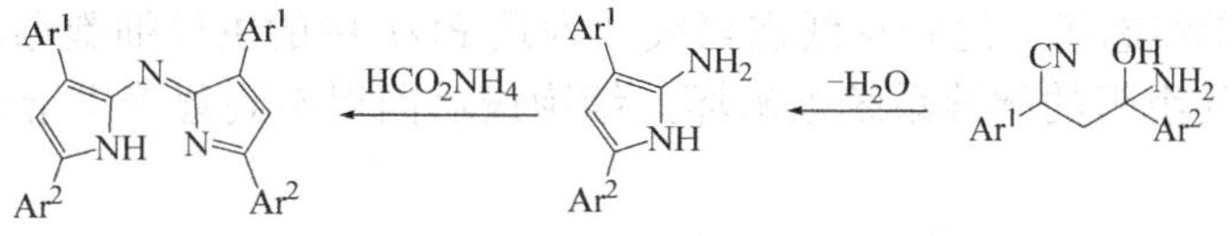

对称Aza-dipyrromethene合成

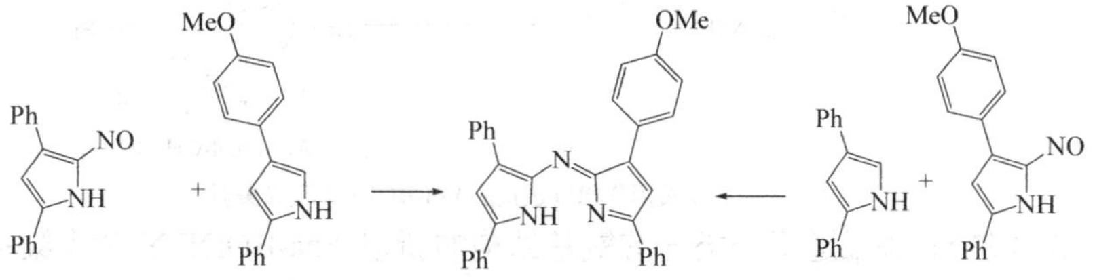

不对称Aza-dipyrromethene合成

20 世纪 90 年代有文献报道关于 Aza-dipyrromethene 发色团与硼亲电试剂反应，可得到一种非常有用的物质 Aza-BODIPY 衍生物。加入氟、硼原子会改善其荧光性能。

Aza-dipyrromethene的氟化硼络合物

自 M.Rogers 的发明后，半个多世纪来 Aza-BODIPY 荧光染料的应用没有什么发展，直到 2002 年 O.Shea 等重新开始了这个领域的研究。O.Shea 在 M.Rogers 合成原理的基础上，经条件优化合成出了一系列 Aza-BODIPY 荧光染料。

O.Shea 改进的不对称 Aza-BODIPY 合成方法：

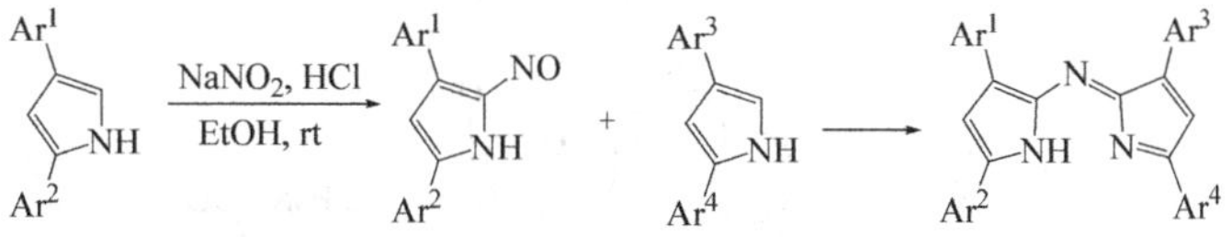

2006 年赵伟利等报道了另一种合成具有刚性结构吡咯的不对称 Aza-dipyrromethene 发色团的方法。合成原理：

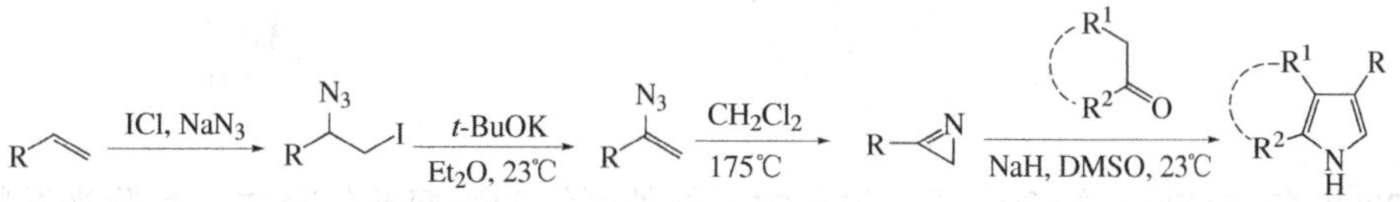

通过此法得到不同取代基的刚性结构吡咯后，可经过亚硝化，然后将亚硝化吡咯和吡咯缩合得到对称或不对称的具有刚性结构的 Aza-dipyrromethene 发色团。在 Aza-BODIPY 的母体骨架上增加刚性结构，使吡咯环受到限制，可显著改善其荧光性能，并且使 Aza-BODIPY 衍生物的类型得到丰富。

简单的四苯基取代 Aza-BODIPY 荧光染料的吸收在 650nm 左右，而受限制的 Aza-BODIPY 荧光染料由于刚性增强，吸收波长会相应红移。目前对 Aza-BODIPY 结构进行修饰衍生来实现其吸收发射波长红移，主要是通过对其苯环和母核 β 位修饰及在吡咯环上引入刚性结构。对四芳基 Aza-BODIPY 结构的修饰主要有 β 位亲电取代、芳基结构延伸、芳基被杂环取代及氟被取代等。

2002 年 O.Shca 等首次报道了 β-溴化 Aza-BODIPY 衍生物的合成,并将其应用于光动力学疗法(PDT)光敏剂,从此这类荧光染料被广泛关注。在 Aza-BODIPY 的发色团中心 β-位引入溴原子,其最大吸收波长变化不大,只是轻微蓝移,而荧光量子收率却明显降低。这是溴的"重原子效应",增加了三重激发态荧光分子的产生,而三重激发态的光敏剂与氧相互作用,产生单线态氧。这种单线态氧被认为是 PDT 中的主要细胞毒素。它可造成细胞膜不可逆损伤,使组织的脉管系统被破坏,细胞最后因得不到营养供给而死亡,最终靶细胞被根除。

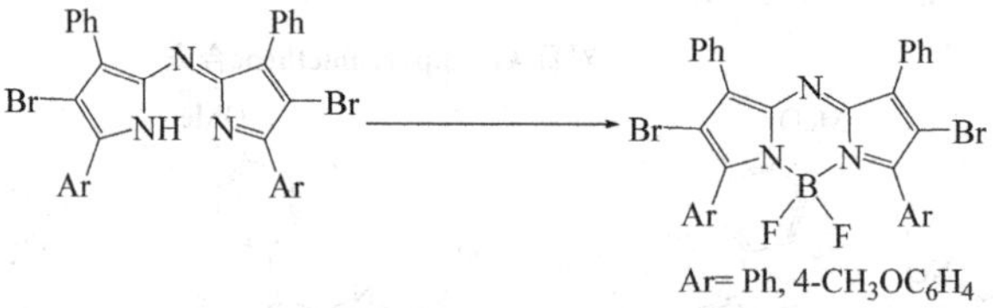

Ar= Ph, 4-CH₃OC₆H₄

首个被用作PDT试剂的Aza-BODIPY荧光染料

2005 年 O.Shea 等报道了一类含有氨基结构的新型 Aza-BODIPY 荧光染料,可通过调节 pH 来控制其选择性。根据光诱导电子转移机理,未被质子化的氨基受体能够使光敏剂的激发态快速达到平衡,不会发生能量转移,从而抑制细胞毒素试剂(单线态氧)的产生,其结果是不能杀死细胞。相反,当氨基受体被质子化时光诱导电子转移停止,发生能量的转移,产生细胞毒素试剂(单线态氧),从而杀死细胞。此外,由于具有受体 (氨基)-连接基 (亚甲基)-荧光团(Aza-BODIPY)结构,该类荧光染料还可用作质子、阳离子、阴离子、糖类和缩氨酸等分析检测的荧光传感器。

2007 年 Gawley 等报道了一类基于 Aza-BODIPY 荧光团-亚甲基连接基-冠醚受体结构的荧光传感器,主要用于检测贝类毒素。贝类毒素能与 Aza-BODIPY 衍生物上的冠醚基发生络合,相当于氨基被质子化,光诱导电子转移失效,荧光性打开。当贝类毒素不存在时,氨基未被质子化,光诱导电子转移机理生效,荧光性关闭。

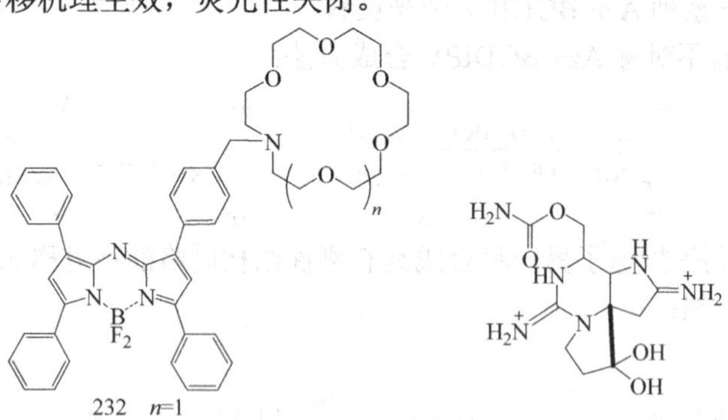

232 n=1
233 n=4

2008 年 O.Shea 等合成了一类新的近红外区域荧光探针化合物,其荧光发射波长超过 750nm,可有效避免生物体内自身荧光的干扰,有望用于生物检测领域。

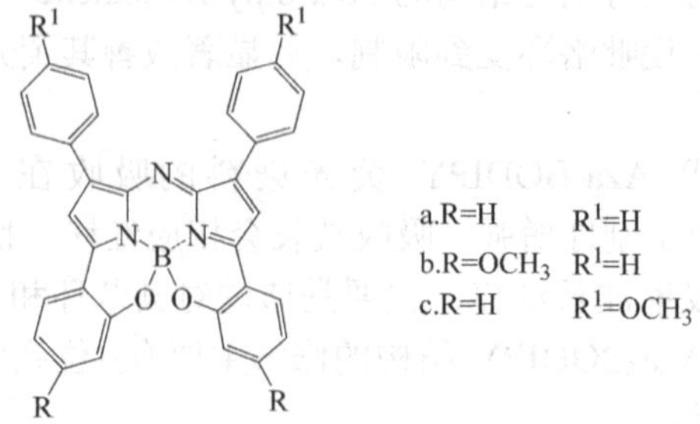

a.R=H   R¹=H
b.R=OCH₃   R¹=H
c.R=H   R¹=OCH₃

2009 年 A.Coskun 等合成了一类荧光性能良好，并且具有高度选择性的 Aza-BODIPY 衍生物，可用作金属离子检测器。在两个吡啶环间能络合 Hg^{2+}，Hg^{2+} 络合 Aza-BODIPY 衍生物的吸收波长和荧光发射波长都会发生红移。

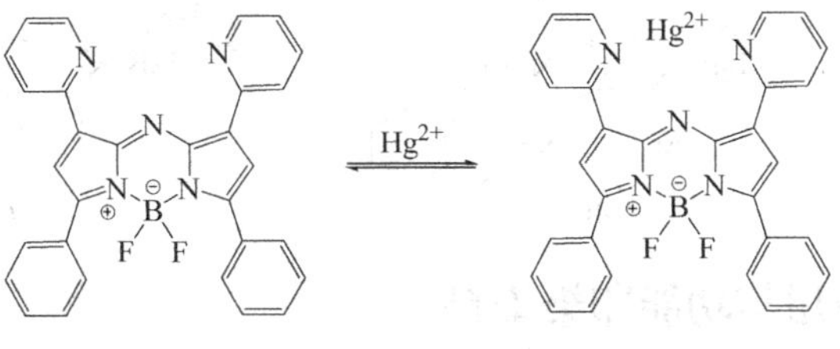

$\lambda_{max}(abs)=655nm$
$\lambda_{max}(em)=682nm$

$\lambda_{max}(abs)=696nm$
$\lambda_{max}(em)=719nm$

卤代芳烃取代的 Aza-BODIPY 荧光染料在 Pd 催化作用下与芳基乙炔连接，进一步扩大了分子的共轭体系，可得到符合不同要求的 Aza-BODIPY 荧光染料。

2010 年 A.Nagapillai 等合成了一种新型卤代 Aza-BODIPY 衍生物，成功地在 Aza-BODIPY 发色团的 β 位和芳环上都引入碘或溴，并对其三重态和单线态氧发光效率进行考察，实验测得在 DMSO 中 $\Phi_T=0.78$、$\Phi(^1O_2)=0.70$，促进了 Aza-BODIPY 荧光染料在光动力疗法中的应用。

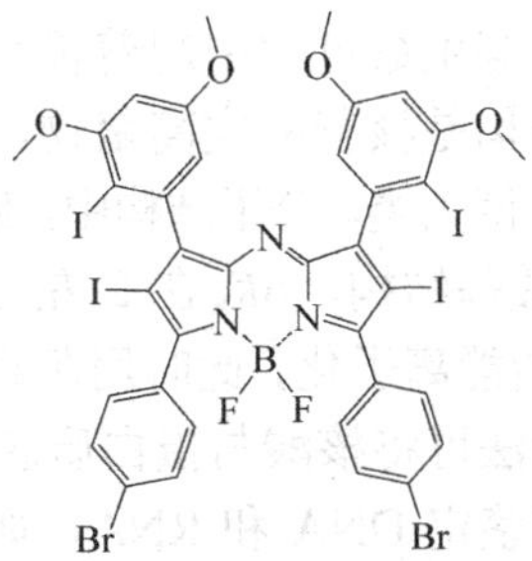

2011 年 G.Roland 等合成了噻吩取代的 Aza-BODIPY（15，16），并对其光电性能进行了研究。该类化合物的合成只需将噻吩甲醛或乙酰噻吩替换苯甲醛或苯乙酮，再经 Adol 缩合、硝基化、缩合关环和硼络合，即可得到对应的产物。β 位噻吩取代的 Aza-BODIPY 荧光染料（16）的最大吸收波长明显红移，但并没有增强其荧光性能。

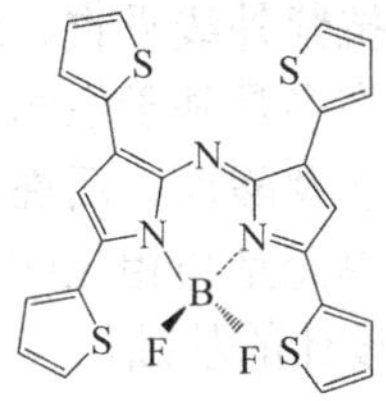

(15)

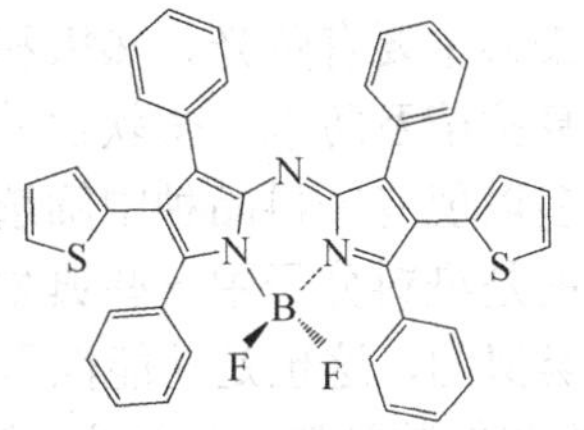

(16)

Aza-BODIPY 荧光分子中吡咯环的 β 位比较活泼，在这个位置不仅可发生卤化、磺化等亲电取代反应，还可发生氧化偶联生成 Aza-BODIPY 二聚体或多聚体。Aza-BODIPY 二聚体（17）的最大吸收波长较单体红移了 40nm，但由于二聚体自身的荧光猝灭，使得其荧光量子收率小于 0.01。

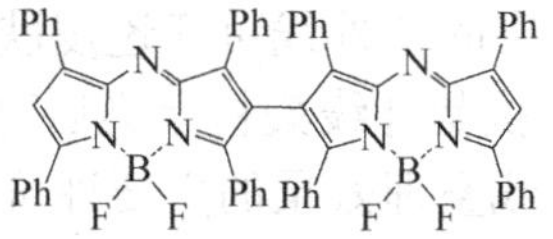

(17)

S.Shimizu 等以吡咯并吡咯二酮化合物和杂环胺类为原料，在四氯化钛三乙胺的催化下缩合反应，再与三氟化硼乙醚（$BF_3 \cdot OEt_2$）发生络合后得到三种类型的新型 Aza-BODIPY 化合物，都具有相对较高的荧光量子收率及较长的吸收和发射波长。

(18)   (19)

10.10.5 生物学应用与功能印染染料

100 多年前人们就发现了阳离子染料结晶紫可以使细菌着色并具有抗菌性（医用紫药水），此应用对研究细菌有着重要的影响。后来，有机色素在生物学方面的应用领域不断拓展，涉及酶的分离纯化、染料亲和色谱、细胞着色、DNA 和 RNA 生物探针与鉴别及生物传感器等高技术领域。

1884 年 C.Cram 发现结晶紫（C.I.碱性紫 3）可使细菌着色，以此发展了革兰氏试验，把细菌分为革兰氏阳性和革兰氏阴性两类。在研究细胞的微观结构的组织学中，阳离子染料不仅可使细胞着色后便于观察，而且可以鉴定核酸。

核酸是生物体的基本组成物质，从高等动物、植物到简单的病毒都含核酸。它在生物的生长、发育、繁殖、遗传和变异等生命过程中起着极为重要的作用。所谓蛋白体就是蛋白质和核酸的复合体。核酸的基本结构是核苷酸类高聚物，根据其功能和结构又可分为脱氧核糖核核酸（DNA）和核糖核酸（RNA）两大类。分子结构中，R=H，R'=CH₃ 时为 DNA；R=OH，R' =H时为 RNA。核酸分子中含有磷酸基结构，pK_a 在 2 左右，而蛋白质分子结构中含羧酸基，其pK_a 约为 5，在 pH5 以下只有磷酸能离子化，此时用阳离子染料染色时只有核酸与染料呈离子键结合，蛋白质则不着色。用此法可将核酸与蛋白质区别开来。

通过某些染料的选择染色可鉴定 DNA 和 RNA，如焦宁 G 能对 RNA 选择上染，而孔雀绿（C.I.碱性绿 4）则能选择上染 DNA。某些阳离子染料可对肿瘤细胞选择染色。目前这方面的工作已发展到辐射跟踪，这对癌症的控制与诊疗等都将起到重要作用。

此外，在酶的纯化、分离和分析鉴定技术中，染料还有较广阔的应用前景。如用染料作为亲和色谱的配基，结合在色谱柱上可有效地分离高纯度的酶、蛋白质等。

功能性印染染料主要有荧光、热敏和光敏变色、抗紫外线吸收、近红外吸收和伪装、防虫防蛀抗菌、消臭抗菌及防水、柔软性等类别，其中许多是基于生物学应用原理的。功能性印染染料产品大多以现有染料品种中筛选开发为主，涉及酸性、活性、分散和阳离子等染料类别。值得注意的是染料分子中一些典型的功能结构单元是与相应的药物及功能精细化学品等的功能结构相类似的，这也是功能性印染染料分子设计的基础。

a.近红外吸收和伪装染料：主要吸收波长 700～1500nm，用于近红外伪装的关键是消除或减小目标和背景间近红外反射特性的差别。该类染料的黑色品种多为复配产品，如 DyStar 公司开发的产品由分散藏青 S-G、分散黄 ETD、分散蓝 ETD 复配制得；国内也有产品由分散黑S-2BL、分散黄 E-3RL、分散蓝 E-4R 复配制得。典型的近红外吸收还原染料有 C.I.还原蓝 6、C.I.还原红 13 及 C.I.还原黄 2 等。

b.抗紫外线染料：对人体有害的紫外线可穿透皮肤表皮导致过敏和慢性反应，引起皮肤红肿和灼伤，甚至导致皮肤癌。抗紫外线染料上染后可增强纤维织物的抗紫外线性能，提高织物的穿着舒适性。织物抗紫外线整理效果的主要评价指标为紫外线透过率防晒因子（UPF，ultraviolet protection factors），通常用来表示织物防护紫外线的能力。我国国家标准 GB/T 18830—2002《纺织品防紫外线性能的评定》明确了 UPF 的测定规范。

羟基二苯甲酮、硝基苯并噻唑、苯并三唑、三嗪和草酰苯胺等结构是典型的抗紫外吸收结构。抗紫外线染料产品涉及酸性、活性、分散等类别。在偶氮型染料合成中羟基二苯甲酮化合物常用作偶合组分。

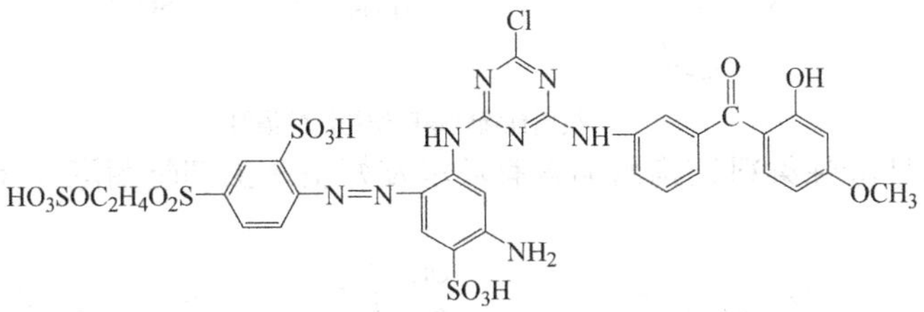

羟基二苯甲酮结构活性染料

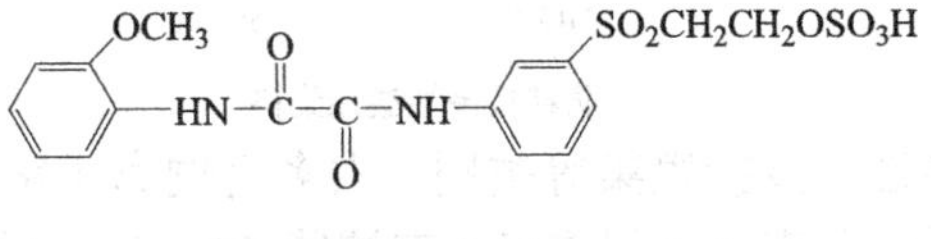

草酰苯胺结构活性染料

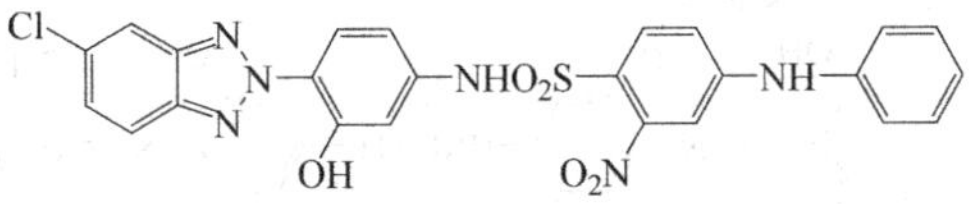

苯并三唑稠杂环结构分散染料

c.驱蚊、防蛀、抗菌阳离子染料：典型结构有磺酰胺、吡唑、吡唑酮、喹唑啉酮、季铵阳离子等，也有的结构与一些杀虫剂结构单元类似，如醚菊酯和驱蚊胺 DEET 等类似的杀虫基团。某些染料不仅可使细菌着色，而且可以灭菌，如吖啶黄可用于防腐灭菌。

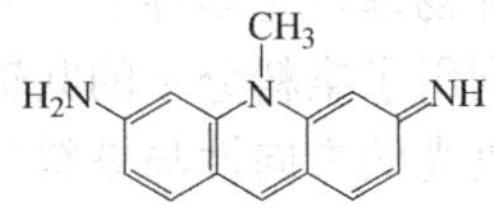

吖啶黄

以对氨基苯磺酰胺衍生物为重氮组分的偶氮染料常具有抗菌持性。其作用原理为它们在人体内被酶解还原生成对氨基苯磺酰胺（磺胺）衍生物。其结构与对氨基苯甲酸相似。磺胺的存在与对氨基苯甲酸有"竞争"作用，能抑制细菌合成叶酸。

以下含季铵盐抗菌性阳离子活性染料在棉织物染色后显示出了很好的对革兰氏阳性菌（变形链球菌和金黄色葡萄球菌）的抗菌性。

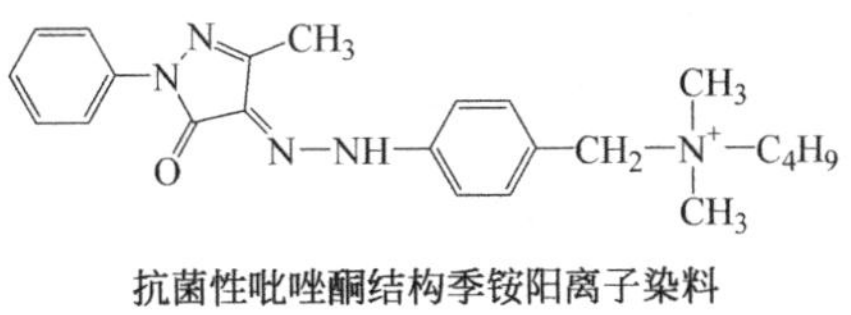

抗菌性吡唑酮结构季铵阳离子染料

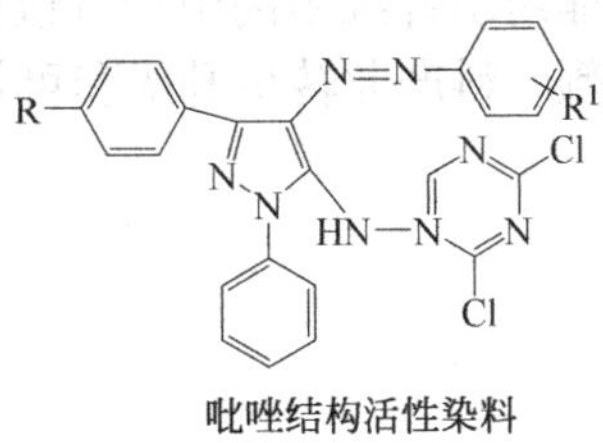

吡唑结构活性染料

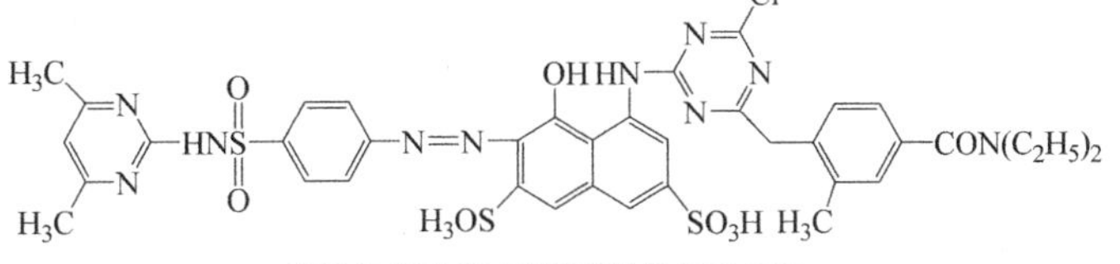

驱蚊抗菌性嘧啶磺酰胺结构活性染料

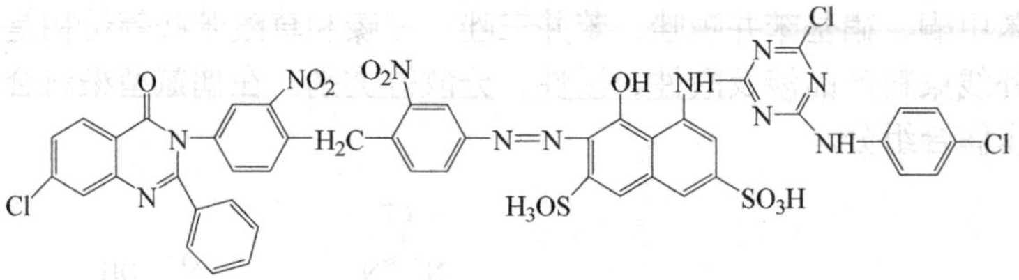

抗菌性喹唑啉酮结构活性染料

以下防蛀抗菌性酸性染料结构两端含有环境友好型杀虫剂醚菊酯（ethofenprox）的类似杀虫基团。

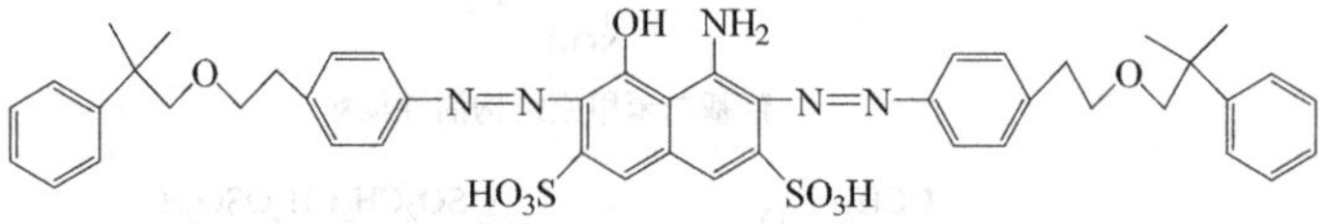

防蛀抗菌性酸性染料

d.消臭性染料：涉及酸性、直接媒染等类别。大多为铜离子络合媒染染料，如 C.I.媒染黄 3、C.I.媒染红 17 等。典型消臭直接染料有 C.I.直接紫 47、C.I.直接黑 112 等，结构上均为铜离子络合的尿素型直接金属络合染料。

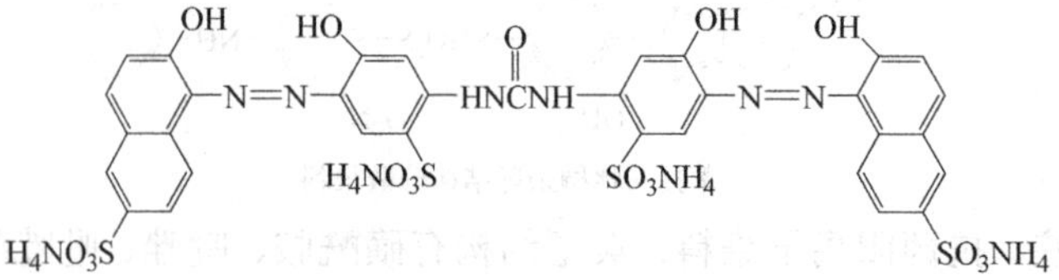

功能染料是具有光的吸收和发射性（如红外吸收、多色性、荧光、磷光、激光等）、光导性、可逆变化性（光热变色、光氧化性、化学发光）等特殊性能的有机染料（颜料），这些特殊功能来自染料分子结构有关的各种物理及化学性质，并与分子在光、热、电等条件的作用下结合而产生。如红外吸收染料是利用了染料分子的共轭体系在分子光谱的近红外吸收；液晶彩色显示材料是利用染料分子吸收光的方向性与染料分子在液晶中随电场变化发生定向排列的特性等。

总之，有机功能染料类别多，各类别的研究与技术开发发展不平衡，且因分子结构类型众多，机理研究面宽而复杂，所以迄今分子设计、结构与功能性关系及模型化等方面的研究尚未形成系统理论。需要各学科直接交叉合作，使分子设计、合成及结构与性能研究紧密衔接；结构筛选和理论规律的搜索同步进行，从分子层面上探索结构与性能间规律性联系，揭示功能转化机理过程，建立分子设计系统理论。

着力开发非纺织纤维用高附加价值的有机功能染料产品并实现在高技术产业的产业化应用是促进染（颜）料产业转型升级和可持续发展的重要途径。

参考文献

［1］高建荣. 染料化学工艺学导论［M］. 杭州: 浙江工业大学自编系列教材, 2013.

［2］［瑞士］海因利希左林格. Color Chemistry［M］. 3th ed. 吴祖望, 程侣柏, 张壮余, 译. 色素化学. 北京: 化学工业出版社, 2006.

［3］［英国］约翰格里费斯. Color and Constitution of Organic Molecules［M］. 吴祖望, 译. 颜色与有机分子的结构［M］. 北京: 化学工业出版社, 1985.

［4］姚蒙正, 程侣柏, 等. 精细化学品合成化学与应用［M］. 北京: 化学工业出版社, 2001.

［5］姚蒙正, 程侣柏, 等. 精细化工产品合成原理［M］. 北京: 化学工业出版社, 2000.

［6］田禾, 苏建花, 孟凡顺, 等. 功能性色素在高新技术中的应用［M］. 北京: 化学工业出版社, 2000.

［7］宋心远. 新型染整技术［M］. 北京: 中国纺织工业出版社, 2000.

［8］陈孔常, 田禾, 等. 高等精细化学品化学［M］. 北京: 中国轻工业出版社, 1999.

［9］史鸿鑫, 王农跃, 项斌, 等. 化学功能材料概论［M］. 北京: 化学工业出版社, 2009.

［10］项斌, 高建荣. 天然色素［M］. 北京: 化学工业出版社, 2004.

［11］章杰. 禁用染料和环保型染料［M］. 北京: 化学工业出版社, 2001.

［12］项斌, 高建荣. 化工产品手册: 颜料［M］. 北京: 化学工业出版社, 2005.

［13］高建荣. 功能色素与量子有机化学导论［M］. 杭州: 浙江工业大学自编系列教材, 2011.

［14］朱永. 量子有机化学［M］. 上海: 上海科学技术出版社, 1987.

［15］唐培堃, 冯亚青, 等. 精细有机合成化学与工艺学［M］. 北京: 化学工业出版社, 2004.

［16］中国化工协会染料专业委员会. 第十三届全国染料与染色学术研讨会论文集［C］. 丹东: 染料与染色编辑部, 2014.

［17］陈孔常, 田禾, 孟凡顺, 等. 有机染料合成工艺［M］. 北京: 化学工业出版社, 2002.

［18］GRASSO R, OBRIEN M. Hercules Incorporated: US 5589100［P］. 1996.

［19］GUNN J. Zeneca Limited: US 5976491［P］. 1999.

［20］陈荣圻. 浅谈分散染料与活性染料复配技术［J］. 染料与染色, 2010, 47（1）: 5-8.

［21］YOSHIHIRO H. The chemistry of fluoran leuco dyes and applications［M］. New York: Plenum Press, 1997.

［22］KAUFFMAN J M. Org NLO material with good THG. exciton chemical company: US 50411238［P］. 1991.

［23］ITOH U, TAKAKUSA M, MORIYA T, et al. Optical gain of coumarin dye-doped thin film lasers［J］. Japanese Journal of Applied Physics, 1977, 16（6）: 1059-1065.

［24］MATSUOKA M. Three dimensional molecular stacking of dye chromophores by layer π-interactions［C］. Dalian:The Proceedings of 1995 International Symposium of Fine Chemicals, 1995.

［25］MIAGUCHI A. Org NLO material with good THG:JP 194520［P］. 1991.

［26］CAMMI R, MENNUCCI B, TOMASI J, et al. An attempt to bridge the gap between computation and experiment for nonlinear optical properties: macroscopic susceptibilities in solution［J］. Journal of Physical Chemistry A, 2000, 104 (20): 4690-4698.

［27］MATSUOKA M, OKA H, KITAO T, et al. Tetraamino anthraquinones. new donor for CT complexes with electric conductivity［J］. Chemistry Letters, 1990（11）: 2061-2064.

［28］IKEDA H, HIDE J I. Org NLO Material: JP 11323［P］. 1991.

［29］MIAOGUCHI, AKIRA. Org NLO material with good THG:JP 194520［P］. 1991.

［30］BREDAS J L, ADANT C, TACKX P, et al. Third-order nonlinear optical response in organic materials: theoretical and experimental aspects［J］. Chemical Reviews, 1994, 94（1）: 243-278.

［31］GAO J R, WANG Q, CHENG L B, et al. Synthesis and third-order optical nonlinear properties of organic polyheterocyclic materials [J]. Materials Letters, 2002, 57（3）: 761-764.

［32］JIAN R G, XIANG B, WEI G S, et al. The Synthesis of third-order optical nonlinear organic polyheterocyclic materials [J]. Chinese Chemical Letters, 2002, 13（7）: 609-612.

［33］韩亮, 周雪, 叶青, 等. 香豆素型染料敏化剂的合成及光电性能研究 [J]. 有机化学, 2013, 33: 1000-1005.

［34］MATSUMOTO SHIRO. Imido group-containing organic optical material:JP 121826 [P]. 1989.

［35］PARK J, LEE E, KIM J, et al. Molecular engineering of carbazole dyes for efficient dye-sensitized solar cells [J]. Notes, 2013, 34（5）: 1533-1536.

［36］JIA J H, TAO X M, LI Y J, et al. Synthesis and third-order optical nonlinearities of ferrocenyl schiff base [J]. Chemical Physics Letters, 2011, 514（1）: 114-118.

［37］ADACHI C, BALDO M A, FORREST S R, et al. High-efficiency organic electrophosphore -scent devices with tris (2-phenylpyridine) iridium doped into electron-transporting materials [J]. Applied Physics Letters, 2000, 77(6): 904-906.

［38］吴祖望, 董振堂, 卢圣茂, 等. 近十年活性染料技术进展 [J]. 染料与染色, 2004, 41（1）: 1-9.

［39］HAGFELDT A, GRAETZEL M. Light-induced redox reactions in nanocrystalline systems [J]. Chemical Reviews, 1995, 95（1）: 49-68.

［40］HE J, BENKO G, KORODI F, et al. Modified phthalocyanines for efficient near-IR sensitization of nanostructured TiO_2 electrode [J]. Journal of the American Chemical Society, 2002, 124（17）: 4922-4932.

［41］NAZEERUDDIN M K, PECHY P, RENOUARD T, et al. Engineering of efficient panchromatic sensitizers for nanocrystalline TiO_2-based solar cells [J]. Journal of the American Chemical Society, 2001, 123（8）: 1613-1624.

［42］GRATZEL M. Dye-sensitized solar cells [J]. Journal of Photochemistry and Photobiology C: Photochemistry Reviews, 2003, 4（2）: 145-153.

［43］WANG P, ZAKEERUDDIN S M, HUMPHRY B R, et al. Molecular-scale interface engineering of TiO_2 nanocrystals: improve the efficiency and stability of dye-sensitized solar cells [J]. Advanced Materials, 2003, 15（24）: 2101-2104.

［44］LIU B, WANG R, MI W, et al. Novel branched coumarin dyes for dye-sensitized solar cells: significant improvement in photovoltaic performance by simple structure modification [J]. Journal of Materials Chemistry, 2012, 22（30）: 15379-15387.

［45］WANG P, KLEIN C, HUMPHRY B R, et al. A high molar extinction coefficient sensitizer for stable dye-sensitized solar cells [J]. Journal of the American Chemical Society, 2005, 127（3）: 808-809.

［46］WANG P, ZAKEERUDDIN S M, MOSER J E, et al. A stable quasi-solid-state dye-sensitized solar cell with an amphiphilic ruthenium sensitizer and polymer gel electrolyte [J]. Nature Materials, 2003, 2（6）: 402-407.

［47］NAZEERUDDIN M K, WANG Q, CEVEY L, et al. DFT-INDO/S modeling of new high molar extinction coefficient charge-transfer sensitizers for solar cell applications [J]. Inorganic Chemistry, 2006, 45（2）: 787-797.

［48］KITAMURA T, IKEDA M, SHIGAKI K, et al. Phenyl-conjugated oligoene sensitizers for TiO_2 solar cells [J]. Chemistry of materials, 2004, 16（9）: 1806-1812.

［49］KIM D, SONG K, KANG M S, et al. Efficient organic sensitizers containing benzo-indole: effect of molecular isomerization for photovoltaic properties[J]. Journal of Photochemistry and Photobiology A: Chemistry, 2009, 201(2): 102-110.

［50］KUANG D, KLEIN C, SNAITH H J, et al. Ion coordinating sensitizer for high efficiency mesoscopic dye-sensitized solar cells: influence of lithium ions on the photovoltaic performance of liquid and solid-state cells[J]. Nano Letters, 2006, 6(4): 769-773.

［51］JIANG K J, MASAKI N, XIA J B, et al. An novel ruthenium sensitizer with a hydrophobic 2-thiophen-2-yl-vinyl-conjugated bipyridyl ligand for effective dye sensitized TiO_2 solar cells [J]. Chemical Communications, 2006, 23: 2460-2462.

［52］WANG P, KLEIN C, MOSER J E, et al. Amphiphilic ruthenium sensitizer with 4,4'-diphosphonic acid-2,2'-

bipyridine as anchoring ligand for nanocrystalline dye sensitized solar cells [J]. Journal of Physical Chemistry B, 2004, 108（45）: 17553-17559.

[53] ONICHA A C, PANTHI K, KINSTLE T H, et al. Carbazole donor and carbazole or bithiophene bridged sensitizers for dye-sensitized solar cells [J]. Journal of Photochemistry and Photobiology A: Chemistry, 2011, 223（1）: 57-64.

[54] PECHY P, ROTZINGER F P, NAZEERUDDIN M K, et al. Preparation of phosphonated polypyridyl ligands to anchor transition-metal complexes on oxide surfaces: application for the conversion of light to electricity with nanocrystalline TiO₂ films [J]. Journal of the Chemical Society Chemical Communications, 1995, 1(1).

[55] KOHLE O, RUILE S, GRATZEL M. Ruthenium（II）charge-transfer sensitizers containing 4,4′-dicarboxy-2, 2′-bipyridine. synthesis, properties and bonding mode of coordinated thio-and selenocyanates [J]. Inorganic Chemistry, 1996, 35（16）: 4779-4787.

[56] WANG Z S, LI F Y, HUANG C H. Photocurrent enhancement of hemicyanine dyes containing RSO₃-group through treating TiO₂ films with hydrochloric acid [J]. Journal of Physical Chemistry B, 2001, 105（38）: 9210-9217.

[57] SAYAMA K, TSUKAGOSHI S, HARA K, et al. Photoelectrochemical properties of Jaggregates of benzothiazole merocyanine dyes on a nanostructured TiO₂ film [J]. Journal of Physical Chemistry B, 2002, 106（6）: 1363-1371.

[58] HARA K, SAYAMA K, OHGA Y, et al. A coumarin-derivative dye sensitized nanocrystalline TiO₂ solar cell having a high solar-energy conversion efficiency [J]. Chemical Communications, 2001, 6: 569-570.

[59] HARA K, WANG Z S, SATO T, et al. Oligothiophene-containing coumarin dyes for efficient dye-sensitized solar cells [J]. The Journal of Physical Chemistry B, 2005, 109（32）: 15476-15482.

[60] HARA K, KURASHIGE M, DAN-OH Y, et al. Design of new coumarin dyes having thiophene moieties for highly efficient organic-dye-sensitized solar cells [J]. New Journal of Chemistry, 2003, 27（5）: 783-785.

[61] KITAMURA T, IKEDA M, SHIGAKI K, et al. Phenyl-conjugated oligoene sensitizers for TiO₂ solar cells [J]. Chemistry of Materials, 2004, 16（9）: 1806-1812.

[62] HARA K, KURASHIGE M, ITO S, et al. Novel polyene dyes for highly efficient dye- sensitized solar cells [J]. Chemical Communications, 2003, 2: 252-253.

[63] LI S L, JIANG K J, SHAO K F, et al. Novel organic dyes for efficient dye-sensitized solar cells [J]. Chemical Communications, 2006, 26: 2792-2794.

[64] HORIUCHI T, MIURA H, SUMIOKA K, et al. High efficiency of dye-sensitized solar cells based on metal-free indoline dyes [J]. Journal of the American Chemical Society, 2004, 126（39）: 12218-12219.

[65] ITO S, ZAKEERUDDIN S M, HUMPHRY B R, et al. High-efficiency organic-dye-sensitized solar cells controlled by nanocrystalline-TiO₂ electrode thickness [J]. Advanced Materials, 2006, 18（9）: 1202-1205.

[66] HUANG H M, GAO J R, YE Q, et al. Molecular iodine induced/1, 3-dipolar cycloaddition /oxidative aromatization sequence: an efficient strategy to construct 2-substituted benzo[f]isoindole-1, 3-dicarboxylates[J]. RSC Advances, 2014, 4（30）: 15526-15533.

[67] LI Y J, HUANG H M, JU J, et al. Iodine mediated reaction of quinones and N-substituted amino esters to 2-substituted benzo [f] isoindole-4, 9-diones [J]. RSC Advances, 2013, 3（48）: 25840-25848.

[68] HORIUCHI T, MIURA H, UCHIDA S. Highly-efficient metal-free organic dyes for dye-sensitized solar cells [J]. Chemical Communications, 2003, 24: 3036-3037.

[69] FERRI D, BÜRGI T, BAIKER A. Chiral modification of platinum catalysts by cinchonidine adsorption studied by in situ ATR-IR spectroscopy [J]. Chemical Communications, 2001, 13: 1172-1173.

[70] WANG Z S, LI F Y, HUANG C H, et al. Photoelectric conversion properties of nanocrystalline TiO₂ electrodes sensitized with hemicyanine derivatives [J]. Journal of Physical Chemistry B, 2000, 104（41）: 9676-9682.

[71] WANG Z S, LI F Y, HUANG C H. Highly efficient sensitization of nanocrystalline TiO₂ films with styryl benzothiazolium propylsulfonate [J]. Chemical Communications, 2000, 20: 2063-2064.

［72］赵雪, 陈美芬, 简卫, 等. 低盐活性染料深三原色的复配研究［J］. 纺织染整, 2012, 8: 59-63.

［73］ARDO S, MEYER G J. Photodriven heterogeneous charge transfer with transition-metal compounds anchored to TiO$_2$ semiconductor surfaces［J］. Chemical Society Reviews, 2009, 38（1）: 115-164.

［74］KUANG D, KLEIN C, ITO S, et al. High-efficiency and stable mesoscopic dye-sensitized solar cells based on a high molar extinction coefficient ruthenium sensitizer and nonvolatile electrolyte［J］. Advanced Materials, 2007, 19（8）: 1133-1137.

［75］KUANG D, ITO S, WENGER B, et al. High molar extinction coefficient heteroleptic ruthenium complexes for thin film dye-sensitized solar cells［J］. Journal of the American Chemical Society, 2006, 128（12）: 4146-4154.

［76］HAQUE S A, PALOMARES E, CHO B M, et al. Charge separation versus recombination in dye-sensitized nanocrystalline solar cells: the minimization of kinetic redundancy［J］. Journal of the American Chemical Society, 2005, 127（10）: 3456-3462.

［77］Huanming Huang, Yujin Li, Jianrong Yang, et al. Efficient access to naphthoquinon-1,3-dithioles: formal cycloaddition and oxidation of quinones and amines with CS$_2$［J］. Tetrahedron, 2013, 69: 5221-5226.

［78］TIAN Z, HUANG M, ZHAO B, et al. Low-cost dyes based on methylthiophene for high-performance dye-sensitized solar cells［J］. Dyes and Pigments, 2010, 87（3）: 181-187.

［79］ZHANG G, BAI Y, LI R, et al. Employ a bisthienothiophene linker to construct an organic chromophore for efficient and stable dye-sensitized solar cells［J］. Energy & Environmental Science, 2009, 2（1）: 92-95.

［80］ZHANG G, BALA H, CHENG Y, et al. High efficiency and stable dye-sensitized solar cells with an organic chromophore featuring a binary π-conjugated spacer［J］. Chemical Communications, 2009, 16: 2198-2200.

［81］BAI Y, ZHANG J, ZHOU D, et al. Engineering organic sensitizers for iodine-free dye- sensitized solar cells: red-shifted current response concomitant with attenuated charge recombination［J］. Journal of the American Chemical Society, 2011, 133（30）: 11442-11445.

［82］CHENG X, SUN S, LIANG M, et al. Organic dyes incorporating the cyclopentadithiophene moiety for efficient dye-sensitized solar cells［J］. Dyes and Pigments, 2012, 92（3）: 1292-1299.

［83］WAN Z, JIA C, DUAN Y, et al. Effects of different acceptors in phenothiazine-triphenylamine dyes on the optical, electrochemical, and photovoltaic properties［J］. Dyes and Pigments, 2012, 94（1）: 150-155.

［84］TAN L L, CHEN H Y, HAO L F, et al. Starburst triarylamine based dyes bearing a 3, 4-ethylenedioxythiophene linker for efficient dye-sensitized solar cells［J］. Physical Chemistry Chemical Physics, 2013, 15（28）: 11909-11917.

［85］LI Q, SHI J, LI H, et al. Novel pyrrole-based dyes for dye-sensitized solar cells: from rod-shape to "H" type［J］. Journal of Materials Chemistry, 2012, 22（14）: 6689-6696.

［86］DUAN T, FAN K, ZHONG C, et al. New organic dyes containing tertbutyl capped N-aryl carbazole moiety for dye-sensitized solar cells［J］. RSC Advances, 2012, 2（18）: 7081-7086.

［87］SHEN P, TANG Y, JIANG S, et al. Efficient triphenylamine-based dyes featuring dual-role carbazole, fluorene and spirobifluorene moieties［J］. Organic Electronics, 2011, 12（1）: 25-135.

［88］LI Y J, HUANG H M, DONG H Q, et al. The synthesis of benzo-isoindole-1,3-dicarboxy-lates via an I2-induced 1,3-dipolar cycloaddition reaction［J］. Journal of Organic Chemistry, 2013, 78（18）: 9424-9430.

［89］HUANG H M, LI Y J, YANG J R, et al. Efficient access to naphthoquinon-1, 3-dithioles: formal cycloaddition and oxidation of quinones and amines with CS$_2$［J］. Tetrahedron, 2013, 69（25）: 5221-5226.

［90］JIA J H, CUI Y H, HAN L, et al. Syntheses, third-order optical nonlinearity and DFT studies on benzoylferrocene derivatives［J］. Dyes and Pigments, 2014, 104: 137-145.

［91］HUANG H, HAN J, XU F, et al. Facile one-pot synthesis of naphthoquinone-1,3-dithioles via 2,3-dichloro-1, 4-naphthoquinone and amines involving CS$_2$［J］. Chemistry Letters, 2013, 42（8）: 921-923.

［92］WU G, KONG F, LI J, et al. Triphenylamine-based organic dyes with julolidine as the secondary electron donor for dye-sensitized solar cells [J] . Journal of Power Sources, 2013, 243: 131-137.

[93] ZHANG M, WANG Y, XU M, et al. Design of high-efficiency organic dyes for titania solar cells based on the chromophoric core of cyclopentadithiophene-benzothiadiazole[J]. Energy & Environmental Science, 2013, 6 (10): 2944-2949.

[94] WANG Z S, CUI Y, DONG H Y, et al. Molecular design of coumarin dyes for stable and efficient organic dye-sensitized solar cells [J] . Journal of Physical Chemistry C, 2008, 112 (43): 17011-17017.

[95] HAN L, WU H, CUI Y H, et al. Synthesis and density functional theory study of novel coumarin-type dyes for dye sensitized solar cells [J] . Journal of Photochemistry and Photobiology A: Chemistry, 2014, 290: 54-62.

[96] HAN L, ZU X, CUI Y H, et al. Novel D-A-π-A carbazole dyes containing benzothiadiazole chromophores for dye-sensitized solar cells [J] . Organic Electronics, 2014, 15 (7): 1536-1544.

[97] SEO K D, SONG H M, LEE M J, et al. Coumarin dyes containing low-band-gap chromophores for dye-sensitised solar cells [J] . Dyes and Pigments, 2011, 90 (3): 304-310.

[98] KUANG D, UCHIDA S, HUMPHRY B R, et al. Organic dye-sensitized Ionic liquid based solar cells: Remarkable enhancement in performance through molecular design of indoline sensitizers [J] . Angewandte Chemie International Edition, 2008, 47 (10): 1923-1927.

[99] Han L, Wu H B, Cui Y H, et al. Synthesis and density functional theory study of novel coumarin-type dyes for dye sensitized solar cells [J] . Journal of Photoch Photobio A, 2014, 290: 54-62.

[100] LIU B, ZHU W, ZHANG Q, et al. Conveniently synthesized isophorone dyes for high efficiency dye-sensitized solar cells: tuning photovoltaic performance by structural modification of donor group in donor-π-acceptor system [J] . Chemical Communications, 2009, 13: 1766-1768.

[101] KIM D, KANG M S, SONG K, et al. Molecular engineering of organic sensitizers containing indole moiety for dye-sensitized solar cells [J] . Tetrahedron, 2008, 64 (45): 10417-10424.

[102] KOUMURA N, WANG Z S, MORI S, et al. Alkyl-functionalized organic dyes for efficient molecular photovoltaics [J] . Journal of Am Chem Soc, 2008, 130 (12): 4202-4203.

[103] WANG Z S, KOUMURA N, CUI Y, et al. Hexylthiophene-functionalized carbazole dyes for efficient molecular photovoltaics: tuning of solar-cell performance by structural modification [J] . Chemistry of Materials, 2008, 20 (12): 3993-4003.

[104] LAI L F, HO C L, CHEN Y C, et al. New bithiazole-functionalized organic photosensitizers for dye-sensitized solar cells [J] . Dyes and Pigments, 2013, 96 (2): 516-524.

[105] KAJIYAMA S, UEMURA Y, MIURA H, et al. Organic dyes with oligo-n-hexylthiophene for dye-sensitized solar cells: relation between chemical structure of donor and photovoltaic performance [J] . Dyes and Pigments, 2012, 92 (3): 1250-1256.

[106] YANG C H, LIAO S H, SUN Y K, et al. Optimization of multiple electron donor and acceptor in carbazole-triphenylamine-based molecules for application of dye-sensitized solar cells [J] . Journal of Physical Chemistry C, 2010, 114 (49): 21786-21794.

[107] JIA J H, CUI Y H, LI Y J, et al. Synthesis, third-order nonlinear optical properties and theoretical analysis of vinyl ferrocene derivatives [J] . Dyes and Pigments, 2013, 98 (2): 273-279.

[108] SHEN P, LIU X, JIANG S, et al. Effects of aromatic π-conjugated bridges on optical and photovoltaic properties of N,N-diphenylhydrazone-based metal-free organic dyes [J] . Organic Electronics, 2011, 12 (12): 1992-2002.

[109] LI Y J, HUANG H M, YE Q, et al. The construction of polysubstituted aromatic core derivatives via a cycloaddition/oxidative aromatization sequence from quinone and β-enamino esters [J] . Adv Synth Catal. , 2014, 356 (2): 421-427.

[110] HUANG H M, LI Y J, YE Q, et al. Iodine-catalyzed 1, 3-dipolar cycloaddition/oxidation /aromatization cascade

with hydrogen peroxide as the terminal oxidant: general route to pyrrolo［2,1-a］isoquinolincs［J］. Journal of Organic Chemistry, 2014, 79（3）: 1084-1092.

［111］HUANG H M, GAO J R, Li Y J, et al. The first iodine improved 1,3-dipolar cycloaddition: facile and novel synthesis of 2-substituted benzo［f］isoindole-4,9-diones［J］. Tetrahedron, 2013, 69（43）: 9033-9037.

［112］何岩彬, 胥维昌, 龚党生, 等. 染料品种大全［M］. 沈阳: 沈阳出版社, 2018.

［113］张梅, 梁军, 卢岩, 等. 新设计色彩［M］. 北京: 化学工业出版社, 2006.

［114］肖刚, 等. 世界染料品种 2005［M］. 沈阳: 全国染料工业信息中心, 2005.

［115］何海兰. 精细化学品大全: 染料卷［M］. 杭州: 浙江科学技术出版社, 2000.

［116］中国染料工业协会. 中国染料百年辉煌（1918—2018）［M］. 北京: 化学工业出版社, 2018.

［117］ZHANG C, GAO J R, HAN L, et al. Coumarin-bearing triarylamine sensitizers with high molar extinction coefficient for dye-sensitized solar cells［J］. Journal of Power Sources, 2015, 273: 831-838.

［118］中国化工协会染料专业委员会. 第十五届全国染料与染色学术研讨会暨信息发布会论文集［M］. 绍兴: 染料与染色编辑部, 2018.

［119］杨薇, 杨新玮. 国内外溶剂染料的进展［J］. 上海染料, 2002（1）: 11-18.

［120］Kenji K, Yohei A, Toru Y, et al. Highly-efficient dye-sensitized solar cells with collaborative sensitization by silyl-anchor and carboxy-anchor dyes［J］. Chemical Communications, 2015, 51: 15894-15897.

［121］Freitag M, Teuscher J, SaygiliY, Grätzel M, et al. Dye-sensitized solar cells for efficient power generation under ambient lighting［J］. Nature Photonics, 2017, 11: 372-378.

［122］Han L Y, Islam A, Chen H, et al. High-efficency dye-sensitized solar cell with novel co- adsorbent［J］. Energy & Environmental Science, 2012, 5: 6057-6060.

［123］Jamie C W, Sean P H, Dilbeck T, et al. Multimolecular assemblies on high surface area metal oxides and their role in interfacial energy and electron transfer［J］. Chemical Society Reviews, 2017, 47: 104-148.

［124］Lygaitis R, Schmaltz B, Degutyte R, et al. Star-shaped triphenylamine-based molecular glass for solid state dye-sensitized solar cell application［J］. Synthetic Metals, 2014, 195: 328-334.

［125］Bui T T, Shah S K, Sallenave X, et al. Di（p-methoxyphenyl）amine end-capped tri（p-thiophenyl）amine based molecular glasses as hole transporting materials for solid-state dye- sensitized solar cells［J］. RSC Advances, 2015, 5（61）: 49590-49597.

［126］Unger E L, Morandeira A, Persson M, et al. Contribution from a hole-conducting dye to the photocurrent in solid-state dye-sensitized solar cells［J］. Physical Chemistry Chemical Physics, 2011, 13（45）: 20172-20177.

［127］Unger E L, Yang L, Zietz B, et al. Hole transporting dye as light harvesting antenna in dye- sensitized TiO_2 hybrid solar cells［J］. Journal of Photonics for Energy, 2015, 5（1）: 0574061.

［128］Zhu B Y, Wu L, Han L, et al. Asymmetric double Donor-π-Aacceptor dyes based on phenothiazine and carbazole donors for dye-sensitized solar cells［J］. Tetrahedron, 2017, 73: 6307-6315

［129］Babu A, Shankar A, Thangara S, et al. Co-sensitization of ruthenium（Ⅱ）dye-sensitized solar cells by coumarin based dyes［J］. Chemical Physics Letters, 2018, 699: 32-39.

［130］Kavya S K, Naik P, Mohamed R, et al. Highly efficient carbazole based co-sensitizers carrying electron deficient barbituric acid for NCSU-10 sensitized DSSCs［J］. Solar Energy, 2018, 169: 386-391.

［131］Kaiwen Z, Lu Y Y, Tang W Q, et al. Efficient solar cells sensitized by a promising new type of porphyrin: dye-aggregation suppressed by double strapping［J］. Chemical Science, 2019, 10: 2186-2192.

［132］He J, Liu Y, Han L, et al. New D-D-π-A triphenylamine coumarin sensitizer for dye- sensitized solar cells［J］. Photochemical & Photobiological Sciences, 2017, 16: 1049-1056.

［133］Islam M A, Ahmed I K, Ahmed E S. Molecular engineering and investigation of new efficient photosensitizers/ co-sensitizers based on bulky donor enriched with EDOT for DSSCs［J］. Dyes and Pigments, 2019, 164: 244-256.

［134］Naik P, Su R, Mohamed R E, et al. Investigation of new carbazole based metal-free dyes as active photosensitizers/co-sensitizers for DSSCs ［J］. Dyes and Pigments, 2018, 49: 177-187.

［135］Mathew S, Yella A, Grätzel M, et al. Dye-sensitized solar cells with 13% efficiency achieved through the molecular engineering of porphyrin sensitizers ［J］. Nature Chemistry, 2014, 6（3）: 242-254.

［136］HILL J P. Molecular engineering combined with cosensitization leads to record photo voltaic efficiency for nonruthenium solar cells ［J］. Angewandte Chemie International Edition, 2016, 55: 2976-2978.

［137］PAN J, SONG H, LIAN C, et al. Cocktail cosensitization of porphyrin dyes with additional donors and acceptors for developing efficient dye-sensitized solar cells ［J］. Dyes and Pigments, 2017, 140: 36-46.

［138］Marco A B, Martínez N B, Jonse M A, et al. Pyranylidene/thienothiophene-based organic sensitizers for dye-sensitized solar cells ［J］. Dyes and Pigments, 2019, 161: 205-213.